2021年中国风景园林教育大会论文集

2021 NIAN
ZHONGGUO FENGJING YUANLIN
JIAOYU DAHUI
LUNWENJI

中国风景园林学会教育工作委员会 —— 主编

U0212648

中国建筑工业出版社

图书在版编目（CIP）数据

2021年中国风景园林教育大会论文集／中国风景园林学会教育工作委员会主编. —北京：中国建筑工业出版社，2021.11

ISBN 978-7-112-26730-9

Ⅰ. ①2… Ⅱ. ①中… Ⅲ. ①园林设计－教育－学术会议－文集 Ⅳ. ①TU986.2-53

中国版本图书馆 CIP 数据核字(2021)第 211222 号

本论文集征集了中国风景园林教育（本科与研究生）中有价值、有意义的理论研究、实践探索和经验总结，包括 4 部分，分别是：风景园林一级学科十年建设发展回顾：对风景园林专业教育 70 年的教学历史、办学思想、文化传承等进行回顾与展望，包括教育历史与沿革、教学方法和模式总结、教学内容和体系改革等；风景园林教育理论与实践：主要征集风景园林教育中的新理念、新方法和新成果，包括教育教学探索、人才培养模式改革、课程思政、课程和教材创新、学科与专业建设、教育教学管理研究等；风景园林教学协同与创新：主要征集风景园林教学协同实践案例、利用新型平台和媒介开展教学改革与创新的经验做法，包括教学科技创新、产学研协同发展、教学实习实践基地建设等；风景园林学科前沿与热点：主要征集近年来风景园林学科最新的科学研究与实践成果，包括学科相关的前沿探索、热点研究、经典案例、新方法、新理论等。

本书可供大专院校风景园林及人居环境专业师生使用，也可供相关专业管理人员、技术人员、学者使用。

责任编辑：杜　洁　胡明安
责任校对：姜小莲

2021 年中国风景园林教育大会论文集
中国风景园林学会教育工作委员会　主编

*

中国建筑工业出版社出版、发行（北京海淀三里河路 9 号）
各地新华书店、建筑书店经销
北京红光制版公司制版
北京建筑工业印刷厂印刷

*

开本：880 毫米×1230 毫米　1/16　印张：27¾　字数：1239 千字
2021 年 11 月第一版　　2021 年 11 月第一次印刷
定价：**88.00 元**
ISBN 978-7-112-26730-9
(38176)

编 委 会

前　言

2021年是我国"两个一百年"奋斗目标的历史交汇之年，也是风景园林和园林专业教育诞生70周年、风景园林学正式成为一级学科10周年。在习近平新时代中国特色社会主义思想的指引下，在贯彻新发展理念、构建新发展格局、促进高质量发展的背景下，中国风景园林教育事业在迎来空前发展机遇的同时也面临着新的挑战。如何坚持以人民为中心，面向国家重大需求，快速高效适应经济社会发展需要，已成为时代赋予风景园林教育事业的新命题。面对新时代背景下风景园林学科和行业发展的新形势、新需求、新问题，中国风景园林教育如何完成时代赋予的使命，不断提升适应性和时代性，是每位风景园林教育工作者需要思考的问题。

2021年5月29～30日，由中国风景园林学会教育工作委员会、国务院学位委员会风景园林学科评议组、教育部高等学校建筑类教学指导委员会风景园林专业教学指导分委员会、全国风景园林专业学位研究生教育指导委员会联合主办，北京林业大学承办的2021年中国风景园林教育大会在北京召开。大会以"守正创新，继往开来"为主题，在统筹常态化疫情防控和经济社会发展工作的背景下，采用线上线下结合的方式成功举办，共有来自全国200余所高校的400余名风景园林教育工作者线下参加了本次大会，通过直播平台线上参会者达数万人。大会内容包含了开闭幕式与主旨报告、中国风景园林学会教育工作委员会全体会议暨新时代风景园林教育研讨会、国务院学位委员会风景园林学科评议组风景园林专业教育70年主题论坛、风景园林教育理论与实践论坛、风景园林学科前沿与热点论坛、风景园林教学协同与创新论坛、风景园林青年学者论坛和风景园林研究生论坛，会期还举办了学生设计竞赛与优秀本科毕业设计获奖作品展。

为更好地探索时代命题、促进中国风景园林教育事业的高质量发展、全面提升大会的交流水平和影响力，大会面向全国风景园林教育工作者和相关从业者征集了会议论文。共收到论文摘要220篇，经审核，103篇进行了全文投稿，最终优选出71篇汇编成册，同时经专家委员会评审，评选出17篇优秀会议论文在大会进行了表彰。论文内容涵盖了对风景园林专业教育70年的教育历史与沿革、教学方法与模式、教学内容与体系的回顾与展望，对风景园林教育中人才培养、课程思政、学科与专业建设、教育教学管理的新理念、新方法和新成果的研究与探索，对风景园林教学科技创新、产学研协同发展、教学实习实践基地建设经验做法的分享与思考以及对风景园林学科前沿热点、经典案例的分析与探讨。

为共享有价值、有意义的理论研究、实践探索和经验总结，特将优选的投稿全文汇编成册，形成本次论文集，以期促进中国风景园林教育工作者携手并肩、践行新时代立德树人的初心与使命，为中国特色风景园林教育、人才培养和科学研究做出更大的贡献，推动中国风景园林教育事业迈向新的台阶。

守正创新，继往开来。借此文集，向为中国风景园林教育事业付出不懈努力的广大教育工作者致以崇高的敬意，向关怀和支持中国风景园林学会教育工作委员会发展的上级领导和广大同仁表达诚挚的谢意！

目　录

风景园林学科前沿与热点

*风景园林一级学科十年建设发展回顾

A Review of the Construction and Development of the First Level Discipline of Landscape Architecture in Ten Years

刘滨谊[1] 李 雄[2*] 张 琳[1]

1 同济大学建筑与城市规划学院；2 北京林业大学园林学院

摘 要：2011 年，风景园林学科被增设为一级学科，十年来全国各高校大力推进风景园林学科的建设发展，逐渐形成了本硕博贯通的培养体系，建立了学术型和专业型硕士相结合的培养机制。出台了《风景园林博士、硕士学位授权点申请基本条件》，学科建设质量大大提升；编制了《风景园林一级学科硕士、博士核心课程指南》，专业课程设置逐渐完善；各培养单位根据自身的学科优势，在风景园林历史与理论、景观规划与生态修复、风景园林规划设计、风景园林工程与技术、风景园林遗产与保护、园林植物与应用等方向形成研究特色，并积极服务于地方发展实践。风景园林学科与建筑学、城乡规划学三位一体，共同支撑起人居环境学科群的建设发展。本文系统回顾了风景园林一级学科十年的发展历程和专业实践，并提出未来风景园林学科建设与教育发展的对策和展望。

关键词：风景园林学；风景园林一级学科；学科建设；风景园林学位教育

Abstract: In 2011, landscape architecture was added as a first level discipline. Over the past ten years, as universities across the country make every effort to promote the construction and development of landscape architecture disciplines, a training system for undergraduate, master and doctorate has been gradually formed, and a training mechanism combining academic and professional masters has been established. And then, Basic Requirements for Application for Doctorate and Master Degrees Awarding Units in Landscape Architecture was released, which greatly improved the quality of discipline construction; Master and Doctoral Core Curriculum Guide for the First level Discipline of Landscape Architecture was compiled, which gradually improved the arrangement of the discipline curriculum. Based on their own discipline advantages, each training unit has formed research characteristics in the fields of landscape architecture history and theory, landscape planning and ecological restoration, landscape architecture planning and design, landscape architecture engineering and technology, landscape architecture heritage and protection, and landscape plants and applications, which actively serves local development practices. The trinity of landscape architecture, architecture and urban planning together supports the construction and development of the human settlement environment discipline group. This article systematically reviews the development history and professional practice of landscape architecture as a first level discipline in the past ten years, and proposes countermeasures and prospects for the construction and educational development of landscape architecture in the future.

Keywords: Landscape architecture; First level discipline of landscape architecture; Discipline construction; Degree education of landscape architecture

风景园林学科（Landscape Architecture）是保护、规划、设计和可持续性管理人文与自然环境、具有中国传统特色的综合性学科，是科学、技术和艺术高度统一的应用型学科，是中国生态文明建设的重要基础性学科，也是保障社会和环境健康发展的关键因素[1]。2011 年，风景园林学增设成为工科门类一级学科，19 所高校成为全国第一批风景园林博士授权点。建筑、规划、园林 3 个学科均列为一级学科，作为国家决策，是有鉴于三者在社会发展中的重要地位，在学科发展新阶段到来之时意义重大，将共同面对人居环境科学的探索[2]。

一级学科平台上的风景园林学，下设风景园林历史与理论、园林与景观设计、地景规划与生态修复、风景园林遗产保护、风景园林植物应用和风景园林技术科学 6 个二级学科方向，体现出全面发展的特征。具体体现在学科框架的完整性、培养层次的完备性、课程体系的完善性，以及各级学科点的规模化增长等 4 个方面[3]。这 10 年来，本、硕、博教育数量急剧增加，迄今，本学科共有风景园林学一级学科博士点 21 个，可授予工学博士学位（学位

点代码 0834），其中 20 个博士点在第四轮学科评估中结果为 B-及以上；有风景园林一级硕士点 35 个，可授予工学硕士学位（学位点代码 0834）。2013～2017 年，全国风景园林学硕士招生超过 4000 人，授予学位超过 2600 人，目前在读研究生人数超过 1700 人（数据来源于各培养单位统计资料汇总），我国风景园林学博士和硕士培养取得显著成效。本文主要就国务院学位委员会风景园林学科评议组的主要工作，从风景园林硕博学位点设立基本条件、核心课程指南编写、风景园林科学研究三个方面，回顾十年来风景园林学科在学位建设、教学、科研等方面取得的主要进展，并提出未来风景园林学科建设与教育发展的对策和展望。

1 学位点建设——制定《风景园林博士、硕士学位授权点申请基本条件》

《博士、硕士学位授权点申请基本条件》是学位授权审核的重要依据，也是学位授权审核改革的重要基础，对

保证我国学位与研究生教育基本质量发挥着重要作用[4]。2016年4月，按照国务院学位委员会的通知要求，风景园林学科评议组和专业学位教育指导委员会根据本学科和专业学位类别的特点，对支撑风景园林硕、博研究生培养的基本条件和影响研究生培养质量的核心要素进行了深入调查研究，编写了《风景园林博士、硕士学位授权点申请基本条件》（以下简称《基本条件》）。在《基本条件》中，对风景园林学科方向与特色、人员规模与结构、学科带头人与学术骨干、人才培养概况、课程与教学、人才培养质量、科学研究、学术交流、支撑条件等提出了高水平、高标准的指导意见，并采用定性与定量相结合的方式，对可以量化的指标，采用生均、师均等编写了定量标准，使《基本条件》具有较强的针对性和可操作性，既提出了刚性要求、保证风景园林学科的核心内涵，又充分尊重各培养单位的特色和优势从而对风景园林硕士、博士学位教育的规范化高质量发展提供了有力的保障和支撑。如在学科方向方面，要求风景园林博士点需要具备至少4个相对完整而稳定的主干学科方向，其中必须包含"园林与景观设计"和"风景园林历史与理论"两大学科基础性方向，同时兼具反映申请单位特色的学科方向，以求符合风景园林学科发展方向和学校发展定位，能为国家人居环境建设和社会发展提供高级人才支撑和知识贡献，优势领域方向特色鲜明，获得社会认同并具有较好的社会声誉。

在《基本条件》的指导下，风景园林博士、硕士培养单位建立了清晰的发展路径，在人才培养、师资力量、硬件建设等各个方面，定目标、找差距、补短板、壮专长。10年来，工科院校与农林院校的风景园林学科立足本土，瞄准行业动向，依托科研创新，同心协力、齐头并进，建成了一批教研结合、专兼结合、成果丰硕、勇于创新的研究型教学团队。专业教师的学科背景涵盖风景园林学、建筑学、城乡规划学、生态学、地理学、园艺学、艺术学等学科方向，体现了风景园林学科多学科、多领域知识体系相融交织的特点，30%左右的教师有过海外留学或工作经历，师资力量不断加强。努力建设集教学教研、工程技术与综合研发一体化为特征的国内一流教学科研平台，如国家级虚拟仿真实验教学中心、国家级园林实验教学示范中心、森林植被与生态国家级实验教学示范中心等教学平台；生态规划与绿色建筑教育部重点实验室、城乡景观园林国家林业和草原局重点实验室、城市与建筑遗产保护教育部重点实验室、东北盐碱植被恢复与重建教育部重点实验室、农业农村部华中都市农业重点实验室等省部级重点实验室以及UNESCO亚太遗产培训和研究中心等国际合作交流平台。各学位点图书馆有丰富的建筑专业书刊，提供CNKI、EI、Elsevier和SpringerLink等常用数据库资源，与数百家中国优秀专业单位建立教学实习与就业实践基地，包括园林设计院、园林设计工程公司和中国建筑工业出版社等，良好的师资队伍的和完善的平台基地条件极大地推动了风景园林学科的总体发展。根据《基本条件》，学科评议组配合国务院学位委员会完成了风景园林博士、硕士学位授权点的新增审核和合格评估工作。

2 教学指引——编制《风景园林一级学科硕士、博士核心课程指南》

课程学习是我国学位与研究生教育制度的重要特征，是保障研究生培养质量的必备环节，在研究生成长成才中具有全面、综合和基础性作用。重视课程学习，加强课程建设，是提升研究生科研能力、创新能力、实践能力的重要手段，是当前深化研究生教育改革的重要任务[5]。2018年3月，国务院学位委员会办公室发布了《关于委托国务院学位委员会学科评议组和全国专业学位研究生教育指导委员会编写〈研究生核心课程指南〉的通知》，指出《研究生核心课程指南》是研究生课程设置、讲授和学习的重要依据，是教育行政部门和研究生培养单位开展质量评估的重要参考，适用于全日制和非全日制博士、硕士研究生。

按照通知要求，风景园林学科评议组和教指委立即展开了核心课程指南的调研和编写工作，评议组编写负责学术型博士、硕士的课程指南，教学指导委员会负责开展专业型硕士的课程指南。首先，对全国风景园林硕博培养单位的课程开展情况和培养计划进行了调研，包括开设的专业课程数量、课程类别、课程名称、任课教师情况，以及学位课程与非学位课程、理论课程与实践环节的比例、本硕博课程的衔接与贯通关系等，尤其关注培养单位具有特色优势的课程设置，征询了大家对于研究生课程设置的意见建议。在此基础上，评议组和教学指导委员会全面梳理了全国风景园林硕士、博士课程开展的实际需求和现存问题，按照《教育部关于改进和加强研究生课程建设的意见》（教研〔2014〕5号）的精神，根据《风景园林一级学科授予条件》的要求，完整贯彻本学科研究生培养目标和学位要求，重视课程体系的系统设计和整体优化，提出了《风景园林一级学科硕士、博士核心课程指南》的编写体系，坚持以风景园林硕博能力培养为核心、以创新能力培养为重点，拓宽知识基础，培育人文素养，加强不同培养阶段课程体系的整合、衔接，避免单纯因人设课。

《风景园林一级学科博士核心课程指南》包括"人居环境科学""风景园林科学导论""风景园林理论""风景园林规划设计理论与方法""风景园林学前沿""生态学理论与方法""风景园林遗产保护""风景园林植物""风景园林技术与工程"9门课程，其中，前5门课程为必须开设的课程，其余4门为根据培养方向选择开设的课程。《风景园林一级学科硕士核心课程指南》（学术型硕士）包括"人居环境科学概论""风景园林科学导论""风景园林历史与理论""景观生态学""风景园林规划与设计""风景园林遗产保护导论""风景园林植物""风景园林技术与工程""风景园林学实务""风景园林政策与法规"10门课程，都为必须开设。可见，《风景园林一级学科博士、硕士核心课程指南》既涵盖了园林与景观设计和风景园林历史与理论两个主干学科方向的要求，又具有5个二级学科方向的不同特色，充分考虑了各个培养单位的学科专长。通过提供丰富、优质的课程资源，立足风景园林研究生能力培养和长远发展加强课程建设，以打好知识基础、加强能力培养、有利长远发展为目标，尊重和激发研究生的专业兴趣，注重培育独立思考能力和批判性思维，全面提升创新能力和发展能力。

《研究生核心课程指南》编写以研究生成长成才为中心，充分考虑我国研究生课程建设的实际情况，合理借鉴国际研究生课程建设的先进经验，包括以下几个方面的内容：

课程概述：介绍课程概况及在本学科类别研究生课程体系中的地位和作用；先修课程：要求学习本课程之前应具备的基础知识；课程目标：修完本门课程后能够掌握的知识，具备的能力等；适用对象：适用于博士研究生或硕士研究生或博士和硕士研究生，适用于该一级学科的部分学科方向等；授课方式：课程主要采用的教学方式和教学方法，要充分利用现代信息技术，体现传承与创新相结合；课程内容：详细描述该课程主要内容，重点、难点等；考核要求：本课程的考核方式、考核标准等；编写成员名单以及课程资源：包括本门课程的参考文献、相关刊物、数据库、常用网站等。

3 科研推动——风景园林科学研究取得突破性进展

十年来，各培养单位根据自身发展的现实条件及历史积淀形成学科发展特色，在风景园林历史与理论、景观规划与生态修复、风景园林规划设计、风景园林工程与技术、风景园林遗产与保护、园林植物与应用6个二级学科方向也形成了相应的研究特色，风景园林科学研究呈现前沿性、复合性、地区化、专项化的趋势。

一方面，风景园林科学研究紧密服务于国家生态文明建设重大战略，作为生态和人居环境建设中不可或缺的重要角色，风景园林学学科全面参与新的空间体系规划和精细环境建构之中，肩负起探索绿色发展模式的使命[6]。各培养单位通过建设风景园林学术高地，积极开展区域城乡人居环境美学、美丽乡村建设、公园城市与城市更新、绿地系统与效益评价、生态修复技术、植物种质资源开发与利用等项目，促进人居环境改善。如完成国家自然科学基金重点项目《城市宜居环境风景园林小气候适应性设计理论和方法研究》《低影响开发下的城市绿地规划理论与方法》，在国家十二五科技支撑计划《城镇群高密度空间效能优化关键技术研究》中，形成了山地高密度地区绿地效能优化及相关地域性景观人文保护、生态安全的科技攻关研究成果；在国家首个面向乡村生态景观领域的重点研发计划《乡村生态景观营造关键技术研究》中，进行了乡村生态景观资源指标体系、乡村生态景观营造模式、乡村植物景观营造及应用技术、乡村生态景观生物多样性维护技术、乡村生态景观数字化应用技术等研究示范。

另一方面，风景园林科学研究延续了所在院校的地域特色和传统优势，能够从其所在地理环境的特殊性或所在地传统园林资源方面寻求研究内容的特色来源，学科紧扣地理环境，相关院校以山地、寒地、热带与海岛、云南、喀斯特山区、海滨山地、西部、中原、江西、皖南、京津冀地区、胶东地区、西南地区、中南地区、西部山地、西北地区、高原山地等为研究对象，结合具体地理环境特征，特别是环境引发的问题或包含的某种特色资源展开研究，如地域性景观、人居环境（高原、山区、寒地）、生物多样性（寒地）、种质资源、生态系统修复（喀斯特山区）、生态可持续（西部）、旅游产业等。在传承学科所在地的园林传统方面，相关院校以徽派园林、岭南园林、巴蜀园林、皇家园林保护、闽台园林、江南园林、江南水乡园林、西蜀园林等为特色展开了丰富的研究与实践。

同时，科学研究中以风景园林体系化思想理论引领本学科与多学科的进一步融合与协同。风景园林学学科的发端分散于园艺、建筑、林学等学科之中，反映了现代风景园林学多学科交叉的特征，也奠定了当代风景园林教育与学科的基本布局[7]。风景园林学文理交叉、生物学与建筑学交叉、艺术和工程技术交叉，"以艺驭术"，以文为本[8]。近年来，风景园林科学研究的学科交叉优势不断凸显，并且加强了对现代技术手段的综合运用，研究内容的深度和广度得到拓展，形成了具有较强探索性、完整性、延续性的研究成果。国家社会科学基金重大项目《中国国家公园建设与发展的理论与实践研究》《大运河文化遗产保护理论与数字化技术研究》、社科重点项目《生态文明与中国国家公园体制建设》等，都为国家战略决策提供了学术支撑。据不完全统计，2013～2017年5年间，风景园林学学科承担国家和省部级科研项目3000余项，科研总经费（含横向课题）逾12亿元（数据来源于各培养单位统计资料汇总）。

4 结语

纵观人类人居发展历史的各个阶段，中国总是最先遇到了人类共有的人居难题，而风景园林总是扮演着理想、先锋、引领的角色。中国优秀传统建筑的母语是园林，中国优秀传统城市的母语是风景，中国优秀传统人居环境的母语是风景园林，中国风景园林的伟大作用不言而喻。从"风景天下"到"美丽中国"，中国风景园林历来与国家发展同呼吸、共命运。尤其是风景园林一级学科成立以来的10年，在学位点建设、课程教学、人才培养、科学研究都取得了突飞猛进的发展。2017年4月，首届风景园林学科发展论坛以"科学研究推动学科发展"为主题在同济大学举办，2018年4月，第二届"风景园林学科发展论坛以"海峡两岸乡村振兴与风景园林"为主题在福建农林大学举办，2019年9月，第三届"风景园林学科发展论坛"以"美丽中国建设与风景园林学科发展"为主题在重庆大学举办。来自全国各风景园林学科博士点、硕士点培养单位以及风景园林行业企业的专家学者逾600人次参加了论坛活动，共同探讨在新形势、新担当、新使命的当下，风景园林学科如何主动融入国家发展战略，为构建国土空间规划合理、城乡宜居优美、人民健康幸福的中国人居环境贡献智慧，成为全球生态文明建设的重要参与者、贡献者、引领者。

党的十九大向中国风景园林学科提出了未来发展的要求：极有必要强调中华风景园林的民族自信，重塑21世纪的中国风景园林价值观，探明具有本土特色的中国风景园林发展规律，建构具有中国文化和地域特色的现代风景园林思想理论体系、规划设计方法体系和科学技术研究创新支撑体系。持续深入、不断明晰、与古为新、前瞻超越，把握学科基本方向、内核、外延，探索以风景园林学科引领的学科交叉与协同创新路径，建构具有中国特色的风景园林学科体系，这既是百年未有之大变局中国风景园林学科的发展机遇，也是风景园林学科建设响应党中央两个文明建设的历史担当。

参考文献：

［1］ 中国科学技术协会主编，中国风景园林学会编著．风景园林学科发展报告(2009—2010)．北京：中国科学技术出版社，2010．

［2］ 吴良镛．关于建筑学、城市规划、风景园林同列为一级学科的思考．中国园林，2011，27(5)：11-12．

［3］ 杨锐．中国风景园林学学科简史．中国园林，2021，37(01)：6-11．

［4］ 《关于委托国务院学位委员会学科评议组和全国专业学位教育指导委员会编写〈博士硕士学位授权点申请基本条件〉的通知》，国务院学位委员会，2016-04．

［5］ 《关于委托国务院学位委员会学科评议组和全国专业学位研究生教育指导委员会编写〈研究生核心课程指南〉的通知》，国务院学位委员会，2018-03．

［6］ 杜春兰，郑曦．一级学科背景下的中国风景园林教育发展回顾与展望．中国园林，2021，37(1)：26-32．

［7］ 成玉宁．中国风景园林学的发端(1920s—1940s)．中国园林，2021，37(01)：22-25．

［8］ 孟兆祯．敲门砖和看家本领：浅论风景园林规划与设计教育改革．中国园林，2011，27(5)：14-15．

作者简介：

刘滨谊/男/汉族/博士/同济大学建筑与城市规划学院/教授/研究方向为风景园林规划设计理论实践/byltjulk@vip.sina.com。

李雄/男/博士/北京林业大学副校长/教授/博士生导师/城乡生态环境北京实验室/研究方向为风景园林规划设计理论实践。

张琳/女/博士/同济大学建筑与城市规划学院/副教授/博士生导师/研究方向为风景园林规划与旅游规划。

通信作者：

李雄/男/博士/北京林业大学副校长/教授/博士生导师/城乡生态环境北京实验室/研究方向为风景园林规划设计理论实践。

风景园林
教育理论与
实践

*国土空间规划背景下定量技术介入的风景名胜区规划教学初探

A Preliminary Study on the Teaching of Scenic Area Planning with Quantitative Technology Intervention under the Background of Territorial Spatial Planning

韩依纹　张诗宁　李景奇　熊和平*

华中科技大学建筑与城市规划学院

摘　要： 当前国土空间规划改革促使了传统的风景名胜区（以下简述为"风景区"）规划教学范畴转向了自然保护地体系下更广泛的"自然公园"类型，基于"一张底图"的自上而下的定量化模式取代了传统以定性为主的规划方法，相关课程面临了新一轮的教学改革。华中科技大学景观学系《风景区与旅游区规划》课程于 2020 年春季学期进行积极探索，遵循"资源识别—格局优化—管控分区—规划编制"的教学思路，将基于多源数据的遥感解译、空间分析、生态系统服务功能评估等一系列空间定量分析技术引入课堂，以《武汉市东湖风景区总体规划修编（2020—2035）》为实例开展教学，对学生科学理解场地问题和提高专业技术能力成效显著。

关键词： 风景园林；风景名胜区规划；空间定量分析；专业核心课程

Abstract： The current reform of territorial space planning has prompted the traditional teaching category of scenic spots to shift to a broader category of "natural parks" under the protected natural area system. The top-down quantitative method based on "one base map" replaces the traditional qualitative planning method, then the related courses are facing a new round of teaching reform. The course "Scenic Spot and Tourism Area Planning" of the Department of Landscape Architecture in Huazhong University of Science and Technology has actively explored a new way in the spring semester of 2020. Based on multi-source data, a series of spatial quantitative analysis techniques, such as remote sensing interpretation, spatial analysis and ecosystem service assessment, were introduced into the class according to teaching idea of "resource identification—pattern optimization—management and zoning—planning strategy-making". Taking " Planning and Revitalization of Wuhan East Lake Scenic Area (2020—2035)" as an example, the course has achieved remarkable results in aiming at students' scientific understanding of site problems and improving their professional and technical abilities.

Keywords： Landscape architecture; Scenic area planning; Spatial quantitative analysis; Professional courses

1 课程概况

1.1 课程建设背景

近年来，我国各地展开全域自然生态系统、自然景观、生物多样性摸底调查与评估论证，以明确自然保护地建设定位，提出优化整合方案[1]，以实现自然保护地体系与国土空间生态红线衔接要求。风景名胜区作为中国特有的保护地类型，在自然保护地改革中以独立类型继续保留在自然保护地体系中[2]。这也要求传统的风景名胜区（以下简述为"风景区"）规划教学范畴拓展到自然生态空间中需要处理自然保护与旅游利用关系的地理区域，即自然保护地体系下更广泛的"自然公园"类型。

近年来，随着数据时代的到来和技术的不断革新，定量分析已经成为"大数据"时代重要的数据分析方法。作为融合社会科学和自然科学综合特质的风景园林学科，数据收集和分析技术也已成为风景园林行业所要求的职业能力的重要组成部分，也是风景园林规划前期分析的必备技术基础。基于国土空间总体规划体系下"一张底图"的技术要求是对定量分析职业能力需求的具体展现。为了更好地与国土空间规划进行衔接，将定量化技术引入风景区规划中，对风景区进行资源评估与规划编制意义重大。

目前，定量技术已经渗透到多门课程的不同阶段[3][4]，在风景区课程的教学中也有运用定量技术的案例[5]，但教学所涉及内容以空间模型叙述表达为主，而缺乏探究基于统计计量分析的教学内容，更鲜有对定量分析技术系统的演绎，全景的溯源。

作为风景园林本科教学的核心课程，华中科技大学景观学系所开设的《风景区与旅游区规划》（以下简称为风景区规划）课程与时俱进，积极改革以适应数据时代的需求。课程注重技术创新性和实践适用性，针对风景区及其所属的自然保护地体系在国土空间规划所面临的规划和管控要求，从基础信息获取与分析到方案模拟与评价，以《武汉市东湖风景名胜区总体规划修编（2020—2035）》

为例提供规划设计全周期的技术教学与实践，探索新形势下风景区规划课程改革的方向。

1.2 课程简介

《风景区名胜区规划》课程（5 学分/80 个学时）于 1985 年开设以来，经过长时期发展几经更名已形成了较为完善的教学路径，也是华中科技大学景观学系五年制本科教学体系中的专业核心课程之一，于第八学期开设，衔接《风景名胜区规划原理》理论课程，近年来，为了适应国土空间规划改革和自然保护地构建的双重背景，2020 年春季学期课程教学组进行积极探索。改变了传统教学中以风景资源定性概括为主的评价方法，将遥感解译、空间分析、生态系统服务功能评估等一系列定量技术引入教学过程。课程遵循"资源识别—格局优化—管控分区—规划编制"的教学思路，分为三大阶段"资源识别与评估——格局构建与优化——管控分区与规划编制"相继开展。将课堂教学指导、现场实地调研、综合讨论汇报等多种教学方式融入教学过程，并对各个阶段提出明确的成果要求。资源识别与评估阶段要求对场地进行综合调查并对重点保护对象空间分布进行识别，完成相应的空间制图与数据库建库，在本阶段结束时组织汇报展示调查与评估成果；格局构建与优化阶段要求以前一阶段的数据为基础构建场地生态安全格局，并通过现状用地的置换对生态格局进行优化；管控分区与规划编制阶段要求在之前的成果上，提出规划目标和理念，完成包括用地规划、功能分区、道路交通、居民点调控在内的一系列规划图纸，并在课程结束时邀请业内专家进行公开结课答辩，以提交"图纸、说明书、文本和汇报文件"作为学生课程成果要求。

2 课程教学过程展示

课程组教师经过 2020 年春季学期的初步探索，面向国土空间规划的风景区规划教学改革内容已初具思路。学生可以运用科学方法客观认知、评价场地，合理构架和优化空间格局，并提出相应的规划编制方案。本文以 2016 级风景园林专业本科生的课程《武汉市东湖风景区总体规划修编（2020—2035）》为例，展示教学改革思路与成果。东湖风景区位于湖北省武汉市中心城区东部，作为首批国家重点风景名胜区，东湖风景区拥有我国最大的"城中湖"，其湖光山色吸引着广大市民游客。

2.1 第一阶段：资源识别与评估

2.1.1 基于多源数据的生境数据库构建

基于多源数据的遥感解译为的后续资源评价与分析提供了基础数据库。课程基于 2017 年快鸟（Quick Bird）高精度遥感数据（0.8m×0.8m），结合东湖风景区的相关文献资料，参考上位规划《武汉东湖风景名胜区总体规划修编（2011—2025）》中的植被类型描述，借助 ENVI 软件，运用面向对象的监督分类方法对高精度遥感数据进行解译并初步识别生境类型，并通过实地调研和 2020

年线上遥感平台比对完成初步数据的纠正工作，建构起由 19 种生境类型所构成的生境类型空间数据库，作为后续格局优化和分区划定的基础数据依据。

2.1.2 基于空间分析工具的保护对象识别

课程基于 ArcGIS 平台的空间分析工具对包括地形地貌、动物栖息地、自然景观、文化遗产等保护对象在内的空间坐标及其隐含的空间信息进行提取和分析。例如：运用 ASTER GDEM 30M 分辨率数字高程数据，结合东湖风景区范围对高程数据进行裁剪获得东湖风景区高程图，再运用"焦点统计""坡度"等工具获取东湖风景区起伏度及坡度图，并以此为依据识别出东湖风景区的地貌形态；通过对照《武汉市东湖生态旅游风景区动物资源名录》录入各类动物分布点的经纬度数据形成动物分布的 POI 数据，从而得到东湖风景区动物资源点分布图，运用核密度分析工具获取东湖风景区动物物种密度分布图，从而获取动物物种栖息地的热点范围。

2.1.3 基于 InVEST 模型的生态功能评价

除了对地形地貌、动物栖息地等保护对象的单要素识别，国土空间"整体保护、系统修复、综合治理"更要求对生态系统进行多要素综合考虑。课程中引入 InVEST 模型中的生境质量评估模块进行生境评估掌握区域内生物多样性情况，从而反映了区域生态系统服务功能水平。基于遥感解译的生境类型空间分布图，选择包括城乡居民点、工业用地、游览设施用地、道路交通用地等 5 类人类活动较强的类型确定为生境威胁因子，并设置相应的威胁因子可达性和不同生境类型对威胁因子的敏感度参数，最终得到生境质量赋值栅格。按照高质量生境（0.85~1）、中高质量生境（0.75~0.85）、中质量生境（0.4~0.75）、中低质量生境（0.2~0.4）、低质量生境（0~0.2）分为五个区间，最后得到高质量生境面积共 3036.87 公顷，占研究区域 46.26%，对进一步的分区管控做出参考，区域主要集中在如喻家山、森林公园、磨山等南部山地林地及郭郑湖、后湖等东湖主体水域的中心部分，图 1 为资源识别与评估结果。

2.2 第二阶段：格局构建与优化

2.2.1 基于 MSPA 的景观形态空间格局分析

基于前期构建的生境类型数据，运用 ArcGIS 重分类工具，结合 Guidos 软件对二值图进行形态学空间格局分析，将林地、草地、农田等生境质量较高的用地作为前景，开放水域、未利用地、建设用地作为背景，识别出东湖风景区内的核心区、桥接区、孤岛、边缘、空隙、环道区、支线 7 种景观格局类型。所识别出核心区一般能为物种提供较大栖息地的生境斑块，具有保护生物多样性的重要生态学意义，可作为生态格局中的生态源地。随后，结合场地的实际情况，对识别出的核心区斑块进行 dPC（斑块重要度）计算，选取斑块重要度大于 0.1 的核心区斑块作为生态源地，共识别出生态源地共 43 个，总面积为 1053.79 hm²，其空间分布区域与高质量生境区域相匹配。

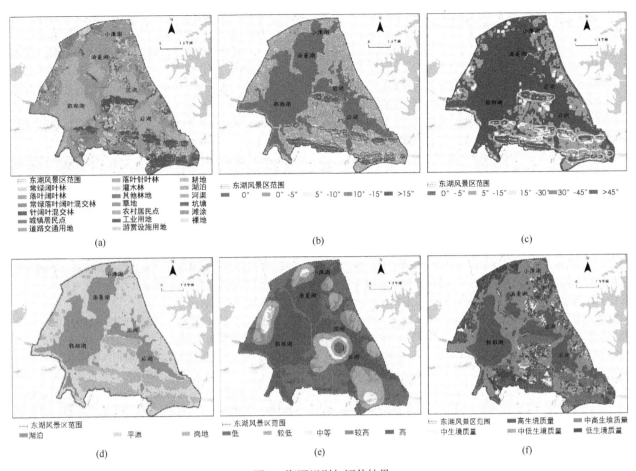

图1　资源识别与评估结果

（a）生境类型图；（b）地形起伏度图；（c）地形坡度图；

（d）地貌形态图；（e）动物栖息地核密度分布图；（f）生境质量图

2.2.2　基于MCR模型构建生态廊道

随后，使用 ArcGIS 插件 Linkage Mapper Tookit 中 Build Network and Map linkages 工具，置入生态源地数据，根据最小累积阻力面模型原理识别潜在生态廊道。综合考虑到生境类型、地貌因子、道路因子、人类活动干扰等四个方面设置生态阻力面，对不同生境类型进行阻力值划分。考虑到廊道宽度对廊道功能的影响，选取 30m 作为生态廊道宽度，共构建 105 条生态廊道，总长度为 87.24km。

结合生态廊道所穿越的生境类型对所构建的生态廊道进行如"复绿""增绿""完善"等优化措施。针对分布于林地内部细碎且面积较小的农田、未利用地、建设用地等区域实施"复绿"措施，将其恢复成林地、草坪生境；针对大面积的农田、未利用地、建设用地实施"增绿"措施，增加适量面积的林地、草地；针对其他林地、草坪等区域实施"完善"措施，部分转变为常绿阔叶林、落叶阔叶林、常绿落叶阔叶混交林、针阔叶混交林、落叶针叶林、灌木林等生境适宜度更高的生境类型。通过多样化的优化措施，提高生态廊道的连通性水平，进而优化东湖风景区整体环境质量（图2）。

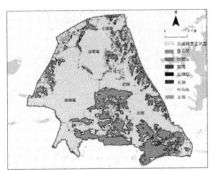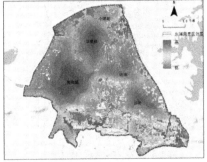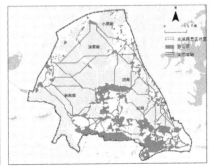

图2　基于 MSPA＋MCR 模型的空间格局优化

2.3　第三阶段：管控分区与规划编制

2.3.1　管控分区划定

　　管控分区的划定以资源识别与评估为基础，综合考虑了空间格局优化结果，按照管控目标和管控强度差异，将管控分区划分为一级保护区和二级保护区，以对风景区的生态环境进行针对性的分级保护。一级保护区为保护对象集中分布，生态地位重要的区域，严禁建设一切与风景游赏和保护无关的设施；二级保护区为严格限制建设区域允许在环境承载力范围内进行有限度的建设与开发。

　　将重点保护对象的分布区域和生态核心区分布图进行空间叠合，再运用 ArcGIS 软件中"聚合面"工具消除叠合产生的细碎孔洞，得到初步划定的一级保护区。再将所得到的一级保护区与生态保护红线进行校验，确保生态保护红线区域均落于一级保护区以内，未划入一级保护区的东湖风景区的其余区域作为二级保护区，得到东湖风景区管控分区分布图。其中，一级保护区面积共 2106.20hm²，占研究区域的 31.91%，其中水域面积 1418.55hm²，陆地面积 687.652hm²，主要分布在东湖的磨山、南望山、夹山等自然山体区域和郭郑湖、团湖、后湖等受人类影响较小的东湖主体水域。二级保护区面积共 4494.63hm²，占研究区域 68.09%，主要分布在听涛景区、落雁景区等区域，内部用地类型以城乡居民点、工业用地、游览设施用地、道路交通用地等建设用地为主。分区结果综合考虑了生境类型、地形地貌类型、重要保护栖息地等多种重点保护对象，并结合生态格局的空间分布，改变了过去以单一保护对象划定保护范围的思路。同时，也考虑了实际管控的可能性，使管控区域分布相对集中且边界清晰。结合生态保护红线校正的过程则满足了国土空间规划衔接的需要，以便满足风景区规划纳入国土空间规划"一张图"的需要。

2.3.2　规划编制

　　规划编制阶段以定量分析结果为依据，并结合学生

各组的关注问题倾向，提出相应规划主题与定位。例如：以"江城绿心、楚风遗音"为题，打造以自然保育为重点，具有楚风特色的公园；以生态为本，保护优先的"生态东湖、城市绿心"的湿地公园，充分发挥东湖风景区作为"城中湖"的生态效益；或结合后疫情时期背景，建设以"揽胜景、纳健康"为题的国家级风景名胜区，为武汉及周边市民乃至全国游客提供健康体育活动场所。

　　同时，通过统计定量方法对现有东湖游客数据进行回归分析和线性拟合，预测得到近期 2025 年东湖风景名胜区全域旅游人次为 2758.62 万人次，远期 2035 年东湖风景名胜区全域旅游人次为 3424.663 万人次，指导未来旅游设施配置。为应对后疫情时代日益增长的对户外锻炼环境的需求，构建起"步行-骑行-景交车"多种交通方式于一体的环东湖健身康体旅游路线，并规划"环湖马拉松""登山健康跑""东湖帆船赛"特色体育旅游活动，打造东湖健康旅游品牌。

　　根据东湖风景区内居民点进行调控。目前，由于东湖"景中村"环境质量较差，对东湖风景区生态环境造成了巨大压力，且尚未形成与区内景观相匹配的美丽乡村风貌，故而坚持"生态优先因势利导"，采取逐步缩小、改造提升、集中还建等不同措施，分为"缩小型""控制型""聚居型"三类村庄，根据风景区各大景区特色，结合现状村庄建设情况和产业基础打造"乡村观光""农耕体验""创意市集"等乡村旅游活动，助力乡村振兴。例如，对于东湖风景区东北部的先锋村、湖光社区等村庄，发挥其独特的半岛型岸线资源和优美的湿地景观优势，通过"生活外迁＋产业保留"，重塑湖岛相依的田园风貌；对于风景区中部磨山社区、桥梁社区等，则结合东湖风景区内部的梅园、樱园、植物园等景区，打造以花卉产业为主导，集赏花休闲、文化创意等为衍生产业为特色的复合型景中村，图 3 为规划编制成果。

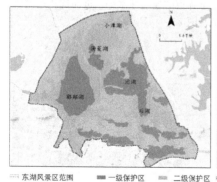

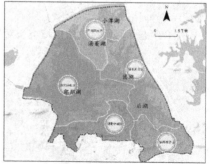

(a)　　　　　　　　　　(b)　　　　　　　　　　(c)

图 3　规划编制成果（一）

（a）管控分区图；（b）规划总图；（c）旅游功能分区图

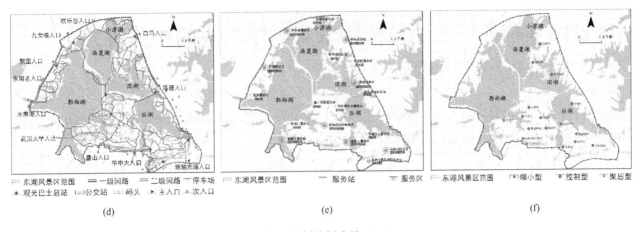

图 3 规划编制成果（二）

（d）交通规划图；（e）旅游服务设施规划图；（f）社区居民点调控图

3 课程成效

在过去的风景区规划教育中，自然资源的评价存在以文字描述为主，定量化分析的介入能够有效地确定资源特点，为规划编制提供基础数据和政策制定的参考。2020 年春季课程改革效果显著。经过一个学期的训练，学生学有所获，专业能力得到显著提升。首先，培养了学生科学理解场地的能力。通过多源数据分析的介入赋予了学生从宏观角度认知场地的方式。运用定量化技术客观分析场地条件，弥补了原有仅依靠定性而带来的认知偏差，使学生养成综合认知和考虑场地的意识，为后续规划设计提供有力参考。其次，提高了学生专业技术能力。以实际项目为例，以问题为导向，促使学生运用新技术、新方法解决问题，培养了学生研究性学习思维。以课程为契机，以课程所整合的自然资源数据为基础，将课程成果转化为科研论文。

4 结语和展望

伴随着国土空间规划的深入展开，定量化技术因其能够相对精准地分析和评估场地，为目前风景区所面临的如生物多样性缺失、生态系统多样性退化等关键问题提供关键性参考。通过加强定量技术在风景区规划教学实践中的应用，探索更契合时代的教学方法和教学体系，为课程体系改革与创新起到促进作用。

目前，定量技术在华中科技大学风景区规划课程的教学应用还处于探索阶段，教学水平与内容深度还有进一步的提升空间，在近两年的教学计划中，已经将课程名称变更为《自然保护地规划》。在现阶段的教学过程中，定量化技术在仍主要集中应用在前期分析中，在未来的教学实践可以考虑将定量化技术融入风景区规划的全过程，例如通过构建可持续更新的信息数据库，运用 GIS 平台录入、存储、分析场地信息，以辅助规划编制和管理。将生态格局评价内容从生物多样性评价拓展到景观敏感度评价、景观格局分析等多方面，可从更为全面的视角分析和评价风景区整体生态环境。同时，在规划编制阶段，可通过构建层次分析模型对风景区旅游线路合理性进行分析，运用网络可达性分析等空间定量方法辅助旅游服务设施选点设置。通过定量化技术的支持和辅助，促使学生养成科学认知和分析场地的意识，将科学分析方法贯彻风景园林理论和实践之中，使学生充分掌握"大数据"时代必不可少的定量分析数据分析方法，以适应国土空间规划下对风景园林人的数据收集和分析技术的职业要求，对学生日后继续求学深造或工作实践均大有裨益。

图表来源：

文中图表均由作者自绘。

参考文献：

[1] 中共中央办公厅，国务院办公厅. 关于建立以国家公园为主体的自然保护地体系的指导意见. 北京：新华社，2019. http://www.gov.cn/zhengce/2019-06/26/content_5403497.htm.

[2] 刘秀晨. 风景名胜区是中国自然保护体系的独立类型. 中国园林，2019，35(03)：1.

[3] 李哲，成玉宁. 数字技术环境下景观规划设计教学改革与实践. 风景园林，2019，26(S2)：67-71.

[4] 肖彦，蔡军，刘涟涟. 工具理性下的城乡规划专题教学模式探索——以滨海城市空间定量分析专题课程为例. 高等建筑教育，2019，28(06)：57-63.

[5] 吴隽宇，陈康富. GIS 技术在风景园林遗产保护本科课程教学案例中的应用研究技术在风景园林遗产保护本科课程教学案例中的应用研究. 风景园林，2019，26(S2)：72-77.

作者简介：

韩依纹/女/汉族/博士/华中科技大学建筑与城市规划学院讲师/研究方向为城市绿色空间生物多样性与生态系统服务、风景园林研究方法与技术、国土空间生态修复/ hanyiwen@hust.edu.cn。

通信作者：

熊和平/男/汉族/硕士/华中科技大学建筑与城市规划学院副教授/研究方向为城市绿地系统、风景名胜区规划/247478408@qq.com。

* 风景园林标准、规范与植物景观教学内容的相关研究

——以北京林业大学园林学院为例①②③

Research on the Related Standards and Norms of Landscape Architecture and the Teaching Content of Plant Landscape

——Take the School of Landscape Architecture，Beijing Forestry University as an Example

李冠衡　尹　豪　戈晓宇　李　慧　董　丽*

北京林业大学园林学院

摘　要：现行风景园林相关的规范、标准从术语到条文层面，从城市绿地规划到公园设计等各角度、层面规范风景园林行业的质量、安全与品位。20世纪80~90年代开始到2000年初，是规范、标准密集出炉的时代，这些文件规范了我国风景园林事业发展的起步阶段；2015~2019年是旧标准、规范调整，新标准集中出台的时段，新的条例代表着国家进入生态文明建设时期理念的转变，传达出行业视野、城市发展重心的变化，同样也影响着风景园林教学内容。本文从众多标准、规范中选择近40余本，条文100余项按照聚类研究的办法整理属于底线控制、规划层级、设计层级、实施层级的不同类目，并与北京林业大学园林学院植物景观相关100余个教学点进行相关性研究，分析出需调整知识点、补充知识点、忽略知识点等内容，对现有课程知识点进行评估，从而建立有侧重、有标准，系统规范的知识点体系。

关键词：风景园林规范标准；植物景观；知识点；相关性；耦合

Abstract：The current standards and norms related to landscape architecture regulate the quality, safety and taste of landscape architecture industry from various angles and levels, ranging from terminology to national standards, from the control idea of the lowest threshold to the macro view of overall management, from urban green space planning to park design. It was an era of intensive regulation and standards from the 1980s and 1990s of the last century to the early 2000's. The initial stage of the vigorous development of China's landscape architecture industry was standardized by these documents. During the period from 2015 to 2019, the old standards and norms were adjusted and the new standards were introduced. The new content and regulations represent the transformation of the national concept in the period of ecological civilization construction, and convey the change of landscape architecture industry vision and the focus of urban development, which also affects the transformation of landscape architecture teaching content. In this paper, nearly 40 books were selected from many standards and specifications, and more than 200 articles were sorted out according to the method of cluster study, which belonged to different categories of bottom line control, planning level, design level and implementation level. In addition, the correlation research of more than 100 teaching points related to plant landscape in the School of Landscape Architecture of Beijing Forestry University is carried out, and the knowledge points that need to be adjusted, supplemented and ignored are analyzed. Moreover, the existing curriculum knowledge points are evaluated, so as to establish the knowledge points system with emphasis, standard and system standard.

Keywords：Code and standard of landscape architecture; Plant landscape; Knowledge point; Gorrelation ; Coupling

1　研究背景

风景园林学成为一级学科至今已10年，目前我国已有超过200所高校设立了风景园林专业，这个数字以每年10%~15%的速度递增；随着公众对生态文明内涵理解的深入，行业体量进一步增大，将会有更多的高校与师生投身到风景园林事业中来。在此期间，随着教学设施、招生规模的进一步扩大，教学内容与质量，科研规模、深度也得到了大幅提升（图1）。

在此背景下，北京林业大学园林学院顺应学科发展需求成立了植物景观规划设计教研室，担负学科中园林植物规划设计方面的教学、科研任务。植物景观教研室和相关课程的诞生略早于风景园林一级学科的成立，教研室也成为全国最早成立的植物景观相关高等教学单位。由于两者发展阶段基本一致，所以北京林业大学植物景

①　基金项目：北京林业大学教育教学项目"BJFU2020JY015"资助。
②　基金项目：城乡生态环境北京实验室北京市支持中央在京高校共建项目"（2019GJ-93）"资助。
③　基金项目：冬奥村（冬残奥村）环境景观提升专项导则"2021BLRD03"资助。

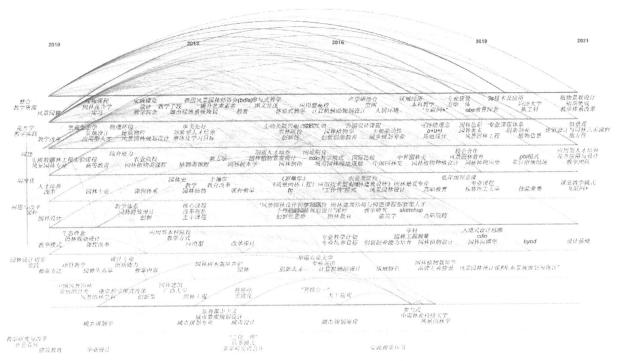

图 1　近 10 年风景园林研究热点聚类

观的教学改革更能反映风景园林行业、风景园林一级学科的发展需求。这期间教学主线内容从单纯地专业技术学习转变为综合能力的培养；教学形式上从课堂内教学转变为室内外综合实践式教学；模式上从经验式教学转变为求证式教学（图 2）。这些变化更好地适应了人才市场变化，完成本硕教学阶段的衔接。而在一系列教学改革中不变的原则就是维持学生知识框架的稳定性和系统性，因此教研室通过引入行业规范、标准内容，并与教学大纲、内容整合加强学生知识的基础稳定性，取得了不错的成效。

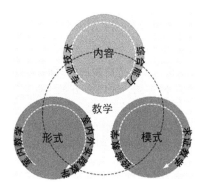

图 2　植物景观课程教学变化

2　行业规范、标准与教学知识的耦合机制

行业规范、标准在某种意义上是目标导向下集体经验积累，并且形成了及其精简的内容概括，几乎是去除了阅读、理解快乐性的知识集成。由此理解，原始的标准类读物更适合查阅使用，而不适合作为课堂教学点学习，这也是为什么本科阶段的风景园林学生不喜欢学习标准或者难以记忆其中内容的原因。

2.1　学习迁移理论的应用

桑代克等人发现情境中的共同要素越多，相同的刺激与反应便能建立，知识与经验发生迁移的可能性大大提高[1]。由此可见，将标准条目内容迁移进课堂教学的最好办法是将其产生的条件视为要素，在课堂上构建同样的要素，将规范、标准的应用场景、限制条件、应用范畴一同整合在同一场景下。比如《风景园林制图规范》中定义了不同植物类型的图例，单独的图例记忆难度较高，课堂教学中建立了植物景观平面图绘制的相关场景，将图例、深度要求、比例等一系列的规范都呈现在统一场景下，重现了这些规范应用的限制条件与应用范畴。因为知识点由孤立变为整体，同时可以了解其产生的原因，学生对这样的知识点掌握较为容易，学期末统计学生的接受情况，90% 以上的学生可以轻松使用制图规范（图 3）。在现有的教学大纲中这样的同要素场景建立约 80 个，可以涵盖多数教学应用场景。

2.2　教学内容聚类与标准的供给匹配

植物景观课程教学内容十分丰富，涉及的知识点数百个，按照层次来看知识内涵包括具体的定义、类型、特征、功能等，在执行程序上又分为规划、概念设计、方案设计、扩初设计、施工图设计，在执行对象层面又分为绿地、建筑室内外、自然系统等大项[2]，这些类目、因子互相叠加将产生非常多的要素组合。如果缺少分析，教师只有通过经验判断每个知识点的类型及重要性，但结合聚类分析的话可以比较准确地发现知识点的分布聚集特征，便于系统地做出判断；同时也非常容易在书丛中检索到适合本教学类目下的标准、规范，再从规范当中筛选适合的条目作为教学内容引入课堂中（图 4）。

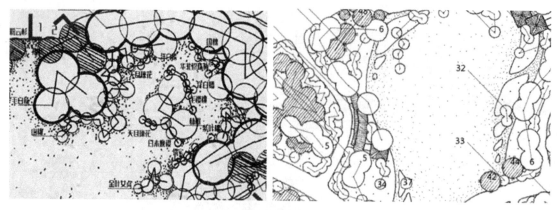

图 3　同样标准下不同年级的
手绘种植设计图局部（左图 18 级，右图 10 级）

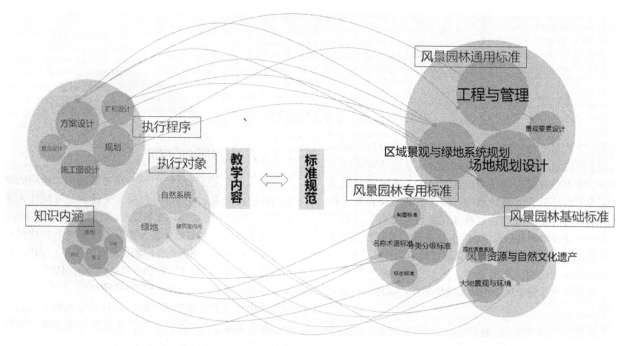

图 4　教学内容与标准内容的耦合机制

2.3　知识点紧随行业规范、标准的动态调整机制

　　通过梳理现行标准、规范推广时间可知，一些标准从20世纪80～90年代便印发并一直影响至今，这些可以定义为基础型；而一些标准、规范在2000年初才出现，后发布的标准在时序上略微滞后，可视为基础补充型[3]。这段将近10年时间是一个连续发展的时期，是风景园林进入"标准时代"的标志。2015年开始一些老标准、规范进入调整期，说明在长的发展框架下社会又产生了新的时代诉求[4]（图5），标准规范文件的变化正是响应了新的发展重点或领域，能清晰地映射风景园林行业变化。

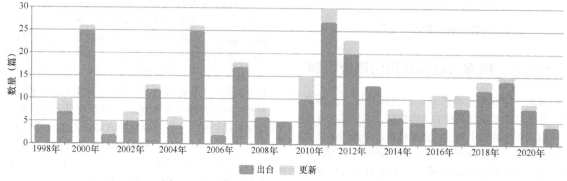

图 5　近 20 年间行业规范、标准发布与调整情况

在 10 年的变化时间内，植物景观教学也经历了 3 个大纲轮次的变化。时间与内容的耦合正是这三个轮次里重要的调整原则。尤其在第二、三轮次交替期间，不少标准、规范修订，植物景观室内课时减少、室外实践增加，教研室对规范、标准与教学知识点内容又进行了重新匹配，部分知识点的加入也与实践课程更好地结合。准确把握时代变化，提升教学弹性调整能力，是耦合机制中重要的环节。

3 教学实践及分析

3.1 规范、标准条款应用在植物景观教学中的分级

规范、标准有不同的执行力度，大致可以分为：(1) 底线控制型（含强制执行和不可越界的条款），比如2020年修订的《城市道路绿化设计标准（征求意见稿）》中提到："4.2.1 分车绿带内乔木树干中心距路缘石内侧距离应≥0.75m"是一则底线管控型条款；(2) 引导建议型（含推荐考虑内容和适宜的限定范围），比如2016年修订的《城市绿地设计规范》中条款 5.0.10 部分内容为："为了兼顾近期绿化景观效果，种植设计时，也可适当提高种植密度或栽种速生快长植物"是一则推荐执行的条款。

从内容上看分为风景园林基础型（风景园林相关定义、分类等基础内容）、通用型（适用于全国范围多数场景应用的条款）和专项细分型[5]，比如《植物园设计标准》CJJ/T 300—2019 中条款 5.2 露地专类园种植设计、5.3 展览温室种植设计。这部分条款涉及一些专项设计或管理内容（图6）。

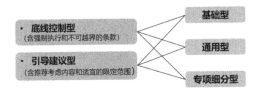

图 6 规范标准的类型叠加

在本文研究的规范、标准中，底线控制型标准并非多数（图7），但重要性却非常高。其中底线控制型多为绿地指标、空间尺度指标、植物存活的生态指标、城市管理的安全指标、绿地建设的质量指标等。这些条款几乎是教学中必须执行的"铁规"，是一切绿色空间规划、绿地设计的基础内容，和掌握植物生活及生态习性一样重要。"底线控制+风景园林基础型"被定义为"第一优先级"教学内容，需要学生对数据准确记忆，熟知这些限定的原因。引导建议型条款数量庞大，但并非强制执行，带有一定弹性，但其中的建议内容与具体操作时需思考的关键内容有关联，"引导建议型+通用型"被定义为"第二优先级"教学内容，需要学生准确复述哪几个思考层次，并由此拓展范畴进行求证性教学。专项细分型条款在教学中是"选择级"教学内容，并非所有专业类目都在教学大纲中，所以建议学生掌握课堂教学内容，选择学习其他专业类目。

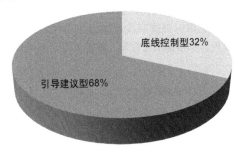

图 7 研究对象中两种类型的规范、标准条款数量比例

3.2 情境迁移的课堂教学设计

本科阶段植物景观课程需要学生达到的基本教学要求各学校有不同的设置和理解。北京林业大学园林学院对此有清晰的定义，本科课程由园林植物景观规划、园林植物应用设计两门必修课组成，学生基本能力要求包括：(1) 主要园林植物生活型、生态习性的理解与应用能力。(2) 从规划到设计的流程、内容深度的了解。(3) 使用植物进行空间塑造的能力。(4) 熟练绘制园林植物规划、设计图纸的能力[6]（图8）。

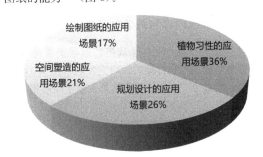

图 8 规范、标准与教学知识点的同要素场景数量比例

在此要求下建立规范、标准与教学知识点的同要素场景：关于植物生活型、生态习性的应用场景多建立在室外教学环节，分别按照乔木、灌木、草本、藤、竹进行汇总，比如乔木栽植间距、枝下高、定植点与路缘距离、与建筑距离，定植的基本标高与生态习性关系等内容可以建立在同一场下。这部分教学设计中共建立 42 个同要素应用场景，几乎在规范、标准中都可以找到相应的内容与规定，因为涉及植物生长，底线控制性和引导建议型条目比例都很高。可以将有关植物生活型特点与生态习性应用的基础知识非常完整地进行覆盖。

关于规划到设计流程、内容（含空间）的同场景迁移按照时间纵向贯穿于整个学时中，尺度从宏观到微观，从规划内容到设计内容、深度要求建立同要素迁移场景共30个。规划层面的规范、标准几乎都属于引导建议型，可以说明在规划层并没有对城市植被有更清晰的数据指导，比如《城市绿地规划标准》GB/T 51346—2019 中条目"应突出乡土植物景观特色，明确乡土植物的筛选、应用和推广措施"，因此教学中园林植物规划场景下与规范、

标准结合并不紧密。设计标准的条目比规划标准条目数量更多，范围更广，底线控制型、专项细分型比例升高。在教学场景应用时强调底线控制的作用，尤其应用在设计条件分析、栽植郁闭度控制、栽植时限、不同规划区的生活型控制等方面；有关色彩、韵律、节奏、比例、形态、肌理等层面教学中重要性高，但规范、标准层以引导建议型为主，结合意义不足（图9）。

图 9　标准条款与教学场景的相关性

3.3　规范、标准内容与教学知识点相关性分析

针对本文查阅的一百多条规范、标准条款与教学大纲中一百多条知识点进行相关性研究发现（图10），关于植物生长、生态、应用条件的限定条款教学应用相关程度最高，应用数量也最多，说明本科以基本概念、逻辑为基础的知识骨架已经成形，对学生知识结构的稳定性、准确性起到重要作用。这部分标准与教学的基础知识匹配完整，结合教学拓展设计能将各种园林设计、专项设计中植物基本定植问题解决。

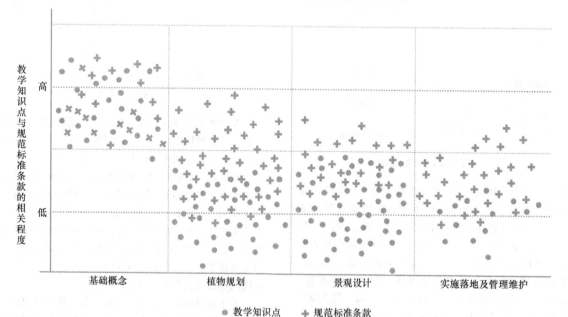

● 教学知识点　　＋ 规范标准条款

图 10　知识点与标准条款的相关性分布

在园林植物规划相关课程中，教学知识点与规范、标准相关性明显下降，这部分教学知识点占比3成以上，数量与重要性并不少，但相关联的标准文件数量不足，并且明显偏向引导建议型。根本原因是植物风貌规划、园林植物景观规划、植被规划暂时没有具体的内容与深度要求，北京林业大学园林学院的教学、研究略微提前于行业发展，突出求证性教学模式，基本建立了课堂教学的框架。但随着社会、行业对植物景观规划的要求愈发强烈，市场上已经有部分植物景观规划相关成果出台，现急需在行业标准层面对其成果文件、内容深度、基础数据控制等进

行定义与整合。

植物景观设计教学是本科植物景观教学的重头戏，知识点比重可占整个教学知识的4成，其中植物生长、生态、应用部分已经与基础标准结合，但已结合知识点数量占比不足4成，其次设计中色彩、节奏、韵律、肌理、季相、文化内涵等教学重点内容在规范、标准条款中多数为通用型＋引导建议型，已结合知识点内容占比超过六成。植物景观设计被称为"科学与艺术的结合"，从现有的知识点比例来看确实是这样，但在求证型教学模式下，一些定性描述的专业知识慢慢开始向定量模式下转变（比如课堂中，引导学生利用SBE法对植物景观进行定量评估）[7]，下一阶段教学中推动部分知识点转变，以各占五成为目标（图11）。

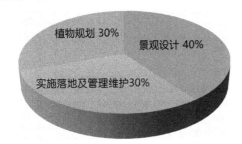

图 11　规范、标准与教学
知识点的相关性数量比例

植物景观实施落地及管理维护部分的标准颇多，但教学中课时有限，知识点排布数量不足。部分内容安排在《风景园林工程》课程中，但实施过程的质量要求直接关联、影响设计选用植物规格、层次等知识内容，现在这部分标准内容相关性较低，并没有很好的匹配，今后可能通过开设新的本科植物景观课程解决这一遗憾。

4　展望与思考

从教学实践来看，全国的植物景观相关教学内容形成系统不过十多年时间，不同高校有不同的教学重点。北京林业大学园林学院坚持在风景园林一级学科视野下发展园林植物景观规划设计，并从一开始就开展全尺度教学实践。从现有教学成果来看，植物景观设计解决策略比较完善，也取得了不错的教学效果；园林植物景观规划已具备完整的教学内容和成果要求，亟待在未来与行业规范、标准校核；花园设计、花境、花卉装饰等小尺度草本植物应用也收获丰厚的教学经验。教学尺度从1：2000的规划到1：50的花境设计全面展开，极大丰富了学生视野。

然而学时所限，知识点出现频率不够，对于加深课堂记忆、巩固学习成果有所影响。同时，在比例大范围切换时，学生知识输出的稳定性不足，充分说明了关于规范、标准的底层逻辑切换还并不熟练。因此，加强这部分教学内容的研究对教学质量显然有所帮助。另外，随着城市发展重点的变化，城市发展主调由"建设"变为"更新"。风景园林需要解决的问题愈发多样，植物景观教学也需要随着改变，一些传统的配置层面的内容也逐渐叠加了植物修复、自然系统、栖息地重建等知识，学科间交叉让教学面临更大挑战[8]。未来，植物景观教学必然是一个更加完整的课程系统，也需要对规范、标准不断地总结。

图表来源：

图1、图2、图4、图5、图6、图7、图8、图9、图10、图11由作者自绘；图3选用学生课程作业。

参考文献：

[1] 王新如. 迁移理论及其在教学中的应用[J]. 课程. 教材. 教法，1997(09)：15-20.

[2] 董丽. 北林园林学院植物景观领域发展概况及思考[J]. 风景园林，2012(04)：83-84.

[3] 吴承照，臧亭. 中国风景园林标准体系初步研究[J]. 南方建筑，2014(03)：47-55.

[4] 李佳怿，郑曦，阎姝伊，刘峥. 我国风景园林行业法规标准体系的发展与现状研究[J]. 工程建设与设计，2018(24)：26-28.

[5] 张凯旋，王云. 我国风景园林标准体系框架的构建研究[J]. 中国园林，2008(11)：71-74.

[6] 李冠衡，李慧，董丽. 结合专业知识背景的城乡规划专业植物景观课程内容设计——以北京林业大学为例[J]. 风景园林，2019，26(S2)：16-22.

[7] 张秦英，赵振宇，云舒楠. 研究生园林植物应用专题相关课程教学内容与方法探析——以天津大学为例[J]. 风景园林，2019，26(S2)：8-11.

[8] 王美仙，董丽，尹豪. "园林植物景观设计"实践教学改革初探[J]. 中国林业教育，2011，29(02)：71-73.

作者简介：

李冠衡/男/汉/博士/北京林业大学园林学院副教授/城乡生态环境北京实验室/研究方向为景观规划与生态修复、风景园林规划设计/liguanheng@bjfu.edu.cn。

通信作者：

董丽/女/博士/北京林业大学园林学院教授、博士生导师/城乡生态环境北京实验室/研究方向为园林植物景观与园林生态/dongli@bjfu.edu.cn。

风景园林标准、规范与植物景观教学内容的相关研究——以北京林业大学园林学院为例

* 设计闭环

——风景园林规划设计课程学生自我总结环节实践与思考①

Design Closed Loop

——Practice and Reflection on Students' Own Summary in Landscape Planning and Design Course

刘 骏*

重庆大学建筑城规学院

摘 要：风景园林规划设计课是本科课程体系的核心主干课，是培养学生创造力的重要环节。依托特定的设计课题，强调阶段性控制和反馈来达成教学目标，是目前风景园林规划设计课常用的模式。然而通过笔者的教学实践发现，在此过程中学生自我总结环节的缺失，往往会造成设计闭环的缝隙而影响了设计课的教学效果。研究基于笔者近 10 年风景园林规划设计课学生自我总结环节的实践，通过对 192 份学生自我总结成果的梳理，结合系统控制论在教学方法上的应用思考，在指出学生自我总结环节缺失存在问题的基础上，介绍学生自我总结环节的具体做法和实施要点；总结其在落实以学生为中心的教学方式、知识内化和能力提升以及达成"教""学"相长目标等方面的作用和意义；最后从具体的教学方法和手段上提出学生自我总结环节给风景园林规划设计课教学带来的启示。

关键词：风景园林；规划设计课程；设计闭环；教学反馈

Abstract: Landscape planning and design course is the core course of undergraduate curriculum system, and it is an important part of cultivating students' creativity. A common mode of landscape planning and design course is to emphasize phased control and feedback to achieve teaching objectives relying on a specific design topic, in the form of design studio. However, through the reflection on author's teaching practice, it reveals that the lack of students' own summary in this process often gives rise to flaws in the design closed loop and affects the teaching effect of design course. Based on students' own sum up in landscape planning and design course in author's 10 years of teaching of landscape planning and design courses and through combining the application of system cybernetics in teaching methods and spontaneous summing up results from 192 students, this paper points out that the problems exist in the lack of students' own summing up, and introduces the specific methods and key points in implementing students' spontaneous summing up; furthermore, this paper summarizes its role and significance in promoting the implementation of student-centered teaching method, the establishment of students' own cognitive framework and achieving the goal of comprehensive communication in teaching and learning. Finally, from the specific teaching methods and means, this paper demonstrates the enlightenment of students' own summary concerning the teaching of landscape planning and design course.

Keywords: Landscape architecture; Planning and design course; Design closed loop; Teaching feedback

"风景园林规划设计"是一门融入艺术、科学、社会、经济相关领域知识的综合性课程，具有理论与实践高度交叉的特点[1]。在风景园林本科课程体系中，风景园林规划设计课是主干核心课[2]。规划设计课贯穿学生本科学习的全过程，既是风景园林本科课程体系的主干，统领着其他所有课程，也是培养学生敏锐观察力，综合利用知识能力，以及创新解决问题能力的重要手段[3]。由于其在课程体系中的重要性和人才培养中的所起到的关键性作用，风景园林规划设计课历来都是教学研究的重点对象。

对风景园林规划设计课教学的研究围绕课程对学生创造力培养这一核心展开，已有研究成果表明以序列或模块的架构，通过问题导向，主题模块的方式组织教学内容，问题由浅入深、主题由简单到综合，覆盖风景园林必备知识和技能，同时与其他课程形成紧密的联系的风景园林规划设计系列课程体系的建构，是学生创造力培养的基础[4-7]；随着时代的发展，数字技术和虚拟现实技术的引入，突破了规划设计课传统教学方法的局限，加强了实证性知识体系集成融合，提升了教学效果[8,9]；围绕创造力培养与设计思维训练关系的研究，无论是基于复杂理论[10]、可拓学菱形思维模式[11]的思考，还是"四结合"[12]等教学模式的尝试以及不同专业背景院校风景园林规划课程教学的实践，研究表明，风景园林规划设计课依照课程体系建构的内容，以主题的 Design Studio 形式推进，在每一个 Design Studio 教学中，围绕主题和训练目标，以前期分析、概念形成、设计方案、综合评价等过程的推进，通过过程控制和完善的评价机制来训练学生的设计思维达成设计课的教学目标[13]，是目前风景园林规划设计课常用的教学模式。

① 2019 重庆市高等教育教学改革研究重点项目"基于创造力培养的风景园林实践系列课程建构"（编号 192003）。

风景园林教育理论与实践

与真实的设计过程相比，设计课以综合评图的方式代替了产品（作品）使用后的反馈和评价，学生在无法完全理解这些反馈信息的情况下会造成对设计课教学效果的影响。以笔者的教学经历来看，学生在上一个设计学到的知识和技能不能很顺利地在下一个设计中加以应用，有的学生甚至仿佛又回到什么都不会的原点的现象时有发生。针对这一问题，沈洁在论文中谈到了评图后的"管理"环节，即通过学生的自我总结来加强设计闭环反馈[14]。早在2011年笔者即开始了关于设计闭环的相关教学实践，坚持在设计课的终期评图后加入学生自我总结环节，以探讨学生自我总结与设计闭环以及风景园林规划设计课教学目标之间的关系。本研究正是基于10年来共收到的192份学生设计课自我总结，通过梳理和解读，结合10年来教学实践的经验教训，探讨学生自我总结缺失给设计课教学带来的问题，自我总结的具体做法及作用和意义，提出学生自我总结对风景园林规划设计课的启示，以期为风景园林规划设计课教学研究提供可参考的经验。

1 设计闭环缝隙——学生自我总结环节缺失的问题

闭环（Closed-Loop）是控制理论中的一个基本理念，闭环也称闭环结构，是指在系统里能够通过负反馈的作用使得系统中的某些因素自我调节、自我跟踪其目标，进而达到稳定、平衡、连续的状态[15]。闭环结构揭示了客观世界中存在着循环式的因果关系，即原因产生结果，结果又影响原因，这种原因结果相互转化的循环模式关系，即首尾相接的圆圈式因果链，而不是单纯的直线式因果链[16]。设计及设计课教学推进的过程正是这种典型的循环式因果链（图1）。因此，要在设计课教学中通过一次次的设计循环以达成学生知识、能力提升的目标，就要在每个主题单元的设计课题形成闭环，即在设计课最终评图结束之后，设计者（学生）对最初的设计目标以及设计过程和结果进行反思，得出结论以形成下一次设计循环

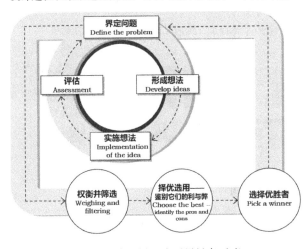

图 1 设计的循环式因果链条示意

的基础和动力（图2）。在目前的教学中，显然对这一环节的重视程度不够，设计闭环中缝隙的存在，也就是学生自我总结环节的缺失，带来了如下的问题：

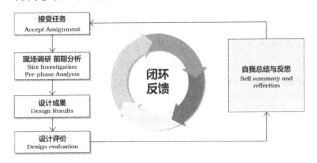

图 2 通过自我总结形成设计闭环

学生自我总结环节的缺失使学生在设计过程推进中处于较为被动状态，对过程推进没有自觉认识，尤其在低年级这一问题更加突出。设计是以发现和界定问题为基础，以解决问题为目标导向的推进过程，由于对目标没有明确的认识，也不清楚过程与目标的关系，学生对每个阶段出现的问题认识不深刻，对整个过程认识也不全面，这样同样的问题被带入下一个设计循环，对学生设计能力的提升形成较大的障碍；其次，由于问题认识不够，学生在下一个设计环节中，主动调节问题的动力不足，这些问题不仅仅是设计方案上的，甚至包括时间的安排、表达方式的选择、设计工具的运用等；再者，每阶段评图时间有限，教师对学生问题的了解也不够全面，尤其是在整个设计过程中，学生思想情感上的变化更是无从知晓，但这些会影响学生的学习状态而最终影响学生的设计成果，情感交流不畅，甚至会影响"教"和"学"的热情。

基于这样的认识，结合笔者教学经验的直觉思考，从2011年开始学生自我总结环节的实践，以形成首尾相接的因果循环链的设计闭环，探讨设计闭环对风景园林规划设计课教学的影响。

2 设计闭环营造——学生自我总结环节的具体做法和实施要点

2.1 学生自我总结的具体做法

（1）时间安排

笔者所承担的两个设计课题包括三年级风景园林规划设计第1个Design Studio"校园场地设计"和第4个Design Studio"居住小区景观设计"，"校园场地设计"的自我总结安排在第一学期两个Design Studio之间的GAP周，"居住小区景观设计"的自我总结安排在短学期的第一周①。这两个时间段是学生学业任务相对轻松的阶段，学生们有足够的时间和精力来整理8周设计课所积累下来的所有资料和思考，可以静下心来发现设计课推进过程中出现的种种问题。

---

① 2018年开始重庆大学本科教学实行3学期制度（两长一短的学期制，每个设计课题教学时间从9周减为8周），笔者所承担的"校园场地设计"为三年级第1个风景园林设计课题，共8周时间，与第二个设计课题"城市公园设计"之间有1周的间隔（GAP周）；"居住小区景观设计"为三年级第4个风景园林设计课题，共8周时间，之后是1周的考试周，考试周后为3周的短学期。

（2）内容与形式

学生自我总结的主要内容包括从接受任务、现场调研、方案初步构思、方案一草二草到深化和最终评图的全过程回顾，回顾内容不仅限于所学的相关基础知识和设计方法，还包括设计过程中的身心状态，情绪变化，以及收获感想和问题等等；总结形式要求图文并茂，在文字表述中，必须加入调研记录、所有草图、模型照片、案例分析图片资料（图3）。从提交的总结可以看出，这样的内容和形式要求可以很好地督促学生主动关注设计课的过程推进，学生们不仅收集了设计过程的所有草图，还有现场感性认知、上课笔记、读书笔记、案例解析感想、设计思路发展框图等，有的同学甚至还注意拍摄了老师教学和评图的情景（图4）。这样的关注使学生对各阶段的训练重点有更清晰的认知，同时还可以养成及时记录，随时整理（包括资料和思路），不断整理提升的良好习惯。

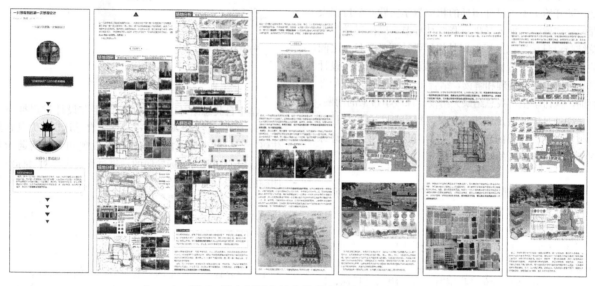

图3　学生以图文并茂的形式完成自我总结

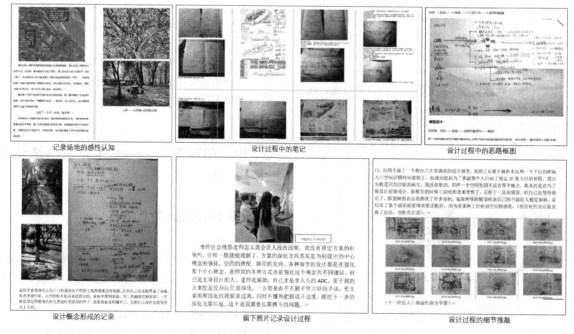

记录场地的感性认知　　　　设计过程中的笔记　　　　设计过程中的思路框图

设计概念形成的记录　　　　留下照片记录设计过程　　　　设计过程的细节推敲

图4　学生主动记录设计过程的点点滴滴

2.2　实施学生自我总结的要点

从学生自我总结的内容和形式的要求可以看出，提交最终的总结成果并不是增加这一环节的重点，自我总结的目标是借助这种形式强化学生对设计过程的自觉关注，同时在关注的过程中不断充实知识，建立自己的认知和知识框架，通过一次次设计闭环的营造，将设计过程中的知识和思考不断地填充到自己的框架中，促进知识内化和能力提升。

笔者在学生自我总结实施过程中总结了3个要点：首先，应预先告知学生自我总结提交的时间、内容和形式等具体安排，同时，在教学过程中随时提醒学生保留好设计过程中所有资料和思考的文字记录，督促学生自觉关注设计过程；其次，学生自我总结环节与设计课成绩评定脱钩，总结成果不计入成绩考核内容，让学生在完全轻松的氛围中，以真实的状态回顾自己整个设计过程，客观地去思考自己在设计课的8周时间出现的各种问题；最后，在学生提交总结的一周之内要进行及时反馈，对于没有搞懂的知识点以及设计方法的困惑等问题给予解答，对于情感和情绪上的问题则应该加以鼓励和激励，以保持学生对专业的热情。通过对已提交的总结梳理，可以看到，在轻松的状态下，学生们会对设计过程中出现包括时间安排、学习方法、软件应用等方方面面的问题进行全面回顾，并表达了比较强烈的在后续的学习中加以调整的意愿，这也表明学生自我总结所形成的闭环，对自我调节动力的提升有较大的作用（图5）。

各阶段问题的详细总结　　　　学习方法的总结

各类问题的详细总结　　　总结意义的感受　　　对未来的设计更有信心

对未来的展望

图5　自我总结中学生表达了较强的自我调整意愿

3　设计闭环功能——学生自我总结环节的作用和意义

3.1　通过完善形成性评价（Formative Assessment，FA）推进以学生为中心教学理念的落实

在《国家教育事业发展"十三五"规划》中，针对高校教学存在的问题，明确提出"深化本科教育教学改革……推行以学生为中心的启发式、合作式、参与式和研讨式学习方式，加强个性化培养"的要求。从2018年开始，教育部高教司也举办了系列活动全面推动中国本科教学改革，提出要从课程开始，改革的三个方向包括学生中心、效果导向、持续改进等[17]。至此，在国际上受到广泛认可的以学生为中心的教学理念在国内逐渐受到重视。美国"以学生为中心"的本科教学改革研究表明改变传统的终结性评价（Summative Assessment，SA）为形成性评价（Formative Assessment，FA）是以学生为中心的教学理念改革的主导要素之一[18]。形成性评价（FA）的目标是为了收集学生学习状态数据，以便反馈教学，其特点是在教学过程中进行。由于风景园林规划设计课是以系列或模块化的方式建构，每个设计课题（Design Studio）只是整个大的训练过程的组成部分，所以在现有阶段性评图的基础上，加上学生自我总结的环节，可以完善形成性评价的内容和形式，以建构完美的反馈闭环，切实落实以学生为中心的教学理念。

3.2　通过设计过程的自觉观照实现学生认知框架的自我建构

根据建构主义心理学研究表明，学习是学生在自己头脑中建构认知框架的过程，教师的责任则是设计、引导和管理这个过程[18]。风景园林规划设计课具有很强的综合性，是学生将所学的知识融会贯通并加以运用的主要载体，因此，也担负着学生知识和认知结构建构的重要任务。增加自我总结环节，从课程一开始就提醒学生自觉观照设计过程的推进，可以让学生更清楚地了解各阶段的目标期望、任务要求、问题重点、知识需求等，提高学生主动参与过程的程度，使学生处于积极的学习状态，而当学生处于积极学习状态时，学习就能从"学了就忘"的浅层学习变成"终生难忘"的深度学习。在整个过程中，学生通过对设计课全过程的调研记录、所有草图、模型照片、读书笔记、案例分析图片资料的收集整理以及随时的思考记录，可以积累相关的知识和认知，在此基础上，通过老师的引导，对这些东西进行有效的分类整理，便可以逐渐建构起自己的认知框架。

3.3 以全方位的交流达成"教""学"相长的目标

教学目标的达成犹如像瞄准打靶，除了需要必要的知识和技能外，身体的状态、情绪的变化等都会对结果产生重要的影响。然而，在传统的教学中，无论是传统的总结性评价（FA），还是以阶段性评图形式推进的形成性评价（SA），对学生学习状态的了解都聚焦于学生在规划设计课中所掌握知识和设计技能，对于全过程中学生学习兴趣、学习热情、身心状态以及时间安排等情况无从把握，这些看似与规划设计无关的事宜其实对学生学习效果有着非常重要的影响。增加学生自我总结环节，实际是打通了师生全方位交流的通道，不仅学生可以全面审视自己的设计过程，将过程中出现的问题，遇到的困惑诉诸文字，通过闭环反馈让老师更全面了解教学存在的问题，在随后的教学中不断调整，以达成教学相长的目标。

4 设计闭环思考——学生自我总结对教学的启示

在风景园林规划设计课中实施学生自我总结的实践已经有10年时间，通过学生自我总结所形成的设计闭环

给笔者的反馈，结合教学研究的时代发展，融入新的教学理念和教学方法，对风景园林规划设计教学进行了持续的改革调整。

4.1 开展阶段性控制及多样化的案例教学，突破设计瓶颈

案例教学是风景园林规划设计课常见的教学手段，案例教学在激发了学生学习热情、提升实践能力等方面有着重要的作用[19]。这些作用在学生的总结得以证实，从总结中可以看到，在设计推进的不同阶段，合适的案例都能给学生以不同的启发，另外，案例的来源也非常多样化，老师的推荐、实地的参观、自己在生活中的发现等（图6）。基于这些总结启示，在案例教学中，笔者强化了两个特点，即阶段性和多样化：阶段性是指控制各阶段案例学习的重点，多样化是指案例的获取和学习的方式。以笔者指导的"居住小区景观设计"为例，学生在开始设计的初期，案例学习的重点是把握小区景观设计与其他类型设计的不同气质和氛围，案例选取不仅包括各种风格的经典实例，还有相关的论文和书籍的研读；概念形成和推演阶段，要求学生案例学习的重点放到从分析到概念提取、从概念演绎到空间形式形成的过程，这一阶段案例选取不仅限于小区景观，还包括各类设计竞赛等；在方案设计及深化阶段，重点则是针对自己方案存在的问题，点对点地通过案例学习找到解决问题的办法，这些问题可能是某种功能空间的尺度、具体的高差处理方式、铺地的材料、植物的搭配等；在成图阶段，案例学习的重点是图纸的表达形式和技法。案例的来源则包括书籍、杂志、网站、实地调研等，案例学习方式包括学生自学、课堂讨论、邀请设计师现场讲解等（图7）。

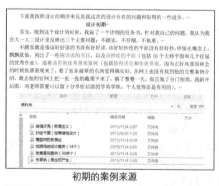

初期案例来源

初期案例学习感想

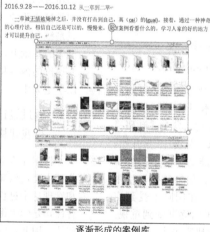

中期老师推荐的案例作用

逐渐形成的案例库

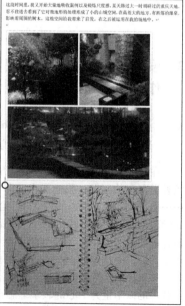

从生活中学习的案例

图6 学生自我总结中反映出来的多样化的案例来源

龙湖田总介绍"春森彼岸"案例　　　　龙湖"睿城"案例参观　　　蓝调景观任总线上教学为学生解读山地住区景观设计案例

图7　形式丰富的案例学习方式

4.2　发现学生感性思考亮点，引导学生结合理性分析推进设计

设计的推进是感性思维和理性思维交织作用的结果，如果说理性分析是可以教授的话，则感性认知则需要长期的培养和引导[20]。通过学生的自我总结发现，如果能在设计中将自己对场地最初的感性认知贯彻到设计的整个过程，结合理性分析形成一个富有特色和个性的设计成果，对学生的设计兴趣和能力的自信有极大的提升，相反则会有较大的挫败感和较低的获得感（图8）。基于这样的状况，在设计课教学中不仅要重视场地踏勘阶段启发学生对场地特性和问题的敏感观察，还要注意发现学生感性认知的亮点，并帮助学生将这些特有的认知转换成解决问题的设计方案。

鼓励学生找到自己的设计概念

设计方向的肯定给学生信心　　　设计过程的明晰让学生爱设计

肯定学生的选择并加以引导

用开放的态度保护学生的设计想法

图8　发现学生设计中的亮点加以引导可以帮助学生顺利完成设计

4.3　督促学生建立资料库，帮助学生建构认知框架

建立起自己的认知框架是知识内化的重要手段。风景园林规划设计课学生自我总结环节也是学生整理所有收集资料的环节，将设计过程中积累起来的资料按自己的方式加以分类，并形成每个人独有的资料库，并在往后的学习中不断充实，同时根据资料和自己认知的变化调整资料库的分类建构形式，形成稳定的认知框架结构，对学生专业的学习甚至终身学习都有非常关键的作用。在这个过程中，由于学业导师制度的推行①，可以在规划设计课题结束以后，长期跟踪学生资料库建设的情况，定期的督促检查可以保证资料库建设的连续性，同时还应根据每位同学的特点，引导学生对资料库进行分类整理，帮助学生尽快建立自己对专业的认知框架。

---

①　重庆大学建筑城规学院学业导师为设计课教学经验丰富的教师。学生从一年级开始选择学业导师，学业导师就专业学习方面的问题，利用课余时间给予学生从一年级到五年级的连续指导。

5 结语

通过学生的自我总结形成设计闭环的教学实践源于多年教学经验，而对于设计闭环在风景园林规划设计课中作用和启示的思考则来源于系统控制论以及以学生为中心的教学理念与方法的学习。随着教学理念的发展，以及网络教学、数字化教学等新的教学方法的出现，风景园林规划设计课教学将迎来新的挑战，这一课程不仅是培养风景园林专业人才的重要手段，对学生终身学习的养成也有积极的作用，因此，在新的时代，风景园林规划设计课教学需要更多更深刻的探索。

图表来源：

图1、图2作者自绘，图3～图6、图8为整合学生自我总结资料，图7作者自摄。

参考文献：

[1] 朱颖. 风景园林规划设计课程实践教学探索[J]. 高等教育，2016，25(02)：157-161.

[2] 高等学校风景园林学科专业指导委员会编. 高等学校风景园林本科指导性专业规范(2013年版)[Z]. 北京：中国建筑工业出版社，2013.

[3] 刘骏，杜春兰. 探索体系化的风景园林本科课程模式建构[C]. 中国风景园林学会2010年会论文集(上、下册). 北京：中国建筑工业出版社，2010.

[4] 刘志成，郑曦. 全新的模式全新的系统——北京林业大学园林学院风景园林设计课程教学模式改革探讨[J]. 风景园林，2015(07)：20-23.

[5] 胡一可，邱诗尧，许涛. 天津大学风景园林专业本科培养体系构建[J]. 城市建筑，2019(12)：59-63.

[6] 李瑞冬，金云峰，沈洁，李涛. "共享平台"下风景园林专业本科课程设计教学改革研究[J]. 风景园林，2018(01)：118-122.

[7] 许晓青，赵智聪，廖凌云. 宾夕法尼亚州立大学风景园林专业本科课程设置的特色与借鉴[J]. 风景园林，2015(07)：39-45.

[8] 李哲，成玉宁. 数字技术环境下景观规划设计教学改革与实践[J]. 风景园林，2019，26(S2)：67-71.

[9] 王思元，吴丹子. 虚拟现实技术在"风景园林设计"课程教学中的应用[J]. 中国林业教育，2019，37(3)：51-54.

[10] 金云峰，李涛，李瑞冬. 基于复杂理论的《景观规划设计》相关课程适应性教学方法研究[J]. 广东园林，2020(03)：74-77.

[11] 叶郁. 基于可拓学菱形思维模式的3S风景园林设计教学方法研究[J]. 重庆：西南师范大学学报(自然科学版)，2015(11)：193-197.

[12] 苏同向，王浩. 南京林业大学园林规划设计课程教学改革探讨[J]. 安徽农业科学，2014，42(17)：5720-5722.

[13] 李文，张俊玲，张敏. 引导 拓展 融合——东北林业大学风景园林规划与设计I课程教学改革[J]. 中国园林，2017(04)：74-77.

[14] 沈洁. 景观设计思维的培养途径与教学探讨——从设计思维的特性谈起[J]. 风景园林，2018(06)：124-129.

[15] 李琦，刘大平. 建筑遗产保护循证实践闭环中的后效评价[J]. 新建筑，2021(02)：132-135.

[16] 周兆经. 反馈理论的演化及发展[J]. 科学技术与辩证法，1991(05)：43-49.

[17] 赵炬明，高筱卉. 赋能教师：大学教学学术与教师发展——美国以学生为中心本科教学改革研究之七[J]. 高等工程教育研究，2020(06)：17-36.

[18] 赵炬明. 关注学习效果：美国大学课程教学评价方法述评——美国"以学生为中心"的本科教学改革研究之六[J]. 高等工程教育研究，2019(11)：9-23.

[19] 许晓明，刘志成. "风景园林设计"课程案例教学探析[J]. 中国林业教育，2018，36(03)：47-50.

[20] 刘骏. 基于设计思维训练的风景园林实践课程系列化建构研究——以重庆大学风景园林本科教学为例[J]. 风景园林，2018(增刊1)：68-74.

作者简介及通信作者：

刘骏/1969年生/女/重庆人/工学硕士/重庆大学建筑城规学院/山地城镇建设与新技术教育部重点实验室/风景园林系主任/副教授/研究方向为风景园林规划与设计/城市绿地系统规划研究(重庆 400045)/13368398443/culj@163.com。

*社会观察视角下的城市景观设计课程架构与教学法研究①

Case Study of the Urban Landscape Design Studio Framework and Teaching
Methods Based on the Social Survey and Analysis

刘恺希　常海青*

西安建筑科技大学建筑学院

摘　要： 西安建筑科技大学《城市景观设计 Studio》课程自 2012 年开设以来立足风景园林学科本身，展开基于不同视角的设计课程教学思路与方法探讨。本文围绕"社会观察视角下"城市景观设计 Studio 的课程框架建构、教学过程介绍、教学方法探索及优秀案例分析，介绍了近年来取得的一部分教学成果及教学团队的思考。该课程建立在城市更新阶段背景下，面对与风景园林规划设计相关的社会热点问题进行调查、研究和讨论，在社会学的视野下观察并理解真实的社会现象与空间设计问题。通过案例介绍教学过程中如何应用社会调查与分析方法解读现代城市空间设计中的"社会—空间"的过程。最后，基于社会学视角理解城市与环境、文化、地域等的关系并能够在设计中加以应用。

关键词： 城市景观设计 Studio；城市设计；社会观察；社会学调查与分析；设计教学方法

Abstract：《Urban Landscape Design Studio》course first start in Xi'an University of Architecture and Technology for the Landscape Architecture (LA) students from 2012. This studio was founded by several different research areas by different tutors. "Urban Landscape Design Studio based on the social observation" course was one of them and already got some great experience. This paper will first introduce the course framework, teaching process, teaching methods and excellent students works. Secondly, the social survey and analysis method asked to be used in studio work process and to read the relationship of "social space - urban space". Thirdly, it will discuss how to bring out an design idea after the understanding of urban design with different influence aspect and how to use the landscape design elements in the urban landscape design projects.

Keywords： Urban landscape design; Urban design; Social observation; Social survey and analysis; Design teaching methods

1　城市景观设计课的开设背景

从城市设计的核心问题来看，其解决的首先是"城市"问题。对于今天的社会而言，城市被提到了前所未有的高度。在中国城市化率突破 50% 之后，城市已成为国民经济发展的重要载体，从增量扩展规划到存量空间治理的发展方向也赋予新时代城市发展的目标与方向。城市设计是针对城市空间问题的技术方法，是一门解决城市与人的具体学科。风景园林学科的终极目标是将人的活动与有生命的土地建立联系，和谐共处，其中人的活动就包括了当前人类聚居最重要的空间表现形式——城市。将城市作为为风景园林专业研究的时代背景、空间背景、环境背景是当前教学的重要方向之一。在这一大背景下，现行风景园林学专业《城市设计》课程教学框架亟待完善，其培养目标也要进行相应调整。

通过对既往训练中学生反馈的情况，总结其学习过程中的问题和困惑，发现，第一：对城市结构的概念理解不足，理性分析方面有所欠缺；第二，对不同尺度下的城市问题无法厘清，认知视角缺乏风景园林学科特点，跳脱不开建筑学与城乡规划学的认知方法；第三，对城市视角下的空间设计要素掌握不足。对于这些问题的教学往往杂糅在风景园林专业各个教学单元之中，呈现碎片化，重复性等不成体系的特征，使得学生也无从对城市这一复杂的巨系统产生较为全面和深刻的认识，从而无法形成从城市设计概念，设计方法与设计实践的有效链接。

自 2012 年该课程开设以来，经历 3 轮次课程建设及教学改革，将推进建筑院校背景下的风景园林专业建设的独特之处，强化本科学生在城市设计课题上的理论与实践水平为目标。形成系统的具有风景园林学科特色的城市设计课程教学框架，由《环境行为学》、《城市设计原理》、《历史城市景观保护与更新理论及方法》等课程将与景观社会学及社会调查共同组成具有风景园林学科特色的"城市设计"课程群，并组建形成多元的教学团队。

"社会观察视角下"城市景观设计 Studio 的开设正是立足于这一课程体系之下，以理解"空间-时间-社会"为目标，辅助学生形成个人的设计价值观，并能够将设计研究与设计创作更好地融合起来。

① 基金项目：西安建筑科技大学一流专业子项目建设（课程建设类）《城市景观设计 Studio》课程建设；西安建筑科技大学一流专业子项目建设（实践教学类）"社会观察视角下的调查实践与分析方法工作营及城市风景园林设计课程工作坊"。

2 "社会观察视角下"的《城市景观设计Studio》课程框架建构

2.1 课程设置的基本逻辑

2.1.1 "社会学视角"引入城市设计课程的必要意义

在当前国家提倡推动社会主义文化大发展大繁荣，推进生态文明建设，坚持节约资源和保护环境的基本国策，提倡文化觉醒、文化崛起，并寻找中华民族的文化自觉。中国文化传承至今已有5000年历史，经历朝代更替，都是在同一个社会结构模式下迭代着，且具有地理的或是空间结构上的特点，这种文化的时空特征与形态特征是具有联系的。

2.1.2 关于风景园林学科核心知识教授的途径

中国风景园林学科发展时间不长，学科建设正在逐步完善，传统的风景园林设计与教学中对社会学及社会调查方法的关注不够，与社会学相关的课程设置也以理论介绍为主。风景园林设计项目的前期调研中虽提倡更多的关注"人"的活动及需求，但因调查方法缺乏而使得这部分的分析研究偏于定性判断，定量研究不足。

风景园林不仅仅是个实际操作的学科，更需要寻找实践背后应遵循的机制，建立自己的理论体系，以应对城市发展过程中注重功能与产业结构的城市空间布局形式与传统城市形态之间的矛盾，同时也应对西方理论体系与中国本土文化之间的矛盾。故而通过社会学领域的相关知识以认识基本的景观空间再进行设计是当前依托理论进行风景园林实践的一种途径。

2.2 课程目标

2.2.1 理解城市是一种复杂的社会系统

面对今日的城市，我们如何看待它及它的设计问题是本课程一个原命题，我们最初把城市看成一个物质空间，继而认为城市是一个经济体系，再深入进去就会发现城市是一种复杂的社会系统。我们的城市设计应是社会的、经济的、财政的关系在空间上的映射。

2.2.2 能够应用社会学的研究方法解决城市设计问题

强调使用"社会学的方法"，不能仅仅通过上网浏览、文献检索的方式做研究，一定要通过实地观察、场地注记、问卷调查、访谈等社会学的调查方法来开展研究。这样一来同学们就不能仅仅依赖他们平时非常熟悉的计算机和互联网，而要走出校园面对不同社区的居民、游客、科技人员、失地农民、政府官员等城市中不同的社会群体。既要克服不同语境下交流不畅的障碍，也要尝试与不同身份的人交流的方法。

2.2.3 理解设计来源于生活

作为本学科在社会科学、人文科学方面开设的唯一

一门综合性课程，将针对最直接相关的社会经济心理问题。课程中会涉及当代中国城市风景园林规划建设中一些突出矛盾，要让同学去接触社会学、社会心理学、行为学等的一些基本概念。

2.3 课程特色

本课程其独特性在于设计研究的代入，与以往的设计课有所不同的是，在该Studio的教学环节设计中加入了大量的前期研究内容，这些研究有时会围绕学生的个人兴趣，有时会根据某个社会热点话题展开，也会由教师直接指定某个主题。作为课程的准备工作，需要学生利用课余时间完成由学生自己拟定的阅读清单，并与指导老师展开定期讨论。虽然这些研究很难在短时间内形成系统的理论框架，但是对于提升学生的理论水平和对于下一阶段的社会观察起到很好的知识储备作用。

其次，在课程训练环节中加入了系列空间操作环节，包含机理操作，结构操作，形态操作等，以使得风景园林的学生能够迅速有效的建构起设计的基本逻辑。

最后，在Studio课程的选题与场地选择方面会倾向选取社会问题较为复杂，行为活动丰富，有较好的研究价值及设计可能性的场地，从而激发学生对于复杂社会问题探讨的兴趣，同时可以提高对于复杂问题的解决能力以及理解设计的有所为而有所不为，建立初步的设计价值观。

3 社会观察视角下的空间解读方法与设计操作流程

3.1 核心概念：社会观察

针对与风景园林规划设计相关的社会热点问题进行调查、研究和讨论，以社会学的视野和方法，观察与理解真实的土地，以及存在于土地之上的社会问题。通过社会观察的基本方法解读社会阶层与社会空间结构，分析社会价值取向与构建和谐社会的关系，尤其是理解现代城市空间设计中的"社会—空间"的过程以及社会与空间之间的关系。核心问题是具有对现实社会中的景观问题展开规范的和较深入研究的能力，认识到景观在城市中扮演的角色，提升学生认知层面的能力，能解释风景园林学所面对的社会问题与城市文化、地域、环境等的关系。

3.2 训练环节：设计流程

第一步，关键概念研究。选择一个感兴趣的课题并展开相关研究与关键概念的探索，以建立相应的价值体系，如"城市更新""折叠城市""空间转向"。或是对某部重要著作的解读，如对《城市设计》一书所进行的解读（图1）。

第二步，社会-空间解读。通过Programming流程法、SWOT矩阵分析法、Landscape Social Investigation景观社会调查方法（图2）、Mapping Place Identity历史场所特征调查分析法等系列方法（表1）的讲授，评估地段现状，发现优势与问题，研究机遇与挑战，通过评估寻找"强强联合""扬长避短"，实现"取长补短""避实就虚"

的方法途径，训练学生寻找设计目标，形成设计观念。在社会观察的基础上找到设计的切入点，制定相应的设计策略，获得地段的更新机制或寻求解决问题的路径(图3)。

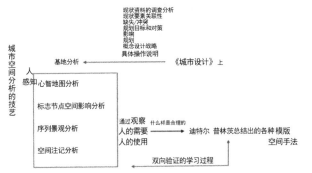

图1 《城市设计》解读

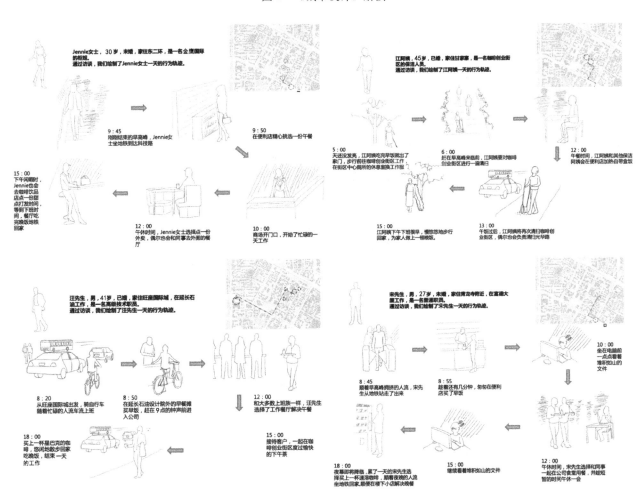

图2 社会行为观察方法

社会观察常用方法　　　　　　　　　　　　　　　　　　　　　表1

方法	理论与参考	操作方式	应用
"place maker"法	Marichela Sepe《Planning and Place in the City》	通过分析某个城市区域场所的空间符号，提取将感知进行量化的空间要素和描绘五感与印象中的典型场所与场景	对设计提出保护、重塑和增强场所认同的意见
认知地图法	凯文·林奇意向地图	使用某种工具或材料，在纸上或图上将空间意向记录下来的方法	让被调查者通过自己的印象和生活经验最直观的表现出对场地空间的认知

方法	理论与参考	操作方式	应用
时空注记法	环境行为学与城市设计的图示法 Mapping	使用平面记录的手段诉诸于图示、照片和文字，从而对空间的特点进行表达	在城镇设计和环境改造实践中得到广泛应用
行为注记法		基于观察使用者的行为，将行为主体作为数据标注在平面上，将行为活动与景观空间一一对应的，客观真实地重现使用者的时空分布以研究行为的频次、类型、数量等于实体环境的相互联系	用其调查结果反馈的信息去系统化地评估建成环境的使用情况，并为景观空间的改造和规划设计提供指导依据
动线观察法		记录个体的运动轨迹。调查者持有一张地图，从选定的地点跟踪行人记录其步行轨迹，需均衡年龄和性别对使用者的行为和动线进行图示化呈现	总结实体环境要素对使用者行为的影响

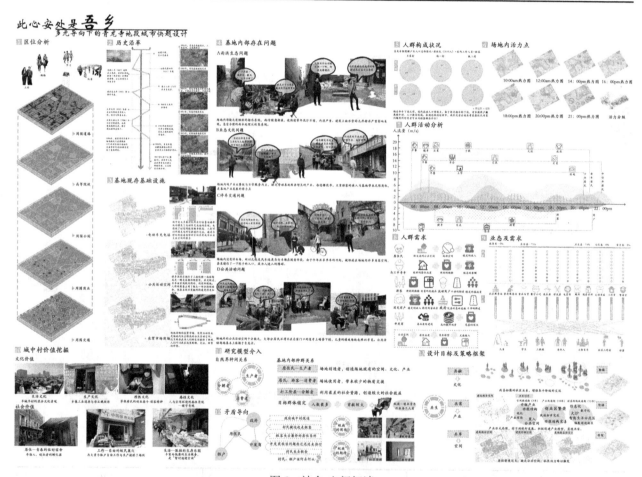

图3 社会-空间解读

第三步，空间操作，主要包括肌理操作、结构操作和形态操作。该过程是进入空间设计的热身运动，通过2周时间让学生迅速从研究讨论状态进入空间设计状态，既能快速将前期研究转化到设计中去，也能很好的代入核心概念，将已有的一些设计手法整合到较为复合的城市设计中去。

肌理操作是利用传统的图底理论从地段肌理的整体性入手，理解整体环境的尺度关系，并通过对肌理的完善或调整来获得在形态上的空间策略。结构操作来源于规划结构设计，另外加入风景园林设计要素的结构，希望在结构层面解决除了功能区划、交通组织等基本问题外还能够置入自然要素。形态操作立足于场地的形态模式建构，自下而上或自上而下获得空间设计导则（图4）。

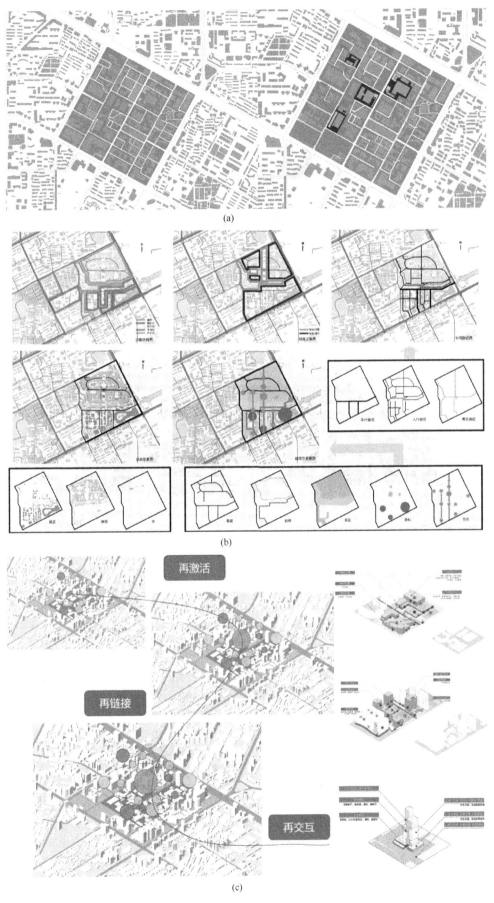

(a)

(b)

再激活

再链接

再交互

(c)

图 4 空间操作步骤

(a) 肌理操作；(b) 结构操作；(c) 形态操作

第四步，设计导则制定与空间设计。

总平面布局设计时应注意研究规划地块与周边地区在功能定位、空间布局、建筑风格、环境要素等方面的相互匹配，处理好地块与高新产业、周边居住、城市街道以及其他各相邻地块的整体关系。注意研究范围内各种功能之间的相互关系，寻求适宜的功能组织结构，避免在交通、动静等方面的相互干扰。对研究范围内的现有建、构筑物，由学生自行决定其拆除比例和改造利用方式，并阐明理由。在满足各项功能要求和规范的基础上，利用该地段的特殊性提出富有创造力的设计方案，建立鲜明的城市地段意象（图5）。

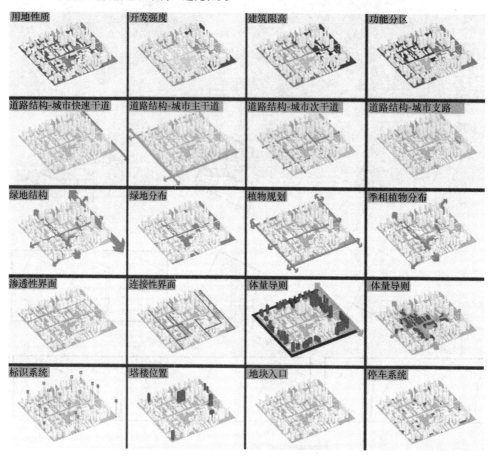

图5 形态设计导则

4 "社会—空间"解读方法的案例分析

自组织模型的西安市太平堡片区更新改造设计。

中国大规模的城镇化导致人口向城市地区大量迁移，其中亦包括数量庞大的低技能劳动人群。但受制于经济收入压力和户籍限制，这些人群大多只能聚居在城中村。如何包容这些人群，并为他们提供安身之所，成为城市目前面临的巨大挑战。本次城市更新设计立足于社会学调研分析结果，意在设计一个满足太平堡使用者需求改进场地人居环境及活力的方案。不同于常规思路的将原有城中村边界进行开放，在城市文化旅游中心进行大规模商业开发建设，结合前期社会学调研，如无结构观察，人群构成，产业结构等一系列分析，同时进行开发模式分析，结合涌现理论对置入业态的模拟分析推演，最终提出采取居民自组织的演进策略如下：

步骤一：微疏通——路网、人口、空间

（1）路网体系：基地现存道路只存在沿街商业东西南北向主要道路，缺少社区存在感，缺少游线与连接型道路。我们计划保留部分原有街巷，结合涌现理论、现有肌理以及居民拆改留意向调查，拆除对重新规划的道路有影响的建筑，打开新街巷加强整个社区的连通性。

（2）人口疏散：由于现状基地内绝大部分属民为外来租户，因为缺乏社区认同感，文物保护意识等，加上过高的人口密度，导致基地人居环境一步步恶化，因此，对外来人口的疏散成为街道保护的重要工作之一（图6）。

采取"激励＋自愿"的原则：太平堡居民激励搬迁（雁塔区区拆迁办提供拆迁补偿）；租户自主选择去留（留下来将会存在租金升高可能）。给予"权利＋义务"的要求：租户在享有良好人居环境优势区位、商业潜力的情况下，作为社区一员，必须充分尊重本土传统文化，以及周边商业环境。计划拆迁步骤：1）政府划定计划拆迁区域；2）拆迁办提供资金；3）居民自主选择去留并获得拆迁补偿；4）留下的居民需要承担更多的义务和遵守居民公约，并且考虑创业。

（3）空间改造（图7）：重整天空开阔度，由于违规加建层数过限高18m，因此，决定对违章加建建筑的拆除，以及考虑与大雁塔观景效果配合，建筑由东北向东南

人群分析

外来人口比例
外来人口数量逐渐增加，在西安高速建设时期，太平堡外来人口比例超过原住民，外来人口成为了太平堡主要组成人群

年龄分布
太平堡的人群主要年龄组成为青中年人群

受教育程度
太平堡的人群文化程度大部分为高中及以下，超过了总人口数量的一半

收入情况
太平堡人群的收入水平总体偏低，收入的绝大部分用于租房

租房选择影响因素
由于收入较低，租金成为主要的影响因素对于人们选择租房位置

居住结构

职业种类
太平堡人群的职业种类较多，覆盖面积较大，大部分是杂工与服务人员

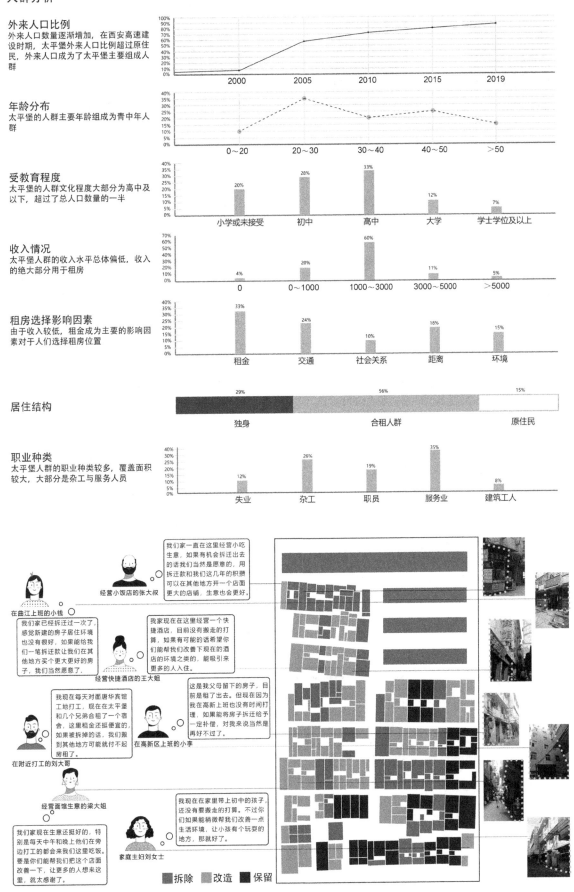

图 6　微疏通—人口疏散

社会观察视角下的城市景观设计课程架构与教学法研究

天空开阔度

重塑边界

后建单位住房

院落肌理

违规加建层数过限高18m

政府修建西、北面两条围墙,便其成为"城中孤岛"

政府修建西、北面两条围墙,便其成为"城中孤岛"

不断加建,挤压开放空间原院落肌理消失

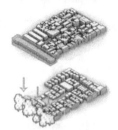

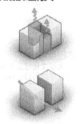

对违章加建建筑的拆除,同时考虑与大雁塔观景效果配合,建筑由东北向东南退台式升高

拆除北侧长条建筑,用景观围墙代替,西侧保留涂鸦与围墙,最大限度地保护原生场地元素

拆除小区住房,置入新业态及安置住房,同时为整个社区加入绿地广场,提高生活质量

拆除部分新建建筑,疏通恢复传统院落肌理,改善人居环境,降低容积率

图7 微疏通—空间改造

退台式升高。重塑边界,由于城中村发展时,政府修建西、北面两道围墙,成为"城中孤岛",提出拆除北侧长条建筑,用景观围墙代替,西侧保留涂鸦与围墙,最大限度地保护原生场地元素。后建单位住房,居住环境不佳,无邻里交流空间。拆除小区住房,置入新业态及安置住房,同时为整个社区加入绿地广场,提高生活质量。重整院落肌理,由于不断加建,挤压开放空间,原院落肌理消失。拟拆除部分新建建筑,疏通恢复传统院落肌理,改善人居环境,降低容积率。

步骤二:微更新——业态、演进、模式

(1)业态植入:经过实地调查统计,基地中主要业态为旅馆与餐饮,并且以商业类型居多,作为社区来说业态种类不足。结合有关资料整理分析我们认为应增加种类、丰富业态类型、增加场地活力。我们拟加入餐饮、酒店、购物、生活服务、丽人、休闲娱乐、房地产、医疗、运动健身、金融十种业态(图8)。

(2)更新演进:自组织的模式必然伴随着更新进度的变化。我们以居民配合度为控制,构想70%,25%,50%的社区居民配合下的更新情况。最终在全体居民的配合下,社区更新达到规划更新目标(图9)。

(3)演变机制与自组织模式:传统模式中,主要由外力主导,整个过程缺乏对于公众利益的考虑,城市更新成为体现政府意志、实现设计师个人价值观以及开发商盈利的工具。随着城市的发展,逐渐转为有机更新模式,更新过程中强调公众参与,但由于政府的过度干预、开发商的强势以及公众自身参与意识不足、缺乏有效手段对自己的应得利益进行保护。故而提出居民自组织式的保护内生模式,随着新公众自主意识增强,公众逐步掌握更新的主导权,居民建立社区自治体系并与设计师合作,将占据核心地位。通过类型学分析整理出一份居民建造手册:基于对院落肌理的恢复和改善生存环境的目的,提供案例,引导居民对自己的产权房屋进行改造,环境重整(图10)。

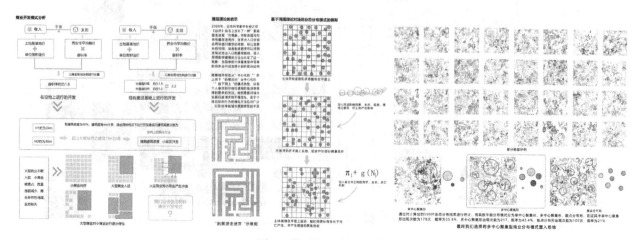

图8 微更新—业态植入

更新演进与居民配合分析

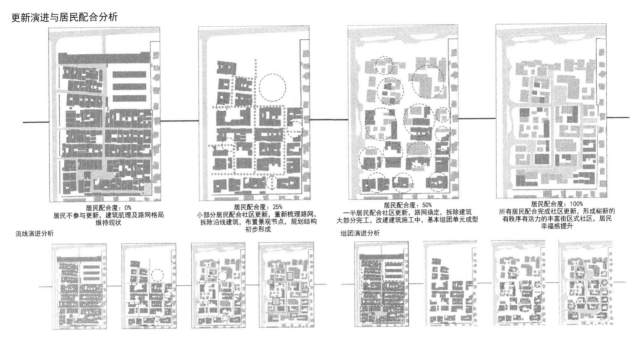

居民配合度：0%
居民不参与更新，建筑肌理及路网格局维持现状

居民配合度：25%
小部分居民配合社区更新，重新梳理路网，拆除沿线建筑，布置景观节点，规划结构初步形成

居民配合度：50%
一半居民配合社区更新，路网确定，拆除建筑大部分完工，改建建筑施工中，基本组团单元成型

居民配合度：100%
所有居民配合完成社区更新，形成崭新的有秩序有活力的丰富街区式社区，居民幸福感提升

流线演进分析

组团演进分析

图9 微更新—更新演进

开发模式研究

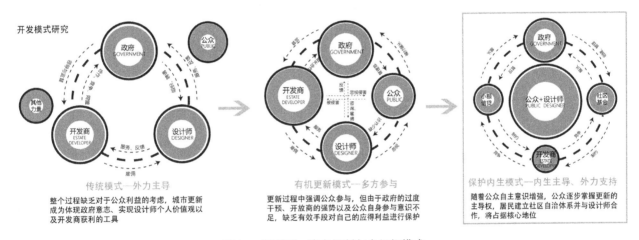

传统模式—外力主导
整个过程缺乏对于公众利益的考虑，城市更新成为体现政府意志、实现设计师个人价值观以及开发商获利的工具

有机更新模式—多方参与
更新过程中强调公众参与，但由于政府的过度干预、开放商的强势以及公众自身参与意识不足，缺乏有效手段对自己的应得利益进行保护

保护内生模式—内生主导、外力支持
随着公众自主意识增强，公众逐步掌握更新的主导权，居民建立社区自治体系并与设计师合作，将占据核心地位

图10 微更新—演变机制与自组织模式

步骤三：微设计——秩序、立面、游线

（1）新建景观秩序：前期微疏通与基础建筑微更新改造后，场地生存环境得到一定程度的改善，且场地中依旧存在楼间距过窄，缺乏绿化等问题，我们计划在场地中重建秩序，同时结合电梯井、微型景观种植池、天井与垂直绿化、景观灯塔4种装置，置入设计改善微气候。

（2）立面更新：拆改留建筑确定后，保留建筑的立面过于杂乱，影响街道美观且绿化率过低。我们在原立面的基础上设计加入立面玻璃，加入开窗和垂直绿化的元素。增加绿化量、美化立面，增加趣味性。

（3）游线与街道：前期微疏通后形成的路网体系重塑了社区的连接性，但缺少吸引人进入并停留的魅力点，仍需提高社区的归属感与活力。结合基地原道路肌理及涌现理论，重新设置游览动线，将高溢价商业布置在游线两旁，并通过游线串联景观节点，通过建筑围合空间的收放，给人不同的视觉感受，增加活力趣味，促进人们的交流互动（图11）。

根据太平堡城中村的三段式自组织更新策略，对不同目标进行设计，形成最终的更新结果，利用自上而下与自下而上相结合的规划手段，为这里的原住民以及来到这里的人们创造一个别样的"小世界"（图12）。

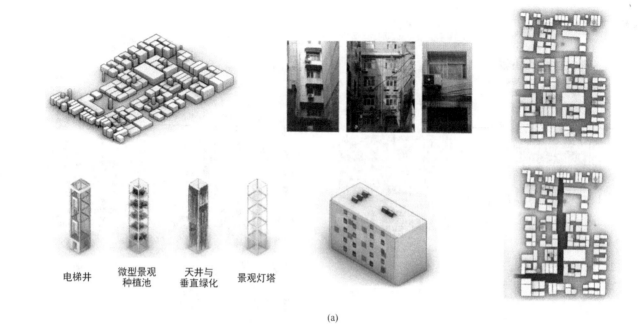

(a)

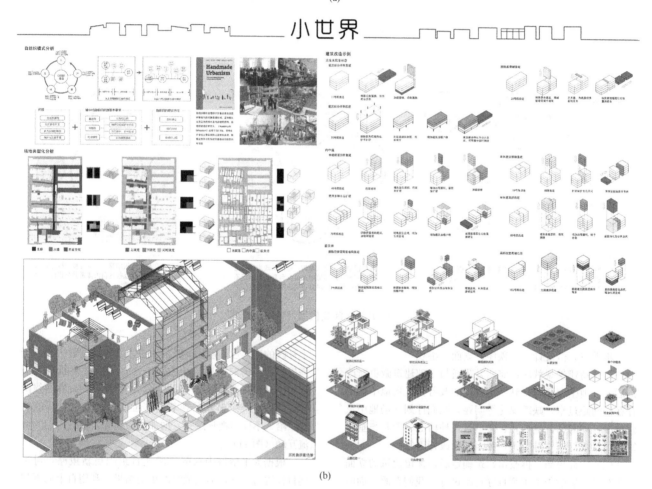

(b)

图 11　微设计设计导则

（a）微设计—秩序、立面、游线；（b）微设计—新建景观秩序

图 12　成果展示

5　结论

　　设计专业往往会使学生产生重设计轻理论的倾向，从当前社会发展的长远目标来看，学生除了掌握各种风景园林专业工程与园林技术的技能，更需要在理论上建立设计与社会发展和地域特色的联系。

　　基于社会学研究方法和社会观察视角的《城市景观设计 Studio》，依托建筑院校的城市规划、建筑学、遗产保护等方面的教学背景，面对解决城市问题的风景园林学科具体问题，注重对学生综合素质和实践能力的培养，通过结合当前教学单元，组合知识模块，重点内容循环的组织方式，使得学生建立全面明晰的"在地"设计语境。使得风景园林专业本科学生从素质、能力、知识三个方面都有所提升。通过近 5 年的教学实践，教学成果显著，获得景观 LA 先锋奖 3 人/次、"园冶杯"大学生国际竞赛 12 人/次、"园冶杯"优秀指导教师奖、中国风景园林学会大学生设计竞赛 2 人/次、"艾景奖"等竞赛获奖多人次。

　　通过本课程的教学，培养学生建立全面的城市环境观，强化学生对于社会经济、城市环境、历史文脉等与景观环境的关联认知和整体设计的意识；提升学生开展研究型设计思路的能力，增强理性分析与思考的设计方法教学，提高学生对于城市空间环境的综合研究和分析能力；培养学生掌握城市设计的相关知识，熟悉城市、建筑、景观一体化设计的相关知识脉络，拓展城市设计要素的相关知识。在未来的教学实践过程中将展开进一步探索，基于已有基础，相信在下一轮的教学改革中将取得新的成果。

图表来源：

　　图 1："落脚城市"西安市甘家寨地段城市更新设计（2014 级课程作业）；图 2、图 4（a）、图 4（c）、图 5：

"未来的边界"西安咖啡创意街区地段更新设计（2017 级课程作业）；图 3：多元导向下的青龙寺地段城市更新设计（2015 级课程作业）；图 4（b）：多元导向下的青龙寺地段城市更新设计（2015 级课程作业）；图 6～图 12："小世界"社会观察视角下的西安太平堡地段更新设计（2016 级课程作业）。

参考文献：

[1]　喻明红，符娟林. 城乡规划专业城市设计课程中调研环节教学探讨[J]. 教育教学论坛，2020(37)：284-285.

[2]　彭黎君，向铭铭，喻明红. 以实践为导向的城市设计课程教改探索[J]. 教育教学论坛，2020(37)：168-169.

[3]　Michael Saman. Towards Goethean Anthropology：On Morphology，Structuralism，and Social Observation[J]. Goethe Yearbook，2020，27.

[4]　朱文一，岳阳. 整整看——城市翻修系列设计课程教学报告(42)之清华大学东南门城市设计[J]. 城市设计，2020(02)：94-99.

[5]　汪婷婷，邓林，曹海，余汇芸. 以学科竞赛为平台的城市设计课程教学改革研究[J]. 知识经济，2020(06)：172-173.

[6]　Scourfield. Teaching should be observed：a critical consideration of the issues involved in including teaching observation in the inspection of social work education[J]. Social Work Education，2019，38(7).

[7]　张春英，孙昌盛. 新时期城市设计课程群构建与教学融合性思考[J]. 高教论坛，2019(05)：26-30.

[8]　李雪莲，赵璐曼. 社会观察、认知偏差与消费不足[J]. 当代经济科学，2019，41(01)：56-66.

[9]　季海迪，王丹. 基于开放式教学的《城市设计》课程改革与探索[J]. 智能城市，2017，3(12)：56-58.

[10]　杨春侠，耿慧志. 城市设计教育体系的分析和建议——以美国高校的城市设计教育体系和核心课程为借鉴[J]. 城市规划学刊，2017(01)：103-110.

[11]　中国现代化战略研究课题组. 中国现代化报告 2010：世界

现代化概览[M]. 北京：北京大学出版社，2010.

[12] 陆铭. 大国大城：当代中国的统一、发展与平衡[M]. 上海：上海人民出版社，2016.

作者简介：

　　刘恺希/女/博士/西安建筑科技大学建筑学院讲师/研究方向为风景园林规划与设计、城市开放空间设计研究/l_kaixi @163.com。

通信作者：

　　常海青/女/博士/西安建筑科技大学建筑学院教授/研究方向为风景园林遗产保护、城市景观规划与设计/ 26920506 @qq.com。

风景园林教育理论与实践

*从课堂教学到实景营建

——西南大学风景园林工程教学改革与实践①

From Classroom Teaching to Real Landscape Construction
——Teaching Reform and Practice of Landscape Architecture Engineering in Southwest University

孙松林　周建华*　易小林　邢佑浩　杜文武　孙秀锋

西南大学园艺园林学院

摘　要： 风景园林工程通常是一门重要而枯燥的专业核心课程，但学生们普遍既不感兴趣也不愿意投入时间。西南大学工程教研团队以"新工科"建设为契机，在国家级一流专业和重庆市一流专业建设支持下，将风景园林工程教学从课堂理论讲授拓展为材料认知与识别、施工现场授课、实景建造与竞赛活动等全周期的"设计—实践"过程。该过程既让学生深入市场全面了解工程材料的相关知识，学会根据预算采购所需的花园建造材料，进而优化方案做出可落地的工程设计，也在实景建造活动中融会贯通所学的地形与场地工程、园路与铺装工程、景观挡土墙工程、种植工程与照明工程等多章节知识点。改革后的风景园林工程不仅加深了学生对工程知识的理解，激发了学生的学习积极性，建立起学生的工程实践全流程逻辑，而且通过建造活动增强了学生的从业自信心与综合能力，实现了从理论学习到工程实践的无缝衔接。

关键词： 风景园林工程；工程实践；实景营建；教学改革

Abstract: Landscape architecture engineering is usually an important and boring professional core course, but students are generally neither interested nor willing to invest time. The engineering teaching and research team of Southwest University took the opportunity of the construction of "new engineering", supported by the construction of national first-class majors and Chongqing first-class majors, expanded landscape engineering teaching from classroom theory teaching to material recognition and identification, construction site teaching, and construction A full-cycle "design-practice" process such as graphic design and real-world construction. This process not only allows students to go deep into the market to fully understand the relevant knowledge of engineering materials, learn to purchase the garden construction materials required according to the budget, and then optimize the plan to make a landing construction drawing design. It also integrates the learned terrain and the real-world construction activities. Multi-chapter knowledge points such as site engineering, garden road and paving engineering, landscape retaining wall engineering, planting engineering and lighting engineering. The reformed landscape architecture project not only deepens students' understanding of engineering knowledge, stimulates students' enthusiasm for learning, and establishes the logic of the whole process of engineering practice for students, but also enhances students' self-confidence and comprehensive ability through construction activities, and realizes Seamless connection from theoretical study to engineering practice.

Keywords: Landscape architecture engineering; Engineering practice; Real scene construction; Teaching reform

强调理论知识与实践能力的融合是风景园林的主要特征[1]。风景园林工程作为风景园林专业实践性最强的一门核心主干课程，承担了由方案设计到施工图设计到施工建设的过程中后2个环节的教学任务，是对前期专业课程知识进行综合运用的关键环节，承担着理论与实践相融合，推动毕业生成为行业实用人才的关键所在，在学科课程体系中处于极其重要的地位。

本课程既需要前期理论课程知识作支撑，又有大量的工程设计理论知识需要学习，还需要一定的工程施工实践经验，因此教学任务重、难度大。而当前的风景园林工程教学还固守"教师讲课、学生听课"的灌输式教学理念，缺乏对专业实践教学的高度重视，导致风景园林工程

成为一门枯燥且费力的课程，学生除了应付考试以外，对工程知识认识不深刻，且滞后于行业发展，导致毕业后参与项目实践时知识储备不足、实践能力极低，反射出当前风景园林工程教学存在着诸多问题。

1　风景园林工程教学的困境

1.1　以教师单向讲授为主体，缺乏一线工程师参与

在当前的风景园林工程教学中，常常是以教师为主体进行一味的讲解、灌输，学生在教学过程中只是被动地

①　基金项目：西南大学教育教学改革研究项目"以创新实践为导向的风景园林工程教学模式改革研究"（编号 2019JY138）资助；国家自然科学基金青年基金"基于多维指数的岷江上游聚落景观形态特征与演化机制研究"（编号 52008342）资助。

听、记、背，由于缺乏实践经验，教师的实践教学在学生中无法引起共鸣，不能产生兴趣。风景园林工程作为实践性极强的一门课程，最富有实践经验的是常年驻扎一线的工程师，而不是专业理论教师，但受制于对实践教学的重视程度与授课教师的职称规定等因素影响，具有丰富实践经验的一线工程师往往难以走进课堂、参与工程教学。

1.2 以理论教学为主，缺乏施工现场教学环节

风景园林工程理论课时占主体，实践课时较少，且以土方、给排水计算、图纸绘制等内容为主，缺乏对工程材料、施工技术的深入钻研。教学场景以室内教学为主，外出实践多为建成项目考察，缺乏施工现场教学环节，造成学生对工程材料、工程结构与构造、施工图设计、施工场景等方面理解不足，导致学生照抄照搬绘制工程图纸，对实际结构尺寸、建造可行性、建成效果等内容缺乏正确把握。

1.3 以图纸绘制、模拟计算为主，缺乏实地建造实践

受风景园林教学"重设计、轻工程"的总体氛围影响，工程教学与实践训练中注重设计图纸表达与工程量的模拟计算[2]，缺少实地建造等教学内容，学生实践动手能力薄弱[3]。但实际风景园林项目不仅涉及图纸设计，还涉及材料采购、现场施工、组织管理、造价平衡、沟通服务等诸多关键问题。片面强调图纸设计，导致学生难以建立对风景园林项目建设的整体认知，无法在实践中应用和检验所学的专业理论知识。加之所有的实践作业都是选择假想场地让学生进行设计实践，设计之后没有进行真实建造，学生只能根据所学知识进行"范式"设计，模仿绘制施工图[4]，无法在设计效果、使用者需求、建设成本之间进行综合考量，做出高质量的满意作品。也导致毕业学生无法胜任市场需求，需要进行较长时间的现场学习，进而反过来影响学生对工程教学的态度与专研热情，致使风景园林工程科研发展缓慢，明显落后于风景园林其他研究方向，成为掣肘风景园林学科发展的短板。

1.4 难以激发学生的创新能力与学习积极性

由于教学方式单一、内容枯燥死板、学生只能被动接受、无法参与工程实践等原因，风景园林工程变成了一门比较枯燥的课程，导致学生缺乏学习的积极性与主动性。而有兴趣的主动学习才能让学生更深入地专研相关工程知识，并发挥自身的创新创造能力，以适应不断发展的行业与社会需求。因此，急需对风景园林工程的教学形式、教学内容、实施途径进行改革创新。

2 风景园林工程教学方法探索

西南大学风景园林系为适应时代发展和社会人才市场的需求，以"新工科"和"国家级一流本科专业"建设

为契机，近年来开展了一系列风景园林工程教学改革，总结起来主要在如下几方面做了有益探索。

2.1 以市场为导向调整课程内容

深入考察当前风景园林行业和市场对专业人才的具体需求，以此为依据对风景园林工程的教学内容进行改革调整。

（1）根据学生生源及就业去向（西南地区占60%以上，且毕业后多留在西南工作），在"地形与土方工程"一章中加强了山地地形与景观竖向设计的内容；在水景工程中增加了湖塘工程、溪流工程、跌落水工程等内容；在第二学期增设了"景观挡墙与护坡工程"一章，分为景观挡墙材料、景观墙体与花台砌体、园林挡土墙、护坡工程4个小节，并成为第二学期的教学重点。

（2）根据工程施工的实际情况，删减了园林供电工程、园林机械两章的理论教学内容，弱化第一章中的土方调配内容，同时考虑到与其他课程的教学内容存在重复，删除了风景园林种植工程一章的内容。

（3）大幅增加实践课程学时，增加了材料识别与构造尺寸认知、项目视频教学、施工现场教学、实地建造等系列内容，同时开设《园林建筑材料学》《风景园林工程实践》《风景园林工程项目管理》等模块化选修课程，让风景园林工程回归落地实践，以加强学生的实践动手能力和工程管理协调能力。

2.2 增设施工现场授课

为改变传统单一枯燥的室内教学模式，深入挖掘课程团队的人脉资源与工程实践教学资源，积极与在建项目的施工单位联系，将课堂设在工地上，带领学生深入建设工地，现场给学生讲授相关园林工程内容，并邀请工程师与工人师傅现场讲解和示范，学生实时做好观察体验记录。由于在建现场可以使学生全方位体验施工场景，学习不同工程类型、不同工种的协作与分工，并亲身观察工程结构的具体施工流程，认知不同材料的特点及实际应用，可快速地让学生将学过的理论知识形象化、具体化、记忆化，以更好更快地掌握相关知识与专业技能，还可以激发学生的学习兴趣，引导其进行相关的问题思考与创新研究。

2.3 邀请一线工程师参与教学

风景园林工程是一门实践性非常强的课程，经验丰富的一线工程才最有发言权，但受限于大学对教学人员的相关规定，短时间内难以聘请一般学历与职称的工程师担任课程教师，因此，探索在教学过程中邀请工程实践经验丰富的工程师以专题讲座报告的形式，给学生讲授他们在实际工作中积累的施工技法、施工经验与专业趣事。由此，课程理论教师成为"组织者与负责人"，一线工程师成为"专业实践教师"，学生既能学到理论知识，又可以掌握实用的专业实践知识，还可以及时了解行业最新的工程施工技术及新型材料的运用革新动态，提升其学习兴趣与专业眼界（图1）。

图 1　带领学生深入建设工地教学、观摩铺装工程施工
过程、邀请一线工程师作专题报告

2.4　增设户外建造与竞赛活动

建造实践能力是对理论知识的具体应用，是技术型人才培养的关键性指标，也是风景园林教育最重要的培养目标之一[5]。建造教学不仅可使学生深层次地领悟并运用课堂理论知识，加深对工程材料、工程技术、工程设计与建成环境之间关系的理解，还可培养学生对空间场地、空间尺度、自然条件的阅读与认知能力，以及发现问题、分析问题、解决问题的能力，而且让风景园林师在初学阶段就接触趋近于真实建造活动的全过程及其相关的不同利益群体，缩短学生从毕业到成为专业技术人才的"见习期"，是比常规的课程教学更为职业化的一种训练方法[6]。

为全面破解传统灌输式教学产生的理论与实践脱节问题，调动学生学习的积极性和主动性，培养学生的动手建造能力、理论与实践结合能力、团队协作与沟通能力，提升学生的创新实践意识与综合素质，我们积极筹措多途径经费，利用西南大学校园内的空地开展花园建造节活动，让学生完整地经历"图纸设计—模型制作—施工建造"的全过程，并在工程实践过程中，熟悉各类园林工程材料的类型及性能，掌握各类园林工程的结构构造与施工技能。

经过一系列的改革，风景园林工程教学实现了从教师单向灌输到学生交互式协作学习，从学生被动接受转变为主动的参与式教学，从乏味的死记硬背转变为生动有趣的实践学习。

3　教学改革实践案例

3.1　材料识别与市场调研

3.1.1　材料识别实习

材料是进行一切建造活动的基础，直接影响后续工程的建造结构与建成效果。而对于风景园林工程材料，教材上仅有简单介绍，因此，教学团队专门辟出一节对常见的砖（砌块）、石材、木材、胶凝材料、金属材料、玻璃等材料的特征、性能、应用进行专门讲解。同时建设有模型与材料实验室、厚艺园工程材料认知基地，对常规硬质工程材料进行展示。但市场对材料的运用日新月异，随着技术水平与审美倾向的变化而不断变化，因此，专门安排

了一次校内实习和一次校外新兴景观实习，以帮助学生识别、认知当下基本的风景园林工程材料。

3.1.2　材料市场调研

除结合工程实例开展认知实习外，要求学生分组对重庆市的建材市场进行调研考察，统计分析各类工程材料的形态尺寸、颜色花色、质感纹理等工程特性，及其品种分类、主要产地与市场价格。在调研结束后整理出调研报告并提交，然后随机抽取 1/3 的小组做课堂汇报，报告后不仅老师现场点评，还积极引导、鼓励其他小组的学生对汇报成果发表意见，并分别打分后取平均值，叠加老师的分值作为本次作业的最后得分。这种调研——撰写报告——提交作业——课堂汇报——互相点评的方式，保证了学生在调研中不能走马观花，也不能从网上查取资料做汇编，必须真实走入建材市场才能过得了同学们的火眼金睛。

强调实地调研，是希望学生们在亲身参与的过程中了解市场情形，开阔眼界，同时实实在在地去观察、触摸材料，了解材料的市场供给与市场价格，为以后职业生涯的工程设计与物料选用打好基础、建好素材库（图 2）。

3.2　花园建造校园实践

随着风景园林学科的发展，近年来，越来越多的学校开始注重实践类的建造活动[7,8]。但建造作为建筑类院校的传统节目[9]，风景园林学科的建造活动往往难以逃出其影响的阴影，通常都会设计一个构筑物，而这个构筑物往往最后成为视觉的焦点，其他的植物花园成为无关轻重的附属物。另外，受就业市场不好、工资水平不高、加班熬夜过多、处于规划设计行业底端等影响，大三园林专业的学生普遍学习激情不高、专业兴趣不浓且大多有转行的打算。为走出这种种怪圈，增加同学们的自信心与专业热情，2019 年 5 月，南方实习课程组的老师们决定一改往届提交实习报告的方式，让同学们结合所学知识进行一次融合园林文化、实习成果展览、工程材料、构造施工、植物设计等多维知识的综合性花园建造活动。

由于自筹经费仅有 1 万余元，且花园仅作临时性的展览使用，我们摈弃了学生分组进行设计、建造 PK 的竞赛模式，改为分组分工协作的共建模式。每个组选出一名代表，加上年级长、班长（支书）共同组成"组委会"，负责全程策划与总协调，并根据预算、展览要求、场地限制等进行方案设计，设计完成后将整个建造活动按照工程

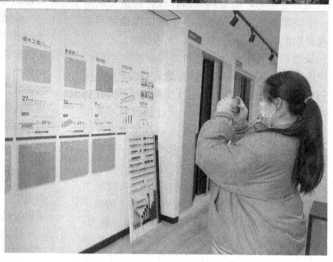

图2　教师带领学生作材料识别实习及学生自主开展材料市场调研

类别分为土方与硬质景观工程、植物种植工程、装置艺术与景观照明工程、入口景墙及外摆装饰等分项，各组以抓阄的方式领取自己的建造任务，最终以各分项的建成效果作为各组的成绩评定依据。由于每个人对不同分项的效果预期不一样，且教师无法准确掌握各组施工过程中的困难程度，成绩评定采取以组委会＋老师分别打分再求平均值的方式进行，最大限度保证成绩的公平合理性。

经过协调，本次花园建造选择在西南大学盆景园内进行。现状盆景园内为盆景展示与搬运设有多条1m宽的步行道，将整个园区划分为多个规整的方格，入口有一砖砌影壁，但仅有毛坯墙体，未做任何装饰，影壁前有一灌溉水池，入口左侧为管理用房及雨棚区，四周为抹有粗砂的云墙。经过现场踏勘及与管理人员协商，决定借用入门之后的第一排的两个方格作为花园建造用地，用地面积约150m²。

3.2.1　建造材料选择、采购与筹措

由于每平方米预算不足80元，建造经费十分有限，加上学生对材料的市场价格不了解，为避免设计后期因预算不足而删减内容并影响最终建造效果，本次花园建造没有按照传统的方案设计——施工图设计——材料采购——现场建造的既定程序进行，而是先让同学们到材料市场进行调研，了解当下各种材料的价格，预判在有限的经费内能够买到的材料类型与数量，然后依据材料来构思总体方案。这种朴实而创新的建造思维是对教条与权威的重新解读，由此打开了学生的创新思路，激发了学生的创造力，也为理论如何结合实践上了生动的一课。

同学们对新世界、马家岩等建材批发市场进行考察之后发现，花岗石、木材等常规型材价格都太高，完全超出预算成本，因此，只能选择破碎的边角料石板、砾石、砂浆、少量烧结砖与铁丝等基础材料。然后前往校友的苗圃查看植物材料，在解释了我们的想法与实践意义之后，苗圃老板表示愿意以成本价出售我们选择的苗木，并免费赠送一些前几批次遗留下来的植物材料。在同学们的提议下，老板详细介绍了苗圃中各种花卉、藤本、灌木、观赏草的名称、生长习性与市场价格，并根据我们的需求给出了苗木建议。

在调研回程的面包车上，大家集思广益、积极谋划，决定抛弃纷繁复杂的设计内容，采用最简明的空间构成、最简单的构造工艺，以最方便的施工方式来建造花园。并由此提出了弧形碎石园路＋砖砌矮墙坐凳＋花镜空间＋铁丝展架的初步方案与大致布局（图3）。

图 3　植物材料、硬质景观工程材料、种植土、纺织布幔的选择与采购

3.2.2　土方与硬质景观工程

由于盆景园缺少打理，现状杂草丛生，且摆放有大量盆景及其展台，需要进行现场清理，移走盆景等构筑物并清除杂草。清理完毕后在场地上先用石灰放线、然后开挖基槽以修筑园路、坐凳、钢架等设施，开挖的土方就地做成小微地形，以便于后期种植植物。由于是临时性建造，青砖矮墙的砌筑未使用水泥砂浆，采用一丁一顺干砌的做法，园路下面亦未铺设混凝土垫层，采用素土夯实后铺设尼龙编织袋与塑料薄膜代替无纺土工布，上压碎石板作为汀步，在开园前一天再在薄膜上面铺撒白色砾石，以保证园路洁白的效果。由于学院一直缺少固定的课程作业展览设施，故本次打算将展架做成永久性设施，采用方钢作为结构柱，上拉铁丝作为展板悬挂设施，钢柱下面浇筑混凝土作为基础。

因为建造经费及场地限制，整个建造过程由人力和小型推车等最简单的工具完成。建造过程中，同学们学会了放线、砌砖、铺路、搅拌水泥砂浆等各种技能，并学会了多种施工工具的使用，掌握了构筑物结构排布、基础链接及施工工序等内容。

3.2.3　植物种植工程

根据预算及苗商、老师建议，本次花园主要选择以观赏草为主体、以三角梅、刚竹为空间骨架材料，搭配部分时令花卉与苗圃废弃草本的植物种植策略。由于展览的临时性，刚竹采用在学校周边临时砍伐然后现场扦插的方式，并未进行实际种植。在采购之外，同学们还从盆景园老师那儿借来了往届学生的盆景作业以及老师的儿盆大型盆景作品，从植物学老师那儿借来了兰花等盆栽植物。

在土方完成后的微地形基础上，学生们对土壤进行深翻、锄碎，并局部用种植土进行土壤改良，然后开挖种植穴，按照空间分隔、高低错落、层次有致的原则栽种灌木、观赏草与花卉，然后覆土、浇水、清洗、定根。最后对植物形态、叶片等进行梳理与修建。花园虽然小，但基本涵盖了植物景观营造的整个流程，不仅实践验证了植物色彩、质感、体量搭配等理论知识[10]，掌握了种植施工技艺，而且深入理解了植物种植如何与场地设计、空间氛围相融合（图4）。

图 4　硬质景观与植物种植工程施工

3.2.4 装置艺术与景观照明工程

为了降低粗糙的园墙及园墙外教学楼对花园视觉的影响，营造一个相对静谧的诗意环境，给观展的师生与游客一片触动心灵的净土花园，策划团队提出使用纯色布幔来围合整个展览长廊。主要有以下几方面的考虑：（1）可将观者的视线限定在布幔围合的展廊空间中，让观者眼中只有展品与花园，看不见周边高大的建筑物与粗陋的围墙；（2）布幔造价比较低，才几元钱一米，成本整体可控；（3）大面积的布幔具有朦胧而梦幻的表达力，能和花园保持隔而不断的效果，在阳光与植物的映衬下会出现神秘而斑驳的光影，容易营造出诗意的空间氛围[11]，与中国古典园林实习作品展相得益彰；（4）布幔材质轻盈，开合方便，后期可根据展览与行人游走需要，及时更改围合方式。

布幔上部直接搭在铁丝上，局部用长尾夹固定，布幔下端包裹一根竹竿，然后利用针线缝合，利用竹竿的重量使布条自然下垂。原本希望布幔不完全固定，在微风吹拂下，印着树影婆娑，漫舞轻扬，形成一道如梦似幻的诗意空间，但现实的风却往往将布幔吹皱在一起，成为未经收拾的战乱现场。因此，后来在顶部及底部竹竿两端均用丝线系在附近的植物枝干与钢柱上面，才勉强固定住布幔形态。这种"边做边改"建造方式其实贯穿在整个建造过程中，非常接近传统的社区营造模式，也让同学们加深了对风景园林微气候环境的认知与重视（图5）。

考虑到用电安全，仅在展架顶部布设了暖色调的LED小彩灯（图6），整个外部花园主要靠周边路灯的泛光照明，因此，整体照度较低，夜间游客少有涉及。

图5　安装布幔及光影效果

图6　景观照明工程效果

风景园林教育理论与实践

3.2.5　入口照壁及外摆装饰

入口照壁本不在本次花园建造的范围内，但由于处于入口对景位置，粗陋的墙体影响整体氛围，因此，需要对照壁进行装饰处理。在原有结构基础上，先将原本风化的抹灰清除，在顶部加装青瓦悬山顶及巴渝传统屋脊翘角，然后在墙体中用粗砂找出一个矩形内凹画框，在底部用混凝土做成简洁的束腰须弥座，最后在表面用细沙找平，并涂抹灰白两色腻子粉。再配上借来的盆景，形成一组无心画对景。

照壁前的灌溉水池经清洗后放入几十尾锦鲤，鱼影嬉戏，别有一番趣味。水池外的入口广场太过空旷，同学们搬来绘图桌，盖上麻布，摆上学生盆景小品及借来的兰花盆栽，顿时将一处破败的、毫无美感可言的工地变成一组好似精心设计的景观节点，为花园展铺好了序章。

本节点的处理化腐朽为神奇，深得盆景园管理员与学院领导的赞赏，将作为永久设施被保留下来，当然学院也因此拨付了部分锦鲤及装修费用（图7）。

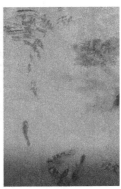

图7　入口照壁景墙装修与学生盆景作品

3.2.6　成果与反响

花园建成后举行了一场小型的开园仪式，参加活动的教务处、科技处、后勤集团等领导均对同学们的花园建造成果表示了高度的赞赏，并鼓励开展更多类似的建造实践活动。仪式后领导与老师们认真观看了同学们的实习作品展，不时驻足观赏花园美景，仔细聆听同学们对建造历程的讲解。

一些低年级的学生及其他专业路过的学生也被吸引过来，花园成为园林专业同学展示自身特色与特长的重要舞台，也成为不同年级学生传帮带的创新实践平台。尤其对低年级来讲，是一次重要的学习机会，不仅从实践案例中找到学过的理论知识点，也让他们看到未来自己的无限可能。

在展出期间，茶艺文化与花卉学会两个学生社团联系我们，希望到花园中开展相应的宣传与服务活动，附近的居民与教职工子女也不时来到花园中打卡拍照。大家被花园的美丽和富有诗意的展廊空间所吸引，原来如此消极无用的空间还可以被改造成富有情调的美丽花园，令他们无不惊奇。小小的学生建造实践作品最后成为大家的观光乐园，这是我们在一开始建造的时候完全没有想到的。

本次花园作为大部分学生设计生涯的"第一个建成作品"，看到花园在自己的参与下变成大家喜爱的作品，极大地增强了学生们的专心自信心与学习积极性。不少同学在建造过程中开始主动和老师沟通学习，并在花园建成后让老师推荐工程施工与植物设计工作，相信这次花园建造活动还会对其未来的职业发展产生更大的影响（图8、图9）。

4　总结与讨论

通过对风景园林工程教学内容的优化与教学模式的改进，课程教学取得了明显的进步，尤其是增加工地现场教学与建造实践后，学生较以往以"图学"为主导的教学方式[12]，在技能提升上有了质的飞跃，更加接近于新工科对提高人才实践能力培养的目标要求。总结起来有如下几点显著成效。

4.1　提高了学生的学习兴趣与自主学习能力

在改变传统的灌输式教学和偏重理论、忽视实践的教学模式之后，学生需要自己设计、自主调研、购买工程材料，并亲自施工，在这个趣味性和挑战性并存的过程中，学生从被动学习变为主动学习，主动查阅资料、主动咨询教师或高年级学生，从而促使他们在短期内掌握更多的相关知识。而学生亲眼看到在自己的参与下，图纸变成作品，并得到广大师生与校内外人员的高度评价，将极大增强学生们的专业自信心和自我认同感，促进他们学习和创作的热情。在激发兴趣和增加挑战的双重作用下，学生将更加积极地参与教学活动，从而提升其自主学习与创新实践能力。

图 8　学校领导、教师及低年级学生参观花园

图 9　花园成为学生社团、周边居民喜爱的打卡地

4.2　加深了学生对工程知识的理解

　　风景园林工程是一门高度依赖实践经验的专业课程，如果没有亲身经历，很多专业知识仅通过课堂讲授是很难让人理解并记忆的，因此学生通常学完工程课程，但遇到实践项目时仍然一脸茫然。而工地现场授课与建造实践活动可将学生引入真实的场景中，让学生真实体悟工程材料性能、空间尺度、结构构造与施工技术，从而更快掌握相应的基本概念与理论知识。而且学生可以通过实践在做中学，在做中领悟与加深记忆，从而学到真正的专业知识和技能。

4.3　建立了学生的工程实践全流程逻辑

　　风景园林工程测绘与放样、土方工程施工、硬质景观构造与施工、植物种植工程、水电工程施工等内容对教学空间的要求较高，传统的教室难以满足相关要求，因此，学生学习相关课程后普遍感觉知识掌握不牢，各知识点之间脱节严重。通过设计建造活动，学生可经历从方案设计到施工图设计、施工组织到成本与工期控制、从材料采购到实地建造的全过程，很好的弥补了传统教学模块之间各自为政，无法融会贯通的缺点，可培养学生的全局把握能力和思维模式，提高学生的专业素养，缩短成为职业工程师的见习期。

4.4 实现了多课程知识点的融会贯通

风景园林工程实践涉及诸多课程内容，与规划设计类、园林植物应用类、风景园林工程管理类课程紧密相连，而且还涉及前期的土壤学、气象学、测量学、建筑结构与构造、建筑力学、建筑材料学、生态学等相关内容，是技术类课程、设计类课程与工程类课程相融合的一门课程，也是最能体现综合运用所学知识的一门关键性课程。因此，借助于建造实践教学，可有效串联从规划设计到施工管理、从土壤材料到结构构造等多方面的专业知识，让学生在实践中将各方面理论知识融会贯通，强化其解决实际问题的综合能力，使其最终成为具有全方位知识体系和实践能力的专业人才。

4.5 提升学生的综合能力

在建造活动中，学生不仅学到了完整的设计与建造能力，还锻炼了学生的团队合作的能力、沟通协调能力、组织能力与时间管理能力，而且建造过程中经常遇到一些突发问题，无形之中培养了学生的应急处理能力与综合协调能力，建成后的介绍环节，则锻炼了学生的语言表达能力。

4.6 帮助学生找到了未来的就业方向

更难以想到的是，通过建造实践，让部分同学找到了未来的就业方向，不少同学（包括女生）请求老师为她介绍工程实践或管理类的就业工作，她们认为自己适合干工程实践。其实应该是在实景建造中获得了成就感，并从中找到了奋斗的乐趣；亦或是建造活动开阔了她们的视野，加深了其对园林行业的认识，提升了她们对专业知识的应用能力，使其具有更加全面综合的行业竞争力。

当然在课程改革与建造实践方面也存在一些不足，例如，实践学时占比迅速增加，导致原教学大纲制定的理论知识讲授时间不够，不能满足大纲的要求；对施工过程中的气候环境及其对应的结构考虑不足，花园建好后原计划进行一个月的展览，但刚建成不到一周时间就下了一场暴风雨，导致原来的布幔展廊与展架被吹得东倒西歪，最后只能提前结束、草草收场；建造选址过于偏僻，

未能起到很好的宣传与服务社会的作用，未来可考虑申请在校园的主要活动区周边进行建造，或者联合校外企业与产学研基地，开展校企联合建造活动，以使学生们走出校门，更全面地对接社会、服务社会。

图表来源：

所有图片均为作者自摄。

参考文献：

[1] 杨锐. 风景园林学科建设中的 9 个关键问题. 中国园林，2017，33(01)：13-16.

[2] 金云峰，刘颂，李瑞冬，刘悦来，翟宇佳. 风景园林工程技术学科发展与教学研究. 广东园林，2014，36(06)：4-6.

[3] Winterbottom, Daniel. Building as a Model for Learning. Landscape Journal, 2002.

[4] 杨贤均，邓云叶，黎颖惠，何丽霞，张亚丽，邢肖毅，沈守云. 风景园林工程微地形营建实践的教学研究. 安徽农业科学，2020，48(16)：270-273.

[5] 王敏，梁奥，汪洁琼. 风景园林理论教学思维转向与学习路径重构探索. 风景园林，2019，26(S2)：41-44.

[6] 李海清. 教学为何建造？——将建造引入建筑设计教学的必要性探讨. 新建筑，2011(04)：6-9.

[7] 范榕，马平，王浩. 学生科研团队构建的探讨——以南京林业大学"小花园"建造竞赛学生团队为例. 中国林业教育，2018，36(01)：5-9.

[8] 阚晨曦，董建文，林开泰，闫晨. 项目学习法在风景园林专业教学中的实践——以"创意花园竞赛"课程为例. 中国林业教育，2018，36(01)：53-56.

[9] 张彤，陈浩如，焦键. 竹构鸭寮：稻鸭共养的建构诠释——东南大学研究生 2015"实验设计"教学记录. 建筑学报，2015(08)：90-98.

[10] 冯璐，林轶南，汪军. 基于多尺度营造实践的植物类课程教学改革研究. 风景园林，2020，27(S2)：47-52.

[11] 刘通，王向荣. 建构语境下的小尺度风景园林设计——以三个小花园为例. 中国园林，2014，30(04)：86-90.

[12] 李雄. 北京林业大学风景园林专业本科教学体系改革的研究与实践. 中国园林，2008(01)：1-5.

作者简介：

孙松林/男/汉族/博士/西南大学园艺园林学院讲师/研究方向为风景园林规划与设计、乡土聚落与地域性景观/sungle214@foxmail.com。

通信作者：

周建华/男/汉族/博士/西南大学园艺园林学院教授，副院长/研究方向为风景园林规划与设计/zjh001@163.com。

*坚守与弘扬

——基于园林遗址区的风景画创作研究与教学实践①

Perseverance and Enrichment

——Research and Teaching Practice of Landscape Painting Based on the Garden Site Area

王丹丹*　宫晓滨　黄　晓

北京林业大学园林学院

摘　要：风景园林学科教育必将走向多学科交叉与跨专业知识的综合。美术教育是美育的源头，风景画艺术教育在北京林业大学风景园林专业的本科教学中具有重要地位。在弘扬中华美育精神和新时代"守正创新"风景园林教育的双重背景下，"素描风景画"课程突出以创作性为核心，坚守中国传统园林艺术根基，守正创新，将艺术、研究、园林高度融合。以史为考，以图为据，遵循科学性，发挥艺术性，基于园林遗址展开系列风景画创作研究与教学实践。明确风景画艺术在风景园林学科中的定位，制定教学目标、丰富课程内容、积极改革教学方法，以研促教、以教促改，教学相长，不断完善风景画艺术课程的体系建设。研究证明，对风景园林学科的艺术教育有重要推动作用，体现了新时代全面加强和改进学校美育，坚持以美育人、以文化人，全面提升风景园林专业人才审美能力和艺术修养的时代要求。

关键词：风景园林；美育；风景画创作；园林遗址；人才培养

Abstract：Landscape architecture education is bound to move towards the integration of multidisciplinary and cross-professional knowledge. Art education is the source of aesthetic education, and landscape painting art education has an important position in the undergraduate teaching of landscape architecture at Beijing Forestry University. Under the background of enriching the spirit of Chinese aesthetic education and the new era of "conservation and innovation" of landscape architecture education, the "Sketch Landscape Painting" course emphasizes creativity as the core, adheres to the foundation of traditional Chinese garden art, maintains integrity and innovation, and integrates art, research, and garden arts. Taking history as the references, pictures as the evidences, following the scientific nature, exerting the artistic quality, and launching a series of landscape painting creation research and teaching practice based on the garden ruin sites. Clarify the position of landscape painting art in the field of landscape architecture, formulate teaching goals, enrich curriculum content, actively reform teaching methods, use research to promote teaching, use teaching to promote reform, and learn from each other, and constantly improve the system construction of landscape art courses. Research and teaching practice have proved that it plays an important role in enriching the art education of landscape architecture. It reflects the comprehensive goal of the time to strengthening and improving aesthetic education in the new era, insisting on educating people with aesthetics and culture, and comprehensively improving the aesthetic ability and artistic accomplishment of landscape architecture professionals.

Keywords：Landscape architecture; Aesthetic education; Landscape painting creation; Garden site; Talent training

风景园林学科的根本使命是"协调人和自然的关系"，它涉及政治、经济、文化以及规划、环境、气候、土壤、生态技术等多方面的具体内容，最终又以艺术手段落实到具体的空间与形态之中[1]。师法自然，向大自然学习的途径有很多，其中以风景画为载体的视觉图像艺术能够立体地呈现出文学和诗歌的魅力。更重要的是，风景画艺术影响着我们感知自然的方式，同时也将不断启发我们如何协调好与自然的关系。

在风景园林学科交叉与跨专业知识综合的背景下，在教学过程中加强科学性与艺术性的综合训练十分必要。北京林业大学园林学院开设的"素描风景画"课程突出以创作性为核心，基于园林遗址展开一系列风景画创作，坚守中国传统园林艺术根基，守正创新，将艺术、研究、园林高度融合。在具体教学过程中，以史为考，以图为据，遵循科学性，发挥艺术性，不断地在科学的探索精神和浪漫的艺术情怀的基础上加以继承与创新。通过归纳演绎、实地调研、举例分析、实例对比等方法，对中国传统园林遗址的文化背景、基本理论以及设计理法进行系统地研究。作为专业绘画课程，在内容上有效衔接了基础课程与相关设计课程，对风景园林学科的艺术教育和人才培养都具有重要推动作用。

①　基金项目：教育部人文社会科学研究青年基金（项目编号：19YJC760102）；中国国家留学基金管理委员会（LSC）（项目编号：201906515032）；北京林业大学 2020 年课程思政教研教改专项课题（项目编号：2020KCSZ038）；北京林业大学 2021 年研究生美育课程专项建设项目资助（项目编号：MYKC2105）。

1 风景画艺术与美育

艺术史家肯尼斯·克拉克（Kenneth Clark，1903～1983年）曾这样说过："除了爱，恐怕没有什么能比一处风光给人们带来的愉悦，更能让我们团结在一起"。这充分说明了自然风光对人的感官刺激会影响到人们的行为和心理。风景画是画家情感的折射，其中既有写实也有创作的成分，既是主观的也是客观的。英国诗人塞缪尔·泰勒·柯勒律治（Samuel Taylor Coleridge，1772～1834年）将这种双重性评论为"绘画是介于思想和事实之间的中间媒介"。源于自然的风景画艺术给人们带来了感官和情感的双重体验。艺术家们正是通过感知、体验、判断选择后进行构思创作，通过对自然景物的选取、调整、构图，将自然景色理想化的过程，或模仿自然或从自然中提炼升华。从存世的图像资料中，风景画占有一定比重，作为视觉资料，从图像中我们可以了解别样的历史和社会。

在西方，促使风景画成为独立画种的一个契机是16世纪晚期到17世纪，北欧国家新教改革导致的宗教绘画的衰落。风景画、风俗画、人物肖像画和静物画因此应运而生[2]。英国位于欧洲大陆西边的大不列颠岛上，因与外界交流受限，历史上几乎也没有发生过大的战乱，古老的文化传统和历史古迹得以完整的保留下来。这种强大的传统力量使英国文化对外来影响具有巨大的包容精神，能够将纷繁的外来文化迅速地融入到传统之中[3]。英国虽在地理位置上远离欧洲文化中心，却在19世纪异军突起并对西方艺术产生深刻影响，这离不开其独特的社会条件，即英国人在法国、意大利和欧洲其他地区的旅行游学，又被称作"大旅行"。英国人对自然的兴趣以及大旅行实践与17、18世纪的风景画家密切相关，其中17世纪荷兰画家雷斯达尔（Jacob van Ruysdael，1628～1682年）和法国古典主义画家克劳德·洛兰（Claude Lorrain，约1600～1682年）对英国风景画的发展具有直接影响，人们从当时描绘的大量风景题材的绘画作品中看到了各地的风光，风景画艺术家群体及其作品激发了英国人对自然风景强烈的兴趣，刺激了当时的大旅行活动。值得注意的是长时间的游学是英国贵族精英教育中非常重要的环节，随着英国对外贸易和经济能力的增强，富足的中产阶级也广泛地参与到了大旅行活动中，他们学习和了解不同国家和地区民族的政治、宗教、风俗习惯和艺术，通过观察和向世界学习，而后为英国王室和国家服务。风景画艺术伴随"大旅行"这项重要的文化活动发展起来的同时，促进了当时的艺术和文化的广泛交流[4]。随着旅行群体的不断扩大，英国贵族、富有的商人、艺术家、收藏家们对风景画艺术和自然的强烈关注带动了整个英国国内的艺术氛围，随着印刷技术的进步，促使大量的艺术印刷品在英国社会广泛地传播和交流，这些都为英国的艺术教育创造了绝好的环境氛围。风景画艺术成为了打开世界和认识事物的重要媒介，风景画的形式也诗意地表达了重要的情感。

中国风景画的发展要从山水画说起，自南北朝时期，山水的景物在壁画中被当作背景流行起来，唐代张彦远认为山水画的趋向成熟是始于吴道子与李思训父子。据记载，吴道子奉李隆基之命去嘉陵江观察，将沿途景物铭记心中后，仅用一天就画完嘉陵江的巨幅壁画，说明这类绘画创作包含了大量记忆和想象的成分，是一种凭借记忆与想象加以独特融合的创作方式。在中国绘画中，山与水相依，"山水"即风景，体现了完美和谐中的自然整体性。正因为面对和描绘山水实际上是一种极其重要的精神之旅，中国的艺术家们以悟道的方式致力于"笼天地于形内，挫万物于笔端"，往往超出了物象的束缚，对景观察、记忆直到最后造型的一气呵成[5]。因此，正如吴冠中先生所言，创作的过程应是饱含着对原物原型的一个诗化的过程，然后产生艺术创作的结果。与西方风景画艺术定点观看所形成的具有科学理性的透视写实画法不同，中国山水画的造型观念和观看方式，是以艺术为先和创作的自由为前提的，不拘泥于科学的测量，强调创作程序，讲求章法、布局和结构，更加注重"心存目想""迁想妙得"的形象思维。

美术教育是美育的源头，美术教育的普及对于提高国民素质具有潜移默化的作用。美育体现着一个国家和民族的文化传统以及经济社会发展的时代风貌，是国民的审美水平和国家文化软实力。艺术真正的力量在于启发人们以不同的方式思考这个世界，在于开启不同时间、不同空间、不同文明之间的对话。东西方在处理人与自然的关系上的不同，风景画记录了人类自然观的变迁。在西方，自中世纪以来，人类的自然观就不断地发展升华，并在一次又一次的探索中孕育了"与万物和谐共处"的人文精神。与西方不同，中国的山水画艺术在空间表现上追求情景交融的意象空间，其根本原因在于"天人合一"思想和东方思维模式以及汉字和书法等艺术的影响。我国的风景园林学科正是从中国古典园林艺术传承发展起来的，具有中国文化特色并服务现代城市环境建设的一门独立学科[6]。在风景园林专业"双一流"学科背景下，教育教学以及教材建设应能引领时代和学科发展，积极应对风景园林学科多元发展对专业人才培养的长远要求。

2 坚守与弘扬——基于园林遗址区的风景画创作意义

风景园林专业本科教学中的美术教育是提升学生的美学修养，提高创新思维能力和艺术表达能力的基础。北京林业大学园林学院开设的"素描风景画"课程属于专业绘画范畴（图1、图2），是衔接美术基础与设计课程的重要纽带之一，具有非常重要的地位。"素描风景画"是素描这一艺术形式向自然和人文领域的延伸，是风景园林专业中建立在基础造型之上，融合了美学、艺术学、设计学的一门综合艺术科学。

园林素描风景画的艺术特色表现为对中国传统园林艺术继承发扬的创作性；客观科学合理和精确细致严谨的科学性；充满浪漫的想象力和艺术的表现力的艺术性以及风景园林学科发展的迫切需要的实用性。其中创作性是本课程的重点，体现在课程内容上，是对中国传统园林中现已不存的园林风景的一种艺术再现与创作，结合园

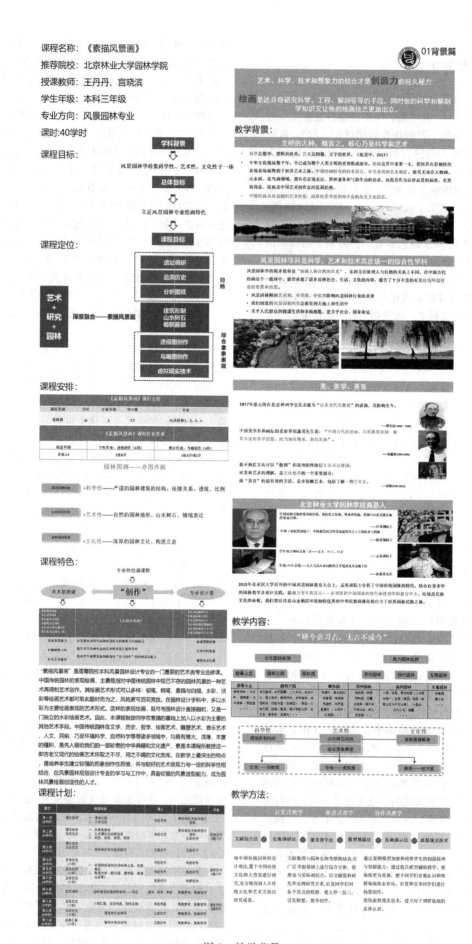

图1 教学背景

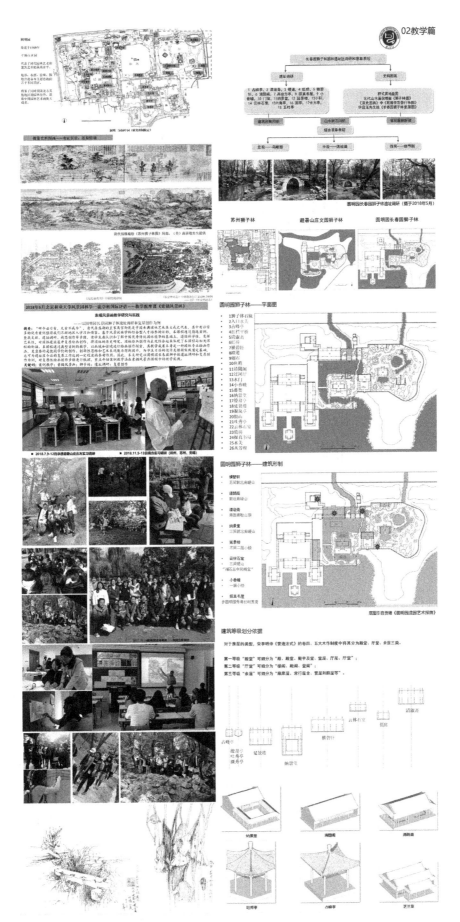

图 2　教学组织

林遗迹的现场调研，课堂上根据园林"平、立、剖"三图所进行的绘画创作训练，达到三个教学目的：其一，启发和培养同学园林风景组合的想象力与创造力。其二，在所有园林美术教学课程水平的基础上，进一步提高同学风景"完全创作"绘画的表达能力。其三，培养同学将绘画艺术性与设计科学性的"形象"与"逻辑"相结合的思维能力[7]。

一幅成功的园林素描风景画作品有着强烈的艺术表现力和感染力。主要艺术特点表现为物象生动准确，画面效果与笔触技法的细微、粗狂、紧凑、流畅、刚健有力与柔软轻松，生动活泼又奔放等方面。要求学生们具备扎实的绘画基本功，准确地把握透视规律，结合园林遗址的现场调研，根据中国传统园林中经典园林的复原平面、立面、剖面图进行透视效果图和鸟瞰图的绘制。画面由诸多风景园林要素组景而成，是多种物象恰到好处的巧妙经营。对于园林题材的表现绘画，不仅在创作过程中需充分遵循艺术与技术、形象与逻辑、想象与创造的内在关系[8]，还需了解造园思想，理解建筑结构，准确表达透视，对山水树石等造园要素的表达要生动自然，在准确表达设计意图和烘托主题的基础上，拥有独特的艺术价值。

中国传统园林是中国传统文化中重要而优秀的组成部分，具有深厚的历史积淀与灿烂的艺术光彩，表现出浓郁的中国传统文化风情，是风景类绘画创作取之不尽、用之不竭的宝库。中国传统园林不论是北方皇家园林还是南方私家园林，其创作（设计）的主流无不秉承中国传统文学和传统山水画创作的精神内涵与艺术手法，强调"天人合一""顺其自然""顺天应人"等人类善良社会与自然资源和谐相处、和谐发展的哲学思想。因此，中国传统园林的设计和创作思想，在当代社会发展中，仍具有积极的现实意义。以中国传统园林为题材的风景类绘画，以艺术的角度，进行绘画再创作，其作品具有很强的艺术与设计作用[9]。

3 基于园林遗址区的风景画创作研究与教学实践

3.1 创作途径与形式

对于遗址型的风景画创作研究首先要探求其创作的途径。中国传统园林讲究立意，楹联匾额是物我交融所依托的平台，将主题、赏析和遐想以最简练的优美文字表达，品赏楹联匾额，探寻意境、提取物象。以史为鉴，大量的历史资料为绘画创作提供了客观依据，《御制避暑山庄三十六景诗图》是清康熙时期对承德避暑山庄的景致图咏。诗图对照，犹如徜徉在避暑山庄旖旎风光之中。通过搜集史料图画，以考证实景、还原情境。同时，借助科研成果，推敲布局、考究细节、研习经典佳作、探究画理、求其变法[10]。现存最早的中国画论，散见于先秦诸子和汉魏各家的哲学、文学著作中，片言只语，每有精义。对中国古代画论的搜集、整理、研究和学习、继承，以资古为今用，推陈出新，择善而取[11]。

园林素描风景画的主要任务是研究和表现园林中的各种景物展开的艺术绘画和创作活动。素描作为造型的基本手段，其形式语言和表现方法多种多样，线条和明暗调子是素描最基本的艺术语言，线条能客观表现物象、传达主观情感，使画面具有极强的形式感，明确肯定、概括简练、生动自然，具有丰富的表现力和强烈的节奏韵律[12]。

素描的表现形式可分为结构素描和光影素描两类。结构素描，是以结构形体研究为中心，将对客观事物的感知经提炼后用线条刻画出来，在创作过程中突出研究性和说明性。结构素描属研究性素描，其区别于传统的素描关键在于其绘画过程的推理性和研究性，对空间的理解、形态的组合透视关系，这些都是传统的写生素描不具备的，也将为日后的设计奠定良好的发展基础和空间，因此，掌握正确的观察方法和表现方法尤为重要[13]。光影素描风景画在渲染情境方面具有优势，能够更立体直观的表现物体的形体结构，物体各种不同的质感、色度和物像之间的空间距离。园林素描风景画创作过程，可以将结构和光影两者结合，既包含所描绘场景和物体的结构性准确，也可以在此基础上进行适当的体量塑造，强化画面的空间感。在科学性和艺术性之间找到一种平衡的关系。

透视图是指以人的观察和使用为尺度参照的步移景异的画面，是最亲近人的尺度。如将平面布局中的景点以透视图的形式连贯的画出，串联起生动的图卷，这在中国古代绘画创作中已有先例。透视图在视觉角度上，仰视、平视、俯视兼有，而以仰视、平视为主要视角。鸟瞰图是反映园林总体的布局的较为直观的视觉图像，具有很强的说明性和一定的科学性和艺术性价值，是对画者空间思维、空间想象与艺术创作相结合的综合考验，鸟瞰图需要在深入分析平面图、立面图、剖面图的基础上，选取角度进行的绘画创作，具有其实用性和说明性，是表达设计意图的艺术语言，与设计的艺术构想相辅相成，具有独立的审美价值。

3.2 教学实例与成果

3.2.1 遗址与图画——避暑山庄遗址调研及意象创作

承德避暑山庄是中国园林史上的一个辉煌的里程碑，始建于1703年，是山地园的典型代表，建筑结合山水，因山构室，充分利用地形地势，充分融合内外景致，形成多个各具特色的山地园中园。作为现存的帝王宫苑，不仅规模最大，且独具一格，其林泉野致更是令人流连忘返、回味无穷。山庄风景之特色更体现在那些依山傍水的山居建筑的处理。南朝宋谢灵运《山居赋》说："古巢居穴处曰岩栖。栋宇居山曰山居，在林野约丘园，在郊郭约城傍。四者不同，可以理推言心也。"山庄取山居实为上乘。这是"以人为之美入天然"的中国传统山水园最宜于发挥的地方。其中山峦区占山庄总面积的4/5，面积422hm²，因山构室，在山岳区分布着多处精致的园林，虽为遗址遗迹，却是展开绘画创作的绝好素材。

避暑山庄有理有据，有法可循，有式可参，其中山岳区被毁的景点中包括山近轩（遗址）、碧静堂（遗址）、青枫绿屿（复原）、玉岑精舍（遗址）、秀起堂（遗址）等多处园中园经典案例（图3～图5），结合文献史料、楹联诗

遗址与图画——避暑山庄遗址调研及意象创作

一、承德避暑山庄简介

1.园区简介

承德避暑山庄，又名"承德离宫"或"热河行宫"，位于河北省承德市中心北部，武烈河西岸一带狭长的谷地上，始建于1703年，历经清康熙、雍正、乾隆三朝，耗时89年建成，是清代皇帝夏天避暑和处理政务的场所。避暑山庄以朴素淡雅的山村野趣为格调，取自然山水之本色，吸收江南塞北之风光，成为中国现存占地最大的古代帝王宫苑。

避暑山庄分宫殿区、湖泊区、平原区、山峦区四大部分，整个山庄东南多水、西北多山，是中国自然地貌的缩影，是中国园林史上一个辉煌的里程碑，是中国古典园林艺术的杰作，是中国古典园林之最高范例。

1961年3月，避暑山庄被公布为第一批全国重点文物保护单位，与同时公布的颐和园、拙政园、留园并称为中国四大名园，1994年12月被列入《世界遗产名录》。

承德避暑山庄及其周围寺庙

2.历史沿革

- 康熙二十年（1681年）：清政府为了加强对蒙古地方的管理，巩固北部边防，在距北京350多公里的蒙古草原建立了木兰围场，为了解决皇帝沿途的吃、住，在北京至木兰围场之间，相继修建21座行宫，热河行宫——避暑山庄就是其中之一。

- 康熙四十二年（1703年）：避暑山庄及周围寺庙开始动工兴建。

- 康熙四十二年（1703年）至康熙五十二年（1713年）：开拓湖区、筑洲岛、修堤岸，随之营建宫殿、亭树，避暑山庄初具规模，康熙皇帝选园中佳景题写"三十六景"。

- 乾隆六年（1741年）至乾隆十九年（1754年）：乾隆帝对避暑山庄进行了大规模扩建，增建宫殿和多处精巧的大型园林建筑，建筑仿其祖父康熙，以三字为名题写了新的"三十六景"，与康熙时期的三十六景合称为避暑山庄"七十二景"。

- 康熙五十二年至乾隆四十五年（1713年至1780年）：伴随避暑山庄的修建，周围寺庙也相继建造起来。

- 乾隆五十七年（公元1792年）：避暑山庄最后一项工程竣工，经历了康熙、雍正、乾隆三代帝王，历时89年。在英法联军攻打北京时，咸丰皇帝带普一批大臣运回了这里。

- 1860年：英法联军进攻北京，清帝咸丰逃到避暑山庄避难，在这座房子里批准了《中俄北京条约》等几个不平等条约，影响中国历史进程的"辛酉政变"亦发端于此，随着清王朝的衰落，避暑山庄日渐败落。

①康熙皇帝选园中佳景以四字为名题写的"三十六景"
烟波致爽 芝径云堤 无暑清凉 延薰山馆 水芳岩秀 万壑松风
松鹤清樾 云山胜地 四面云山 北枕双峰 西岭晨霞 锤峰落照
南山积雪 梨花伴月 曲水荷香 风泉清听 濠濮间想 天宇咸畅
暖流暄波 泉源石壁 青枫绿屿 莺啭乔木 香远益清 金莲映日
远近泉声 云帆月舫 芳渚临流 云容水态 澄波叠翠 石矶观鱼
镜水云岑 双湖夹镜 长虹饮练 甫田丛樾 水流云在

②乾隆以三字为名题写的"三十六景"
丽正门 勤政殿 松鹤斋 如意湖 青雀舫 绮望楼 驯鹿坡 水心榭
颐志堂 畅远台 静好堂 冷香亭 采菱渡 观莲所 清晖亭 般若相
沧浪屿 一片云 萍香泮 万树园 试马埭 嘉树轩 乐成阁 宿云檐
澄观斋 翠云岩 罨画窗 凌太虚 千尺雪 宁静斋 玉琴轩 临芳墅
知鱼矶 涌翠岩 素尚斋 永恬居

清朝的康熙、乾隆皇帝时期，每年大约有半年时间在承德度过，清前期重要的政治、军事、民族和外交等国家大事，都在这里处理。因此，承德避暑山庄也就成了北京以外的陪都和第二个政治中心。乾隆在这里接见宴赏过厄鲁特蒙古杜尔伯特台吉三车凌、土尔扈特台吉渥巴锡，以及西藏政教首领六世班禅等重要人物。还在此接见过以特使马戛尔尼为首的第一个英国访华使团，清帝嘉庆、咸丰皆病逝于此。

二、秀起堂简介

1.命名

乾隆皇帝对此园林名"秀起"，有三个层次。

1'"中隆者麓若悬眉，拱揭群峰尽俯渣"：秀起堂北靠主峰，高耸俊美，周围群山均对其参拜。

2'整组建筑卓尔不群，静含太古山房对其仰视，磐云寺为其朝镜。

3'"润海之中含飒爽，云霄以上与徘徊"：秀起堂主殿依托地势坐立于园最高处，与前方的绘云楼、振藻楼组成稳定的三角构图，又有三层台阶烘托其气势。

"去年西峪此探寻，山趣悠然称我心。构舍取幽不取广，开窗宜画复宜吟。
诸峰秀起标高朗，一室包涵悦静深。莫讶题诗缘缱懒，衲情留久发从今。"
——乾隆《题秀起堂》

2.选址："两山夹一涧"、"三涧交汇"的地形，建筑环绕和跨越溪涧。

3."千尺为势，百尺为形"："形"：近观的、小的、个体的、局部性的、细节性的空间构成及其视觉感受效果；"势"：远视的、大的、群体性的、总体性的、轮廓性的空间构成及其视觉感受效果。

4.构室手法："以屋包山"，营造"可游"可望、可居"的生活空间。

秀起堂
绘云楼
第二进院落
云罅松扉
歊厅
第一进院落
方亭
振藻楼
游廊
经畲书屋

5.建筑综述
6.周边环境

①水体：秀起堂基地选在山水俱佳的谷底中，"Y"字型的溪涧汇聚在振藻楼前，配合着周围的山石林木，形成清旷深远的意境。

②堆山：园内假山石采用青石和黄石，青石色青而瘦，坚硬多棱角，黄石色白而黄，坚硬圆润，面多孔窍，秀起堂的假山叠石，勉力逼染山林野趣，与周围的环境相得益彰。

③植物：山庄内多遍植苍劲的油松，整个山庄朴素自然，野趣横生。当年秀起堂林木繁茂，乾隆的御制诗文中，有大量对于西峪山林环境的描写："甚开窗引薰风，可望亦可听松籁，着色张张枫叶黄，宜时风送桂花香。"

三、学生作业

秀起堂

"润海之中含飒爽，云霄以上与徘徊，万松葱龙中起秀，一区廊落与悬居。"

五开间，周围廊，歇山卷棚顶。

秀起堂位于全园最高处，由层层高台托出，是园内中心建筑，因而可观园内佳景：远可观西沟涧延，近可看东山连与曲涧，南山可望见淡水濛霭，亭台参差。西边绘云楼烟山房错落有致。堂后小天地可观到山石起伏、花树扶疏。正廊每间支摘窗四扇，且正殿隔扇相间为四扇，主殿西边安装有窗户，且东边有支窗六扇，可推测建筑东西无砖砌的高墙，而是安装支摘窗的槛墙。

绘云楼——秀起堂门殿

三开间，进深一间，北向无窗，单檐布瓦卷棚歇山顶，以山为基，下面有三间敞廊，中间明间开辟通道，修筑楼梯，连接上下。门样建歇山抱厦，作为入口，抱厦作为门洞的突出标志。2打破山墙的沉重之感，建筑南向支摘窗三槽，每间支摘窗四扇，共计十二扇。绘云楼北向无开窗记录，则应该无窗。

绘云楼&秀起堂

底图引自贾珺 秀起堂北岸立面

图 3　教学成果——学生作业 1

图4 教学成果——学生作业2

遗址与图画——避暑山庄遗址调研及意象创作

1. 园林简介

避暑山庄中的建筑虽然多，功能与地位各异，但在建筑的形式上，除几座大型寺庙采用了琉璃瓦以外，其他都是用青砖布瓦的，不加粉饰，以卷棚硬山和歇山顶为多，具有独立性的亭子，多为四角攒尖顶，这里并不十分注重建筑单体造型的变化，而致力于群体的组合，即用一般的符号来表达最优美的诗篇。从简到繁，然后从繁到简。

2. 造园立意

山近轩建于乾隆四十一年（1776年）秋至四十四年（1779年）夏。从避暑山庄整体上看，山近轩是山区众多园林中的一个，这些园林互相内通连接，使山区景致更加丰富的同时也结合曲折的山路营造出深山的神秘感，如"山杯建山近轩，随峰架乡起鉴，谷底安玉岑精舍……"

① 山是园林的脊架，透过园林要增加人与山的沟通：

　　"已在万山中，更图山之近"——乾隆《山近轩》

　　"万山深处命山近，纪实也"——《热河志·山近轩》

② 出古，对超然宁静的追求。

"澹泊敬诚"是山庄修建的宗旨，建筑在造型和选材上均有一种恬淡的格调，均以朴为原则。

"宁撙舍巧"使人为作与自然共鸣，朴的目的，也是为了得到古的意境，因此山近轩已松为古"草屋虽不古，而松与古之，借问松何年，不知种者谁，宇宙以山来，有山松在兹，适兹构草房，宛共松同时"，山近轩立意上很大程度有崇古之意，也是一种对超然宁静的追求。

3. 空间结构

山近轩藏于万山深处，西周翠屏环抱，人入山mybo，朝向完全取决于山域朝向，采用倚山为台的做法安排建筑，台分三层，大小相差悬殊，自然跌落，"千方百计以人工美入自然，不破坏自然地形地貌。"

4. 园林造景

山近轩园内外真假山石互相陪衬，空间组织丰富，建筑高低错落有致，游廊、避道搭配合理。建筑之间全部以山石蹬道联系，同时也有游廊贯穿，很显天然情趣。建筑物广用石材，槛墙还采用石雕衬以修饰，古朴而壮观。整个园林建筑、假山、避道、岩洞衬以曲廊，加之四周翠屏环抱，山林意味盆加浓厚，体现出一种情理协调、舒缓自由、节奏鲜明的园林艺术效果。

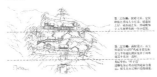

图片引自网络

4. 建筑汇总

底图引自网络

山近轩遗址现状（摄于2018年9月）

山近轩鸟瞰图创作（一）

山近轩鸟瞰图创作（二）

图5　教学成果——学生作业3

画及相关科研成果，进行从诗画到实景，以实景觅画境、意境和情境，以贯穿全园并使整个园林形成一个现实生活中的时间、空间的道路为纽带，移步换景成画，令观者由画入景、由景入境，通过图与画的结合对园中园的个体创作途径进行分析解读，这种尝试以绘画的艺术形式进行情境复原研究和艺术创作，探寻山庄造园艺术的精髓，不失为一次大胆创新。

3.2.2 遗址与图画——圆明园遗址调研及意象创作

圆明园属平地山水园，始建于 1709 年，代表了清代园林艺术和建筑艺术的最高水平。地形、水面、游廊、围墙营造各有主题意趣的若干不同景区，也借鉴了同时期南北方各地的园林佳作。圆明园的兴建经历了清王朝政治经济最鼎盛时期，是我国古典园林之集大成者，其盛名传至欧洲，被誉为"万园之园"和"东方的凡尔赛"。圆明园造景取材十分广泛，有仿建我国各地尤其是江南的盛景名园，有仿古代诗词绘画建造的人间佳境，有仿造神话传说建造的仙山琼阁。就是这座历经了清代康熙、雍正、乾隆、嘉庆、道光、咸丰六朝 150 年营建的华夏园林明珠，随着 1860 年和 1900 年西方列强两次毁灭性的摧残，化为一片焦土，但其地形骨架还在，这是古代造园工匠的智慧和技术的结晶。以园林复原绘画创作的形式利用与改造、山水布局手法、地形与建筑的关系以及赋题写意于山水等，都值得学习和借鉴，研究分析这些手法，有助于发展和丰富我们今后的教学内容和设计思想。

结合史料和现场遗迹，圆明园中的多处遗址区是极好的绘画创作题材，圆明园分区景点中几乎涵盖了我国优秀传统园林的全部成就，史籍图画对应现场遗迹，仍倍感其壮阔恢弘，激发无限的创作与想象。乾隆在第四次南巡之后，于乾隆三十七年（1772 年）在长春园中仿建了一座狮子林，从清代晚期的样式雷地盘图上可以了解长春园狮子林的基本格局，长春园狮子林的建筑均为北方的官式建筑，因体量适中，毫不逊色苏州狮子林，作为乾隆中期叠山艺术的重要转折的叠山案例，三处狮子林各具特色，也为我们以图画的形式进一步挖掘传统园林中叠山造园手法的艺术表现创作提供新思路，圆明园中的狮子林以及避暑山庄的狮子林遗址中现存着大面积的假山遗址，足以证明在仿写过程中对假山一处景致进行了特别的借鉴和创作，通过绘画艺术的手段激发和培养同学们的艺术潜质（图 6、图 7）。

4 教学成果的创新点及推广应用效果

4.1 更新教学理念、加强学科交叉的理论创新

绘画可以帮助今天人们认识古代的园林，而从园林的视角，也有助于对绘画的解读[14]。"素描风景画"是风景园林专业设计与绘画艺术相结合的重要课程。对中国传统园林的文化背景、基本理论以及设计理法进行系统研究需建立在学科交叉的背景上，如考古学、艺术史学的

研究理论和方法为本课题研究提供科学的方法论指导。教学研究在风景园林学和艺术学交叉背景下，以清代鼎盛期圆明园遗址复原创为研究对象，对绘画的科学性和艺术性进行系统的图像提取和分类整理，对建筑形制、山水树石、楹联匾额等要素，运用图像学和统计学方法分类建立图式体系，为风景园林教育教学提供方法论指导。

4.2 改革教学模式、加强案例教学的实践创新

突出案例教学，结合文献史料、楹联诗画及相关科研成果，应用二维的图纸空间、虚拟的三维空间等综合技术手段，探索遗址复原创作的新途径。其目的是通过虚拟现实技术和绘画艺术双重手段，研究现实主义、虚拟现实和浪漫主义创作方法高度结合并指导园林创作的途径和方法。诗画一体，以贯穿全园并使整个园林形成一个现实生活中的时间、空间的道路为纽带，移步换景成画，令观者由画入景、由景入境，通过图与画的结合对园中园的个体创作途径进行分析解读。从鸟瞰到透视再到细节处的精细描绘与分析，对择址、布局、组景、尺度、边界处理、视线关系、假山、植物等进行忠实而艺术地再现。

4.3 积极探索研究方法和研究手段的创新

通过拍摄测量进行现场地形模型及环境场景的数据采集。在特定角度的基础上，结合绘画创作，完成虚拟现实场景的构建。通过虚拟现实空间增强复原创作的表现力和空间感，将诗文图像等文献研究的结论形象化。其目的是通过虚拟现实技术和绘画艺术双重手段，研究现实主义、虚拟现实和浪漫主义创作方法高度结合并指导园林创作的途径和方法。

4.4 规范教学管理、优化教学评价

点评环节非常重要，通常是任课教师和同学们最有效的互动，除随堂进行的个体点评，还包括在期中和期末的评图环节，可邀请相关课程的老师参与到教学评图中来，该环节也是体现这门课程与相关课程的衔接的重要环节，教师可就前期同学们完成的作业情况进行总结，同行教师间可就学生作业情况展开相关讨论，通过思想的碰撞与交流，不仅会促进该课程自身的健康发展，更将为风景园林的人才培养和一流学科建设助力。

4.5 提高教学质量、促进学生持续发展

在风景园林专业"双一流"学科背景下，笔者自 2013 年承担该课程教学以来，先后主持并完成多项教学改革项目和发表多篇教改论文，不断思考艺术、研究、园林三者之间的深度融合方式和途径。教学过程建立在深入研究园林历史脉络的基础上，将说明性的图示语言和艺术性的意象表达手段相结合，更加立体直观地剖析造园艺术，相比前人和同行学者而言，以独具浪漫气息的环游体验式绘画的图示方法和视角来解读传统园林的理法。使绘画艺术与设计研究紧密结合，经多年教学和实践，学生们的逻辑分析能力和艺术创作能力不断提高。学生作品先后获得全国高等院校的多项奖励，课程体系和教材建设相继实现了突破性的成果，为今后继续完善提高奠定了坚实基础。

遗址与图画——圆明园狮子林遗址调研及意象创作

一、圆明园

1. 园林简介

圆明园是清代著名的皇家园林，圆明三园面积5200余亩，150余景。最著名的如正大光明殿、安佑宫、山高水长楼、蓬岛瑶台、武陵春色；苏州狮子林、西湖十景等江南的名园雕景也被仿建于园中。

《圆明长春绮春三园图》

2. 历史沿革

康熙时期：圆明园最初是康熙帝赐给皇四子胤禛（即后来的雍正帝）的花园。在康熙四十六年（公元1707年）已初具规模，同年十一月，康熙帝赐名"圆明园"。

雍正时期：1723年雍正帝即位，圆明园成为"御园"。1725年，雍正帝开始了对圆明园的扩建，在园南增建了正大光明殿和勤政殿以及内阁、六部、军机处值房，御园"避喧听政"。雍正皇帝是圆明园的第一任总设计师。

乾隆时期：1737年，乾隆皇帝搬进圆明园成为第二任设计师，主持了持续整整17年的圆明园第二次改扩建工程。乾隆皇帝乐在其中60年，对圆明园岁岁营构、日日修华、浚水移石，费银千万。他除了对圆明园进行局部增建、改建之外，乾隆十六年前后在紫东郊新建了长春园，在东南邻并入了绮春园（同治时期改名万春园）。乾隆十二年至二十五年前后建成西洋楼景区。至乾隆三十九年，圆明三园（圆明园、长春园、绮春园）的格局基本形成。乾隆五十七年（公元1792年）避暑山庄最后一项工程竣工，经历了康熙、雍正、乾隆三代帝王，历时89年。

嘉庆时期：嘉庆皇帝主要对绮春园进行修缮和拓建，使之成为主要园居场所之一。在1799年和1811年间，他将两座皇家园林合并连缀构筑，并开始新一轮的大规模修缮扩建，而这也是圆明三园最鼎盛的时期。

道光、咸丰时期：道光帝登基后，国事日衰，财力不足，但宁撤万寿、香山、玉泉"三山"的陈设，坚持圆明三园之修，也不放弃圆明三园的改建和装饰。直至1860年（咸丰十年），圆明园被英法联军纵给焚毁，咸丰皇帝带着一批大臣逃到了这里。

二、乾隆帝南巡

乾隆是个崇尚奢华喜爱吃喝玩乐的皇帝，一生多次造访江南，所到之处的江南美景成为他设计圆明园的灵感来源，因此形成了著名的"圆明园四十景"。

1. 时间

乾隆帝曾于1751年（乾隆十六年）、1757年（乾隆二十二年）、1762年（乾隆二十七年）、1765年（乾隆三十年）、1780年（乾隆四十五年）、1784年（乾隆四十九年）六次巡幸江南，每次一般都要到宁宇府（今南京市）、苏州府、杭州府、扬州府，其中四次还造奉了浙江的海宁，康熙帝在位期间也曾六次巡视江南。

2. 原因

①江浙官员代表军民绅衿恭请圣上临幸率；
②大学士、九卿援据经史及圣祖南巡之例，建议允其所请；
③江浙地广人稠，考察民情民政，问民疾苦；斯恭承母后，游览名胜，以尽孝心。

3. 路线

乾隆南巡往返路线示意图
（乾隆十六年 公元1751年）

三、圆明园·长春园·狮子林

1. 名称由来

"林有竹万，竹下多怪石，状如披毦（狮子）者"，又因天如禅师惟则得法于浙江天目山狮子岩普应国师中峰，为纪念佛徒衣钵、师承关系，取佛经中狮子座之意，故名"狮子林"。

2. 历史沿革

1）苏州·拙政园·狮子林

始建于元代至正二年（1342年）；中国古典私家园林建筑的代表之一，苏州四大名园之一。
世界文化遗产、全国重点文物保护单位、国家AAAA级旅游景区。

"一树一石入画意，几湾几曲远尘心。
城中佳处是狮林，细雨轻风此自寻，
岂不偏然闹市中，致生建尔豪家心。"

2）承德避暑山庄·文园·狮子林狮子林

建于乾隆三十一年（1767），仿苏州狮子林，园内共十六景：狮子林、虹桥、假山、纳景堂、清心阁、藤架、磴道、占峰亭、清淑斋、小香幢、探真书屋、延景楼、画舫、云林石窟、横碧轩、水门。

> "倪氏狮林旧茂密，传真小筑倒潇湘，既成一奕因名，了悉合今不是分，爱此原著饲命仿，庭地还有鹿游群，水莉武列山隐蔽，宣蓄滨溜济以文。"
> ——《狮子林》

3）圆明园·长春园·狮子林

圆明园中的狮子林位于长春园东北部，占地1.5万平方米。初建于1747年，1772年全部建成，西部从芳榭等建于1747年，乾隆游览苏州后，于1767年在其东仿照苏州同名园添建狮子林，先建8景，后续8景，共16景，形成一组精致的小园景区。

> "最忆倪家狮子林，涉园漫氏幻为今，因教规写调城趣，以便寻常御园临。不可移来惟古树，遥由飞去是遁心。峰姿池影都无二，呼此顺瀹憪图哈。"
> ——《咏狮子林》

华喦玉《长春园狮子林复原图》

3. 建筑形制汇总

底图源自贾珺《圆明园地园艺术探园》

4. 总结

从平面图的对比中不难发现，长春园狮子林和文园狮子林对涉园在整体布局、山水结构等方面都有进行了拟仿，即将为自然山水空间与院落建筑空间的叠加。

苏州狮子林位于江苏，文园狮子林位于承德，三座狮子林建筑形制有所不同的主要影响因素是南北地理条件差异。南方气候湿润，建筑注重通风防潮，建筑体量轻巧通透，北方气候干旱，冬季寒冷，注重抗寒抗风，建筑体量敦实。苏州狮子林建筑屋顶一般为悬山，防雨抗潮；文园狮子林屋顶为硬山，防风抗寒。

清淑斋

是一座卷棚歇山项，藏打三间、四周有廊的单层建筑，面临清溪。

"春光艳覆秋光飒，林有阴还砌有痕。
若论园亭清淑景，吾云当属夏为宜。"
——《清淑斋》

《弘历雪景行乐图轴》郎世宁绘于乾隆三年（1738年）

由图可见，清淑斋为三间周围廊歇山项建筑，具有类似正室的地位。在乾隆帝《清淑斋》一诗中："斋不设窗疏，旷观凭倚凭"，但从图上看，檐柱间明显装设了隔扇问。

此斋前引清溪，后列石桥，南设平台栏杆，左右对称设置一对花瓶和两个石磴花台，所植树木也生久数相对。

在郎世宁的系列图卷中，这一张《弘历雪景行乐图》非常细致的描绘了建筑。图中的建筑虽然没有标示出是从属园林中哪一株房子，但是从图中看，三开间，歇山项，三面游廊，与清淑斋的结构十分相似。虽然难以确定这一建筑是否为清淑斋，但它为这一建筑的复原及其外部环境营造提供了很好的参考。

郎世宁《弘历雪景行乐图轴》

水门遗址及环境透视图创作

清淑斋&虹桥透视图创作

图6 教学成果——学生作业4

图7 教学成果——学生作业5

5 结语

传统即创造，重新审视传统，摆正对待传统的态度和思路和体系化是今后必将面临的课题[15]。随着时代的发展，只有从新的角度不断去发现并重新认识传统的价值，传统才能在新时代焕发勃勃生机，并真正成为推动我们不断前进的动力。相对于现存的园林，那些消失的园林更加值得关注和研究，通过对这些园林的图示化复原研究，发现其设计的精髓与艺术的真谛，尽可能多地保存园林文化的血脉，留住先贤们营造园林的智慧。

解读中国传统园林造园艺术是继承和创新的前提，以图画和图示的意象表现更加生动直观。基于园林与绘画的同源异质性，不断尝试将园林遗址与绘画创作结合，以研促教、以教促改、教学相长。实践证明，探讨园林遗址复原创作的新途径和意象表现拥有极为广阔的发展空间，这些探索与尝试符合了新时代全面加强和改进学校美育，坚持以美育人、以文化人，提高学生审美和人文素养的时代要求。其教学研究成果是具有风景园林专业特色和独特美学价值的园林艺术绘画，通过发扬和继承传统园林文化的精髓，不仅对当代园林的规划设计有指导意义，也将对未来风景园林规划设计和高层次人才的培养模式具有重要启发、指导和借鉴意义。

图表来源：

图1、图2由第一作者整理，内容为主讲教师共同研究成果总结；图3～图7由师生共同整理，内容为历年学生优秀作业成果总结。

参考文献：

[1] (英)考威尔(F. R. Cowell)著.作为美术的园林艺术：从古代到现代[M].董雅，初冬，赵伟译.武汉：华中科技大学出版社，2015.

[2] 上海博物馆编.摹造自然：西方风景画艺术[M].上海：上海人民美术出版社，2018.

[3] 李建群.英国美术史话[M].北京：人民美术出版社，1999.

[4] 马悦."大旅行"背景下古典风景画对英国艺术教育的影响[J].教育教学论坛，2020(11)：150-152.

[5] 丁宁著.视远惟明：感悟最美的艺术[M].北京：中国文联出版社，2016.

[6] 李炜民，中国风景园林学科发展相关问题的思考[J].中国园林，2012(10)：50-52.

[7] 王丹丹，黄晓，肖遥，王鑫，宫晓滨."素描风景画"课程教学改革的探索[J].中国林业教育，2018(7)：53-56.

[8] 宫晓滨.北林园林学院美术基础的作用及影响[J].风景园林，2012(8)：92-95.

[9] 宫晓滨.编绘.中国园林水彩画技法教程[M].北京：中国文联出版社，2010.

[10] 王丹丹，宫晓滨.中国传统园林的表现绘画创作途径探索与实践[J].风景园林，2016(6)：86-91.

[11] 杨大年编著.中国历代画论彩英[M].郑州：河南人民出版社，1984.

[12] 宫晓滨，高汶潇，王丹丹.园林素描风景画[M].北京：中国林业出版社，2019.

[13] 张宏勋.结构素描的观察方法和表现方法[J].韶关学院学报，社会科学，2008(7)：163-165.

[14] 黄晓，刘珊珊.园林绘画对于复原研究的价值和应用探析——以明代《寄畅园五十景图》为例[J].风景园林，2017(2)：66-76.

[15] 冈本太郎.传统即创造[M].曹逸冰译.北京：新星出版社，2019.

作者简介：

王丹丹/女/汉/博士/北京林业大学园林学院副教授/研究方向为风景园林规划设计与理论、中国传统园林的绘画创作表现。

宫晓滨/男/北京林业大学园林学院教授/国家一级美术师。

黄晓/男/汉//博士/北京林业大学园林学院副教授/研究方向为风景园林理论与历史、园林绘画。

通信作者：

王丹丹/女/汉/博士/北京林业大学园林学院副教授/研究方向为风景园林规划设计与理论、中国传统园林的绘画创作表现。

*以执业能力培养为导向的风景园林设计类课程教学实践探索

——以《公园设计》为例①

Exploration on the Teaching Practice of Landscape Architecture Design Courses Guided by the Cultivation of Practice Ability

——Taking *Park Design* as an Example

徐　斌*　张亚平

浙江农林大学风景园林与建筑学院

摘　要：在"生态文明"和"美丽中国"的共同引领下，中国风景园林学科进入了新的蓬勃发展阶段，新时代对风景园林专业人才培养有了新的要求，风景园林师执业制度的建立成为行业热点。在此背景下，加强执业创新型人才培养，成为高水平大学、学科发展的核心任务。本文以国家级一流课程《园林规划设计（公园设计）》建设为契机，针对风景园林专业学生"进阶思维培养""实践能力拓展""设计情怀厚植"等需求导向，基于长期教学实践，提出"真题真做""接轨市场""立体激发"三大策略，将学生的职业能力培养与专业素质培养相结合，构建以执业能力培养为导向的"项目选题—团队组建—方案打磨—社会评价—设计展览"五步法教学模式，全面提升学生作为未来风景园林师的综合素质和能力，回应新时代对风景园林"拔尖应用型人才"的迫切需求。

关键词：风景园林；执业能力；设计类课程；教学改革；公园设计

Abstract: Under the common guidance of "ecological civilization" and "beautiful China", Chinese landscape architecture discipline has entered a new stage of vigorous development. The new era has new requirements for the cultivation of landscape architecture professionals, and the establishment of landscape architect practice system has become a hot issue in the industry. In this context, strengthening the cultivation of practical innovative talents has become the core task of the development of high-level universities and disciplines. Taking the construction of the national first-class course *landscape planning and design (Park Design)* as an opportunity, aiming at the demand orientation of landscape architecture students, such as "advanced thinking cultivation", "practical ability development", "design feelings implantation", and based on long-term teaching practice, this paper puts forward three strategies of "real topic, real work", "market integration" and "three-dimensional stimulation", Combining the cultivation of students'professional ability with the cultivation of their professional quality, the "five steps" teaching mode of "Project Topic Selection-Team Building-Scheme Polishing-Social Evaluation-Design Exhibition" guided by the cultivation of practice ability is constructed to comprehensively improve the comprehensive quality and ability of students as future landscape architects, In response to the new era of landscape architecture "top application-oriented talents" urgent demand.

Keywords: Landscape architecture; Practice ability; Design courses; Educational reform; Park design

近年来，教育部逐渐吹响了建设国家一流本科课程[1]、深化新时代学校思想政治理论课程改革[2]的集结号，对于加快建设高水平大学、全面提高人才培养能力提出了新的要求。同时，习近平总书记在 2019 年给全国涉农高校的回信中也提到："以立德树人为根本，以强农兴农为己任"[3]，这给涉农高等院校提出了一个清晰的培养方向，加强创新型、应用型人才培养，成为高水平大学、学科发展的核心任务[4]。具体到风景园林学科，在当前"加快生态文明体制改革，建设美丽中国"的愿景下，相关学者提出了"要加快建设风景园林执业制度[5]，加强风景园林专业教育同风景园林行业、产业发展同步"[6]等执教融合的观点，为当下风景园林学科人才培养指明了方向。

1　新时代风景园林教育中的执业能力培养

当前，对于执业制度建立的探究已经开展。张振威、李雄通过综合分析美国风景园林师执业注册法的主要内容，针对我国规划设计市场存在的"资质评定标准偏向于企业整体综合实力而内部专业人员可能并不具备相应的设计能力"的问题，提出建立全国统一的风景园林师职业

① 基金项目：浙江省重点研发项目"乡村生态景观营造技术研发—浙江省乡村生态景观营造技术研发与推广示范"（编号 2019C02023）；2019 年浙江农林大学"课程思政"示范课程（编号 SZKC19011）资助。

资格注册制度来确保行业技术人员准入的最低门槛[7]；刘滨谊也认为"实施风景园林师注册制度是提高专业从业人员素质、提升学科发展的必由之路"[8]。可见，风景园林师执业注册制度的建立能有效地保证和提高风景园林规划设计和管理水平，其必要性和紧迫性不言而喻。在全领域呼吁建立风景园林执业制度的同时，与执业资格相对应的高等院校执业能力教育探索才刚刚起步，亟待更多的研究与实践。

"执业"这个词广泛应用于医学当中，通常是与医师、药师做搭配。执业医师一般是指持有医师执业证及其级别为"执业医师"且实际从事医疗、预防保健工作的人员[9]，有持证上岗的意思。引申到风景园林学科，执业能力与中国风景园林师执业资格制度相对应，即风景园林师的职称获得，需要满足三大条件：申请者首先要获得通过认证的风景园林专业学士学位，其次要具备风景园林行业 2 年左右的从业经验，最后要参加统一的风景园林师资格认证的考试，在通过相应的考试之后才能获得风景园林师职称[10]。因此，在当前建设背景下，对学生执业能力的培养是大势所趋，使学生获得作为未来风景园林师必备的思维逻辑能力、应用实践能力和职业道德素养，满足其未来准入风景园林行业的要求。

浙江农林大学《园林规划设计（公园设计）》课程自1996 年开设以来，始终围绕学科"道法自然、树人化境"的建设理念，经过 26 年的发展，已建设成为教学内容翔实、教学模式创新、教学方法先进的国家级一流本科课程，是风景园林专业最重要的支撑课程之一。基于"迫切建立执业制度"这一行业背景，结合风景园林专业应用型、实践型人才的培养目标，本研究以《园林规划设计（公园设计）》课程建设为契机，响应当下执业制度市场的建立，为培养新时代风景园林"拔尖应用型人才"提供借鉴与思考。

2 浙江农林大学公园设计课程教学改革实践研究

对标执业创新型人才培养要求，针对思政教育和一流本科课程改革建设目标，本文分析了既往课程中存在的三大导向需求，即"进阶思维培养""实践能力拓展""设计情怀厚植"，提出了相应的三大策略，并参照实际设计项目流程构建了以执业能力培养为导向的"五步法"教学模式。

2.1 现状发展需求及思考

2.1.1 学生进阶思维的培养需求

《园林规划设计（公园设计）》主要面向风景园林、园林专业本科三年级，学生已完成《园林规划设计原理》《园林设计初步》等相对系统的设计类基础课程和软件技能学习，具备了一定基础的专业知识与能力，但尚未构建完善的风景园林思维，缺乏对专业知识的系统应用与融会贯通。因此《园林规划设计（公园设计）》作为从基础设计向深层设计过渡的进阶课程，已经不适合"以虚构项目为设计任务"的教学模式设计，应进行与此阶段学生能力培养配套的教学设计创新，加强学生在课程过程中对知识的深度学习与能力的综合培养。

2.1.2 学生实践能力的拓展需求

在国家越来越注重生态人居环境建设的背景下，风景园林行业正处于高速发展阶段，对风景园林专业人才综合能力的要求越来越高，需求越来越多样化。不仅需要一般的方案设计人才，更对相关人员的沟通、表述能力有所要求。此前的教学设计基本以理论知识和方案绘图学习为主，缺乏对学生综合素质能力的训练，导致学生参与工作后，往往会出现应用能力不够、表述能力不强、方案综合把控能力不高等问题。亟需教师立足市场需求，将教学内容与执业标准有机衔接，更新教学模式，帮助学生进入社会后快速的适应市场。

2.1.3 学生设计情怀的厚植需求

此前的课堂设计任务一般周期较短，方法手段较为保守，学生对场地的调研不够深入，缺乏对场地的情感投入和对方案的深度打磨。而当前课程思政的建设背景，要求优秀的风景园林设计师不仅要有过硬的专业技能，还需要较强的工匠精神和家国情怀，对试图解决的问题保持同情心、同理心，塑造应用专业能力服务社会的价值目标，赋予设计作品以灵魂。

针对上述需求导向，《园林规划设计（公园设计）》以国家一流课程持续改进与完善为契机，从"知识—能力—素养—价值"四维一体培养体系出发（图1），提出思维进阶、强化能力、价值塑造的总体思路。聚焦以下 3 点进行教学改革探索：（1）以"真题真做"为特征的教学内容创新；（2）以"接轨市场"为目标的教学活动组织；（3）以"立体激发"为核心的思政教育融合。

图1 "知识—能力—素养—价值"四维一体培养体系

2.2 实施策略

2.2.1 真题真做，培养深度思维

课程选定真实地块、真实任务，把真实项目作为命题导入教学，创设真实项目情景。从人的行为、需求、环境场景建设出发，培养学生的进阶思维。在实践过程中发现、思考、解决真实问题，逐步从"平面的设计"过渡到"立体的设计"，形成高阶设计思维。通过前期调查、概念设计、方案深化、成果展示这一系列步骤，循序渐进地培养学生的实践能力和对规划设计的综合把控能力。

2.2.2 接轨市场，强化实践能力

采用模拟竞赛、竞标的方式，营造竞争氛围，教学目标与市场需求接轨，教学内容与执业标准有机衔接，培养学生参与市场、参与竞争的能力；以市场的需求为导向，邀请专家、资深设计师等共同组建社会评价体系，参与学生设计作品评价，使学生能在此过程中得到来自社会、甲方等多方面的评价与反馈，评价的标准也更多元。定期举办研讨会、短期训练营等，让学生在仿真情境中，以市场需求为目标，对自己应该具备的执业能力、实际社会需求和评价有更为全面的认知，更有针对性地进行查漏补缺。

2.2.3 立体激发，培养设计情怀

结合规划设计"任务、构思、布局、营造、展示"全过程，分阶段多维度进行教学立体设计，通过真实题目、

小组研讨、竞标、联合设计、汇报及展览、研究生教学协作组等一体化设计，组织多种教学活动、多轮评图修改，反复推敲设计方案，从多个维度立体激发学生的专业创造力和持续动力，使学生从被动学习转向主动学习，在学习过程中培养家国情怀和工匠精神，提升作为风景园林师的职业素养与使命担当。

2.3 以执业能力培养为导向的"五步法"教学体系

2.3.1 "五步法"教学体系构建

课程教学团队以"真题真做""接轨市场""立体激发"三大策略为抓手，围绕风景园林专业的培养目标，以市场需求为引领，构建了以执业能力培养为导向的"五步法"教学体系，从"选地—组队—作图—评价—展出"五个模块全面提升学生的进阶思维、实践能力与设计情怀（图2）。

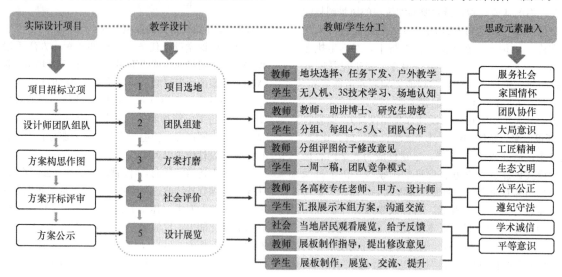

图2　模拟真实项目的"五步法"教学体系

2.3.2 具体实施步骤——"公园设计五步法"

（1）"技术辅助"的项目选地

课程教学团队以竞赛进课堂为途径，结合竞赛"城市更新"主题开展教学研讨会，从可达性、上位规划、场地特色等角度多方考量，最终选择位于临安老集镇、有多重使用功能、亟待更新的临安城东中央公园作为设计地块。在进行前期踏勘时，老师带领学生现场解读任务书，学生则以小组为单位利用无人机（图3）、3S等技术辅助进行现场踏勘与分析。在老师的指引下，学生能够较为快速地掌握设计项目的基本调查步骤及新兴技术的使用方法，以加强对设计场地的深度认知，图4为临安城东中央公园规划鸟瞰图。

（2）"一组N师"的团队组建

本课程打破传统的"一师一班"模式，在原有教师组的基础上，根据学生的兴趣爱好、能力特长，将学生进行一组4~5人的组合分配，同时引入助讲博士、研究生助教团，共同组成设计小组，引导学生进行头脑风暴（图5）、分组互评、分组分项分步展开教学，完成项目的调查、设计等工作，培养学生团队协作、深入分析的设计

图3　老师教导学生学习使用无人机

思维。

（3）"组内竞赛"的方案优化

根据任务书，学生们先进行个人作品的设计，一人一图，每周课上安排集中挂图点评（图6）。以小组为单位，组内成员——讲解自己的设计方案，模拟真实项目竞标

图 4　临安城东中央公园规划鸟瞰图

图 5　设计小组头脑风暴

汇报的方式，开展组内竞争，进行点评、互评，并以一个礼拜为周期进行方案修改完善。经过四周的点评—修改循环模式之后，老师将会在每组选择出一个最佳方案，小组成员协同完成该方案的后续深化工作。

图 6　挂图方案点评

（4）"社会导向"的评价方式

本课程在学期末采取学生汇报竞标、教学团队联合评图、资深专家评标的方式，同专业组织开展联合评图会，邀请数十位专家、资深设计师、甲方组评价团参与评审。每组派出一位代表讲解设计方案，接受与课堂教师不同角度的专家点评，这一过程能够提升学生的表达能力和沟通协调能力，同时获得多方意见来增进自身的设计思维。由此建立的由学生、教师和社会主体共同组成的教学评价体系，能够多方面检验学生的学习成果（图7、图8）。

图 7　联合评图会专家学生合影

图 8　学生汇报小组方案

（5）"专业联动"的设计展览

同一专业、同一命题、不同班级，同频共振展开联合课程设计，促进专业交流及横向比较，在联合评图会完成后，于校内及项目场地举办设计展览，加强学生与景观基址的交流，接受来自公园使用者的真实反馈，帮助学生更好地反思设计的目标与过程，建设真正为人民服务的大众公园（图9、图10）。

图 9　联合评图展览

图 10　学生介绍作品，校外专家点评

以执业能力培养为导向的风景园林设计类课程教学实践探索——以《公园设计》为例

3 结语

风景园林学科是基于实践的学科，随着时代的发展，学科的内涵需要被更深入地挖掘和更新[11]。风景园林学科的综合性特征要求学生视野开阔、团结协作、不断探索。本教学改革实践针对风景园林专业学生执业能力的培养，以"公园设计五步法"为核心，在国家一流课程的基础上，持续改进完善。在思维方式上，围绕"两性一度"的金课建设标准，提高"真题"挑战度；在实践能力上，注重与其他风景园林设计课程的有效衔接；在设计情怀上，尝试将思政教育"基因式"融入课堂，实现风景育人、生态育人。

教学改革从来就是一个与时俱进、不断调整更新的过程。在此后的教学过程中，《园林规划设计（公园设计）》课程依然会紧随时代步伐，立足于社会发展需求，积极进行全方位的创新改革，发展为教学模式科学、教学方法先进、农林特色鲜明、教师队伍过硬的风景园林专业骨干课程。

图表来源：

图1、图2由作者自绘；图3、图4、图5、图6、图7、图8、图9、图10由作者自摄。

参考文献：

[1] 关于一流本科课程建设的实施意见（教高[2019]8号）.中华人民共和国教育部.2019-10-24.

[2] 《高等学校课程思政建设指导纲要》（教高[2020]3号）.中华人民共和国教育部.2020-05-28.

[3] 习近平.给全国涉农高校的书记校长和专家代表的回信.2019-09-05.

[4] 中华人民共和国国民经济和社会发展第十四个五年规划和2035年远景目标纲要.中国共产党中央委员会.2021-03-11.

[5] 杨锐.风景园林学科建设中的9个关键问题.中国园林（33），2017：13-16.

[6] 李雄.注重质量建设 提升风景园林教育核心竞争力.风景园林（04），2015：31-33.

[7] 张振威，杨锐.美国风景园林师执业注册法述评.中国园林，2012，28（05）：38-41.

[8] 刘滨谊.从美国景观建筑师注册制度看实行中国风景园林师注册制度的必要性.城市规划汇刊（01），1998：50-51+66.

[9] 浙江省第三次农业普查主要数据公报.统计科学与实践（01），2018：60-65.

[10] 金荷仙，简圣贤.风景园林职业制度高层研讨会在京召开.中国园林，2011，27（11）：47-48.

[11] 潘建非，李梦然，江帆影.创新人才培养背景下的风景园林专业建筑类课程群的教学探索.广东园林，2020，42（06）：67-71.

作者简介及通信作者：

徐斌/男/汉族/风景园林硕士/浙江农林大学园林学院副教授/风景园林学科负责人/国家级线下一流课程《园林规划设计（公园设计）》课程负责人/浙江农林大学园林设计院副院长/研究方向为风景园林规划与设计/20010051@zafu.edu.cn。

*当代空间信息技术视野下的风景园林遥感教学探索与实践[①]

Exploration and Practice of Remote Sensing Teaching in Landscape Architecture from the Perspective of Contemporary Spatial Information Technology

张学玲　张大玉*

北京建筑大学建筑与城市规划学院

摘　要：当代数字景观研究蓬勃发展，新兴空间信息技术为新工科背景下风景园林教育发展提供了全新量化分析方法与手段，遥感技术已成为当前风景园林规划设计以及景观空间信息研究新的技术增长点。论文认为充分运用空间信息分析方法与遥感技术充实景观数字技术教学体系，系统开展风景园林空间信息量化识别与分析研究型教学，协同推进风景园林规划与设计教学发展，已成为专业教学改革的组成内容。在遥感技术专业融合与应用潜力分析基础上，立足信息化风景园林教学需求与发展趋势，整合相关技术构建风景园林遥感教学平台，分析总结遥感技术在风景园林理论与实践教学中的应用模式，结合"问题启发—任务驱动—探究引导"构建景观空间信息链，促进空间信息集成条件下学生研究和实践能力协同发展。

关键词：空间信息技术；遥感；教学平台；课程实践；风景园林学

Abstract：With the development of the contemporary digital landscape research, the emerging spatial information technology provides a rational and quantitative analysis approach for the development of landscape education. Remote sensing (RS) technology has become a new technical growth point in the field of digital landscape and landscape spatial information research. It is necessary to make full use of the frontier methods and technologies of Spatial Information Technology to expand the teaching platform of landscape information technology, to quantitatively identify and study the digital technology for different kinds of landscape, and to promote the development of research-based landscape teaching. Based on the application potential analysis of the RS technology and the teaching demand for information-based landscape architecture, this paper integrates related technologies to construct the teaching platform of RS in landscape architecture, summarizes the application mode of RS technology in landscape theory and practice teaching, combines "problem inspiration-task drive-inquiry guidance" to build a landscape spatial information logic chain, so as to promote the collaborative development of students'research and practical ability.

Keywords：Spatial information technology; Remote sensing (RS); Teaching platform; Course practice; Landscape architecture

当代数字景观（Digital Landscape Architecture）研究蓬勃兴起，新兴数字技术为风景园林内生规律挖掘提供了理性、客观的量化分析手段，极大地提高了景园研究科学性与高效性。以遥感（Remote Sensing，RS）、空间大数据（Spatial Big Data）、对地观测-监测（Earth Observation Monitoring）、空间定位与模拟技术（Spatial Positioning and Simulation）等为代表的空间信息技术（Spatial Information Technology）已迅速发展到风景园林学科教学、科研和工程的各个领域，并带动风景园林遥感教学和设计教学协同发展，相关教学平台、方法和实验手段持续获得突破和革新，成为激发风景园林学发展潜能，推动风景园林教育提质增效的重要抓手。

"硬实力、软实力，归根到底要靠人才实力"（习近平，2020）。新一轮工业和产业革命对全球高等教育带来了新的机遇与挑战，我国"新工科建设"就是新科技、新产业、新建设形势下专业人才需求的重要导向，课程改革是新工科建设的重要内容[1]。相对于传统教学模式而言，新工科课程改革的核心在于打破传统专业壁垒，通过实践、研究环节革新学习方式及其背后的知识逻辑，并兼顾专业学习的认知规律。

夯实教学"新基建"，托起培养高质量（吴岩，2021）。在此背景下，深入分析与判断当代空间信息技术优势与发展趋势，在学科交叉、专业融通与教学应用体系建构的基础上，立足风景园林空间信息数字化分析与运用教学需求，以课程改革、设计教学模块创新促成空间信息技术与风景园林遥感教学的集成发展与技术协同，整合相关技术构建风景园林遥感教学平台，结合"问题启发—任务驱动—探究引导"构建景观空间信息研学模式，促进空间信息集成条件下学生研究和实践能力协同发展，成为当前风景园林专业遥感教学改革的首要任务。

1　当代风景园林空间信息技术行业应用情况

风景园林空间信息技术是当代空间技术、传感器技术、卫星定位与导航技术、计算分析技术等在风景园林专

---

①　基金项目：国家自然科学基金重点项目（编号：51938002）与国家自然科学基金青年项目（编号：52108036）以及北京建筑大学青年教师科研能力提升计划项目（编号：X21047）共同资助。

业领域内的深度结合，进而形成多学科高度集成，实现景观信息数字采集、处理、管理、分析、表达、传播和应用的增强型数字技术。在遥感等关键应用技术支持下，风景园林研究与应用的专业化、科学化程度得到显著提升，实践水平也获得了迅速提高，得以更加理性、系统的处理各种现实问题，并使研究的空间范围更大，分析的系统性更强，分析结果更具科学意义。

伴随空间信息技术快速发展及我国高空间、高分辨率对地观测民用化转型，遥感技术作为一种风景园林专业最易于把握的对地观测技术，是获取和分析风景环境信息的强有力手段，能够提供信息量大、时效性强、准确度高、监测范围大、具有综合分析能力的地表定位、定量数据[2]，并为拓展景观调查、评估与管控信息平台，发现不同尺度下的风景园林量化规律，提高风景园林科技水平起到促进作用。近年来面向对象影像分析（Object Based Image Analysis，OBIA）等技术的先后推出，相关分析逻辑尤其适合风景园林专业领域应用与研究，其丰富的支持自定义算法优势为更加完善而深度的风景园林数字化解译提供了扎实的技术研发与算法分析基础，成为风景园林专业遥感技术应用的重要途径之一。同时，遥感技术可根据不同的学习和研究目的快速、准确的实现多种景观资源调查需求和专项图纸处理需要，辅助进行风景园林规划设计，为当代风景园林研究与实践应用提供了强大的技术支持（表1）。

目前来看，景观遥感能够快速、准确的进行城市景观绿地资源调查（如绿化覆盖率的统计与分析、植被群落的树种类型与分布）[3]、风景环境动态监测[4]、景观格局变化研究[5]、景观形态发展分析、景观小气候研究、生物多样性调查分析和景观生态安全研究等[6]，已经在风景园林行业中景观资源调查、信息提取、动态监测等领域进行了广泛应用。

五种常用遥感影像解析软件比较一览表　表1

软件	解析能力	解析精度	学习难度	界面友好度	算法数量	是否面向对象设计	分类方法
ENVI	非常强	高	适中	较友好	多	是	基于像素分类
Geomatica	普通	普通	难	不友好	少	是	基于像素分类
Qmosaic	普通	普通	适中	较友好	少	否	基于像素分类
eCognition	非常强	高	容易	友好	多	是	基于对象分类
ERDAS	强	较高	难	友好	非常多	否	基于像素分类

1.1　景观资源调查

景观资源调查是基于风景园林学科视野，对自然资源或风景环境构成要素进行收集、统计与分析，并形成专业判断的统称。20世纪80年代以来，航空遥感图像逐渐

被广泛运用于大地景观调查分析工作中。相关调查数据与信息是风景园林研究与规划设计的重要基础条件，调查方法与技术已经成为风景园林学科知识体系的重要组成部分。随着风景园林学科研究领域的拓展，规划设计研究尺度也随之扩增，传统的人工目视踏勘与调查已显然无法满足调查精度的需求，遥感技术获取资料范围大、获取数据速度快周期短、获取信息受限少、手段多、信息量大等特点使风景环境资源更精准、更科学的获取成为可能。

随着空间信息解析技术的不断提高，具有丰富几何特征和纹理信息的高分辨率遥感影像扩充了景观调查的研究视野和深度，当前 eCognition 等空间信息解析技术结合景观影像光谱信息、纹理信息、空间结构、几何特征等信息特点，综合解译景观图谱，有效解决多元数据融合的高分辨率景观影像解读效率低、信息输出精准度差等传统问题，使面向对象的信息提取技术成为风景园林行业应用的主要途径（表2）。目前，依托遥感技术进行景观资源调查已经成为行业应用的主要途径，并在空间信息解译技术不断创新的技术支持下获得了系列成果，有力推进了风景园林信息化发展。

利用空间信息解译技术进行景观
资源调查的主要内容　　表2

	类别	内容
自然要素	植被	植被群落与形态，乔木、灌木、地被、水生植物种类等
	地形	陆地与地表水分布，高程、坡度、坡向、汇水面等
	水文	水体形态，水深、水质、水生植物分布等
	土壤	地表裸露土质、土壤类型、山体表面岩石分布与类型等
人工要素	构筑物	构筑物分布、空间形态，构筑物高度、建设质量等
	历史遗存	历史遗存识别与发现、形态特征、材质与色彩等
环境条件	道路	道路分布情况、路面宽度、建设情况、路面材质等
	建设条件	用地类型、人工设施分布、建设活动等

1.2　景观信息提取

利用遥感影像提取景观信息是分析和掌握风景环境现状信息及其动态变化的有效途径。景观要素是构成风景环境的重要组成部分，遥感技术的发展使风景园林研究突破了传统的人工数据采集与信息提取方法，避免信息提取的主观性与模糊性的同时，使获得的数据信息变得更为准确与丰富。尤其是近年来高分辨率遥感图像的出现，不仅为风景园林研究提供了更为科学、精准、全面的数据信息，更扩大了风景环境研究的视野与尺度。

目前，基于空间信息分析技术优势，已经实现了单一景观元素，如城市绿地、城市建筑物、风景植被、水体、

道路等信息自动识别与分类提取；同时也覆盖到由多种景观要素组成的具有复杂多样景观格局的大尺度风景环境，如河流流域、山体地貌、山区湖泊、地表覆被等景观特征的分类提取，涵盖了城市绿地、湿地、耕地、森林、风景区等多种景观类型。结合空间信息技术在景观影像处理、多源数据分析、植被生理特征识别、拓扑几何形态解析等领域技术优势，遥感技术逐渐从深度和广度上均形成了对当前风景园林空间信息需求的有效应对。其核心技术如机器学习、深度学习的交叉应用业已开展，为当代风景园林智能化、定量化、信息化发展提供重要的技术支持，为当前风景园林专业教学数字化水平和科学质量提高提供创新途径。

1.3 景观动态监测

景观是由人文景观要素和自然景观要素组成的具有动态性和综合性的多尺度地理空间单元，景观监测是对其景观组成和空间配置进行分析，主要功能是景观格局的变化监测，随时发现景观发展中的情况与问题，同时进一步推演景观格局的变化趋势与规律。景观动态监测是作为景观资源管理和生态环境保护的重要阶段，是保证景观可持续发展的关键步骤。结合物联网、大数据研发的空间信息技术已经成为景观动态监测的重要工具，其所具有的高空间概括能力、宽视野、信息量大、快速采集等特点，助力于研究区域的数字化监测，在实现从静态景观调研到动态景观监测的同时，有效解决了从局部微观小尺度到整体国土大尺度的景观系统动态监测问题，包括城市景观系统、农业景观系统、森林景观系统、湿地景观系统、草原和荒漠景观系统等。

在数字中国、数字城市成为我国当前建设重要内容的背景下，空间信息技术为风景园林事业数字技术发展提供了重要契机，并为构建以知识更新、技术创新、数据驱动为一体的风景环境信息体系，推进遥感监测、物联网、大数据等信息技术在风景园林调查、分析、设计、管控、运维中的广泛应用，加快生态保护和修复信息化应用体系建设等工作提供技术体系与操作平台。

2 遥感在风景园林专业教学中的应用情况

当前，国内外绝大多数风景园林专业院校均开设了景观信息技术类课程，并从学时、学分设置上逐步提升，哈佛大学等部分国外学校甚至直接用景观信息技术课程取代了原有的景观工程技术课程。其中，3S技术成为景观信息技术教学的主要内容，而以GIS技术为教学重点，辅以遥感及大数据技术教学则成为目前大部分风景园林院校教学内容设置的普遍共识。

经统计全国第四轮学科评估中获评A、B类共23所院校课程情况表明，各院校在本科教学内容中均设置了遥感科学与基础知识讲授，且相对灵活组织教学内容，利用工程技术类课程、高年级风景园林规划设计、毕业设计及SRTP课程环节等进行学习与实践；在研究生课程设置中则不明确，主要以研究课题需要进行团队学习或自学。其中北京林业大学[7]、清华大学[8]、同济大学[9]、东南大

学[10]、南京林业大学[11]、华中农业大学[12]、福建农林大学[13]等均发表了硕士研究生参与撰写的、风景园林遥感技术支持的前沿研究成果。

2.1 风景园林遥感教学的课程特点

随着当前遥感数据市场化开放与民用化程度提升，遥感技术已成为当前风景园林空间信息新的教学扩展点，充分运用遥感前沿方法与技术拓展景观信息技术课程内容，量化识别与研究不同尺度下风景园林空间形态规律，强化遥感技术研学并促进风景园林规划与设计教学发展，已成为风景园林专业空间信息技术课程学习的必然选择。[14]现阶段课程特点主要表现为以下两个方面：

（1）专业需求鲜明、技术要求明确

基于当代风景园林学科坚持科技创新引领发展，全面关注人居环境与风景环境的发展态势，我国风景园林院校遥感课程普遍聚焦风景环境生态与形态定量化研究的专业特征，结合地域特征、本土环境、地表资源、国土空间利用、辅助规划设计等需求导向开展专业特色鲜明的课程教学。

但同时，当代风景园林学对空间信息与分析要素的提取要求显著提高，传统的地表景观要素识别与界定不足以满足现代风景园林分析与设计的需要。学生不仅要掌握遥感影像的可观要素提取技术，更要求对影像数据进行纵深分析与算法解析，诸如景观特征、景观形态、蓝绿景观耦合机制与规律等专业问题，均在迫切需要空间信息技术辅助的同时，从浅层要素识别发展至复合解析阶段，对分析技术的深入探索要比简单操作应用更为契合专业需求。

（2）知识综合性强、兼顾理论与实践

在空间信息技术逐渐成为风景园林学科重要融合与发展领域的背景下，相关文献检索表明，植物景观与生境多样性保护、城乡绿地系统、规划设计及理论与方法、生态技术与绿色基础设施、景观工程与技术、风景园林历史与遗产等8个科研领域对空间信息技术需求最为迫切（图1）。当代风景园林遥感教学作为空间信息技术研究重要途径之一，需要综合使用测量学、制图学、遥感学、地理学、植物学、水文学等相关学科基础知识。

因此，教学中既要兼顾相关学科的基本概念与基础理论，同时要聚焦风景园林学科科学问题与实践需求，课程内容需要精心组织，从而在有限的讲授时间内充分涵盖风景园林遥感基本原理、操作软件、理论讲授、案例自学和实践训练，以问题为引领、系统开展教研结合、实验-实践结合成为目前行之有效的知识传授方式。

2.2 风景园林遥感教学的主要问题

从风景园林学发展的整体历程来看，当代风景园林学科研究视野正急剧扩大，但在自然系统与人类系统的交互作用研究方面仍处于起步阶段，在风景园林高等教育的对应学时、学分供给并未有效达到教学标准完全实现要求的现实条件下，景观空间信息技术课程如何"提质增效"成为当前课程创新发展的核心问题，并在教学环节中表现为以下几个方面：

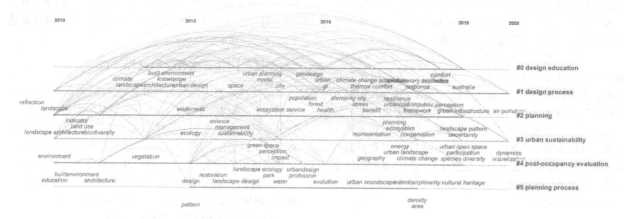

图 1　WOS 期刊检索的风景园林遥感研究重点应用领域（CiteSpace 数据分析）

（1）课程体系亟待优化健全，教学模式有待创新。"讲什么、怎么讲"应当是风景园林空间信息技术类课程改革的前置问题。大量人居环境背景下的风景园林问题，从基础理论到应用技术，必须借助科学技术方法与多学科技术才能有效应对。授课目标与方法不明晰，导致问题不明确、解决方法不适宜、专业分析逻辑不精准，"花架子""避实就虚"的现象亟待解决。

（2）信息技术教学平台建设、实证性研究急需加强。"做什么、怎么做"应当是风景园林空间信息技术类课程改革的关键抓手。数字化教学平台缺失已经成为风景园林教学与研究的瓶颈问题，并直接导致大量教师与科研人员更习惯于书斋式选题与研究，缺乏现实问题带动、实验-实践充分结合的实证研究态度，教学中不得不老调重弹，"懂什么、教什么"，前沿知识无法快速进入课堂，并随之影响了学习质量与设计质量。

（3）关键知识点有待科学凝练，与设计类课程协同机制有待提高。在教学课时不足已经成为国内院校风景园林技术类课程普遍问题的背景下，如何在有限的教学时间内突出"学以致用"的关键知识，并有机结合设计类课程开展自主研学成为当前缓解教学内容与学时压力的首选方式；以设计类课程为引领，系统整合空间信息技术授课乃至完整技术类、人文类课程成为目前教学改革的主要途径之一。

3　风景园林遥感教学的发展趋势

当代新兴空间信息技术为新工科背景下风景园林专业教育发展提供了全新的信息化、数字化分析途径与操作平台。密切结合学生能力塑造要求与行业需求，科学整合遥感等空间信息分析技术并形成以分析、设计能力提升为宗旨的研学合力，获得最大系统效应是当前风景园林遥感教学发展的主要趋势。同时，整合归纳离散知识，变知识点为学科知识群直至知识体系，并依据认知规律协调、理顺景观空间信息知识点之间由"问题启发—任务驱动—探究引导"构建的景观空间信息"数据链"与"逻辑链"，藉此实现学习绩效最佳。

其次，针对当代风景园林专业综合运用现代科学手段、重视前沿知识获取与自主研发，量化研究、规划、设计和管理自然环境与建成环境，重实践、重运用的专业特点，景观空间信息技术在教学上要加强理论教学与实践教学的充分结合，突出强调遥感等空间信息技术在风景园林规划设计教学中的集成应用。空间信息技术类教学内容若与规划设计课程脱离，或是没有实现同步对接，会造成理论教学枯燥且知识脱离实际问题、不易获取；而规划设计类课程缺乏空间信息技术支持，学生对知识的把握仅停留在认知层面，缺乏深度学习与实践。坚持两者结合，优势互补，才能增强学习效果，提高知识运用能力。

同时需要重视的是，近年来遥感技术、操作系统及高分影像数据已经逐步完成技术迭代，传统的遥感教学内容更新与研学模式创新已经迫在眉睫。大数据、云平台、机器学习与人工智能等新兴信息技术发展迅猛，风景园林空间信息集成教学与实践应用必将掀起新一轮技术革新浪潮[15]。据此，景观遥感教学亟待优化知识结构、丰富并深化教学内容，促进专业型、先进性、应用性教学内容整合与教学水平攀升。

4　风景园林遥感教学平台架构

遥感教学是风景园林信息工程教学重要组成部分，着重培养学生应用高空遥感影像进行风景环境分析、设计与管控的专业素养力、应用能力与创新能力，对培养适应新工科诉求乃至复杂性工程需求的研究型人才极为重要。在课程教学中，强化实际问题驱动，遥感技术应用环境和真实情境的营造，以课堂授课和实验教学相结合的方式，提升学生对风景园林遥感应用的学习与体验。因此，我们不能大而化之的用"综合平台"一言以蔽之，而应当首先明确风景园林遥感教学平台中基础层、数据层、支撑层、应用层和交互层的逻辑架构关系。

（1）基础层。平台一般采用 B/S 结构，保证良好的兼容能力。基础层用于构建计算资源、存储资源和网络资源，主要包括核心交换机、网络管理及安全设备，以及遥感数据服务器、遥感数据存储设备等。

（2）数据层。主要包括高空高分遥感影像数据、航拍数据及相关矢量数据、栅格数据、平台内部管理数据等，一般可按结构型资源和非结构型资源划分。通过对数据库的有效分类，建立完善的教学管理元数据，高效管理并使用共享资源。

（3）支撑层。主要是数据层和应用层的中间介层，依托标准、调取流程、安全架构等保障数据安全和应用功能实现。主要包括影像入库标准、数据接收和处理流程、数据流控制体系、信息组建等。为保证学生可以自行在终端进行自主实验与研学，支撑层还需要整合虚拟计算、关系型数据库系统、对象数据库系统等，建立数据共享平台必须的软件环境。

（4）应用层。用于实现教学远程服务和数据分发公用服务，实现遥感数据的查询检索、下载管理，以及终端景观学习结果的获取与校核。主要包括查询检索、申请分发、数据管理、因子提取、复杂分析结果校验等各类教学应用。

（5）交互层。主要通过窗口对话实现师生教学互动，可增加线上视频互动模块，在集中授课的基础上实现远程学习。此外，结合遥感影像数据库建设，远期可以实现遥感影像元数据扩展查询、数据交换等，从实现多源遥感数据的并行分发，围绕发布课题开展子课题分解与协同学习，有效拓展教学的深度与广度。

5 风景园林遥感教学体系与课程建设

结合当代新工科建设指导思想来看，风景园林空间信息类课程建设必须要立足学科属性与专业需求，加速科学发展与技术集成是目前课程改革的行动指南。风景园林遥感教学绝不是遥感专业出身教师开设的一门风景园林选修课，而应该是透析专业理论与实践问题，基于风景园林科学问题本体进行的遥感方法应用能力与设计环节信息技术协同能力塑造课。同时，又因为风景园林研究与实践中，遥感技术往往与 GIS、GNSS、空间大数据等专业知识彼此交叉，必须进行整体教学架构与内容建设。

5.1 教学目标与学时设定

综合考虑风景园林空间信息具有多学科交叉、优势

互补、景观空间要素相互渗透、彼此交互和有机集成的特点，以及风景园林设计学习与实践中综合运用的现实情况，课程建设不应当单独设置课程，而应当主动引导 3S（RS，GIS，GNSS）一体化教学，进而形成一种更为契合风景园林专业需求的"问题启发—任务驱动—探究引导"景观空间信息技术与方法。其初级阶段表现为功能互调，实现分析系统的关联；而高级阶段则表现为直接共同作用，实现分析数据动态更新，实时实地查询和分析判断。

因此，风景园林遥感教学目标表现为基于风景园林分析研究需求导向，在风景环境空间信息通识基础知识掌握基础上，熟悉常用遥感影像数据预处理算法与主流专业软件使用，针对不同的风景环境资源分析需求提出遥感解析技术路线，经实践探索完成专题信息获取与精度评定[16]。

实践能力方面，要求学生具有适用于风景园林资源调查、分析决策、辅助规划设计的遥感专题图纸编制能力，准确把握比例尺选择、制图要素取舍、图面配置等关键问题，图纸表达清晰精美。[17]在综合素养方面，培养学生空间信息科学思维与规划设计方法的逻辑协同，具有开拓创新意识与自主学习能力，独立研发能力与团队合作能力俱佳。

从风景园林空间信息教学整体内容考虑，建议按照风景园林空间信息系统导论模块、GIS 模块、RS 模块、GNSS 模块进行合理组构，课程授课总学时不得少于 64 学时，其中本科阶段、研究生阶段各为 32 学时（2 学分）；自主研学（课外自学）、设计运用环节（与设计类课程合并）总学时与授课学时均为等量匹配，则整体学时为 192 学时。其中，遥感教学总学时不少于 48 学时（授课学时不少于 16 学时），并按照遥感基本原理、面向对象分类机制与方法、自然环境景观遥感解译、建成环境景观遥感解译进行教案编制与学时分配（图 2）。

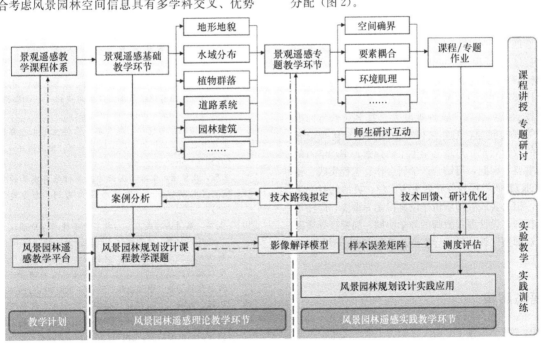

图 2 风景园林遥感教学内容关系图

5.2 理论教学环节

风景园林遥感理论教学主要包括以下四个方面：

（1）遥感的基本原理与方法，包括风景园林遥感应用概述及当前进展、遥感电磁辐射原理、遥感数据源、影像解译原理与处理基本方法、数据综合分析方法等，理论授课2学时（本科）。

（2）面向对象分析机制与方法，包括影像预处理技术通用简化流程、面向对象分类原理、方法与操作技术等，需针对风景园林专业需求讲授常用、通识技术模块，便于学生迅速掌握基本使用方法，学以致用。理论授课2学时（本科）。

（3）自然环境景观遥感解译方法与技术，主要针对自然属性景观要素开展遥感识别、提取、单因子分析、复合叠加分析方法与技术的讲授，景观要素识别测度应达到植物品种级[18]。理论授课6学时（本科2学时、研究生4学时）。

（4）建成环境景观遥感解译方法与技术，主要针对人工属性景观要素开展遥感识别、提取、单因子分析、复合叠加分析方法与技术的讲授，测度应满足建筑单体轮廓有效识别程度。对学有余力同学，可拓展教学内容，介绍遥感监测的基本原理与方法，并可引入夜间灯光等最新遥感数据与分析方法；亦可适当拓展教学内容至"智慧城市"分析层面。理论授课6学时（本科2学时、研究生4学时）。

5.3 实践教学环节

实践教学，是巩固遥感理论知识，加深风景园林视角认知与操作的有效途径，是培养具有创新意识的高素质风景园林研究者与设计师的重要环节，是理论联系实际、培养学生掌握遥感科学方法和提高规划设计中分析、运用能力的重要途径。

实践教学包括自主研学（课外自学）、设计运用环节（与设计类课程合并）两个环节，建议两者学时与理论教学学时等量匹配，并对应设置"遥感解译标志与实地研判""景观对象特征识别与量化界定""自然环境景观信息提取""建成环境景观信息提取"四个专题，后两个专题可结合设计课程课题设置灵活组合搭配。

实践教学虽具有教学管理难度大、教学效果与标准不易统一等现实问题，但办法得当会起到甚至比理论教学更显著的教学效果，对培养学生主动探索、主动学习的能力尤为重要。因此，可结合产学研合作、工程实践、设计竞赛、SRTP研学项目等开展更为广泛、灵活的教学活动。此外，相关实践教师队伍建设显得尤为重要，应注重遥感理论教师、设计课程教师的教学协同，加强指导实践教学的"双师型"教师和指导生产教学的"生产型"教师的队伍建设。

6 结语与展望

在我国"两个一百年"奋斗目标历史交汇之年，风景园林专业教育诞生70周年、风景园林学正式成为一级学科10周年之际，当代中国风景园林教育迎来了"守正创新、继往开来"的历史节点。积极响应、践行新时代国家需求与行业关键任务，促进风景园林教育高质量发展，成为历史节点上每一门专业课程教师均需要认真书写的时代考卷。

"不谋万世者，不足谋一时；不谋全局者，不足谋一域"。作为风景园林空间信息技术类课程的重要组成，坚持新工科建设中关于人才培养的总体要求，科学实现理论教学效能、充分发挥实践教学潜力，充分运用空间信息分析方法与遥感技术进行景观信息技术教学改革与课程建设，推进风景园林专业教学发展，是风景园林遥感课程活力与生命力的源泉。立足信息化风景园林教学需求与发展趋势，整合相关技术构建风景园林遥感教学平台，结合"问题启发—任务驱动—探究引导"开展创新实践，必将不断提升学生的研究能力与实践水平，在深化其学科认知基础上掌握科学规律、运用科学规律，拓展学科界面与知识融合程度，为培养新时代风景园林事业接班人筑牢硬核基础。

图表来源：

文中图表均为作者自绘。

参考文献：

[1] 教育部高等教育司关于开展新工科研究与实践的通知. 教育部，2018.

[2] 孙家抦. 遥感原理与应用. 武汉：武汉大学出版社，2013.

[3] 徐新良，庄大方，张树文，邹亚荣. 运用RS和GIS技术进行城市绿地覆盖调查. 国土资源遥感，2001（02）：28-32＋63.

[4] 张泽晗，张韬，白恒勤等. 3S技术在呼和浩特市城市绿地动态变化中的应用研究. 呼和浩特：内蒙古农业大学学报（自然科学版），2004（01）：31-35.

[5] 孔凡亭，郗敏，李悦，孔范龙，陈菀. 基于RS和GIS技术的湿地景观格局变化研究进展. 应用生态学报，2013，24（04）：941-946.

[6] 李文杰，张时煌. GIS和遥感技术在生态安全评价与生物多样性保护中的应用. 生态学报，2010，30（23）：6674-6681.

[7] 张云路，徐拾佳，韩若楠，马嘉，李雄. 基于山地特征的城市山地公园游憩服务能力评价与优化——以承德市为例. 中国园林，2020，36（12）：19-23.

[8] 薛飞，杨锐，马晗琼，赵壹瑶，白佟生. 生态智慧视野下北京中心地区历史水系廊道恢复研究. 中国园林，2019，35（07）：61-66.

[9] 王敏，周梦洁，宋岩，王云才. 乡村旅游发展的生态风险空间管控研究——以池州杏花村为例. 南方建筑，2018（06）：66-72.

[10] 成实，张潇涵，成玉宁. 数字景观技术在中国风景园林领域的运用前瞻. 风景园林，2021，28（01）：46-52.

[11] 杨阳，唐晓岚，詹巧巧，贾艳艳，李哲惠. 基于无人机低空航拍测技术的传统聚落调查及其应用前景——以南京市老门东为例. 中国园林，2021，37（03）：72-76.

[12] 张嫣，纪芳华，裘鸿菲，张群. 基于生态敏感性与适宜性耦合的湿地公园边界规划探究——以武汉东湖国家湿地公园为例. 中国园林，2019，35（11）：81-86.

[13] 易灿，张智，王文奎，肖晓萍. 福建地区自然保护区内的生

态修复探索与实践——以福建闽清黄楮林自然保护区石潭溪片区生态修复项目为例. 中国园林, 2020. http: //kns. cnki. net/kcms/detail/11. 2165. TU. 20200515. 1636. 002. html.

[14] 李德仁, 丁霖, 邵振峰. 面向实时应用的遥感服务技术. 遥感学报, 2021, 25(01)：15-24.

[15] Zhang Xueling. Practice Teaching of Landscape Survey Course Based on eCognition Remote Sensing Image Interpretation Technology. Educational Sciences-theory & Practice. 2018, 18(5)：1411-1423.

[16] Xueling Zhang, et al. . A Quantitative Research of Vegetation Landscape Character in Chinese Buddhist Mountain Environment Based on eCognition Image Interpretation Technology：A Case Study of Jizu Mountain, Yunnan Province. Landscape Research Record. 2019(8)：313-324.

[17] 张学玲, 李树华. 基于 eCognition 高分遥感技术的景观资源数字化分类提取方法研究. 成玉宁, 杨锐编. 数字景观——中国第四届数字景观国际论坛. 南京：东南大学出版社, 2019.

[18] 张学玲. 基于 eCognition 影像解译技术的风景环境植被景观遥感量化研究——以云南鸡足山为例. 中国园林, 2020, 36(10)：81-85.

作者简介：

张学玲/女/汉族/博士/北京建筑大学建筑与城市规划学院讲师/研究方向为数字景观理论与技术、风景园林规划设计与理论/406625699@qq. com。

通信作者：

张大玉/男/汉族/博士/北京建筑大学建筑与城市规划学院教授, 博士生导师/研究方向为景观规划与设计、村镇规划与设计等/zhangdayu@bucea. edu. cn。

参与式风景园林设计的教学改革与多元实践

Teaching Reform and Diverse Practice of Participatory Landscape Architecture Design

赵 迪* 毕倚冉

天津大学建筑学院

摘 要: 设计课是风景园林研究生的核心专业课程,主要培养具备全球视野、敏锐观察、自主探究、实践能力的专业综合人才。参与式设计具有多方协同、全过程参与、渐进规划、服务社会等特征,能够有效应对行业、教学及育人的挑战与需求。对国内外参与式设计课程进行调查分析,提出将"参与式设计"与风景园林设计课程结合的创新思路,以天津大学风景园林硕士必修课"参与式设计理念与实践"为例,构建理论·研讨·设计·实践的课程体系架构,以翻转课堂、项目制教学为途径,以德育与专业教育相协调,搭建产学研结合的交流实践平台以保障课程的可持续性,以期为设计课程改革提供新思路,实现长效全面育人与课程建设相统一,优化课程效果。

关键词: 风景园林;参与式设计;项目制教学;研究生课程;教学改革

Abstract: Design course is the core professional course for graduate students of landscape architecture. Based on new engineering construction and the transformation of the industry, professional comprehensive talents with global vision, keen observation, independent inquiry, and practical ability is required. Participatory design, which can realize multi-party coordination, full-process participation, gradual planning, and social services, can effectively respond to the challenges and needs of the industry, teaching and education. Investigate and analyze participatory design courses at home and abroad, and put forward an innovative idea of "participatory design concepts" with design courses. Take Tianjin University's required course—"participatory design concepts and practice" as an example to construct Theories-Seminars-Design and Practice curriculum framework, using flipped classroom and project-based teaching as the way, coordinate moral education and professional education, and build a communication and practice platform combining production, teaching and research to ensure the sustainability of the curriculum, in order to provide new ideas for the reform of design, unifying long-term comprehensive education and curriculum construction, and optimize the curriculum effect.

Keywords: Landscape architecture; Participatory design; Project-based learning; Graduate courses; Teaching reform

1 多元背景下的教学思维转向

风景园林学科是研究人类聚居户外空间环境、协调人和自然之间关系的一门复合型应用性工程学科[2],其社会服务性逐渐凸显(图1),设计师需要成为联系公众和政府的纽带,职业内核从单纯的创造活动扩展为对复杂系统问题的阐释和解决,理论和设计、研究与实践之间

的联系也逐渐紧密[3]。然而,当前高校风景园林研究生的理论课程与设计实践存在一定的脱节,设计实践课程缺乏面对真实使用者的真实的设计项目,缺乏真实项目全流程的实际操作经验以及与多方协调的综合能力。

将参与式设计的方法与风景园林设计课结合成为天津大学风景园林研究生培养改革的创新点之一,让学生扎根社会基层,与场地使用者深入对话,了解场地需求。课程设置一方面国家响应完善共建共治共享社会治理制

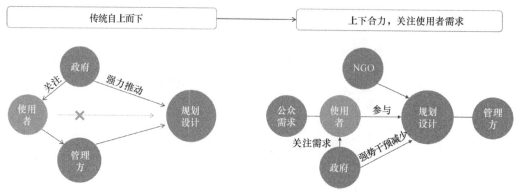

图1 风景园林规划设计模式的转变

度与"人民城市人民建"的行业发展的探索，注重公众话语权，避免设计师话语体系与民众生活脱节；另一方面注重培养研究生的社会责任感、创新精神和综合设计实践能力，实现高校教育、民生培育和城乡环境更新之间的有效衔接（图2）。

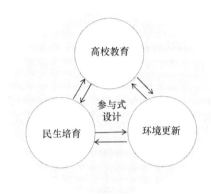

图2 构建高校教育、民生培育、环境更新的衔接

2 参与式设计的理念

参与式设计来源于北欧斯堪的纳维亚半岛，又名协同设计，通过将使用者带入设计流程，深入使用者环境，让设计更贴近使用者，可以广泛应用于教育、公共环境、卫生健康、艺术与设计和社交媒体等诸多领域[4]。近年，参与式设计在景观设计中得到广泛应用和认可，通过倾听使用者的意见并将使用者纳入设计过程，实现专业知识和在地知识共享的场所营造过程[5]，有助于城乡建设实现由"人为"向"为人"的转变，场地更新的同时建立人与空间的情感联系，进而促进场地的可持续发展[6]。

当前，环境设计和开发中与利益相关者和使用者的互动与协作已成为景观设计实践不可或缺的一部分，因此，使用科学的方法使人们参与设计十分重要。国外学者对此进行了深入的研究，如 Hester 在《造访有理》一书中提出许多参与式规划设计的方法与技术，例如问卷、会议、组织社区参与、精炼问题、设定目标的重要性等[7]，Yamauchi 提出包括利益相关者会议、使用者意见征询、研讨会、模型制作等方式使设计师更高效的与使用者进行协同设计[8]。国内学者也对参与式设计方法进行总结，提出需要定性研究与定量研究互相结合，目的是用大量的样本来测试和证明空间改造的可行性，指明设计的发展方向与目标[9]。此外，参与式设计具有迭代（重复反馈）特性，要求学生多次进入场地进行议题和设计的反馈，保障了设计成果的质量和使用者的满意度。

3 基于参与式设计理念的风景园林设计教学模式探索

境外高校已经开始探索将参与式设计理念引入风景园林教学中并形成较为完善的课程体系，如美国亚利桑那州立大学硕士景观设计课让学生与檀香山社区合作两学期进行参与设计[10]；哈佛大学面向景观硕士开设参与式设计课程，并利用数据和技术辅助设计；欧洲学者对29所欧洲景观设计研究生课程及欧洲风景园林教育大会的论文调查分析表明，多所大学都对参与式、协作式和跨学科的设计给予了一定的关注，是未来风景园林教育领域的重点[11]；中国台湾地区多所大学的景观设计课程一直鼓励学生与使用者进行深度沟通，如中原大学面向硕士开设参与式永续规划设计课程，强化社区联结服务学习、永续环境营造、多学科联结以及公众参与。

天津大学建筑学院风景园林硕士紧密结合国家在建设生态文明、现社会治理模式、乡村振兴等重大发展需求，以及行业在城市更新、既有社区改造和美丽乡村建设等政策引导，于2019年开设"参与式设计理念与实践"的研究生必修课程，该课程的设置始于2016~2018年组织的"海峡两岸参与式设计理念与实践"联合工作坊，学生们在天津市的社区公园、社区绿地、城市公园中开展参与式景观设计（图3）。目前，该课程面向风景园林、城乡规划、建筑、环境艺术的研究生开设，授课内容包括参与式设计理论和案例分析、专家讲座、工作坊组织和施工营建等，场地涉及城市社区、乡村社区的公共空间改造、城市公园、校园景观、儿童花园等多类型专项教学板块，学生根据研究专长选择场地，并自主制定参与式设计行动方案。课程内容充实，实践方式多样，考核方式灵活，是以提高学生综合设计能力为核心的专业必修课，为探索理论、设计、实践三位一体及全方位育人的创新教学模式做出有益尝试。

图3 连续6年海峡两岸联合设计工作坊

3.1 课程目标

参与式设计理念与实践课程紧跟时代、高校与行业发展对于应用型人才的需要，秉持风景园林人才培养定位——突出综合设计能力培养的目标，以自主研究、寻求解决策略、方案设计与反馈、实践探索的递进循环式学习过程为载体，连接理论课堂与校外"第二课堂"，注重硕士研究能力与实践能力的同向发力，强调知行合一、以做中学的方式实现对人才的培育。通过真实的场地设计任务、面对真实的场地使用者培养学生敏锐的观察能力、思考分析以及理性决策能力，通过参与式设计的理念培养学生沟通交流和多方协调等能力，调动学生的学习动力和创新思维。

3.2 "理论·研讨·设计·实践"的课程体系架构

课程体系设置是专业培养目标实现的根本保障和有力支撑[12]，"参与式设计理念与实践"课程主要包括四大课程模块，分别是理论导入、研究分析、参与式设计与营建与汇报展示（表1）。理论导入模块以教师讲课和专家演讲形式为主，由教师对社区营造、参与式设计理念、方法技术进行讲授，让同学了解参与式设计的流程、一般方法，同时结合具体案例进行分析，帮助同学拓展视野，提供思路借鉴。研究分析模块学生们分组开展分析与思辨，并结合不同类型项目开展有针对性的研究；要求学生自行制定调研计划，针对性的学习定性定量研究方法，完成场地分析，挖掘场地特色，确定项目策划方案，明确参与式设计和营建模块包括与场地使用者互动、开展参与式设计工作坊、景观方案优化、汇报与意见征询，细化施工营建等环节。参与式设计及与营建模块中，学生策划组织工作坊及其他有助于挖掘场地信息、引导使用者开展景观设计工作，由学生、场地使用者和其他利益者协同设计场地方案，并进行方案优化和多轮反馈，最终达成共识并由学生深化设计。汇报展示模块邀请知名学者、设计师及其他相关领域专家参与终期评图，帮助学生拓宽设计思维，开拓视野，帮助学生的方案更具备科学性、适用性和可行性。四个模块的课程设置贯穿了场地规划设计的全过程，为学生提供了基础理论学习与全方位的综合能力提升平台。

风景园林"参与式设计理念与实践"课程体系框架　　表1

课程模块	具体内容		教学方法	课程成果	教学组织	能力培养
理论导入模块	国家政策、行业需求解读		专题授课 专家讲座 跨学科协同 启发教学 案例教学	理论学习案例分析	课堂讲授：主讲教师 & 特邀专家	风景园林行业的趋势 行业与国家政策、社会发展的关系
	参与式设计理论教学（背景、应用领域、方法与技术等）					国际前沿理论 国外公众参与的模式与组织经验 国内公众参与的组织架构等
	参与式设计案例教学					
研究分析模块	自主开展理论学习与思辨		翻转课堂 项目制教学 问题导向教学 交流讨论	研究方法报告	分组讨论：初步与场地相关利益方建立联系	思辨能力与学术研究 沟通合作
	确定项目目标，制定调研计划与研究方法，策划参与式设计活动			调研计划书初步参与式设计方案		综合把握问题与矛盾 了解场地的多方利益关系 梳理核心矛盾 开放性思考和清晰、合理的分析决策
参与式设计与营建的实践模块	参与式设计工作坊	前期基地调研	项目制教学 参与式设计工作坊	参与式活动策划设计方案详细设计规划文本	场地实践：教师、政府、其他专家、场地相关利益方	调研基地人口、文化、历史、景观等场地的多维信息
		工作坊组织				系统整理居民需求，确定和分析议题，与使用者建立友好关系，从空间和情感两方面建立使用者与场地的关系； 探索参与方法的适用性
		方案反馈与深化				与不同利益方的沟通协调，将专业设计面向公众汇报，同时向公众科普风景园林知识
		参与式营建				与使用者、施工方的协调组织； 制定协同营建计划与施工建造； 指导使用者对场地的维护管理
汇报展示模块	成果汇报教学（活动总结、方案设计、规划文本）		教师讲评 专家指导 汇报教学	汇报文本策划与方案文本	评图交流：设计课教师、特邀专家	语言表达 理解分析 展示汇报

3.3 课程运行机制

3.3.1 翻转课堂：鼓励学生自主探究学习

课程的理论导入和自主研究模块以掌握基础理论、拓展学生的设计与研究思维为导向。该阶段老师侧重于引导，除了必要的理论授课以外，以问题为导向，将课程主动权交给学生（图4）。参与式设计提倡从使用者的视角了解场地需求，通过一系列的方法来引导使用者说出对场地的构想，这要求学生不仅掌握场地设计的基本素养，还应具备探索发现、自主探究的能力。由于场地的条件各不相同，学生需要通过大量的自主学习丰富理论与案例积累，并通过交流讨论进行问题梳理与整合，并以中期汇报形式进行展示，使学生形成一个完整的发现问题——自主研究——提出结论的研究过程，将理论学习内化为自身储备，激发学生后续开展更深入研究与实践。

图 4　学生进行小组讨论研究场地更新策略

3.3.2 思政教育："学生＋公众"参与过程融入课程思政要素

风景园林设计的核心理念即以人为本，参与式设计更加注重"服务人民"的理念。在该过程中，学生和公众都参与到空间环境优化设计中，学生在设计实践过程中开展学习、服务群众，通过与使用者沟通协调的过程增强了服务意识和家国情怀，充分发挥风景园林专业和当代研究生的社会服务能力，帮助学生树立正确价值观，激发使命感和社会责任感。同时发挥专业技能，结合居民需求和场地条件，优化设计方案，与施工方对接，方案确定后带领居民共同营建，帮助居民建立对场地的依恋和归属感。参与式设计过程提升学生全方位的素质，使专业教育与思想政治形成协同效应。课程形成知识传授、价值塑造和能力培养的多元统一的设计教学模式。

3.3.3 项目制教学：学生参与景观营建项目全过程

风景园林作为一门多学科交叉融合的综合性应用学科，强调基础理论知识与社会实践融会贯通[14]，解决问题和实践的能力是专业设计综合素养培养的重要环节。项目制教学从以教材为中心变为以项目实践应用为中心，变知识储备为知识的应用[15]，学生基于真实的项目，配合相应的教学模块，完成规划设计全流程的策划与实施，明确基地调研、方案构思、规划设计、实地营建的规范设计流程和技术要领，提出可行的设计方案和工程做法。学生有机会和施工方、政府、居民等相关利益方进行协调，锻炼其沟通、谈判和应变能力，有助于学生了解风景园林工程实践步骤、规范化图纸表达等。该课程以综合、真实、全面的特点，有机串联起多门风景园林核心课程，帮助学生将理论知识融会贯通、综合运用。以参与式设计为理念的设计项目，帮助学生了解专业者在规划过程中角色的转变，通过全新的设计程序，学习以不同的态度来面对实务工作和多方参与者，提前适应行业的变化。

4　课程特色与实践成果—2019～2020年天津市静海区"共建付家村"系列参与式设计课程

实践课程体系是实践教学的主体，是落实专业人才培养目标和理论联系实际的主要课程载体[12]。2019年课程选取天津市静海区付家村（图5）作为实践基地，由学

图 5　付家村平面图

生自主制定调研计划、策划参与式设计活动，完成了从场地前期调研到方案设计与营建的全过程（图6）。学生参与设计、组织活动作为社会服务的重要内容，获得村民和社会媒体的广泛认可（图7）。

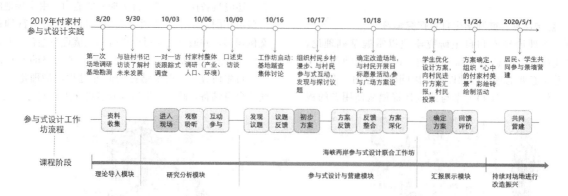

图 6　2019～2020 年"参与式设计理念与实践"课程流程及主要实践成果

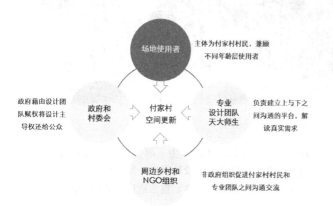

图 7　课程与实践参与人群

计的方式实现乡村公共空间更新、人与乡村的情感连接的目标，参与式风景园林设计工作坊流程见图8。

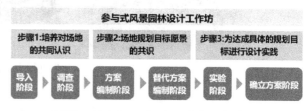

图 8　参与式风景园林设计工作坊流程

4.1　缘起与尝试

当前，我国城乡建设快速发展，乡村面临传统风貌、文化、审美丢失的问题，为响应扶贫帮扶、乡村振兴的国家重大发展需求，风景园林学科应该从乡村空间更新、挖掘乡村在地文化、促进乡村情感认同等方面发挥专业价值，助力乡村发展。付家村是天津市静海区的普通型乡村，存在自然和人文资源匮乏、乡村空心化、村民社区认同度较低等问题。课程引导学生深入乡村社区基层，了解乡村生活，分析其发展存在的困境，要求学生用参与式设

4.2　基地调研

学生制定场地调研策略，前期开展基础信息调查（产业、人口、乡村人口流失率等）和使用者调查，绘制场地信息调研表和村民访谈问卷，并采用一对一访谈、全天参与式调查等方式（图9），从专业视角和使用者视角收集反馈信息，并绘制乡村感知地图（图10），深入挖掘场地的潜力与不足。同时，有助于唤醒村民对家乡的回忆，设计在地的乡土文化景观。学生还与驻村书记进行访谈，了解付家村未来发展规划，旨在全面充分掌握乡村基础信息与空间使用现状。调研结束后，学生整理数据和信息，讨论通过空间更新带动乡村发展的策略。

图 9　学生对付家村进行调研、访谈

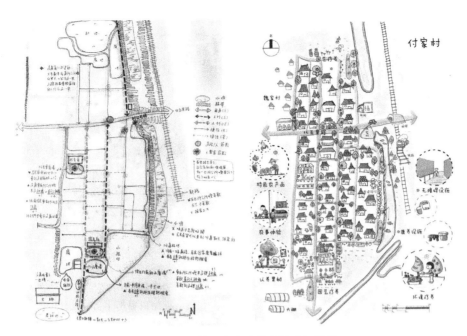

图 10　基于使用者访谈绘制的感知地图

4.3　参与式设计工作坊

　　乡村振兴首要在于人心的回归[15]，在设计实践环节，参与式设计更注重建立设计与使用者的情感联系。学生策划乡村漫步、口述史访谈、填图活动、家乡模型等活动（图 11），以重建村民与家乡环境的联系。村民讲述对空间使用的感受、乡村回忆以及希望改造的空间，学生对问题汇总、分类并进行分析，与村民形成合意，确定要改造的空间。在此基础上开展村民参与设计环节，包括需求讨论、场景筛选及广场设计。在这个过程中，学生充分发挥自主能力，负责活动策划以及设计引导，并依据专业知识进行方案优化和详细设计。

图 11　居民参与设计过程（家乡模型认知和需求讨论环节）

4.4　方案反馈与深化

　　学生分为三个小组优化设计方案，并面向村民进行方案汇报和并组织投票（图 12），学生将专业的设计转化为公众易懂的图纸和模型，由村民投票决定最终的设计方案，方案中在广场西侧设计一面景墙，东侧设置一座廊架，并在广场上增加树池座椅（图 13）。学生完成施工图的绘制，与施工单位、村委的沟通，敲定方案和营建细节。

图 12　方案反馈过程（学生向村民进行方案汇报并由村民进行投票）

①休憩廊架
②特色景墙
③树池座椅
④党群服务中心
⑤农田

图13　学生与村民共同设计的付家村广场设计方案

4.5　参与式营造

方案确定后，邀请儿童在红砖上画出村民"心中的付家村美景"（图14），并将这些彩绘砖用于景墙的营建中，激发村民对家乡的认同感和归属感。在施工过程中，学生和村民共同参与营建，对学生的沟通能力、实操能力都有较大的提升。景墙建成后，学生开展使用后评估，数据显示村广场的空间利用率与活动人数大大增加，村民的交流和活动类型也更加丰富（图15）。2020年，课程继续以付家村为实践基地，关注乡村儿童的空间使用与景观友好度。同时，从社区营造的角度探索乡村振兴的路径，学生通过新媒体平台帮助付家村贫困户拓展销售途径，希望通过参与式设计的力量实现人、文、地、景、产的协同发展。

图14　儿童彩绘砖制作

图15　景墙建成效果

5　结语

"参与式设计理念与实践"课程为学生提供了理论学习、设计实践、思政教育、能力提升的一个综合平台，让学生在真实的实践中"知行合一"，优化学生培养的途径，拓宽学生培养的渠道，对于培养面向新时代社会发展需求的创新型风景园林人才提供了创新的课程示范。自课程改革以来，课程组已连续五年完成海峡两岸联合设计工作坊及两届研究生的设计教学，获评"天津大学研究生创新人才培养思政示范课立项"及"天津大学新工科项目式教学改革建设点"，完成天津市景观更新项目 7 处，规划文本以及项目策划 10 份。

在当今的国家重大战略和学科发展背景下，参与式设计理念必将成为未来研究重点，其以小尺度大力量、多参与久陪伴、多层面可持续为内核为风景园林行业注入新思想与新力量。风景园林师将发挥协调者的作用，有效促进政府、社会组织和公众群体的交流与合作，更高效地配置城市的空间资源、优化城市绿地结构与功能，维护社区的公共利益、保障社区内各群体的和谐发展，为政府提供更为合理的决策，构建和谐的社会环境。

图表来源：

图 1、图 2、图 3、图 5、图 6、图 7 由作者自绘，其余为作者拍摄。表 1 由作者自绘。

参考文献：

[1] 李瑞冬，韩锋，金云峰. 风景园林专业思政课程链建设探索——以同济大学为例[J]. 风景园林，2020，27（S2）：31-34.

[2] 王敏，梁爽，汪洁琼. 风景园林理论教学思维转向与学习路径建构探索[J]. 风景园林，2019，26（S2）：41-44.

[3] 郑晓笛，原茵，张琳琳，刘洁琛. "平行空间—节点交互"——本科生风景园林设计理论课与设计课协同教学模式创新与建设[J]. 风景园林，2020，27（S2）：58-62.

[4] Breitbart M M. Banners for the street：Reclaiming space and designing change with urban youth[J]. Journal of Planning Education and Research，1995，15（1）：35-49.

[5] Hester R T. Design for ecological democracy[M]. MIT press，2010.

[6] Zhao Di，Cui Yanan，Qian Xin. Exploration of Ideas and Practical Approaches of Participatory Landscape Design[A].

丝路起点的新思路：为人的城乡：第十四届环境行为研究国际会议[C]. 2020.

[7] Hester，Randolph T、张圣琳. 造坊有理：社区设计的梦想与实践[M]. 张圣琳译. 台北：远流出版社，1999.

[8] Yamauchi Y. Participatory design[M]//Field informatics. Springer，Berlin，Heidelberg，2012：123-138.

[9] 曹磊，罗俊杰，赵迪. 参与式设计在老旧小区公共空间景观改造中的应用——以天津市迎水里社区参与式景观改造为例[J]. 天津：天津大学学报（社会科学版），2019，21（03）：228-233.

[10] Xie Y，Mauricio Mejia G，Coseo P，et al. A Participatory Design Case Study in Environmental Design Education[C]// Proceedings of the 16th Participatory Design Conference 2020-Participation（s）Otherwise-Volume 2. 2020：87-94.

[11] Kempenaar A. Learning to Design with Stakeholders：Participatory，Collaborative，and Transdisciplinary Design in Postgraduate Landscape Architecture Education in Europe [J]. Land，2021，10（3）：243.

[12] 张洪波，郑志颖，崔巍，薛冰，王国玲. 风景园林专业教育实践教学体系研究[J]. 城市建筑，2021，18（04）：33-35＋48.

[13] 金云峰，卢喆. 风景园林学循证设计的逻辑观——面向设计教育改革的思考[J]. 广东园林，2019，41（06）：25-30.

[14] 王晓帆，秦昊林，翁殊斐，冯志坚. PBL 教学法在风景园林研究生课程中的应用研究——以华南农业大学"园林植物应用"课程为例[J]. 高等农业教育，2020（01）：105-108.

[15] 张妤，曹福存，黄磊昌. 服务乡村振兴背景下风景园林专业人才培养创新探索[J]. 山西建筑，2020，46（22）：183-185.

作者简介及通信作者：

赵迪/女/汉族/天津大学建筑学院风景园林系副教授/研究方向为风景园林规划设计及其理论/社区营造/参与式景观设计/清代皇家园林研究与保护/tdzhaodi@163.com.

* "情境创设＋探索式学习＋合作互动"

——"以学生为中心"的风景园林研究生理论课教学模式探索①

'Scenario Creation ＋ Discovery Learning ＋ Collaborative Learning': 'Student-centered' Pedagogical Model of Landscape Architecture Theory Course for Graduate Students

郑晓笛* 张琳琳

清华大学建筑学院

摘　要：相较于以教师为中心的传统式教学模式，"以学生为中心"的理念（SCL）要求一种整体性变革，强调学生而非教师在学习中的责任和活动，以达成学习成效为目标。通过对 SCL 的核心理论与教学方法、风景园林相关领域内基于 SCL 的教学实践、国内外相关高校风景园林研究生理论课教学设计的研究，以清华大学风景园林专业研究生核心理论课《变化中的景观：多维风景园林理论》的建设与改革为契机，构建"情境创设＋探索式学习＋合作互动"的创新教学模式。从选课学生的评价与反馈中，发现该模式极大地提升了学生的学习志趣与主动性，有效促进其思辨能力、分析表达能力与理论结合实际能力的培养。

关键词：风景园林；研究生教育；以学生为中心；教学模式

Abstract: The 'student-centered' pedagogical model requires an overall transformation of traditional 'teacher-centered' teaching model, emphasizing the responsibilities and activities of students rather than teachers during the learning process to improve learning effectiveness. Based on the research on the 'student centered' theory and teaching methods, teaching practice in related fields of landscape architecture, and teaching models of landscape architecture postgraduate theory course in key universities worldwide, the paper presents a pedagogical model of 'scenario creation ＋ discovery learning ＋ collaborative learning' for 'student centered' learning theory, taking the opportunity of the construction and reform of the core theory course 'Transformative Landscapes: Multidimensional Theory in Landscape Architecture' for MLA students at Tsinghua University. Students feedback reveals that this model significantly improves students' learning enthusiasm and drive, and enhances their critical thinking, analysis and expressive abilities, as well as integrating landscape theory with practice.

Keywords: Landscape architecture; Graduate education; Student centered; Pedagogical model

1 教完还是学会?

专业理论课程的教学往往以讲授形式为主，教师精心准备，在课堂上侃侃而谈，学生在听，然而教师所讲授的信息有多少被学生有效吸收？学生真的学会了吗？风景园林学作为强调"知行合一"的学科，其理论的教授模式本身是否也可以采用知行合一的方式？这些问题引领着笔者就注重学习成效的教学理念进行探索，并聚集于"以学生为中心"的理论方法，以清华大学风景园林专业研究生核心理论课《变化中的景观：多维风景园林理论》的建设与改革为契机，进行了模式创新与应用。

"以学生为中心"的学习（student-centered learning，下文简称SCL）是现代教育领域的重要理念，与传统的以教师讲授为主的教学模式不同，SCL主张教学应以学生学习为主体，教师作为协助者、促进者、引导者，强调学生在学习中的责任感和自主探索、主动学习。随着此概念在世界教育界的普及，各个学科开展了相关的教学研究与实践探索，且已形成多样的教学形式与方法。当前国内外相关高校的风景园林研究生理论课的教学组织方式虽然体现了一定的 SCL 思想，但在理论类课程的教学中应用仍很有限，具有较大的提升空间，在此类课程中如何融入 SCL 的思想并开展教学设计进行探索对风景园林专业育才与育人目标的实现具有重要意义。

2 SCL 的理论发展及其在风景园林教学领域的相关探索

2.1 SCL 概念的提出、影响及其在中国的推广

"以学生为中心"的教育理念由美国教育学家、心理

---

① 基金项目："以学为中心"的风景园林理论课程教学探索 202007J001。

学家罗杰斯提出,在英文文献中以"student-centered learning"的表述方式为主,亦有采用"student-centered""learner-centered""student-oriented""learning-centered""learner centered education"等词汇。在中文文献中,其对应于"以学生为中心""以学生为中心的教学""以学习者为中心""以学生为本""以学为中心"等词,本意都是与"以教师为中心"("teacher-centered")的教学方法相对应,强调学生而非教师在学习中的责任和活动,以达成学习成效为目标,例如给予学生机会进行互动协作、更积极地参与讨论、设计自己的学习项目、探索他们感兴趣的主题等。

SCL 的理论基础源于心理学界与教育学界的一系列重要理论,包括约翰·杜威提出的儿童中心主义、斯金纳与布鲁纳等人的行为主义学习理论、卡尔·罗杰斯等的人本主义、让·皮亚杰和维果茨基等人的建构主义等[2]。20 世纪 50 年代初,罗杰斯在其个人著作及一系列学术会议上明确提出"student-centered"一词,在教育界引起巨大轰动,引起教育观念与教学方法的一系列变革[2-4]。20 世纪 80 年代起,美国学者率先开始了 SCL 的本科教学研究,获得一系列成果[5]。其中,巴尔和塔格的《从教到学:本科教学新范式》[6]、美国心理学会提出的"以学生为中心"的 14 条原则[7]、玛丽埃伦·韦默《以学习者为中心的教学》[8]被视为"以学生为中心"的三个里程碑式的著作,均对"以学生为中心"的教学方法进行了系统性阐述[2]。

1998 年,UNESCO 在世界首届高等教育大会宣言《21 世纪的高等教育:展望和行动》中提出,"在这瞬息万变的世界里,需要一种以学生为中心的新的高等教育视野和模式,呼吁大多数国家进行深入的改革……"[9],是 SCL 的思想首次现于国际正式文件,从此这一提法逐渐成为权威性的术语和全世界越来越多教育工作者的共识[3]。

在中国,对 SCL 的相关研究始于 20 世纪末,最初聚焦于信息技术与教学的融合及协助学生自主学习,随后逐渐转向对于 SCL 理论与教学设计的关注,但主要集中在教育学、语言学等学科领域。直到 2012 年,"院校研究——以学生为中心的本科教育变革"国际学术研讨会召开,在国内产生了较大影响[10, 11],推动了 SCL 在各学科领域的探索与实践。

2016 年,教育部发布《关于中央部门所属高校深化教育教学改革的指导意见》,首次面向全国高等学校提出"推进以学生为中心的教与学方式方法变革"[12]。2018 年,教育部发布《关于加快建设高水平本科教育全面提高人才培养能力的意见》,进一步推动了 SCL 在我国的发展[13]。

2.2 风景园林专业教学领域内的 SCL 探索与实践

在 WOS、PQ 等平台进行英文文献检索,发现相关研究主要集中在教育学,其次为化学、计算机科学、工程学、心理学、行为科学等学科。SCL 在建筑学、城乡规划学、风景园林等学科内的探索仍非常有限,且多集中于建筑设计 Studio 特有的教学方法、学生的学习行为,以及基于 SCL 的教学探索研究等[1, 14]。例如,2008 年,针对五年制建筑专业学生从一到四年级的设计 Studio 的学习经历的研究表明其与社会建构主义理论的契合性[14];马来西亚普特拉大学在建筑设计 Studio 中进行 SOLE 教学探索①等[1]。此外,由于规划设计相关学科特殊的工作坊教学方法与 SCL 理论存在较高的契合性,工作坊模式还被借鉴到其他工科学科的教学活动中[15]。

中文文献的学科分布情况类似,在风景园林学科内的教学探索相关文献非常有限,多集中在本科规划设计课、生态理论课等课程教学,对 SCL 理念的理解与课程设计系统性仍有待加强,如何加强学生学习且防范教师教学缺位的问题仍有待讨论。已有在理论课教学中融入即时的实践应用与测绘感知、强化师生互动等尝试,但课程目标与教学方式之间的关联性、对具体的教学模式与环节的介绍、学习成效的评价反馈等方面仍有待进一步深化研究。

3 "以学生为中心"的风景园林研究生理论课教学探索

3.1 基于 SCL 的风景园林研究生理论课教学

3.1.1 国内外典型院校的风景园林研究生理论课教学形式

选取国内外 10 所综合实力顶尖、风景园林专业排名前列的院校,就其研究生风景园林理论课程的内容、教学设计进行调研和分析。结果显示,国内院校研究生学位背景下的风景园林设计理论课程设置情况和教学目标较为多样化,但大多数院校在教学内容和特色定位上基本采取了"历史脉络为主、地理脉络为辅"的架构模式,集中于历史理论研究、经典案例剖析、设计实践指导方面,部分院校聚焦于当代景观作品解析。国外不同院校在课程定位、教学目标、组织形式上的差异化更大,分别侧重于风景园林历史、理论、艺术、生态、环境伦理等不同方面,这与所在院校的教学体系、任课教师自身的研究领域及各国家和地区热点人居环境现象紧密相关。

总体而言,国内外相关理论课课程内容差异较为明显,尤其是在学科前沿理论与热点研究方面。就教学形式而言,多以讲座、文献阅读为主,部分院校采用研讨会、课堂讨论等互动教学形式,也有田野调查、实地调研等,已经进行了一定的 SCL 探索,但总体而言仍有较大的优化空间。

3.1.2 基于 SCL 相关教学方法与原则的风景园林设计理论课教学模式框架构建

自 SCL 提出以来,各个领域的专家学者不断扩展其含义,也提出了各种各样的教学方法[16],例如最小指导

---

① 即"Studio 导向的学习环境"(Studio Oriented Learning Environment,简称 SOLE)。

方法（minimal guidance approach）[17]，构建强大的学习环境（powerful learning environments）[18]，开放式学习环境（open-ended learning environments）[19]，协作/合作学习（collaborative/cooperative learning）[20]，探索式学习（discovery learning）[21]，激活学生（student-activating teaching methods）[22]，基于问题的学习方法（problem-based learning）[23]、基于项目的学习（project-based learning）[24]以及基于案例的学习（case-based learning）[25]等等。方法非常多样，但其核心指导思想与目标是相似的，可以归纳为调整师生角色、建构认知、训练思维、与实践应用紧密结合、促进自主学习等，这与风景园林设计理论课的教学目标是高度契合的。

风景园林研究生理论课除了帮助学生构建理论基础、探讨理论与实践的关系，更应强调学生探索研究的主观能动性。基于 SCL 理论基础、教学方法及其与风景园林设计理论课的教学目标之间的关系，笔者将风景园林设计理论课的 SCL 教学原则概括为以下 5 点：（1）学生为学习主体，教师引导、示范。教师可构建强学习环境，在讲授中示范学术研究过程，增强师生互动，通过有效的教学环节激活学生学习欲。（2）情境创设，在做中学。在促进学生对风景园林理论与实践关系的理解层面，结合建构主义与经验主义学习理论，在与外部环境交互的过程中刺激其思维，使学生综合已知信息与知识提出解决办法，应用并检验其是否可行，使学生明确学习意义。（3）探索式学习，在问中学。在促进学生自主探索层面，行为主义的"探索式学习"、人本主义的"有意义学习"、建构主义的"意义建构"理论等都认为在学习中的困惑、疑问、尝试、猜想和顿悟，都有助于思维能力的发展。教师可以提出吸引学生的问题，或让学生提出自己的疑问，给出假设或答案，协助学生收集相关资料并进行研究，引导其开展分析或实证，都可以有效鼓励学生学习的主动性和探究性。（4）合作互动，在激发中学。在促进学生理论认知发展与思维训练层面，依据社会建构主义理论，整合合作学习、小组工作、学习共同体构建等方法，在观点交流中强化个体认知发展。（5）学生需要对自己的表现进行评价与反馈，强化学习者自身对学习责任的意识。

3.2 《变化中的景观：多维风景园林理论》课程设计

3.2.1 总体课程架构

《变化中的景观：多维风景园林理论》是清华大学建筑学院景观学系风景园林专业研究生核心理论课，强调价值塑造、能力培养与知识传授三位一体的教学理念，在研究生培养方案中历史与理论课程板块中的核心课。

课程前期进行充分的准备工作，构建相关的图书库、电影库、案例库，提供学习资源，营造强学习环境。课前发布课程大纲，明确教学内容、教学活动、评价体系，设立清晰的教学目标，帮助学生明确在个人认知、思维、研究、分析、表达等方面的能力提升预期。

在教学内容上，笔者认为在当今新时代的全球背景与专业挑战面前，该课程的内容已不能仅局限于设计理论本身，而需要聚焦前沿议题。以"变化中的景观"为题，以棕地①这一具有复杂度、挑战性、综合性的场地为载体，将景观理论分为污染与修复技术、环境伦理与法规政策、艺术、资金与景观绩效、利益相关者与公众参与、区域棕地、景观策略与棕色土方、工业与基础设施废弃地、采矿废弃地、垃圾填埋场等专题，对更多维度的影响因素与理论进行系统性探讨，并邀请相关领域的专家，对特定专题进行深度的讲解，包括哈佛大学的 Niall Kirkwood 教授、清华大学环境学院的侯德义副教授、清华大学建筑学院的朱育帆教授、北京建筑大学的张振威副教授等。此外，也会邀请高年级在读研究生分享其研究进展，让学生看到学长学姐在学术研究中的探索过程与成果。

在教学设计上，系统梳理总结已有教学成果的基础上，充分吸收国内外相关课程的优秀教学经验，通过"情境创设＋探索式学习＋合作互动"的教学设计，采用议题辩论会、Workshop、电影之夜、首钢"虚-实"、课堂研讨、每周阅读报告等多样的课堂组织形式（图1），从实体空间感知到理论学习，从基本认知建立到核心话题横向、纵向深度研讨，从理论到实践充分展现风景园林设计

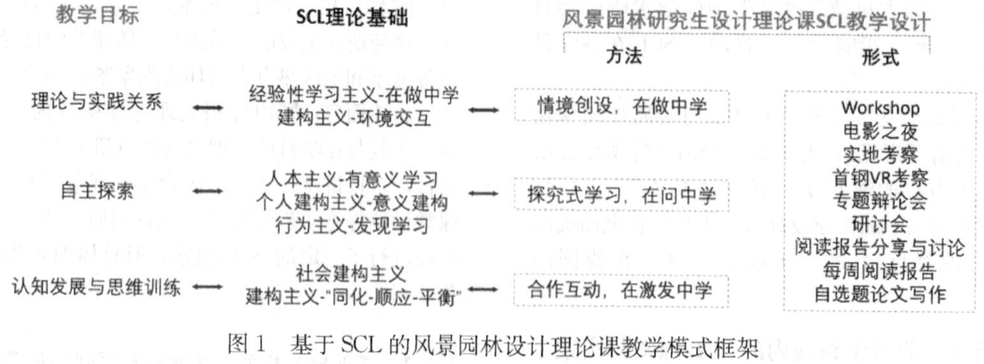

图 1　基于 SCL 的风景园林设计理论课教学模式框架

---

① 之所以聚焦于棕地，有以下两方面的原因。一方面，由于棕地项目的复杂性、大尺度与高难度，其成为当代风景园林专业众多核心议题所围绕的焦点，对棕地的探讨是梳理理论与实践关系的理想视角。同时，棕地问题已发展成为风景园林学科最具挑战性的前沿领域之一，近几十年来，也陆续出现了一系列优秀的景观实践项目。另一方面，随着近年来土壤环境污染事件及修复治理工作的快速上升，棕地再生已成为我国生态文明建设中紧迫而重要的工作。作为未来中国风景园林事业的中坚力量，必须建立正确的价值判断，做好必要的知识储备，具备解决问题的专业能力。

的复杂性，创新以深入研究、自主学习和创新能力培养为导向的 SCL 教学组织模式。

3.2.2 基于 SCL 的教学设计："情境创设＋探索式学习＋合作互动"

（1）情境创设，在做中学

在风景园林设计理论的学习中，首先要明确理论与设计实践（Thought and Action）的互动互促关系。课程通过多样的情境创设，使学生在实践实操中亲身体验如何将理论应用于实践，如何从实践中提炼总结理论思想。

其中，以北京某垃圾填埋场为场地的"技术与艺术之间：垃圾填埋场再生的 n 种可能"工作坊最为典型。此环节与"艺术"专题的讲授共同设置，将"教"与"学"紧密联系起来，在整个过程中，锻炼了同学们合作、概念推演、规划设计、表达等多方面的综合能力。

课前为同学们提供必要的场地基础图纸、模型材料与制作工具，要求在两个学时的时间内，采用小组合作的方式，提出概念、完成快速的方案设计与模型制作，教师针对快速概念方案与深化方案进行点评（图2、图3）。

(a) 材料与工具准备　　(b) 分组制作概念模型　　(c) 拍照与表达

(d) 小组汇报　　(e) 点评与讨论　　(f) 学生分享感想

图 2　"技术与艺术之间：垃圾填埋场再生的 n 种可能" Workshop

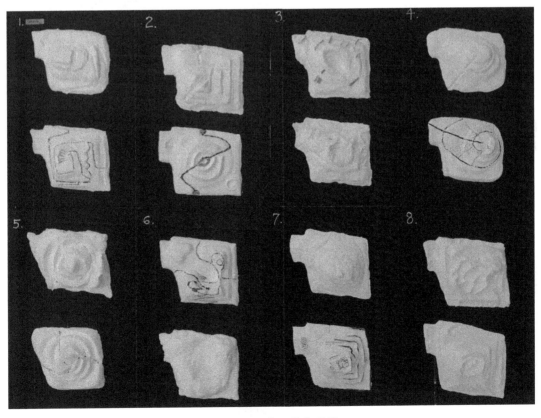

图 3　2019 年工作坊成果

在具体的情境创设中，将实际棕色土方量按比例缩放准备模型材料（70g白色超轻黏土），秉持原场处理的原则，要求每个模型必须用尽且仅用一包纸黏土，以确保棕色土方量一致；根据"垃圾土"的稳固要求，边坡最大不得超过1∶3；出于承重和景观考虑，代表挡土墙的硬卡纸总长度应控制在10cm以内；由于气液收集设施与设备布置、覆土层厚度等限制，要求在堆体上代表乔木的大头针的密度控制在间距0.8cm×0.8cm左右，数量不超过50枚……最大限度模拟实际垃圾填埋场景观再生设计情境。同时要求各组提出鲜明的艺术设计理念，充分在实操中体验艺术与技术相结合以解决设计问题的挑战及魅力。

课堂气氛非常热烈，很多同学在此环节后表示在模型制作中直观感受到垃圾填埋场修复的技术难点和场地特征、在动嘴动手又动脑的过程中不知不觉学到了许多专业知识、极大训练了大脑思考以及肢体实践能力等。

（2）探索式学习，在问中学

为培养研究生对风景园林理论的主动探索、认知思考、分析批判能力，课程倡导探索式学习、在问中学。在各个教学环节都有所体现，不同程度上激发了学生的探索欲与学习欲，其中，在研讨会、辩论赛、实地调研、Workshop、电影之夜等环节尤为明显。

结合课程各类资料库的强学习环境建设，加上每节课课有每周阅读、课堂研讨等环节、课前提交阅读报告的要求等，充分保证学生了解相关的知识与理论，让学生带着问题听课，有效提高学习效率。在辩论赛设计中，议题

紧扣学科热点，与时俱进。在辩论赛前准备、比赛过程、赛后总结中，可以看到很多同学在这一环节的思维碰撞中逐渐构建了较为全面的认识，而且很容易激发学生对于某个问题的持续求索（图4）。在实地调研、Workshop等结合深度情境创设的环节，在与实践结合的过程中更容易激发学生思考。同样地，在很多同学的每周阅读报告与期末论文中也可以看到对某个问题的主动关注与持续推进。

（3）合作互动，在激发中学

将合作学习、互动学习方法结合应用在辩论赛、研讨会、Workshop等主要环节中。就研讨会而言，在每个专题讲授中设置2~3个问题以供学生探讨（图5）。例如，在棕色土方与景观策略一讲，提问"我们每一个人与棕地有关系吗?"学生纷纷发言，或从执业范畴、或从治理与修复的紧迫度去讲。有同学分享道，"正是人类科学技术的发展与不断扩张的生活生产需求，促使近现代工矿业迅速发展，造成大量充满污染土壤的采矿废弃地、工业与基础设施废弃地；生活生产方式的改变，大量的生活垃圾与生产垃圾等造成大量垃圾填埋场的建设，棕地并不是一个与人类生活对立的产物，其产生与人类活动息息相关，而景观设计师不应规避问题，应肩负起责任在这样的研讨中"。比起教师说教式地告知学生应该怎么做，应该怎么看待问题，学生在讨论、辩论、问答过程中自发地讲出来，更能建立正确的价值判断和认知体系。

图4 辩论会

图5 课堂研讨

同样地，棕地纪实影片的集体观看与探讨也同样促进了师生互动、生生互动，学生在观点碰撞与融合中构建知识体系。此外，在专题讲授中，邀请不同专业、不同领域、不同国别的专家的分享及其与学生的问答进一步拓展了学习者的视野，促进了学科间的知识共建。

4 评价与反馈

"以学生为中心"的教学理念强调学生对自身能力提升的认知与评价。课程就此方面对参课学生进行了问卷调研。针对学生对各项能力提升的自我评价，问卷分为3个梯度，即提升明显、有一定提升、进步不大。其中，论文写作是学生自评提升最明显的一项，高达85.7%，其

次为文献综述、思辨能力、深度案例分析、观点表达、理论研究、批判能力，以及观点捍卫能力。总体而言，高达95.2%的同学自认为在各项能力中都获得了提升；52.4%以上的同学自认为获得明显提升；极少同学自认为部分能力进步不大（图6）。

问卷同时针对课堂各环节的收获度进行了了解，评价梯度分为"很有收获""有收获""一般"3个梯度。其中，学生认为在课堂专题讲授收获最大，很有收获的同学高达85.71%，其次分别为期末论文、专题辩论会、每周阅读报告、Workshop、学长学姐个人研究分享、特邀讲座、电影之夜、首钢实地考察、辩论反思写作、首钢VR考察。后续课程建设需考虑部分环节的优化设计(图7)。

学习本门课程后，你认为自己的各项能力提升如何？

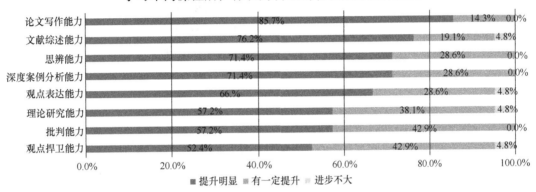

图6 学生各项能力提升自评

课程各个环节的收获

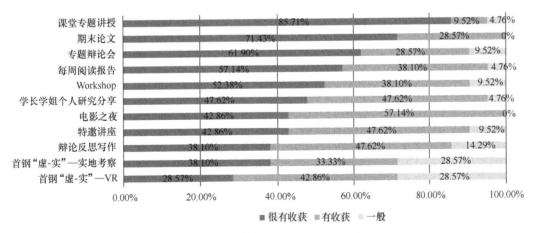

图7 学生在课程各个环节的收获自评

根据2017~2020年学生课程的反馈（图8），可以看到学生多次提到理论的多维性、实践与理论的关系等，可见学生已建立风景园林设计理论学习的维度认知，且对于不同维度的关注越来越均衡。学生反馈中多次出现"授课形式""形式多样""议题丰富""收获很大""受益匪浅""感触颇深"等，"第一次体验到了丰富多彩又有趣的交流性互动性课堂""动嘴动手又动脑的过程""不知不觉学到了许多专业知识""希望增加课时"等，可见课程设计对学生学习有明显的促进作用。

对于整体的教学设计与课堂氛围，所有的选课同学都认为当前课程涵盖的维度与内容满足了对本课程的期待，而几乎全部同学认为课程在介绍学科新动态、内容讲授的熟练度与清晰度、启发学生思维等方面非常满意。从情境创设角度，可进一步优化总体课程设计，如增加工作坊的比重、与其他实践课程结合、邀请实践专家进行讲座分享与交流等。

总的来说，从学生的自我评价及其对课程的评价都可以看到，学生的学习投入度、责任感、对理论知识的探

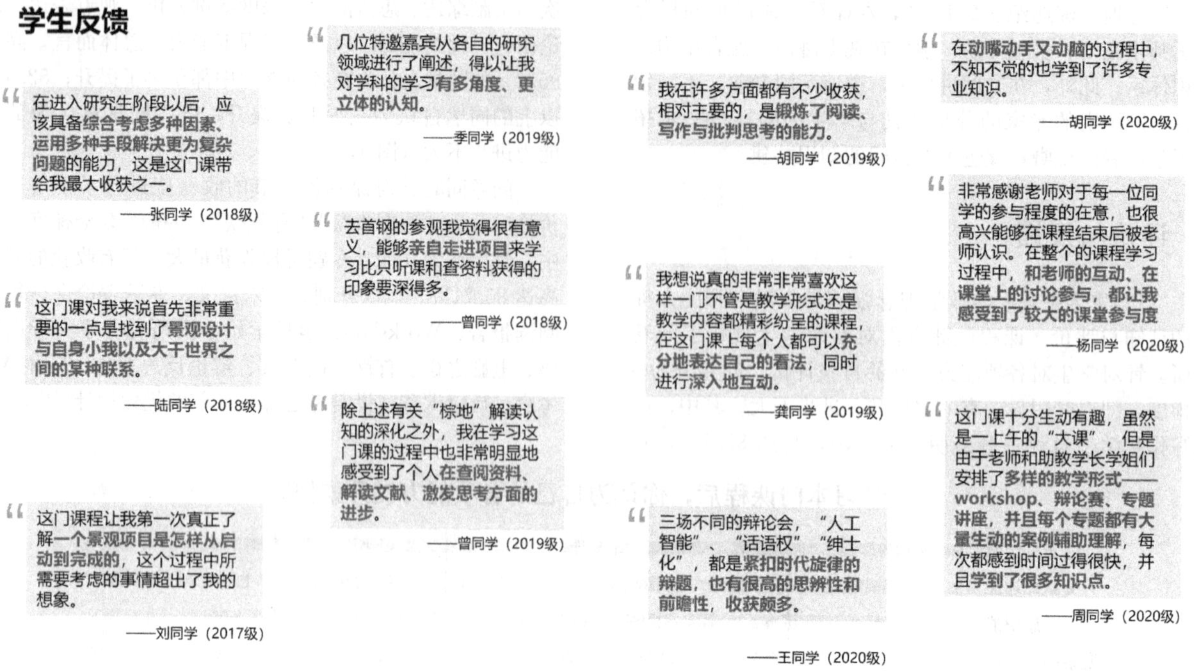

学生反馈

> 在进入研究生阶段以后，应该具备综合考虑多种因素、运用多种手段解决更为复杂问题的能力，这是这门课带给我最大收获之一。
>
> ——张同学（2018级）

> 这门课对我来说首先非常重要的一点是找到了景观设计与自身小我以及大千世界之间的某种联系。
>
> ——陆同学（2018级）

> 这门课程让我第一次真正了解一个景观项目是怎样从启动到完成的，这个过程中所需要考虑的事情超出了我的想象。
>
> ——刘同学（2017级）

> 几位特邀嘉宾从各自的研究领域进行了阐述，得以让我对学科的学习有多角度、更立体的认知。
>
> ——季同学（2019级）

> 去首钢的参观我觉得很有意义，能够亲自走进项目来学习比只听课和查资料获得的印象要深得多。
>
> ——曾同学（2018级）

> 除上述有关"棕地"解读认知的深化之外，我在学习这门课的过程中也非常明显地感受到了个人在查阅资料、解读文献、激发思考方面的进步。
>
> ——曾同学（2019级）

> 我在许多方面都有不少收获，相对主要的，是锻炼了阅读、写作与批判思考的能力。
>
> ——胡同学（2019级）

> 我想说真的非常非常喜欢这样一门不管是教学形式还是教学内容都精彩纷呈的课程，在这门课上每个人都可以充分地表达自己的看法，同时进行深入地互动。
>
> ——龚同学（2019级）

> 三场不同的辩论会，"人工智能""话语权""绅士化"，都是紧扣时代旋律的辩题，也有很高的思辨性和前瞻性，收获颇多。
>
> ——王同学（2020级）

> 在动嘴动手又动脑的过程中，不知不觉的也学到了许多专业知识。
>
> ——胡同学（2020级）

> 非常感谢老师对于每一位同学的参与程度的在意，也很高兴能够在课程结束后被老师认识。在整个课程学习过程中，和老师的互动、在课堂上的讨论参与，都让我感受到了较大的课堂参与度。
>
> ——杨同学（2020级）

> 这门课十分生动有趣，虽然是一上午的"大课"，但是由于老师和助教学长学姐们安排了多样的教学形式——workshop、辩论赛、专题讲座，并且每个专题都有大量生动的案例辅助理解，每次都感到时间过得很快，并且学到了很多知识点。
>
> ——周同学（2020级）

图8　学生课程反馈摘录

索欲望、学习志趣都获得显著激发，SCL 课程设计及其对学生学习成效的促进得到高度肯定。

5　结论与讨论

在清华大学风景园林研究生理论课程建设的契机下，进行了 SCL 教学模式的探索与构建。通过分析国内外高校风景园林研究生理论课教学设计现状、SCL 的核心理论与教学方法，提炼出风景园林设计理论课 SCL 教学设计的 5 个要点，提出"情境创设＋探索式学习＋合作互动"的创新教学模式。从学生反馈来看，基于 SCL 的风景园林设计理论课教学模式获得预期的成效，明显提升了学生的学习志趣与主动性，有效促进其思辨能力、分析表达能力与理论结合实际能力的培养。在本课程的后续建设中，可针对学生学习的过程设计详细的表现性评估，结合最终的学习成效，对整个教学与学习过程进行更为详细的追踪。

教完还是学会？当然要以学生的学习成效作为教学的真正衡量目标。教师仅将所准备的内容讲授完成还是不够的，需要基于教育学理论进行精心的教学设计，以求学生不只是"听到"，而是真正"学会"。

图表来源：

图1、图2、图6～图8作者自绘，图3王玉鑫摄。图4、图5作者自摄。

参考文献：

[1] Zairul M. Introducing Studio Oriented Learning Environment（SOLE）in UPM, Serdang: Accessing Student-Centered Learning（SCL）in the architectural studio [J]. Archnet-Ijar International Journal of Architectural Research, 2018, 12（1）: 241-50.

[2] 杨春梅. 高校以学生为中心的教学：理念与路径 [M]. 北京理工大学出版社, 2018.

[3] 李嘉曾."以学生为中心"教育理念的理论意义与实践启示 [J]. 中国大学教学, 2008(04): 54-56.

[4] 方展画. 罗杰斯"学生为中心"教学理论述评 [M]. 北京：教育科学出版社, 1990.

[5] 陈新忠, 李忠云, 胡瑞."以学生为中心"的本科教育实践误区及引导原则 [J]. 中国高教研究, 2012(11): 57-63.

[6] Barr R, Tagg J. From Teaching to Learning: A New Paradigm For Undergraduate Education [J]. Change, 1995, 27: 13-25.

[7] Association A P, Washington, C D. Learner-Centered Psychological Principles: A Framework for School Redesign and Reform [J]. Distance Education Journal, 2003.

[8] Weimer M. Learner-Centered Teaching: Five Key Changes to Practice [M]. John Wiley & Sons, Incorporated, 2013.

[9] Unesco. World Declaration on Higher Education for the Twenty-First Century: Vision and Action [J]. 1998.

[10] 刘献君. 论"以学生为中心" [J]. 高等教育研究, 2012, 33（08）: 1-6.

[11] 刘献君. 大学课程建设的发展趋势 [J]. 高等教育研究, 2014, 35(02): 62-69.

[12] 中华人民共和国教育部. 教育部关于中央部门所属高校深化教育教学改革的指导意见 [M]. 中华人民共和国教育部, 2016.

[13] 中华人民共和国教育部. 教育部关于加快建设高水平本科教育全面提高人才培养能力的意见 [M]. 中华人民共和国教育部, 2018.

[14] Lueth P L O. The architectural design studio as a learning environment: A qualitative exploration of architecture design student learning experiences in design studios from first- through fourth -year [D]. Ann Arbor: Iowa State University, 2008.

[15] Chance S M, Marshall J, Duffy G. Using Architecture Design Studio Pedagogies to Enhance Engineering Education

[J]. International Journal of Engineering Education, 2016, 32(1): 364-383.

[16] Baeten M, Kyndt E, Struyven K, et al. Using student-centered learning environments to stimulate deep approaches to learning: Factors encouraging or discouraging their effectiveness [J]. Educational Research Review, 2010, 5(3): 243-360.

[17] Kirschner P A, Sweller J. Why Minimal Guidance During Instruction Does Not Work: An Analysis of the Failure of Constructivist, Discovery, Problem-Based, Experiential, and Inquiry-Based Teaching: Educational Psychologist: Vol 41, No 2 [J]. Educational Psychologist, 2006.

[18] Corte E D. Marrying theory building and the improvement of school practice: a permanent challenge for instructional psychology [J]. Learning & Instruction, 2000, 10(3): 249-266.

[19] Hannafin M J, Hill J R, Land S M. Student-centered learning and interactive multimedia: Status, issues, and implications [J]. Contemporary Education, 1997.

[20] Slavin R E. Cooperative learning: theory, research, and practice [J]. Allyn & Bacon, 1990.

[21] Mayer R E. Should there be a three-strikes rule against pure discovery learning? The case for guided methods of instruction [J]. American Psychologist, 2004, 59(1): 14-19.

[22] Struyven K, Dochy F, Janssens S, et al. On the dynamics of students'approaches to learning: The effects of the teaching/learning environment [J]. Learning & Instruction, 2006, 16(4): 279-294.

[23] Dochy f, Segers M, Van Den Bossche P, et al. Effects of problem-based learning: a meta-analysis [J]. Learning and Instruction, 2003, 13(5): 533-568.

[24] Baert H. Projectonderwijs: leren en werken in groep [J]. Acco, 1999.

[25] Ellis R A, Marcus G, Taylor R. Learning through inquiry: student difficulties with online course - based Material [J]. Journal of Computer Assisted Learning, 2005, 21(4).

作者简介及通信作者：

郑晓笛/女/汉族/清华大学建筑学院副教授/研究方向为棕地再生与生态修复、校园景观设计研究、风景园林设计理论/xiaodister@qq.com。

结合社区更新规划的城乡规划专业设计课教改探索

Exploration on Teaching Reform of Urban and Rural Planning Specialty Design Course Combining with Community Renewal Planning

曹　珊*

北京林业大学园林学院

摘　要：本文介绍了社区更新规划和社区规划师的基本概念，并阐述了城乡规划专业培养需要与社区更新设计相结合的改革方向，就北京林业大学城乡规划系在教学与社区更新规划结合的实际应用方面展开研究，对教学组织与学时安排以及课程衔接进行了探讨，旨在探索"存量"背景下城乡规划教育方法和教学内容的改革方向。

关键词：社区更新；城市设计课；教学改革

Abstract: This paper clarifies the necessity of community renewal and the importance of adapting to the training needs of urban planning major. It also discusses the practical application of community renewal planning and how to combine it with teaching. This paper aims to explore the reform direction of urban planning education methods and teaching contents under the background of "stock".

Keywords: Community updates; Urban design course; Reform in education

我国自改革开放以来城市建设发展迅速，2020年国家统计局发布了统计公报指出，2020年年末常住人口城镇化率已超过60%。但随着我国经济发展"新常态"阶段的到来，城镇化进程飞速发展的时代已成为过去，城市建设与发展进入了存量时代，旧城改造、城市更新成为新时期城市建设的重要内容，城市更新思路指导下的社区规划越来越受到重视。城乡规划教育教学也应从原来的"适应大规模新城建设"转向"城市更新"的系统研究，明确培养优秀城市更新规划专业人才的教学计划、课程体系和教学内容。

在此背景之下，北京林业大学城乡规划系已率先意识到在城乡规划专业教育中引入社区更新应用教学的必要性。将社区更新和旧城改造引入城乡规划设计课的教学内容，已成为我们探索新时期城乡规划教改方向的一条重要道路。

1　社区更新及社区规划师

社区更新是城市更新的一种类型，也是快速城市化之后城市建成区的一种必然的发展模式。社区作为居民生活及城市社会功能的最小组成单元，是满足人们思想、观念交流和社会活动的最常用的城市空间，因此，当城市发展要求城市结构发生改变、社会关系发生改变的同时，社区更新作为社区空间营造的经济实用的办法将发挥重要的作用。

改革开放后到2000年以前，我国的空间改造以大规模的拆迁为主，将原有的老旧片区进行整体拆建，形成新的城市空间，对原有居民易地安置或进行经济补偿，改造

的范围由单一的建筑扩大至包括社区建筑群、公共设施及社区环境在内的全部空间，处于大规模拆建的阶段。2000年以来，有机更新、微更新等理念逐渐在我国出现，老旧小区改造在提升人居环境的同时，开始偏向注重对于现有住宅风貌的保护和对地域文化的挖掘。而近年来，社区更新逐渐精细化，改造也逐渐下沉，居民参与以及社区更新的可持续性成了共识，在这种基础上，面向各类问题的专项改造方式逐渐出现，社区更新的空间改造转为偏向以人为本的改造方式。

随着社区复兴的持续开展，诞生了专项为社区服务的社区规划师。这些专门从事社区规划的个人或团体，首先出现在20世纪60年代的欧美发达国家，指的是社区规划师区别于传统城市规划师的特征在于陪伴式的服务方式以及深度的公众参与。目前，我国部分城市开展了社区规划人员的相关工作，主要集中在深圳、上海、广州等沿海城市，以及杭州、武汉、成都等内陆发达城市。

北京的社区规划师制度被称为"负责任的规划师制度"，自2007年开始试行，2017年聘请负责任的规划师进行全面的城市治理，如东城区的"100街，100车道环境改善"和西城区的"街区整合规划"。2018年初，全市层面的制度设计工作开展，北京市规划和自然资源委员会草拟了《关于推进北京市核心区责任规划师工作的指导意见》（以下简称《指导意见》），将责任规划师制度纳入规划审批程序，这在国内的相关实践中尚属首次。随后，北京市规划和自然资源委员会发布了《北京市城市规划师制度实施办法（试行）》。北京市各区责任计划员制度基本完成，责任计划员制度不断完善。

2 规划设计课程教学改革的方向

以往的城市设计的类型学教学方式——从住宅区、到城市公共中心，再到城市新片区的城市设计，学习的内容和过程是按照面积越来越大、功能越来越复杂进行安排的。设计地段与设计任务书由老师直接给出，学生没有现场调研的概念，不去考虑城市现状和规划管理条件的制约与限制。学生往往依托较为感性的形象思维着手设计，缺乏对现在的全面分析，致使学生在工作后需要很长时间适应实际项目的需求。在城市更新背景下的社区规划设计中，社区更新的空间改造对象也在不断丰富，由一开始的建筑单体到现在的整体人居环境，空间改造对象的增加是改造理念成熟、居民对生活水平要求提升的结果。在保持现有模式的前提下，拆除部分建筑物或公共空间，更换和修复，并在延续场地环境的基础上改善人居环境。未来学生面对的将是大量的城市建成区更新设计，因此在城市设计教学中，应将设计平台建立在现实城市的背景下，而不是让学生凭空想象。

3 规划设计课与社区更新规划的结合

3.1 内容设置

规划设计课程的内容设置从三个方面出发，包括：现状调研及社会调查、社区更新空间营造、城市公共设施及公共空间规划，分别对应社区更新规划的三个重要组成部分。

3.1.1 现状调研及社会调查

要做好社区更新规划，必须摸清现状，做好现状调研和公众需求调查。在第一步中，学生将会学习到如何进行现状调研，调研时将老旧小区的物质空间划分为公共环境、建筑单体以及服务设施三部分。

公共环境分为交通空间、休闲空间和景观空间三个部分。其中，交通空间的调研包括道路形式、路面条件、道路连通性以及停车空间。道路形式主要关注车行与人行系统的分布，以及消防车道是否达到标准，能否保证消防车的到达与施救；路面条件主要关注道路的材质以及路面的完整性；道路连通性则是指小区内的机动车道路是否相互连通并保持通畅；小区内停车设施包括机动车停车设施和非机动车停车设施两部分。调查包括停车场的分布和停车设施的完整性。休闲空间指一切居民可进入的，为居民日常休闲所用的公共区域，包含运动康体、集会演出、棋牌娱乐等各种活动场地，调研休闲空间的分布、类型、使用人群以及空间内设施的状态等。景观空间指居民不可进入的，仅以提供良好的景观作为功能的区域，主要指在小区的边界或建筑边界存在的绿篱和草地。

建筑条件板块的调研内容主要从建筑的要素出发，包括建筑结构、外立面、楼道以及屋面。建筑结构主要是指建筑结构中的单体和结构问题；外立面则是关注建筑立面的材质、完整性、立面门窗的完好程度等要素；楼道

指单体建筑内部的公共空间，即楼梯间或电梯间，也包括公共走廊；屋面则是指建筑的屋顶表面，调研内容包括形式、材质以及防水等。建筑单体作为老旧小区中重要的影响要素，通过对建筑条件板块的调研，获得对社区内各单体建筑的评估基础，进而为进一步整体分析老旧小区存在的问题以及整改方向打下基础。

服务设施板块的调研内容包括电力，上下水，燃气、暖气、照明、消防以及卫生。基础服务设施是居住区的重要组成部分，而老旧小区由于建成年代较早，随着社会的发展与技术的变革，对基础服务设施的需求增加以及现有设施的老化是必然的，因此，调研需要了解现有服务设施的状况以及面临的问题，在此基础上，社区更新课程调研选择的服务设施一般都是与居民日常生活紧密联系的，如幼儿园、小学、商铺、社区医疗站、快递点等。

3.1.2 社区更新空间营造

社区更新空间的构建主要是培养学生学习社区规模空间构建的理论和方法。作为城乡规划专业设计课程内容，社区更新空间营造的尺度更接近建筑设计尺度，同时又具有公共活动空间的属性。老旧小区的空间改造应充分尊重现有的空间环境以及功能习惯。老旧小区中现有的空间分布是居民需求的反映，"存在即合理"虽然过于绝对，但每个现有的场地都至少反映了一部分居民的行为需求，是居民为解决问题作出的尝试，在此基础上进行改造能够快速切入问题。同时，对于老旧小区而言，部分使用频率较高的空间承载着居民在其中活动产生的回忆，有利于场所精神的塑造，提升居民对于老旧小区的认同感以及维持熟人社会的稳定，进而成为老旧小区改造的动力。

此外，空间改造还应当注重塑造空间特点，提升空间存在感。除了对现有的公共空间进行基于现有行为习惯的改造外，对于有更好利用方式的空间，可以通过空间改造变更空间的主要功能，还可以通过"下定义"的方式给空间创造特点，对空间的使用加以引导，使其主要服务于一类特定的人群，加深该人群对场地的归属感。

空间改造在延续空间现有功能、习惯的同时应注意对空间可能性的挖掘。在延续空间中现有的功能与行为习惯以塑造场所精神的同时，老旧小区的空间改造还是一次重新定义改造空间的机会。在进行实际改造项目之前对于老旧小区进行了模块化的划分后，每个组团级空间有着功能方面的定位，但在改造项目实际开始推进时，对于空间潜力的挖掘能够提供更多的可能性，进行功能的复合，更加充分的利用现有空间资源。

3.1.3 城市公共设施及公共空间规划

城市公共设施及公共空间规划包括社区居民日常必须的教育设施、医疗设施、商业服务设施等的空间布点和建设规模安排。教育设施中包括中小学、幼儿园等，尤其是幼儿园和小学，这些设施的位置、交通、规模大小等等都是社区居民非常关注的。一般城市老旧小区、棚户区等待更新的城市旧区中，教育、医疗等必需建设都非常缺乏，也往往是居民反映问题的集中点。因此在课程中，要

引导学生学习规范，了解社区必须配置的相关设施，以及这些设施的服务范围。从而做出能够满足居民需要的优秀社区更新规划。

3.2 教学组织与学时安排

城市更新规划主要安排在城乡规划学本科培养的第5学期，其中前两个环节安排在前6周，首先进行现场空间环境和建筑调研以及社区居民访谈，之后结合现状分析进行社区空间更新设计和公共设施规划；然后征询社区居民的意见，修改设计结果。最后安排与社区责任规划师的专业沟通和学习，学生根据自己的社区更新空间营造内容向责任规划师和街道领导等进行汇报。

3.3 课程衔接

按照北京林业大学城乡规划学本科的课程安排，在进行社区规划课程学习之前，学生已经完成了美术课、平面立面构成，以及设计初步、建筑设计、园林设计等的学习，已初步掌握了中小型建筑设计和园林设计的基本方法。经过前期课程的学习和积累，学生已基本具备认识城市、理解城市与建筑的关系、了解城市规划与建筑设计的基本工作流程等专业能力，为进行社区更新设计课做好了准备。北京林业大学城乡规划学三年级本科学生在初步具备了设计的基本能力及掌握了对事物的专业认知方式后，开始有准备、有目的地进入社区更新规划课程的学习阶段。

4 教学案例

如在2016级大三秋季学期中，我们带领学生完成了北京市密云区果园中街社区的社区更新设计。果园中街社区建于1996~1999年，共有20栋6层住宅，占地面积4.56hm²，是典型的20世纪末期多层居住社区。由于建筑龄期较早，住宅立面状况陈旧，室内保温层缺乏，冬季非常寒冷。果园社区缺少地下停车设计，现有车位难以满足居民的需求，大量的机动车辆无处停放，车主出于自身需求将车辆放入邻近的其他空间，造成了道路不畅、景观空间被侵占等其他各类空间问题。一楼的住房以商业为主是很常见的，造成社区人员混杂，环境肮脏。此外，还存在缺少幼儿园活动场地，公共绿地缺少且没有养护，道路被停车侵占严重等问题。

4.1 以社区规划专业视角展开城市规划设计教育

在果园中街社区更新设计课程的现场调研和社会调查环节中，我们要求学生以3~6人的小组为单位，从社区需求角度对选定的基地及其周边环境进行调研分析，在培养学生的集体协作能力的同时，让学生了解在做设计前进行充分的分析研究工作是城市规划专业学习的基本要求。我们带领学生到现场记录果园社区每一栋建筑的位置、绘制立面、记录底商使用情况，哪些是居民必须的，哪些是对外服务非居民必须的，绘制现状绿地位置、道路位置，记录车辆停放情况。另外进行居民调查，发放调查问卷，进行居民访谈等。在教学过程中，通过教师具

体辅导将城市规划专业的思维方式与工作方法逐步传递给学生。

在教学中，我们始终要求学生建立起整体的社区设计思想，掌握清晰的逻辑思维方式，要求学生绘制各种现状分析图表，全面掌握和分析现状。在此基础上，展开果园中街社区更新规划设计，在建筑主体结构不更改的前提下，合理改造房屋——增加电梯、增加公共活动用房，如乒乓球室、棋牌室、党员活动室等。规划合理的停车方式，如建设立体停车场避免地面停车拥堵、增加公共绿地，进行小微绿地改造设计和种植设计等。培养学生"分析前额锁"的能力——总结前额锁——使他们不仅能够做事，而且能够知道为什么要做，为谁而做。

在之后的深化设计过程中，我们引入"与社区责任规划师互动"的环节，与密云新城责任规划师团队合作，请责任规划师带领学生与社区居民深入交流，引导学生主动提出问题，并探索问题的根源。培养学生客观、理性分析问题的能力，鼓励学生与社区责任规划师一起工作，寻求背景资料和理论支持，为特定社区在复杂环境中找到最合理的利用，据此提出创造性的设计理念和方案。

4.2 变被动设计（单纯的空间赋形）为主动设计

以往的城市设计教学多为教师提供设计条件与城市设计任务书，包括具体的用地性质、各部分功能用地的规模及容积率、高度等指标要求，有时甚至包括建筑的形式特征要求。学生往往只需要考虑如何完成空间组合设计和空间造型设计，学生往往在完成设计之后就是"知其所知，不知其所以然"的情况。

本次果园中街的成市设计教学中，我们要求学生除了知道怎样做建筑空间组合之外，还应该知道为谁而做、为何而做与应该做怎样的设计，教师不是简单的提供城市设计任务书和各项用地指标，而是指导学生通过调研和资料收集研究，与果园社区居民亲密沟通和互动，根据社区居民的需求自主确定设计任务书，掌握各项指标的制定方法。学生将被动设计改为主动设计，可以进行"Where?""What?""How?""Why?"的思考，而不是在别人确定设计条件之后的单纯创作。

4.3 课程设计结合居民的紧密参与

在果园街道社区更新规划课程设计中，采用了邀请全体居民全过程参与式的方式。在方案制定之初，就带领同学们和居民一块讨论、接受反馈，最终确定实施方案。

如：在空间提升方面，对小区内的院落公共空间进行改造，像有些闲置的小违建，以前可能用作煤棚，现在已经不烧煤了，清理拆除后，便能留出公共空间做成花园，由居民来种植和维护；在公共设施方面，对原幼儿园进行了改造，我们会跟产权单位、居民和孩子以及家长们一起设计方案。由设计师提供指导，他们提出意见，到最后的美化环节，他们也可以参与进来，一起动手布置。这些改造都属于参与式微更新，目的是希望通过全过程的参与讨论，带领学生学会推动建立社区公共事务的商讨机制。

风景园林教育理论与实践

5 教学难点

5.1 学生处理实际问题带来巨大挑战

社区更新不是推倒了重新来，而是在现状基础上进行系统思考，是系统性、综合性非常强的设计课程，其所涉及专业知识面宽广，既需要了解城市的整体发展需求，又需要关注建筑质量和景观环境，还需要了解居民的具体诉求。城乡规划本科三年级学生的专业知识储备和社会认知能力都有限，众多复杂的实际问题是对规划系学生以实际社区作为设计对象的巨大挑战。

5.2 合适的用地选择限制条件较多

由于适用于三年级社区更新设计教学的课题受到的限制条件较多，在城市中寻找规模、性质均合适，调研方便，居民配合的社区用地非常困难，因而在具体教学中，需要进行大量的前期准备。北京林业大学城乡规划系的老师们长期和北京市密云区新城片区合作，包括果园街道和鼓楼街道及常营办事处，寻找有需要、能配合的社区安排学生进行调研、访谈和设计，做出的成果既展示给社区居民看，又结合责任规划师工作帮助教师给予学生现场指导，起到了教学培养和实际工作结合的作用。未来的设计课程中，需要教师团队开拓更多尺度适合、功能符合、交通方便的城市更新社区地段。

5.3 与社区居民的互动带来多样化的结果

强调与社区居民的互动，往往会导致学生在征求意见之后得到多样化的反馈。社区居民的喜好和老师的指导方向有时也会不一致，学生常常感到难以处理，落实在具体设计中不同组的同学在设计上就可能会产生巨大差异，成果也大相径庭。在一个教学节中同时出现多种可能的建筑类型和设计方法，这对辅导教师的能力是极大的挑战，也要求教师不得不付出更多的精力。

6 结语

作为具有北京林业大学特色的城乡规划专业建设的一项重要内容，北京林业大学城乡规划系进行了社区更新规划与规划设计课进行结合的尝试，系统调整了城乡规划专业的设计课程，引入城市更新、街区规划等概念。教改后，城乡规划的专业设计教学强调应与社区规划紧密结合，要求学生理解社区的存在是有复杂的社会、经济、文化背景支撑的，它同城市的其他组成部分相互关联，都是城市的有机构成分子。同时，社区也是公民生活的重要场所，是城市服务市民的基本单位。

到目前为止，这项教学改革已经在两个班的学生中进行了实践。从教学效果上看，在结合实际解决问题，培养学生客观、理性地调查分析问题的方法和习惯，引导学生积极探索问题的本质和根源，将被动设计转变为主动设计等方面取得了良好的效果。城乡规划专业课程设计教育值得进一步探讨，希望通过本文的抛砖引玉，引起对我国高校城乡规划专业课程设计教学的进一步思考。

参考文献：

[1] 陈秉钊. 当代城市规划导论. 北京：中国建筑工业出版社，2003.

[2] 全国城市规划执业制度管理委员会. 科学发展观与城市规划. 北京：中国计划出版社，2007.

[3] 王承慧，吴晓，权亚玲，巢耀明. 东南大学城市规划专业三年级设计教学改革实践. 规划师，2005(4)：15-17.

[4] 约翰·弗里德曼[加]. 北美百年规划教育. 城市规划，2005(2)：108-110.

[5] 谭少华，赵万民. 论城市规划学科体系. 城市规划学刊，2006(5)：21-28.

作者简介及通信作者：

曹珊/女/汉/北京林业大学园林学院副教授/研究方向为城乡规划设计与理论、风景园林规划与设计/caoshan@bjfu.edu.cn。

"三心二意，虚虚思时"
——园林史通识课程教学改革①②

On the Teaching Reform of the General Course of Landscape History"Three Minds and Two Minds，Virtual and Thoughts"

陈煜蕊*

西华大学土木建筑与环境学院

摘　要：在建筑学大类招生背景下，针对过往园林史教学痛点，提出了"好奇心、求索心、带入心""历史根源的寓意""古为今用的诗意""虚拟 VR 库""虚拟体验""思政融入""时事链接"等教学手段，达成以学生学习为中心的教学改革。

课前根据 Kolb 学情测评以及布鲁姆教育目标分类法得出具体的教学目标。吸收了"BOPPPS"理论，ARCS 模型理论，PBL 问题导向等教学方法，重塑教学内容，从读史溯源到激发探究，再至溯源前行，学史明志，鉴古知今。课程组织上，线上线下混合式教学全阶段提供学习支持，指导学生 VR 建模云游园林空间、分组游戏式代入角色回溯时代背景、借鉴经典案例的设计手法、"园林奇葩说"思辨影响与意义。课程考核上，过程与结果并重。通过创新架构教学环节，结合产学协同育人项目建设 VR 案例模型库，为相关院校的园林史教学提供参考。

关键词：园林史；通识课程；大类招生；教学改革

Abstract：Under the background of architecture enrollment, aiming at the painful points in the past landscape history teaching, this paper puts forward "curiosity, seeking the heart, bringing into the heart", "the implied meaning of historical roots", "the poetry of making the past serve the present", "virtual VR library", "virtual experience", "Ideological and political integration", "current affairs link" and other teaching means to make students active, busy. Before the class, more specific teaching objectives were drawn based on Klb assessment and Brumm's classification of educational objectives. It has absorbed the "BOPPPS" theory, ARCS model theory, PBL problem-oriented teaching methods, reshaped the teaching content, from the reading history to stimulate exploration, and then to the source, learning history, knowing the past and the present. Online, online, and offline blended learning support is provided throughout the course, guide students to build Virtual Garden Space, group play into the background of the times, learn from the design methods of classic cases, the impact and significance of "Wonderful Garden". In the course of assessment, both the process and the result are important. In order to provide reference for the teaching of garden history in relevant universities, case model base is constructed by innovative teaching structure and Cooperation of Industry, university and education.

Keywords：History of landscape architecture; General course; General class enrollment; Teaching reform

1　问题与对策

园林史学家 Clemens Steenbergen 所说："景观设计实践的基础是理论。"[1]园林史正是风景园林教学体系中最基础的理论教学环节。[2]聚焦外国园林史过往教学中六大痛点问题，即学习动机不明、被动接收信息、史论遥远枯燥、专注时间有限、中西审美疑惑、低阶转换高阶，在各个环节上精准突破。

1.1　学习动机不明——精准学情分析

授课对象大部分为风景园林专业大三学生，前期课程为《中国园林史》，有一定设计基础与理论背景。通过

提前 Kolb 测评进行提前学情分析，明确学习动机，因材施教，图1为学情分析。

1.1.1　理论古为今用

史论学习的目的是建构扎实的理论基础，再灵活运用以提高造园技法。学生掌握历史根源的寓意，解读古为今用的诗意。

经典案例需要分析时代和文化形态背景。再者，离不开对自然系统的分析，比如在归纳某种园林的成因时首先关注当地降水、植被、气候等情况。通过系统研究中西方风景园林艺术与文化变迁脉络，把握历史发展规律，汲取智慧，服务我国"美丽中国""生态文明"建设。

①　基金项目：2021 年四川景观与游憩中心"公园城市建设背景下的巴蜀园林保护更新研究"（编号：JGYQ2021031）。
②　基金项目：2021 年四川省哲学社会科学重点研究基地"公共健康视角下的攀西康养旅游空间优化策略"（编号：PXKY-YB-202115）。

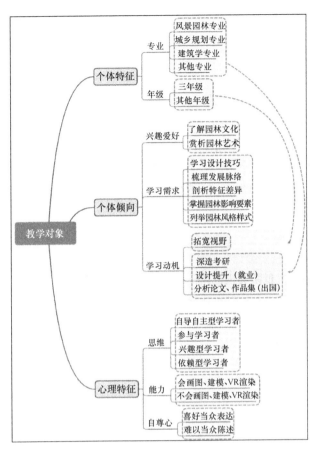

图 1　学情分析

1.1.2　就业深造砝码

该课作为风景园林专业研究生入学初试考试科目，具有重要的意义。

部分上过该门课程的学生，已经顺利考上北京林业大学、重庆大学、四川大学、维也纳应用艺术大学、南京林业大学、福建农林大学、西南大学、四川农业大学的研究生或保送至西南交通大学、深圳大学、重庆大学等重点院校继续攻读研究生。毕业生就业及深造发展情况较理想，社会回馈反响良好。

1.2　被动接收信息——动起来忙起来

通过"三心二意"的创新理念，即"好奇心、求索心、带入心""历史根源的寓意""古为今用的诗意"等教学手段让学生动起来、忙起来，而非被动低效接受信息。

1.2.1　以影视绘画作品活跃课堂——好奇心切入

通过影视绘画作品唤起学生的好奇心，继而知识链接至课程知识点。

例如，提前观影《城市广场》了解古罗马中后期的时代背景。比如通过小游戏大家来找茬环节的互动，找出凡尔赛宫与拉格兰贾庄园平面图的异同，引出法国勒诺特园林如何传播到西班牙。雨课堂弹幕将找茬的答案实时发送到课堂屏幕。例如，让学生观看电影《哪吒》片段思

考引导思考何为风景与园林，引出园林是第二自然，是人类对神仙居所的向往。通过观看《唐人街探案》片头插曲抢答纽约地标、纽约中央公园，引入美国风景园林之父奥姆斯特德。通过观看电影《傲慢与偏见》中的场景，将遥远的查兹沃斯园拉入师生视线，继而展开英国风景式园林，认识造园家布朗及其造园观点。通过观看《国家宝藏》中毁于晚清的南京报恩寺，了解到英国绘画式造园代表作——邱园的前世今生。

当今时代获取信息的渠道更加多样。课前推荐学生关注艺术类微信公众号，弥补欠缺的人文背景知识。也可以介绍一些书籍，如蒋勋的《写给大家的西方美术史》，加强历史宏观联系，提高兴趣。

1.2.2　任务书驱动资料收集——求索心汲取

好奇心切入是由点及面，求索心汲取就是由表及里。学生首先需要课前根据任务书收集资料。从有关的文学绘画作品中，观察出园林生活片段和细节、相关的艺术技艺和经验，理解当时的审美取向。

选题例如：（1）对某风格造园的成因阐述。（2）某要素在某风格中的运用。（3）不同时期或地域的造园对比。（4）风景园林思潮及案例解读。（5）某风格在当今项目的运用。

1.2.3　融入时空感同身受表达——带入心陈述

学生提前分组对应不同时代，角色带入至对应时代学习，有助于知识掌握与能力提高。

根据西方园林发展脉络将学生分成6组，例如，上古先贤之伯毕苏亚，暗黑中世纪刺客信条，文艺复兴的三大名园，凡尔赛村之国王烟火，唐屯庄园屯里那些事，波士顿翡翠前世今生。课前小组对研究内容进行录屏汇报10min，以带入心陈述以检验课堂前序任务，随后针对薄弱环节精准互动。

1.2.4　读古研究历史根源的寓意

了解园林形式需要研究园林文化。以中世纪西班牙园林为例，通过思维导图梳理关键词建立认知（图2）。

1.2.5　论今解读相似项目的诗意

同样以西班牙风格园林为例，学生筛选类似西班牙风格房地产项目进行鉴赏并在课堂上分享。形式包括但不限于：搜集资料、分析报告，本地项目可现场调研等，从而更好地衔接之后的设计课程。

1.3　史论遥远枯燥——昨日历史重现

强调虚拟体验，通过VR模型将案例"可视化"。

在充分了解当今大学生接受信息的特点后，利用VR虚拟现实，谷歌街景资料等虚拟案例环境，沉浸式学习。通过角色扮演、情景体验、VR模型库、视频纪录片等完成历史重现。

过往以引入类型、形式、空间、功能等为主的欧洲概念对中国造园传统进行的现代阐释，割裂了显性园林物质空间与隐性价值观的关联，使传统"园林文化内涵无法

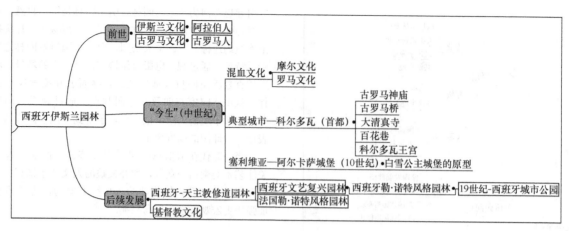

图2　学生思维导图

被理解"[3]的现象普遍存在，客观上也制约了中国园林教学的课堂内容及授课方式。

1.4 专注时间有限——链接时事热点

学习者对文本呈现形式的资源的注意力保持时间一般在10min以下，对视频呈现形式的资源的注意力保持时间一般在20min以下。[4]寻找与学习内容呈现高度相关性的热点，链接贴近生活的资讯与实时新闻。例如，第二届公园城市论坛与成都五环路修建新闻等。

1.5 中西审美疑惑——润物无声引领

参照布鲁姆教育目标分类法，力求拔高课程思想高度。辩证地看待西方园林案例，思考形式背后的政治制度，主流审美观点等更深层次的问题。提升审美鉴赏力，加强园林文化自信。实现新工科背景下的专业教育与思政相结合（图3）。

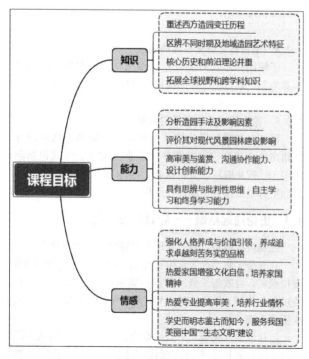

图3　教学目标

1.6 低阶转换高阶——思辨与批判能力

园林史内涵价值观的掌握和理解是风景园林学科教育的一大重点。王向荣指出：风景园林教育是涵盖"价值观的建构""方法的训练"和"实践技能的培养"的完整体系。[5]杨锐在"21世纪需要什么样的风景园林学"的报告会（2011年）中指出："如何从中国'山水思想''环境哲学-环境伦理学-环境美学'和'社会伦理学'中融合、提炼出风景园林学的学科价值观，是风景园林学学科建设中的首要任务"[6]。通过任务设置激发学生思辨能力与批判性思维等高阶学习能力。满足人才培养"两性一度"高阶性，创新性，挑战度的要求。通过VR虚拟现实以居住者或设计者的园内视角进行情境还原学习，避免以当下眼光评定历史。

2 教改思路、举措、效果及反思

2.1 教改思路

通过"虚虚思时"，即虚拟建模、虚拟体验、思政融入、时事链接等创新思路，包含以下内容。通过虚拟模型学生可以进行沉浸式体验，角色扮演，历史从遥远陌生变得鲜活，利用视频纪录片等虚拟体验书中的案例。通过思政元素的融入，培养学生行业精神与家国情怀，提升思辨与反思能力。链接时事新闻，拉近师生距离感，提高学生解决问题的能力。

2.1.1 沉浸式VR模型库

结合教育部产学合作协同育人项目"中外园林史课程'VR＋教育'体系改革"，利用相关软件技术支持，建设一定数量的经典案例模型库。学生最大化地还原空间数据，身临其境的空间能感受其帮助快速建立空间认知。

2.1.2 虚拟空间体验分析

对不同案例进行空间结构、空间尺度等分析研究。结合案例背景如设计思潮，人物经历，影响意义等方面综合分析（图4）。

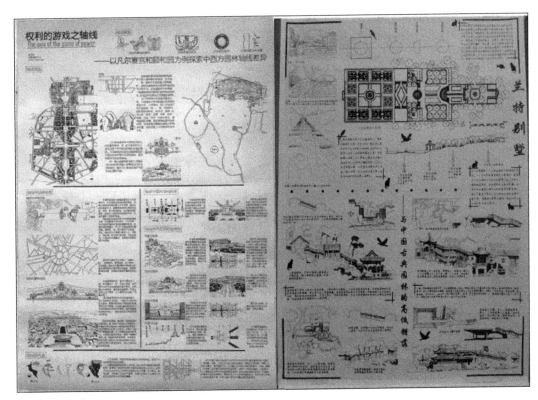

图 4 学生作业

2.1.3 角色扮演

园林史涉及大量历史人物及思潮学说。通过 VR 虚拟现实技术支持，完成例如"凡尔赛宫与路易十四波澜壮阔的一生""富凯和他的维康府邸"等角色扮演。以案例修建时间为线索，以人物关系和史料情节场景为穿插，在角色扮演的过程中文化与园林互相构建，注重解读而非描述与记忆。

2.1.4 游戏设置

以问题为导向（PBL）来设置游戏。第一步，弄清术语，如"HAHA WALL"，即英国风景式园林中出现的哈哈墙。第二步，界定问题即弄清楚因何出现该术语。英法战争中壕沟的启发。第三步，头脑风暴集体讨论。哈哈墙有何作用。第四步，重新结构化问题。在布朗造园原则中的意义。第五步界定学习目标。类似作用的其他设计方式。第六步收集信息和个人学习。第七步共享讨论。学生VR虚拟体验案例场景，观察和寻找，设计与替代"哈哈墙"，计时最快者获胜。

2.2 教改举措

2.2.1 结合理论指导创新教学模式

（1）部分按照 BOPPPS 理论组织内容章节。

即导言（Bridge-in），目标（Objective），前测（Pre-assessment），参与式学习（Participatory Learning），后测（Post-assessment），总结（Summary）五个部分。

（2）按照教学设计 ARCS 模型安排教学内容。

教学内容参考美国佛罗里达大学约翰 M·凯勒教授提出的 ARCS 模型组织。即兴趣与关联（Attention、Relevance），信心与满足（Confidence、Satisfaction）。

（3）部分采用 PBL 问题导向教学法进行学习。

例如：假如你是勒诺特尔，如何面对甲方路易十四，超越维康府邸的设计，交上满意的答卷？通过情境式的问题导入，小组协作，会话讨论，意义建构进行学习。

（4）创新过程考核。根据布鲁姆教育目标分类法设定，结合我校教学实际情况，过程考核围绕知识，能力，情感目标展开。知识：围绕近年来风景园林专业硕士研究生考题进行布置，放在超星任务点。能力：围绕学生设计能力的提升进行案例联想与对比。设置造园解构、电影之夜、VR 虚拟体验等课堂环节。情感：设置园林"奇葩说"等课堂讨论，图 5 为教学内容，图 6 为过程考核评价，表 1 为课中考核形式，表 2 为线下考核形式。

课中考核形式　　　　　　　　　表 1

知识目标	考核方式	能力目标
重述变迁历程	超星任务点	归纳总结
赏析艺术特征	雨课堂弹幕	区辨特征
了解西方文化	园林幻境 VR 漫游	自主学习
激发自主探索	园林"奇葩说"	表达能力 解决复杂问题能力
分析设计手法	闯关游戏打卡	批判思维思辨能力
剖析造园特征	读书会、电影夜	协作学习团队精神
设计思潮归因	SU 建模分析	设计分析表达
鉴古知今	思维导图	正确的历史观

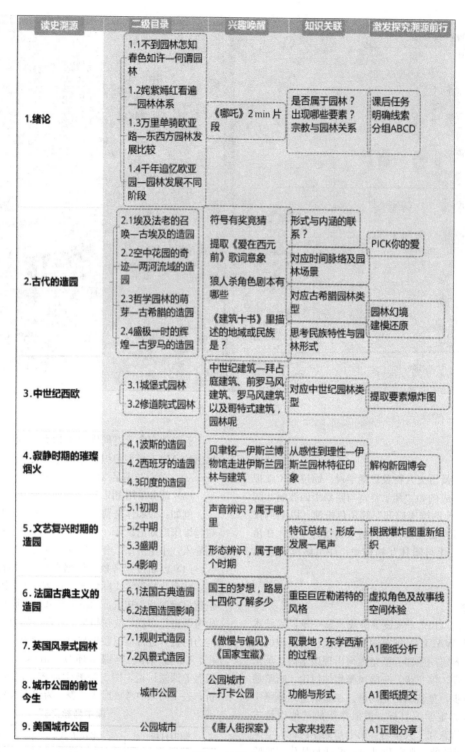

图 5　教学内容

线下考核形式　　　表 2

评价层面	权重	评价形式	内容要求	分值	总分
实践成绩	30	A2 作品分析	选题	10	30
			形式表达	10	
			内容表达	5	
			语言表达价值取向	5	

续表

评价层面	权重	评价形式	内容要求	分值	总分
期末成绩	30		文献综述	10	30
			角度	10	
			深度	5	
			学术规范	5	

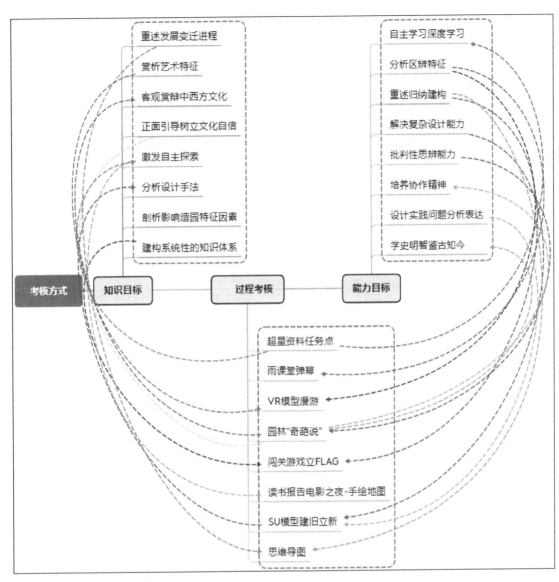

图 6 过程考核评价

2.2.2 全阶段支持

通过超星学习通，雨课堂等平台，实现课程全阶段支持。课前针对问题预习，课堂强调参与，课后能力拓展。

课前预习采用渐进式引导，教师陪伴预习。

课堂教学参与互动利用平台虚拟模型，鼓励辩证思考。重视讨论分组，明确讨论内容，加强过程考核。

课后能力拓展生生互评，协作完成挖掘潜能。

完成游戏通关、平台讨论互动、协作辩论、拓展阅读等形式的学习。重视教学反馈与评价，对学生分组进行海报总结，实时问卷调查。

1）线上建设

利用 MOOC 国家线上精品在线课程资源。引导学生提升自主学习能力。

围绕超星上已建好的课程相关视频和音频，加入讨论，随堂测试等环节。已创建任务点 34 个，章节总学习次数 5701 次，试题数 136 份，发布作业 31 次，课程资料

39 份，现有点击量 60351 次，活动次数 9648 次。通过超星的抢答，选人，分组等功能，营造高互动线上社区。

2）线下课程

教师：学生完成线上任务后，教师引导学生将知识结构体系化，跟进线上学习反馈进行实时答疑与深度调整。

学生：根据教师提供的任务书和评价标准，以分组讨论或建模分析、角色扮演等不同形式来验证学习效果。培养学生发现问题分析问题的能力。

2.3 效果

2.3.1 学生学得有效

美国诺贝尔经济学家赫伯特·西蒙（Herbert A. Simon）曾经说过：思考与实践是学生学习和掌握知识的途径，也是最佳的途径[7]。学生结合影视剧作品中出现的园林案例，积极寻找相关模型、文献、数据等，进行案例分析，正是学习掌握知识的最佳途径。

2.3.2 学生学得更好

面授课堂形式单一，学生渴求更多形式的个性化学习。传统课堂的讲授占据大量时间，创新改革之后从单一的输送转变为多途径的师生互动、生生互动。

强调发挥学生主体性，关注学习过程而非只比较结果。

从超星及教务反馈数据可以看出，学生的配合度和满意度都较高。

2.4 反思

需进一步解决的问题有"四个有待，三个如何"。包括学生参与有待加强，两性一度有待提升，课程思政有待细化，最新技术有待结合，高阶评价如何界定，学情差异如何定位，自主学习如何保证七个方面（图7、图8）。

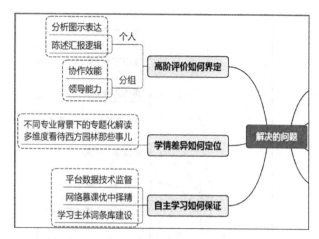

图 7 需待解决的问题（一）

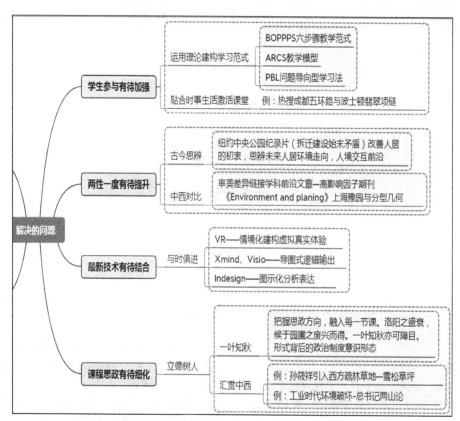

图 8 需待解决的问题（二）

3 推广应用

通过教学环节的创新组织和架构，对史论课程如艺术史、设计史等教学提供一定的参考。指导学生熟悉经典案例的设计手法、园内视角解读园林、代入角色回溯背景、思辨影响与意义。

通过VR案例模型资源库建设，为相关院校的园林史教学提供参考。结合主持的教育部产学合作协同育人项目，完善虚拟场景用于沉浸体验式学习。利用现代技术手段进行感官刺激，从感性上升理性认识园林。结合VR直观感受，打破书本上的陌生感，掀开时空的隔阂面纱。

课程推广计划如图9所示。

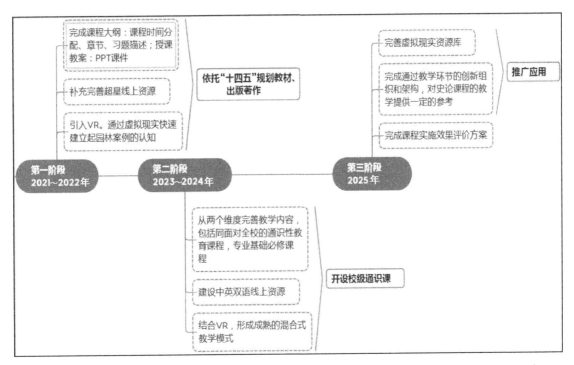

图9 推广计划

图表来源：

图1～图9由作者自绘。表1由作者自绘；表2作者自绘。

参考文献：

[1] Steenbergen C，Reh W．Architecture and landscape：the design experiment of the great European gardens and landscapes [M]．Basel：Brikh User-Publishers for Architecture，2003.

[2] 金云峰，陶楠．环境史景观史园林史[J]．中国园林，2014 (8)：85-88.

[3] 顾凯．范式的变革：读《多视角下的园林史学》[J]．风景园林，2008(4)：117-118.

[4] 徐雯雯．数字资源呈现形式对学习注意力的影响研究[D]．武汉：华中师范大学，2014：6.

[5] 沈洁，王向荣．风景园林价值观之思辨[J]．中国园林，2015(6)：40-44.

[6] 杨锐．论风景园林学发展脉络和特征：兼论21世纪初中国需要怎样的风景园林学[J]．中国园林，2013(6)：6-9.

[7] 王美琴，汤巧英．MOOC背景下高职程序设计基础课程的教学改革探索[J]．当代职业教育，2015(3)：45-47.

作者简介及通信作者：

陈煜蕊/女/汉族/西华大学讲师/城乡规划与风景园林系/研究方向为风景园林历史与理论、风景园林规划与设计/263712272@qq.com。

「三心二意，虚虚思时」——园林史通识课程教学改革

"行走"
——用身体感知风景园林[①]

"Walking"
——Perceiving Landscape with Body

丁 圆 党 田* 廉景森

中央美术学院建筑学院

摘　要：写生是"艺术来源于生活"的切实体现，也是艺术学创作的基本特征。结合风景园林应用性学科特点，培养学生深入生活现场，用脚丈量、用手触摸、用心感知。我们不仅要记录风景的物质空间，更要明知生活的真实现场。课程严格设置了田野调查的目标和实施步骤，通过实地考察、访谈、观察等记录和分析场地的物质和文化属性，探寻现实的核心问题。其次以问题为导向，寻找问题背后的风景园林逻辑。无论是建筑景观、地形地貌，还是历史变迁、民俗工艺都需要探寻其根源。站在当下传承与再生的视角，在思考问题上、或者践行手段上，风景园林如何综合强化资源特点，实践优势融合发展策略。问题不在于完整，而在于真实感知，并寻求再现、突破和创新。

关键词：社会考察；身体感知；融合创新

Abstract: Sketching is not only the embodiment of "art comes from life", but also the basic feature of artistic creation. Based on the characteristics of landscape architecture as applied discipline, students are trained to go deep into the life scene; measure with feet, touch with hands, and perceive with heart. We should not only record the physical space of scenery, but also know the real scene of life. The course sets the objectives and implementation steps of field investigation, recording and analyzing the material and cultural attributes of the site through field investigation, interview and observation, and explores the core problems of reality. Secondly, the course is problem oriented, finding the logic of landscape architecture behind the problem. Regardless whether it is architectural landscape, topography, historical changes, folk arts and crafts, we need to explore its roots. From the perspective of inheritance and regeneration, how to comprehensively strengthen the characteristics of resources and practice the development strategy of integration of advantages in landscape architecture. The problem is not integrity, but true perception, and seeking reproduction, breakthrough and innovation.

Keywords: Social investigation; Body perception; Integration and innovation

1　课程设置背景

高质量的高等教育是培养创新型人才、实现国家现代化和中华民族伟大复兴的重要引擎（中国高等教育质量报告，2017）。面对世界"新科技革命"和"新工业革命"竞争态势，从规模、结构、质量、体制机制四个维度提出新工科教育方针，促使风景园林学科走向融合创新人才培养之路。

风景园林学是关于土地和户外空间设计的科学和艺术，是一门建立在广泛的自然科学和人文艺术学科基础上的应用学科。因此，风景园林学是一个涉及多学科的、多知识的相对复杂的应用科学，其核心是协调人与自然的关系。一方面，生态文明建设和环境品质提升的人才需求促进了风景园林教育行业的规模化，另一方面，社会需求越来越复杂化、特殊化和个性化，需要具备多学科融合素质、敏捷的洞察应变能力和艺术修养的风景园林人才。

艺术创作的核心是要有独特的观察视角、思维和创作表现，写生是观察对象和获取创作灵感的重要途径。艺术院校风景园林专业培养具有艺术家素质的人才，将艺术观察与专业考察相结合就是要把感性认知与风景园林专业领域中的理想分析统一起来，加强学生对社会问题的辨析能力和专业解决能力。

2　课程设计

2.1　课程设计的目的

写生采风和社会考察是本科专业学生必修实践类课程。结合风景园林的专业特点，课程以真实场地的社会调查为基础，从复杂社会问题出发，逐步落实到风景园林专业思考问题。目的是在实际环境中用身体真实感知社会现实问题、景观环境要素、空间构成与尺度关系和人文环境氛围，并通过文献资料收集整理、局部测绘、访谈问卷

① 基金项目：北京市社会科学基金重点项目支持（编号：19YTA005）。

等综合调查手段，专业理性地分析社会问题，梳理环境基本特征，尝试提供解决问题的方案。具体包括：

（1）按照既定考察主题，通过现场社会调查研究、考察学习和现场测绘，发现区域内主要问题方向，并以风景园林学视角加以梳理和分析，探索解决问题的途径；

（2）掌握景观环境的认知、环境测绘、分析的基本流程和基础方法；

（3）特别强调调查研究的现场感、问题梳理导出、环境特征分析归纳、和最终成果表现方式。

2.2 实施方法

区别于常规风景园林的场地调查研究集中于区域历史资料（历史演变、人文特征、环境变迁）、地形地貌、日照气温、水文、土壤植被等，重点分析区域位置、交通、景观特征等方面，而是明确社会实践的基调，即重点考察方向。通过社会情况分层次分主题调查，更多关注社会、产业、生存状况、历史人文与景观环境之间的关系，明确未来发展趋势和方向。同时，根据不同的关注点展开进一步个性调查，尝试用风景园林专业视角提供综合解决问题的方案。

社会实践以学生小组和学生个人为主，教师和当地专家为辅，体验当地的自然风貌和风土人情，更多关注人和社会群体的需求。专题研究并不是事先准备好的课题，必须来自于真实的现场感知，重视现场讨论和分析推进的研究过程的在地性、逻辑性。

2.3 监测评估

教学过程和成果把握是课程质量监测评价的重要指标。因此，建立了分阶段检查和成果监测机制。教师在社会调研初期、中期和末期形成定期的检查、提建议和及时修正制度。初期完成分主题的考察目标、行走方案和考察细节，随时纠正可能出现偏差和根据实际情况调整重点方向；中期主要关注从社会问题引入专业思考的过程和方式，协助建立个人专题研究课题目标、行动方案和成果预期；末期重点在整合成果，注重解决方案的合理性。

定期研讨、相互监督、实时监测和及时纠正是田野调查的基本方针，特别是与当地百姓和基层行政管理者的访谈对于把握当地社会人文情况，掌握原始第一手资料，梳理明确问题点具有重要作用。同时，可以训练学生实际交流能力，学以致用巩固课堂专业教学的成果。

3 考察过程

3.1 考察主题

当下中国社会面临的最紧迫问题之一是乡村振兴，因此，确立了"行走"以传统乡村聚落的传承与新时代发展为主线，具体落脚点在乡村的人与环境的关系上，明确乡村未来的发展方向。针对不同地域的实际状况，确定每次不同的"行走"考察的主题。例如，"行走：西湖茶乡聚落人居环境现状考察""行走-思辨：传统村落遗存活化利用策略"。

针对每年统一的调研主题，进一步分成若干小组分主题进行考察。例如，2019年西湖茶乡调研中，经过前期当地政府沟通，提供了西湖茶乡以种茶和制茶为基础发展起来的57个传统聚落。根据地理地貌的前期分析，将调查对象集中在沿着5条山沟形成聚落带上，制定了考察路线（图1）。

西湖乡地图与考察行走路线

图1　西湖茶乡聚落人居环境现状考察线路及主要内容

西湖茶乡自汉代开始种植茶树，经过唐代逐渐蓬勃

发展，到宋代形成种茶、产茶、茶贸易、茶仓储运输的一

条龙产业链。以茶致富，以茶兴镇，人口逐渐聚集，形成富甲一方的茶乡。明清时候茶产品出口中亚海外市场，民国年间浮梁红茶经茶马古道至九江转口，沿着长江运抵上海，转运出口欧洲英国等地。正是因为西湖乡的土壤和温湿气候适宜茶叶生长，并随着山势由平地延伸至山顶，使得不同海拔高度的茶品质和采摘制茶时间差异，形成独特的"山下房、山上屋"的季节性生产迁移居住格局。

学生们通过连续考察和村民访谈，逐渐意识到茶农的山村聚落空间的环境构成与传统耕种农业定居形态有着很大的不同。茶生产的季节性也造成了山上、山下村寨聚落形制和空间结构的差异。

为了进一步诠释调研主题，分成：A组-茶乡生态环境、B组-茶乡村落人居环境、C组-茶乡传统宗祠礼制、D组-茶贸易与茶文化、E组-茶乡传统民间工艺、F组-茶马古道茶运输传播（图2）等六个分课题小组，展开进一步的深入分项调查。同时，每个学生各自寻找自己关注的问题点，完成个人专题调查研究。

例如小组课题调研时，源自茶贸易带来的源源不断的客商和财富，促进了当地经济繁荣和集镇扩大。当地的乡镇会形成集镇（茶贸易）、山下村落（居住）、山上村落（茶生产）的社会功能分工，各自空间环境格局特征也随之变化。同时，根据材料获取便利程度不同，山上村落更加因地制宜的选择石、土为建筑材料，缩小建筑开间尺寸，木屋架也更加随意简便。为了阴晾鲜茶叶和存储成茶，屋内尽可能简化生活布置，以便获得较大工作空间。屋外石砌平台增加作业场地。但是，即便山上平地稀缺，却依旧建有较大规模的宗祠，严格保持了本地固有的礼制，可以清晰地看到原住民对传统文化习俗的尊重。

从种茶、制茶、贸易、仓储、运输等围绕茶产业发展需求形成本地茶文化和生活习俗，直接影响了当地景观环境构成要素，进而形成了独特的山水格局和人居环境。学生能够清晰地认识到地域特征的形成规律，在行走考察中找到问题的根本所在，也激发了学生继续深入研究的动力，探寻当下传承发展的新途径。

3.2 体验活动

用身体感知风景园林就必须扎根乡村，与原住民吃住行在一起，真实体验他们的生产生活和了解他们真实的需求。为了进一步了解当地特有的风土人情，发挥艺术生的艺术创作天赋，组织与当地的孩子共画心中最美家园，与茶农一起采茶、制茶和品茶，学习制作当地手工品和青团等特色食物，也为当地手工艺发展创作图案、改善使用功能、开拓应用途径。深入融合到村民日常生活以后，可以近身观察日常起居对环境的影响，也更容易获取真实需求和第一手资料，突破惯性思维，探寻创新方案。

3.3 实践成果分析

有别于课题研究直接介入场地问题细节调研，社会考察有助于学生全面深入了解地域全貌，感知真实的风景园林和主动思考寻找解决实际问题的方法。从个人专题研究上可以发现学生切入点的不同方式，有的基于现实问题的直接对应，有的希望从更长远更宽泛的视野解

决当地的教育、生态环境治理和文化传承。例如，针对贵州黔东南州万峰林景区内传统乡村风貌改造问题（图3），在调查中发现由于当地山区降水时间不均匀、不规律、水资源存储设施缺乏等不利因素。村民自发利用平屋顶改造成储水池，解决旱季的生活用水。而为了满足特色乡村旅游的需要，忽视村民生活实际需求，一味统一外貌寻求视觉统一，加建双坡木构屋顶，造成村民激烈的对抗情绪。在讨论中学生提出游客对当地人居环境的破坏，"隐藏村落"或许是最佳的保护策略。由此可见，当学生一旦融入当地生活，能够在行走中用身体感知到学校课堂教育中无法体验到的真实情况，从人与自然、人与社会、人与文化的多视角去观察思考，能够激发学生尝试解决问题的专业动力。

4 课程总结与展望

艺术家写生可以考察物体的基本构成和演进规律，达·芬奇的解剖学似人体描绘和米开朗基罗的人体构造写生都为今后的艺术创作打下了坚实的基础。在创作艺术作品时，艺术家毫无疑问的融入了个人情感因素，鲁本斯的"尼古拉斯肖像"的素描里面，孩子清纯的眼神和粉嘟嘟的脸颊都融入了画家父亲对孩子浓浓的爱意（图4）。艺术创作中，写生对于描绘对象转译有着重要作用与风景园林的社会考察是一样的。风景园林专业内容的复杂性和多样性也决定了需要更加贴近社会的真实面，可以从不同视角和途径去解决问题。因此，从更宽泛的社会考察出发，逐步引入风景园林专业思维和技术手段，有利于学生更加全面掌握专业知识和熟练运用专业技能。

自然状态下地理空间物的自然风景和人的景观观念是有一定区别的。陶渊明的桃花源并不存在，只是作者心中想象出来的美景圣地。真山真水、缩尺山水、假山假水、一方盆景无不融入了人的观赏想象。事实上不存在什么完全自然意义的景观，无论是人想象下的物的象形会意，还是经过人为改造过的田野乡村，所谓意境都是在人为干预下形成的再造景观。现实与想象之间有着诸多不同点，需要培养学生在真实环境内的"土地感"，提高身体感知环境要素的敏感度。如何获取环境信息、分析环境特点，并从中找出主要景观特征，掌握途径、技术、过程、修正的方法，是社会实践和风景园林调研的核心。

体验是进一步感知环境和获取信息要素的重要环节。风景园林涉及知识内容广泛，不应仅仅关注物质空间环境的描述、数据测绘和分析归纳，更要重视人文景观要素。需要深入生活，近距离贴近原住民的生存现状，体验劳作现场和风俗习惯，才能将设计做在真实土地上，解决人们关注的景观需求。某种意义而言，设计或许仅仅是创造了一个开始，更好景观需要使用者在使用过程中去进一步完善和发挥真正的功效。

未来的社会实践课程需要持续跟踪问题，分步骤、分层次逐步解决问题。学生在持续调研和社会服务中能够进一步完善自己的知识结构和实践经验，提升应对复杂社会问题和风景园林专业问题的能力。

分组主题	成员	对应的内容文字、手绘、文字
茶乡人居环境	董同学 张同学	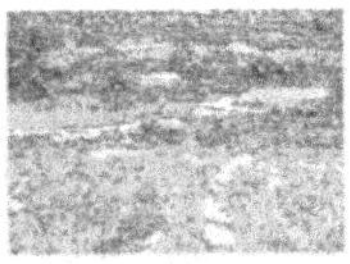 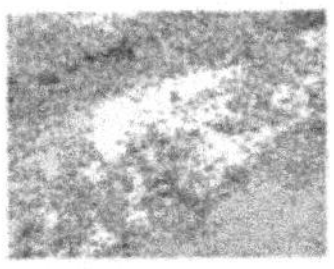 茶园与聚落的图形关系 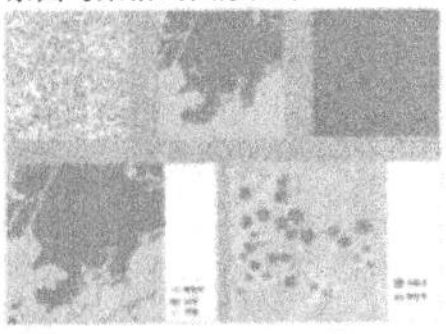 梳理该地区茶在不同历史时期对聚落的影响； 从汉代时期就已经出现茶园，经过唐朝的蓬勃发展，在宋朝时候形成了基本的形制，在明清的时候成为中亚的商品出口至国际市场。 茶园聚落类型分析   通过手绘结合电脑制图表明采茶点、聚落与地形之间的关系； 茶园一般分布于小山坡上，居住区则普遍分布于山坡南部，两者之间通过河流串联起来； 最后通过类型学的方法分析出若干空间单元。 茶园与聚落关系1　茶园与聚落关系2　茶园与聚落关系3
茶乡宗祠礼制	韩同学 张同学	 在考察沿途中，通过手绘、拼贴的方式阐明乡宗祠在不同历史时期的发展状况，以及表达出乡宗祠不同的文化符号与文化价值。 这里以祠堂为中心的村落布局，承载着自然生态悠久茶文化历史和古村落三者的完美。而这里一直就是浮梁的主要茶叶生产、交易集散地，当地村民茶叶收入，曾占到当时总收入的80%。 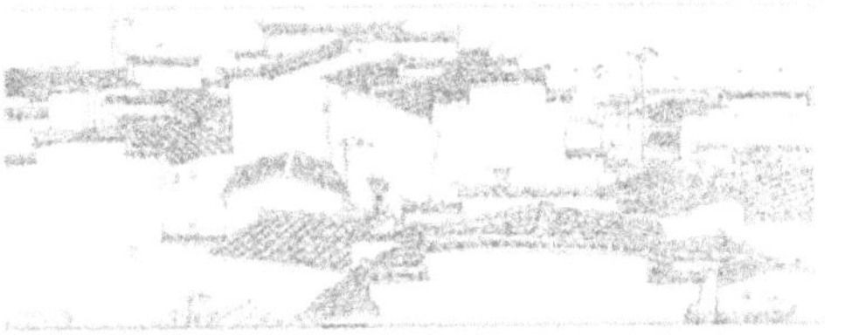 宗祠文化要素地域分布拼贴　宗祠周边民居速写
茶乡生态环境	王同学 王同学	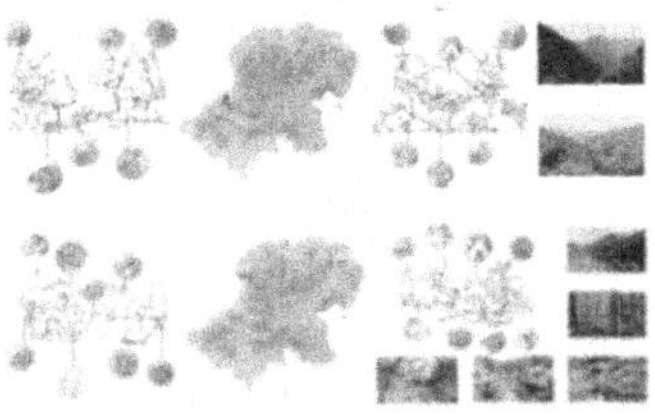  通过手绘的方式表达不同地区植物群落之间的生态关系。村落区域植被种类丰富，既包含多种观赏性植物，也包括各种各样的经济作物。村落外围则分布着更多样的野生亚热带植物群落层次。另外随着海拔不断升高，山区内部分布了更多包含高山树种在内的野生物群落，体现出极为丰富的竖向关系。除此之外，同学们所到之处记录了古树、保护树种分布的点位。 植物生态群落速写分析图　宗祠周边民居速写
茶产业与茶文化	朱同学 王同学	 平地茶园全景摄影  在当地的产业主要是生产茶叶，要是想吸引外地的游客，必须要有专门的旅游项目，专有的有机茶园是为了在进行旅游项目的同时不破坏茶园的生长，采摘不破坏茶树，旅游项目不仅仅采摘体验，包括自制茶叶，提供自制工具和相应的教学，制作好的茶客可以带走，作为自己的成品，在旅游淡季时有机茶园的生产可以和茶农自制的茶叶同时进入市场，作为对比来衬托自制茶叶的品质和特色。 制茶过程速写表达
茶马古道运输	张同学 廖同学	茶马古道周边环境速写 　茶马古道景观要素速写  通过手绘的方式表现茶马古道在不同地域中的文化印记与文化符号，中国以丝瓷瓷名五州，为国货大宗。中国茶叶大辞典记载"唐代浮梁（今景德镇北）已形成一个颇具规模的茶产地和集散中心，是一个特大茶市。" 古时依托徽商古道靠人力，骡马运至长江水运各地后期茶叶与景德镇瓷器一道运至国家广东，上海，武汉等重要码头，漂洋过海销往欧美。 这条重要的茶马古道穿越古今，承载了景德镇茶叶的历史记忆。

图 2　分小组课题调查研究内容

专题研究（内容）	中纳灰村位于贵州省兴义市AAAA级景区万峰林内，是"纳灰村"的一部分，严格意义上来说，纳灰村自以前只被分为两个部分——上纳灰和下纳灰。但从对村委会工作人员的采访中我们了解到，近年来随着旅游业态的不断开发，为方便管理，将介乎上下纳灰村之间的狭长片区称之为"中纳灰村"。 整个中纳灰村的肌理以农田为主，不同片区的农田高差错落，并以水渠为界，从山上俯瞰此处宛如一张巨大的拼图。村落被农田包围，农田为群山所绕的基本格局地理。但是这个昔日作为交通的"中间地带"，在今日渐渐地失去了自己本身存在的价值与意义，旅游业开发的脚步最终还是迈进了这片区域。旅游的相关开发在一定程度上显得华而不实，这种病态的开发模式自身存在很大的缺陷，不但没有给受众群体带来好处，反而影响了当地人民的生产和生活，这就显得本末倒置了。 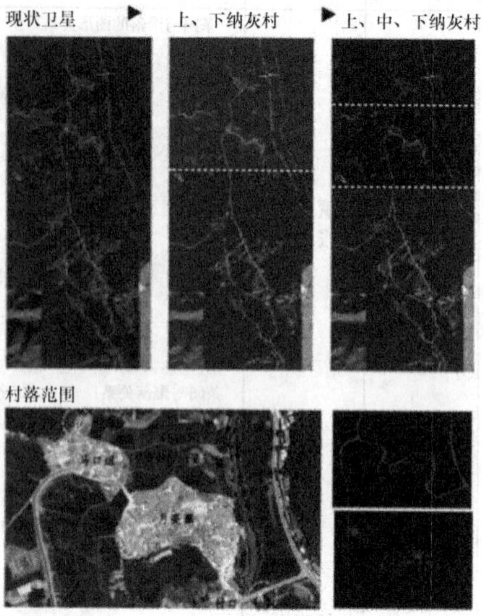	 现状卫星　上、下纳灰村　上、中、下纳灰村 村落范围
调查	从我对一个65岁布依族老人的采访中了解到，政府为了村庄整体面貌的"统一"，为了在加建的二层中减少成本，将3m的二层楼高压缩到2.2m，根本无法住人，空间非常狭小，并且屋顶漏雨严重。经过观察发现，房子的结构性能非常不达标，密肋非常稀疏，节点没有经过任何设计，非常简单粗糙的连接方式，屋面用的是违禁的瓦片，瓦上的油漆早已脱落，瓦渗水漏雨严重，很多房屋是不可以住人的，另外，为了维护房子外面山上看起来的和谐，有关部门禁止加房屋的吊顶。 中纳灰村在发展过程中呈现出来的这些问题，相信是中国现在"新农村建设"大潮中的一个微小的片段乃至不足挂齿，但是就这小小的一个村落折射出来的相关问题确实非常具有指导意义和警示作用的。 中纳灰村的布依族人民自古所拥有的交通属性和"自给自足"的生成生活模式以及独具特色的文化现象，是由多方面的不同原因所决定的，是合理且适用于村民的。	 场地功能变迁组图，不同颜色和数量代表了不同时期的村落功能布局 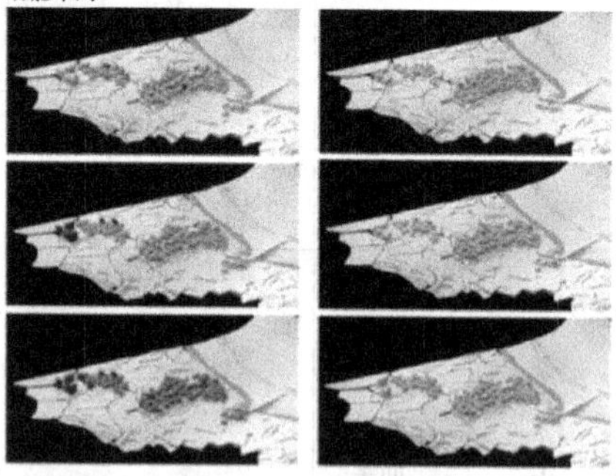 一组素描表达了调研不同民居被随意改造后的室内场景 
解决	开发者和当权者只为眼前的蝇头小利而忽视掉了像纳灰村这种珍贵乡村文明的保护与传承，表面上看是在复兴，实则在破坏。与这次的下乡调研使我有了新的思考，文化遗迹的保护中，设计者如何利用"无为"的方式去创造"有为"的价值和结果，做好一个守夜人的角色？如何因势利导，从村落自身的角度去考虑问题？保护与盈利是否能够兼得以及新农村建设与改造有哪些新的可能性等。 对于这些问题，我认为一定要把村落保护的"完整性"与"原真性"放在首位考虑村落的更新大到城乡规划，小到某个局部房屋的改造与节点设计，我们都需要认真考虑，因此我给出的设计是关于整个片区规划的风貌以及部分节点房屋的改造设计。由内而外地在保护村落作为风土建筑的前提下，有限度地开发和适应性再利用，实现村落开发的可持续性，而不是仅仅为了一点蝇头小利而造成不可挽回的破坏。	 为探讨良性的村落肌理关系，对村落重新规划之后的建模 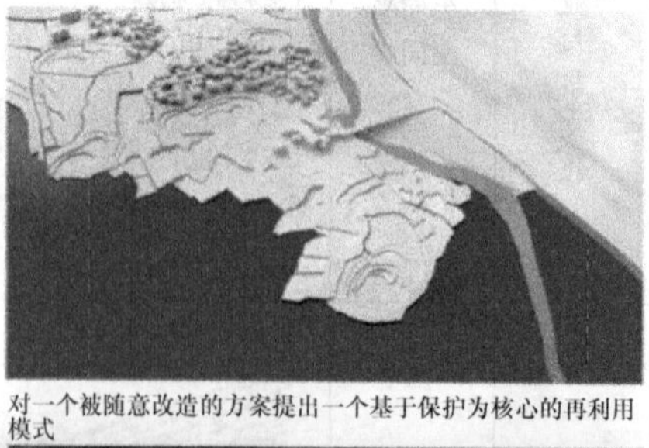 对一个被随意改造的方案提出一个基于保护为核心的再利用模式 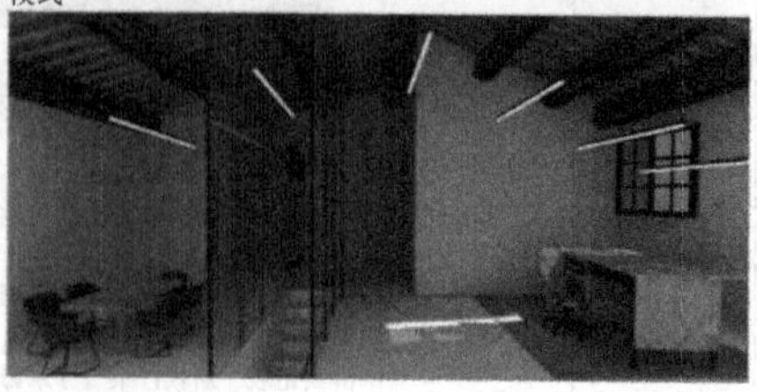

图3　个人专题调研内容

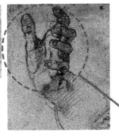

《米开朗基罗写生素描手稿》（局部）-米开朗基罗·
博那罗蒂/素描/彩铅/1508年/20cm×30cm/
罗马梵蒂冈博物馆

《哀悼基督》-米开朗基罗·博那罗蒂/圆雕/
大理石/1498年/175cm/罗马梵蒂冈
圣彼得大教堂

《尼古拉斯肖像》-保罗·鲁本斯/速写/色粉笔与
铅笔/1620年/25.2cm×20.2cm/奥地利维也纳
阿尔贝蒂博物馆

从《米开朗基罗写生素描手稿》中对"手"的结构写生到《哀悼基督》的三维"手"的雕塑创作，体现了艺术家对外部环境的认知、对物件的空间感知通过不同的方式、媒介转化为持续创作的动力过程。

与此同时，在这个"客观"转译创作的过程中甚至可以加入艺术家强烈的感情色彩，实现从"写生"到"创作"的蜕变，例如鲁本斯在对其孩子的速写过程中，发挥主观能动性，有意在客观写实的基础上表达了自己对儿子的疼爱，实现了"艺术源于生活，却高于生活"的追求。

图4　写生与艺术创作的关系

图表来源：

作者自制（部分图表内容信息来自课题作业）。

参考文献：

［1］李春江.写生到创作——中国山水画的发展之分析.艺术研究，2020(04)：25-27.

［2］丁静蕾.田野调查在风景园林实践教学中的应用及反思——以华中农业大学为例.风景园林，2018，25(S1)：92-96.

［3］房艳刚，刘继生.理想类型叙事视角下的乡村景观变迁与优化策略.地理学报，2012，67(10)：1399-1410.

［4］孙筱祥.风景园林(LANDSCAPE ARCHITECTURE)从造园术、造园艺术、风景造园——到风景园林、地球表层规划.中国园林，2002(04)：8-13.

作者简介：

丁圆/男/汉族/博士/中央美术学院建筑学院教授/中央美术学院/研究方向为艺术介入与城市更新；城市景观与文化形态；空间环境与艺术创新；城市景观艺术研究/dingyuan@cafa.edu.cn。

通信作者：

党田/dangtian0907@163.com/18601945183。

"空间探索与建造体验"

——西部建筑类院校风景园林建筑设计课程的启蒙[①]

Space Exploration and Construction Experience

——The Enlightenment of Landscape Architecture Design Course in Architectural Colleges in Western China

樊亚妮[*]　武　毅　董芦笛

西安建筑科技大学建筑学院

摘　要： 风景园林学自 2011 年授予一级学科后，学科发展、专业建设、专业教学的讨论、调整、改革从未停止。多校办学、多专业背景办学势必带来各校专业教学的差异和特色，也因此难以达成共识，但这也是风景园林教育教学持续讨论，教学方法与成果能够百花齐放的缘由之一。文章基于 2020 版新的教学培养计划、学分压缩的背景，以西建大风景园林二年级（第三学期）专业设计课程"风景园林空间设计Ⅰ"为例，概括介绍了风景园林空间设计系列课程的发展背景，建设思路和目标体系以及教学模块等内容，重点对教学理念和选题特色进行了详细阐述，突破了原有建筑学背景平台下的建筑类型化教学，而以空间探索与建造体验为着力点，探讨风景园林建筑类设计课程设计思维启蒙的培养方法，以期推动风景园林专业特色化的建筑教学课程建设。

关键词： 园林建筑设计；风景园林教学；设计课程；空间设计

Abstract: Since the science of landscape architecture was awarded as a first-level discipline in 2011, the discussion, adjustment and reform of discipline development, specialty construction and specialty teaching have never stopped. The multi-school education and multi-professional background will inevitably bring the differences and characteristics of the professional teaching of each school, so it is difficult to reach a consensus, but this is also one of the reasons for the continuous discussion of the education and teaching of landscape architecture, teaching methods and results blossom. Based on the background of the new teaching program, credits compression, kenda west of landscape architecture (the third semester) professional design, grade 2 course "I" landscape architecture space design as an example, introduces the development background of the landscape architecture space design courses, the construction of thought and target system and the teaching module content, focusing on teaching concept and selected topic in detail in this paper, the characteristic, This paper breaks through the typified teaching of architecture under the original architectural background, and focuses on space exploration and construction experience to discuss the cultivation methods of enlightening design thinking of architectural design courses of landscape architecture, in order to promote the construction of specialized architectural teaching courses of landscape architecture.

Keywords: Landscape architecture design; Landscape architecture teaching; Design course; Space design

　　建筑的存在与地点和建造密切相关，其目的是在自然环境中确立场所，建造可容纳身体的空间[1]。其中地点与场地、场所相关，使得建筑有了场所感，体现地域空间的专属特性。建造与材料相关，使得建筑有了客观的物质存在，呈现出时间的印记。场所感的营造需要通过空间的探索、体验来获得信息，积累经验；建造的体验是建筑落地的过程，需要通过掌握不同材料的结构特性和构造节点最终实现。因此，空间探索和建造体验是建筑设计思维培养的两个方面，贯穿整个风景园林专业建筑设计的教学中，体现设计教学中创造性思维和逻辑思维的训练。

1　风景园林建筑类课程的建设背景

　　《高等学校风景园林本科指导性专业规范》（2013版）[2]（以下简称指导规范）中明确提出"风景园林建筑设计"是 8 个专业知识体系核心领域之一，建筑学与风景园林学密切相关，风景园林建筑设计是必备的专业知识结构。

　　目前风景园林专业中的建筑设计教学模式可以分为三类，一类是大多建筑院校的培养方案，风景园林专业一、二年级与建筑学、城乡规划学形成设计基础的大平台，共用一套教学计划；第二类是农林院校办学背景，大多延续先前的培养方案，风景园林建筑设计和园林设计

---

　　① 西安建筑科技大学一流专业建设项目子项目（编号 YLZY0103J08）。

为两类课程，由建筑学背景的教师和园林背景的教师分别承担；第三类是少数建筑类院校，在办学初就吸纳各类专业学习背景的教师，共同组建教学团队，师资背景较为丰富，因此课程架构相对容易开展，从开设风景园林专业起就尝试建立完整相对独立的专业培养方案，由本专业的教师（包括建筑和园林背景）相互交叉，共同担任风景园林建筑课程设计的授课，西安建筑科技大学（以下简称"西建大"）风景园林专业就是其中之一。

西建大风景园林专业在建筑类院校办专业初期，多是依托建筑学专业的建筑设计师资教学平台，以建筑学专业教师为主，以风景园林专业教师为辅，建筑设计课程教学从选题到任务书制定，到成果要求，均与建筑学一致，之后从三年级开始进入风景园林规划设计部分的学习，形成两段式的教学过程。随着风景园林专业师资建设的逐渐完善，逐渐由本专业教师来承担风景园林建筑部分的教学工作，使得风景园林专业的建筑培养目标能够被更好的贯彻，使得前后课程之间的衔接也更加紧密。教学小组老师的学习经历由建筑学和园林学共同构成，也开始从风景园林视角，包括专业基础和行业需求视角，来着手调整风景园林建筑部分课程的教学组织。

2 西建大风景园林建筑设计类课程概况

2.1 风景园林建筑类课程在西建大的教学发展

西建大建筑学院自 2008 年景观学本科专业招生起，就独立承担五个学年的教学培养工作，初设专业的第一个时期（2008～2012 年）风景园林建筑类课程由景观学教研室专业教师与建筑学专业教师临时组成教学小组，且以建筑学专业教师为核心。2011 年，风景园林专业被授予一级学科，2012 年建筑学院设立建筑、城乡规划、风景园林三个系，秋季学期开始，风景园林建筑类课程由风景园林系教师独立承担，开始了以风景园林建筑为培养目标的教学阶段，在教学目标、内容及课程名称上均做了部分调整，将原有建筑类设计课程统一为风景园林空间设计 I、II、III 系列课程，弱化建筑本体类型，强调内外空间的整体性，注重场地环境整体空间不同人群的体验。

指导规范中要求对于五年制风景园林专业，风景园林建筑设计的基本学时为 130 学时，西建大现行人才培养计划（2019 版）中，风景园林建筑设计课程的必修学时为 240＋4K，相关原理选修课为 176 课时，远超指导规范的标准课时要求（见表 1）。在最新版（2020 版）人才培养计划中，由于总学时的压缩，风景园林建筑设计课程的必修学时调整为 176 课时，取消了设计周，但同时增设了暑期设计实践工坊，可以根据各年级的教学情况进行灵活调整。

西建大现行培养计划（2020 版）
风景建筑类课程设置概况 　　　表 1

课程类别	课程名称	课程学时	课程性质	授课年级
风景园林专业基础课（必修）	风景园林空间设计 I（小环境及小品建筑）	112＋2K	设计课	二年级
	风景园林空间设计 II（庭院环境及小型建筑）	48＋K		
	风景园林空间设计 III（风景环境及中小型建筑群）	64＋K		
	外部空间及庭院设计原理	16	原理课	二年级
通识核心课程（选修）	建筑概论	24	原理课	一年级
	建筑设计原理	24		二年级
	东西方建筑史	40		
	东方建筑导论	16		
	建筑结构概论	32		
	建筑模型操作	16		
	乡土建筑与聚落	24		

2.2 风景园林建筑类课程发展的几个阶段

（1）第一个阶段：延用建筑学的类型化教学体系，强调功能类型主导的空间设计训练，主干建筑设计课为二年级第一学期至三年级第一学期，共三个学期，选题类型包含了校园"书吧"及环境设计、独立式别墅与庭院、幼儿园与场地、青年教师之家、山地旅馆等，建筑规模为 100～5000m²。其中二年级第一学期"风景园林空间设计 I"为建筑类设计课程的启蒙与导入，由综合训练和小型公共类建筑及其环境设计构成。

（2）第二个阶段：风景园林建筑的特色化目标设立，强调场景场所空间训练，小环境、自然风景环境中不同人群空间活动体验的空间设计训练，课时缩减为二年级两个学期，选题类型为公园园厕设计、亲子咖啡厅设计、自然山地环境中的民宿设计，选题尺度为 100～1500m²，相比第一个阶段的建筑体量和规模有了明显的缩减。"风景园林空间设计 I"课程中的训练环节调整为自然力的感知与实体建造，学习自然力的形成，理解自然力形成的环境表现，从自然中发现空间，并通过风景园林要素模型制作对自然力进行模拟感受。

3 启蒙——"风景园林空间设计 I"课程的导入与实施

3.1 课程概况

"风景园林空间设计 I"（必修，总课时 112＋K）属于风景园林专业基础课程，面向本专业大二学生开设（第 3 学期），是风景园林空间设计学习的第一阶段，也是风景园林建筑课程学习的开始。该课程既承担建筑设计的空间训练，又是一年级综合基础训练的整合。在风景园林专业本科招生的 12 年中经历了 3 次调整，从原先景观设计初步Ⅲ，调整为结合建筑的风景园林空间设计Ⅰ，进而又随着培养计划最终调整为风景园林空间设计Ⅰ。

教学小组针对西建大风景园林的专业培养特点，立足建筑设计的优势平台，补充场地环境和多类型人群活动的综合体验条件，设置教学内容和环节。（1）以空间感知、空间建构、空间场景营造为教学目标，将这门设计课分为两个阶段，第一阶段为训练，第二阶段为综合设计；（2）为提高教学效果中，采用原理课＋实践环节＋公开讲评＋外业调研＋内业方案辅导＋终期展评的全过程控制，使得原理课可以较好的向设计课进行转化，同时增加了同学们的动手操作能力，也能够通过答辩点评环节收获更多的意见和建议。

2015 年开始，西建大建筑学院聘请［日］丸山欣也教授加入风景园林教学团队，根据风景园林专业在第三学期的培养目标，在"风景园林空间设计Ⅰ"中开展教学实验，围绕造园要素开始了"空间发现与探索""结构感知与体验"的综合训练，作为先修课程知识点和训练内容，服务于风景建筑课程设计的开展。

3.2 教学目标与内容

"风景园林空间设计Ⅰ"教学目标是：（1）通过自然空间的发现，自然力的结构感知和空间形态感知的学习，运用风景园林要素进行模型模拟体验，尝试从自然空间的视角由外向内，从环境出发去建构某种活动空间；（2）培养学生了解公园绿地、风景环境中小品建筑相关的基本知识，理解不同类型人的活动与其使用的建筑空间的关系；（3）通过综合设计环节，要求学生初步掌握设计的基本程序、方法与原理，开始具备风景园林建筑及其环境的设计能力。

3.3 教学理念：注重体验-培养能力-拓展思维

（1）两种体验："建造体验和空间体验"。建造课题泛指由师生参与完成的实体建造活动，游戏性和教学性应该是建造课题的基本属性[3]。建筑设计最终是通过建造来实现，以往数十年的风景园林专业教学中师生之间主要通过"画"的方式来进行讨论，少有"做"的概念体现，更谈不上搭建。通过从"画"-"做"-"建"，从 1∶100 到 1∶50 再到 1∶5，最终实现 1∶1 建造体验全过程训练，掌握图纸和现实的相互转化，理解建筑的结构受力和节点构造，培养受力感知，了解建造的组织工序、搭建程序、经济预算、团队合作等。空间的体验包括了空间的感知与发现，空间的产生，空间的功能形态，空间的场景与场所感，突出了人的使用，地域的特征。在场地环境调研时注重对不同人群的观察、记录、模仿感受，加强自身对空间环境的体验。

（2）多项能力："基本技能＋综合技能"。基本技能包括：手工模型能力，规范制图能力，汇报表达能力；综合技能包括利用风景园林基础知识，从观察想象-诊断判别-设计建造的综合能力。

（3）两种思维："抽象思维＋逻辑思维"。抽象思维是

通过对自然空间的发现、自然力的感受，理解自然空间的形成和人工空间的转化过程。逻辑思维是通过认知-诊断-自定任务书-规划设计[4]的设计过程训练，理解风景园林空间设计的一般程序和方法。

3.4 教学环节与过程设置

课程教学内容分为两个阶段由训练和综合设计构成（图 1）。训练板块经过了两次选题，分别由"自然空间的发现探索"和"自然力的感知与体验"构成，第一次选题设置为 3 个基本训练"间与间隙""关节与连接""吸烟小屋"；第二次选题设置为 8 个基本训练"奇妙的柱子""不会倒的安全墙体""合理的悬垂链""耐风压的帐篷""坡脚与安息角""连接两岸结实的桥""屋顶的妙用""灵动的水"，之后为实体建造时间环节（图 2、图 3）。综合设计选题包括了"校园中的书吧"，即环境设计或"公园中的园厕"及环境设计。

3.5 综合设计选题与特色

在第一个建筑及其环境设计阶段，对于不同自然环境的基本要素和不同类型人群行为尺度的体验、感受是最重要的。风景园林空间设计Ⅰ目前已经历了 2 次选题的实践训练，分别从不同角度开展，但都是从学生的熟悉环境，人体尺度，真实体验入手。

（1）校园环境中的书吧建筑设计，是课程体系调整后的第一个选题，备选用地有两块，第一块位于西建大校史馆周边绿地，场地开阔平坦，以绿地，小径，少量休闲设施和雕塑为主，植被较为疏朗，西侧为乔草结构，林下活动，具有较丰富的使用人群，以游憩活动为主，总面积约 7000m²。第二块位于校园若祁湖花园，校史馆绿地的南侧，总面积约 5000m²，现状环境丰富宜人，植被覆盖良好，中部为若祁湖和双百亭，湖东侧为一小山坡，西侧为灌木丛和林下活动场地，使用人群类型多样，花园构成要素较第一块用地更为丰富。设计要求在给定的用地中通过观察、分析，细化任务书，选择一处进行书吧建筑设计，建筑面积约 150m²，建筑附属的外部空间环境约 500m²。书吧建筑要求能够充分利用现状场地环境条件，以阅读功能为主，兼有沙龙、讲演、展览等交流活动，集少量图书的选购、简餐休闲于一体，并能够突出校园文化特征（图 4）。这一选题与学生日常的学习、交流、休闲行为活动息息相关，更容易抓住建筑使用人群的主要特征和行为尺度对空间的要求，选地在校园中便于学生在熟悉的环境里能够更充分地了解地块的现状使用情况，充分考虑校园人群类型的使用和体验。

（2）城市历史环境公园绿地中的园厕设计，是第二个选题，也是目前执行的教学计划选题。用地位于西安市环城公园绿带，建国门东侧护城河南侧公园绿地内，约 1.5hm²，现状有一仿古型园厕，要求在此基础上通过对场地的时态调研，结合周边的环境需求和现行景区园厕的规范要求，发现如厕问题及环境问题，结合现状布局等提出新建园厕的可行方案，要求满足如厕、休憩等功能，成为公园绿地中的一处休憩驿站，新建园厕建筑面积约为 100m²，休憩场地面积约 500m²（图 5）。这一选题更

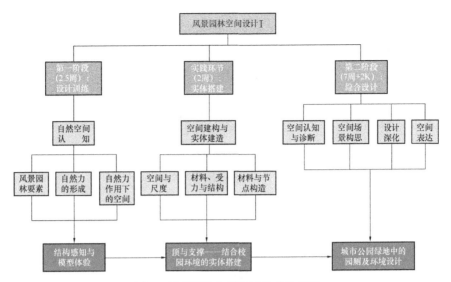

图 1　风景园林空间设计Ⅰ教学环节

图 2　自然力感知与模型体验

图 3　实体搭建过程与成果

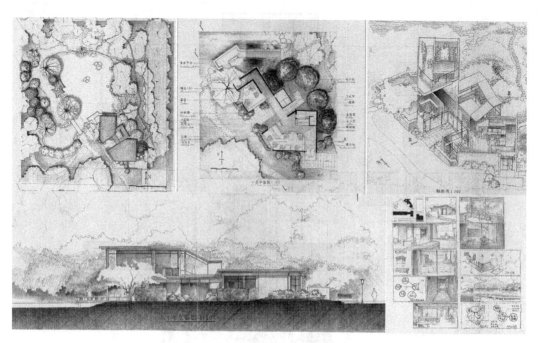

图 4　校园环境中的书吧建筑设计

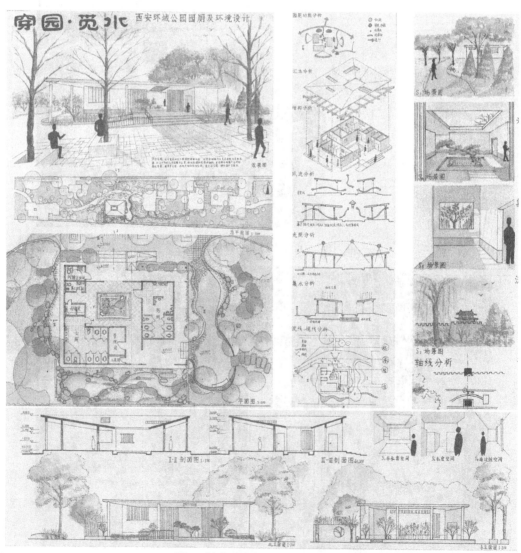

图 5　城市公园绿地中的园厕设计

加强调行为-尺度-空间-环境之间的关系，第一个建筑及其环境的综合设计从每个人日常的必要行为入手，强化人体尺度对功能空间的要求，更容易使学生将空间体验带入设计中。

4　结语

风景园林建筑设计类课程在风景园林专业能力的培养中占有很重要的地位，不仅是风景园林规划设计的核心内容之一，也是所有内、外空间训练的基础。但如何在风景园林专业中贯通建筑设计的教学目标，建立教学方法，衔接基础与规划阶段的课程，以及设置建筑设计类课程的比重和规模体量等依然是教学研究的难点。

经过10余年教学实践的探索，以及西建大风景园林本科人才培养方案的不断完善调整，教学团队初步形成了一套适用于建筑类院校风景园林建筑设计类课程的教学思路和模式，将风景园林空间设计系列课程融合建筑与环境，着重培养学生以人为本，生态优先的专业价值观和责任感，理解风景园林空间的内涵和外延，既包括了风景建筑内部空间，也涵盖了建筑外部空间，能从现状人工环境、风景环境、自然环境中创造适宜的风景建筑及其外部空间环境；在此基础上，充分依托和挖掘西部建筑类院校的在地特征，结合时代发展的变革，通过课程教学的不断发展和建设，夯实基础，共同促进风景园林规划设计的理论传承与实践创新[5]。

图表来源：

表1、图1由作者绘制；图2、图3自摄：授课及训练过程照片；图4为风景1402班孙浩鑫同学个人作业；图5为风景1801班王育辉同学个人作业。

参考文献：

[1]　胡滨.空间与身体 建筑设计基础教程(上)[M].上海：同济大学出版社，2018.

[2]　高等学校风景园林学科专业指导委员会.高等学校风景园林本科指导性专业规范(2013年版)[M].北京：中国建筑工业出版社，2013.

[3]　顾大庆.小议建筑设计教学中建造课题的几个属性[J].中国建筑教育，2015(01)：88-89.

[4]　刘晖，杨建辉，岳邦瑞，宋功明.景观设计[M].北京：中国建筑工业出版社，2013.

[5]　吕琳，刘晖，杨建辉.中国西部建筑类院校公园设计课程教学理念与实践[J].风景园林，2019，26(2)：29-34.

作者简介及通信作者：

樊亚妮/女/汉族/博士在读/西安建筑科技大学建筑学院/讲师/研究方向为风景园林规划与设计/37733121@qq.com。

「空间探索与建造体验」——西部建筑类院校风景园林建筑设计课程的启蒙

新冠疫情下《景观调研》课程线上教学研究

Online Teaching Research on Landscape Architecture Research Course under COVID-19

冯 瑶* 朱 逊 余 洋 吴松涛 刘晓光

哈尔滨工业大学建筑学院

摘 要：由于新冠疫情，2020春季学期哈尔滨工业大学风景园林专业的本科课程《景观调研》通过线上教学，实现了理论基础与远程实践操作相结合的教学目标。针对线上教学，在本次教学实践中在场地的自然生态和人文生态两大系统调研理论与方法的基础上，新增两大系统远程调研方法的讲授，形成了DA＋VE教学法，即远程数据采集（Data Collection）、场地分析（Analysis）及调研成果的可视化（Evaluation＋Visualization）；新增实践教学环节即物候观察实验，即学生亲手种植植物，通过物候观察笔记观察并记录植物的生长过程及物候特征，弥补疫情期间学生无法在户外进行自然生态系统的认知与体验的缺憾。课程实践表明，DA＋VE教学法有效地弥补了学生无法进行现场数据采集的缺憾，物候观察实验使学生切身体验感受自然生态与物候变化之间的关联，为进一步学习景观规划与设计奠定了坚实的生态认知基础，为树立科学的生态设计理念奠定了理论基础。

关键词：线上教学；远程调研方法；DA＋EV教学方法；物候观察实验；景观调研

Abstract: Because of COVID-19, in the spring semester of 2020, the undergraduate course landscape Architecture research of Harbin Institute of technology has achieved the teaching goal of combining theoretical basis with remote practice through online teaching. In the teaching practice, on the basis of the previous research theories and methods of natural ecosystem and human ecosystem, the teaching of remote research methods of the two systems is added, and the DA＋VE teaching method, that is, remote data collection, site analysis and evaluation＋visualization of research results; Phenological observation experiment is a new part of practical teaching, in which students plant plants by themselves and record their growth process through phenological observation notes, so as to enhance their cognition and experience of natural ecosystem. The course practice shows that DA＋VE teaching method can effectively make up for the students'lack of on-site data collection. Phenological observation experiment enables students to experience the relationship between plant growth and phenological change, which lays the ecological cognitive foundation for further study of landscape planning and design.

Keywords: Online teaching; Remote research method; DA＋VE; Phenological observation experiment; Landscape architecture research

1 引言

2020年新冠疫情的突发使公共健康问题和公共卫生危机成为全球关注热点，人与生态环境的关系再度引发各研究领域的深度思考。首先，风景园林专业的学者从风景园林学科的使命角度展开探索，探讨了不忘支撑公共健康的学科初心与主动承担响应公共健康的学科使命，提出了风景园林响应公共健康的"供给、防控、调试"策略，呼吁学科主动面对健康危机[1,2,3]；其次，风景园林及相关学科的诸多研究都肯定了城市绿地对城市居民健康的积极促进作用，探讨了不同类型的城市绿地与公共卫生及公共健康的关联性，提出了诸多宝贵的构想[4-6]；再次，关于后疫情时代城市绿地对公共健康方面的研究丰富多样，认同社区生活圈公园绿地、绿色邻里空间、公园绿地等不同类型绿地作为城市的"冗余空间"，提供响应公共卫生危机发的应急预留空间及构建公园绿地防疫体系的重要性研究[6-10]。

应对受损的生态环境和公共健康、公共卫生危机等问题，风景园林学科教学应如何进行教学内容和教学方法的改变呢。哈尔滨工业大学《景观调研》课程，结合世界卫生组织（WHO）对健康的定义："健康并不仅仅是指身体上的无疾状态，而是要实现在生理、精神和社会交往三方面整体的良好状态"，提出疫情时期的公共健康应包含生态健康、生理健康、精神健康与社会健康四个维度，科学、合理的城市绿地空间规划是降低传染与患病的可能性、引导居民健康的生活方式、促进公共健康的最佳空间途径。课程教学重点为培养学生铭记风景园林学科使命，针对不同类型城市绿地在促进公共健康、响应公共卫生危机方面的可行性开展深度调研，通过远程调研理论的学习与实践操作，实现自然生态系统和人文生态系统数据采集、分析和可视化表达，实现了理论基础与实践操作相结合的分段式教学改革尝试。

2 教研目标及内容

2.1 教学目的

《景观调研》是开设在哈尔滨工业大学风景园林专业本科二年级的核心理论课程，服务国家战略及国家重大需求，教学内容及时反馈专业领域的前沿知识更新；实时地将热点议题如"新冠疫情""健康景观"等关乎国计民生的焦点问题纳入到教学环节，着重培养学生顺应社会和时代的发展需求，建立兼顾人类福祉与生态系统的可持续发展规划理念和能力为的学习目标。

2.1.1　培养学生树立生态先行的设计理念

课程通过景观的自然生态系统和人文生态系统两条主线，为学生提供贯通自然生态与人文生态的能力训练，旨在培养衔接后期的景观规划与设计或社会实践的纵向掌控能力。

2.1.2　强调科学导向和过程导向

采用数据科学和技术辅助现场调研以及实验。首先，进行场地数据采集，包括自然生态系统和人文生态系统两方面数据；然后，采集场地的土样水样等数据进行生态测定实验经行业样本测定；利用实验仪器或设备进行植物、气候、噪声、光热等数据采集，并用相关软件进行数据还原；整合场地的自然生态和人文生态数据，了解景观复杂巨系统中的内在机制与规律，求科学全面客观地反映场地的真实情况，引发对场地真实问题或矛盾的思考；最后，贯彻实践导向，从实际地段的实际问题出发，紧密结合社会需求和实践需求，培养衔接后期的景观规划与设计或社会实践的纵向掌控能力。

2.1.3　培养学生的多元能力

通过团队合作制、阶段性成果汇报制、社会实践结合制，培养学生的沟通能力、领导力和团队合作能力。

2.2　教学特色

2.2.1　教学内容

景观调研的教学内容是通过景观自然生态系统和人文生态系统两条主线，贯通整个培养方案（表1）。课程基于景观生态学基本原理，秉持生态先行的设计哲学，对景观复杂系统中的复杂的现实问题开展实际调查与研究。首先，结合生态文明建设基本国策或国家重大战略需求，

针对特定景观（生态）问题，对某种类型景观空间进行深度调研，采集场地的自然生态系统和人文生态系统两方面数据；在条件允许的情况下，数据采集时可以利用实验仪器或设备进行植物、气候、噪声、光热等数据采集，并用相关软件进行数据还原，力求科学全面客观地反映场地的真实情况，引发对场地真实问题或矛盾的思考；最后，通过数据还原和分析可视化表达实现场地问题的诊断，为衔接后期的景观规划设计或社会实践提供科学依据和技术支撑。

调研类型与调研内容　　　　表 1

调研类型	调研具体内容
自然生态环境	动物 植物、植被 土壤、地质 水系、水文 气候 地形地貌 自然灾害
人文生态环境	土地资源及利用 交通 产业结构和社会结构 历史、文化 居住环境、基础设施及生活圈 政策法规、文史资料 人类活动 灾害、公共卫生事件、突发事件等

2.2.2　远程调研方法

通过远程调研帮助学生通过网络获取场地相关信息与数据，建立对场地的认识、感知和体验，但是远程调研无法取代现场调研的感知和体验。远程调研是利用各类开放数据、政务公开网站等进行场地两项生态环境数据的采集（表2），具体包括：文献、历史资料、在线地图、街景、手机信令数据、POI 数据（GIS）、点评及签到数据（大众、点评美团）、防疫数据等。

现场调研与远程调研对比　　　　表 2

调查内容		数据	方法	技术/设备	方式
人文生态环境	历史情况	统计年鉴、书籍、地方志等	文献法	相机/手机/摄像机/电脑	现场、远程
		问卷、访谈			现场
		行号图（澎湃）	问卷（访谈）法	相机/电脑	远程
		网络问卷、访谈	问卷（访谈）法	相机/电脑	远程
	政策法规	政务公开网站		相机/电脑	现场、远程
	人类活动	手机信令数据		相机/电脑	远程
		点评及签到数据（大众、点评美团）		网路舆情分析	远程

调查内容		数据	方法	技术/设备	方式
人文生态环境	场地环境	社交软件（微博、facebook）		网路舆情分析	远程
		智能出行（滴滴出行、曹操）		出行数据	远程
		在线地图数据（Google、百度、高德）		空间分析和可视化	远程
		鸟瞰照片（无人机）		空间可视化	远程
		街景图片（百度、猫眼象限）		空间分析和可视化	远程
		POI 数据		Gis 空间分析和可视化	远程
		开放数据（open street map）		空间分析和可视化	远程
		政务公开网站（环境数据）	文献法	相机/电脑	现场、远程
自然生态环境	动物	种类	观察法、草图法	拍照/录像、AI 识别	现场、远程
		活动路径和停留时间	观察法	观鸟镜/望远镜/相机手机/摄像机	现场
		生活习惯、生长规律	文献法、观察法、草图法	物候笔记	现场、远程
		迁徙路径	观察法、草图法	观鸟镜/望远镜	现场、远程
		时间	实验法	声贝仪	现场
	植物	季候变化、生长规律	观察法/草图法	物候笔记/相机/手机/摄像机	现场、远程
		群落、种群、种类	观察法/草图法	拍照/录像、AI 识别	现场、远程
	生态环境	土壤	实验法	便携土壤测定仪	现场
		空气（风速、风向、温度、湿度、PM2.5等）	实验法	便携环境监测仪	现场
		水	实验法	便携水质测定仪	现场
		环境舒适度与污染情况	实验法	可穿戴设备/便携监控设备/City Grid	现场、远程
		声音	实验法	声贝仪	现场
		风速、风向、温度、湿度、PM2.5等	实验法	便携环境监测仪	现场

2.2.3 DA＋VE 教学法

整个教学过程按照数据收集（Data collection，简称 D）、场地分析（Analysis，简称 A）及数据的可视化表达（Evaluation＋Visualization，简称 EV）三部分顺次进行，前两部分的教学过程将场地调研与数据采集相结合，翔实地采集场地内部的自然生态系统和人文生态系统数据；借助实验、模拟等可视化手段，全面还原场地现状并聚焦场地的主要矛盾或问题，为后续提出设计策略提供技术支撑。

2.2.4 物候观察实验

课程针对新冠疫情期间居住区封闭管理，学生们无法自由地去户外进行自然生态系统的认知与体验这一特殊情况，新增了实践教学环节即物候观察实验。鼓励学生们在室内亲手种植或培育植物、蔬菜，并通过定点、定时的物候观察记录法记录植物或蔬菜的生长过程，辅以手绘或影像记录，以增强学生对自然生态系统的认知与体验（图1、图2）。亲手种植不仅可以促进居家抗疫期间的体力活动，促进身体健康的同时，还能缓解疫情时期带来的集体情感创伤，促进心理健康。

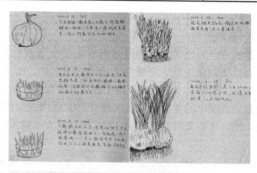

图 1　物候观察实验手绘记录

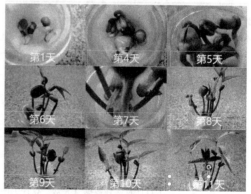

图 2　物候观察实验影像记录

风景园林教育理论与实践

3 教学实践

3.1 教学难点

3.1.1 缺乏相关理论知识和实践案例

目前，国内外关于城市绿地与公共健康和公共卫生方面的研究尚处于发展阶段，尚未形成十分完整的理论体系，要求课程内容需要及时更新和补充。

3.1.2 缺乏可参考的教学模式和教学经验

虽然有我校城乡规划专业有关于《城市调研》课程的教学研究可供借鉴，但是学科差异使得不能全盘照搬。本课程所采用 DA＋EV 教学方法，抛开以往教学方法中理论基础与实践操作分离式的教学，将自然生态环境与人文生态环境过程分解为首尾相接的步骤在教学中逐个攻克。因此对课程内容、教学设计等方面进行了改革与尝试具有重要意义。

3.2 教学成果

教学中我们始终强调生态建设和城市发展是紧密结合的一个整体。根据课程要求，学生们划分为6组，在新冠疫情背景下居住区封闭管理时期及后疫情时期，对居住区绿地和公园绿地两种城市绿地开展了调查与研究，探讨了城市绿地与公共健康相互促进关系，及在后疫情时期如何通过景观规划与设计实现绿地空间功能的平疫转换（表3）。每组根据场地自身特点，确定了研究主题和研究方向。作为一次教学尝试，各组作业体现了不同视角的研究成果。在满足城市居民的生理健康、心理健康、精神健康与社会健康四个维度的需求，科学、合理的进行城市绿地规划是降低传染与患病的可能性、引导居民健康的生活方式、促进公共健康的最佳空间途径。

教学成果（分组别）　　　　　　　　　　　　　　　　　　　　　　　　　　表3

组别	时期	场地位置	场地类型	调研内容	调研方法	公共健康促进作用
1	居家隔离	陕西/山东	居住区（室内）	社区 1m 菜园	文献调查法 问卷调查法 对比分析法	1. 有益于食品健康、身体健康和心理健康； 2. 促进亲子关系，缓解疫情时期带来的集体情感创伤； 3. 孩子参与有利于开展生态教育； 4. 促进睦邻友好，营造健康社区
2	居家隔离及后疫情期间	黑龙江	居住区	防疫景观小品	文献调查法 问卷调查法 街景地图调查法	1. 防疫； 2. 出入口、蜂巢或休憩设施附近； 3. 绿地或植物附近
3	居家隔离	广西	居住区	绿视率	文献调查法 问卷调查法 实地观察法	1. 对阳台绿化等可参与式垂直景观接受度较高； 2. 绿视率的偏好在 50% 左右； 3. 眺望窗外时更偏好爬藤类植物、灌木、草本； 4. 希望改变自宅的绿视率
4	后疫情期间	黑龙江	居住区	景观满意度	文献调查法 问卷调查法 街景地图调查法 实地观察法	1. 健身场地、绿化程度、空间开敞度是影响居民活动的主要因素； 2. 居民喜欢乔灌草结合的植物配置方式； 3. 对居住区现有的健身场地、绿化程度等不满意
5	后疫情期间	河南/黑龙江	公园	平疫功能转换	文献调查法 问卷调查法 实地观察法 模型法	1. 平时：使用人群以附近居民为主，活动以散步、休息、聊天和遛娃为主；主要活动区域：在 A 圆盘和 C 中央大草坪；使用时间在 20～60min； 2. 后疫情期间：使用人群以附近居民为主，数量减半；使用时间增加至 1～2h；活动以散步为主；活动区域显著分散； 3. 隔离空间的模式主要喜好 A 和 B，适宜于独处和能安全交谈的空间模式；需要公园配置消毒液和防疫垃圾桶
6	后疫情期间	黑龙江	公园	蓝色空间促进公共健康	文献调查法 问卷调查法 街景地图调查法 空间分类法 对比分析法	1. 不同年龄使用者对蓝色空间的需求度不同； 2. 亲水活动强度（频率和时长）更大的人，身心健康状况更好；单次亲水活动总时长与交通时间正相关，但愉悦强度与交通时间呈负相关； 3. 83% 的使用者认为在蓝色空间更能激发运动的欲望，感受到幸福感（快乐、减压等），更愿意进行积极的娱乐和社交活动； 4. 场地管理和维护的情况越好，使用者对满意度越高

4 总结

2020春季学期，哈尔滨工业大学的《景观调研》通过线上教学，实现了理论基础与远程实践操作相结合的教学目标。在教学实践中，新增了远程调研方法的讲授，新增了物候观察实验，及时地弥补了新冠疫情影响导致的无法进行现场调研的缺憾；通过DA＋VE教学法，即远程数据采集（Data collection）、场地分析（Analysis）及调研成果的可视化（Evaluation＋Visualization），有效地弥补了学生无法进行现场数据采集的缺憾。课程在紧张而欢快的气氛中很好地完成了教学目标和教学要求，取得了初步的成果，同时也发现了一些问题和不足。

（1）理论课程之间的衔接性不够，导致学生的知识储备存在断层。应进一步针对性地指定需要掌握的经典理论案例、论文资料和相关知识点，提前完成相关知识储备以保证教学效果。

（2）实践学时不足，除了讲授课时外，学生没有检验所学理论知识的机会，无法对学习成果进行深度理解和思考。有些同学反映刚刚进入状态，课程就结束了。这个问题有待在培养方案修改时进行调整。

（3）有些学生缺乏自主学习和互动学习积极性。有些学生缺乏和其他组员及老师的沟通，无法形成统一意见，导致规划方案中出现这样那样的问题。针对这些问题，我们认为景观和生态教育需要体系化的课程，内容需要全面合理，时序也需要科学安排。

图表来源：

图1由作者自绘；图2由作者自绘；表1由作者自绘；表2由作者自绘；表3由作者自绘。

参考文献：

[1] 肖贵蓉，宋文丽．城市游憩空间结构优化研究：以大连市为例[J]．中国人口·资源与环境，2008(2)：86-92.

[2] 刘颂，刘蕾．再论我国市域绿地的管控[J]．风景园林，2015(5)：38-43.

[3] 叶俊，陈秉钊．分形理论在城市研究中的应用[J]．城市规划汇刊，2001(4)：38-42，80.

[4] 陈彦光．分形城市与城市规划[J]．城市规划，2005(02)：33-40＋51.

[5] 田达睿，周庆华．国内城市规划结合分形理论的研究综述及展望[J]．城市发展研究，2014.

[6] 李雄，张云路，木皓可，章瑞．初心与使命——响应公共健康的风景园林[J]．风景园林，2020，27(04)：91-94.

[7] 李倞，杨璐．后疫情时代风景园林聚焦公共健康的热点议题探讨[J]．风景园林，2020，27(09)：10-16.

[8] 刘婷，钱秀苇．园林人的思考——写在新冠疫情后[J]．园林，2020(03)：88-90.

[9] 朱玲．以社区单元构建与公共卫生相结合的风景园林体系[J]．中国园林，2020，36(07)：26-31.

[10] 王兰，贾颖慧，李潇天，杨晓明．针对传染性疾病防控的城市空间干预策略[J]．城市规划，2020，44(08)：13-20＋32.

[11] 张金光，余兆武，赵兵．城市绿地促进人群健康的作用途径：理论框架与实践启示[J]．景观设计学，2020，8(04)：104-113.

[12] 于靓，杨伟光，王兰．不同健康影响路径下的城市绿地空间特征[J]．风景园林，2020，27(04)：95-100.

[13] 张哲．疫情背景下城市绿地对公共健康的影响及反思[J]．城乡建设，2020(15)：42-44.

[14] 付彦荣，贾建中，王洪成，刘艳梅，李佳滢．新冠肺炎疫情期间城市公园绿地运行管理研究[J]．中国园林，2020，36(07)：32-36.

[15] 鲍梦涵，曾慧子，赵鸣．以防疫为导向的居住区绿地优化途径[J]．中国城市林业，2020，18(04)：1-4＋10.

[16] 冯瑶，刘晓光，吴远翔．哈尔滨工业大学景观设计课程教学研究与实践，2012中国风景园林学会年会论文集，2012.

[17] 冯瑶，张露思，刘晓光．基于城市绿色基础设施(UGI)理论的《景观游憩原理》课程教学改革研究．中国建筑教育，2015，12(06).

[18] 吴远翔，刘晓光．基于EOD理念的《城市绿色基础设施规划》课程教学探索[J]．中国园林，2015.

作者简介及通信作者：

冯瑶/女/博士/哈尔滨工业大学建筑学院副教授/硕士生导师/哈尔滨工业大学建筑学院/寒地城乡人居环境科学与技术工业和信息化部重点实验室/研究方向为景观规划设计及其理论/1417834308@qq.com。

"善境伦理学"

——"风景园林学导论"课程的一种创新途径

Ethics of Shan-Jing

——The Experience of Innovating the "Introduction to Landscape Architecture" Course

高　伟　陈意微　夏　宇　古德泉[*]

华南农业大学林学与风景园林学院

摘　要：为传承与发扬王绍增先生所倡导的"善境"思想，华南农业大学风景园林学科以"善境伦理学"为题作为本科生与研究生一年级的专业导论课程。"善境"思想是在以"善"为"安居"之伦理的中国传统文化根基中形成。王先生曾明确指出"善境"是风景园林学科的价值取向和目的，"善境伦理"可谓环境伦理学在中国风景园林语境下的应用伦理学。课程回溯西方环境伦理学发展历程，阐明生态文明建设新时代背景下风景园林学科的历史责任，明确应当秉持的"止于至善"的核心价值观。本文概述"善境伦理学"课程的理论体系与教学实践，探讨新生专业价值观的培养方式，探索"风景园林学导论"课程的一种创新途径。

关键词：风景园林教育；导论；善境伦理；环境伦理；专业价值观

Abstract: The idea of "Ethics of Shan-Jing" advocated by Mr. Wang Shaozeng is formed in the traditional Chinese culture with "good" as the ethics of "living for good". This paper reviews the development of western environmental ethics, discusses the similarities and differences between "Ethics of Shan-Jing" and environmental ethics, and expounds the historical responsibility of landscape architecture in the new era of ecological civilization construction, as well as the core values of "in the most perfect state". Based on the theory course and related practice of "Ethics of Shan-Jing" for the first semester of landscape architecture majors in South China Agricultural University, this paper discusses the education and cultivation methods of students' professional values, and summarizes the experience of innovating the previous "Introduction to Landscape Architecture" course with "Ethics of Shan-Jing".

Keywords: Education of landscape architecture; Introduction; Ethics of Shan-Jing; Environmental ethics; Professional value

1　环境伦理学与现代风景园林学

环境伦理学（Environmental Ethics）是对人类生态环境危机的哲学反思[1]。环境伦理学始终关注人与环境之间的伦理关系，其理论基础最早可追溯于对生态价值的认知，以及在此基础上建立的人与自然环境的关系。环境伦理学与现代风景园林学科有着同源共生的关系。在中国园林与风景园林专业教育诞生70周年、风景园林学正式成为一级学科10周年之际，梳理环境伦理学与现代风景园林学科的关系，思考环境伦理学之于中国风景园林教育的作用与意义恰逢其时。

亚历山大·冯·洪堡（Alexander von Humboldt，1769～1859年）提出的"整体自然观"奠定了环境伦理学生态价值的认知基础。在洪堡之前，"自然万物为人而生"的理念植根于西方社会，而洪堡则提出万物之间存在相互联系。这一全新的自然价值观改变了人类看待自然的方式，也让人们意识到，人类并不是宇宙的中心[2]。洪堡从博物学的角度建立生态价值的认知方式，并且创建了文学领域的新题材——自然文学。洪堡的代表著作，例如《宇宙》等自然文学作品，激发了19世纪中前叶的自然文学作家从整体的角度认识自然。亨利·戴维·梭罗（Henry David Thoreau，1817～1862年）是19世纪中前叶最具代表性的自然文学作家之一。在梭罗生活的时期，经济的发展是以牺牲自然环境与生态系统为代价。《瓦尔登湖》记录了梭罗在瓦尔登湖畔生活所观测到的一切自然现象，以及在生存环境中动植物与人类之间的互动性。"保护自然是保护其演替过程而非仅仅是结果。"[3]梭罗的作品传达了一种基于生态价值认知的保护理念：关注生态过程是生态价值的认知基础，也是人类有效保护自然的基础[4]。梭罗的自然文学作品所传达的对自然的热爱以及对人与自然关系的洞察，在20世纪被誉为环境伦理学的道德象征和标志[5]，推动了美国后来一系列环境保护措施[6]。

以洪堡、梭罗为代表的自然文学作家提出生态价值认知的重要性，之后在美国掀起了一场以奥姆斯特德为代表的公园建设活动，将"规划结合自然"[7]的工作模式植入纽约中央公园、比特摩尔庄园、波士顿后湾沼泽公园等经典项目，同时在专业教育方面促成了风景园林师职业的设立与现代风景园林学科的建立。同时也激发了利奥波德、卡森等环境学家从人与环境的伦理角度进行探讨。奥姆斯特德与约翰·缪尔、利奥波德一起发起建立美国的国家公园体系[8]，传达了人类与环境共生的理念，开启了现代自然景观保护的先河，不仅界定了风景园林师的职业定位与社会责任，还与规划设计专业之外的众多思想家们产生了共鸣[9]，引发了接下来的西方环境保护思潮。

在20世纪初的社会主流共识仍然认为，即便将自然作为规划的基础，经济利益依然起到决定性的主导作用，共生理念仍然没有成为人类在进行决定人地关系时的价值判断。所以当时社会急需一种包含人类与自然环境关系的伦理道德思想约束，这一伦理关系在利奥波德20世纪30年代到40年代后期的文章中得到明确表述[7]，并称其为"土地伦理"（The Land Ethic）。在《沙乡年鉴》中，利奥波德提出环境伦理学的两个主要观点：人地关系是生态关系而非经济关系；保护土地环境的"健康运转"是有效的环境保护行为。由此，利奥波德被誉为环境伦理学的先知[5]。

利奥波德从生态学的视角重新定义人地关系。在利奥波德之前，人类与土地关系仍然是经济关系，人类拥有土地利用的权利但没有履行其他义务的责任。利奥波德则将土地定义为包括土壤、水、植物和动物的集合，人类也是土地共同体的一个组成部分。基于这个综合的视角，人类与土地形成相互依存的关系，人类对土地中各个组成部分应当具备责任与道德关怀。土地伦理将人类的角色从土地共同体的征服者转变为土地共同体的普通成员和公民[10]。利奥波德重点从伦理的角度对人类有效保护土地的行为展开讨论。基于对土地共同体的认可，人类应该承担起土地保护责任。土地的"健康运转"是土地自我更新的能力，人类对于土地的保护行为应该建立在对土地自我更新能力的认知，并为保护土地健康运转做出努力。利奥波德明确指出，土地伦理并不是阻止人类使用自然资源，而是基于道德伦理的原则，改变人类对资源利用的态度[10]。

利奥波德的土地伦理奠定了环境伦理学的基础原则，但在20世纪40年代难以彻底改变美国民众对环境保护的态度。直至20世纪60年代，美国民众第一次公开质疑美国所倡导的工业和科技社会的主流价值观。以蕾切尔·卡森（Rachel Carson，1907~1964年）为代表的科技文化的反对者们将环境伦理正式带入公众的视线，以支持环境保护运动[7]。1962年《寂静的春天》出版，卡森以大量的事实和科学依据证明了化学药物对生态平衡的破坏，进一步诠释了完全由经济价值决定保护行为的弊端[11]，推动了主流价值观对生态概念的理解与重视，提高了人类对地球规律的整体性认知[12]。

20世纪60年代后期，环境伦理开始在历史学界、生态学界等领域展开探讨[13]。在环境运动的影响下《沙乡年鉴》再次出版，第一个"世界地球日"也随之诞生，环境伦理得到了哲学家的明确回应。经过1972年的第一次环境伦理学术会议，《浅层与深层的长远生态运动》《是否存在环境伦理》等文章的发表，环境伦理学逐步成型。1979年，尤金·哈格罗夫创办《环境伦理学》期刊，为不同学界展开环境伦理的讨论提供了一个发声地[13]，环境伦理学也正式作为一门学科诞生。

环境伦理学与现代风景园林学的同源共生关系，决定了环境伦理学是风景园林教育的重要基础知识组成之一，除了单独设置"环境伦理学"选修课程，最为适合传达环境伦理学知识体系的课程就是面向大一和研一新生的"风景园林学导论"课程。"环境伦理学"知识体系决定了其跨学科、开阔性、思辨性、理论性等教学特征，由于课时限制、理论与实践衔接等教学要求，在风景园林专业教育中直接讲授"环境伦理学"，仍需要进行专业语境的转译：（1）需要在"环境伦理学"知识体系中凸显适用于风景园林专业教学需要的实践研究特性；（2）需要融入"人与天调"的中国传统人文思想与祖国生态文明建设精神。基于王绍增先生的善境思想构建出的"善境伦理学"课程，是华南农业大学"风景园林学导论"课程设置的一种创新尝试。

2 王绍增先生与善境思想

王绍增先生的风景园林学科的思想体系，可以用善境思想简要概括[14]，在20世纪80年代先生就开始对园林本质、绩效以及中西方园林自然观比较等问题展开研究，这些是善境思想的源头，也是基于对未来学科发展的初步判断[15]。善境思想随着当代中国风景园林学科思想的发展而不断发展，过程中比较敏锐地捕捉到学科发展的关键问题和重要节点，王绍增先生在2006年就提出："2005年和2006年之交应该是个里程碑，它应标志着一个时代的结束，也就是改革开放打破封闭，大量引进西方风景园林文化艺术时段的结束；同时也标志着一个新时段的开始，也就是随着我国社会、经济、文化的发展，重新提炼中国风景园林传统的精华，创造自己的风景园林新文化，这种新文化普照祖国大地，并将其推进到世界的新时段的开始"[16]，明确主张中国风景园林学科要走自己的发展道路而不能成为西方的附庸，坚信中国园林文化是大大超越了迄今为止的西方发展水平[17]。善境思想的发展是建立在对西方思潮和当代实践的批判性反思基础上的，王绍增先生明确提出：中国在处理人居环境上本来就拥有比西方高超得多的丰富遗产，发扬优秀传统，贴近社会发展，超越西方视野，我们完全可以创立傲视"群雄"的中国自己的理论系统和学科体系[18]。

可见，善境思想是在关切中国现实及其未来发展需要、从当代中国实践出发和超越西方视野反思"现代景观"及其成长的社会经济条件的过程中形成的，更是在当代中国风景园林学科的发展过程中共同成长，中国风景园林学学科不是西方风景园林学学科的简单引入和复制，而是一个有着自己发展土壤、发展逻辑和发展特征的相对独立的学科[19]。

王绍增先生善境思想是伴随着对中国传统思想的感悟形成的[14]，先生曾言："善境"之善，由真诚引发，有益且适宜，是中国古人立世的追求。"善境"之境，是自然之生境，人文之意境，更是自然与人文和谐大美之地境。王绍增先生的善境思想正是在以"善"为"安居"之伦理的中国传统文化根基中形成。对善境思想中体现的中国传统文化思想进行溯源是"善境伦理学"课程的重要组成部分。

2.1 人与天调的哲理信念

人天关系是东西方哲学中的重要命题，中国传统"天人合一"与"天人不相胜"的哲理思想是王绍增先生善境思想的基础。在《风景园林学科承担着生态文明建设的历史使命》一文中，先生指出以中国为典型代表的"谨慎型"世界观体系相信人类是天地的造物，所以人必须敬重自然，顺从自然规律做事，其中最著名的理念是"天人合一"[20]。

天人合一的整体论哲学，在中国古代三大思想流派儒、道、释中都有充分表达和论证。儒家以"仁者以天地万物一体"为说，道家以"天地与我并生，而万物与我为一"为宗，佛家以"法界缘起""依正不二"为旨，都把天地万物与人类看作一个整体[21]。人类参赞天地之化育，与自然形成"生命共同体"，一荣俱荣，一损俱损，因此，人类需要秉持"无为"，顺应"天道"。在天人合一信念的指导下，东方人维系了几千年也没有对自然生态系统造成根本性的危害[15]。值得注意的是，"无为"决不是一味排斥人为，也并非"无所作为"，而是"天人不相胜"[15]，是一种不同于原始生态的体现出人本主义的"非平衡生态观"[22]。在顺应自然规律的过程中，人类需要充分发挥主观能动性，将自然之生境与人文之意境相融和，形成自然与人文和谐大美之地境[23]。

2.2 仁慈好生的生命关怀

仁慈好生、长养万物是中国古代生态道德文化的固有价值。所有生命出于一源，万物皆生于同一根本，万物与生命之间互为条件[24]。所谓"生生之谓易""天地之大德曰生""上天有好生之道"。因此，人类应当效法天地之生德，尊重生命、关怀生命，并将"生命创生"的活力表现在艺术创作中，衍生出"生生美学"，成为中国古代哲思与艺术的核心[25]。园林艺术创作也不例外。

王绍增先生认为，风景园林的本质是生命存在的境域[26]，《园冶》中大量景色和生活的描述体现出"关注生命，以情为核"的美学理念贯穿园林创作的始终，有情有意的生命才是主体，园林的形体和空间，只不过是活跃于其中的从花草树木鱼虫走兽直到人类之各类姹紫嫣红生命现象的载体或背景[27]。这是当今风景园林规划设计师应当秉持的创作思想。

2.3 适度合宜的节制思想

"万物不伤"是庄子哲学的重要命题。《庄子·知北游》曰："圣人处物而不伤物，不伤物者，物亦不能伤也。唯无所伤者，为能与人相将迎。"要实现"万物不伤"，就必须节制人类自身的欲望，善待他物。

2015年南昆山"善境沙龙"对"善境"之"善"作出阐释："善境"之善，由真诚引发，有益且适宜，是中国古人立世的追求[19]。适度合宜的思想体现在人类的节制与自律。王绍增先生将人类室外生境领域划分为"人境""然境""交境"，指出"人境"是人类为自己理想生活方式制造的境域，"然境"是完全由物本性决定的未受

人类活动影响的环境，"交境"是人境与然境的交集[28]。王先生提出人类可以拿出占地球表面1%以下的面积建设"人境"，满足自我实现需求；在"交境"之中人类必须严格控制自己的行为，尊重自然，创造人与自然和谐相处的美丽城乡；而人类对大地进行规划时，一定不能将手伸入"然境"，需要把50%以上的地面还给"上帝"[29]，切忌妄想规划整个大地[30]。

2.4 诗意栖居的至善境界

"诗意地栖居"是一个关于诗意如何切入生存的概念，一个人与自然如何美好共处的概念，一个有关生态伦理的概念[22]。中国古代文人山水诗、山水画所表达出来的诗意情怀，反映出中国人几千年不变的栖居梦想，宋代郭熙在《林泉高致》言："世人笃论，谓山水有可行者，有可望者，有可游者，有可居者，凡画至此，皆入妙品。但可行可望，不如可居可游之为得。"足见"可居""可游"的水山环境是古人心中理想的生存境域。中国传统园林隐逸归真的理想境域营造、园林中闲适超脱的居游生活正是诗意栖居的最直接表达，是物我合一的"至善"境界。

王绍增先生指出，风景园林事业是建设和维护人类美好室外生活境域的事业，需要发掘、构建和推展中国式心智合一的流动的诗意的空间艺术理论系统以及与之相应的新设计路线和设计方法[31]："营境学"理论体系及"入境式"设计法[31,32]。

3 善境伦理学作为风景园林学导论的一种创新途径

将王绍增先生的善境思想理论框架与环境伦理学的知识体系融合，构建"善境伦理学"课程，作为适用于大一和研一新生的风景园林导论课程，是华南农业大学风景园林专业的教学改革尝试。在课程中新生需要了解环境伦理学与现代风景园林学的发展历程，了解中国传统文化中"人与天调"的环境观，从而借助王绍增先生的善境思想理论框架来理解当代世界环境问题与挑战、理解祖国生态文明建设的愿景，进一步掌握风景园林学科的本质，对新生专业伦理观与价值观进行正本清源的引导，保证新生对于学科与专业的正确认知，利于未来风景园林教学体系的落实，同时提升了华南农业大学新生对于母校学科发展历程的了解，有利于学科荣誉感的构建。基于"善境伦理学"的课程教学内容，华南农业大学新生将形成以下专业伦理观与价值观共识：

（1）风景园林学科是探讨和实施通过人与天调的过程让地球表面的景境成为善境的学问。善境，是风景园林学科的价值取向和目的，中国文化广义的善境，包括了真境和美境；人与天调的含义是通过人类善待自然达到自然善待人类，是学科的手段；处理生产生活环境中的人天关系，是学科的特质[30]。

（2）从本体论上看风景园林是景境，它是生命存在和展示自己的境域[26]，人们感受和体验风景园林的方式是多维与景互动，景与境相互构成，人在其中流转，人在景

中却可以感受到整个环境综合体的意象[32]。善境思想更强调人境合一，人与境的关系是流动的、诗意的并且不断变化的。

（3）从方法论上看风景园林创作实质是营境，目的是营造出不同的境，涵盖生境、画境、物境、意境等主体化程度不一的适合人在其中活动的境域。善境思想在思维上主张回归中国传统处理天人关系的实践智慧，提倡用系统网络、有机组织、发展变化、对立统一的观点观察世界[30]，而在方法上主张在继承传统的基础上创新发展，发掘、构建和推展中国式心智合一的流动的诗意的空间艺术理论系统以及与之相应的新设计路线和设计方法[31]，继承和发展中国传统园林具有明显的主体意识"物我混一"的审美趣味。

（4）从价值观上看，风景园林作为国家一级学科，承担着"平衡人类与自然的关系、让国土实现绿水青山、建设美丽中国"的任务，在中国生态文明建设过程中肩负着极为重大的责任。正如王先生提出的愿景："中国人应该提出一套比当下流行的各种生态理论和生态工程方法更具有生态智慧的，后患最小的，投入产出比最高的真正的可持续发展的生态理论体系和生态建设模式。这就是我们的愿景——社会主义生态文明新时代。"中国风景园林敢于创造出真正符合"普适价值"的新体系[33]，从而建构"风景园林中国学派"[23]。

4　小结

《大学》开篇为"大学之道，在明明德，在亲民，在止于至善"。此中"止"意为"安居"，而"至善"则为安居之标准。"止于至善"是"大学之道"最重要的纲领之一，意味着以"至善"作为"安居"的最高目标，以此选择和营造可以栖迟之境。"止于至善"可谓风景园林所应秉持的核心价值观。

西方语境中研究人与自然之间道德关系的环境伦理学与现代风景园林学紧密关联，影响了诸如奥姆斯特德、麦克哈格等风景园林师的理论与实践，其中的整体性思想与中国传统文化中的"人与天调"观念有着诸多共通之处。相比西方语境下的环境伦理，中国文化语境下的环境伦理更倾向于从情感体验出发，将道德推及天地万物，追求"至善"的价值实现。王绍增先生曾明确指出"善境"是风景园林学科的价值取向和目的，通过人类善待自然达到自然善待人类的"人与天调"是学科的手段。由此看来，"善境伦理学"可谓环境伦理学在中国风景园林语境下的应用伦理学。

"善境伦理学"在华南农业大学的教学实践，希望从专业认知、设计思维、创作方法、文化自信等方面引导学生建立正确的伦理观、价值观、审美观，能够在全球化景观背景下甄别各种不同的思潮流派，能够有独立思考和判断，而不是成为西方现代景观的搬运者，更重要的是希望通过善境思想的培育让学生在建立"风景园林中国学派"的求学道路上不断前行，继承和发展中国园林文化，展望和共建社会主义生态文明新时代。

参考文献：

[1] Brennan AA，Zalta E，（ed.）. Environmental Ethics. Stanford Encyclopedia of Philosophy. 2002.

[2] Wulf A. The invention of nature：Alexander von Humboldt's new world. Knopf，2015.

[3] 亨利·戴维·梭罗. 瓦尔登湖. 李继宏译. 成都：四川文艺出版社，2011.

[4] 吴伟萍. 梭罗作品的生态哲学思想. 长沙：中南大学学报（社会科学版），2011，17（04）：54-57，62.

[5] 郭辉. 西方环境伦理学发展简况. 环境教育，2008（05）：29-30.

[6] Steiner F R. The living landscape：an ecological approach to landscape planning. IslandPress，2012.

[7] 福斯特·恩杜比斯. 生态规划历史比较与分析. 陈蔚镇，王云才译. 北京：中国建筑工业出版社，2013.

[8] 杨锐. 从文明史角度考察美国风景园林创始阶段的历史人物及其启示. 风景园林，2014（01）：128-131.

[9] 潘剑彬，朱战强，付喜娥，丘林润，象伟宁. 美国风景园林规划设计典型范例研究——奥姆斯特德及其比特摩尔庄园作品. 中国园林，2019，35（08）：98-103.

[10] Leopold A，Udall S L. A sand county almanac. HighBridge，a division of Recorded Books，1989.

[11] 蕾切尔·卡逊. 寂静的春天. 吴国盛译. 北京：科学出版社，2007.

[12] McHarg I. L. A quest for Life：An Autobiography. New York：Wiley，1996.

[13] 布莱恩·何宁，柯进华. 环境伦理学的过程哲学根源：怀特海、利奥波德与大地伦理. 国际社会科学杂志（中文版），2020.

[14] 高伟. 王绍增先生的善境思想. 中国园林，2018，34（02）：80-83.

[15] 王绍增. 园林与哲理. 中国园林，1987（01）：18-20.

[16] 王绍增. 2006年新年寄语"十一五"，新契机. 中国园林，2006（01）：1.

[17] 王绍增. 园林、景观与中国风景园林的未来. 中国园林，2005（03）：28-31.

[18] 王绍增. 论风景园林的学科体系. 中国园林，2006（05）：9-11.

[19] 杨锐. 中国风景园林学学科简史. 中国园林，2021，37（01）：6-11.

[20] 王绍增. 风景园林学科承担着生态文明建设的历史使命. 中国园林，2017（01）：5-6.

[21] 刘湘溶. 生态伦理学. 长沙：湖南师范大学出版社，1992.

[22] 王绍增. 园林·科技·人——关于园林的几个深层问题的思考. 中国园林，2002（04）：23-27.

[23] 王绍增，象伟宁，成玉宁等. 雅集善境沙龙，开议中国学派. 中国园林，2015，31（08）：51-52.

[24] 任俊华. 环境伦理的文化阐释：中国古代生态智慧探考. 刘晓华. 长沙：湖南师范大学出版社，2004.

[25] 曾繁仁. 生生美学具有无穷生命力. 人民日报，2017-10-20（17）.

[26] 王绍增. 以中为体 以西为用. 风景园林，2015（04）：36-39.

[27] 王绍增. 论《园冶》的"入境式"设计、写作与解读方法. 中国园林，2012（12）：48-50.

[28] 王绍增. 论"境学"与"营境学". 中国园林，2015（03）：42-45.

[29] 王绍增. 关于中国风景园林的地位、属性与理论研究. 中

国园林, 2014(05)：15-22.

[30] 王绍增. 在《中国园林》杂志第五届编委会上的发言. 中国
园林, 2014(12)：60.

[31] 王绍增. 建立完整的中国风景园林理论体系. 中国园林,
2009(09)：73-77.

[32] 王绍增. 从画框谈起. 中国园林, 2006(01)：16-18.

[33] 王绍增. 消费社会与风景园林教育. 中国园林, 2009, 25
(02)：25-30.

作者简介：

高伟/男/汉族/博士/华南农业大学林学与风景园林学院副教
授/研究方向为风景园林历史与理论/ scaugw@scauladri. com。

通信作者：

古德泉/男/汉族/硕士/华南农业大学林学与风景园林学院讲
师/研究方向为风景园林规划与设计/ gudqscau@qq. com。

美国康奈尔大学"创造都市伊甸园"课程介绍与评析[①]

Introduction and Review of "Creating the Urban Eden" Course at Cornell University

洪泉[*1]　（美）尼娜·劳伦·巴苏克[2]　唐慧超[1]

1　浙江农林大学风景园林与建筑学院；2　美国康奈尔大学农业与生命科学学院园艺系

摘　要："风景园林植物应用"是我国风景园林学专业教育的"核心知识领域"之一，但目前普遍存在学生的植物应用能力不足、实践技能缺乏等问题。本文介绍了美国康奈尔大学风景园林专业"创造都市伊甸园"课程的教学理念、课程目标、教学内容、过程与方法、课程作业设置等方面的内容。认为该课程具有内容综合且连贯，强调从实验中获得知识、从实践中获得技能，积极利用校园展开多种教学活动，开发网络平台辅助教学等特点，对国内相关课程设置和教学设计具有借鉴意义。

关键词：风景园林教育；园林植物；课程；康奈尔大学；场地评估

Abstract: "Landscape plant application" is one of the "core knowledge areas" of professional landscape architecture education in China, but there are Common problems such as insufficient plant application ability and lack of practical skills among students. Introduce the teaching concepts, course objectives, teaching content, process and methods, course assignments, and other aspects of the "Creating an Urban Eden" course at Cornell University in the United States. The content of the course is comprehensive and coherent, emphasizing the acquisition of knowledge from experiments and skills from practice, the active use of campuses to carry out a variety of teaching activities, the development of network platforms to assist teaching, and other characteristics, which has reference significance for domestic related curriculum and teaching design.

Keywords: Landscape education; Landscape plants; Course; Cornell University; Site assessment

在我国，"风景园林植物应用"是风景园林学专业本科教育的"核心知识领域"之一[1]，而与植物认知和植物应用相关的课程也成为专业人才培养的必修课程，在农林类、建筑类等高校中均有开设[2]。然而，在一些高校的植物类课程教学中发现，尽管学生学习了风景园林植物课程，但仍然不能在设计实践中合理运用植物要素[3]；植物类课程内容强调理论知识，忽略实践技能[4]；实践教学少，不利于理论到实践的应用和检验[5]等问题；一些高校积极探索园林植物景观设计课程的实践教学方法[6]，希望通过课程改革加强理论教学和设计实践的融合。[7]

美国高校是现代风景园林教育的起源地，其风景园林专业发展已有100多年历史，形成相对完善的教学、培养体系，取得了一系列成功经验[8]。康奈尔大学风景园林系成立于1904年，同时设有风景园林学本科和研究生教育课程，也是在美国常春藤盟校中惟一开设风景园林学本科教育的大学[9]。近年来，其风景园林本科和研究生专业排名在美国一直名列前茅[②]。在其课程体系中，与植物认知与应用相关的课程为"创造都市伊甸园：木本植物选择、设计与景观营造"（Creating the Urban Eden: woody plant selection, design & landscape establishment，课程编号 LA/PLHRT4910、4920，后文简称"创造都市伊甸园"）。从课程名称可以看出其教学内容不仅限于植物认知，还包含了对植物应用技能的训练，强调与风景园林专业的设计和动手能力相结合。该课程颇具特色，广受学生好评，课程主讲人尼娜·劳伦·巴苏克（Nina Lauren Bassuk）教授还曾多次获得美国国内的教学奖，包括 Alex L. Shigo 杰出林学教育奖、美国园艺学会颁发的教育奖等。笔者在康奈尔大学从事访问学者工作期间，全程参与了该课程，并与巴苏克教授进行了深入交流。本文将对该课程做具体介绍，以期为国内教学提供参考和借鉴。

1　课程概况

"创造都市伊甸园"课程的前身是2门独立课程，分别以植物认知与种植技术为核心，后于2000年合二为一，由园艺系巴苏克教授和风景园林系主任彼得·特罗布里奇（Peter Trowbridge）教授共同编写教学大纲，并重新调整了课程的教学目标[10]，此后一直由巴苏克教授主讲。该课程同时面向本科生和研究生开设，分Ⅰ、Ⅱ两部分，贯穿秋季和春季2个学期。

① 基金项目：国家留学基金委资助项目（编号：201908330121）；国家留学基金委资助项目（编号：201908330122）；浙江省重点研发计划（编号：2019C02023）

② 根据美国 Design Intelligence 机构对美国开设风景园林专业的学校排名，2018~2020年度康奈尔大学风景园林本科和研究生专业均位列前三。

风景园林教育理论与实践

康奈尔大学的风景园林系与园艺系均隶属于农业与生命科学学院（College of Agriculture and Life Sciences），可以实现教学资源的共享，该课程虽然主要面向风景园林专业，但也向园艺等专业开放选课。每届学生规模在30～40人，风景园林专业学生约占90%。在课程安排上，每周2次课，每次4课时，课程贯穿整个学期。每周的第一次课侧重种植技术，第二次课侧重植物认知，对于风景园林专业的学生要求全上，对应学分为4分/学期[①]。而其他专业的学生则只上每周的第二次课，对应学分为2分/学期。

2 教学理念与课程目标

2.1 教学理念

"创造都市伊甸园"课程的两位创立者均有着丰富的研究和实践经验，深知学生在未来工作中将面临的挑战，因此，该课程设立的目的不仅是教授植物的识别和应用，还包括植物景观营造的原理、过程和相关实用技术。其中与技术相关的大部分内容来自巴苏克教授领衔的康奈尔大学城市园艺研究所（Urban Horticulture Institute），该研究所主要关注受损的或受人类活动影响的城市场地的修复。他们认为设计和营建景观的前提是学生必须对场地条件有全面的了解，而全面的场地评估将有效地推动设计和植物材料的选择。对植物环境胁迫耐受性、抗虫性以及设计和管理方面的考虑是景观保持长期优良状态的基础。此外，当发现场地条件将严重限制植物选择时，必须先进行场地修复。只有掌握了以上这些场地信息，才能在新的环境中选择、营造和管理合适的植物。可见，场地评估、场地修复被视为种植设计的前提，也是该课程的主要特色（图1）。

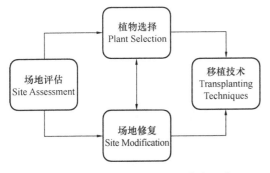

图1 植物景观营造中的关键技术环节

2.2 课程目标

两个学期的课程教学包含以下几个方面的目标。

（1）了解城市用地与其他生长环境的差异性，以及这些条件如何影响植物的选择、生长发育和存活。

（2）运用植物特征描述，培养植物观察识别技能；学习植物命名法并掌握通过识别植物特征确认植物的技能。

（3）掌握场地评估和分析技术，并应用于诊断场地条件和制定种植设计决策。

（4）学习如何选择适合场地的植物材料，学习如何制作用于投标和施工的技术性文件，以此整合写作和设计表达能力。

（5）学习土壤改良技术，包括计算植物所需土壤量的方法。

（6）学习植物修剪、维护和移植技术，动手创建校园景观，制定植物养护计划。

（7）参与实践项目，将理论与实践相结合。

3 教学内容与过程

3.1 教学内容

基于课程教学目标，该课程教学内容包含以下几个方面，分别是植物认知、场地评估技术、场地修复改良技术、植物选择与种植设计、种植技术等，具体内容如表1所示。

课程教学内容	表1
教学内容	具体内容
植物认知	共22个主题，约400种植物的拉丁名、通用名、性状特征等
场地评估技术	土壤的物理性质：质地、结构、排水和持水能力、压实度、密度等； 土壤的生化性质：有机质、土壤pH值、氮、磷、钾及金属元素对植物的影响； 康奈尔大学土壤健康测试技术； 树木的生态效益及在线计算工具iTree的使用方法
场地修复改良技术	植物所需土壤体积的计算方法（以水分为主导因素）； 不同土壤成分配比对排水的影响； 土壤的无机修复； 土壤的有机修复等
植物选择与种植设计	基于场地特征的植物选择； 种植设计施工图、苗木表的绘制
种植技术	植物移植的理论与实践； 植物修剪的理论与实践； 盆栽技法

3.2 教学过程与方法

3.2.1 植物认知的教学过程与方法

植物认知是植物应用的基础，该课程设定每周学习新植物20种左右，按一定的分类方式进行组织，既有按植物分类学方法进行的分组，也有按特定用途组织在一起的，

---

① 康奈尔大学规定1学分对应至少15h的课堂教学和30h的课后作业。

例如秋季学期的植物认知主题有：山茱萸科和常见灌木、潮湿场地植物、干旱场地植物、城市景观中的多年生植物、低 pH 值植物、高 pH 值植物等。可以看出其植物认知尝试与实际应用场景相关联。无论如何分组，学生都将学习每种植物的识别特征、环境和生物胁迫耐受性、品种变化、观赏特性以及管理方面的知识。同时，因为康奈尔大学所在地区属于美国农业部（USDA）划定的第 5 区[①]，植物的选择也大多属于这一气候区内。两个学期共有 22 个主题，因此学生在课程结束之后可以掌握约 400 种植物。完整的教学环节包括随堂测验（考查上次课所学植物）、植物形态学知识讲解、植物样本辨识、植物特性讲解、校内植物认知等。

其中，植物样本辨识环节的设置较为新颖，颇具启发性。该过程在实验室进行，桌面上随机摆放着当天所要学习的植物样本。首先每个学生会拿到一页描述植物特征的文件，称为 "key"，key 上的文字反映的是植物在叶、花、果等方面的形态特征以及植物拉丁名；然后学生分组围坐在植物样本周围，依据 key 上的提示，对植物样本进行观察和辨别，这期间可以向老师或助教求助（图 2）；最终，学生在纸条上写下植物对应的拉丁名，完成所有植物样本的识别。在这个教学环节中，主动权交到了学生手上，学生需要运用自身的理解力和观察力，仔细辨认植物形态特征，完成植物和拉丁名的配对任务。该过程极大地加深了学生对植物的形态认识，为随后的植物特性讲解环节奠定了基础。

植物特性讲解环节主要运用自建的网络教学资源展开。为了配合该课程的教学，巴苏克教授及其领衔的都市

园艺研究所建立了"木本植物数据库"（Woody Plants Database）网站（图 3），在"课程植物漫步"（Course Plant Walks）一栏中将课程所要学习的植物按主题详细地录入网站，排列顺序与课程设置一致。该模块内容丰富、信息量大，在每一种植物介绍页面上，显示了栽培品种、观赏特性、环境特征、病虫害、耐受性、在校园中的分布位置，以及叶、花、果的照片等内容。此外，该网站还提供了面向应用的"植物查询"（Search Species）功能，可根据植物名称或自定义场地条件和植物观赏特性，搜索适宜种植的植物品种，为学生在场地种植设计时的植物选择提供帮助。

图 2　植物样本辨识

图 3　Woody Plants Database 网站的 Course Plant Walks 页面

校园内植物认知环节称为 "Walk"，相当于一次小型的校内植物实习，所见植物与当天所学植物对应（图 4）。

实习前向学生发放植物分布地图，并根据学生人数进行分组教学，以保证学习效果。校内植物之所以能够满足教

---

① 由美国农业部颁布的植物抗性分区指南，根据该地区年度极端最低温度进行划定，为植物种植提供参考。

学要求，与巴苏克教授多年来的校园绿化工作分不开。她在对校园绿地进行种植设计时，会考虑植物材料的多样性，以满足教学需求。此外，康奈尔大学内部还有植物园、温室等资源可用于教学。

图 4 校内植物认知

3.2.2 应用技术类教学过程和方法

第一学期应用技术类教学内容围绕场地评估（Site Assessment）展开，主要学习土壤的物理性质以及如何测定土壤质地、排水和持水能力、压实度、密度等，土壤的化学和生物学特性，如何使用 pH 测试盒，以及植物移植技术等。以上这些土壤性质决定了场地是否需要进行修复，并影响后续的植物选择。在土壤性质的讲解中，教师会通过模拟演示或实验的方式进行。例如在讲解土壤持水能力时，会通过不同孔径的海绵演示持水力的区别，进而传达出土壤孔隙率对持水力具有重要影响（图 5）。

图 5 课堂讲解土壤持水原理

第二学期应用技术类教学的重点转向场地修复（Site Modification），包括植物所需土壤体积的计算方法（以植物所需水分为主导）、土壤成分对排水的影响、土表特征，以及修剪技术。与课程作业相结合，提供校园内一块场地，指导学生对该场地进行评估，选出潜在的适宜种植区

域，选择合适的树种，绘制种植设计图。最后在 4 月份，即课程结束前，为学生提供动手操作的机会，对校园中一块指定场地进行场地评估、场地修复，并最终亲手完成该地块的植物营造（图 6）。自课程开设以来，已完成 10 余处校园绿地的景观营造（图 7），同时这些场地也成为展示可持续景观设计的示范点。

图 6 校园植物营造实践

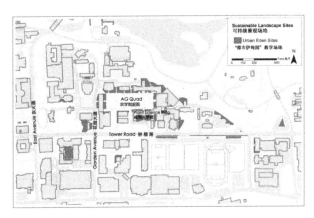

图 7 "都市伊甸园"教学实践场地在
康奈尔大学内的分布图

3.3 课程作业的设置

课程考核包括随堂测验、作业等多方面，其中课程作业是教学和考核的重要内容，并能够反映培养目标，该课程作业设置情况如表 2 所示。

以第二学期的雨水花园设计作业为例，这是一个相对综合的作业，场地位于校园内部。首先教师对场地和设计任务进行介绍，并告知了土质和 pH 值。随后学生进行场地调研，了解场地汇水情况、周边排水系统，考虑雨水花园如何与已有排水系统相融以及建成后对场地的影响。同时，学生也亲自测试了场地土壤的 pH 值（非硬性要求），了解地下管线的分布情况，并对周围已有植物进行调查。在进行种植设计时，场地调研的结果对设计产生影响，例如土质和 pH 值，以及周边已经存在的植物影响了植物品种的选择，地下管线的分布会影响雨水滞留池的设计等。学生完成详细的种植设计图，并列出苗木表（图 8）、雨水花园断面设计图（图 9）。最终，通过教师评图的方式给予学生反馈意见。

学期	编号	作业名称	内容	作业周期（周数）
第一学期（秋季）	1	In-Depth Plant Exploration	深入地探索 1 种植物，并进行展示交流	1
	2	Planting Plan Spacing and Scaling	测绘校园内一处小型绿地的种植平面图	1
	3	Technical Planting Plans and Plant Key	学习种植设计技术图的制图规范	1
	4	Site Assessment for Tower Road Landscape	对校园内钟楼路上一段路侧绿地进行场地评估，包括测试和记录土壤类型、pH 值、渗透率、压力、密度、环境因子、现有植物等	2
	5	Tower Road Tree Planting	在经过场地评估后的路侧绿地内进行种植设计	2
第二学期（春季）	1	Using Structural Soil	计算给定场地内树木所需土壤量	1
	2	Rain Garden Design and Illustration	设计校园内一处雨水花园，并绘制图纸	5

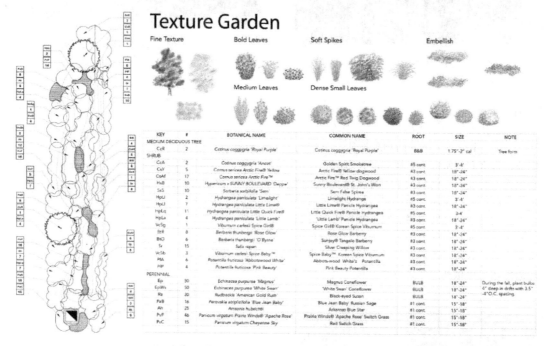

图 8　雨水花园设计学生作业

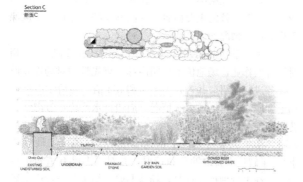

图 9　雨水花园断面设计图

4　评述

与我国高校风景园林专业的同类课程相比，该课程具有以下几个突出特点。

4.1　课程内容综合且连贯

纵观康奈尔大学景观系的课程设置，仅有"创造都市伊甸园"这一门与植物应用相关的必修课，因此，内容安排上更为综合，既包含了"园林树木学""园林花卉学"的知识，也有"园林苗圃学""园林植物种植设计""园林植物栽培与养护"的内容，且相互之间具有连贯性。而这些内容在我国高校风景园林专业的课程体系中往往是单独成课的，通常会形成以"风景园林植物应用"为核心的课程群。本文无意评价这两种课程设置的优劣，因为课程内容的整合或者细分，受人才培养目标、师资力量、学生规模等多种因素的影响，所以需根据学科自身情况进行合理安排，不应盲目照搬。而对于课程细分的情况，应注意相关课程的衔接，避免内容重复[4]。

4.2 强调从实验中获得知识、从实践中获得技能

该课程在教学理念上，特别强调从实验中获得知识。通常来说，长时间的纯理论教学，会使学生的参与感减弱，降低课堂活力，也难以形成深刻印象。在本课程的教学中，教师积极创造各种实验的机会，主要有 2 种方式，一是通过教师的实验演示，将理论知识形象化；二是为学生提供动手操作的机会，例如通过触觉感知土壤质地、使用 pH 试剂盒实测土壤的 pH 值、配制不同成分比例的土壤测试渗透率等。同时，就课程核心——园林植物应用来说，课程内容的设置实现了从植物认知到种植设计，再到实际植物景观营造的相对完整的教学闭环。在一系列实践操作中，学生获得了印象深刻的一手经验，也培养了一定的专业技能。就"创造都市伊甸园"课程而言，其实践课（含实验课）的课时占比非常高，实践课和理论课的课时比例为 3：1。目前，在我国的一些高校，如北京林业大学，加大实践课程的课时比例成为植物景观设计类课程发展的方向之一[7]。

4.3 积极利用校园展开多种教学活动

在教学资源方面，课程团队充分利用校园内部绿地和丰富的植物种质资源开展场地评估、植物认知、种植设计和营造等教学活动，形成了较为固定的校内植物认知路线，整理完成了校内植物分布电子地图等。本课程的特色之一——由学生完成校园内部一块场地的植物景观营造，这一环节也得到了校方的大力支持，教师会提前选定场地，并与学院和学校相关部门协商建造材料和资金的来源，特别是植物材料的资金。此举不仅为学生提供了实训机会，也对校园绿地进行了提升，同时，通过有针对性的校园植物选择和营造，为以后的教学提供素材。

4.4 开发网络平台辅助教学

巴苏克教授团队与网络技术人员合作开发了网络平台"木本植物数据库"，提供与课程内容高度贴合的教学资源和实用的园林植物信息检索，学生可以利用该平台进行预习、复习、查找资料等活动，扩展了教学途径。同时，网站内容还会根据课程需要进行更新和调整。

5 结语

和国内高校相比，康奈尔大学景观系的植物相关必修课程仅此一门，但课程设置的内容紧紧围绕职业需求展开，具有非常强的实用性。在教学过程中运用多种形式，提供大量动手实践的机会，鼓励学生持续地参与其

中，较好地实现了理论和实践的结合。风景园林本身就是一门实践性非常强的专业，而在我国现有教学体系中，往往受教学理念、教学条件、考评方式等因素的制约，难以给予学生动手操作的机会。通过对美国康奈尔大学"创造都市伊甸园"课程的借鉴，可以为我国风景园林专业相关课程的设置和教学设计提供新的思路。

图表来源：

（1）图 1 由作者自绘，图 2、图 4、图 5 由作者拍摄，图 3 引自 Woody Plants Database 网站，图 6、图 7 由巴苏克教授提供，图 8、图 9 由康奈尔大学景观系 2019 级硕士研究生金姗妮提供。

（2）表 1、表 2 由作者自绘。

参考文献：

[1] 高等学校风景园林学科专业指导委员会. 高等学校风景园林本科指导性专业规范(2013 年版). 北京：中国建筑工业出版社，2013.

[2] 林广思. 建筑院系风景园林专业园林植物教学研究. 高等建筑教育，2013，22(3)：102-105.

[3] 李莉华，董芦笛，刘晖. 风景感知—空间建构—生境营造——建筑类院校风景园林专业植物教学研究. 中国园林，2017，33(4)：68-73.

[4] 包志毅，邵锋，宁惠娟. 风景园林专业园林植物类课程教学的思考——以浙江农林大学为例. 中国林业教育，2012，30(2)：58-60.

[5] 邵锋，宁惠娟，包志毅. 园林专业"植物种植设计"课程教学改革探讨. 中国林业教育，2009，27(2)：72-74.

[6] 尹豪，董丽，郝培尧. 加强课程间衔接，注重实践中教学——"园林植物景观设计"课程教学内容与方法探讨. 中国风景园林学会编. 中国风景园林学会 2011 年会论文集(下册). 北京：中国建筑工业出版社，2011. 250-253.

[7] 郝培尧，李冠衡，尹豪，等. 北京林业大学"园林植物景观规划"课程教学组织优化初探. 中国林业教育，2015，33(1)：68-70.

[8] 祁素萍，王兆骞，陈相强. 中美园林专业教育现状的研究与比较. 太原：山西农业大学学报(社会科学版)，2005，4(3)：267-269.

[9] 陈弘志，林广思. 美国风景园林专业教育的借鉴与启示. 中国园林，2006，22(12)：5-8.

[10] Bassuk, N. L., Trowbridge, P. J. Creating the Urban Eden：Sustainable Landscape Establishment in Theory and Practice. HortTechnology，2010，20（3）：485-486.

作者简介及通信作者

洪泉/男/汉族/博士/浙江农林大学风景园林与建筑学院副教授/美国康奈尔大学访问学者/研究方向为风景园林规划与设计、风景园林历史与理论/hongquan@zafu. edu. cn。

基于 VR 沉浸式＋混合式教学的《外国园林史》教学改革与实践

Teaching Reform and Practice of Foreign Landscape Architecture History Based on Immersive VR ＋ Blended Teaching

雷 雯 刘 敏*

昆明理工大学建筑与城市规划学院

摘 要： 在"双一流"课程建设背景下，教学模式探索已成为当前教学研究实践的焦点，以学生为主体，培养学生空间认知，增强学生自主学习、设计创造能力是当前风景园林学科教学和课程改革的重要方向。外国园林史是风景园林学科的核心基础课，然而传统教学存在授课形式单一、教学空间维度有限、学生学习效率低等问题。本研究以风景园林本科生为对象，利用学院 VR 实验技术平台，结合混合式教学模式，引入"情景分析"和"小组合作探究"模式，通过区域概况-园林类型-实例解析-园林特征总结及影响的课程主体教学模块，构建"导学-自学-VR 沉浸式体验-教学-讨论-巩固"的外国园林史教学体系，以期实现以史为鉴，继承与发扬传统，为风景园林服务的教学目的。

关键词： 外国园林史；VR 沉浸式教学；混合式教学；教学改革；风景园林学

Abstract： Under the background of "Double First-class" curriculum construction, the exploration of teaching mode has become the focus of current teaching research and practice. Student-centered, cultivating students′ spatial cognition, enhancing students′ independent learning and innovated design abilities are the important directions of the current teaching and curriculum reform of landscape architecture. The history of foreign landscape architecture is the core basic course of landscape architecture discipline. However, there are several problems in the traditional teaching: monotonous teaching form, limited teaching dimension and low learning efficiency of students. This study takes landscape architecture undergraduates as the object, uses the VR experimental technology platform of the faculty, combines the blended teaching mode, involes the mode of "scenario analysis" and "group cooperation exploration", and constructs the teaching system of foreign landscape architecture history: " introduction-self-study-immersive VR experience-teaching-discussion-consolidation" with the main course teaching module of regional overview-garden type-case analysis-garden characteristics and influence summary. In order to realize the teaching purpose of taking history as a mirror, inheriting and carrying forward the tradition, and serving for landscape architecture design.

Keywords： History of foreign landscape architecture; Immersive VR; Blended teaching; Teaching reform; Landscape architecture

深化人才培养过程中的教学改革是培养中国特色社会主义新时代建设人才的必然要求，也是国家全面提高教育质量的重要内容[1]。在此背景下，2019 年 10 月教育部颁布了《教育部关于一流本科课程建设的实施意见》（教高［2019］8 号）（以下简称实施意见），提出实施"双万计划"，即在全国高校内认定万门左右的国家级一流本科课程和省级一流本科课程[2]。作为昆明理工大学建筑与城市规划学院工科背景下的《外国园林史》课程建设与当前工科类高校有着类似的教学痛点，如史学类课程学生参与度、兴趣度不高，缺乏起因—过程—结果的史学逻辑构建，学生主要局限于授课教师的课堂知识点，缺乏多维度学习，以及外国园林史案例受地区限制影响，无法真实感受园林，缺乏空间感知能力等，使得学生学习效率低下，从而导致与后续专业基础课程学习衔接较为薄弱[3-5]。随着信息技术的不断发展，MOOC、SPOC 等优质在线教育资源层出不穷[6]，因此，基于线上线下的混合式教育模式也成为当前高等教育改革的热点之一[7;8]。且在数字技术的发展和风景园林专业教育的多元化背景下，

具有模拟性、交互作用、人工现实、沉浸感、全身沉浸和网络通信等特点的 VR 技术引入风景园林专业教育具有很强的优势[9;10]，因此，结合昆明理工大学建筑与城市规划学院的 VR 实验室平台，以风景园林专业学生为研究对象，开展基于 VR 沉浸式＋混合式教学的《外国园林史》教学改革与实践，以期提升教学质量，实现以史为鉴，继承与发扬传统，更好地为风景园林学科服务。

1 昆明理工大学外国园林史教学改革框架构建

1.1 昆明理工大学"人居环境学科"下的《外国园林史》课程设置

昆明理工大学建筑与城市规划学院本科专业设置有建筑学、城乡规划、风景园林、园林 4 个人居环境学科专业群，组成了较为完善的学科结构体系。其中，建筑学、城乡规划、风景园林为 5 年制工学学位，园林为 4 年制

农学学位，史学类课程一直为本学院人居环境学科的重要课程体系，通过对学院当期的本科培养方案分析，建筑学、风景园林、城乡规划、园林专业分别设置有9门、8门、7门、5门史学类课程，其中《外国园林史》课程在建筑、风景园林、园林专业均有设置，且对于风园学生，该门课程为专业教育课程模块中的专业理论必修课，课时为32学时，基于任课教师的留学背景，以往均以双语课程教学形式开展理论教学，通常设置在第六学期即大三下学期阶段，进行本门课程学期前，风园学生已开展过《人居环境史纲》《西方美术简史与现代艺术创作》《中国园林史》等相关课程学习。在其他两个专业中，该门课程为专业教育课程模块中专业选修课，园林专业为大二下学期选修，前期相关课程积累有《中国园林史》，建筑学专业为大三下学期选修，前期所修相关课程为《人居环境史纲》《外国建筑史》《西方美术简史与现代艺术创作》等（表1）。

昆明理工大学人居环境学科专业史学类课程设置体系　　表1

专业	课程设置	课程模块	学分	学时	理论学时	修读学期	课程属性	考核方式
风景园林	人居环境史纲	学科教育	3	48	48	2	必修	考查
	西方美术简史与现代艺术创作	学科教育	2	48	48	2	选修	考查
	中国园林史	专业教育	2	32	32	5	必修	考试
	外国园林史（双语）	专业教育	2	32	32	6	必修	考查
	外国城市发展史	专业教育	1.5	28	28	6	必修	考试
	古典园林分析	专业教育	1	16	16	6	选修	考查
	中国传统文化专题	专业教育	2	32	32	8	选修	考查
	文史经典与中华文化模块	个性发展	2	32	32	1～4	必修	考查
园林	中国园林史	专业教育课程	2	32	32	5	必修	考查
	外国园林史（双语）	专业教育课程	2	32	32	4	选修	考查
	古典园林分析	专业教育课程	1	16	16	6	选修	考查
	人居环境史纲	专业教育课程	3	48	48	2	选修	考查
	文史经典与中华文化模块	个性发展	2	32	32	1	必修	考查
建筑学	人居环境史纲	学科教育	3	48	48	2	必修	考试
	外国建筑史	专业教育	3	48	48	5	必修	考试
	中国建筑史	专业教育	3	48	48	6	必修	考试
	西方美术简史与现代艺术创作	专业教育	3	48	48	2	选修	考查
	外国城市发展史	专业教育	2	32	32	5	选修	考查
	外国园林史（双语）	专业教育	2	32	32	6	选修	考查
	古典园林分析	专业教育	1	16	16	6	选修	考查
	中国传统文化专题	专业教育	1	16	16	8	选修	考查
	文史经典与中华文化模块	个性发展	2	32	32	1～4	必修	考查
城乡规划	人居环境史纲	学科教育	3	48	48	2	必修	考查
	西方美术简史与现代艺术创作	学科教育	2	32	32	2	选修	考查
	中国城市发展史	专业教育	1.5	24	24	5	必修	考试
	外国城市发展史	专业教育	1.5	24	24	6	必修	考试
	古典园林分析	专业教育	1	16	16	6	选修	考查
	中国传统文化专题	专业教育	2	32	32	8	选修	考查
	文史经典与中华文化模块	个性发展	2	32	32	1～4	必修	考查

1.2 基于 VR 沉浸式+混合式教学的《外国园林史》教学改革框架

基于该门课程性质在各专业中的地位以及风景园林学专业史学学习痛点，本次教学改革以本学院风景园林专业本科生为对象，开展基于 VR 沉浸式＋混合式教学的《外国园林史》教学改革。课前阶段，在进行各地区园林概况学习时，利用本学院 VR 实验室平台，开展课前 VR 沉浸式园林体验，对各区域的园林有一个提前介入式的虚拟感知，根据课程组教师不值得课前学习任务以及提供的相关学习资料及学习方法，开展线上慕课＋视频＋教材＋相关资料的自学活动；通过课前的 VR 体验、导学及自学环节，进入课中学习阶段，该阶段主要以教师线下教学、小组合作汇报学习成果及探究式讨论，部分章节穿插情景模拟进行各区域各时代的情景模拟；课后阶段通过 VR 体验巩固各地区园林空间营造感知，同时通过课后线上资源复习以及课后作业测试对章节内容进行巩固学习，其总结的知识为下个周期的课前学期提供扎实的铺垫基础，从而构建起 VR 沉浸式＋混合式教学的闭环《外国园林史》教学路径（图 1）。

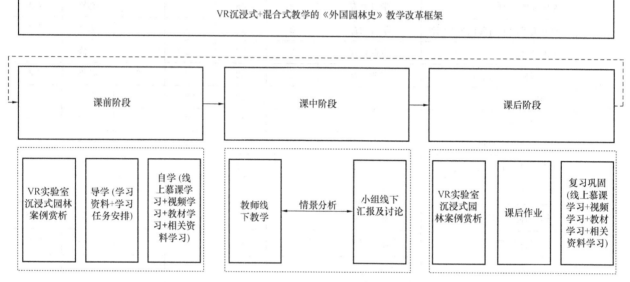

图 1　风景园林专业《外国园林史》教学改革框架

2　VR 沉浸式体验的外国园林史教学

虚拟现实技术（VR）是一种可以创建和体验虚拟世界的计算机仿真系统，它利用计算机生成一种模拟环境，使用户沉浸到该环境中。VR 实验室可为师生提供了新的教学思路，能让老师更好地教学、学生更好地学习到设计的尺度、空间体验和视觉呈现等方面的内容。昆明理工大学建筑与城市规划学院 VR 实验室成立于 2019 年，拥有 20 余台可供 VR 建模、教学的计算机，及若干 VR 可视化设备。本门课程教学改革实践中，将 VR 技术融入到课前及课后学生自主学习过程中，结合《外国园林史》课程内容设置，构建对应的虚拟现实教学资源库，在课前提前感知和认知各时代不同区域的园林实例，通过课中的强化学习后，课后再次借助 VR 技术进行园林景观设计空间的深度感知体验。

同时利用现有世界园林数字博物馆，学生亲临其境学习园林史，以解决以往教学中学生无法实地踏勘，难以真实感受和理解教学内容的问题。学生通过虚拟技术漫游于古典园林中，加强对历史园林空间的理解，探寻园林景观设计空间、尺度、构造等方面的系统认知。

3　混合式教学模式的外国园林史教学

3.1　课前阶段

在混合式教学正式实施前，课题组教师将设计并已制作好的自主学习任务单和以微视频为核心的在线配套课程资源上传至微信学习群以及雨课堂公布栏（表 2）。本次教改实施通过建立学习群以及分组，将学习班分为 5 个合作小组，以便于教学任务分工以及后续的小组合作探究，章节知识点分别划分为地区概况、园林类型及概况、园林实例解析、园林特征总结以及对后世周边的影响等版块内容，每组同学根据相应的自主学习任务单的相关内容，利用网络学习平台上的相关资源开展自主学习，主要的学习资源有中国大学 MOOC 同步开放的相关课程资源、重点参考教材及书籍、相应的纪录片视频以及相关在线文献等资源。合作完成课题组教师设定的课前 PPT 制作任务，并将自主学习过程中遇到的相关困惑及建议提交至微信群，形成课前自主学习反馈；本课题组教师与学生进行同步/异步的交流与反馈，同时进行有针对性的个别化指导。

时间	学习任务分配	学习资源
第0教学周	创建学习群及雨课堂班级；学习风景园林起源，概念，发展概况等内容；预习世界三大园林体系概况	中国大学MOOC资源：同济大学，金云峰，《中外风景园林史》；南京林业大学，杨玉峰等，《中外古典园林史》；北京林业大学，赵晶等，《西方园林历史与艺术》；上海交通大学，于冰沁等，《西方风景园林艺术史》。 参考教材及书籍：朱建宁、赵晶.西方园林史——19世纪之前（第三版）.中国林业出版社，2019。
第1教学周	古埃及及古巴比伦园林	陈教斌.中外园林史.中国农业出版社，2018。 周向频等.中外园林史.中国建筑工业出版社，2014。
第2教学周	古希腊及古罗马园林	王蔚等.外国古代园林史.中国建筑工业出版社，2011。 杨滨章.外国园林史.东北林业大学出版社，2003。
第3教学周	中世纪欧洲园林及伊斯兰园林	TOM TURNER著.林菁等译.世界园林史.中国林业出版社，2011。 针之谷钟吉著.邹洪灿译.西方造园变迁史：从伊甸园到天然公园［M］.中
第4教学周	文艺复兴时期意大利园林	国建筑工业出版社，2016。 伊丽莎白·巴洛·罗杰斯著.韩炳越，曹娟等译.世界景观设计：文化与建
第5教学周	法国园林	筑的历史［M］.中国林业出版社，2015。 Geoffrey Jellicoe, Susan Jellicoe著.刘滨谊主译.图解人类景观：环境塑造史
第6教学周	英国园林	论［M］.同济大学出版社，2006。 王向荣，林菁著.西方现代景观设计的理论与实践［M］.中国建筑工业出版
第7教学周	近代园林（19世纪）	社，2002。 刘滨谊著.现代景观规划设计［M］.东南大学出版社，2010。
第8教学周	日本园林	参考视频：《文明》（BBC纪录片）；《世界历史》（CCTV）；《消失的巴比伦花园》；《花花世界》（BBC纪录片）；《意大利花园》（BBC纪录片）；《法国花园》
第9教学周	现代园林景观	（BBC纪录片）《凡尔赛宫》（BBC纪录片）；《英国园林的秘密历史》（BBC纪录片）；《英国花园》（BBC纪录片）；《邱园：改变世界的花园》（BBC纪录片）；
第10教学周	思考现代景观发展趋势	《日本庭园之美》（NHK）；《现代伊甸园：日本寺庙园林》；《黄石公园》（BBC纪录片）；《北美国家公园全纪录》等

3.2 课中阶段

在课中阶段，每周安排集中授课环节，第一周绪论及第十一周课程知识总结、答疑部分采取教师直接面授引导及梳理答疑，其余章节均采取翻转课堂模式，以学生为中心，通过小组式分版块学习汇报，组织学生之间积极讨论，教师引导式提问并答疑，拓展章节知识点等环节开展课中学习（表3）。为保证学习内容均一化以及提升每位同学口头汇报和独立思考能力，小组汇报采取轮流制，每位同学均需轮流开展不同主题的汇报以及提问讨论。课中学习中，按照课前任务依次展开"地区概况——园林类型及概况——园林实例解析——园林特征总结——对后世周边的影响"的学习讨论，其中园林类型及特征、园林实例解析为每章节的重点，通过区域概况分析出各地区园林发展的自然、社会、经济等因素，引出每个区域的园林发展历程及类型学习，同时对具体的实例进行空间布局、园林要素他正分析，培养学生园林实例的空间认知感以及设计理念感知，进行各地区园林特征总结，分别从相地选址、园林布局、造园要素、影响因素等方面展开总结，强化了风景园林学中场地营造设计的流程以及具体方法的巩固学习，最后进行各地区园林影响分析，从纵向历史以及横向区域开展不同区域、不同时期园林发展之间的联系分析，培养学生园林史学观。同时融入情境分析模式，在各地区概况介绍时，尤其是介绍各地区的风土人情，历史政治背景时，通过师生着装打扮以及适当的区域风情展示提高课堂的趣味性。教学过程中，学生主要通过限时演讲、辩论会等形式，展示研究性学习成果，分享学习心得和体会。课题组教师对学生的学习成果予以针对性的点评和指导，引导学生反思在知识、技能上的收获，同时也拓展性引导学生进行学习过程、学习态度、学习经验、学习方法等方面的反思和总结，并开展自我评价，建构自我专业意识。

《外国园林史》混合式教学课中阶段教学-小组合作探究安排　　表3

时间	教学内容	教学形式	课中讨论
第1教学周	1. 绪论 课程介绍 风景园林的起源；风景园林的概念；风景园林的发展概述；三大园林体系的比较	课堂讲授	什么是风景园林
第2教学周	2. 古代园林（1） 古埃及概况；古埃及园林的类型及其特征；古埃及园林案例及影响；古巴比伦概况；古巴比伦园林类型及其特征；古巴比伦园林案例及影响	小组汇报、讨论	古埃及园林与古巴比伦园林类型对比及产生原由

时间	教学内容	教学形式	课中讨论
第 3 教学周	3. 古代园林（2） 古希腊概况；古希腊园林类型及其特征；古埃及园林案例及影响；古罗马概况；古罗马园林类型及其特征；古埃及园林案例及影响	小组汇报、讨论	古希腊园林与古罗马园林比较
第 4 教学周	4. 中世纪园林 中世纪历史文化概论；中世纪西欧园林；中世纪伊斯兰园林	小组汇报、讨论	中世纪历史文化背景对园林的影响；伊斯兰园林的影响因素
第 5 教学周	5. 文艺复兴时期意大利园林 文艺复兴时期历史文化概况；文艺复兴初、中、后期园林概况；介绍文艺复兴园林实例；文艺复兴初、中后期园林特征；文艺复兴时期意大利园林的兴起、形式、造园要素及其对西欧的影响	小组汇报、讨论	文艺复兴初、中、后期园林比较
第 6 教学周	6. 法国古典主义园林 历史背景；路易十四与勒诺特；法国古典主义园林实例及特点；法国园林的影响	小组汇报、讨论	法国园林与意大利园林对比
第 7 教学周	7. 英国自然风景式园林 英国概况；英国规则式园林概况及实例；英国风景园的成因、流派、代表人物及代表作品；英国风景园实例；对欧洲其他国家的影响	小组汇报、讨论	英国自然式风景园林与西欧其他园林之间的比较以及影响因素分析
第 8 教学周	8. 近代园林发展 19 世纪城市综合症的出现；城市公园兴起的原因；欧洲各国城市公园实例；美国公园系统的形成与发展；国家公园的发展	小组汇报、讨论	19 世纪城市建设相关背景及理论探讨；国家公园发展历程探讨
第 9 教学周	9. 日本园林 日本园林发展的脉络	小组汇报、讨论	日本不同朝代园林类型及特征，以及与中国园林的比较
第 10 教学周	10. 现代园林发展 当代景观建筑师及代表作品	小组汇报、讨论	探讨各自最喜欢的景观设计师以及设计思想
第 11 教学周	总结本课程内容、课堂答疑	课堂讲授、课堂答疑	答疑以及课程教学建议

3.3 课后阶段

课后阶段，每个研究小组按照课题组教师和其他同学的建议，修改、完善、提炼自己的学习成果和反思总结并提交至 QQ 学习群，除每章节的总结任务外，在部分章节中，布置相应的课后小测试，需要每位同学进行答题并提交至学院独立的作业成果系统（OR 系统），以便各位同学进行学习与交流，同时将其作为过程性学习评价的重要组成内容，转化为可以进行重新利用的学习文化资源和教育改革资源，以便促使《外国园林史》教学进入一个螺旋式上升的"超循环"和自组织系统，提升教学水平（表 4）。

《外国园林史》混合式教学课后阶段
复习巩固安排　　　　表 4

时间	学习任务分配
第 1 教学周	思考为什么学习《外国园林史》
第 2 教学周	总结古希腊古罗马园林类型、特征及其影响因素
第 3 教学周	总结古希腊古罗马园林类型、特征及其影响因素
第 4 教学周	总结文艺复兴时期意大利园林特征
第 5 教学周	总结中世纪欧洲园林及伊斯兰园林类型、特征及其影响因素
第 6 教学周	总结意大利文艺复兴园林与法国古典主义园林的对比分析
第 7 教学周	总结英国自然风景式园林发展历程、代表人物思想及作品，以及园林特征
第 8 教学周	总结近代世界城市公园产生背景、特征及影响，以及国家公园的发展
第 9 教学周	总结日本庭院发展历程、类型、特征及相关造园要素
第 10 教学周	概述 20 世纪后现代园林景观出现的流派及代表思想、作品，并预测未来景观发展趋势
第 11 教学周	思考《外国园林史》学习到了什么

4 教学成效及展望

4.1 教学成效问卷分析

4.1.1 混合式教学成效

通过教学后的学生问卷反馈调查，54.55％的学生喜欢线上线下混合式教学，其次为线下教学，占比40.91％，仅有4.55％选择喜欢线上教学。同时通过一学期的教学改革实施后，45.45％学生认为了解了混合式教学模式，50％的学生为一般了解，仍有少部分同学不了解混合式教学模式。其中54.55％的学生认为通过混合式教学可以更好地增加师生以及生生之间的交流，同时54.55％的同学认为《外国园林史》的课程最好采用混合式教学模式，也有大部分同学该门课程可以采取实践式

教学、线下教学以及沉浸式教学模式，占比为40％以上（图2）。

4.1.2 教学内容成效评价

通过教学内容版块设计兴趣度调研，77.27％的学生对各地区园林发展概况（发展历程、园林类型）感兴趣，其次为各地区概况以及各地区经典园林实例解析，占比均为63.64％，各地区园林特征总结的兴趣度占比为59.09％，而对各地区园林的影响的兴趣占比为45.45％。对于章节内容学习中，72.73％的学生更喜欢日本园林部分的学习，其次为英国自然风景式园林，占比45.45％，再次为古埃及与古巴比伦园林、文艺复兴时期意大利园林以及现代景观发展章节，占比27.27％，古希腊及古罗马园林，占比为22.73％，对中世纪欧洲园林及伊斯兰园林、外国园林史梳理、答疑环节兴趣度较低（图3）。

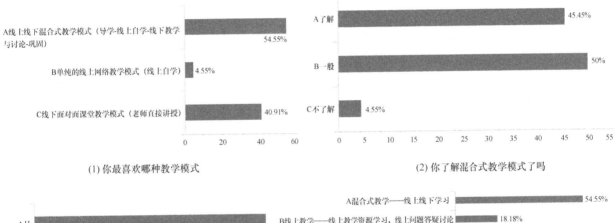

(1) 你最喜欢哪种教学模式

(2) 你了解混合式教学模式了吗

(3) 混合式教学模式能够让自己和老师，同学间交流更方便，更深刻

(4) 《外国园林史》课程采取什么样的教学方式最好

图2 混合式教学成效调研结果

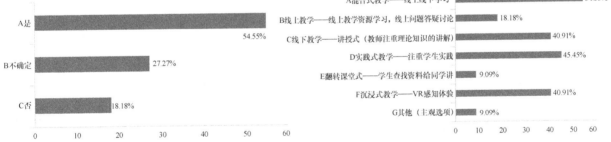

(1) 《外国园林史》教学内容版块设计中，你对哪个板块更感兴趣

(2) 你对《外国园林史》哪个章节内容感兴趣以及印象最深刻?

图3 教学内容成效评价调研结果

4.2 讨论与展望

教学成效问卷同时也开展了学生学习《外国园林史》动机、学习内容目标、课前学习时长、课后学习时长、学习感想以及教学方式建议等调研。调查结果显示，外国园林史的学习动机主要出自于毕业学分需求以及考研需求，分别占比 72.73%、63.64%，部分出自于就业以及纯粹的热爱，占比 31.82%、36.36%。通过学习内容目标调研，100%的学生认为外国园林空间营造手法及技术最为重要，其次为外国园林发展历史脉络以及外国园林发展特征演变，八成以上的学生均认为这两个板块较为重要，其次为提高专业史学、文学素养以及外国园林历史渊源。通过课前课后学习时长调研统计，对于课前学习来讲，大部分学生花费时长为 1～2h，27.27%的学生在课前自学中需要花费 2～3h 以及 22.73%的学生需要花费 3～5h，也有少量同学花费 5h 以上的课前学习时间，而对于课后学习来讲，花费 1～2h 的学生占据 45.45%，其次为 1h，学生占比为 27.27%，2～3h，学生占比 18.18%，而复习时长为 3～5h 及大于等于 5h 以上的学生占比均为 4.55%。通过学习感想调研，大部分同学表示通过本门课程的学习了解掌握了外国园林史发展历程、各时期园林概况、类型、特征、实例、不同学者以及各时期园林对后世的专业知识，同时通过本门课程的学习开阔了眼界，对西方、伊斯兰地区、日本等国家国度国情等有了一定的了解，同时学习了许多跨学科领域的知识，对逻辑思维以及自主学习方面有了一定的提升。通过教学方式建议调研，收集到学生对于本门课程的相关建议：建议适当增加课后小测，巩固知识；建议适当增加课时，增加老师总结梳理知识点的环节；建议增加师生互动；课前课后任务量较多，建议加强指导等。

通过本学期的教学改革实践以及学生反馈评价，《外国园林史》课程在风景园林专业学生中取得了较为理想的成效，并得到了大部分学生的肯定，但依旧存才许多需要进一步优化的环节。首先，课程阶段设置中，对于课前课中课后的学习时间没有得到合理的安排，使得线上线下课时量极其紧凑，大部分学生在课前学习均会超过课时安排量，增加学生课前学习压力，针对该问题，下轮教学实践种应合理安排学生自主学习任务单，具化任务单内容，着重完成与教学重难点相关的任务，对应具体的学时时间分配，同时还可以为学生提供学习指南，提供课程和教学的相关信息，如本节内容的教学目标、重难点以及学习方法的建议等，以及困惑建议等内容，学生在课前阶段学习时，应积极在学习群等交流平台与教师进行互动，使得教师可以更好地把握学生课前的自主学习状况，并了解学生的问题之所在，以便利用网络或在课堂教学过程中进行有针对性的解答和指导。其次，在指导学生进行自主探究的过程中，教师既要尊重学生个体的独立性，让

其在自主探究的过程中建构自己的知识体系，又要保证在有限的时间内协助学生取得较大的学习效益，因此课中阶段，尤其是课堂结束前应留有充足的时间为学生做本堂课程知识点回顾、总结。在指导合作学习活动时，教师不仅要给学生知识和技能上的支持与帮助，还应积极思考采取各种方式来调动学生参与的积极性和主动性。同时，未来课程教学中除了要给予学生的合作学习活动以方法上的指引，还应该提供适当的决策支持服务，以保证合作学习活动的顺利开展。

图表来源：

文中图表均由作者绘制。

参考文献：

[1] 袁旸洋，成玉宁，李哲."金课"背景下风景园林专业虚拟仿真实验教学项目建设研究[J].风景园林，2020，27(S2)：70-74.

[2] 王志鹏，姚晓洁，徐雪芳."一流课程"背景下高校课程教学质量监控体系研究——以安徽建筑大学风景园林专业为例[J].宿州：宿州教育学院学报，2020，v.23；No.118 (05)：39-42.

[3] 于冰沁，张洋，蒋建伟，余建波，苏永康.面向初、中、高阶学习者的混合式教学研究——以"风景园林简史"课程为例[J].现代教育技术，2020，30(09)：118-125.

[4] 李润唐，李芳辉，任倩媛.中外园林史课堂教学改革的尝试[J].中国园艺文摘，2017，033(003)：210-211.

[5] 于冰沁，王云，王玲，张洋.风景园林历史与理论课程群建构与混合式教学真实性评价方法[J].风景园林，2020，27 (S2)：6-11.

[6] 苏小红，赵玲玲，叶麟，张彦航.基于 MOOC＋SPOC 的混合式教学的探索与实践[J].中国大学教学，2015(07)：62-67.

[7] 李逢庆.混合式教学的理论基础与教学设计[J].现代教育技术，2016，26(9)：18-24.

[8] 赵弼皇，李艳，邓勋.基于 MOOC＋SPOC 的《园林计算机辅助设计》课程线上线下混合式教学模式研究[J].教育教学论坛，2020，000(004)：317-318.

[9] 王丁冉，董芦笛.基于 VR 沉浸式认知的设计基础教学改革构思与实践[J].风景园林，2019，v.26(S2)：47-52.

[10] 王思元，门吉.基于 VR 技术的园林景观资源平台搭建与应用[J].园林，2020，No.336(04)：25-30.

作者简介：

雷雯/瑞典布莱京理工大学在读博士/昆明理工大学建筑与城市规划学院风景园林系/研究方向为风景园林历史与理论、风景园林规划与设计。

通信作者：

刘敏/博士/昆明理工大学建筑与城市规划学院风景园林博士后、副教授/研究方向为城市生态规划与设计、绿色空间优化。

风景园林高级树艺学课程教学改革探索

Preliminary Study on the Teaching Reform of Advanced Arboriculture Course in Landscape Architecture

李庆卫*

北京林业大学园林学院

摘　要：为优化高级树艺学课程教学内容、教学方法，采取文献查阅、专家走访、实践调查、教学实证相结合的方法，研究了美国树艺学教育情况，分析了我国风景园林树艺发展历史、现状与需求，提出了树人树木的教学改革思想和中国特色、国际视野、世界一流的风景园林高级树艺学课程特色与目标定位，加大了社会亟需的整形修剪实践教学比重，增加了树木生态养护的案例教学，形成了新的风景园林高级树艺学课程教学大纲，取得了很好的实践效果。

关键词：风景园林学；高级树艺学；教学改革；硕士专业学位；教学大纲

Abstract: In order to optimize the teaching contents and methods of the advanced arboriculture course, we studied the educational situations of arboriculture in the United States, analyzed the history, current situation and demand of the development of landscape arboriculture in China, and put forward to the idea of cultivating trees. The target of teaching reform of the advanced arboriculteru course was Chinese characteristics, international vision and world class. According to the social needs, we have increased the proportion of practical teaching of pruning, strengthened the proportion of teaching case in tree ecological conservation, reduced the pure theoretical content to the form of self-study. Finally, a new syllabus and case library of advanced arboriculture course with Chinese characteristics were formed. It is of great significance to improve the training quality of landscape architecture master degree talents.

Keywords: Landscape Architecture; Advanced arboriculture; Teaching reform; Master's professional degree; Syllabus

1　引言

专业学位硕士研究生教育是我国高等教育发展改革的重要举措[1]。2005 年 1 月 21 日国务院学位委员会第 21 次会议审议通过，设置风景园林硕士专业学位 MLA（Master of Landscape Architecture）。目标是主要为风景园林事业相关行业培养应用型、复合型专门人才。毕业生应较好地掌握风景园林相关领域坚实的基础理论和系统的专业知识，具备独立承担风景园林设计、建设、保护和管理工作的能力。在培养方式上，全日制风景园林硕士专业学位采取校内理论学习和校外专业实践环节相结合，强化职业能力的培养。注重在应用性课程中融入案例分析与实践探究活动；教学方法上要多采用案例分析、实践操作、模拟训练、团队合作等方法；注重培养学生解决实际问题的能力，增加实践教学的时间。截至 2019 年 6 月，全国共有风景园林硕士招生学校 79 所，其中，农林类高校占 32 所，综合性大学 31 所，建筑类院校 7 所，艺术类 6 所，科研究所 1 个，其他 2 所。

课程建设是专业学位研究生培养的重要基础环节[2]。专业学位硕士研究生课程教学不仅要传授知识，更要给予学生获取信息、发现问题、分析问题、解决问题的方法[3]。

北京林业大学风景园林高级树艺学是 2016 年开始在全国风景园林（园林植物）硕士专业学位研究生教育中率先开设的一门专业选修课，有必要对课程运行 3 年来的效果进行研究，以便调整优化。本文采用文献查阅、专家走访、实践调查、学生座谈、教学评价等相结合的方法，研究国内外树艺教育的历史、现状和发展需求，评价过去 3 年的教学运行情况，对课程教学大纲进行部分修订，完善教学案例库，以构建中国特色的风景园林高级树艺学课程体系。

2　高级树艺学课程教学改革的背景

2.1　美国树艺学专业教育现状对中国树艺教育的启发

美国树艺学教育多与城市林业相互结合。美国马萨诸塞大学（University of Massachuses）树艺与社区森林管理（arboriculture community forest management）专业有 2 年制的专科、4 年制的本科以及研究生教育，在暑期开设两周的树艺学实践。树艺学实践包括 8 部分内容：（1）树木栽培养护，包括电缆安装、施肥管理、树种规划、树木种植、修剪、安全标准；（2）植物学知识，包括解剖、形态、植物生理；（3）树木的效益评估；（4）树艺商务知识，包括数据分析处理、与客户沟通；（5）树木攀爬；（6）整形修剪；（7）土壤；（8）树木识别等。我国城市树木栽培养护学内容主要在园林、风景园林、观赏园艺等专业的课程中，内容多为传统的栽培养护[4,5]。北京林业大学园林专业、风景园林、观赏园艺专业的园林树木（植物）栽培养护学时是 56 学时理论教学和一周实习实践，内容包括植物生长发育规律、园林树木栽植、整形修剪、土肥水管理、其他管理、古树名木保护、专类公园设计施工养护等内容。植物病虫害防治为单独课程。本科阶段的树木栽培养护学注重知识传授，综合分析问题、解决问题的能力、科学研究能力培养不足。风景园林硕士专家学位的高级树艺学目标是服务于行业发展，培养高层次人才，其教学内容和教学方法要适应中国国情、符合国际发展趋势。

2.2 我国风景园林事业对树艺人才的专业技能需求的研究

近 10 年来我国城市绿化规模和公园绿地面积发展变化如图 1 和图 2 所示，从图 1 看出，自从 2009～2018 年全国城市绿地面积增加了 52.9%，城市公园面积增加了 80.20%。城市绿化发展速度喜人，但是绿地质量参差不齐，尤其是绿地养护质量差别很大，究其原因既有养护投入经费不足的原因，更有专业养护技术不足的问题。一线养护管理人员几乎没有园林或风景园林硕士毕业生，一线的养护管理缺乏高层次专业技术人才的有效支撑是主要原因，很多从事果树修剪的师傅未进行园林方面技术培训就直接去做园林花木修剪，结果把观赏花木剪得像果树，不理解风景园林师的设计意图，严重限制了风景园林事业的发展。初步调查发现，园林整形修剪人才的严重

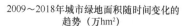

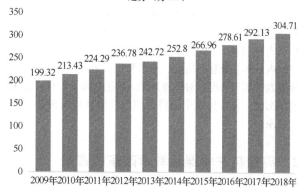

图 1　近年来我国城市绿地面积发展情况图

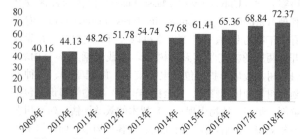

图 2　近年来我国城市公园绿地面积发展情况图

匮乏是导致目前养护管理水平不高的最主要原因，技术急缺程度排在第一位。其次是能根据树木生态习性和环境特点进行科学养护人才严重缺乏，技术急缺程度排在第二位。技术急缺程度排在第三位的是树体安全性诊断与防治技术。因此，高级树艺学课程教学的重点应该针对这些方面加强。

3 风景园林高级树艺学课程特色与定位研究

3.1 高级树艺学的课程特色

树艺学主要研究城市单株树木或小的树木群落的栽培与养护。高级树艺学课程特色是层次高级性，内容前沿性、实践的综合性、授课方式的启发性。

高级性：高级树艺学理论和实践深度要高于本科生，采取案例分析的方式，采取问题引用法，通过实践提出问题、分析问题、解决问题，培养学生综合运用所学知识去独立分析问题、解决问题能力。

实践性：即注重实践能力培养和职业技能的训练，满足生产实践和研究生就业创业需要，是区别于学术性研究生的教学目标设置。

综合性：树木功能的综合性、树形的艺术性、树体的安全性、文化的适宜性等多重功能。理论和实践操作环节必须满足科学性、文化性、艺术性、技术经济性的和谐统一。

启发性是高级树艺学教学内容与方法创新的特色要求。教学方法要采取启发式，教给学生打开新知识大门的钥匙，具备自主学习、创新思维的技能，在未来具有核心竞争力。

前沿性是现代研究生教育的本质要求。前沿性包括理论前沿问题、实践前沿技术，以及新设备、新材料、新工艺、新思想。培养的人才能引领行业的发展。

3.2 高级树艺学的课程定位

高级树艺学的课程定位是中国特色、世界视野、国际一流水平。所谓中国特色，就是在树木整形修剪等方面传授中国传统园林追求的"虽由人作，宛自天开"的文人写意特色，中国传统园艺栽培技术所蕴含的道家思想理念，要体现生态文明建设新时代生态园林的和谐共生、绿色环保理念，体现北京林业大学的树木树人、立德树人的教育思想；所谓国际视野是要讲清楚西方传统的规则式园林修剪的手法及现代混合式园林的理念；所谓国际一流要突出体现国内外园林科技发展的最新水平，包含新材料、新技术、新设备在园林中的应用，突出学科前沿。

4 高级树艺学课程教学大纲修订的结果

4.1 绪论（2学时）

教学内容：

（1）"树艺"的内涵和起源。

（2）Arboriculture 的内涵及起源。

（3）欧洲和美国的树艺职业与树艺教育概况。

（4）我国树艺历史、发展概况与高级树艺学的课程体系。

（5）盆景与树艺的关系，中国盆景流派类型。

（6）案例1，四川问花村树艺园赏析。

基本要求：

用 PPT 形式讲解树艺概念的内涵与外延。讲清楚我国园林树木栽培历史悠久、栽培技艺精湛，对世界的影响，彰显中国世界园林之母的地位和特色，增强爱国主义认同感，落实课程思政的教书育人目标；让学生理解中国风景园林树艺学的特色、优势和核心内容，掌握树艺学发展趋势及学习方法。

4.2 基于树艺园规划的场地调查与分析（2学时）

教学内容：

（1）树艺园规划的准备工作：调查工具、物资准备、人员准备、技术准备等。

（2）实地踏勘与内业实验分析内容：周边环境调查、基址地上物的调查、土壤及构物调查等。土壤样方设置与土壤剖面挖掘、土样分析内容与方法介绍；场地地下水位、土壤污染等情况咨询。

（3）SWOT 分析与反馈报告。

（4）案例2，北京树艺园规划实践案例解析。

基本要求：

以北京延庆树艺园规划实践为案例，讲述树艺园规划设计的科学方法，加深对园林环境类型与适地适树相关知识的理解，提高学生种植设计的科学性和实践能力。

4.3 园林树木的栽植（2学时）

教学内容：

（1）树木栽植工艺流程与新技术。

（2）屋顶花园树木的栽植技术（案例3），盐碱地树木的栽植技术（案例4），大树反季节种植技术（案例5）。

（3）新栽树木的成活期的养护。

（4）埋土过深树木的养护案例（案例6）。

基本要求：

通过多媒体演示机械化施工与人工栽植两个案例教学；通过 PPT 讲述盐碱地和屋顶花园等特殊立地条件下树木栽植与一般立地条件栽植的技术要点。讲清楚人工栽植、机械化栽植的特点，让研究生能胜任规划师、项目经理和高级树艺师的岗位对种植施工技术的要求。

4.4 园林树木的整形修剪（5学时理论教学，4学时实践）

教学内容：

（1）休眠季修剪的基本方法。

（2）生长季修剪方法。

（3）化学修剪方法。

（4）园林树木整形修剪原则与果树、林业修剪的异同。

（5）不同类型园林树木整形（案例7：榆叶梅4种整形修剪案例；案例8：悬铃木2种整形修剪的修剪案例）。

（6）苗木整形修剪。

（7）中国盆景主要流派与树木整形修剪（实践4学时）。

基本要求：

利用案例形式讲述榆叶梅4种树形、悬铃木2种树形，讲解园林树木整形修剪原则与果树、林学整形修剪原则的异同，让学生学会行道树、庭荫树的预防性修剪、补救性修剪，园景树的造型修剪技术要领。掌握苗圃苗木修剪、园林绿地树木修剪的技术，提高学生对园林树木的安全性、美化作用、防护作用、结合生产作用等的综合认知与实践能力，能胜任公园、观光型果园、树艺园等城市高级树艺师和项目经理工作。

教学实践：4学时，要求参观北京市一个树艺园或盆景园，进行现场教学；校园现场观察讲解树木的安全隐患及其预防；修剪一种树木，提高学生分析问题和解决问题的能力。

4.5 园林树木生态与养护（6学时）

教学内容：

（1）土壤与树木养护管理（土壤密度对树木生长发育影响，案例9；土壤 pH 过高对树木的影响，案例10；耐盐品种筛选方法，案例11）。

（2）小气候对树木养护的影响（案例12）。

（3）光照与树木养护管理（案例13）。

（4）水分与树木养护管理（案例14）。

（5）地形地势与树木养护管理（案例15）。

（6）树木营养诊断与养护（案例16）。

（7）病虫害的生态控制（案例17）。

（8）台风与树木养护管理（案例18）。

（9）树木复壮技术（案例19）。

基本要求：

案例1：以苗圃中生长状况不同的蜡梅为例分析：首先图文展示蜡梅生长状况，进而采用对比分析方法分析同一地块相距 10m 远的 2 株蜡梅生长状况明显不同的原因，采用排除法排除光照、温度、水分的影响，聚焦到土壤差异，再进行土壤剖面挖掘，实验室分析土壤容重、营养、盐离子含量指标，弄清导致蜡梅生长不良的原因（推荐阅读文献：邵金彩，李庆卫. 土壤因素对蜡梅生长的影响研究，中国观赏园艺研究进展 2016：260-263）；通过本案例让学生学会系统分析的方法，实验方法。

案例2：以上海海湾国家森林公园梅花为例，通过不完全随机取样，测定土壤的 pH 和植株生长发育指标，采用统计分析的方法，研究土壤 pH 过高对梅花生长发育的影响，筛选耐碱土的梅花品种，并为梅花耐盐碱机理的研究提供参考（推荐阅读文献：刘玉霞，杨佳鑫，李庆卫等，高 pH 对梅花生长发育的影响，北方园艺：2017（06）：99-102）。

案例3：3个梅花品种幼苗耐盐性综合评价案例：以香雪宫粉、丰后、美人梅 3 个梅花品种 1 年生自根苗为试材，设置土壤 NaCl 含量分别为 0（对照），3g/kg，6g/

kg，9g/kg，12g/kg，15g/kg，处理 35d 后观测不同含量 NaCl 胁迫下 3 个梅花品种的盐害指数、盐害率以及叶片的形态、生长和生理指标的变化；采用主成分分析法和隶属函数法相结合的方法，对 3 个梅花品种耐盐性进行综合评价。本案例让学生学会耐盐植物新品种筛选的科学方法（推荐阅读文献：杨佳鑫、李庆卫，郭子燕等，3 个梅花品种幼苗耐盐性综合评价，西北农林科技大学学报（自然科学版），2019，47（8）：65-74）。

案例 4：通过调查北京林业大学内 3 个地点的小气候，观测不同小气候条件下杂种鹅掌楸冻害情况，定量分析小气候各生态因子对植物冻害情况的影响，提出在北京地区栽植边缘树种应注意的问题以及相应的养护管理措施（推荐阅读文献：吴君，李庆卫，王悦．不同小气候对杂种鹅掌楸冻害情况的影响［J］．江苏农业科学，2013，41（3）：165-167）。

4.6 树体损伤与树木安全评估与管理（4 学时理论，实践作业 2 学时）

教学内容：

树干损伤与修复，树冠的损伤与修复，树根的损伤与修复，果实损伤的保护原理，树体的构造与树体安全，园林环境对树体安全的要求，树木安全性评估方法。

教学目标：

案例 5：1614 号台风对厦门市园林树木危害的调查研究案例，主要讲述树木的根系、树干、树冠的安全问题，树体结构和构造特点与安全性，树木常见的安全隐患诊断与评估方法，树体安全预防措施。台风多发地区的城市园林行道树、庭荫树的重要管理。实习环节 2 学时，教师现场指导，学生实地调查树木的安全性并提交实习报告。

4.7 古树健康与管理（2 学时理论教学）

教学内容：

古树年龄的测定与分级方法，古树的营养诊断与施肥，古树树洞诊断与修复，衰老古树的诊断与复壮，古树资源调查，古树保护方案的制定。

基本要求：

案例 21：以古油松复壮案例为例，讲述古树年龄的测定方法，古树营养的诊断，古树树洞修补，衰弱古树的诊断及复壮新技术、新设备。

4.8 树木的功能与价值评估（自学）

基本内容：

树木的经济价值及其估算方法，树木的景观与生态价值评估，树木的人文及社会价值评估。

教学要求：

理解树木的价值与价格评价的原则和方法；其次评价树木的生态功能，最新的树木吸收有毒气体、降低空气中 PM2.5、滞尘减噪、净化土壤的最新研究成果，为园林植物配置和生态修复提供理论支撑，为生态文明建设服务。

4.9 树木养护月历制定（理论 2 学时）

主要内容：

养护月历制定的依据，（案例 22）鄂尔多斯市行道树养护月历制定案例。

教学目标：以行道树养护月历制定为例，讲述制定月历的依据、方法过程和注意事项，提高学生解决园林树木栽培养护管理的能力。

4.10 基于生态园林建设的树种选择原理与方法（理论 1 学时）

教学内容

（1）雨水花园树种规划。

（2）环保型花园树种规划。

（3）低养护树种与生态园林建设。

（4）互惠共生的树种。

（5）严禁一起种植的树种。

教学目标：（案例 23）以北京林业大学的雨水花园为例，讲解雨水花园树种选择的方法。推荐节水树种、节肥树种、耐粗放管理树种、严禁一起搭配的树种，提高学生树种进行规划设计的能力，为构建节约型园林服务。

4.11 教学组织与考核形式

理论教学采取案例式为主，以案例引入课程，采用 PPT 授课方式，直观的再现场景，以综合分析的方式融合基础理论，将理论与实践结合，综合运用各种理论系统分析案例，解决实践问题，培养科研与实践能力。实践教学由现场教学、实践报告和实践操作三部分构成，现场教学 4 学时参观树艺园或盆景园，教师现场讲解分析盆景、树艺的风格类型特点和创作技法，学生撰写实习报告；实践作业 2 学时，学生需在校园或当地园林中寻找树木不安全的案例，拍摄照片，作出安全性分析和解决方案，形成课程作业；实践操作是 2 个学时做一个树木造型，并讲述整形修剪原则与心得，教师给予点评。

考核形式：课程作业 40%、平时成绩 20%、实践成绩占 40%。

5 研究结论与建议

依据风景园林行业发展需求，修订了高级树艺学教学大纲，新大纲适度加大了树木整形修剪的实践比重，增加了土肥水与树木生态养护的案例分析学时，建立了高级树艺学案例教学库（23 个案例），减少了树木效益分析的理论学时，将其调整为自学为主。经过连续 3 学年的教学实践，研究生普遍反映通过本课程的学习进一步提高了树艺造型与造景的能力、综合分析和解决栽培养护问题的能力以及种植设计能力。学生给予的课程评价成绩均在 96 分以上，教改达到了预期的教学目标。

风景园林高级树艺学是集科学性、技术性、艺术性于一体的课程，教学应注重知识的综合性、学科的交叉性、实践环节的系统性。新的教学案例库是适应当前风景园林的实践需求建立的，建议随着新材料新技术的出现，及时更新案例库，使高级树艺学课程与时俱进，与其他学科一起共同促进风景园林事业的发展。

图表来源：

图表自绘。

参考文献：

[1] 涂俊才.我国高等学校农科专业学位研究生培养模式研究[学位论文].武汉：华中农业大学，2006.

[2] 王莹.我国专业学位研究生教育存在的质量问题及对策[学位论文].长沙：湖南农业大学，2009.

[3] 谢慧敏.以职业能力培养为导向的全日制专业学位研究生课程建设研究[学位论文].湘潭：湘潭大学，2018.

[4] 傅松涛等.中美教育硕士专业学位研究生教育比较研究.学位与研究生教育（04），2004：56-60.

[5] 崔佳玉、张璐、翁殊斐、苏志尧.城市树木养护与树艺学：欧美的做法及启示.中国城市林业，2014，12（6）：58-62.

作者简介及通信作者：

李庆卫/男/北京林业大学园林学院博士/教授/博士研究生导师/长期从事园林植物种质资源与育种、繁殖栽培养护、园林植物与生态的科学研究/主讲北京林业大学园林学院风景园林学科硕士研究生课程高级树艺学和本科生园林植物栽培养护学、盆景学等课程的教学工作/lqw6809@bjfu.edu.cn。

传承与创新

——风景园林制图课程教学实践[①]

Inheritance and Innovation：Teaching Practice of Landscape Architecture Drawing Course

刘丹丹*

北京林业大学园林学院

摘　要： 北京林业大学"风景园林制图"课程在长期教学实践中积淀的课程文化，成为课程教学传承与创新的基础，也逐渐形成了学科基础教学的特色。面对学科发展的交叉融合性，通过梳理人才培养目标和教学目标，根据学科内各专业的特点制定教学框架，完善课程教学内容体系，在夯实基础理论的同时注重提升教学内容的延展度。逐步开展了教材、理论教学与课程实训、数字教学资源、线上课程的建设与探索；课堂教学中采用BOPPPS教学模式并融合雨课堂智慧工具以及研讨式教学方式，探索新的教学方法和思路，以期实现课程教与学的多元立体化，促进以基础课程为基点的教学内容的放射性延展，并进一步提出以课程联动方式突围的未来教学改革构想及思路。

关键词： 风景园林；园林制图；课程文化；课程建设；教学改革

Abstract: The curriculum culture accumulated in the long-term teaching practice of the "Landscape Architecture Drawing" course of Beijing Forestry University has become the basis for the inheritance and innovation of course teaching, and has gradually formed the characteristics of the basic teaching of the subject. In the face of the cross-integration of disciplines, the teaching framework is developed according to the characteristics of each discipline by sorting out the objectives of talent training and teaching objectives, improving the teaching content system of the courses, and focusing on improving the extension of the teaching content while consolidating the basic theories. The construction and exploration of textbooks, theoretical teaching and course training, digital teaching resources, and online courses have been gradually carried out; BOPPPS teaching mode is adopted in classroom teaching, combined with rain classroom wisdom tools and seminar-based teaching methods, and new teaching methods and ideas are explored , In order to realize the diversified and three-dimensional curriculum teaching and learning, promote the radioactive extension of teaching content based on basic courses, and further propose future teaching reform ideas and ideas that break through the curriculum linkage method.

Keywords: Landscape architecture; Landscape architecture drawing; Curriculum culture; Curriculum construction; Teaching reform

　　"双一流"建设的推进，"双万计划"的实施，高等教育进入了一个新的发展时代，也提出了新的目标和要求。"金课"建设作为一流专业建设的基本要素，强调体现课程的高阶性、创新性和挑战度[1]，打造"金课"成为高校本科教育的重点工作。北京林业大学风景园林学科已入选国家一流学科建设行列，人才培养质量不断提高。风景园林制图课程为风景园林学科基础课程，对培养学生制图、识图能力，提升设计思维表达能力，引导学生对专业的初步认知等起着重要的作用，是一门理论与实践密切结合的课程。课程从2007年开启建设脚步，教学团队经过教学探索与实践，调整更新了教学内容框架，相继完成了校级精品课程建设及配套资源、国家林业和草原局规划教材建设等。近几年，在新时代背景下，课程建设以教材建设为基点，拓展数字教学资源，探索线上课程建设思路，运用新的教学方法和手段，将教学新模式、新方法、新工具相融合，塑造以学生为中心的课堂氛围。以课程在持续发展与建设中积淀的课程文化为传承创新的基础与动力，在实践中不断提升课程的内涵与创新性。

1　风景园林制图课程文化的形成

　　北京林业大学风景园林制图课程的发展始于1952年开设的画法几何课程，之后随着学科发展的阶段性变化，该课程也经历了课程内容、课程名称和课时的不断变化[2]。2007年北京林业大学本科专业教学计划调整时设立制图基础课程，将原画法几何和阴影透视两门课程的内容与专业制图内容整合，奠定了风景园林制图课程建设与改革的基础[3]。风景园林制图课程在学科的发展中被沉淀下来，积淀出自身的课程文化，既是多年教学实践精神的传承，也是教学理论的升华。体现在教师教学实践

　　① 基金项目：北京林业大学教育教学研究项目（编号：BJFU2020JY016；BJFU2020JYZD016）；北京林业大学课程思政教研教改专项课题（编号：2020KCSZ027）；中国学位与研究生教育学会农林学科工作委员会研究生教育管理课题（编号：2021-NLZX-YB63）共同资助。

風景園林教育理論与实践

过程中长期积累而成的有关课程的思想、意识、价值以及课程的政策、制度、实施与行为（培养什么人、怎样培养人）等方面[4]。回眸课程发展历程，清晰印记了历代老先生在教学生涯中为推进课程发展所作出的贡献：一是结合本校专业特色形成了自身的教学内容特色；二是对图纸的态度问题的严谨性[2]。这种"对待图纸的态度"，一代代传递给青年教师，传递给学生，成为风景园林制图课程精神文化的核心。

"知山知水，树木树人"是北京林业大学校训，课程文化是学校文化的有机组成部分，大学教育的根本是育人。风景园林制图课程在一年级第一学期开课，面对初入校园的大学生，引航专业学习和大学生活既是课程文化的一部分，也是课程建设的切入点。课程教学过程中始终坚持对制图规范的严格要求，以手工制图训练为起点，以思维训练和能力培养为目标，促进每个学生的发展和优良课程文化生态的形成。在课程文化的浸润中，教师与学生形成凝聚力，共同推进课程的发展与教学改革的深入，不断更新教学内容和教材，构建具有传承与创新精神的教学团队，探索新的教学方式与育人模式，培养具有发展自我和学业秩序的优秀学生[5]，展现出课程的特色。

2 以教材为基点的多元课程建设

2.1 基于各专业特点的模块化课程内容体系构建

北京林业大学风景园林学科培养具有创新、实践能力的综合人才。风景园林制图课程通过学习风景园林制图的知识与技能，夯实专业学习的基础，提高动手实践能力，养成严谨细致的工作态度，初步构建起学科思维，实现知识、能力、情意三层次的教学目标，并围绕课程定位和教学目标，提出了"夯实基础、强化能力、突出专业"的教学理念。根据北京林业大学园林学院5个本科专业（风景园林、园林、城乡规划、园艺、旅游管理）在专业发展方向的差异，基于各专业特点将课程教学内容等进行了模块化构建。依据风景园林制图课程主体内容：画法几何、透视投影、专业制图，搭建起课程构架的基础模块、训练模块和专业模块，各模块下又由细分的单元模块组成，形成渐进式的学习过程[6]。由于各专业培养目标和授课学时的不同，对授课内容进行了"专业定制"，风景园林、园林和城乡规划专业增加了研讨式的教学内容以拓宽课程延展度，加大综合实训的比重，达到学生能将课程各模块内容有机融合并对专业知识有更多的链接，这种教学内容体系的构建，有效降低了课时缩减对于课程教学的影响，同时构建起了"以学生为中心"的教学方式[6]，融入BOPPPS教学模式、雨课堂工具、翻转课堂等教学形式和手段，使教学过程更为多元化。教学过程中与Workshop课程内容进行衔接，以"绿地空间阅读及实测""建筑空间认知及解析"两个实践课题，实现课程理论与实践更紧密的结合，形成基础课程与专业课程的顺接与过渡（图1）。

2.2 教材建设及特色

教材是课程的载体，是教师组织教学活动的依据，如同电影的剧本，是教师与学生共同完成一门课程的基础。风景园林制图课程的发展与变迁，促发了课程配套教材建设的迫切性。使用教材过多、内容切合度不高，一直是困扰课程教学的痛点。根据课程大纲和课程学时（不同专业有差异）的总体设定，结合风景园林学科发展的特点，教材编写在课程内容三大板块知识（画法几何、透视投影、专业制图）的基础上进行策划，从理论基础教学和动手能力培养出发，力求内容编排符合学习规律，由浅入深。《风景园林制图习题集》《风景园林制图》分别于2011年和2014年出版，为课程建设和教学提供了有力的支撑和推动作用。2019年《风景园林制图（第2版）》《风景园林制图习题集（第2版）》出版，在第1版的基础上，对内容进行了删减、增补和修订，并增加了数字媒体资源。随着高校教育改革的深入和数字技术的发展，教材的本质与功能也随之发生了改变，不再是传统观念中教学内容和教学方法的一种规范，而成为发展的、开放的和多元的知识载体。画法几何部分由于计算机制图技术的发展和学时所限，删除了投影变换和立体相交的内容；透视图部分增加了画法案例；专业制图部分作为教材的重点内容，将2015年颁布的《风景园林制图标准》CJJ/T 67-2015，（备案号J1982-2015）相关内容写入教材，建筑施工图章节根据2017年发布的《房屋建筑制图统一标准》GB/T 50001—2017，对部分内容进行了修订。

教材内容注重理论结合实践、紧扣学科专业的发展，融合教学实践经验，参照最新国家相关标准并根据学生使用反馈多次修改，形成了以下特色：（1）知识层次由浅入深、易读易懂，便于学习。理论部分概念、原理和内容凸显重点；绘图部分分步讲解清晰表达作图步骤，方便学生自学、课前预习和课后复习。（2）完整的教学内容，灵活的章节体系。在注重内容逻辑与衔接的基础上，通过"*"标提示，授课教师可根据课时安排灵活取舍教学内容。（3）内容规范性强，覆盖建筑、风景园林设计施工等。大量图纸选取学生原创作业手稿及来自规划设计施工单位的实践项目图纸，适合学生及相关专业人士使用参考。（4）配套习题集题量丰富，教师可根据教学内容安排相关练习，学生也可选择教师未布置的习题作为课外练习题，是教材内容有效的补充。

2.3 数字教学资源建设与更新

数字时代背景下，立体化教学资源和教学内容，从教学的实际问题出发，将信息技术与课程教学深度融合具有重要的现实意义。2017年风景园林制图课程探索利用微课和雨课堂智慧工具为载体的线上线下混合式教学，选取专业制图模块的知识点进行微课视频设计，时长5～10min，利用实操演示、案例讲解和作业点评的方式，针对重、难点内容进行阐述，形成专题化、系列化的微课资源[7]。针对雨课堂课前与课后的推送，制作了适宜手机屏幕观看的新课件，课前提供预习的方向和重点，课后帮助学生更好的理解课堂内容，掌握绘图技巧[7]。互联网为教

学带来了开放性，也为教材建设带来了新观念，《风景园林制图（第2版）》纸媒教材结合课程建设也进行了数字

化拓展，制作适合混合式教学和学生个性化学习的数字化资源，包括多媒体课件、案例库、习题详解、优秀作业

图1　风景园林制图课程教学内容及教学模式

图库、制图规范、其他音频视频等。这些资源通过出版社数字教材平台及学校教学平台发布，促进教育资源共享与利用，使高等教育资源服务校园的同时也服务于大众，提供有效的专业帮助。

2.4　在线开放课程建设

混合式教学离不开优质的在线开放课程，在线开放课程以网络为载体，通过视频展开，可以实现教学、研讨、互动、作业、反馈和考试等教学过程，与传统课堂相比，对教与学没有时间和空间上的约束，课堂走进生活变得更加灵活。2020年教学团队开始筹备在线开放课程建设，教学视频是在线课程的核心部分，设计要求与流程大致有几方面：（1）进行教学设计：包括知识点拆分和知识点教学设计两部分，要求教师熟悉课程内容，了解学生在线学习习惯，合理的进行课程内容构建。每个知识点时长5～10min，每个课程视频一般讲解2～3个知识点。

（2）确定课程呈现方式：精品在线开放课程一般由专业公司或团队进行拍摄，不同的课程属性会在录制时呈现出不同的风格，比如实际操作风格、交流访谈、演讲风格等等，团队可以根据课程情况自主设定或听从专业公司的建议。（3）确定课程呈现的技术手段：屏幕交互、三维动画、虚拟仿真、AR交互、实景拍摄等，并提供制作要求与素材。其中教学设计阶段是在线课程设计的关键也是难点，风景园林制图课程内容的三大板块，知识点多、信息量大，在线上课程内容体系构建时，教学团队进行了反复的讨论，基于学情分析、师情分析以及对于线上教学活动的预测，在整体框架中减少了画法几何与透视部分的比重，充实专业制图部分的内容，对知识点进行重组，以演示和实操的风格进行呈现。学习中的互动对在线课程的效果有直接的影响，在课后资源中建立了练习、讨论、测验、答案等模块，搭建起更为完整的教学流程。在线课程以开放性、多元性吸引着更为广泛的学习者，课程建设

和运营也是需要持续完善和调整的教学过程。

3 课程教学实施的过程及效果

3.1 突破传统的教学方式转变

3.1.1 BOPPPS教学模式融合雨课堂教学工具

风景园林制图课的传统教学方式以教师课堂讲授和学生课后作业构成"教"与"学"的形式，缺乏有效沟通与反馈。2019年课程教学引入BOPPPS教学模式，并进一步明确适度理论、强化实训的原则，在不断探索中将多种教学方式融合，促进教学相长。BOPPPS教学模式以导言、学习目标、前测、参与式学习、后测和总结构成一个完整的教学过程，参与式学习强调以学生为中心，是整个教学过程的主体。风景园林制图课程在运用BOPPPS教学模式进行教学设计时，教学过程中会更关注学习目标的设定，目标的清晰有效性直接影响着学生的学习成效。前测和后测是教师了解学生阶段性学习情况的环节，根据测试结果可以随时调整教学进程，以达到预期的教学效果。在对教学内容进行了细致地梳理后，将BOPPPS模式与雨课堂结合，利用雨课堂的推送、问答、投票、弹幕、投稿等即时互动功能，提升参与式学习环节的互动效果。在整体教学设计中，采用课程闭环和主题闭环的形式：（1）导言：以案例、图片和事件引出问题，引发兴趣。（2）学习目标：从引入环节导入目标，明确将目标展示给学生，并从知识、技能、情感三方面进行设定。（3）前测：采用问题检测、描述检测、选择检测等方式，依据主题内容进行设定。（4）参与式教学：通过同伴教学、师生互动、小组研讨、小组评图、课堂汇报、现场演示、雨课堂互动等参与式教学设计，教师与学生共同营造课堂学习氛围。（5）后测：学生问题总结和雨课堂评图等，学生分享学习成果获得认同感。（6）总结：以学生总结和教师总结两种方式，通过图例、导图和描述等形式进行学习过程与方法的凝练，并通过雨课堂推送拓展知识。在整个教学过程中，充分融合课堂训练、课后作业、课题实训环节，促进学生自主学习。以BOPPPS模式和雨课堂为框架重新编写的课程教案，获2019年北京林业大学优秀教案一等奖，也在后续教学中不断检验和提升实践效果。

3.1.2 基于翻转课堂的研讨式教学模式探索

翻转课堂教学模式在教学中已被广泛应用，对于风景园林、园林及城乡规划专业，教学内容进入到专业制图时，教学团队会提前拟定一系列小型课题任务，引导学生熟悉研究的过程，初识专业知识，同时拓展教学内容。将学生4～5人划分为一个小组，每组以选题的方式获得一份详细的任务大纲，包括任务主题、学习方式、研究方法、组织流程、成果形式及讨论方式与综合评价等，再通过导学、课堂辅导和答疑等完成学习过程。课题设计通常结合案例，具有启发和引导性，更多的从专业引航的视角构建学生的思维逻辑，合理分配课堂时间进行有组织地

讨论[8]，实现个性化指导。学生在资料查找、方案准备，问题设计等环节，需要团队成员的充分协作并发挥自身所长，同时也学会解决各种问题，获得直接经验和成就感。

3.1.3 应用微信"小程序"的课堂外延

课堂以外的沟通与互动，是有效教学的拓展，使教与学的过程可以持续的进行。风景园林制图课程急需建立一个课后的有效交流环境，主要来解决教师对学生的一对一评图。在高校教学中微信被常用的功能包括微信公众平台、微信群和小程序，一般应用于课前的任务导入、课堂学习中的知识内化和课后的知识拓展巩固等过程[9]。微信"小打卡"程序可以通过建立"圈子"构建学习社群，圈主老师邀请学生加入，学生在圈子里可以上传图纸进行日常打卡或作业打卡，教师针对同学上传的图纸进行一对一点评，圈子里的同学可以"围观"其他同学的作业和老师的点评，也可以点赞或进行评论。"圈子"的主题、成员明确，学生更容易看到其他同学完成的图纸，也能收获老师的建议，打卡的作业可以一直保留，有不明确的问题也可以单独与圈主交流。2020年课程教学中学生的"打卡"积极性很高，绘图质量与完成度也大幅度提升。有效的课堂外互动实现了教师对学生学习情况的及时了解；帮助学生快速了解自己绘图的优点并改进不足；整体提升了班级学生的绘图能力。

3.2 教学效果

3.2.1 教材效果

《风景园林制图》教材2017年获全国农业教育优秀教材，2019年获北京高校优质本科教材，收获了对于编写团队辛勤付出的肯定。系列教材自2011年出版以来，依据风景园林学科发展进程与国家颁布的相关制图新标准对教材内容进行更新，对比过去使用的其他教材，学生在课业考核成绩与作业质量上都有了显著的提升，表现在：（1）学生对教材的使用率明显提高，包括课前预习和课后复习，教材提供的规范、范图、范例方便查找。（2）教材演示步骤清晰，学生通过自学就可以掌握课程基本知识点，有效提高了课堂效率，改变了以往由于教材晦涩学生学习过程中遇难的抵触情绪。（3）参照国家行业最新标准编写，学生绘图规范性提高。（4）精心选取配图，示范性好参考价值高，帮助学生快速了解专业绘图，提高对所学专业的学习兴趣。（5）针对高等院校风景园林及相关专业编写，适用性广，在北京林业大学园林、风景园林、城乡规划、园艺、旅游管理等各专业使用后都取得了良好的教学效果。出版反馈信息表明，目前全国有近20所高校（职校）选用本套教材进行教学，获得一定的认可。

3.2.2 考评分析

课程采取了过程评价和结果评价结合的方式，一些小组协作完成的任务，首先由各小组之间进行互评打分，之后再由教师进行评分。形成对学生整个学习过程和学习能力的综合评价：包括学习过程、专题研讨和综合作

图，分别占总成绩 35％、25％和 40％。实现分层次的考评，有效提高了学生参与课堂学习的积极性。

3.2.3 好评课堂

北京林业大学"好评课堂"是指"深受学生欢迎和好评，且得到教学督导及同行高度认可的课堂教学。"每学年认定一次，入围条件为近 2 个学年承担同一门本科课程的学生评教成绩有 2 次及以上进入学院（部）排名的前 5％[①]。2020 年教师团队成员入围"好评课堂"，好评课堂侧重考察教学实效，入围的课程需要经过督导听课、同行听课的跟踪考评结果，才能被最终认定。入围"好评课堂"反映了学生对于课程的认可度高，同时也体现出课程持续建设和改革所带来的有质量的教学效果。

4 结语

风景园林制图课程通过教学内容模块化，完善教材体系，创新教学方式，立体化资源等措施，以课程文化为精神驱动力，聚焦学生个性发展和课程质量提升，推进课程建设与教学改革的传承创新，取得了一定的成果。课程建设是一个长期的整体课程环境建设过程，教师、学生与课程本身都是这个环境中的要素。课程的发展中教师有针对性地解决课程问题，保持对教育教学新方法的敏锐，合理利用技术手段弥补教学不足，才能持续改进教学和优化教学策略。在未来改革中，探索设计初步系列课程教学目标的整合路径，以课程联动方式创建更为开放的教学环境，打通课程壁垒，尝试以课程主题的方式，开展多门课程的联合教学，促进学生对新知识的融会贯通，充盈立体化的课程建设。

图表来源：

图 1 作者自绘。

参考文献：

[1] 吴岩.建设中国"金课".中国大学教学，2018(12)：4-9.

[2] 刘毅娟.北林园林学院园林专业设计初步课程的作用及影响.风景园林，2012(04)：89-91.

[3] 刘丹丹.风景园林"制图基础"课程教学改革探索与实践.见：张启翔，王向荣，李运远主编.北京林业大学园林学院教学改革成果汇编：卷一.北京：中国林业出版社，2012.

[4] 陈列.地方本科高校转型与学校课程文化重建.当代教育实践与教学研究，2020(04)：112-114.

[5] 杨庆生，叶红玲，尚军军.在传承和创新中构建良性课程文化生态.高教学刊，2020(18)：39-42.

[6] 刘丹丹，李素英，赵鸣."制图基础"课程教学改革探索与实践.见：黄国华主编.潜心课程·卓越育人：北京林业大学教育教学研究优秀论文选编(2020).北京：中国林业出版社，2020.

[7] 刘丹丹."风景园林制图"课程混合式教学模式探索与思考.见：黄国华主编.探索·构建·创新：北京林业大学教育教学改革优秀论文选编(2017).北京：中国林业出版社，2017.

[8] [美]乔纳森·伯格曼，亚伦·萨姆斯著.翻转课堂与混合式教学.韩成财译.北京：中国青年出版社，2018.

[9] 陈默，管清源，赵大丽.高校教与学中的微信应用.研究科技视界，2017(24)：55+75.

作者简介及通信作者：

刘丹丹/女/北京林业大学园林学院在读博士研究生/讲师/研究方向为风景园林规划设计/krystal@bjfu.edu.cn。

① 2018 年印发的《北京林业大学本科教学"好评课堂"认定办法（试行）》，学生评教成绩排名前 5％的具体算法为按课程类别及授课规模分为理论（大、中、小班）、实践（大、中、小班）、体育（大、中、小班）9 种类型。学生评教成绩按学院（部）排序。

一花一世界

——设计初步系列课程的融合与创新①

One Flower One World

——Integration and Innovation of Preliminary Design Courses

刘毅娟*

北京林业大学园林学院

摘　要：本论文围绕近几年关于设计初步系列课程融合与创新的命题展开，提出了"一花一世界"的改革目标。"一花一世界"有三个层面的意思，一个层面是把每个学生比喻成一朵花，针对不同学生的个性和特征制定不同的培养方案；一个层面是整个设计初步系列课程作业围绕一种植物展开，让学生多层次、多角度、多手法对一种植物展开深度的研究及创作；另一个层面是依据所选植物最终完成花博会一个主题园的设计，并提供完整的方案设计表现图，达到初步设计的目标。为了实现这个目标，本文提出"一线三区多层面"的串联式教学模式、"师法自然、自然而然"的教学内容，及"从做中学"式的教育理念与方法。经过多年的教学实践，形成了一套完整而独特的教学方案。

关键词：设计初步；串联式教学模式；师法自然；从做中学

Abstract: This paper focuses on the proposition of integration and innovation of preliminary design courses in recent years, and puts forward the reform goal of "one flower one world", which has three levels of meaning. Level one is to treat each student as a flower and make different training plans according to different personalities and characteristics. The second level is that the whole series of preliminary design course assignments are carried out around one kind of plant, so that students can carry out in-depth research and creation on one kind of plant from multiple levels, angles and techniques. The third level is to complete the design of a theme garden of the flower expo based on the selected plants, and provide a complete schematic design diagram to achieve the preliminary design goal. In order to achieve this goal, this paper puts forward a series teaching mode of "one line, three areas and multi-level", the teaching content of "learning from nature" and the educational idea and method of "learning by doing". After years of teaching practice, a complete and unique teaching program has been developed.

Keywords: Preliminary design courses, Series teaching mode, Learn from nature, Learn by doing

1　课程研究背景

北京林业大学园林学院的基础教学分为三大块：美术、园林植物和设计初步，构建了"基础宽厚、主线分明"的理论课程体系[1]。这三大基础为学科的建设奠定扎实的基础。美术基础让学生学会拿起画笔绘制美丽彩色；植物基础让学生了解专业材料及生态特性；设计初步基础让学生掌握专业语言的图像思维转换与空间表现技法等，在这个过程中起着重要的纽带和整合作用，并为学生跨入专业学习起着重要的过渡作用。

近几年城市更新成为时代新的话题，城市规划学科也上升到一个新的高度，对学生的培养也更为全面，加强培养学生宏观、中观和微观等多层次的视角为基础教学的重点。因此，本文以城市规划专业的教学改革为例，从而展开探讨设计初步系列课程的融合与革新。

1.1　设计初步系列课程及特点

设计初步系列课程为北京林业大学风景园林学三大基础之一，主要课程包括制图基础、平面构成、色彩构成、立体空间构成、设计表现技法及 Workshop 等，制图基础主要研究绘制和阅读工程图样、建筑透视图的绘制方法；造型基础分为平面构成、立体构成和色彩构成三个部分，使学生提高造型能力及了解基础造型的美学法则，培养学生的抽象概括能力、逻辑推理能力以及对新形态的创造力和想象力；设计表现技法则训练学生使用各种表现材料进行效果图的绘制、记录或表达设计意图，培养学生用设计语言进行表达沟通的能力[2]；Workshop 通过一些命题使各门课程之间能够相互渗透和衔接，提高学生运用所学理论知识综合分析和解决实际问题的能力。

1.2　设计初步系列课程的难点

基础课程内容涉及面广，生源为理科生，大都是

① 论文支撑项目：校级教改重点项目，(项目编号：BJFU2020JYZD016) 题目"设计初步系列课程"教学目标的整合与优化。

"零"美术基础，审美意识和绘画技法提高的同时又要进行抽象形象思维的转化与转译等，每个课程的设置和组织似乎有共性，但又存在显现的联系，对于刚踏入大学的理科生，有点力不从心，好奇心也随着课程的不断深入及难度的加深，逐渐减退或消失，主要表现为以下三点：

1.2.1 理学与美学的矛盾反差

系列课程中的平面构成、色彩构成及立体构成目的旨在培养学生的造型艺术审美力与创造力，教学大纲主要依据"包豪斯"课程体系，旨在建立美学思维、审美情趣及表现艺术力等；制图基础、设计表现技法旨在培养学生专业语言的表达，需要严谨的理学思维及空间想象力；而这理学与美学两种不同思维方式的交织与互渗，对于大部分学生在面对美学、造型艺术、形式美的构成发则、设计语言的表达等，都是很难快速掌握知识的要点并建立自己的艺术思维。

1.2.2 美育与技术的脱离

工业时代和信息时代促进艺术走向两个极端：艺术走向生活、艺术超越艺术。工业时代促进造型艺术走向几何美学，几何美学促进了艺术的工业化，从而使艺术走向人们的生活；另一个极端是在数字和信息的快速发展下，大家对艺术有了新的诉求，开始对传统艺术的反思，艺术超越现实，是改变现有世界的期待。

艺术的发展激发了设计领域的发展，也刺激学科之间边界的新生代发展，从而促进交叉学科的诞生。然而，没有完善的理论体系和知识框架，学生很容易迷失在艺术的海洋里，要么眼高手低，理论高度有了，却很难通过图形或空间模型的语言表现出来；要么手高眼低，作品平淡特征不鲜明等，常徘徊于共性美学和个性美学之间。

1.2.3 知识点与造型训练的繁杂

造型基础分为平面构成、色彩构成和立体空间构成，平面构成包括师法自然、图像提炼、图与底、点线面、构成规律、形式美法则及专业图底造型语言转译等七大知识点；色彩构成包括色彩的感知与表述、色相对比、明度对比、纯度对比、色彩调和、色彩表情、空间色彩、地域景观色彩及城市色彩9大知识点；立体空间构成包括从平面生成立体、面的构成、线的构成、块的构成、空间构成及综合构成6大知识点；设计表现技法分为快速表现技法及效果图的渲染两大块，快速表现包括从平面生成透视图、墨线、马克及彩铅等。这些课程知识点繁多，它们虽然是独立的知识点，但它们最终是为创作出一个场地的空间环境服务的。然而，教学过程中学生常因知识点的衔接度不够，而造成心有余而力不足的局面。

1.3 设计初步系列课程的改革内容和方向

针对学生、专业特点及教学中的三大难点，总结出问题的关键在于"知识点的串联、衔接与组织"。为此，需要从以下4点进行梳理：

第一，整理并完善具有专业特色的造型基础理论。

第二，紧扣"科学、设计、艺术"三条主线，贯穿于整个教学环节始终，强调"从做中学"式的教育理念与方法。

第三，提出吻合学院特色的串联式教学模式，为学生奠定扎实的设计基础。

第四，坚持学院多元化发展的培养方案，注重学生的个性化发展与培养。

2 设计初步系列课程体系构建的探索

本文建立在教学改革与实践基础上，遵循"取法自然"的教学理念，实现"从自然形态到形式设计"的教学方案，采用"单纯题目、深入研究"的教学方式，每个学生选择一种植物的作为创作的原型，创作了色彩、立体与空间等构成作业，最终以选择的植物为主题，创作花博园的主题园，并结合"表现技法"课程内容，得以展示，形成一套较为科学的教学方案。下面从教学模式、理论体系和教学理念三个方面展开说明。

2.1 "一线三区多层面"的串联式教学模式的设置

2.1.1 一线

一线指的是一条串联系列课程的主线，设计初步系列课程的作业都围绕"一种植物"主题而展开。如在"平面构成"中的四大作业都是围绕所选植物进行抽象、解构、分割、重组的创作，通过这些分析，让学生体会到自然的生长和造型规律，并把其量化、数字化、几何化和美化；而"色彩构成"则在原有平面构成的基础上，根据植物四季的变化、物候的特征、环境的改变等，调整和巩固平面布局并赋予色彩、色调、纯度、心理、生理和情感等，使每张作业都能感受所选植物的色彩特性；在"立体空间构成"中，以植物的花、叶、枝、果为创作原点进行线、面、块的立体构成，并针对植物的整体特征进行综合立体空间构成的创作，最后以所选植物的主题，进行主题园的空间模型设计；最后通过"设计表现技法"课程把模型转化成专业的图纸，内容包括平面图、立面图、剖面图、人视点一点透视、人视点一点变两点透视、人视点两点透视、小鸟瞰图和大鸟瞰图，并用马克、彩铅和水彩渲染给与充分表现，最红得到一份完整的设计图纸。

2.1.2 三区

三区指的是把"平面构成""色彩构成""立体空间构成"系列课程与设计过程中"平面布局""主题立意（氛围营造）""立体空间塑造"等结合起来，使课程能完美地融入到专业设计中，为今后的专业设计打下坚实的造型基础。比如，平面构成中的抽象自然形态的作业训练中，让学生用几何美学解读、分析所选植物的造型、比例、数列等，并把其转化成带有几何美的图形进行二维平面的图形布局，这个过程学生除了提炼植物的造型原本外，还要经营图形的二维画面中的构图、层次、虚实、比例、图底等平面布局的组织章法；又如色彩构成中的情感表述作业训练中，强调平面布局和色彩氛围营造紧扣主题，使观看作业的人能与所选植物的某一情感特征形成共鸣，这个过程中学生需要提炼出植物的某一特征，从而确认主题，并从所选植物的色彩出发去提炼和组织色相、色调、纯度、面积、形状等，使学生从园林材料的角度思考主题的立意；立体空间构成的主题园的模型设计中，整合了平面构成和色彩构成的知识融入空间构成的创作中，使学生从平面布局、主题立意角度出发推敲立体空间的山水结构、建筑及景观构筑物等的数列、比例、大小、动势和高低等，因为主线明确、三区紧扣、循序渐进，使学生能初步掌握一个主题园的空间创作。

2.1.3 多层面

多层面指的是创新思维、形式逻辑、造型规律、专业术语、表现技巧、时代精神等角度的渗透与补充。创新思维的关键是懂得"思路"的一般规律，然后打破常规思维习惯，懂得对事物的认识应达到哲学高度；形式逻辑的关键是用数学解读、分析所选植物背后的生长逻辑及形式逻辑，以更好更快地掌握几何美学；造型规律则是建立在人类长期的视觉习惯所总结形式规律构成理论，对其理解能更好更快地进入造型的训练中；专业术语是进入专业学习之前必须了解的抽象而专业性强的图形语言，属于符号学的范畴；表现技法不单是设计表现技法还包括构成课上所有的表现技法，主要是提高学生的学习效率的技巧及方法；时代精神是建立对知识点的掌握基础上结合当代思潮、观念及精神，使作业创作能与时俱进。这些多层面的渗透能促进学生的学习兴趣及激发他们的创作动机。

2.2 "师法自然、自然而然"的理论体系

2.2.1 突出院校的专业特色

人类在长期的进化过程中对自然界进行了深入的观察和研究，在模仿、模拟和改造自然的过程中逐渐形成了共性美学，这些共识成为全世界的共同美学语言，不受地域、文化和信仰的影响。比如平面构成中所设计的构成规律是对自然界形态的总结与整理，而自然万物的生长形态规律也在影响人们的视觉习惯和认知。北京林业大学是以园林植物与观赏园艺学科和风景园林规划设计学科作为主干学科，植物是重要的设计要素之一，故从自然认知为切入点，建立"师法自然"理论体系。

2.2.2 从自然认知到形态设计

美国哲学家约翰·杜威在 20 世纪提出实用主义美学，强调艺术与经验之间的关系，认为艺术是经验的一种延续，艺术的根源存在于人的经验之中。在他看来"审美属于每一个正常的日常经验特征的清晰而强烈的发展"[3]，美学是建立在对生活经验的总结、提炼和升华，是源于视觉习惯的和生活经验。这种经验不是与理性对立，是建立身体机体与环境相互作用下的一种使经验或行为更有成效的智慧，并把这种经验转化到生活的方方面面。以包豪斯为代表的三大构成就是建立在这种实用主义美学和工业文明诉求的基础上成立的，旨在完善工业时代的艺术设计学的基础教育。因此，教学内容立足于自然形态为

"造型原本"，以其为理论和案例的理论依据，从"人类视觉习惯、生理和心理"出发点，依托成熟的三大构成理论结构，结合"极简美学""几何美学""模数"等数字美学，针对风景园林学与城市规划专业的学科特色和生源零美术基础的特征，搭建出一套从自然认知到形态设计的教案，并形成紧扣专业的系列教材《造型基础·平面》（第 2 版）[4]、《造型基础·色彩》（第 2 版）[5]、《造型基础·立体空间》（第 2 版）[6]（修订中）、《园林设计初步》（第 2 版）[7]等。

2.2.3 从设计形态到初步设计

设计初步系列课程目标是让学生掌握对一块小场地的设计，并用专业语言表现出来，为今后的专业设计奠定扎实的造型基础。因此，在教学过程中建立几个关键的转化环节：第一，为从平面构成到平面布局的专业转化，使学生顺利地完成从平面构成的理论转化设计的平面布局中。第二，在平面布局基础上如何进行色彩搭配和组织，以达到四季景观中不同景点的色彩氛围营造。第三，针对一种植物创作的主题花园，利用立体空间构成的知识完成花园的设计，并完成模型的制作。第四，通过专业制图的规范和标准对模型进一步地推敲和提升，结合快速表现技法及水彩渲染的知识，把这个过程中所设计的形态转化成一套完成的设计表现图。

2.3 "从做中学"式的教育理念与方法

"从做中学"式的教育理念是约翰·杜威提出的教育思想，主张从经验中积累知识、从实际操作中学习，要求学生运用自己的手、脑、耳、口等感觉器官亲自接触具体的物体，通过思考、分析和研究完成从感性认知到理性知识积累的过程，最后亲自解决问题[8]。造型基础、制图及设计表现技法是非常强调动手能力，强调理论结合实践，实践提升创作理念和手法的教育方针。故课程设计为一周 4 节课，4 节连上，大致时间如下安排：第 1 节为理论知识，第 2 节为理论在实际应用中的转化或者教师示范，第 3 节课为课堂对知识点消化，学生要动手完成关键知识点的造型演练，第 4 节课则点评上次的作业。

这样课程设计加强了师生的互动，老师可以看到学生在作业过程出现的共性问题，能针对性地辅导学生，教师的示范作用也可以提高学生的学习效率，学生课堂上的动手演练也有助于他们加强记忆，班级的讨论与比对也强调学生的探索精神及求知欲望，同时让学生敢于面对自己的不足并鼓励学生自己去寻找解决办法。

3 "一花一世界"的教育策略

3.1 个性化培养

随着风景园林学科的不断壮大，时代对专业发展提出了更高的要求，职业结构对高质量人才有更高的需求，因此，教育的主体要求在教学目标方面，能够强调塑造学生的个性和发挥各自的特点。

要促进师生的相互理解和信任，激发"教"与"学"

的互动性，根据课程内在逻辑性，由一位老师负责一个班级的《平面构成》《色彩构成》《立体构成》《设计表现技法》四门课的主讲，这样师生因为长期的相处，教师能更加了解每个学生的个性与特征，根据不同学生进行有针对性的培养，作业点评也尽量做到"一对一"的辅导，真正达到因材施教的教学目的。

3.2 分组式学习

为了更好地激发学生的兴趣及能动性，促进教师与学生的互动性交流，采用分组式学习团队，5～6人一组，每组有正副两位组长，组长的遴选主要依据第一次大作业的成绩，组员则自由组合，但要求男女搭配组合。但随着课程的深化或变化会视情况进行局部调整人员及结构。

上课时组员坐在一起，由于他们彼此熟悉，有的学习能力比较强，有的善于提问题，有的动手能力比较强，坐在一起有助于课堂讨论和知识点的消化。

课下组员一起做作业，一起讨论问题，课前组长把作业中遇到的难点和问题整理成文件交给教师，课上教师根据大家的问题进行解答和举例说明。

3.3 团队式协从

每个课程都有一次团队合作的大作业，以原来的分组为单位，每个组员都有独立要完成的作业，组合在一起能形成一个主题式的大作业。这就要求团队之间如何确定主题，如何找到共性的元素或组织语言，如何展开制作使作品具有个性和团队的整体性等，从而培养学生的团队协从力。

通过个性化的培养、分组式学习及团队式协从的教育策略，即塑造了学生个性和特点的同时，又加强了同学间的友谊，同时培养了他们的团队合作精神。

4 结语

设计初步系列课程融合与创新是建立在学科发展基础上与时俱进的结果，是建立在一届届学生的反馈基础上不断完善的结果，是在一次次的教改中不断探索的结果，是在教材的编写和反复修订中不断趋于成熟，最终形成了一套比较完整而独特的教学方案。"一花一世界"的论述是对这套教学方案的总结，也是对其经验的概述，希望能带给读者一点启示。

参考文献：

［1］ 杨晓东，刘燕．风景园林特色专业建设的探索与实践，中国林业教育学会高教分会，2011．

［2］ 李雄．北京林业大学风景园林专业本科教学体系改革的研究与实践[J]．中国园林，2008(1)：5．

［3］ John Dewey, Democracy and Education, An Introduction to the Philosophy of Education, The Free Press, A Division of Macmillan Publishing Co., Inc., New York, 1994.

［4］ 刘毅娟．造型基础·平面 第2版[M]．北京：中国林业出版社，2018．

［5］ 刘毅娟．造型基础·色彩 第2版[M]．北京：中国林业出版社，2019．

［6］ 刘毅娟．造型基础·立体空间[M]．北京：中国林业出版社，2010．

［7］ 石宏义，刘毅娟．园林设计初步 第2版[M]．北京：中国林业出版社，2018．

［8］ 杨静，段作章，"主动习行"与"从做中学"——颜元与杜威教育思想比较研究[J]．河北师范学报，2007(9)：43．

作者简介及通信作者：

刘毅娟/女/汉/博士/北京林业大学园林学院/副教授/研究方向为风景园林规划与设计/ liuyijuan99@163.com。

日本风景园林学科框架下的空间认知视角教学实践及启示[①]

Teaching Exploration and Practice from the Perspective of Spatial Cognition Under the Subject Framework of Japanese Landscape Architecture

秦　晴[1]　沈校宇[2]*

1　华中科技大学建筑与城市规划学院；2　苏州大学艺术学院

摘　要： 日本率先经历西方近代化改革并将西式教育体系融入了亚洲的特色背景中，19世纪末20世纪初，现代风景园林学科从日本和美国传入中国。通过梳理日本有关风景园林教育的课程设置、研究内容和相关活动的发展与延续，梳理中日两国教育理论与实践、现代学生的学习特点及异同之处。从日本教育体系下凝练出空间认知的教育视角，总结得出日本教育框架下的景观体验分为三步骤"Scene""Sequence""Image"。从该视角出发分析教学过程中如何引导学生从植被、空间、地形等环境与行为分析入手，在课堂上用描绘家/学校周围空间地图的训练方式，深刻理解"移动的景观"或"移步异景"的空间序列方式。最后总结教育教学方式对于空间认知与体验的新尝试，探寻适应我国教育背景下的空间认知教育实践方式。

关键词： 日本风景园林；景观体验；空间认知视角；课程体系

Abstract: Japan was the first to undergo Western modernization and reform and to integrate Western-style education systems into the distinctive Asian context, and the modern landscape architecture discipline was introduced to China from Japan and the United States in the late 19th and early 20th centuries. By combing the development and continuation of the curriculum, research contents and related activities of landscape architecture education in Japan, we sort out the similarities and differences between the educational theories and practices, and the learning characteristics of modern students in China and Japan. The educational perspective of spatial cognition is condensed from the Japanese educational system, and it is concluded that the landscape experience under the Japanese educational framework is divided into three steps: "Scene", "Sequence", and "Image The three steps are "Scene", "Sequence", and "Image". From this perspective, we analyze how to guide students in the teaching process from environmental and behavioral analysis such as vegetation, space, and topography, and use the training method of drawing a map of the space around home/school in the classroom to deeply understand the the spatial sequencing approach-"moving landscape" or "moving landscape". Finally, we summarize the new attempts of spatial cognition and experience in educational teaching the method and explore the ways of spatial cognition education practice in the context of education in China.

Keywords: Landscape architecture of Japanese; Landscape experience; Spatial cognitive perspective; Course system

1　日本的风景园林学科发展历程

19世纪末20世纪初，现代风景园林学科从日本和美国传入中国。日本经历了西方近代化改革，并将西式教育体系融入了亚洲的特色背景中。在日本最初的风景园林称为"造园学"，多指日本庭园中的各类创作元素特征组合的手法；随着时代的发展，逐步变成了以现代的角度诠释古典庭院的各类特征，并赋予新的意义。现在的风景园林以及景观设计等的学科概念较为宽泛，不仅指造园，城市设计、公共空间的规划与设计、自然保护和生态多样性，森林疗愈及地域性文化景观等交叉的学科领域范畴。

21世纪之后，日本法律体系的调整突出了地域性景观的独特性，并强调了不同地域资源的重要性，也将景观看作地域规划中的重要资源之一。景观是人们生产生活与土地等自然环境之间相互作用、日积月累的产物；景观是地域个性的重要体现，是一种"地域资源"[1]。以此为前提，地域独有的个性景观与日常生活密不可分，承载着童年的美好回忆，反映了当地居民从小到大形成的风景观；记录了人们共同经过的历史变迁，并能够促进居民之间沟通与交流，发挥着维系当地居民交流活动的纽带作用。因此，审视集体共有的地域景观，能够使当地居民重新认识身边习以为常的风景，加强对所在地域的理解。而管理与维护地域独有的个性景观，能够提高居民对地域的归属感，发挥重构地域交流的功能[2]。

---
　　① 基金项目：江苏高校哲学社会科学研究基金项目"乡村文化景观与城乡发展可持续性研究——以苏州为例"（项目编号：2018SJA1327）；华中科技大学2019年双一流自主创新基金（项目编号：3011220016）资助。

2 以东京大学为代表的日本风景园林学科教学体系

2.1 东京大学风景园林学科内涵

日本东京大学农学生命科学研究院下属的森林学科系的森林风致计画学研究室，前身是由日本大正时期被誉为日本公园之父的本田静六教授在"造林学教室"基础上成立的"造园学教室"，在1973年因时代的发展更名而来。研究室的目标是为研究人与自然之间的关系，并建立这种平衡关系，以保护与保存、创造与丰富人与自然共存的美丽景观和舒适的生活空间。研究内容不仅限于自然、人与环境：包括森林等自然环境，还涵盖了人们所居住的生活环境和社区空间；为了使人类过上舒适与富足的生活，从"绿化"与"自然"、风景与游憩、保护与创造的角度，运用景观规划、设计的方式方法进行创造性活动。"风致"一词具有风景、景致的含义，尤其是具有人为参与的，具有历史和文化价值的含义。因此，研究过程中不可避免地涉及自然科学以及人文社会科学，具有跨学科特性；研究方法包括应用心理学、社会学、地理学、信息科学及历史与法律制度经验理论方法（图1）。从空间规划理论的观点出发，风景园林与景观的范畴从区域发展到场地规模，包含园林绿化、建筑、土木工程、城市规划、旅游游憩研究等。

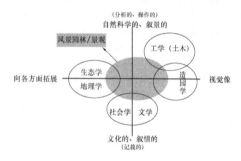

图1 东京大学下村彰男教授对于不同学科下风景园林/景观相关概念的整理

2.2 东京大学风景园林学科的课程分布

东京大学农学院的森林风致计画学研究室研究方向包含自然地域的风景的保护与利用；景观视角的地域资源的价值比对与分析；绘画作品与文学作品中的风景观呈现；观光游憩地的规划与设计；风景与生活相关的历史延续与变迁；城市公共空间相关的理论与政策等。

东京大学本科教育讲学生四年的学习生涯分为两个阶段，第一阶段称为教养学部，教授一二年级学生专业大类的基础课程，学生不划分细专业的所属；到了大三开始选择研究室，进入研究室经由教授的指导，进行学术研究的科学训练及毕业论文的撰写。所教授的硕士课程有《造园学特论》《风致工学》《环境设计特论》《森林游憩论》；高本科生课程《森林风景规划设计学》《自然保护论》《景观解析》《游憩规划设计概论》，及两门实习课程《森林风景计划实习》与《森林科学基础实习》；低年级本科课程则有《环境与景观的生物学》与面向低年级开设的《农与食的社会调查研讨会》。

全年级课程打通，不同年级的学生可以跨越年级选上；同时高年级本科生与硕士生，以及博士生还有一门长期的必修课程为选择的研究室所属的讨论小组课程（Seminar组会课程），每周由研究室教授主持，学生依次介绍一段时间的个人研究进展（每位学生每学期约发表3~4次），若无个人学术研究进展，可适当进行文献的阅读展示与分析。开设的课程教师有本研究室教授与副教授，也有与研究室签约的客座讲师，如日本国土环境研究所的研究员神田修二（擅长国家自然公园的规划设计与政策制定）；或农业生命科学学院其他专业研究室的资深教授，绿地创成学研究室的大黑俊哉教授（擅长生态学与绿地生态规划）。东京大学森林风致计画学研究生年级课程一览见表1。

东京大学森林风致计画学研究生年级课程一览　　　　表1

年级	课程名称	讲授内容
硕士课程	《造园学特论》	从"环境美化"的角度讲述传统自然景观处理的现代意义，并通过环境美化设计方法来进行环境保护、再生和创造的应用与发展
	《森林游憩论》	在实例的基础上，将保护管理的机制作为一种具有休闲性的新形式，在森林中享受环境的乐趣，并讨论可持续的森林管理方法，同时牢记人与森林之间的新共生关系，并加深理解
	《风致工学》	在理解"区域森林景观"的概念之后，将研究该国各地的特色森林景观，分析这些景观的特征，并数理该森林景观的历史背景和景观，并研究支持这种机理的机制；并讨论应如何进行保护
	《环境设计特论》	用技术来读取要场所特征，并且向使用该场所的人们传达（识别）环境的质量和特征。环境在不断变化且根据不断变化的情况调整管理行为
高年级（3~4年级）本科生	《森林风景规划设计学》	景观规划的视觉感知、预测和评估、景观理论和文化景观、景观分类与模式、景观资源管理等专业基础知识
	《自然保护论》	课程基于考虑到人类活动和自然特征做出判断。介绍了自然保护的概念及其变迁，日本自然的现状及其掌握方法，通过介绍实际自然维护管理案例，提供从各种角度思考自然保护的机会；并从全球角度解释自然保护问题

年级	课程名称	讲授内容
高年级（3～4年级）本科生	《景观解析》	学习各种统计与分析方法以更客观地把握复杂的景观现象与规律，并介绍通过分析结果可以提出什么样的具体计划和设计
	《游憩规划设计概论》	概述娱乐活动的内容和形式，历史背景，目标空间，对当地资源的影响和问题，并讨论和讨论管理和规划方法
	《森林风景计划实习》	收集和组织有关环境的各种信息数据，从景观和休闲的角度学习检查和掌握土地资源性质的思维方式和技术，体验检查和景观规划的目的是了解基本概念和进行方法，从保护/保护和娱乐用途的角度考虑土地用途。通过协调和整合并提出方案，实践一系列景观规划流程来确定最终方案
	《森林科学基础实习》	作为通过自然科学和人文科学方法来了解森林地区地理特征的方法，森林政治研究方法，对区域特征和区域规划方法的理解，沉积物径流，山区盆地调查，林业工作地点，了解地理和地理学的基本知识通过研究对森林科学进行地理方面的研究
低年级（1～2年级）本科生	《环境与景观的生物学》	基于生物学，生态学和农业形成美丽而舒适的环境和景观的方法。介绍用于掌握，分析，评估和形成森林，农村地区和城市环境和景观的方法和技术的特定示例。概述近年来已提出的景观和环境保护的实际案例情况，从生态，景观理论和规划理论的角度指出问题
	《农与食的社会调查研讨会》	通过实践学习有关主题的社会研究方法，例如农业，饮食习惯和环境。将来如何处理诸如"行为"和"意图"之类的社会问题，如何消除偏见或如何建立联系学会如何进行指导
全员必修课程	本研究室所属的讨论小组课程（Seminar课程）	学生依次介绍一段时间的个人研究进展，若无进展可进行文献的阅读展示与分析

3 日本风景园林学科教学体系下空间认知视角与景观概念建构

3.1 基于景观体验的空间认知的理解与实践

基于景观是人类周围环境资源（中村义夫教授）的观点，有关景观或规划和设计景观的方法涵盖了人类生活的方方面面，从城市到市郊；从原始自然，到农耕文化景观，都作为景观规划的对象进行空间的规划与设计、管理技术、保护保全计划等。特别是景观规划方面，需要进行必要的分析、预测与评估；通过视觉感知特性、景观基础理论，和文化景观背景进行各类模型的统计与分析。因此，基于景观体验的空间认知的各类训练与教学就显得尤为重要。在日本风景园林教育体系下，景观体验的空间认知分为三个步骤。第一个步骤为"Scene"的视点固定的景观视觉截面，例如古典园林的借景，观看景色的人固定不动，视点稳定，所看到的景色呈透视的平面形态。第二个步骤为"Sequence"为"移动的景观"或"移步异景"的空间序列方式，即连续的景观模式；景观视点有一定的变化途径，为线性的平面形态。第三个步骤基于凯文林奇的《城市意象-Image City》这一经典理论发展而成，为"Image"。一定时间流逝下形成的具有一定群体意识的价值观、风景观所沉淀的场所的景观印象；为该场所的时光叠加的立体形态（图2）。

以专业基础课程《森林风景规划设计学》为例，课程教授的内容依次为：（1）基本概念阐述导论；（2）视觉感

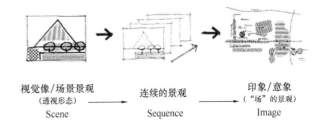

视觉像/场景景观　　连续的景观　　印象/意象
（透视形态）　　　　　　　　　　　　（"场"的景观）
Scene　　　　　　Sequence　　　　　Image

图2　基于景观体验的空间认知

知特征，风景观和景观体验；（3）空间认知视角的景观把握模型；（4）景观规划分析，预测和评估；（5）地域分区和景观规划；（6）森林，绿地，自然机能；（7）城市花园和公园，自然保护区；（8）保护自然环境的法令与规章制度；（9）生物多样性，里山，文化景观；（10）自然资源保护的方法论；（11）北美国家公园和VERP；（12）ROS，LAC，承载能力；（13）公园的使用、需求、满足和风险管理；（14）环境教育和社区治理理论。从该景观体验的空间认知视角出发在教学过程中引导学生从植被、空间、地形等环境与行为分析入手，在课堂上用描绘家与学校周围空间地图的训练方式，加深学生对于"场所的时空演变与沉淀"的理解。由浅入深，由一贯穿，以此为基础发散到各个层面上的规划分析与设计。

3.2 基于课程实践的景观概念建构

景观是人与环境之间所成立的现象（图3），是要透过人的视觉、人的价值观、风景观来看待景观所形成的；因此景观也是一种关系，用以调和人与自然的关系。随着

科学技术的进步与发展，学者逐渐意识到风景与景观是随着时间的流逝、位置的不同而变化（图4），也是可以直接测量与量化的对象。在具体的课程中，便可以学习各类分析数据的方法来用量化的方式客观地掌握这种复杂的变化现象；并通过分析结果来提出具体的计划和设计方案。在景观概念建构的《景观解析》一课中，教学内容分为三大板块，为（1）景观的基础与内涵；人类视觉感知和行为模式；（2）景观评价与应用；评估目的；景观评价方法体系；（3）物理测量技术；心理测量技术；基于景观评价的规划设计中的应用。层层递进，由梳理景观概念的变化及建构过程，配合具体实践案例的讲解，深入场地分析-评估-再细化设计的实践过程中。

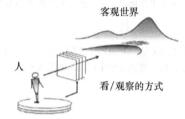

客观世界

看/观察的方式

人

历史、社会、经济等

→景观是人与环境之间所成立的关系（现象）

图3　基于景观的概念建构-小野良平

（自然）风景的建构模式例：

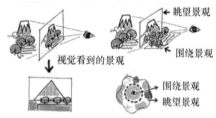

眺望景观

围绕景观

视觉看到的景观

围绕景观
眺望景观

（来源：塩田敏志《自然风景地的景观解析1～4》，1967）

图4　基于风景的概念建构-塩田敏志

4　结语

在日本成熟的学科体系下，风景园林专业研究室强调从风景认知的空间体现入手（即视觉的景观印象的建构方式）展开对风景园林的专业学习及深入。通过每周讨论组会的幻灯片汇报模式，训练了学生较为流畅的表达能力；借由Seminar组会讨论形式进行了全研究室全年级打通的头脑风暴活动，规律地交流最新研究进展，培养学生不同看待问题及思考的方式。这些风景体验实践课程及规律性交流组或模式，使得学生能够自律做科研，培养学生化繁为简、多利用图表表达思维方式的习惯。通过对日本学科体系下对于空间认知与体验的模式的课程梳理与学习，有助于探寻适应我国教育背景的空间认知教育实践新方式。

图表来源：

图1由下村彰男教授所绘；图2由作者自绘；图3由小野良平教授课程讲授所绘；图4引自参考文献［3］。表1由作者自绘。

参考文献：

［1］　下村彰男，刘铭．日本地域景观的独特性及其可持续管理［J］．风景园林，2019，26（09）：109-118．

［2］　西村幸夫．风景的思想［M］．京都：学艺出版社，2012．

［3］　塩田敏志．现代林学讲义8．东京：地球社，2008．

作者简介：

秦晴/女/（民族-汉族）/日本东京大学造园学博士/华中科技大学建筑与城市规划学院讲师/研究方向为儿童游乐场地与儿童行为、文化景观/iamqinqing@outlook.com。

通信作者：

沈校宇/男/（民族-汉族）/慕尼黑工业大学景观建筑硕士/苏州大学艺术学院讲师/研究方向为乡村文化景观规划与设计/xy-shen@suda.edu.cn。

本科层次职业教育风景园林专业"理实一体化"教学模式构建

——以《植物景观规划设计》课程为例

The Construction of the " Integration of Theory and Practice" Teaching Mode for Landscape Architecture in Undergraduate-Level Vocational Education

——Taking the Course of " Planning and Design of Landscape Plants" as an example

王 锦[1] 顾进立[1]* 张 悦[1] 车雪清[2]

1 昆明理工大学城市学院；2 云南省设计院集团

摘 要： 本科层次职业教育定位为培养工程技术技能型复合型人才，教学组织围绕核心职业能力和职业素养，强调"职业性"。基于此定位《园林植物景观规划设计》课程坚持以专业技术能力培养为主线，遵循"职业技能引领、任务驱动、项目导向"新理念，构建"单元模块七步推演、单元理论贯穿项目化教学、理论重难点专题训练"3 种理实一体化教学模式。课程由双师型教师团队任教，通过"理论讲授—专题实训—项目实训—绿地调研"的教学形式使学生掌握一套处处推敲、层层递进，最后水到渠成的递进推演式应用教程，同时完成贴近行业技术标准要求的结论性图纸。

关键词： 本科职业教育；风景园林；理实一体；园林植物

Abstract: Undergraduate-level vocational education is positioned to cultivate compound talents with engineering skills. The teaching organization revolves around core vocational abilities and accomplishments, and emphasizes "vocation-orientation". Based on this positioning, the "Planning and Design of Landscape Plants "course adheres to the cultivation of vocational technical ability as the main line, and follows the new concept of "vocational skills-led, task-driven, and project-oriented". The curriculum constructs three integrated teaching modes of theory and practice: "seven-step deduction of unit modules, unit theory through project-based teaching and theoretical and difficult topic training". The course is taught by a team of dual-qualified teachers. Through the teaching form of "theoretical lectures-special training-greenfield research-project training", students can master a set of application-oriented tutorials that are deliberated everywhere and step by step. At the same time, it is required to complete conclusive drawings close to the requirements of industry technical standards.

Keywords: Undergraduate vocational education; Landscape architecture; Integration of theory and practice; Landscape plants

1 本科层级职业教育背景

1.1 本科层级职业教育与普通本科教育的区别

本科层次职业教育（简称职业本科）是为了完善现代职业教育体系结构，满足经济社会发展对技术技能型人才更高要求而产生的一种教育形式。职业本科与普通本科是培养同层次、不同类型人才。职业本科定位为培养工程技术型、技术技能型复合型人才，教学组织围绕核心职业能力和职业素养，强调"职业性"[1]。

1.2 我国职业本科教育的地位

2019 年国务院颁发《国家职业教育改革实施方案》中明确强调"职业教育与普通教育是两种不同教育类型，具有同等重要地位"；2021 年在全国职业教育大会上习近平强调要优化职业教育类型定位，稳步发展职业本科教育，加快构建现代职业教育体系。

1.3 我校职业本科办学背景

昆明理工大学在多年成功实践应用型人才培养的基础上，于 2010 年创新性、战略性地提出试办职业本科教育。2011 年在建筑类普通高等学科教育基础上率先在西南地区开展建筑大类职业本科教育，尝试职业教育与普通教育的相互沟通，在广度和深度上做全面的探索，从而构建职业教育体系。

1.4 专业特色

专业以新时代职业教育为抓手，探索"中国现代学徒制"教学理念。从风景园林的实践性特征出发，以行业动态及人才技能岗位需求为导向，坚持以职业技能教育为主线，培养具职业精神、工匠精神的职业技术型本科层级风景园林人才。通过近 10 年建筑大类职业本科教育的实践探索，专业形成以"实践引领、理论支撑、技能拓展、应用为本"为主导方向的专业特色。

2 植物类课程构架体系

2.1 课程设置

昆明理工大学职业本科风景园林专业与城乡规划、建筑学专业同属于城市学院建筑系，学制五年制。植物类课程相对于农林院校课程设置偏少，园林植物方向明显成为短板。本专业植物类课程设置为《园林植物识别与应用》《植物景观规划设计》，这两门课程具实用性、实践性及综合性，是风景园林专业必不可少的职业技能课程。因此在仅有的2门植物课程中力争通过"理实一体化"教学模式搭建学生必备的园林基本功，培养学生植物应用技能的达成。

2.2 横纵向课程体系协同教学

贯穿1~5年级专业主干课构建了具职业岗位群特征的教学实践纵向体系，通过"基础认知方法化—园林设计类型化—工作室项目化—顶岗实习企业机制化—毕业设计工程设计化"的进程式教学实践体系引导学生完成从"基础知识—综合能力—实践能力"的专业能力梯级成长。

其中1~3年级依托1：12师生比，以兴趣激发、设计方法为导向，推进中低段设计技能的训练；4~5年级依托1：（2~8）师生比，引企入校为手段，以行业接轨为导向，推进高段综合运用实践及团队协作能力的培养，形成"现代师徒制"特色课程形式。

在纵向教学实践体系中植物技能板块均以横向相关基础课程教学内容进行节点交互衔接，作为设计课程的专项内容切入点。不同年级阶段园林植物基础理论及技能在设计课中的协同融入，设计任务书中设置植物专题内容，促使学生加强理论知识的理解巩固，设计环节注重理论知识的迁移、联动。

横向课程融合中涉及植物类课程主要为《园林植物认知与应用》《植物景观规划设计》《园林工程与技术》《施工图编制》，它们是以产业链为导向的技术岗位群课程，每门课均以岗位职业技能需求为导向组织理实一体化教学内容，同时以设计技术为切入点横向融合到纵向设计课体系中。植物方面与纵向课程融合的内容主要为园林植物应用、园林植物景观规划设计、园林植物景观工程技术、植物施工图等。通过纵横交互的教学组织方式搭建植物体系内容，设计实践得以反复训练，植物应用能力呈梯度提升，尽最大化弥补建筑学背景下园林植物的短板现象（图1）。

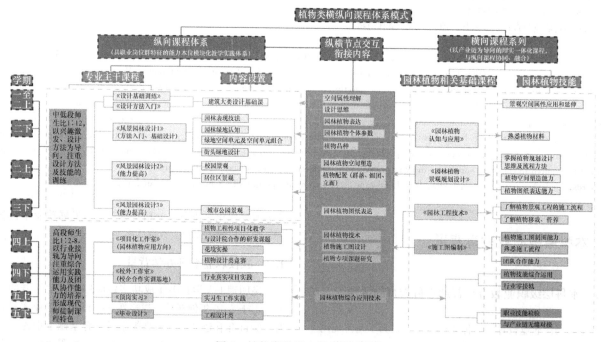

图1　植物类纵横向课程体系模式

2.3 师资队伍

植物类课程教师团队具有近10年职业本科教学经验，课程由双师型教师担任课程建设负责人。双师型教师是职业本科教育的重要角色，其拥有多年丰富的项目设计和植物现场把控经验，基于实战项目的沉淀总结以及职业本科教学经验的积累，教学内容具有岗位的职业性、技能的实践性，教学方法具有应用性和务实性。

3 植物类课程理实一体化课程模式构建

笔者2015年起担任《园林植物认知与应用》《植物景观规划设计》以及一系列专业主干设计课，这一任课情况能有效做好植物类课程与设计课程的衔接融合。同时2门植物课的连任，也为探索植物类课程理实一体化创新性教学模式创造了条件。基于上述任课背景，本文以专业核心课程《植物景观规划设计》课程为例，进行"理实一体化"教学模式构建的探索。

3.1 课程建设情况

植物设计知识体系庞大，内容涉及植物景观规划、种植设计技法、植物空间运用、植物材料应用、植物文化意境等多个方面，再加之先修课程仅有《园林植物认知与应用》，学生并无完备的植物基础知识体系。在64学时里要解决理论知识体系以及项目化设计实践的问题，且目前无职业本科同类优质课程的借鉴，课程建设面临着不一般的挑战。

笔者通过10余年设计院一线实践经验总结、6年职业本科教学经验积累以及四年级工作室项目化教学（师生比1∶8）、三年级小班教学（师生比1∶15）共5轮的课程教学探索，针对园林产业实际工作过程结合理实一体课程性质梳理出一套植物景观规划设计应用型教程。经过3轮的调整和优化目前课程理论20学时，实践44学时，理论与实践占比1∶2.2。

3.2 课程教材选用

课程选用陈瑞丹、周道瑛主编的《园林种植设计》作为教材，讲述中微观尺度的植物种植设计以及植物应用；另外选用苏雪痕主编的《植物景观规划设计》专著作为拓展支撑，该书植物景观延伸至规划层面，注重较大尺度的植物景观规划和植物景观空间营造。同时任课教师根据职业本科教学特点和行业岗位技能需求自编实训教案和工作手册任务书。

3.3 课程理实一体化构建模式

课程坚持以专业技术能力培养为主线，遵循"职业技能引领、任务驱动、项目导向"新理念，构建"单元模块七步推演、单元理论贯穿项目化教学、理论重难点专题训练"3种理实一体化教学模式，形成理论与实践、技术与技能融为一体的特色课程模式（图2）。

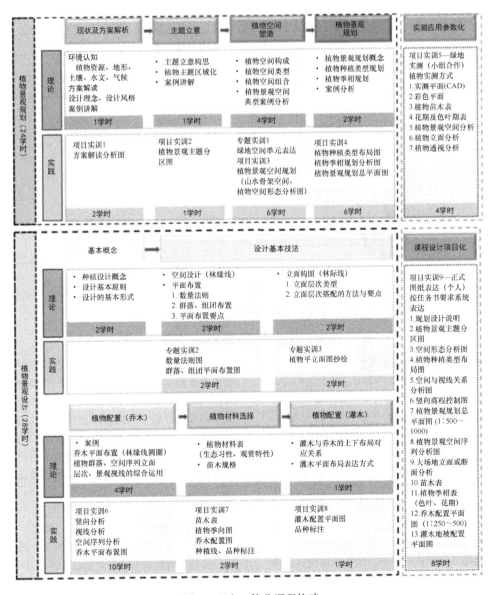

图2 理实一体化课程构建

3.3.1 "单元模块七步推演"教学模式

教学内容组织摒弃选用教材的章、节构架，在植物景观规划、设计两个不同尺度概念里根据园林生产一线的工作设计流程细化拆解成单元模块七步推演法。通过"现状分析、方案解读—植物主题立意—植物空间规划—植物景观规划—乔木平面布局—乔木材料选择及配置—灌木平面布局及品种配置"7个具有教学方法论的流程步骤引导学生由总体到具体，先空间后配置，步步推敲、层层

递进最终水到渠成的推演出结论性成果。

该课程每周4课时，以"2＋2"理实一体化形式授课，前两节1位教师理论授课；后两节学生动手实践，2位教师图纸指导或点评。每个单元模块有明确的任务导向，先进行相应理论知识讲授，紧接着完成相应的任务实训。如植物景观设计基本技法这一单元，重点讲授植物设计的平面布置和立面构图，让学生了解不同植物类型的空间构筑作用和参数控制，如何用树例、树形、体量大小等绘制植物组团的平立面（表1，图3）。

植物类型应用表 　　　　表1

植物类别	空间构筑作用	特点		图纸图例冠幅（m）	采购苗木规格（苗圃）		
					胸径（cm）	冠幅（m）	高度（m）
景观大树		景观空间的骨架、塑造林冠线、林缘线	观赏价值高	7～9	30～40	5～6	10～15
大乔	顶层顶棚		遮挡面约4m的独干乔木，视线通透	5～6	15～20	3～4	7～10
中乔			遮挡面约3m的独干乔木，视线通透	4～5	8～12	2～3	4～6
小乔	障景植物视觉焦点	丰富植物层次、闭合空间	遮挡面在2m左右，视线不通透	2.5～3	—	1.5～2	2～3
高灌			遮挡面在1.5～2m左右，视线不通透，背景植物	1.5～2		1.2	1.5～2
灌木球	空间边缘界定	丰富植物层次、色彩	遮挡面在0.8m左右，不能遮挡视线	1.2～1.5		0.8	1～1.2
灌木地被			覆盖地面，空间边缘，引导暗示	—		0.2～0.5	0.2～1
草坪	留白空间		覆盖地面				0.2

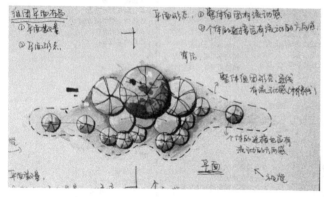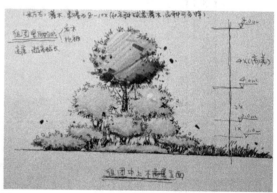

图3 植物组团平立面专题实训（学生绘制）

3.3.2 单元理论贯穿项目化教学理实一体化

课程设计项目由设计院提供，均为近3年开展的真实项目，使项目的政策时效性、环境真实性处于最佳状态。课程以项目化实践教学为主线设置9个节点的项目实训，根据任务内容组织理论部分，将各单元理论知识点穿插到设计训练过程中，让学生在设计中边做边学，使理论讲授、设计实践和图纸点评有机结合。

如在植物景观规划方案解析后的主题立意环节，在该节点学生提前对"教材"第7章设计程序中种植构思内容进行自学，课上通过植物主题区域化（设计理念、文化意境、景观序列）、植物动态景观主题（春夏秋冬、时令等）、景观功能延续3种模式的讲解，学生即懂得如何构建植物景观特色分区，确定分区基调树种。学生在后面也逐渐明白植物景观主题分区是指导植物景观规划设计深

化的有效手法。

项目化教学中一个个实训节点就像关卡一样，均需要通关秘籍（理论知识点）的穿插。学生摸索到这一学习规律，逐渐感受到项目化设计的乐趣。同时在每一个步骤节点需要统筹思考的内容已被单元模块缩小范畴，学生易在理解的基础上有目标性、针对性的训练。在后面的步骤训练中学生也逐渐领悟到设计的前后推演思维，从植物规划到设计的前后控制对应关系以及设计内容的递进深入方法。

3.3.3 理论重难点专题训练理实一体化

在项目化教学的主线中增加了3个理论专题实训内容，分别为植物景观空间单元、序列，设计技法中的平面布置、立面构图。该部分内容为课程理论知识的重难点，学生需重复训练才得以基本掌握，因此以"理论讲授—

专题实训—项目实训—绿地调研"方式来强化学生的理解。以植物景观空间规划中的植物空间单元、序列为例，理论内容讲授"专著"第九章植物景观空间营造中植物景观空间类型及其组合设计，通过案例分析建立基本的理论认知；在专题实训环节教师示范，学生效仿式练习，建立理论与动手思考的联动关系；在项目实训中，空间单元概念迁移到项目场地设计中，完成理论拓展的训练。在后期的绿地调研中，通过真实场地的体验感受及实测，了解公园植物空间的尺度、形态、围合特点，对前期理论理解进行校正（图4～图7）。

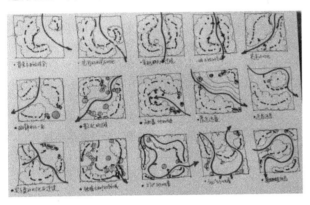

图 4　空间单元教师示范

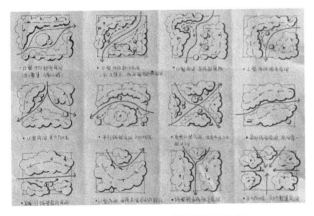

图 5　空间单元专题实训学生绘制

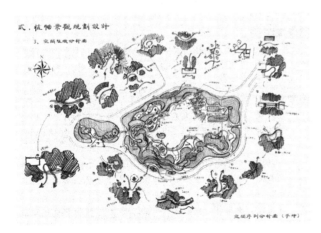

图 6　空间单元项目实训学生绘制

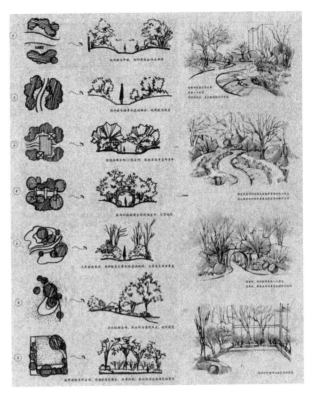

图 7　公园绿地调研实测

3.3.4　公园绿地实测

公园绿地实测对植物规划到设计起到承上启下作用，该环节的设置为理实一体化教学注入"催化剂"。在规划层面的理论教学和项目化实践基础上，通过对场地整体调研加深学生对植物规划理论知识点在实景中的景观应用形象，同时也对大尺度层面的空间形态塑造有一定的校正理解。调研主要以实测为主，以植物空间形态营造、空间单元序列、植物配置、植物材料参数4方面展开，注重学生图示语言规范表达的训练，将实测成果作为后期植物设计图纸表达的一个铺垫。

3.4　课程与专业强校的借鉴及横向对比

本课程与北京林业大学风景园林专业课程名称、课时、开个学期相同，通过表2可看出理论实践占比也不谋而合，这说明实践在本课程所占的重要地位。因培养目标定位、课程教学目标、课程建设时长、学生层级的差异，本专业在职业本科办学背景下坚持以项目实践为导向，课程建设内容紧密贴合职业岗位生产一线标准，注重职业技能的实操性拓展，完成贴近行业技术标准要求的结论性图纸。

课程理论、实践内容横向对比[2]　　　表 2

	北京林业大学 （64 学时，普通本科）		昆明理工大学城市学院 （64 学时，职业本科）	
理论	园林植物景观概述及历史沿革	4 学时	绪论、现状解析	2 学时
	设计原则、原理、程序	8 学时	主题立意	1 学时

	北京林业大学 （64学时，普通本科）		昆明理工大学城市学院 （64学时，职业本科）	
理论	植物景观规划	4学时	植物景观空间规划	4学时
	植物景观规划设计技法	4学时	植物景观规划	2学时
			植物设计概念、原则、形式	2学时
			植物设计基本技法	4学时
			植物配置（乔木、灌木）	5学时
		20学时		20学时
实践	园林植物景观季相景观调查	—	项目化教学实训（9项）	34学时
	园林植物景观设计户外实习	4学时	理论专题实训（3项）	6学时
	园林植物景观课程设计	40学时	公共绿地实测	4学时
		44学时		44学时

4 课程实施效果

4.1 教师教学评价

课程以各单元模块实训任务为驱动，通过任务组织理论内容，理论与实践关联系高，激发学生对理论的求知欲；理论紧接着在实践环节趁热打铁，学生思考能动性高；实践有理论方法可寻，调动学生学习积极性。步步为营的"通关式法则"让学生领悟植物景观规划设计的过程性作用，避免对植物设计的随意性；项目设计实训任务分解，学生每个步骤只需关注解决该单元的核心设计内容，避免出现顾此失彼的问题，如乔木配置环节只需考虑简易圆圈的搭配组合，植物材料选择环节再以填空题方式进行品种搭配的考虑。

4.2 学生课程评价反馈

（1）当期学生课程评价：是一门互动性很强且理论和实践紧密关联的课程，每周2节理论课后都有相应的图纸任务，是上课低头族最少的一门课；每个步骤任务清晰明确，虽有困惑，但不至于迷茫到无从下手；上一步骤内容是后面步骤的支撑依据，体会到设计严谨的逻辑推演；有了过程图纸的推导，方案不会轻易被老师否定；植物识别掌握得不好的同学也能做植物设计，因为植物材料选择

是最后一个步骤；设计难度比园林设计课低，画圆圈没想到有这么多的学问。

（2）高段学生课后评价：是比较容易掌握方法的一门设计课；会主动观察周边的植物配置及空间塑造；课程掌握的知识和技能极大帮助园林设计课的学习。

（3）实习、就业学生评价：在实际项目工作中感受到了植物的重要性，学校掌握的技能方法可以延续到工作中，植物景观规划设计七步法在工作中同样受用，需要多积累植物的项目实践经验。

4.3 用人单位及行业专家反馈

植物景观设计师是行业普遍紧缺的专项技能型人才，经过"植物认知—植物景观规划设计—植物景观工程技术—植物施工图"体系培养后的学生具备植物应用的综合实践能力，毕业生在植物方向的悟性、快速上手能力得到用人单位的认可。

与深圳知名设计总监及云南多家设计院进行过交流，认为这样一套处处推敲、层层递进、渐显雏形不断优化，最后水到渠成的植物景观规划设计应用教程同样受用于一线从业者，提高合理设计的效率并能保证设计的周全考虑。

5 结语

团队共完成5届学生的教学实践，仍需不断的优化调整。如三年级学生习惯的设计尺度未能扩展到规划尺度层面，在植物景观规划板块理解较为片面有些力不从心[3]，针对此问题考虑在规划层级增加大尺度空间户外调研和杭州西湖绿地植物景观案例分析，让理论知识在实际场地中得到直观的认知感受；在植物设计层面，植物平面布局、植物立面部分学生拘泥于图纸形式表达，没有更多去思考推敲植物材料的属性。

职业本科教育在我国发展历程不长，都在实践中探索前行。本课程的理论实践一体化教学与职业本科定位高度匹配，不断提升实践课程质量是本课程发展的重要方向。同时课程也应注重和产业、行业的发展趋势同步，实现人才培养与用人单位需求的无缝对接。

图表来源：

图1、图2、表1、表2作者绘制，图3、图5学生苏金欣绘制，图4教师陈立绘制，图6、图7学生张范琦绘制。

参考文献：

[1] 陈小荣，朱运利，周海君."3+2"分段培养本科层次职业教育的探索与思考[J].中国职业技术教育，2016（13）：58-61.

[2] 郝培尧，李冠衡，尹豪，董丽.北京林业大学"园林植物景观规划"课程教学组织优化初探[J].中国林业教育，2015（1）：68-70.

[3] 李冠衡，郝培尧，尹豪，王美仙，董丽."植物景观规划设计"课程室外实践教学环节的设计——以北京林业大学园林学院为例[J].中国林业教育，2016（3）：54-57.

[4] 王国东，吴艳华，于桂芬等.本科层次职业教育园林景观工程专业设置探讨[J].营口：辽宁农业职业技术学院学报，

2020(3)：26-30.

[5] 廖萍，陈波，杨云芳．本科层次职业教育人才培养思路探析——以"职教 20 条"引领风景园林专业试点为例[J]．宁波：宁波职业技术学院学报，2020(1)：12-18.

[6] 冯路，林轶南，汪军．基于多尺度营造实践的植物类课程教学改革研究[J]．风景园林，2020(27S2)：47-52.

[7] 郑晓笛，原茵，张琳琳，刘洁琛．"平行空间—节点交互"——本科生风景园林设计理论课与设计课协同教学模式创新与建设[J]．风景园林，2020(27S2)：58-62.

[8] 刘晓萍．基于应用型人才培养的《植物造景》课程教学改革探讨[J]．绿色科技，2020(3)：190-193.

[9] 邵锋，包志毅，宁惠娟等．风景园林专业"植物景观规划设计"课程教学改革[J]．荆州：长江大学学报(自然科学版)，2010(2)：96-100.

作者简介：

王锦/女/汉族/硕士/昆明理工大学城市学院副教授/风景园林教研室主任/研究方向为风景园林植物景观规划设计/11524026@qq.com。

通信作者：

顾进立/男/汉族/硕士/昆明理工大学城市学院建筑学系主任/研究方向为建筑与环境设计/980447239@qq.com。

本科层次职业教育风景园林专业「理实一体化」教学模式构建——以《植物景观规划设计》课程为例

基于具身认知理论的园林美术课程教学研究[①]

Teaching Research of Landscape Art Course Based on Embodied Cognition Theory

王　静[1]　斯　震[2]*

1　浙江农林大学风景园林与建筑学院；2　浙江农林大学风景园林与建筑学院

摘　要：（目的）为了改善农林院校园林美术教育中学生基础差和与后续专业课程脱节的两大困境，（方法）利用具身认知理论，通过创设艺术、生态、历史、虚拟四大情境，丰富学生的具身体验。并对标园林专业特征，进一步细化课程群培养目标：图式思维能力、基础造型能力、空间认知能力、空间联想能力、艺术鉴赏能力。以《园林素描》课为例，按照四大情境和五大培养目标，设定了图形特征与认知、秩序与结构、观道与游绘、情感与意境四个教学模块，（结论）不仅关注学习的体验感，更注重知识的连贯性，从传统的技巧训练逐步转向形象思维能力的训练，更好地接轨了后续的园林专业课程。

关键词：园林美术；具身认知；具身体验；情景创设；图式思维

Abstract: (Objective) In order to tackle students poor foundation and disconnection with subsequent professional courses in landscape art education of agriculture and forestry colleges, (method) this paper uses embodied cognition theory, by creating four situations of Art, Ecology, History and Virtual, to enrich students'embodied experience. Based on the characteristics of the landscape architecture major, the course group training objectives are further detailed: schema thinking ability, basic modeling ability, spatial cognition ability, spatial association ability, and artistic appreciation ability. In the garden sketch lesson, for example, according to the four scenarios and five training goal, set four teaching module: graphical features and cognitive, order and structure, conception of Tao and draw, emotion and artistic conception, (conclusion) which not only focus on learning experience and pays more attention to the continuity of knowledge, but also gradually changes the teaching from traditional skill training to the training of image thinking, and better to integrate the subsequent courses for landscape architecture students.

Keywords: Landscape art; Embodied cognition; Embodied experience; Scenario creation; Schema thinking

1　背景

农林院校的园林美术教学普遍面临两大困境：一是学生美术基础差或者没有美术基础，传统教学模式训练耗时长，尤其在农林类院校，此类课程安排的课时又少，收效更不明显。二是园林美术课程培养目标不明确，与后续专业课程脱节，学生无法发挥美术课程训练的成果，创新创意思维能力疲弱[1]。园林美术课程介乎于"美术"和"园林"之间，"美术"是塑造视觉形象的艺术，而"园林"则是既满足生活需要的物质财富，又满足精神需要的艺术综合体。需要明确的是，园林美术课程的目标并不是培养学生精湛的绘画技巧，而是着力于设计思维、设计表达相关的形象思维能力的培养。

2　具身认知的概念

具身认知理论最早起源于欧洲认识论哲学，20世纪80年代以后，才逐渐发展为认知科学的哲学思索，并波及到心理学。心理学家杜威、詹姆斯、皮亚杰和维果茨基的理论都强调了身体活动（感知运动）的内化对思维和认知过程的作用[2]。

园林美术课程正试图通过物化感知、临摹、写生上升为对对象逻辑的深度理解，学生对物的感知方式极大地决定了形象思维的方式。具身认知理论强调通过生理体验"激活"心理感觉，强调环境对心理认知的积极作用，认为大脑嵌入身体，身体嵌入环境，三者构成了一体的认知系统。传统的园林美术教育在"技"与"道"之间缺少有效的联系，或者说身体的体验没有有效传达心理认知的目标。实际上，园林美术活动中的诸多内容与形象思维产生密切相关，如视觉体验常常伴随图形、色彩、结构与秩序的认知；听觉与动觉加深空间维度的认知；嗅觉与触觉则可以延伸联想的触角；联觉则产生丰富的情感体验（图1）。如何有效利用具身体验，组织教学内容使之满足课程培养目标便是关键了。

① 基金项目：浙江省教育科学规划课题"基于具身认知理论的园林美术课形象思维能力培养研究"（编号 2021SCG297）资助。

风景园林教育理论与实践

图1 "具身认知"结构模型

3 具身认知理论在园林美术课程中的应用

3.1 课程目标具身化

根据具身认知理论，学生对抽象知识的认知来源于各种具体体验，而体验最终要指向培养目标的达成——形象思维能力的提高。园林专业学生需要具备的形象思维能力主要指向以下三个方面[3]：

（1）图式思维能力和基础造型能力，即能将复杂构思、分析数据转换为图形、色彩语言的能力；如培养学生"敏锐"地观察法，能从具象——抽象——具象，即能够将复杂对象抽象化，又能将抽象图形具象化。

（2）强烈的空间认知和空间想象的能力，能从园林绘画的角度理解空间格局，如中国山水画中有诸多描绘亭子的作品，要求学生在临摹作品的同时揣摩亭子的位置经营。更进一步，能通过"画者"位置的变换进行场景空间的联想。

（3）较高的艺术审美修养，即园林艺术鉴赏和艺术化处理的能力。通过传统山水画赏析、《芥子园》摹写、古典园林写生，学习造园要素组织手法和游观的空间意识。

教学的难点在于具象与抽象思维的转换，抽象思维并非抽象的、脱离身体的符号加工过程，它是在一定的情境下借助身体对具象对象进行的知觉活动。

3.2 教学方式情境化

将教学视为情境化的活动是具身化教学思维方式的重要体现。"Embodiment"一词形象地揭示了身体不是孤立的，而是一种"嵌入式"的，是与外在环境相联系的身体，即身体具有情境性。[4] 因而，为了实现上述三大教学目标，分步实现形象思维能力的提升，依据课程群特征设置了四大教学情境（图2）。

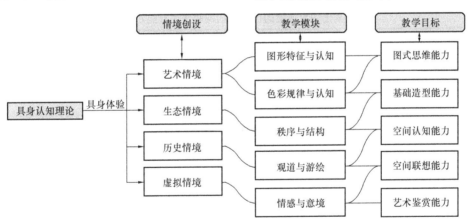

图2 基于具身认知理论的教学目标实现模型

3.2.1 艺术情境

艺术的情境可分为两种，第一种是艺术本身带给人的感受，即发现美的过程；第二种是离开本身而又让观赏艺术的人自己平添一份感受，即通过美的存在触发情感的阶段。对于园林专业的学生而言，进入艺术情境的第一步则是要学会从"普通"世界发现美，既要观察美的自然存在，也要观察美的艺术作品。初级阶段的美感体验主要来自于形体与色彩，如连绵的山峰、遒劲的树枝、嶙峋的山石、旷远的田野……这是形体的美；苍翠的山峰、蔚蓝的天空、落日余晖、繁花似锦……这是色彩的美。更高一级的美感体验则来自景人合一，如拙政园的景加上文征明的"绝怜人境无车马，信有山林在市城"；留园的景加上陆游的"高高下下天成景，密密疏疏自在花"；辋川别业的景加上王维的"雨中草色绿堪染，水上桃花红欲

然"……观察的过程尤其强调对美的规律的总结。然后才是表现美，形态的表现与颜色的表现，其表现的重点即是观察总结的规律。这个阶段训练的主要是"眼技"。

3.2.2 生态情境

园林专业对学生的空间认知能力要求极高，园林的艺术很大程度上是空间的艺术。从古至今绘画与园林的关系密不可分，通过园林绘画研究古典园林，叠山理水以画入园，以园入画。基于此，生态情境意从空间格局构建教学内容，通过在真实园林空间行游，感受园林的尺度、视线关系、景观要素组织规律，并抓取可"入画"的园林场景，分析其特征。同时也以"入画"的标准判别造园意境。选取普通园林和优秀园林进行户外对比写生，要求学生通过行游完成两个任务：（1）发现与表现园林空间拓扑关系；（2）取景入画。训练的目的在于：其一，掌握园林

绘画基本构图方法——近、中、远景物层次和巧用路、水、山等线性要素串景成画；其二，感悟园林中空间营造的方法——围合、边界、分隔、穿透等。此外行游的体验还在于启发学生园林存在的两类空间形态：可入画的物理空间和不可入画的虚拟空间，此境主要是培养园林学生的空间意识。

3.2.3　历史情境

无论是园林绘画还是园林设计，中国古典园林都是园林专业学习的主要对象，优秀的古典园林不仅提供丰富的园林绘画创作素材，也是传统造园手法的精彩呈现，在园林意境营造中也有许多值得学习的地方。历史情境以古园、古画为体验对象，要求学生从看，到临，再到想，以画观法，由法及境，理解传统造园观，尤其是晚明以后逐渐确立且成熟的以"画意"为标准的造园手法，和以"画山水"作为"游山水"体道修身的一种方式。历史情境教学要达成两个目标：（1）学会鉴赏传统园林绘画的构景技巧和画意的表达；（2）选择"园""画"俱备的真实园林，通过临摹与写生的比较，体验"画境"与"园境"之间的关联。在二维画面向三维空间转化的过程中，画的空间经营思想也会代入到园林之中，体现在园林空间的组织。此外，画的意境不仅在于静态的视觉效果，还体现在视线在画面中的动态体验。[5]此境可提升学生的艺术鉴赏能力。

3.2.4　虚拟情境

园林设计中最难的是意境营造，是指所设计的客观图景与所表现的思想感情融合一致而形成的一种艺术境界。[6]即创作者把自己的感情、理念熔铸于客观生活、景物之中，从而引发观赏者类似的情感激动和理念联想。首先有设计者"诗情画意"的诉诸，才有观赏者的"触景生情"。设计者应景而生"情绪"，往往需要大量的意境体验的积累。如到过庐山瀑布方能体会"灵山多秀色，空水共氤氲"的毓秀钟灵；到过华山方知"只有天在上，更无山与齐"的高山绝顶；到过姑苏方知"一迳抱幽山，居然城市间"的闹中取静，可见大量的观察积累加上联想是非常必要的。其次，观看者要与设计者产生共鸣，还在于两者对场地认知有共同的"情感符号"，而不是使用那些生僻冷门的符号，如熟悉的场景、共同的记忆、民族情怀等。这是抽象思维的最后阶段——将复杂的情绪、情感付诸图形、图像、色彩。

3.3　教学内容模块化

对应上述四大情境，以园林素描课为例，设定对应的教学模块如表1所示。

基于四大情境的园林素描课教学内容组织　　表 1

对应情境	教学模块	教学内容	实训内容	具身体验	教学目标	课时
艺术情境	形的特征与认知	抽象语言赏析 形体概括与具化	发现美：静物摹写 概括美：形体与透视 演绎美：形的具化	实物/景写生 静物摹写 联想	图式思维能力 基础造型能力	16
生态情境	秩序与结构	结构与表现 构景与构意	结构法园林要素写生 园林拓扑与表现 构图与构景训练	三维模拟 图式解构 拼贴构图	基础造型能力 空间认知能力	16
历史情境	观道与游绘	园林绘画赏析 古园调查与写生	摹写《芥子园》 古园临摹与写生	赏析 画中游	空间认知能力 空间分析能力	16
虚拟情境	情感与意境	画境与意境	以诗画景	联想	空间联想能力 艺术鉴赏能力	16

3.3.1　形的特征与认知

形是设计的重要因素，与形相关的形状、体积、结构、空间、比例、尺寸、肌理、材料，包括声、光、色共同构成了设计基础语言。任何对象都具备抽象形态的基本特征，很多时候学生容易迷失于复杂的表象特征，忽视形体之间的纯粹关系。以简单的线为例，线本身是被高度抽象以后的形，自然界中存在各种具体的"线"，设计过程中，首先考虑的是线的形式（虚线、直线、折线、曲线）、长度、方向、虚实变化等因素，在具化过程中线的以上特征被真实对象所替代，一方面展现出线条的艺术美感，另一方面展示其真实材料的功能性。

该阶段的训练，不仅关注基础造型表现的技术训练，也关注其作为典型的图形语言的作用。练习分为以下三个部分：（1）发现美，对几何体、静物等进行临摹与写生，要求学生通过仔细观察和摹写，在物的形、比例、肌理、结构中建立形体的基本认知和美的认知；（2）概括美，对景观要素（亭、廊、桥、建筑、植物等）进行抽象要素提炼，对复杂对象的形体共性进行概括分析；（3）对抽象形体进行具化，具化实际上是对形、材、质、色的在组织，如简单的方形可以具化为不同肌理、不同色彩、不同体量，如书本、柜子、建筑、水池、景墙等。

3.3.2　秩序与结构

不同于其他设计，园林设计要求学生处理更为复杂的设计要素，这些要素不仅在形体上有着较大差异，相互之间构成的空间更为复杂，理解和处理这些要素的形态、位置、组合对"画面"（景观效果）的影响是园林美术课程群需要解决的一个重要问题。为此可以借助透视法，观察园林中的近、中、远景的景物布置规律，以及景物要素空间关系变化所产生的"画面"意境的差异，这个过程要求学生深入其中，体察左右，反复观摩。

该段训练安排如下内容：（1）结构法园林要素写生，要求学生先观察园林中主要要素的结构特征，如亭的平面形状、柱础、立柱、梁枋、椽架、宝顶等，教师可以用三维模型向学生展示各部分结构，而学生需要分别摹画各种构件，并能从不同角度完整再现；（2）园林拓扑与表现，要求学生在优秀园林行游体验，以点、线、面的方式记录主要景观的空间位置，尤其关注点与点、点与线、点与面、线与线、线与面以及面与面形成的相离、包含、相邻（相切）、相等、覆盖和交叠的空间关系。如点可以表示建筑、孤植树、雕塑，线表示道路、围墙、河流、边界，面表示草地、水面、铺装。草地泮溪是面与线的相邻，林下小径是线与面的相交，倚楼望月是点与点的相离相应，以几何学的方式发现园林要素空间规律；（3）构图与构景，在空间拓扑关系的基础上，从"画美景"逐渐过渡到"以画布景"，首先临画优秀园林实景，可以先用拍照的方式获取自然式构图，这种场景往往景观层次丰富、焦点清晰、空间有序，是很好的学习素材。然后，可以选画普通园林中的类似场景，通过移动构图，调整画面内容、组织空间序列使其达到相似的画面效果，并比较两次作业景物的空间关系。

3.3.3 观道与游绘

要求学生以己代入画中，体验纸上园林，能在画中游。并以游观的体验方式摹写古典园林的空间结构。推荐的学习素材主要是中国古代山水画和保留的历史名园，尤其是中国山水画多有视域广阔的作品，便于学生总览山水景观格局。通过临画来读画，以画观法，在训练技巧的同时，帮助学生建立起一种中国式景园的观察方法。

第一阶段选取《芥子园》作为临摹范本，按园林要素（树、石、建筑、花草）进行摹写，同时关注不同要素形态塑造和搭配组合手法。第二阶段，以《中国历代山水画图集》中的名园、名作为主要素材，进行临摹与写生的比较练习，如文徵明的《拙政园三十一景》图，先临画，后观园，再写生，比较画家画中景物与真实景物的空间关系。这个阶段要从简单的园林要素单体逐步过渡到复杂园林场景的写生，也要实现由"画"到"园"，再到"画"的转变。

3.3.4 情感与意境

形象思维连接创新思维的纽带是联想，即能否通过直观形象和表象的思考分析进行再创造的能力。绘画也一样，反复的临摹与写生不断为创作积累素材，比如积累具有丰富意境的诗画，从他人的诗与画中寻找意境营造的方法。对于园林专业的学生来讲，学习如何从诗中找画意，和从画中找景韵显然比画技磨炼更为重要。以情书景，景喻以情必须借助具象的环境，而能抒情的环境必定能唤起人丰富的联想，因而不论是观摩、调研、虚拟体验都试图在体验过程中使身体的感官机能得到刺激。

本阶段的训练内容是"以诗画景"，要求学生从古代诗词中寻找描写山水景致的句或词，体会其中的意境，分析诗中言说景物的类型、大小、颜色、位置等特征。先通过照片拼贴或小稿的方式模拟诗中场景，同一组景物可以有多种组合方式，但是要求通过构图、景物形态设计，模拟最接近诗意的场景，并以素描的方式表现出来。如宋代苏舜钦所作的"月光穿竹翠玲珑"，描写了苏州拙政园中倚玉轩、玲珑馆的竹子，其中的竹、月是意境营造的主要元素，学生需要去思考这两者的具体形态、颜色、高低、位置，分析出最接近诗中意境的场景。这个训练不仅可以锻炼学生的想象力，还能提升艺术鉴赏的能力。

4 结语

园林美术训练的最终目的并不是画一幅漂亮的画，而是学会用绘画的语言表达观察、分析和构想的内容。正如身体理论家把身体看作是认识世界的起点一样，身体也应该成为教育问题的起始，尤其是基础实验性教学，忽视了身体的参与，便本末倒置了。为了培养具备形象思维和创意思维能力的园林专业人才，园林美术课程不可谓不重要。不破不立，基于具身认知理论的园林美术课程体系的改革，从根本层面重构了教学内容，使其更贴合课程的培养目标。新的课程内容既丰富又有趣，它涵盖了园林历史、设计美学、园林文学等诸多方面，但也对当下的园林美术教学环境、任课教师也提出了更高的要求，可以说园林美术教学改革的道路还是漫长的。

图表来源：

图表为作者自绘。

参考文献：

[1] 龚道德，张青萍. 砺师、酌道、博技、广途——园林美术教育现状问题与对策研究[J]. 中国园林，2010，26（04）：81-84.

[2] 杨丹滋. 基于具身认知理论的教学方式变革理论探讨[D]. 天津：天津师范大学，2018：20-22.

[3] 王丹丹，宫晓滨. 风景园林专业"素描风景画"课程教学改革的探索——以北京林业大学为例[J]. 中国林业教育，2016，34（06）：73-75.

[4] 邱关军. 从离身到具身：当代教学思维方式的转型[J]. 教育理论与实践，2013（1）.

[5] 袁柳军. 摹山水——以山水画为摹本的景观基础绘画教学[J]. 装饰，2019（12）：74-77.

[6] 杨云峰，熊瑶. 意在笔先、情境交融——论中国古典园林中的意境营造[J]. 中国园林，2014，30（04）：82-85.

作者简介：

王静/女/汉/中国美术学院设计艺术学院硕士研究生/浙江农林大学风景园林与建筑学院讲师/研究方向为设计艺术理论与应用研究/61266364@qq.com。

通信作者：

斯震/男/浙江农林大学风景园林与建筑学院副教授/浙江农林大学园林设计院艺术总监/研究方向为乡村文化景观遗产保护研究/903745647@qq.com。

风景园林学科研究生创新能力培养体系构建理论初探与实践

——以中南林业科技大学为例①

Preliminary Exploration and Practice on the Construction of the Creative Ability Cultivation System for Graduate Students of Landscape Architecture

——Take CSUFT as an example

王　睿¹*　黄　杨²

1　中南林业科技大学风景园林学院；2　中南林业科技大学研究生工作部

摘　要：研究生教育在我国教育体系中处于首要地位，研究生作为高层次人才队伍的重要组成，不仅是需要重点培养的对象，同时也是一个国家科研力量的主要来源[1]。因此，研究生的创新能力往往能够与国家创新驱动作用的发挥产生直接的关联，同时也会直接影响高等院校服务国家、服务社会的能力水平。本文对中南林业科技大学风景园林学科研究生创新能力培养体系构建实践进行了概述。

关键词：研究生；创新能力；理论；实践

Abstract: Postgraduate education is at the forefront of China's education system. As an important component of a high-level talent team, postgraduates are not only a key target for training, but also a major source of a country's scientific research strength. [1] Therefore, the innovation ability of graduate students can often be directly related to the national innovation-driven role, and it will also directly affect the ability of colleges and universities to serve the country and the society. This article summarizes the practice of constructing the innovation ability training system for graduate students in the landscape architecture discipline of CSUFT.

Keywords: Postgraduate; Innovative ability; Theory; Practice

《高校思想政治工作质量提升工程实施纲要》提出了包括实践育人质量提升体系在内的"十大"育人体系，要求高等学校党委要坚持理论教育与实践能力提升有机结合、拓展平台、创新形式、丰富内容，让广大师生在学思践悟中形成合力，教学相长，促进高等学校人才培养质量的提升。

1　高等院校研究生实践创新能力的时代要求

习近平总书记在全国研究生教育会议上明确指出，需要全面提升对研究生教育的重视，从整体上提升研究生的创新能力水平，使高等院校能够更好地服务社会，以此促进国家治理体系的发展。李克强总理进一步强调了研究生教育的重要性，并提出要对研究生培养模式进行不断地改进，重点培养研究生的创新能力，提升研究生群体的实践水平，从而为国家的长期发展提供更加坚实的人才力量。

2　国内外研究现状述评

创新能力通常指的是勤于思考，在发现问题以后能够合理地应用各种知识解决问题，并进一步地总结的能力。一部分学者针对研究生所具有的时间创新能力展开了研究。

2.1　国内研究现状

根据已有的研究可知，我国一些风景园林专业的研究生虽然已经学习了各种专业知识，但是由于缺乏专业实践，导致在实际应用的过程中也存在各种各样的问题。因此，对于这部分研究生而言，其在学习的过程中，应当对实践创新能力的培养有更高的重视，积极地参与各种实践活动。针对这一问题，聊城大学曾经展开了具体的研究，其通过了解风景园林专业的研究生的现状，在这些一系列的分析以后对"四位一体"这一教学模式进行了创建，旨在为培养研究生的创新能力以及实践能力提供更多的指导，从整体上改善目前的发展现状。[2]河北农业大学曾经借助于"三全育人"机制，并基于该校举办的"园林规划设计实训"活动，对研究生的实践能力进行了培养。相关的时间结果显示。通过这种方式能够使研究生群体的创新能力得到有效的提升，同时还可以切实地提升实践水平，从某种程度上来看具有一定的指导意义。

2.2　国外研究现状

一部分国外学者从不同的角度上分析了培养实践创

①　基金项目：2020年湖南省学位与研究生教育改革研究项目。

风景园林教育理论与实践

新能力这一问题。结合德国高等院校的实际情况可以看出，对于大部分工科类高等院校而言，在培养学生的实践能力上，通常是采用多种形式进行培养。例如，设置二元制专业、开展企业实习活动、讨论合作式专题以及毕业设计等。对于美国而言，多数工科类院校为了强化自身与社会之间的交流，适当地提升人才培养的占比，使得学生的创新能力以及实践能力也得到一定的培养，从整体上看，美国目前已经在该方面取得了较多的成果。

3 风景园林研究生实践创新能力培养模式的初步探索

综合研究生教育发展趋势可以看出，有效提升研究生群体实践创新能力已经成为一种新的发展理念，越来越多的国家对这一问题引起了重视。对风景园林学科研究生而言，在为其制定实践创新能力相关的培养模式进行制定时，需要结合创新意识、创新实践、创新创业等指标全面考虑。从整体上来看，这种培养模式通常包括以下几个方面的内容，即培养板块体系、培养目标、培养过程以及相关的培养理念等。为了使目前在研究生培养模式方面存在的问题能够得到有效的解决，必须要对与实践基础相关的问题有高度的重视，同时还要结合实际情况，合理的创新培养模式。具体的研究内容包括以下几个方面：

3.1 培养目标研究

在培养风景园林专业的研究生时，为了切实的提升这些人员的创新实践能力水平，需要通过合理的方式引导学生，使其树立一个良好的专业运用价值观。[3]除此之外，相关研究生还必须主动学习更多的基础理论知识，从多个方面提升自身的能力水平，培养自主学习能力、研究创新能力以及合作能力等。

由于风景园林专业的研究生通常需要掌握多个领域的知识内容，涉及的知识背景相对较广，为了使这些研究生的专业能够得到更加合理的建设，必须要结合研究生所处的阶段以及其具体的发展目标，对发展板块进行有效的设置，使时间创新培养体系能够具有更强的科学性和合理性，从而更好地发挥出具体作用。

3.2 培养理念

3.2.1 实践教育优先的理念

在开展的各种实践教育的过程中，需要引导学生树立一个积极健康的实践价值观，使学生能够全面的提升对实践的重视。除此之外，还应当对学生提出知行合一的要求，使学生能够有更加强烈的社会责任感，在实践的过程中应当全面遵循生态原则，确保最终的景观设计能够符合特定的要求，以此来实现生态化的目标，推动风景园林的发展。

3.2.2 创新教育优先的理念

为了使学生能够更好地掌握各种基础知识，需要不断地强化理论教学，使学生全面的认识到创新教育的作用和意义，同时还要重视培养学生的思维能力，使学生能够通过反思性以及批判性的方式思考各种问题，从而间接地提升学生的创新能力水平。除此之外，不应当通过单一的方式培养学生解决能力的问题，而应当指导学生通过批判性的方式剖析各种现实存在的问题，使学生能够深入的思考，并探索出更多的新的解决方法，从而为后续的应用提供一定的指导。

3.2.3 结合国内现状的理念

结合景观生态规划内容可知，与此相关的理论知识通常存在一定的地域性差异的特点。[4]所以在培养相关专业的学生时，必须要重视学习其他国家的先进经验，并根据我国的具体情况对这些知识进行创新。通过因地制宜的方式合理的调整设计方式以及管理方法等，不断地优化评估体系，确保风景园林专业的研究生能够有更强的创新能力。

3.3 培养过程

3.3.1 多板块交叉培养

从培养模式上来看，采用的培养模式为交叉培养模式，也就是针对研究生群体，将与团委、学生会有关的实践活动、互联网＋大赛、科技创新以及暑期实践这四大模块相融合，并通过多种方式对研究生群体进行培养。

3.3.2 多元化培养

最后，我国目前的教育情况可以看出，目前在培养研究生方面所采用的教学形式仍然较为单一，教学活动的开展以传统"讲座"为主，导致研究生的创新能力以及时间能力也很难得到充分的锻炼，为了改进这一问题，在培养风景园林专业的研究生时，使用的教学方法较为多元，结合实际情况，科学地选择个人行为引导法、户外体验教学法；实习法以及专题调查法等。

4 创新能力培养体系构建实践

4.1 研究生创新潜能激励

在学校奖（助）学金管理办法的正向引导下，近3年学院研究生的专业理论创新主观能动性不断增强，申报研究生科研创新基金项目积极性不断提升，成果产出较以往有了大幅度提升。2018～2020年风景园林学科共申报50项研究生科技创新基金、150余人次参与项目申报，获得了省级研究生科技创新项目立项6项，其中重点项目1项；获校级立项资助15项，相当于2018年以前10年的总和。研究生以第一作者发表SCI论文5篇，占中南林业科技大学风景园林学科高水平论文的21％，2人次获校研究生学术成就奖奖励。通过加强基础理论研究的学术训练，风景园林学科研究生的学术素养得到了明显的提升。

4.2 主动参与各种学科竞赛

目前，中国研究生创新实践系列大赛和湖南省研究生创新大赛暂未设立风景园林学科相关竞赛，但基于风景园林学科研究内涵的丰富性和行业的蓬勃发展，国内外风景园林相关专业机构、行业协会设立了丰富的主题赛事。近年来，学科以创意、创造、创新为宗旨，以拓展学术视野和提升专业技能为目的，大力支持研究生师生参加了 IFLA 国际学生风景园林设计竞赛、中日韩大学生风景园林设计大赛、LE：NOTRE 风景园林论坛暨国际学生设计竞赛、中国风景园林学会大学生设计竞赛（CHSLA）、中国人居环境设计学年奖、园冶杯"风景园林国际竞赛、艾景奖国际园林景观规划设计大赛（学生组）、以及国内行业、企业主办的赛事，取得了优异成绩。通过竞赛的洗礼，研究生的专业素养均得到了不同程度的加强。

4.3 畅通创新创业教育通道

创新创业教育是深化高等教育教学改革的具体措施之一，是激发大学生创造力、培养造就"大众创业、万众创新"生力军的主要形式。在养成扎实的理论功底和专业素养基础上，中南林业科技大学风景园林学科积极响应新时代号召，鼓励在校研究生积极投身创新创业实践，进行生产力转化。中南林业科技大学风景园林学院 2018 届毕业研究生张胜前带领团队申报研究生的《基于传统植物应用的植物化妆品研发与生产》项目课题分别荣获首届全国林业创新创业大赛全国总决赛铜奖和第四届湖南省"互联网＋"大学生创新创业大赛一等奖。

4.4 落实实践育人，增长学生才干

中南林业科技大学风景园林学科积极贯彻落实《高校思想政治工作质量提升工程实施纲要》号召，主动对接乡村振兴、精准扶贫国家战略，近三年组建暑期专业实践队伍 20 余支、共 220 余人次走进青山绿水、农村乡镇开展暑期专业实践，形成了专业课实践教学、社会实践活动、创新创业教育、科技兴农等载体有机融合的实践育人新格局。2020 年 8 月，中南林业科技大学风景园林学科赴学校扶贫点通道侗族自治县芋头村围绕绿色基础设施研究开展了大量调研工作，以调研报告为蓝本的规划设计被评第九届国际园林景观设计大赛金奖，并入围由中国林业教育学会主办的"科技装扮绿水青山、创新助力乡村振兴"——十校两院林草科技调研优秀报告。参与所有工作的十名博、硕士生表示，能够学以致用，为决战决胜脱贫攻坚贡献力量，是他们获得的最宝贵的精神财富。

4.5 "花境"设计大赛的创立

作为创新能力培养的有效补充，中南林业科技大学风景园林学科设立了"花境"设计大赛。该项赛事是中南林业科技大学首个集前期设计、苗木采购、落地施工为一体的设计大赛。根据比赛的开放情况可以看出，该项比赛能够有效地提升学生的参与度，使学生能够得到更多的实践锻炼机会，因此该项活动具有一定的现实意义。据了解，"花境"大赛在中南林业科技大学已经开展了 3 年，基于国家生态文明建设理念的指导，合理的设置比赛的各个环节，不仅有效地锻炼了学生的动手能力以及实践能力，同时还丰富了校园活动，增强了学生群体的凝聚力。

5 结语

研究生创新能力培养体系的构建，宏观主体是创新，创新是能力提升的进阶表现和必然结果，因此着力点还是在如何挖掘潜能、激发创新意识和实践能力提升。具体到不同学科门类、不同培养对象，又需要精准施策。目前我国研究生实践创新能力研究细分领域还有许多问题需要解决，需要继续以立德树人为根本，围绕人才培养能力提高，强基础、抓主业、重保障，形成全员全过程全方位育人格局，一定能够使研究生培养质量得到切实的提升，实现为党和国家事业发展培养德才兼备的高层次人才目标。

参考文献：

[1] 王大伟. 研究生教育论坛[M]. 长沙：中南大学出版社，2000.

[2] 张健，毛聪，胡宏伟，等. 地方高校研究生创新能力与学术贡献率提升机制探索[J]. 科技创新导报，2017(21).

[3] 阙景曦，董建文，林开泰，等. 项目学习法在风景园林专业教学中的实践——以"创意花园竞赛"课程为例[J]. 中国林业教育，2018.

[4] 付喜娥，刘志强. 景观生态规划实践教学研究——以绿色基础设施规划设计课程为例[J]. 城市住宅，2014，000(012)：70-73.

作者简介及通信作者：

王睿/男/汉族/中南林业科技大学风景园林学院研究生辅导员/517101785@qq.com.

真题任务法在旅游规划 Studio 课程教学中的应用

——以北京林业大学旅游规划 Studio 课程教学改革为例

The Application of Real-project Method in the Teaching of Tourism Planning Studio

——A Case Study on the Teaching Reform of Tourism Planning Studio

王忠君* 乌恩 张玉钧

北京林业大学园林学院

摘要： 旅游规划作为风景旅游专业必修课和风景园林及相关专业的选修课，在风景园林教育本科课程体系中占有较重要的地位，为了增加学生对旅游规划技能的掌握，在旅游规划 Studio 课程教学中，使用真题任务法组织该课程的教学活动。教学采用了优化教学流程、开展参与式教学、构建主动学习机制、建立多维教学评价机制、重视基础分析、鼓励后续的科学探索等办法，根据当前风景旅游规划的热点问题选择相关的真实规划题目，强调真题实做，全面培养和提升了学生的专业技能、科学精神与团队意识。旅游规划 Studio 课程教学改革探索了新的实践教学模式，教学效果从教学递进到教育，为合格的应用型专业人才培养奠定了扎实基础。

关键词： 真题任务法；旅游规划；风景园林及相关专业

Abstract: As a compulsory course for landscape tourism major and an elective course for landscape architecture and other related majors, tourism planning occupies an important part in the undergraduate curriculum system of landscape architecture education. In order to increase students'grasp of skills on tourism planning, we try to organize teaching activities of this course by using the real-project method in the teaching of tourism planning studio. The course teaching adopted optimizing the teaching process, carrying out the participatory teaching, building active learning mechanism, establishing multidimensional teaching evaluation mechanism, attaching great importance to the basic analysis, and encouraging subsequent scientific exploration. According to the current hot issues of tourism planning, some real planning projects were selected for practical topics. The teaching emphasized the way of real-task & real-done, so as to comprehensively cultivate and improve the students' professional skills, scientific spirit and team awareness. The teaching reform of tourism planning studio course explores a new practical teaching mode, and makes active effects from teaching knowledge to completing education, which lays a solid foundation for the cultivation of qualified application-oriented talents.

Keywords: Real-project teaching method; Tourism planning; Landscape architecture and other related majors

1 研究背景与课程改革的必要性

"双一流"高校建设要以培养一流的人才为根本出发点，风景园林及相关专业的本科生培养不但要拥有一流的理论联系实际能力，更要具备较强的实际操作能力。当前一些高校风景园林专业的实践教学中存在教学与实际脱节、实践基地不"实"、学生主观能动性低、学生主体地位不突出、缺乏对学生综合素质的培养、实践课的挑战性不足等问题[1]，强化贴近生产实际的实践教学活动已是风景园林及相关专业本科实践课程教学的必然选择。

自 2007 年，北京林业大学风景旅游（旅游管理）专业开始设立《旅游规划 Studio》这门规划实践课程，开设这门课程的目的是通过实践课程的训练，使学生能够了解和掌握旅游规划方案的生产流程和生产操作手段，熟悉旅游规划场地勘查、甲方沟通、方案交流等旅游规划业务的基本流程，并且能够运用所学知识分析和解决旅游规划业务开展过程中的问题，使学生具备开展规划业务的基本技能。在十余载的课程教学过程中，该课程先后经历过假题设计、竞赛方案、模拟真题等实践训练过程，受限于缺乏落地性项目实践，学生普遍存在主观能动性不足、理想过于乐观、方案实操性差等问题。为了全面提升学生的规划素质培养，自 2012 年起，《旅游规划 Studio》全面改进了教学内容，采用真题任务法进行实践教学，突出了学生的主体地位和规划综合能力的培养，课程培养方案普遍受到学生欢迎。将真题任务引入课程教学，通过加强规划实践中技术与技能的应用，把社会的需求纳入课堂教学过程，以实际课题进行规划实践教学，不仅能达到增加学生实践能力、培养创新精神与竞争意识，培养学生的家国情怀与团队精神，提高教学质量与课程思政的教育效果，达到了完善教学体系、实现教学目标的目的[2]。本研究希望总结该课程教学改革经验，以期能够为开设这门课程的其他教学单位提供借鉴和参考。

2 相关研究进展

真题任务型教学法（Real Task-Based Learning/Teaching Approach）是一种强调"真题真做""在实践中学""有生产中用"的教学方法[3]，以具体的真题任务为核心，将课堂学习延伸至课外实践，为学生提供直面规划现实任务的机会，使其创造性和想象力可以在真实的社会需求中得到针对性的训练，增强学生主动学习的兴趣和动力。真题任务型教学法除传统的教师辅导等基本教学方式外，还通过体验、观察、测绘、设计表达和营造、认知空间、场地和自然条件，帮助学生理解规划愿景与现实环境之间的关系，有效促进知识和技能的掌握，建立整体的专业思维能力[4]。在具体的教学过程中，教师根据来源于社会的实际课题，将真实的项目转变为教学项目，围绕着项目规划要求分解出各项可操作的具体任务，化生产任务为学习任务，以达到学习、锻炼并提高运用知识的能力的目的。真题任务法是一种具有积极性、创新性、趣味性、实用性和生产性的教学方法，可以有效提高学生学习兴趣和知识转化生产力的能力。

风景园林学科及相关专业非常重视实践能力的培养，杨锐提出"境其地"是风景园林学的"研究纲领"之一，指出提高人们生存、生产、生活和生态品质的实践是风景园林及相关专业学生的重要社会实践能力[5]；美国风景园林学科奠基人卡尔·斯坦尼茨（Carl Steinitz）在景观规划和设计教学框架流程中提出风景园林规划设计思路中"改变模型"是最艰难也是最重要的，他非常强调设计课题或者应用式研究项目中应因地制宜地、结合实境进行设计[6]；林广思在总结华南理工大学风景园林教育的早期发展历程时就指出岭南的风景园林教育早期就特别强调园林创作实践能力的培养，而且这一传统被作为学校该专业的教育思想薪火相传[7]；王忠君等根据新时风景园林科的学科发展特征提出包容化、平台化的风景园林专业需要培养适应新常态社会需求变化的风景园林实践人才[8]。在风景园林及相关专业的人才培养体系中，实践课程一直占有重要地位，也一直是教学改革研究关注的重点。张天洁和李泽在总结美国高等院校风景园林服务学习课程的经验时提出风景园林及相关专业实践教学要重视浸入式体验，不断反思各方的职责及相互之间的关系，鼓励规划工作者学习多元文化，提升职业素养；张晓佳从培养风景园林素质的角度提出要充分运用案例和实际项目教学法，不断提升风景园林学生的规划能力[9]；于鲸等在讨论风景园林规划设计教育人才培养方案设计时提出应以社会责任为导向，以实践课程和社会调查为路径，通过一系列规划

设计实践的过程控制来达到风景园林教育目标[10]。真题任务法在实践课程教学中的应用也逐渐受到一些规划设计学科的关注，如李洋介绍了荷兰文德斯汉姆应用科学大学产品设计系的"全方位设计项目"实践教学课程，指出真题真做的教学流程、教学方法能体现出教学过程的全方位综合知识应用要求和对学生的职业化能力培养[11]，但风景园林及相关专业的实践教学中真题任务法的应用尚且不多。

3 教学改革的措施与作法

3.1 优化教学流程

课程教学安排为56学时，以前的教学安排为连续14周的课堂教学，主要为方案讨论、方案评阅、总结汇报等三个阶段。教学改革后，为了与真题任务相适应，任课教师组特意选择第二学期内承担的规划任务作为教学内容，由于此课有4名教师任主要任课教师，基本能保证每年均有规划实践任务充实教学课程（表1）。增加现场调研的时间与次数，灵活开课时间，不固定上课时间与教室，报备学校教学管理单位后，根据项目进展随时借用教室组织方案研讨。将规划任务内容分解成课题组，每组学生按规定时间与要求完成各自版块的分析论证与规划设计内容，要求学生分组后小组内以课下讨论学习为主，每人均有规划任务，总任务按甘特图进行时间管理。教师建立规划设计资料网盘，提前对学生进行保密安全培训与教育，所有规划资料各组共享，分阶段进行各项目组的交流研讨。规划最终方案一定是教师指导下经过各组讨论后达成一致的最终结果，当各项目组意见完全不同，很难达到意见统一且人数上各方意见大体相近之时，教师会果断决定设置主体方案和备选方案，将规划任务按2个或2个以上方案进行规划设计。对方案作技术可行性内部评审，注重方案的"在地性"和可操作性，最终方案经由教师组与外请专家讨论完善后才能向甲方提交。课程教学实践证明，教师指导与学生课程学习的时间远超过课程规定课时，教学效果也远远大于课堂理论教学，呈现投入与产出均呈正比的教学关联性。

在教师的指导下，学生全程参与了规划调研、规划创意、规划文本编制、规划评审等规划编制的整个工作流程。真题任务教学法的实施有效提升了学生的专业实战能力，培养了学生的实践工作能力，特别是调动了学生的学习兴趣，学生在学习过程中能够获得产业发展理念的熏陶，突出了高校应用型专业培养应用性、技能型人才教学目标的定位。

真题任务实践训练教学内容 表1

教学主题	教学内容	成果要求	真题来源	主要训练能力
旅游促进乡村振兴	海淀车耳营村、李村、大兴崔村乡村旅游发展质量提升规划	完成规划文本编制、图纸绘制，对当前乡村旅游发展主要矛盾与问题提出针对性解决方案	教师横向课题	旅游规划的目标、步骤、内容、技术方法及其相关政策与规范的掌握；规划中体现利益相关者的权利"博弈"机制和旅游业驱动社会发展的能力

教学主题	教学内容	成果要求	真题来源	主要训练能力
自然保护地的自然教育	西山森林公园步道与解说体系规划	完成森林公园旅游解说体系规划、步道游憩体验提升设计、自然学校与自然观察路径设计	社会实践服务	科学研究纵向钻研能力、公众沟通能力、创新能力
郊野公园游憩体系优化	南海子公园旅游服务体系规划	完成南海子郊野公园与麋鹿苑的游憩体系整合提升规划，提出旅游服务体系建设与产品设计方案	教师横向课题	动手能力、社会需求调查能力、场地分析与处理能力、游憩项目发展潜力判断能力及团结协作的能力
城市社区市民休闲空间利用	五道口街旁公园游憩服务体系设计	对学院路五道口东王庄社区的街旁带状绿地进行游憩公园设计，全面提升服务其服务社区水平	公益性社会服务	发现问题、分析问题、解决问题的能力
文化遗产活化利用	斋堂镇灵水村文化遗产调查与活化方案	对传统村落的建筑、风貌、非物质文化遗产进行资源清查，提出遗产活化利用方案	社会实践服务	团队协作精神、社会服务"变现"能力、创新意识和创造才能

3.2 进行参与式教学

教师组指导学生分析规划场地、选择合适对标案例，全体学生均参与问题研讨、条件分析和方案确定，全面培养学生从事风景旅游规划工作的社会价值观和生产实践素养。为了培养学生主动观察、积极发现、认真研究问题并探索规划解决社会需求的实践能力，课程采用"调研讨论＋共同参与"的全员、全程参与式教学模式。外业调研前，学生事先要做好功课、主动收集规划场地的背景资料，全体学生都要向老师提交文献分析报告；教师会事先与甲方沟通，准备好现场工作图纸，要求学生人手一份背景资料并针对保密资料进行保密安全教育；现场调研时，全体学生均参与甲方的规划思路交流，对规划现场进行实地走访、勘测；所有学生均参与旅游市场与访客意见的问卷调查；教学计划原本仅安排一次6课时的现场实习，教学改革后，教师特向学院申请可多次派公车乘载学生进入现场补充调研；有政府相关部门共同出席的规划说明会学生均列席参加，教师会指定小组长及学生代表提问并亲自带队分组进行部门走访与规划相关资料收集。各小组内部按规划任务分工进行分析与方案研讨，要求各小组做好讨论记录并提交任课教师，以随时随地进行学习指导。集中讨论由小组长或小组代表进行汇报，教师组进行点评，鼓励学生交叉分析、分享学习成果、强化团队合作意识，对相关规范、知识点与现场资料牢固掌握的基础上敢于创新、大胆思维，积极为规划场地绘制理想蓝图。课程教学充分调动、发挥了学生的学习主动性，授课效率高，新教学模式打破了限制时间、地点的传统课堂教学模式，全员参与及灵活的教学时空安排使规划实践课的教学效果得到充分保障。

3.3 构建主动学习机制

真题任务教学法构建起以"学生"为中心的教学模式。通过实际参与旅游规划项目的文本编制、图纸绘制与

成果汇报，学生全程参与具体规划设计工作。教师组在学期开始前充分讨论教学内容的选择、设计好教学组织方案、提前做好与甲方的信息沟通工作和项目研讨的专家邀请，为实践教学顺利进行做好基础保障。在实践教学中，教师以指导为主，要求学生根据兴趣与特长，自主进行分组分工合作、制订工作计划、资料搜集整理、进行方案阐述、组织规划研讨、编制规划文本；学生完全承担旅游规划工作者的角色，在真实的工作环境和具体的工作任务中完成了完整的规划工作流程，其实际的工作效果由项目委托甲方和专家评审委员会进行评价。这种真实任务实践学习方式，实现了学生角色由被动接受知识传授的客体转变为主动要求获取知识的学习主体，由"学生"向"规划师"的身份转变，学生的学习兴趣高、积极性强、学习态度更端正、获取知识的目的性更明确。实践证明，真题任务教学法比传统讲授式教学效果更佳。

在真题任务教学中，教师的作用由教学转换为指导，工作重心放在了创造条件、学业引导和激励创新，引导学生客观分析、综合思考、勇于探索、大胆求证和方案新颖设计。在一定程度上，教师并不像传统的"教师"，更像规划项目组的"顾问"，教师组采用指导和协助的方式组织教学，与项目规划相关的知识主要以学生自主学习为主，教师努力创造的仅仅一个学习的环境和便利条件，使学生在主动探索中反复论证规划方案的合理性、解决问题的准确性、表现方式的适宜性、规划实施的操作性和规划原理的在地性。旅游规划Studio课程在教学组织上要求学生自主探讨、提出、论证规划方案，教师更多采取倾听、引导和评价规划方案的科学性和适宜性。

3.4 建设多维教学评价考核标准

为了客观评价学生的课程学习成绩，经过旅游管理系全体教师共同研讨制订了多维教学评价考核标准。课程考核实行"项目甲方评价＋社会评审组专家评价＋教师组过程评价"的三重评价机制，项目评审通过后，任课

教师组根据项目委托方的反馈意见和规划评审组的专家意见完成学生的期末课程成绩，教师还根据学生的任务分工、参与程度、讨论表现、学习态度等教学过程的综合表现给出平时成绩，两者加权确定每名学生的最终课程成绩。这种教学考核机制确定的课程成绩客观、真实、学生争议性小，对于学生的主动学习有正向的引导作用，也利用于学生发现自身长处与不足。多维度评价标准的制订，使学生更关注行业发展和社会实际需求，规划成果更"接地气"，学生的规划实践和创新能力均有显著的提高。

3.5 重视实践项目的基础分析与后续的科学探索

实践课程教学强调学生知识运用、动手能力和专业素养的综合训练[12]，旅游规划 Studio 课程在教师的引导下，学生通过现场调研和资料收集，学会尊重场地，加强基础分析训练，保证方案结果是由分析推导出的科学空间布局和合理项目组织，建立旅游规划方案不是主观"拍脑袋"决定而是由分析推理"求解"出结果的规划思维。基础分析是旅游规划发现、分析、解决问题能力实现的基础，重视基础分析、强化规划思维训练是旅游规划 Studio 课程教学关注的重点。

规划方案通过项目委托方组织的专家评审后，尽管实践项目已经结题，教师组还会组织一至两次规划成果研讨会，要求学生在研讨会系统地谈实践收获和思考，就学生规划中的亮点和创新进行总结和点评，鼓励学生就实践项目的某一方面参加相关竞赛、申报大学生创新训练项目和进行学术探索、写出相关学术论文，也鼓励学生继续关注项目的后续进展并进行毕业论文研究选题，为毕业论文与毕业设计奠定基础。真题任务实践教学，除获得认可的旅游规划方案文本、图册与说明书外，还要求学生针对规划实践开展专题研究，不仅实现了生产实践成果与科学研究成果的转化，也为培养学术性研究人才奠定了基础[12]。

4 研究启示

4.1 全面提升了学生规划实操能力

旅游规划 Studio 课程教学改革使体验式知识传授和知识内源式优化成为现实。"真题任务"课程教学方法的应用，使学生对旅游规划知识的系统掌握与专业素养的综合培养均有较全面的提升，无论是旅游规划内容与技术流程等基础知识的掌握，还是针对现实问题的目的性解决方案的提出及甲方无障碍沟通能力的提升，均有较大的改变。通过真题任务的落地实施，学生对实际的旅游规划工作有了整体认知，并初步具备了适应职业需求的专业能力，培养的学生毕业后能更快速地进入职业角色，为其就业及深造打下了坚实基础。实践课程的真题任务教学，让学生更加清楚了解规划场地的现实问题，根据场地客观条件和社会实际需求进行合理方案的选择，而且教师解答与指导更有针对性，特别是当理想与现实发生矛盾时学生对现实解决方案的理解与接受能力增强，对规划方案的可操作性与落地条件有更充分客观的认知，

避免学生走上工作岗位后会碰壁、走弯路。

4.2 引导学生树立了正确的科学研究精神

真题式实践教育可以全方位锻炼学生，起到了引导学生树立科学研究思维、全面提升专业素养的作用。过去风景园林及相关专业作为应用型学科在人才培养上注重实践技能而忽视理论研究，长期的生产实践已告诉我们轻视理论研究会造成人才培养的短板，而与实践相结合的理论知识会更容易被学生理解、接受和扩展。运用真题任务法来组织教学，不仅有利于增强学生对旅游规划理论的理解和掌握，也有利于培养学生的创新思维和科学精神，让学生更多地接触实践，接触最新的设计课题，体验感受创新实践过程。这样不仅能牢固掌握已学过的知识，而且也锻炼了分析问题，解决问题的能力，培养了创新思维的能力[2]。通过对规划实践中的场地现实问题进行观察、认知、思考、研究、规划、设计、建造、运维，不仅践行了学科基础理论，也锻炼了学生自主思考、深入学习、科学研究的能力，以及团队合作和交叉创新能力。学生在实践训练中会积极应用理论知识并主动扩充完善自身知识体系，对现实问题的客观思考会增强学生批判的思维习惯，而辩证地、严谨地对待规划场地正是风景园林及相关学科的基本学术思维。

4.3 培养了学生拥有职场意识与团队精神

真题实践教学能培养学生适应未来职场的竞争意识和团队精神。采用真题任务进行情境化教学过程设计，辅助专题研究与对标案例整理，能够一方面让学生更加真实的体验旅游规划的编制过程，另一方面也能让学生提前感知职业要求，为将来就业与深造做好准备。真题实践的过程训练，特别是项目招投标工作程序的体验，让学生对社会需求、工作实境与现实的职场要求有了全面客观的认知。同时，旅游规划作为一项综合性社会服务实践活动，需要不同版块、不同专业之间的配合协作，还需要与项目委托方及相关部门的沟通交流，真题任务的顺利完成离不开规划团队的科学分工、密切协作与良好沟通，这对学生团队精神的培养大有裨益。

5 研究结论

5.1 探索了新的实践课程教学模式

真题任务法是现代教育方法论"产教结合"思想在教育实施环节上的具象化认识，有利于培养具有创新、创造思维的应用型技术、技能人才[13]。旅游规划 Studio 进行真题任务教学改革，对接了课堂教学与生产实践，学生从方案设计到项目落地能够直接参与其中，学生能够接触到真实的工作环境，能够有更多的体验感和获得感，其打破限定时空的教学组织模式，突显了以学生为中心的教学理念，其"以能力培养为目标、以工作场地为对象、以任务实践为环节、以主动参与为要件、以多维评价为手段、以灵活时空为支撑"的教学模式拓展了实践课程教学新模式。将教师亲自主持横向课题作为实践教学内容，教

师对科研课题的投入精力均能完美转化为教学活动，实践任务的完成过程也让教师及时、充分了解学生对基础理论的掌握和学生运用知识解决问题的实践能力等情况，更有针对性地进行教学指导，进而达成"教、学、用"目标一体化实现。旅游规划 Studio 课程教学改革经验证明真题任务教学法对培养具有创新思维、应用能力及综合素质全面的旅游规划、风景园林及相关专业规划设计人才是有效的教学方法，可以实现了学生培养、社会服务、教学相长的共赢[14]。

5.2 教学效果从知识教学递进到素质教育

真题任务教学为学生提供了直接面对社会实际需求的机会，通过创造真实的学习情境，提供及时有效的指导，能促使学生充分发挥自身的积极性，进行主动学习，从而达到知识学习的教学目的。同时，真题任务训练还要求学生端正人生观，既要树立旅游规划工作者"敢于向权利诉说真理"的职业操守，也学会与项目委托业主及相关部门沟通交流的灵活工作方法。真题任务教学还能增加学生对现实条件的理解与认识，明白最理想未必是最合理的设计，最具备操作性与解决现实问题、满足社会需求的规划方案才是最优、最可实现的旅游规划。真题任务教学促进了学生的课程学习从理论知识拥有向社会服务能力转变，使学生通过真题实践快速成长为对国家建设的有用之才。

6 研究讨论

6.1 真实课题为实践教学原点，教学科研相互支撑

真题任务实践教学新模式强调以规划设计真实项目选取为原点，离开真实情境或脱离实际的虚拟课题很难吸引学生学习投入和全面训练。为了避免实践训练沦为"纸上谈兵"，要求任课教师应以骨干教师团队牵头，成立指导教师组，由教师组的全体教师去承接社会规划任务，有选择地确定合适的实践真题作为实践教学内容，因此，完善的教学体系应有完备的横向科研系统为支撑。

6.2 多元化人才培养要求促进真题任务法成为必要教学过程

近年，风景园林及相关学科的人才培养越发具有"多面、综合、协同"的发展趋势，清华大学杨锐教授提出风景园林学的现代转型，需要完成 4 项工作，即固本、培元、开放、整合[15]。风景园林教育开始逐步构建"以知识结构为基础、规划思维为手段、价值导向为目标、学习能力为关键"的人才培养体系[8]，甚至还要求风景园林的专业人才应具有跨学科的视野与合作交流领导能力[13]，

而全方位、多层次、广覆盖、深投入的真题任务实践课程教学正是这种人才培养模式的必要教学过程，对拓展风景园林及相关专业人才的专业意识和提升综合能力有着不容忽视的作用。

图表来源：

作者自绘。

参考文献：

[1] 朱春福，王崑，耿美云，等. 开展校园生态实践教育，培养风景园林专业一流人才[J]. 城市建筑，2018(36)：62-65.

[2] 沈晓东，奚纯. 将真题设计引入课堂中来[J]. 锦州：辽宁工学院学报(社会科学版)，2003(05)：73-75.

[3] 沈纯琼，刘向政. 对"真题真做"应用型高校毕业论文的思考[J]. 当代教育实践与教学研究，2019(16)：216-217.

[4] 李建峰. "真题实作"式项目教学模式的探索与实践[J]. 文教资料，2012(06)：195-196.

[5] 杨锐. 风景园林学科建设中的 9 个关键问题[J]. 中国园林，2017，33(01)：13-16.

[6] Hollstein L M. Retrospective and reconsideration: The first 25 years of the Steinitz framework for landscape architecture education and environmental design[J]. Landscape and Urban Planning, 2019, 186：56-66.

[7] 林广思. 华南理工大学风景园林教育的早期发展[J]. 南方建筑，2019(02)：99-102.

[8] 王忠君，王鑫，刘毅娟. 新时期风景园林学科包容化、平台化发展特征的研究[J]. 中国林业教育，2020，38(06)：34-39.

[9] 张晓佳. 论风景园林教育中规划能力和素质的培养[J]. 风景园林，2012(04)：110-112.

[10] 于鯨，张祥永，曹阳，等. 以社会责任为导向的风景园林规划设计教育路径及实施研究[J]. 环境与可持续发展，2018，43(03)：137-140.

[11] 李洋. 产品设计专业真题真做实践教学探索："全方位设计项目"教学个案研究[J]. 装饰，2016(12)：96-97.

[12] 陈燕，李大鹏. "风景园林设计 II"课程实践教学改革探索[J]. 现代园艺，2020，43(18)：206-208.

[13] 李莉华，董芦笛，武毅，等. 西安建筑科技大学风景园林专业课堂内外的生态实践教学与教育研究[J]. 城市建筑，2018(36)：53-56.

[14] 李拥军，钟香彬. 基于大型项目的设计专业"真题实做"教改实践[J]. 广东第二师范学院学报，2014，34(04)：14-19.

[15] 杨锐. 论风景园林学的现代性与中国性[J]. 中国园林，2018，34(01)：63-64.

作者简介及通信作者：

王忠君/男/汉族/北京林业大学园林学院旅游管理系/研究方向为自然保护地游憩规划与自然教育/wangzj814@bjfu.edu.cn。

"综合调查—空间表达"

——面向规划设计的社会调查课程建设探索

Comprehensive Surveys & Spatial Representation
——Reforming the Course of Social Surveys for Planning and Design

文 晨 戴 菲[*]

华中科技大学建筑与城市规划学院

摘 要： 社会调查是规划设计理解人地关系的重要步骤，也是空间决策的基础。以华中科技大学景观学系向"建规景"三专业本科生开设的"社会调查研究方法"为例，探讨了课程在教改背景下，如何以"综合调查——空间表达"为主轴，综合培养学生的研究型设计能力。课程建设包含三个特点。（1）传承经典社会调查方法论，专注规划设计专业常用方法。（2）教学过程包括理论讲解和实际运用指导。（3）接轨空间数据科学，纳入社会调查的新技术方法，强调社会问题的位置、范围、空间属性。并分析总结风景园林基础教育如何能通过社会调查指导学生发现问题，分析问题，并提炼出关键信息支持规划设计的空间决策。最后提出课程教学对接其他课程和学科竞赛的优化策略。

关键词： 风景园林；课程改革；社会调查；研究方法；空间属性

Abstract: Social surveys are key steps to the understanding of human-land relationships, and they are also the basis for spatial decision-making. This article takes the social Methods of Social Investigation and Research course in HUST as an example, demonstrating how the course is reformed for the research-based design via comprehensive surveys and spatial representation. Three features of the course are (1) inheriting classic social survey methods, (2) integrating theory and practices, and (3) enhancing spatial data science. The article then summarizes how the basic education of landscape architecture can benefit from the course of social surveys, especially by how to find a problem, analyze it, and extract useful information to support planning and design. Finally, the article suggests that the course fit other courses and social survey competition.

Keywords: Landscape architecture; Course reform; Social surveys; Research methods; Spatial attributes

1 风景园林专业社会调查课程的改革背景

1.1 建设人居环境需要调查"人"和"人地关系"

风景园林学科在人居环境建设中正扮演着越来越重要的角色。在各尺度下，学科以不同的侧重点致力于营造户外空间和协调人地关系——从中小尺度的庭院、花园、广场设计，城市尺度的公园和绿地系统构建，区域尺度的自然保护地恢复，再到全球尺度的生态系统维持[1,2]。人居环境建设正逐渐达成共识，要在深刻理解人与自然关系的基础上，对不同的场地进行精明有效的干预，以期达到可持续的状况，收获生态、社会、经济、美学的多重效益[2,3]。

然而，面向规划设计，有效地调查"人"和"人地关系"并不是一件理所当然的事。不少实践案例说明，当设计师无法掌握正确的调查方法，甚至跳过社会调查，规划设计项目往往面临失败风险[4,5]。社会调查方法是人居环境建设者主动高效地理解人、建成环境、社会运作等系统的方法论。研究者唯有遵循一定的规律和共识，科学地开展观察调查，才能收集到真实可靠的数据，了解人居环境

以及其使用者的需求，并在此基础上分析出有意义的结论，助力规划设计[4-6]。建设人居环境呼唤系统的方法论来指导"人"和"人地关系"的调查。

1.2 学科基础教育的机遇和挑战

在风景园林的基础教学中，社会调查是新兴热点。随着"研究型设计"成为风景园林学科重要的发展方向之一，社会调查在规划设计中的基础作用逐渐凸显。社会调查不仅可以直接服务规划设计，梳理场地使用者需求，厘清各利益相关方的诉求，理解场地的复杂性，更能直接培养本科教育中强调的综合实践能力[4]。近年来，国内外多所高校的规划设计本科专业中已开设同类或相近课程，名称包括《社会调查研究方法》《景观社会学》《社会调查实践》等[7]。社会调查在风景园林、城乡规划、建筑学专业的本科教育中有了更广阔的展现舞台。从2020年开始，世界规划教育组织（WUPEN）牵头举办"城市可持续调研报告国际竞赛"，面向风景园林、城乡规划、建筑学3个专业开放，取代原来仅向城乡规划专业开放、"城乡规划教指分委"组织的城乡社会综合实践调研报告竞赛。社

会调查竞赛参与专业的增多，延伸了广度和深度，也给风景园林基础教育带来了展示成果的机会。

然而，社会调查的课堂教学亦是难点。尽管过去几年课程已得到充分重视，但教学和课堂建设依然存在优化空间。作者团队曾在建筑学、城乡规划、风景园林专业的教研中，系统收集过本校及兄弟院校学生对社会调查的困惑，收到的反馈包括"调研到底是观察记录什么""调查和研究的关系是什么""不同的目的该怎么选择方法""调查的结论如何反演规划设计？""为什么大家都在谈城市大数据调查，却从来没有教学？"。

面向机遇和挑战，本文将以华中科技大学景观学系面向本科"建规景"三个专业本科生开设的"社会调查研究方法"为例，探讨课程在教改背景下，如何以"综合调查——空间表达"为主轴，综合培养学生的研究型设计能力。"社会调查研究方法"华中科技大学建筑与城市规划学院的特色课程之一。面向建筑学、城乡规划、风景园林3个专业本科学生开放，2020年秋季学期选课人数超过100名。本课程从2008年开始，讲义初稿源自戴菲教授同期在《中国园林》杂志开设的专栏"规划设计学中的调查方法"中连载的8篇论文[6,8-14]。在历年更新迭代下，内容不断调整。目前理论学时定为24，并配有实践学时。近年来，适逢教改契机和教学团队扩充，社会调查研究方法课程进行了重大改革。

2 华中科技大学社会调查研究方法课程改革

2.1 规划设计视角下的社会调查研究方法

社会调查课程在社会学，人类学，社会学等专业均有

开设。风景园林专业开设社会调查课程，首要回答的问题就是应该突出什么样的特点。在建设人居环境的过程中，社会调查具有多重目的。一方面，社会调查是科学认识城市活动，了解场地真实的使用状况，探查多元利益相关方的手段；另一方面，社会调查也是规划设计专业进行空间决策的过程，因为它能获取社会活动的空间位置信息，直接为方案的布局布点提供参考[4,15,16]。

鉴于此，风景园林专业主导的调查课程改革，既需要沿袭社会调查教学主流体系的知识系统——如调查研究的分类，何为概念与变量，定量与定性研究的适用范围，数据与数据分析基础等。调查课程也需要突出规划设计专业的特色——面向规划设计，便于实践，结论可靠，包含空间信息。以此为目标，本课程在教改背景下突出以下定位。

（1）以风景园林专业为核心，在实际教学中正面回应规划设计专业关注的社会调查和设计课衔接的问题。同时，启蒙和培养风景园林学科在新时期要求的多项技能模块，包括感知、共情、交流能力，系统性的研究能力，综合实践能力等（图1）。课程需梳理一系列规划设计常用的调查方法，培养多个技能模块以助力规划设计，纳入社科类调查很少讲解的"动线观察法""心理实验法""心理地图"等方法，强化理论与实践的结合。

（2）以新技术新方法为抓手，强化数字技术和空间数据分析能力。在当下数据科学急速发展，大量数据开源的背景下，提供调查和空间决策的新路径。与学院的GIS和数字景观课程打通，探讨新技术如何能强化社会调查的空间维度。

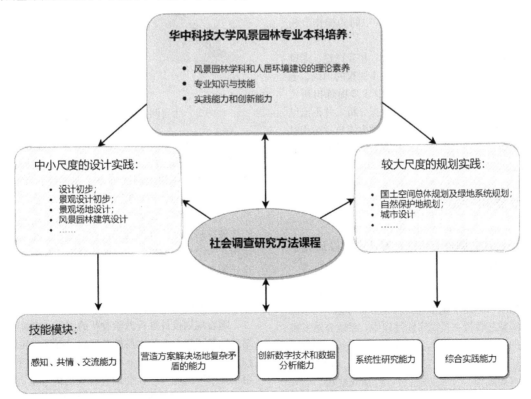

图1 华中科技大学社会调查研究方法课程定位

2.2 课程组织

课程以理论结合实践的方式展开，分为若干内容模块（表1）。社会调查研究方法作为一整套方法论，涉及一系列具体的调查方法和分析技术。模块式的架构能方便学生每次集中精力掌握一类相关的内容，提供一套轻型、牢固、可延展的知识框架。在讲授理论课程的同时，要求学生学以致用，在人地关系的框架内自由选题，制定有效的研究策略，测试各种调查方法。

社会调查研究方法的内容模块 表1

模块序号	模块内容	课程要点	实践安排和指导
1	社会调查研究方法概述	●科学研究方法的理论基础； ●规划设计中定位社会调查	系统研读大学生社会调查竞赛的获奖作品；分组进行头脑风暴，讨论感兴趣的选题；以感知和体验为目的初步调研
2	研究与数据	●数据和数据类别； ●定性研究与定量研究	以研究的角度拆分社会现象，包括梳理利益相关方，事件过程，时空范围，典型案例等。完善调查计划
3	访问类调查方法——问卷	●问卷调查法的理论部分； ●问卷调查的案例部分	调查实践；交叉讨论；指导反馈
4	访问类调查方法——访谈	●访谈的设计和安排； ●访谈资料分析	调查实践；交叉讨论；指导反馈
5	观察类调查方法	●动线观察法的理论及案例	调查实践；交叉讨论；指导反馈
6	试验类与资料调查类方法	●行动观察法的理论及案例	分析数据，撰写调查报告；完善故事线，必要时补充调查
7	数据分析与空间数据分析	●数据分析基础 ●空间数据分析基础	分析数据，撰写调查报告；终期汇报和点评

课程内容以"双重三明治"结构进行安排。第一重"三明治"结构是从整门课的角度来看，开篇两个模块作为概述和必要的研究知识铺垫，收尾部分的实践环节是最终的学生作业汇报，中间各模块为相对独立的具体调查方法。第二重"三明治"结构是以各独立模块来看，首先介绍该类别方法的定义和理论概述，中间为操作分析教程，收尾为优秀案例和批判性总结。

学生将通过上课、阅读、实地调研、相互讨论、老师指导、汇报演示、撰写报告等形式接受本课程的训练。通过课程的学习，使学生能在实际场地中逐步提炼出研究问题，设计研究策略，运用多重手段调查分析，并得出结论。在未来进行景观规划设计时，以期学生能自觉运用社会科学的调查方法和研究办法，提升方案的科学性、说服力，以及解决问题的能力。

3 课程发展和改革特色

3.1 传承经典社会调查方法论，专注规划设计类学科常用调查方法

课程在2008年开设初期，理论框架源自日本建筑学会出版的经典书目《建筑城市规划调查分析方法》[17]（图2）。任课老师戴菲教授在授课实践过程中，系统介绍了规划设计常用的调查方法，并与章俊华教授在《中国园林》开设系列专栏。介绍的方法包括：问卷调查法（理论篇），问卷调查法（实践篇），动线观察法，行动观察法，心理实践法，认知地图法，内容分析法等[6,8-14]。这些实用的调查法构成了课程的主干内容。

图2 社会调查研究方法课程理论参考[17,18]

与社会科学相比，规划设计的调查课程将更多课时分配在专业常用的多种数据的获取方式（图3）。例如，动线观察法、认知地图法等方法在传统的社会调查课程中并不作为重点，但在规划设计领域却是重要的决策参考方式。对应的，规划设计专业并不将重点放在统计分析的数理逻辑、系统性地抽样过程、基于定性资料编码的理论构建等内容。诚然，一门课程并不能解决所有问题，但这样的课程设置体现了规划设计专业的权衡——面向空间决策，关注群体行为和人地关系，要求操作简易且规范，期望明确的结论。

随着规划设计课程教学改革的深入，建筑学、城乡规划、风景园林专业的本科教学形成了更强的共识，要以多种方式培养学生"挖掘实际问题""开展研究型设计""运用新技术"的能力。社会调查课程的内容也进行了演进，更强调了科学研究的基础知识和概念，在研究的主线中

图3 社会调查研究方法关键词词云

串起社会调查和分析。同时，课程结合实际加强了定性分析，城市大数据分析（POI 兴趣点、人口网格、图论），研究的故事线梳理等内容。

3.2 理论与实践相结合

课程改革的重点，是强化理论与实践的结合，找到课堂与社区场地的平衡点。课程通过大作业督导学生分组进行社会调查实践。大作业的成果形式直接按照"城市可

持续调研报告国际竞赛"的要求，并且每组不超过 4 人。分组时鼓励不同专业的学生混合组队，以不同的学科视角相互启发。课程要求各组在武汉市内选定社区或场所，自行挖掘感兴趣的社会现象或人地关系的突出问题。各小组需多次调研，与研究对象涉及的多元利益相关方面对面沟通交流，使用多种调查方法，注意相互补充和交叉验证，避免轻易下结论。在此过程中，任课教师团队会与各组交流，指导选题和具体方法，共同梳理研究的故事线，完成最终的图文报告。课程结束后，学生可继续深化完善报告，直至投送竞赛。

在 2020 年秋季学期中，"建规景"三个专业跨年级共有 100 余名本科学生选课参与，分为 27 个小组。课程作业选题多样，包括"可食地景的社会问题""外卖骑手对公共空间的使用""口袋公园的适老性设计评价""付费自习室""城市空间内女性夜间安全"等（图 4）。这些选题贴近生活，有很强的空间属性，在深入调查的过程中能有效锻炼学生的各项能力。学期结束后，有多组学生反馈，社会实践帮助他们破除了心中对一些社会现象的刻板认识，也让他们意识到有时"设计师"的视角也并不一定优于现场的使用者。对于规划设计专业的学生，这种来自实践的反思体验也是对价值观层面的重要补益。

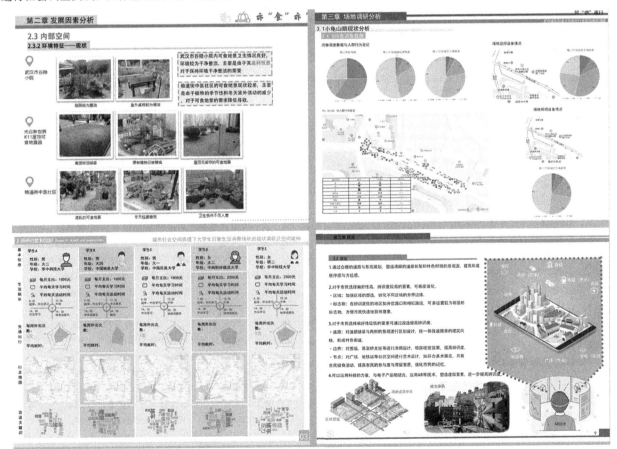

图4 社会调查研究方法学生终期报告示例

3.3 接轨空间数据科学

课程以完整的教学案例纳入了社会调查的新技术、

新方法。通过选择性介绍编程语言（R 或者 Python）和地理信息系统技术（GIS），课程强调社会调查的空间维度，有意识地讲解社会事件的"位置""范围""空间"，

并鼓励学生运用合适的空间数据表达社会现象。社会调查接轨空间数据科学是课程改革的重要方向。在大数据时代，大量优质的数据库已经开源，研究者有更多的途径了解城市与人的方方面面[19]。然而，如何规范地完成数据分析全流程仍需系统思考，包括收集、清洗、分析、展示、解释等。在这个时间节点，有必要强化社会调查与空间数据科学的结合。

在2020年秋季的教学中，任课教师使用开源数据集——北京的Airbnb民宿消费信息为例，展示了城市大数据如何能帮助我们理解经济地理，交通状况，游憩行为等（图5）。学生在作业中也尝试使用GIS和空间数据辅助现场调查，分析社会活动的空间属性。

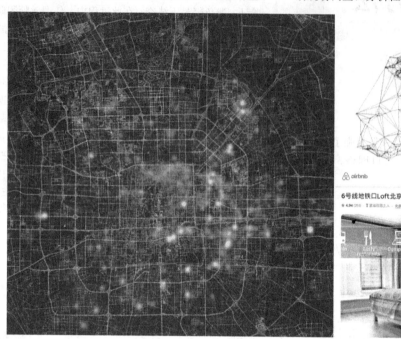

图5　社会调查结合空间数据科学示例教案

4　结语与展望

经过多年的教学实践，华中科技大学社会调查研究方法课程取得了一定成绩。课程以"综合调查——空间表达"为主轴，围绕规划设计专业核心诉求，注重调查的实际运用，逐步引入新技术、新方法。学生在思维上取得相应突破，后续在各项竞赛中取得了佳绩。成果包括"城乡社会综合实践调研报告课程竞赛"获奖，"城市设计学生作业国际竞赛"获奖，"鲍鼎杯社会调查竞赛"获奖等。未来，课程改革将进一步着力以下三个方面。

（1）正面回应学生追切问题，突破规划设计专业的调查能力瓶颈。在每年的教学后，教师团队会与学生交流，迭代改进课程。

（2）整备优势资源，申报教材和加强实践基地。近年来，课程受到学校和学院的高度重视，已获得支持申请了住房和城乡建设领域学科专业"十四五"规划教材。未来，实践课程将争取逐步形成三位一体的教学体系——理论课程，配套教材，社会实践基地。

（3）积极引入新技术、新方法，建设数据科学作为支撑的"新工科"样板课程。课程将结合调查数据的分析，以完整的案例纳入社会调查的新技术、新方法。课程将继续结合地理信息系统技术，强调社会调查的空间维度，力争用"综合调查——空间表达"打通实证研究与规划设计。

图表来源：

图1、图3、图5由作者自绘；图2引自参考文献[17，18]；图4来自学生报告。表1由作者自绘。

参考文献：

[1] 郑曦，周宏俊，张同升．走向现代：1980—2010年中国风景园林学学科蓬勃发展的特征分析[J]．中国园林，2021，37（01）：33-37．

[2] 杜春兰，郑曦．一级学科背景下的中国风景园林教育发展回顾与展望[J]．中国园林，2021，37（01）：26-32．

[3] 刘晖．中国风景园林知行传统[J]．中国园林，2021，37（01）：16-21．

[4] 汪芳，朱以才．基于交叉学科的地理学类城市规划教学思考——以社会实践调查和规划设计课程为例[J]．城市规划，2010，34（07）：53-61．

[5] 范凌云，杨新海，王雨村．社会调查与城市规划相关课程联动教学探索[J]．高等建筑教育，2008，17（05）：39-43．

[6] 戴菲，章俊华．规划设计学中的调查方法（1）——问卷调查法（理论篇）[J]．中国园林，2008（10）：82-87．

[7] 李津逵．《景观社会学》是怎样开设的[J]．城市环境设计，2007（02）：7-9．

[8] 戴菲，章俊华．规划设计学中的调查方法7——KJ法[J]．中国园林，2009，25（05）：88-90．

[9] 戴菲，章俊华．规划设计学中的调查方法6——内容分析法[J]．中国园林，2009，25（04）：72-77．

[10] 戴菲，章俊华．规划设计学中的调查方法5——认知地图法[J]．中国园林，2009，25（03）：98-102．

[11] 戴菲,章俊华.规划设计学中的调查方法4——行动观察法[J].中国园林,2009,25(02):55-59.

[12] 戴菲,章俊华.规划设计学中的调查方法3——心理实验[J].中国园林,2009,25(01):100-103.

[13] 戴菲,章俊华.规划设计学中的调查方法2——动线观察法[J].中国园林,2008,24(12):83-86.

[14] 戴菲,章俊华,王东宇.规划设计学中的调查方法1——问卷调查法(案例篇)[J].中国园林,2008(11):77-81.

[15] 石楠.调查[J].城市规划,2015,39(08):1.

[16] 巫昊燕.结合城乡规划主干课程的社会调查课程改革创新[J].教育教学论坛,2018(29):107-109.

[17] 日本建築学会.建築・都市計画のための調査・分析方法[J].井上書院,1987.

[18] 戴明,M.E.,斯沃菲尔德,等.景观设计学:调查・策略・设计[M].景观设计学:调查・策略・设计,2013.

[19] 曾鸿,丰敏轩.大数据与统计变革[J].中国统计,2013(09):49-50.

作者简介:

文晨/男/汉族/华中科技大学建筑与城市规划学院讲师/研究方向为景观规划与生态系统服务/cwen@hust.edu.cn。

通信作者:

戴菲/女/汉族/华中科技大学建筑与城市规划学院教授/研究方向为城市绿地规划与设计/daifei@hust.edu.cn。

社交媒体大数据在城市景观设计中的应用前沿

The Application Frontier of Social Media Data in Urban Landscape Design

谢伊鸣　吴承程　杨瑞祺　王　通*

华中科技大学建筑与城市规划学院

摘　要：城市景观设计中大数据的应用日益广泛。本文通过可视化软件 CiteSpace 对 214 篇以社交大数据、风景园林、景观设计为关键词的文献从研究主题、关键词、年份和研究机构进行数据分析和挖掘得到：我国大数据在风景园林设计中的应用研究处于发展阶段；从事此方向研究的学者人数较少，并且人均发文量均低于 10 篇；社交媒体大数据的研究目前主要聚焦于图像数据、位置数据、文本数据、多源数据综合利用方面，其研究成果能更精确的反映用户需求，为城市景观设计提供极大的帮助。

关键词：社交媒体数据；大数据；景观设计

Abstract：Big data is widely used in urban landscape design. Through the visualization software CiteSpace, this paper analyzes and excavates the data of 214 papers with the keywords of social communication big data, landscape architecture and landscape design from the research topics, keywords, years and research institutions; The number of scholars engaged in this research is small, and the number of papers per capita is less than 10; At present, the research of social media big data mainly focuses on the comprehensive utilization of image data, location data, text data and multi-source data. The research results can more accurately reflect the needs of users and provide great help for urban landscape design.

Keywords：Social media；Big data；Urban landscape design

伴随着近几年互联网信息爆炸，"大数据"[1] 飞速增长，大数据的广泛应用为城市景观设计带来了新的思路，设计师们可以通过社交媒体大数据得到的信息获得应对某种城市问题的解决思路和风景园林优化策略，做出以人为本的设计，提升城市景观设计的品质。

对社交媒体大数据、在城市景观设计中应用的相关文献进行研究，能够明确该领域的研究概况和主要方向，对该领域的发展起到良好的促进作用。

1　研究方法与数据来源

1.1　数据整理

文献数据来源于中国知网，以社交大数据、风景园林、景观设计为检索主题，检索时间为 2021 年 5 月 9 日，时间跨度为 2013～2021 年，剔除新闻、会议记录、综合资讯等条目，最后经过人工筛选，将其中重复及相关性不大的文献剔除，共得到 214 篇风景园林学大数据领域相关文献。

对检索到的论文进行多方位统计分析，采用科技文本挖掘及可视化软件 CiteSpace 对文献进行数据分析和挖掘，从研究主题、关键词、年份和研究机构等方面进行聚类分析等数学分析并得到可视化结果，以期直观、清晰、多角度地展示社交媒体大数据的研究现状和发展动态。

1.2　文献统计

1.2.1　论文发表情况分析

（1）中国风景园林大数据研究起步阶段（2013～2015 年）。最早的文献中，学者逐渐引入"大数据时代的风景园林学"的讨论，并对大数据的特点与风景园林学科的需求进行了简要介绍和分析，此阶段研究文献量基本稳定，每年保持在 10 篇左右，总体数量较少，这与科技的发展有一定的关系。在此阶段，尚未引起学术界对大数据研究的重视，相关文献较少。

（2）中国风景园林大数据研究发展阶段（2016～至今）。在前期研究的基础上，国内学者阐明大数据分析能为风景园林提供更坚实可靠的支撑，从用户端对接需求，体现以人为本的原则，同时深入分析了大数据分析与风景园林设计之间的关系，并通过分析国外成功典型案例为我国大数据指导风景园林设计提供了有益的借鉴与启示（图 1）。

1.2.2　论文发表作者与机构分析

根据 CNKI 数据库中的数据显示，国内开展社交媒体大数据在城市景观设计中的应用研究的作者较少，且作者产出较少，作者发文量均少于 15 篇。选取发文量居前四名的作者进行分析（表 1、图 2），从中发现：（1）4 位学者发文总量为 21 篇，占比为 9.81%，累积被引量为 302 次，说明国内研究社交媒体大数据、在城市景观设计中的应用的学者较为分散；（2）虽然杨俊宴的发文量排名第一，但李雄累计被引量、平均被引量均排名第一，表明李雄教授在社交媒体大数据、在城市景观设计研究方面取得了较好的成果，已成为该领域较有影响力的学者；结合 CiteSpace 绘制的研究作者合作知识图谱，可以发现：国内学者合作较少，仅有部分学者之间进行了少量合作，因此，未来学者之间应加强合作交流，以期发表高质量高水平高影响力的论文成果。

我国风景园林学大数据研究领域发文量较多的研究机构有东南大学、北京林业大学、华南理工大学、清华大学、哈尔滨工业大学与南京林业大学等（图 3）。通过 CiteSpace 对中文文献研究机构进行分析，东南大学中心性最高为 0.03，在国内风景园林学大数据研究领域处于明显的中心地位。其中，清华大学与重庆大学形成了一定的合作网络。

				排名前四的作者发文量等统计	表 1
发文作者	发文量（篇）	占比（%）	累计被引量（次）	平均被引量（次）	所在机构
杨俊宴	11	5.14	81	7.363636364	东南大学
李雄	4	1.87	141	35.25	北京林业大学
龙瀛	3	1.40	18	6	清华大学
王鑫	3	1.40	62	20.66666667	北京林业大学
统计	21	9.81	302	69.28030303	

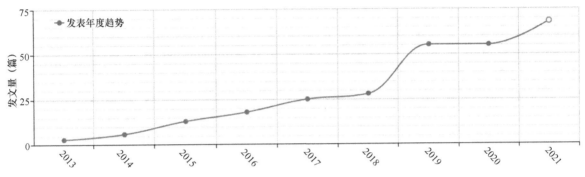

图 1 论文发表年度分布图

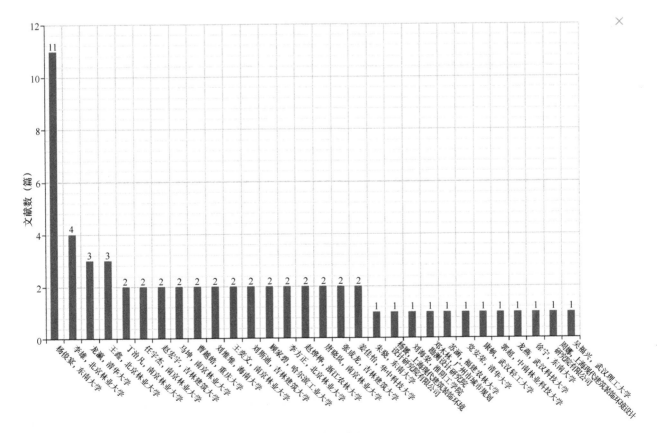

图 2 作者分布图

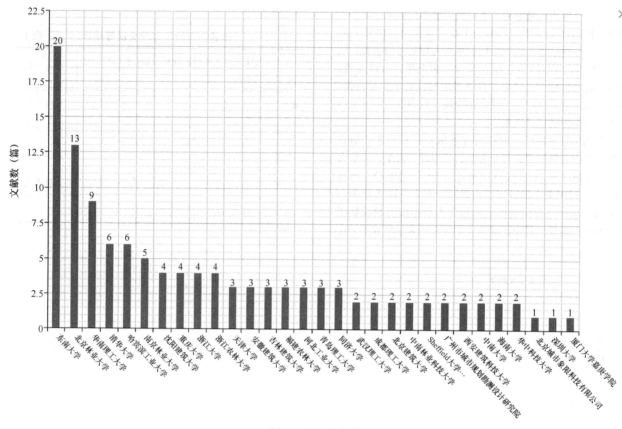

图 3 机构分布图

1.3 研究热点分析

2013 年以来，出现频率最高的关键词是城市设计、城市形态，出现频次分别为 15，8。2013~2015 年，风景园林大数据应用研究方向主要在城市建筑群、地理信息系统、城市绿地等方向，而到了 2016 年以后，学者们更多关注城市设计与使用后评价等，其中，基于社交媒体的位置数据与文本数据的大数据分析是近些年研究的热门新方向。通过社交媒体的位置数据与文本数据可以对景观进行使用后评价，以启发如何提升景观品质。从频次与中心性可以判断出，风景园林大数据最关注的是城市设计领域，其中心性为 0.04，图 4 为关键词知识图谱。

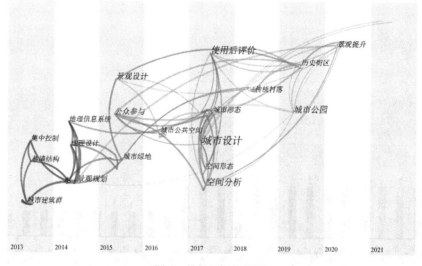

图 4 关键词知识图谱

1.4 小结

综合国内文献 CiteSpace 研究，可以看出：（1）我国大数据在风景园林设计中的应用研究主要分为研究起步阶段与发展阶段，起步阶段中学者开始着手研究此领域，对其研究缓步发展；发展阶段中有更多学者加入，论文数量和质量有了提升。当前我国大数据在风景园林设计中的应用研究仍处于发展阶段。（2）从事此方向研究的学者人数较少，并且人均发文量均低于 10 篇。（3）我国大数据在风景园林设计中的应用研究范围不断扩大，从传统的空间句法、地理信息系统，到时空大数据、辅助决策、公共性、数字景观技术等，并且学者对城市设计与城市形态的关注度最高。

2 领域热点及研究前沿

根据社交媒体大数据领域内已有相关文献和可视化软件 CiteSpace 的聚类分析，笔者在此参照领域研究热点将在城市景观设计中应用到的社交媒体大数据分为位置数据、图像数据、文本数据和多源数据四类，探究这四类大数据在城市景观设计的应用中发挥的作用。

2.1 位置数据

针对卫星定位数据的研究主要集中于景点时空特征分析、密度及热点分析和空间布局分析[2]上。

Hidayat Ullah[3] 利用新浪微博下载的位置数据，运用 GIS 核密度分析，SPSS 软件数据进行分析和处理，得到关于上海绿地的游客分布、绿地游客行为分布、日均客流量、周客流量分布情况等数据，从而探讨上海绿地的时空分布特征。以推特的海量定位数据为样本，Bartosz Hawelka[4] 将位置数据进行多轮回归分析得出全球人口迁移方向和流动模型，并验证社交媒体定位数据的有效性和可利用性。李方正[5] 用 2013 年北京微博签到数据研究绿地空间使用情况，通过 GIS 热力图和密度分析，得出北京市中心内的绿地使用率较高，绿地使用情况与公园类型有关，使用情况根据时间发生转移的结论。

在位置数据的研究中，学者通常以 GIS 软件为工具，通过对不同社交媒体的卫星定位数据进行分析，从人口位置的变化探讨城市景观在时空中的使用情况。

2.2 图像数据

在社交媒体大数据中，带有位置信息的图片数据最先引起国外研究者注意，随后就各类数据展开一系列研究。国内学者对景观大数据应用的研究起步较晚，目前主要集中在卫星定位数据、网络文本数据、时间数据的研究上，图像数据研究鲜少涉及。

在图像数据研究领域里，Slava Kisilevich[6] 以在 Flickr 和 Panoramio 网站下载到带有地理位置数据的照片为数据集，运用 Clustering Agorithms 分析照片中的吸引性区域，Density maps 可视化吸引性区域的面积，结合照片中的地理信息将成果转译至 GIS 中，以此研究游客行为和活动的空间分布。Juan CarlosGarcía-Palomares[7] 通过 GIS 空间分析，带有坐标的图片探究欧洲大城市的空间聚集性和游客在城市中的空间分布，分析并可视化城市主要吸引景点。CarrieSessions[8] 利用社交网站上发布的带有地理信息位置的照片进行回归计算，结果表明回归结果可以准确的预估未来指定月份的浏览量；同时，根据照片发布者自愿提供的个人信息可以计算出游客的来源地构成。Yang Song[9] 从社交网站 Instagram 下载带有地理信息的图片数据，将照片分为活动、景物、人像三种

类型，通过对三种类型照片的交叉分析，可计算出月均人数分布、周游览高峰、游览频次分布，分析公园吸引力位置点，并应用分析结果对公共空间的使用和设计提出改进策略。

图像数据的研究主要以从不同社交媒体中获取的带有地理位置数据的图片为主要数据来源，运用各种分析方法分析图像后可以得出游客行为和活动的空间分布，有助于得出城市主要吸引景点，为城市在不同时段应对客流量提供参考；通过分析还能得出人们对公共空间的使用情况，其结果为提升公共空间的品质提出改进思路。

2.3 文本数据

2.3.1 签到数据

签到数据主要用于探索人群时空行为和城市空间结构等中观或宏观尺度上的活动。

钮心毅[10] 依据移动通讯基站的数据信息，采用核密度分析得出签到用户密度分布。将用户密度进行空间聚类和密度分级后，判定上海城市空间结构。关于城市空间活力的研究，王玉琢[11] 以手机信令数据构成样本集，通过相关性分析和因子聚类的方法，定量研究了城市空间活力强度与其影响因子之间的关系。

2.3.2 网络文本数据

网络文本数据的研究集中使用体验、设计反馈、目标形象探知、游客满意度分析、情感特征分析等方面研究。

Yang Song[12] 使用猫途鹰社交网络评论数据，通过统计模型进行文本聚类，分析数据中表达的“主题”，分析使用者对城市公共空间的使用认知和设计体验。并为日后管理和相关设计提出改进策略。以推特和微博数据为样本，Roberts[13] 研究了人群活动的季节变化和城市绿地的人群参与度。Yue Ma[14] 对微博评论进行情绪分级。通过不同性别对情绪的打分找到对应的情绪特征，以此分析不同性别对滨水空间的情感体验和空间分布。结论也帮助决策者对下一步滨水空间的设计和管理提供依据。方梦静[15] 基于社交媒体数据分析城市公园的游客情感特征。运用情感值计算、词频分析等方法，结合 GIS 空间分析，探究游客时空分布特征、游客情感结构以及影响它们的关键因素。沈啸[16] 依托 ROST Content Mining 软件对镜湖国家湿地公园进行旅游形象感知研究。以社交媒体网络文本为样本，从环境、活动、景点、服务、文化五角度进行评价。结果显示游客整体情感态度趋于良好，对活动满意，文化了解不深入，基础服务设施存在消极感受。

何丹[17] 利用网络评论文本，借助内容分析法和词频分析法，分析游客在博物馆的旅游体验。结果显示游客满意度与博物馆提供的功能、票价、展馆特色、基础设施等因素密切相关。敬峰瑞[18] 利用网络文本分析西溪国家湿地公园的旅游体验要素。首先对网络点评文本进行要素编码和评级；再通过 SNA、IPA 等方法分析因子集结构特征。结果表明游客对旅游体验要素的认知存在较大差异。Joseph Gibbons[19] 运用推特文本数据分析邻里敏感

度，并以此作为预测工具分析居民的人口健康状况。

付业勤[20]运用 ROST 对鼓浪屿进行旅游形象研究，提取点评文本数据的高频词，运用内容分析法构建分析条目。结论表明鼓浪屿的餐饮为最受重视的部分，拥挤程度会影响游客体验，但总体评价趋势向好发展。伍智超[21]运用社交媒体数据分析武汉内涝的时空特征。文章使用 MapLocation 工具对 API 抓取的地点进行编码，分析内涝发生的年均变化，月均变化以及不同行政区内涝发生的差异。为城市内涝防止工作提供了有效数据支持。

网络文本数据的研究主要能够反映使用者对城市公共空间的使用认知和情感特征，为决策者对相关公共空间的设计和管理提供依据。

2.4 多源数据

除了位置、图像、文本数据之外，社交媒体大数据应用中还有基于多源数据的综合应用。

武静[22]运用定位数据和 POI 数据，通过核密度分析分析人群聚集现状，揭示武汉市滨湖空间的游览潜力与价值。刘维维[23]结合实地调查数据、空间句法、网络文本数据分析田园综合体的运作情况。吴林[24]综合网络文本、微博签到、微信宜出行、地铁刷卡等数据，对橘子洲公园的使用状况进行分析，揭示公园内景点与使用状况的时空分布特征，量化了人群和景色的分布关系。

Zhifang Wang[25]结合社交媒体数据和传统调研数据，分析了北京奥林匹克公园的对游客的吸引性。分析后表明社交媒体数据在样本量、数据结构、经费、数据集中度等方面比传统调研数据更加有效。于静[26]以西安为例，使用微博数据，分析游客情感和时空变化。将微博数据中的时间数据、地理位置数据结合 GIS 空间进行表达和分析。运用词频分析将评论文本中的高频词汇加以凸显，得到西安的游客情感分布。杨胜玮[27]基于遥感和社交媒体数据对泰国的生态环境进行评估，运用 PSR 模型构建泰国生态环境评估体系，并判断因子权重。将推特数据与各指标数据进行相关性分析，以快速推算泰国的经济发展水平。

多源数据的应用结合了位置、图像、文本等数据，数据的来源更多样，从多方面去探究城市公共空间的使用情况和带给人们的感受，以数据的形式量化了使用者和城市空间的关系。

3 结语

3.1 研究总述

社交媒体数据作为新兴的研究对象，基于数据类型的特征，国内外对其研究主要集中在挖掘用户深度需求、还原真实设计反馈等研究上，具体的研究如网络文本分析、网络形象感知、使用后评价、舆情监控方面。且对于数据的研究，引入机器学习、数学、统计学等学科的方法，深度挖掘数据背后的隐藏含义。国内对于社交媒体大数据的研究尚且处于起步阶段，相关文献数量不多，但我国大数据在风景园林设计中的应用研究范围不断扩大，

发展前景良好。

3.2 局限性

通过上文文献分析可看出，国内对社交媒体大数据的研究尚且处于初期阶段，整体研究量较少。对文本数据的研究方法多运用词频分析法、语义分析法、情感值计算法。缺少对文本整体语境以及文本主题的分析，且分析停留在数据表层，对隐含的用户真实使用情况和数据信息深挖掘的方法探索较少，缺少科学的模型参考。整体来看，社交媒体数据的研究量相对较少，取得进展小，学科内对于该类型数据的研究方法尚存在很大探索空间。

3.3 未来发展前景

城市景观设计中需要很多数据做设计支撑，而传统数据获取难度大。地形、地貌、植被、人口等条件要通过大量调研和测绘才能得到，耗时长、工作量大。核心数据需要向有关部门申请，个人可能无法完成。且数据更新慢，资料陈旧；实地调研数据收集、整理困难，实地调研数据往往资料庞杂，需要研究人员耗费大量时间精力处理基础信息。

鉴于上述问题，社交媒体大数据能更加方便快捷的获取，数据类型更加多元，研究方法更精确化。相比传统数据，大数据拥有更大的样本量，更长的时间跨度，更科学的统计、分析方法，且成本更低，耗费的人力财力相对较小。社交媒体大数据来源直接来源于用户，反映用户真实感受和想法，能够更好地辅助城市景观设计，未来社交媒体大数据的研究热点也将继续聚焦于位置数据、图像数据、文本数据和多源数据上，并且会在城市景观设计中得到更广泛、直接而有效的应用。

图表来源：

图1～图3引自中国知网，图4由作者自绘，表1由作者自绘。

参考文献：

[1] 托夫勒，步茗. 第三次浪潮[J]. 现代情报，1984（00）：35-36.

[2] 李方正，李雄，李婉仪，刘玮，张云路. 大数据时代位置服务数据在风景园林中应用研究[A]. 中国风景园林学会编. 中国风景园林学会 2015 年会论文集[C] 全球背景下的本土风景园林. 北京：中国建筑工业出版社，2015.

[3] Hidayat Ullah, Wanggen Wan, Saqib Ali Haidery, Naimat Ullah Khan, Zeinab Ebrahimpour, Tianhang Luo. Analyzing the Spatiotemporal Patterns in Green Spaces for Urban Studies Using Location-Based Social Media Data[J]. ISPRS InternationalJournal of Geo-Information, 2019, 8(11).

[4] Bartosz Hawelkaa. Geo-located Twitter as proxy for global mobility patterns, 2014(41)(3).

[5] 李方正，董莎莎，李雄，雷芸. 北京市中心城绿地使用空间分布研究——基于大数据的实证分析[J]. 中国园林，2016，32（09）：122-128.

[6] Slava Kisilevich. Event-based analysis of people's activities and behavior using Flickr and Panoramio geotagged photo collections, 2010.

[7] C García-Palomares, J Gutiérrez, C Minguez. Identification of tourist hot spots based on social networks: A comparative analysis of European metropolises using photo-sharing services and GIS[J]. Applied Geography, 2015, 63: 408-417.

[8] Identification of tourist hot spots based on social networks: A comparative analysis of European metropolises using photo-sharing services and GIS C C S A B, C S A W B, B S R, et al. Measuring recreational visitationat U.S. National Parks with crowd-sourced photographs[J]. Journal of Environmental Management, 2016, 183(Pt 3): 703-711.

[9] Yang Song, Runzi Wang, Jessica Fernandez, Dongying Li. Using social media data in understanding site scale landscape architecture design: taking Seattle Fr eeway Park as an example[J]. Landscape and Urban Planning, 2020, 10.

[10] 钮心毅, 丁亮, 宋小冬. 基于手机数据识别上海中心城的城市空间结构[J]. 城市规划学刊, 2014(06): 61-67.

[11] 王玉琢. 基于手机信令数据的上海中心城区城市空间活力特征评价及内在机制研究[D]. 南京: 东南大学, 2017.

[12] Sustainability Research; Studies from Texas A& M University in the Area of Sustainability Research Published (Understanding Perceived Site Qualities and Experiences of Urban Public Spaces: A Case Study of Social Media Reviews in Bryant Park, New York City)[J]. Ecology Environment & Conservation, 2020.

[13] Roberts H, Sadler J, Chapman L. Using Twitter to investigate seasonal variation in physical activity in urban green space[J]. Geo Geography & Environment, 2017, 4(2): e00041.

[14] Yue Ma, Changlong Ling, Jing Wu. Exploring the Spatial Distribution Characteristics of Emotions of Weibo Users in Wuhan Waterfront Based on Gender Differences Using Social Media Texts[J]. ISPRS International Journal of Geo-Information, 2020, 9(8).

[15] 方梦静. 基于社交媒体大数据的城市公园游客情感特征研究[D]. 杭州: 浙江农林大学, 2019.

[16] 沈啸, 张建国. 基于网络文本分析的绍兴镜湖国家城市湿地公园旅游形象感知[J]. 杭州: 浙江农林大学学报, 2018, 35(01): 145-152.

[17] 何丹, 李雪妍, 周爱华, 付晓. 北京地区博物馆旅游体验研究——基于大众点评网的网络文本分析[J]. 资源开发与市场, 2017, 33(02): 233-237.

[18] 敬峰瑞, 孙虎, 龙冬平. 基于网络文本的西溪湿地公园旅游体验要素结构特征分析[J]. 杭州: 浙江大学学报(理学版), 2017, 44(05): 623-630.

[19] Joseph Gibbons, Robert Malouf, Brian Spitzberg, Lourdes Martinez, Bruce Appleyard, Caroline Thompson, Atsushi Nara, Ming-Hsiang Tsou. Twitter-based measures of neighborhood sentiment as predictors of residential population health.[J]. PLoS O NE, 2019, 14(7).

[20] 付业勤, 王新建, 郑向敏. 基于网络文本分析的旅游形象研究——以鼓浪屿为例[J]. 旅游论坛, 2012, 5(04): 59-66.

[21] 伍智超, 王超, 李秉清, 李迈克, 王泉. 基于社交媒体数据的武汉内涝时空统计分析[J/OL]. 测绘地理信息: 1-6[2021-03-23]. https://doi.org/10.14188/j.2095-6045.2020 329.

[22] 武静, 李靖雯, 马悦. 基于多源数据的武汉市滨湖景观空间集群特征与潜力研究[J]. 园林, 2019(07): 20-24.

[23] 刘维维. 大数据背景下的田园综合体景观规划研究[D]. 海口: 海南大学, 2019.

[24] 吴林, 刘耿, 张鸿辉. 大数据视角下的公园绿地使用状况评估——以长沙橘子洲公园为例[J]. 中外建筑, 2018(11): 95-98.

[25] Zhifang Wang, Yue Jin, Yu Liu, Dong Li, Bo Zhang. Comparing Social Media Data and Survey Data in Assessing the Attractiveness of Beijing Olympic Forest Park[J]. Sustainability, 2018, 10(2).

[26] 于静. 基于微博大数据的游客情感及时空变化研究[D]. 西安: 陕西师范大学, 2015.

[27] 杨胜玮. 基于遥感和社交媒体数据的泰国生态环境评估[D]. 西安: 西安科技大学, 2020.

作者简介：

谢伊鸣/女/汉/华中科技大学建筑与城市规划学院景观学系在读本科生/535175246@qq.com。

通信作者：

王通/男/汉/博士/华中科技大学建筑与城市规划学院景观学系副教授/研究方向为乡村文化景观与风景园林遗产/wangtong@hust.edu.cn。

如何在风景园林专业课程体系中融入思政教育[①]

How to Integrate Ideological and Political Education into the Curriculum System of Landscape Architecture

杨建辉* 刘 晖 董芦笛

西安建筑科技大学建筑学院

摘 要: 如何在专业课程体系中融入思政教育是高等教育当前面临的一项重要任务,风景园林专业由于具有较强的实践性和职业性,至少可以将3个方面的课程思政内容与专业课程体系相融合。一是核心价值观教育;二是专业素养与健康心态培育;三是职业担当与社会责任教育。文章以风景园林工程与技术课程为例进行了探讨。

关键词: 风景园林;课程体系;教学改革;课程思政;西安建筑科技大学

Abstract: How to integrate ideological and political education into the professional curriculum system is an important task of higher education. Because of the strong practical and professional nature of landscape architecture, at least three aspects of ideological and political curriculum content can be integrated with the professional curriculum system. The first is core values education; the second is professional literacy and healthy mentality cultivation; the third is professional responsibility and social responsibility education. The article discusses the landscape architecture engineering and technology course as an example.

Keywords: Landscape architecture; Curriculum system; Teaching reform; Ideological and political curriculum; Xi'an university of architecture and technology

"高校思想政治工作关系高校培养什么样的人、如何培养人以及为谁培养人这个根本问题。要坚持把立德树人作为中心环节,把思想政治工作贯穿教育教学全过程,实现全员育人、全程育人、全方位育人,努力开创我国高等教育事业发展新局面。""要用好课堂教学主渠道,……各门课都要守好一段渠、种好责任田,使各类课程与思想政治理论课同向同行,形成协同效应。"[②] 全社会,尤其是各高校在认真学习和理解习近平讲话精神的过程中,理解了高校思想政治工作和思想政治教育的重要性和"课程思政"教学改革的紧迫性。具体而言,"课程思政"指以构建全员、全程、全课育人格局的形式,将各类课程与思想政治理论课同向同行,形成协同效应,把"立德树人"作为教育的根本任务的一种综合教育理念[1]。西安建筑科技大学风景园林专业在课程思政教学改革中,以落实"三全育人"为基本原则,围绕"立德树人"这一教育的根本任务开展了课程体系的调整与改革,形成了专业课程的思政教学体系。

1 基于风景园林专业特点确立课程思政教学目标

风景园林学是综合运用科学与艺术的手段,研究、规划、设计、管理自然和建成环境的应用型学科,以协调人与自然之间的关系为宗旨,保护和恢复自然环境,营造健康优美人居环境[2]。因此,风景园林专业的课程内容本身就包含了大量维护和倡导"生态文明""文化自信"、社会责任以及公共福祉等方面的思政内容和目标。西安建筑科技大学充分结合风景园林专业的特点,总结提炼了本专业思政教育的总体目标,具体体现为3个方面:一是核心价值观教育,二是专业素养与健康心态培育,三是职业担当与社会责任教育。这三个方面都是紧密围绕"立德树人"来展开的,是本专业领域"立德树人"的核心内容。符合习近平总书记提出的"做好高校思想政治工作,要因事而化、因时而进、因势而新"[③] 的要求。

1.1 风景园林专业的核心价值观教育

无论是从风景园林专业的学科内涵、或者是社会实践属性、亦或是社会期望的角度来看,正确的历史观、自然观、资源观、发展观、伦理观、社会观、世界观、协同观[3]都可认定为风景园林专业的核心价值观,加强上述风景园林专业的核心价值观教育,与党的十八大提出"倡导富强、民主、文明、和谐,倡导自由、平等、公正、法治,倡导爱国、敬业、诚信、友善,积极培育和践行社

① 基金项目:西安建筑科技大学一流专业建设项目"专业基础阶段培养框架与本硕一体化培养模式建设研究(编号:YLZY0103Z08)"及"风景园林专业人才培养模式特色创一流建设和质量保障体系建设"(编号:YLZY0103Z01)资助。
② 习近平在全国高校思想政治工作会议(2016年12月7日~2016年12月8日)上的讲话。
③ 习近平在全国高校思想政治工作会议(2016年12月7日~2016年12月8日)上的讲话。

主义核心价值观"本质上是高度一致的。因此，将风景园林专业的核心价值观教育作为风景园林专业课程思政教育的主要目标是对社会主义核心价值观教育在本专业"因事而化"的具体体现，属于"立德树人"这一根本任务中"立德"的环节。

1.2 风景园林专业素养与健康心态培育

风景园林专业对毕业生在素质结构上分别从思想素质、文化素质、专业素质以及身心素质4个方面提出了具体要求[2]。其中思想素质是"立德"的要求、专业素质和身心素质是"树人"的要求，文化素质则是专业素质的基础。因此，从"立德树人"这一高等教育的根本任务出发，培育风景园林毕业生的专业素养和健康心态必然成为本专业课程思政的主要目标之一。

1.3 风景园林专业职业担当与社会责任教育

风景园林专业职业担当与社会责任教育是风景园林核心价值观教育中"社会观"和"世界观"教育的具体体现，对应社会主义核心价值观中的"平等""公正""法治""敬业""诚信"等具体价值，是"立德"与"树人"的有机统一。在"创新、协调、绿色、开放、共享"的"五大发展理念"① 下，在"乡村振兴"和"生态文明"建设的国家战略实施中以及在全面提升国民"文化自信"、努力实现中华民族伟大复兴的过程中，风景园林专业人才都是不可或缺的重要参与者。因此，对风景园林专业人才的职业担当与社会责任教育是本专业核心的课程思政目标要求。

2 基于风景园林专业课程体系梳理课程思政教育目标与课程的对应关系

西安建筑科技大学风景园林专业课程体系包含了5个课程模块约39门课程（表1）。其中，通识核心课程模块共5门课程，是风景园林专业基础的基础，此模块中有4门课程与课程思政教育总体目标的3方面具体目标高度对应。这些课程一般在低年级开设，有利于从一开始就树立正确的核心价值观、明确本专业从业人员需遵守的职业要求与必须承担的社会责任，并通过专业认知教育和专业历史教育楔入专业素养和健康心态的培育内容。

专业基础课程模块共19门课程，基本涵盖了风景园林专业学习最核心和最基础的内容，包含类型化的风景园林规划设计课以及对应的原理课。此模块课程的教学是培育学生专业素养和健康心态的核心环节，因此，与课程思政教育总体目标中的专业素养与健康心态培育目标高度对应。在核心价值观教育以及职业担当与社会责任教育目标方面，各门课程的教学内容和侧重各有不同，所以其对应关系也存在一定差异，但总体而言，以高、中对应关系为主。

专业方向课程模块共5门课程，在高年级（4年级）开设，据此拓展学生的专业方向和专业深度。该模块课程教学的核心内容本身就是社会建设、发展和关注的重点方向（如城市更新、老旧小区改造、公园城市、生态文明建设等），涉及社会公平正义、公众利益、民众参与、多方利益平衡、短期与长期发展目标的关系、如何顺应国家战略与政策、风景园林师自身的角色定位等系列复杂的问题，与风景园林思政教育总体目标都高度对应，需要在课程中重点介入。鉴于此，本模块所有课程与思政教育总目标都应设定为高度对应关系。

创新创业教育课程模块是响应国家政策要求而设立的专业课程，目前最核心的有2门。一门通过规划设计原理课加强创新思维训练，增强学生创新设计的能力，另一门通过剖析政策与法规来指导学生开展创新创业活动，拓展创新创业的视野，助力学生的创业实践。创新创业是需要与国家战略和社会需求以及政策法规紧密对标的高风险性实践活动，因此，在课程中开展核心价值观、职业素养和职业心态以及社会责任等方面的思政教育是极其必要的，体现在课程内容和思政目标的对应性上也都是最高的。

集中实践教学课程模块包含了从低年级到高年级的所有实习、实践、测绘以及最后的毕业设计等课程和环节，培养分析和解决实际工程技术问题的能力是本模块课程的核心目标，因此，与课程思政教育总目标中的"专业素养与健康心态培育""职业担当与社会责任教育"分目标有着很高的对应关系，故在本校的课程思政教育体系中也得到了相应的体现。

风景园林专业课程体系与思政教育总体目标对应关系　　表1

课程模块	课程名称	风景园林专业思政教育总体目标		
		核心价值观教育	专业素养与健康心态培育	职业担当与社会责任教育
通识核心课程	风景园林学导引	H	H	H
	风景园林理论与实践概论	H	H	H
	风景园林植物基础	L	M	L
	东方风景园林史	H	H	H
	西方风景园林史	H	H	H

① 2015年10月，党的十八届五中全会召开，在深刻总结国内外发展经验教训、分析国内外发展趋势的的基础上，针对我国发展中的突出矛盾和问题，提出了创新、协调、绿色、开放、共享的发展理念。

课程模块	课程名称	风景园林专业思政教育总体目标		
		核心价值观教育	专业素养与健康心态培育	职业担当与社会责任教育
专业基础课程	风景园林设计基础Ⅰ	M	H	L
	风景园林设计基础Ⅱ	M	H	L
	外部空间及庭院设计原理	M	H	M
	风景园林空间设计Ⅰ（小尺度环境及小品建筑）	M	H	M
	风景园林建筑设计原理	H	H	H
	风景园林空间设计Ⅱ（小型建筑及其外环境）	M	H	M
	风景园林空间设计Ⅲ（风景环境及中小型建筑群）	M	H	M
	住区环境规划设计原理	H	H	H
	风景园林规划设计Ⅰ（住区环境）	H	H	H
	公园规划设计原理	H	H	H
	风景园林规划设计Ⅱ（公园）	H	H	H
	风景园林植物Ⅰ（形态认知基础）	L	H	L
	风景园林植物Ⅱ（生境与群落）	H	H	M
	植物景观规划设计	H	H	H
	场地设计	H	H	H
	风景园林工程与技术Ⅰ	H	H	H
	风景园林工程与技术Ⅱ	H	H	H
	山水环境治理工程技术概论	H	H	H
	传统造园理论	H	H	M
专业方向课程	城市景观设计原理	H	H	H
	风景园林规划设计Ⅲ（城市景观设计）	H	H	H
	城市绿地系统规划与设计	H	H	H
	风景名胜区规划设计原理	H	H	H
	风景园林规划设计Ⅳ（风景区/城市绿地系统）	H	H	H
创新创业教育课程	风景园林规划设计原理与创新设计	H	H	H
	风景园林政策法规与职业创新	H	H	H
集中实践教学课程	外埠参观实习	M	H	H
	传统园林测绘	L	H	M
	实践工坊Ⅰ	M	H	H
	实践工坊Ⅱ	M	H	H
	实践工坊Ⅲ	M	H	H
	实践工坊Ⅳ	M	H	H
	风景园林师业务实践	H	H	H
	毕业设计	H	H	H

注：H——高度对应关系；M——中等对应关系；L——弱对应关系

3 如何在具体课程中融入课程思政教育？——以"风景园林工程与技术"课程为例

大学课程是学科知识的整合，是学科和专业发展的支撑。"课程思政"，顾名思义，就是将思想政治教育渗透到知识、经验或活动过程中，这一过程是价值理性和工具理性的统一。"课程思政"是指高校教师在传授课程知识的基础上引导学生将所学的知识转化为内在德性，转化为自己精神系统的有机构成，转化为自己的一种素质或能力，成为个体认识世界与改造世界的基本能力和方法。[4]要完成这种由学科知识到内在德性的转化，需要在确定了风景园林专业课程体系的总体思政教育目标并与具体的专业课程模块对应之后，落实每门课程的思政教育要素（包括各知识点、各教学环节所包含的思政要素的具体内容、章节分布等）以及调整和完善授课方式。每门课程的知识内容、教学目标都不相同，因而课程思政素材和授课方式等需要逐一挖掘、分析和确定。

3.1 在具体课程中融入思政教育的基本途径

课程思政是思政教育在专业领域的具体化实践。首先，课程思政是知识传授与价值引领相结合的有效路径，需要以基因植入方的式，将价值观培育和塑造嵌入所有课程，将思政教育贯穿于专业教育教学全过程。其次，课程思政是思政理论课在专业领域的延伸和拓展，是对思政课程的一般性原理、要求的深化和具体化。如果说思想政治理论课更为侧重"面"，以凸显体系化之功能，那么专业课程思政的理论演绎则更为侧重"点"，以凸显深化之效。[5]参考上述思路，形成了"思政目标聚焦→知识体系梳理→思政要素对位→思政目标内化"这一在具体课程中融入思政教育的基本途径。

3.1.1 思政目标聚焦

每门具体的专业课程虽然在课程体系之中已经与风景园林专业的课程思政总体目标进行了对应，但从实际教学的角度，因为目标过于笼统，包含其广且没有和具体章节、具体知识点相对应，因而无法开展实际教学活动。因此首要的环节就是针对具体课程，在分析课程的专业教学目标和知识体系及其在行业实践中发挥的作用后，将总体层面的三方面思政目标进行具体化，完成思政目标的聚焦，并形成每门课程在思政教育目标上的具体差异。以"风景园林核心价值观教育"目标为例，具体而言，至少包含了正确的历史观、文明观、自然观、生态观、资源观、发展观、伦理观、社会观、法制观、世界观、协同观等内容。以"社会观"为例进一步深化，还可以落实在"维护社会公平正义""坚守公共利益""保护弱势群体""营造和谐社会"等积极的价值取向之上。

3.1.2 知识体系梳理

围绕"知识传授与价值引领相结合"的课程目标，将

高校课程分为显性思政和隐性思政两大类别，其中显性思政课程指高校思想政治理论课，隐性思政课程包含综合素养课程（通识教育课程、公共基础课程）和专业教育课程[6]。因此，课程思政并不是抛开既有的专业知识体系而生硬地加入各种与现有课程知识体系毫不相干的思政元素，而是需要通过对既有知识体系的梳理和分析，挖掘知识点中蕴藏着的被我们忽视的思政要素，并形成该门课程的思政要素知识点系统。

3.1.3 思政要素对位

将梳理后的课程知识点以及蕴含的思政要素与第一步骤中深化形成的思政教育目标进行对位。对位的过程也就是将具体的思政教育目标落实到具体章节、具体教学环节以及具体教学内容的过程。

3.1.4 思政目标内化

将思政目标和课程知识点对应起来只是完成了课程思政教育的准备工作，并不是课程思政的最终目标。即使是完成了课程教学，通过教学活动将课程思政元素所蕴含的价值体系传递给了学生，也不能确认完成了课程思政教育目标的内化。如前所述，只有学生将所学的知识转化为内在德性，转化为自己精神系统的有机构成，转化为自己的一种素质或能力，成为个体认识世界与改造世界的基本能力和方法的时候，才算完成了思政目标的内化工作。要真正有效地实现这一步，则需要在教学方法和教学能力上下功夫。

3.2 以"风景园林工程与技术"课程为例探讨课程思政教育

3.2.1 课程基本情况

风景园林工程与技术课程是融工程、技术以及艺术于一体的实践性很强的工程技术原理课。课程通过对风景园林工程理论及技术方法的教学、对工程设计规范的介绍和讲解，使学生掌握风景园林工程设计的内容和程序，培养由概念方案向实施方案深化的设计能力，使之初步具备综合运用工程技术理论、技术规范以及美学、文化、生态等思想进行创造性设计的敏锐意识。课程内容包括土方、竖向、园路、水景、给水排水、供电照明等基础性内容，还包含低影响开发技术、地形塑造、风景园林新材料新技术、风景园林工程图纸的绘制与表达、施工组织管理与工程造价、风景园林艺术照明等专题拓展内容。

3.2.2 "风景园林工程与技术"课程思政教学框架

由表2可知，本课程对于风景园林专业课程思政教育的总体目标有着很高的对应关系。对课程的基本特点和教学内容进行分析以后，基于风景园林专业价值观拓展社会主义核心价值观教育，基于风景园林专业实践特点开展健康心态与底线思维教育，基于风景园林专业实践领域实施职业担当与社会责任教育。在此基础上形成表2所示的课程思政教学框架。

"风景园林工程与技术"课程思政教学框架

表 2

总体目标	教学目标	授课章节	课程思政融入点
核心价值观教育	初步建立健康向上、符合社会发展方向和社会主义基本价值观的设计价值观和职业操守。培养有职业担当和社会责任感的风景园林师。包括坚守法规的守法意识、自觉维护公众利益的价值标准、维护业主正当合理利益的职业精神	全部章节	(1) 工程设计中衡量设计师是否有职业担当和社会责任的环节主要有： ① 在所有的工程项目中是否严格遵循国家的法律法规和技术规范开展专业工作，是否能坚守法律法规的底线思维，不因不正当获利而改变基本原则； ② 公共工程中能否自觉维护大众和社会的利益，能否和部门以及单位私利做适当的斗争； ③ 能否在设计服务中维护业主的正当合理利益，降低工程成本、提高工程质量，抵制不合理的设计变更。 (2) 结合工程设计的不同过程以及课程的不同专题，进行重要法律法规和技术规范的讲解，使学生建立法律意识和规范意识，形成工程设计的质量底线思维和自觉遵守规范开展工程设计的专业素养。 (3) 在不同的专题中选择合适的工程案例开展质量事故警示教育、设计师的职业担当教育、社会责任意识教育。 (4) 通过案例举例说明面对常见的矛盾与问题，刚从业的设计师的基本应对策略。设计师面临的主要矛盾包括： ① 业主意图与社会公共利益严重冲突时的矛盾，如破坏环境、侵占公共利益等； ② 业主意图与法律法规相冲突时的矛盾； ③ 工程实施中施工单要求设计师配合行动，损害业主正当利益的矛盾； ④ 设计师的设计概念不利于公众利益的矛盾等
专业素养与健康心态培育	了解工程设计和设计服务中涉及社会利益、部门单位利益以及个人利益冲突时，设计师应坚守的原则和处理的策略。培养学生过硬的专业素养和健康的职业心态。包括形成工程设计的质量底线思维，直面问题与困难迎难而上、勇于创新的良好心态	全部章节	
职业担当与社会责任教育	通过课程教学使学生了解作为设计师在社会建设和工程实践中所承担的专业职责和社会责任	全部章节	

4 结语

风景园林专业教育和人才培养顺应了时代发展需求，符合生态文明、文化自信、美丽中国等国家战略方向。风景园林专业的特点使得其知识体系天然地与风景园林课程思政的教育总目标能够高度对应。如何在课程体系中发掘和融入思政要素，各校因课程的不同而有差异，但基于现有的课程体系和知识体系、围绕"立德树人"来设定目标和教学环节是基本法则。解决了如何在专业课程体系中融入课程思政内容只是第一步，并未达到课程思政教育的根本目标。只有通过合理的教学设计、采用适宜的教学方法，在对应的教学环节经过系列教学活动后使学生将思政教育中获取的知识和价值观等内化为自身的能力与素质，才完成了课程思政"立德树人"的目标。要做到这一点，还需在教学方法和教学能力上下功夫。

图表来源：

文中表格均由作者自绘。

参考文献：

[1] 高德毅，宗爱东. 从思政课程到课程思政：从战略高度构建高校思想政治教育课程体系. 中国高等教育，2017，(1)：43-46.
[2] 高等学校风景园林学科专业指导委员会. 高等学校风景园林本科指导性专业规范(2013年版). 北京：中国建筑工业出版社，2013.
[3] 李瑞冬，韩锋，金云峰. 风景园林专业思政课程链建设探索：以同济大学为例. 风景园林，2020，27(S2)：31-34.
[4] 邱伟光. 课程思政的价值意蕴与生成路径. 思想理论教育，2017，(7)：11.
[5] 李珊，全危危. 何为课程思政，思政课程何为？——课程思政建设的含义及其实现路径. 中国农业教育，2020，21(4)：35-40.
[6] 高德毅，宗爱东. 课程思政：有效发挥课堂育人主渠道作用的必然选择. 思想理论教育导刊，2017，(1)：31-34.

作者简介及通信作者：

杨建辉/男/汉/博士/西安建筑科技大学建筑学院副教授/风景园林系主任/研究方向为西部城镇绿色空间规划设计理论与方法/西部城市雨洪管理规划设计方法与工程技术等/297011785@qq.com。

风景园林教育理论与实践

186

美国高校风景园林本科植景类课程教学特点研究[①]

Study on Teaching Characteristics of Landscape Planting Courses in America

殷利华[*1]　彭　越[1]　张明明[1]　（美）Iain Robertson[2]

1　华中科技大学建筑与城市规划学院；2　（美）华盛顿大学，建环学院

摘　要：园林植物景观（植景）类课程为风景园林专业（LA）服务人居环境建设的核心课程之一。选择美国 Design Intelligence Rankings（设计情报排名）LA 专业排名（2019～2020 年）前 25 名高校作为调研对象，通过文献比较、案例分析、课堂跟踪等方法，对比分析上述学校在本科植景类课程教学特点，发现：美国高校均注重课程科学性和在地性实践教学；对学生科学素养及生态观念关注较高，注重跨学科教学，课程教学管理方式趋多元化。最后提出重视植物课程的设置，引入"互联网＋"理念，构建多元化课程考评体系等建议，旨在对我国 LA 植景类课程教学改革，以及迎接"十四五"新一轮本科教育教学审核评估，完善人才培养体系提供参考。

关键词：风景园林；教学改革；植物景观；植景设计；生态教育

Abstract：Landscape Planting(LP)course is one of the core courses of Landscape Architecture (LA) in order to serve the construction of human habitat. The top 25 colleges and universities in the U. S. Design Intelligence Rankings (2019-2020) for LA courses were selected as research subjects. We found that: American colleges and universities pay attention to the scientific and practical teaching of courses; pay more attention to students' scientific literacy and ecological concepts, focus on interdisciplinary teaching, and diversify the way of course teaching management. Finally, we propose to pay attention to the setting of plant courses, introduce the concept of "Internet ＋", and build a diversified course evaluation system, which are aimed at providing references for the teaching reform of LA planting courses in China, as well as for the new round of undergraduate education teaching audit assessment in the 14th Five Year Plan, and improving the talent cultivation system.

Keywords：Landscape architecture; Teaching reform; Landscape plants; Planting design; Ecological education

随着"生态文明"建设与环境保护工作的不断发展，致力于人居环境可持续和谐发展的风景园林（landscape architecture，以下简称 LA）学科人才培养模式也在不断完善（王晓帆等，2020）。园林植物是 LA 建设重要的组成元素材料（刘滨谊，2011），相关理论是园林规划设计的基础，也是实现 LA 改善、提升环境目标的重要支持内容（翁殊斐，等，2019；刘龙昌，2010）。结合社会发展、环境卫生、COVID-19 疫情后公共健康等对植物景观提出的新要求，以及现代网络教学发展，LA 植物类课程如何教改，是我国 LA 专业教学需关注的问题。本文尝试对 Design Intelligence Rankings（设计情报排名）评估的美国 2019～2020 年 LA 专业排名中，前 25 名高校的植物类课程类型、教学内容、课程架构、创新思维等进行分析，发现其植物类课程教学的特点，取长补短，拟为我国 LA 专业在"十四五"规划期间课程教学改革提供参考，更好提升 LA 人才培养质量。

1　美国高校 LA 专业植物类课程类型

Design Intelligence（以下简称 DI）是一本公认的权威杂志，相比于 QS 等高校或专业排名榜单，DI 数据更多由专业建筑设计公司领导评选，兼具专业性和实用性。获取 DI 公布的 2019～2020 年度 LA 排名前 25 高校名单（Design Intelligence，2020），通过各高校官方网站获取植物类课程相关信息进行对比研究（表 1）。

分析发现，美国高校 LA 植物类课程主要三种类型：（1）植物通识科学类，主要以介绍植物学、植物生物学、植物多样性等相关知识为主，培养学生植物基础科学知识；（2）LA 专业基础类，以园林植物认知、植物设计方法知识为主，引导学生进入规划设计学习；（3）植景设计技能类，主要以植景规划设计实践为主，培养学生在植物设计方面的专业知识与技能。课程类型、教学内容以及课程架构等方面具有一定特色。

各高校均非常重视专业基础类植物课程设置（图 1）。主要目标是让学生熟悉园林植物，学习识别、鉴赏各地植物基础知识，掌握植物设计理论，课程综合性较强。国内大部分高校较重视植物类设计课程开设，但对植物科学类基础通识课程开设不多。

---

① 基金项目：教育部 2019 年第二批产学合作协同育人项目"辅助风景园林规划与设计的虚拟现实的实践基地建设"（编号：201902112040），2020 年湖北省高校教学研究课题"微思政""云共享""体验式"三元综合的美育公选课教学研究与实践（编号：2020099），"华中科技大学教学研究课题"（编号：202010）共同资助。

美国 LA 专业本科前 25 名高校植物类课程总览表

表 1

序号	学校	学制（年）/总学分	植景类课程名称、类型及学分
1	宾夕法尼亚州立大学（Pennsylvania State University）	5/139	生态与植物Ⅰ、Ⅱ※（Ecology and Plants Ⅰ、Ⅱ）/3、3；设计实现：种植方法Ⅲ※（Design Implementation Ⅲ：Planting Methods）/3；植物生物学导论○（Introduction to Plant Biology）/3；植物应激：绿色不易○（Plant Stress：It's Not Easy Being Green）/3；人类环境植物○（Plants in the Human Context）/3
2	路易斯安那州立大学（Louisiana State University）	5/159	自然地理：陆地和水面，动植物界△（Physical Geography：Land and Water Surfaces，Plant and Animal Realms）/3；植物材料Ⅰ、Ⅱ※（Plant MaterialsⅠ、Ⅱ）/3
3	康奈尔大学（Cornell University）	4/120	创造城市伊甸园：木本植物选择、设计和景观营※（Creating the Urban Eden：Woody Plant Selection，Design，and Landscape Establishment）/8
4	佐治亚大学（University of Georgia）	4/120	南方植物※（plants of the South）/3；美国花园设计○（Garden Design in America）/4
5	俄亥俄州立大学（Ohio State University）	4/126	园艺作物科学○（Horticulture & Crop Science）/4
6	加州州立理工大学，圣路易斯奥比斯波（California Polytechnic State University，San Luis Obispo）	5/219	加州植物和植物群落△（California Plants and Plant Communities）/4；加州景观本土植物△（Native Plants for California Landscapes）/4；种植设计※（Planting Design）/4；植物材料Ⅰ、Ⅱ※（Plant MaterialsⅠ、Ⅱ）/4；普通植物学△（General Botany）/4；植物多样性与生态学△（Plant Diversity and Ecology）/4
7	普渡大学（Purdue University）	5/120	植物科学概论△（Introduction To Plant Science）/4；木本园林植物※（Woody Landscape Plants）/4；种植设计Ⅰ、Ⅱ※（Planting DesignⅠ、Ⅱ）/3
8	波尔州立大学（Ball State University）	5/121	园林植物1※（Landscape Plants 1）/4；种植设计※（Planting Design）/5
9	密歇根州立大学（Michigan State University）	5/130	植物生物学※（Plant Biology）/3；园林植物Ⅰ、Ⅱ※（Landscape PlantsⅠ、Ⅱ）/3、3
10	爱荷华州立大学（Iowa State University）	5/149.5	稀树草原本土植物※（Native Plants of the Savanna Ecotone）/3；中西部引种植物※（Introduced Plants of the Midwest）/3
11	德州农工大学（Texas A&M University）	4/128	可持续建成环境中的树木与灌木※（Trees and Shrubs for Sustainable Built Environments）/3；可持续景观中的植物※（Plants for Sustainable Landscapes）/3
12	加州州立理工大学，波莫纳（California State Polytechnic University，Pomona）	4/□	植物与设计※（Plants and Design，Ⅰ、Ⅱ、Ⅲ、Ⅳ、Ⅴ）/□
13	弗吉尼亚理工学院（Virginia Tech）	5/153	木本园林植物△（Woody Landscape Plants）/3；植物与城市社区绿地△（Plants and Greenspaces Urban Community）/3；森林生物学与树木学△（Forest Biology and Dendrology）/2；Dendrology Laboratory△（树木学实验）/1
14	克莱姆森大学（Clemson University）	4/124	景观植物※（Plants in the Landscape）/3；种植设计※（Planting Design）/3
15	伊利诺伊大学香槟分校（University of Illinois at Urbana-Champaign）	4/124	植物生物学概论△（Introduction to Plant Biology）/4；木本园林植物※（Woody Landscape Plants）/4
16	俄勒冈大学（University of Oregon）	5/220	秋季植物※（Plants：Fall）/4；冬季植物※（Plants：Winter）/4

序号	学校	学制（年）/总学分	植景类课程名称、类型及学分
18	威斯康星大学麦迪逊分校（University of Wisconsin，Madison）	4/120	植物学调查△（Survey of Botany）/3；普通植物学△（General Botany）/5；园林植物学Ⅰ※（Landscape PlantsⅠ）/3；设计中的植物与生态※（Plants and Ecology in Design）/4
19	华盛顿大学（University of Washington）（西雅图）	3/182	种植设计概论○（Introduction to Planting Design）/3；园林植物鉴别△（Landscape Plant Identification）/3；植物分类与鉴定△（Plant Classification and Identification）/5；种植设计研讨会※（Planting Design Seminar）/3；植物选择△（Plants Elective）/3-5
20	亚利桑那州立大学 Arizona State University)	4/120	植物材料※（Plant Materials）/3；景观种植设计※（Landscape Planting Design）/3
22	科罗拉多州立大学（Colorado State University）	4/125	植物生物学原理※（Principles of Plant Biology）/4；植物鉴定△（Plant Identification）/3；园林植物△（Landscape Plants）/4
23	马萨诸塞大学阿默斯特分校（University of Massachusetts，Amherst）	4/155	园林植物※（Plants in the Landscape）/4；设计工作室Ⅲ：植物设计※（Studio：Designing with Plants）/3
24	肯塔基大学（University of Kentucky）	4/126	植物鉴定简介※（Introduction to Plant Identification）/3；木本园林植物※（Woody Horticultural Plants）/4
25	新泽西州立罗格斯大学（Rutgers，The State University of New Jersey）	4/120	园林植物Ⅰ、Ⅱ※（Landscape PlantsⅠ、Ⅱ）/3；草本园林植物※（Herbaceous Plants in the Landscape）/3；种植设计※（Planting Design）/4

注：1—表中※代表课程性质为"专业必修课程"，△代表"二选一必修课程"，○为"选修课程"，□代表"因无法获知而空缺的课时数"；2—注：排名第17的加州大学戴维斯分校（University of California，Davis）、排名第21的纽约州立大学雪城分校（State Uni-versity of New York，Syracuse）信息无法获取，研究总样本数共23个。)

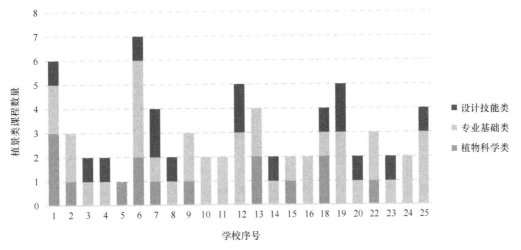

图1 高校各类型课程数量分布图

2 美国高校 LA 专业植物类课程教学内容

各高校植物类课程教学内容既有相同点，又因培养目标、课程架构以及地域分布等而各有特色。

2.1 植物科学类课程教学内容

部分学校关注学生的基本科学素养开设植物科学类课程，主要关注：（1）植物与人类，以植物与人类的相互影响为主题，讲述植物在人类社会与生态环境中所起的作用；（2）植物生物学，主要介绍植物界主要类群，起源、分类和重要性等；探讨解剖学、形态学、细胞学、生理学、生物化学、分子生物学、遗传学和生态学等与植物科学及农业相关的领域。大部分植物科学类课程均属于这个系列；（3）植物与生态，主要探讨水生和陆生植物群落植物多样性和生态学，包括植物对环境的适应性以及人类对本土植物的影响。

2.2 专业基础类课程教学内容

以园林植物识别、应用为主，包括五个方面内容：
（1）园林植物研究和识别：含生态群落、美学和用途属性、建设和维护园艺实践等，如康奈尔大学、弗吉尼亚理工学院等开设了"木本园林植物（Woody Landscape Plants）"。

（2）植物鉴定：常见以及常用植物的识别鉴定方法，如科罗拉多州立大学开设的"植物鉴定（Plant Identification）"课程主要介绍开花植物的鉴定方法。

（3）地域性园林植物：主要介绍了美国高校所在地区的园林植物材料，介绍了引种植物、乡土植物、入侵植物的用途或影响，以及文化环境对植物的选择等，如加州州立理工大学（圣路易斯奥比斯波校区）开设的"加州植物和植物群落（California Plants and Plant Communities）"。

（4）植物与绿色基础设施，如弗吉尼亚理工学院开设的"植物与城市社区绿地（Plants and Greenspaces Urban Community）"介绍了在城市生态系统管理的背景下，城市植物系统基本原理，以及与绿色基础设施相关的可持续性哲学和批判性分析，包括城市森林、绿色屋顶、城市土壤、城市野生动物、城市农业，以及将植物、生态系统功能与建筑和场地工程相结合的创新方法。

（5）园林植物与生态，如宾夕法尼亚州立大学开设"生态与植物Ⅰ&Ⅱ（Ecology and Plants Ⅰ&Ⅱ）"介绍

了植物生态环境对生态系统的威胁，以及景观设计师在健康生态系统设计中的各种作用；强调以植物、土壤、水的系统方法为基础的规划和设计。

2.3 设计技能类课程教学内容

以植物设计和特色花园设计为主，主要关注植物在景观设计中的美学以及功能属性，探讨各种规模的种植设计，以及自然分布、生态因素以及文化背景对种植设计的影响。

此外，种植设计课程还关注从方案到落地实施的应用原理、工具和技术方法，强调学生在设计中的责任感以及综合能力，如佐治亚大学"美国花园设计（Garden Design in America）"，基于美国花园设计的历史传统来表达植物在花园中的用途、设计形式和环境条件。

总体来说，美国各高校的植物类课程的教学类型主要集中在园林植物的认知、鉴定以及设计应用上，关注植物在景观中的美学特性和其他功能用途（表2）。

美国各高校课程教学内容要点及代表性课程　　　　　　　表2

课程类型	内容要点	开设学校数量	代表性课程
植物科学类	植物与人类	2	人类环境中的植物（Plants in the Human Context）
			植物学调查（Survey of Botany）
	植物生物学	8	植物生物学系列
			森林生物学与树木学（Forest Biology and Dendrology）
	植物与生态	1	植物多样性和生态（Plant Diversity and Ecology）
专业基础类	园林植物	16	植物材料（Plant Materials）
			园林植物（Landscape Plants ）
			木本园林植物（Woody Landscape Plants）
			草本园林植物（Herbaceous Plants in the Landscape）
	植物鉴定	3	园林植物鉴定（Landscape Plant Identification）
	地域性园林植物	4	南方植物（plants of the South）
			热带草原的本土植物（Native Plants of the Savanna Ecotone）
			中西部的引种植物（Introduced Plants of the Midwest）
			可持续景观中的植物（Plants for Sustainable Landscapes）
			加州植物和植物群落（California Plants and Plant Communities）
	植物与绿色基础设施	1	植物与城市社区绿地（Plants and Greenspaces Urban Community）
	园林植物与生态	1	生态与植物Ⅰ和Ⅱ（Ecology and Plants Ⅰ&Ⅱ）
设计技能类	植物设计	9	设计实现：种植方法Ⅲ（Design Implementation Ⅲ：Planting Methods）
			种植设计（Planting Design）
			设计中的植物与生态（Plants and Ecology in Design）
			设计工作室Ⅲ：植物设计（Studio：Designing with Plants）
	特色花园设计	1	美国花园设计（Garden Design in America）

3 美国高校 LA 专业植物类课程架构分析

3.1 基本特征

总体来说，美国高校 LA 专业的植景课程数量并不

多，过半学校的植景课程数量都少于3门，但课程平均学分达到9.6分，表明植景课程受重视程度较高。

大部分高校的植景课程为必修课程，而超1/3的学校则在必修课程计划中开设了多门不同方向的植物类课程供学生选择，根据学生兴趣方向教学。多以理论为基础，以设计实践为技能提升设置课程，形成了"2类理论（植

物科学类＋专业基础类）＋1类设计（设计技能类）"的课程架构体系。

3.2 学科背景和学制对课程架构的影响

美国LA专业院校背景主要有四种：设计（建筑）类、艺术类、农林类以及综合类，对植景类课程开设有一定影响。

设计（建筑）类院校LA主要关注不同尺度的规划设计，以场地为学科发源点，关注场地生态与城市空间组织，协调景观要素在空间中的作用（黄艳等2020），例如

宾夕法尼亚州立大学、路易斯安娜州立大学、佐治亚大学、华盛顿大学等。

艺术类院校背景以及综合类院校背景的LA则更关注艺术、政治、经济等人文社会因素对景观过程的影响，如威斯康星大学麦迪逊分校等。

农林类背景的LA专业强调对植物、土壤、水等景观构成中自然要素以及非自然要素的生态应用，如普渡大学等。农林类院校中，植景类课程学分占总学分平均比例达8.2%（图2），而其他院校学分占比约为6.4%。这跟我国情况大致相同。

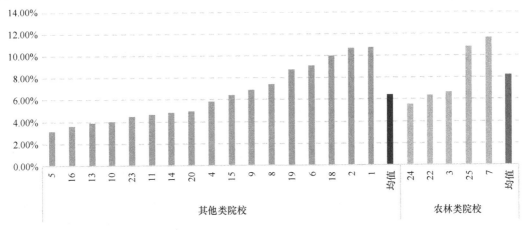

图2 农林类院校植物类课程与其他类院校占总学分的百分比

此外，在受到经济危机等因素的影响后，美国本科风景园林教育经历了从五年制到四年制的变革。23所高校中，15所高校均为四年制培养模式，9所高校仍保留了五年制模式。学制年限减少导致了一些课程减少，这也明显体现在植物类课程的数量上，作者通过统计发现四年制高校的植物类课程的平均数量为2.5门，而五年制高校的植物类课程平均数量为3.5门。

3.3 部分高校植物课程体系分析

（1）宾夕法尼亚州立大学

该校为建筑院校背景的五年制风景园林专业，其总体课程由3个部分构成：通识教育课、大学学位课、专业课。6门植物类课程中，3门植物科学类的通识选修课、3门专业必修课，涵盖了从通识教育课到专业基础课再到设计技能课的阶梯培养序列，理论课与实践课程相互配合，循序渐进（图3）。

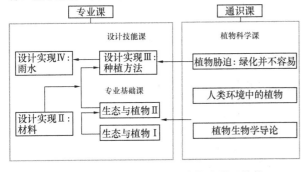

图3 宾夕法尼亚州立大学植物类课程结构

（2）加州州立理工大学（圣路易斯奥比斯波）

该校同样为建筑院校背景，五年制专业，其总体课程由3个部分构成：通识教育课、专业主修课、专业支持性课程。共7门植物类课程，其中4门理论课程属于专业支持性课程，另外3门属专业主修课程。学校对植物材料理论以及种植设计实践非常重视，植物类课程数量在LA高校中最多，课程类型也较全面，课程间相互支撑配合，体系结构较为完整（图4）。

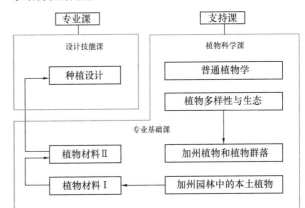

图4 加州理工大学（圣路易斯奥比斯波）植物类课程结构

（3）华盛顿大学

LA专业为建筑院校背景的四年制专业，其课程主要由设计工作室、植物、图形/媒体、历史、构造、理论与技巧、专业指导性选修课、开放性选修课这8大板块组成。植物类课程主要由植物鉴定课、高级种植设计课、高级植

物选修课组成（图5）。学生在植物鉴定课以及植物选修课上有一定的选择性，其中高级植物选修课主要是针对利用植物进行更加专业性的生态修复、植物管理等课程。

图5　华盛顿大学植物类课程结构

3.4　教学方法及考核

（1）教学方法

美国高校注重跨学科教学，在LA教学中，将社会、政治、经济、文化、城市等存在的问题作为议题融入植景教学中。密西根州立大学积极推行跨学科协同教学，由来自多学科的教师组成教学团队，共同设计和讲授跨学科课程，包括合作课程、整合讲授课程、集合式课程、教阶式课程、链接课程等五种类型（李睿煊等，2014）。此外，部分高校也非常重视职业实践类课程的培训，如普渡大学LA在大四有为期一年的风景园林专业合作计划，即在事务所或者相关单位实习。通过职业实践，让学生深入了解社会。

（2）考核方法

美国高校对学生课程成绩的评定具有共同特点，即不以一次期末考试成绩来评定学生课程学习的效果，采取多样化的课程考核方式。通常由每周小测验、课堂测验、期终考试、课后作业、额外任务、实验室小测验、实验室期末考试的成绩按一定比例共同构成。这可以促使学生更加注重平时学习的过程，而非仅仅关注期末考试的结果（孔海燕，2016）。此外，美国高校重视专业教学质量，部分学校在学生进校学习一年或两年后进行专业审查，审查通过的学生才能够继续学习LA专业，否则要面临重修甚至是转专业的风险（郭丽等，2019；汪辉等，2009）。

（3）实践教学

美国高校的大部分植物类课程均设有实验教学环节，一般是外出在校园或者周边公园进行现场教学。这些实验环节一般与理论讲座紧密结合，相互穿插在整个学期的教学之中。实践实验环节一般占整个课程学时的1/3或1/2的较大比例。

4　美国LA植景课程总结与思考

4.1　课程体系完善

美国作为现代景观学科的发源地，距今有一百多年的历史，最早开展景观实践和学科研究，对学科和行业的发展起到了巨大推动作用（黄艳，2020）。在专业整体课程体系中，美国高校经历了学制改革后，大部分高校的LA专业均以四年制为主，少部分设计类高校和农林类高校以五年制为主。因学制的减少，植物类课程的数量也相应减少，但是植物类课程总学分并没有减少。

美国高校LA植物类课程数量平均3.08门，课程综合性更强，通常一节课程中包含有园林植物的基础理论、鉴赏认知、配置设计、施工设计以及栽培养护等各方面的知识（表3），每部分知识相互承接以达到最佳的教学效果。

美国部分综合性植物课程知识点　　　　　　　　　　　　表3

美国高校综合性课程		
课程名称	开设学校	课程主要知识点
创造城市伊甸园：木本植物的选择、设计和景观建设（Creating the Urban Eden：Woody Plant Selection，Design，and Landscape Establishment）	康奈尔大学	木本园林植物识别、设计、管护
加州植物和植物群落（California Plants and Plant Communities）	加州理工大学（波莫纳）	加州地区园林植物的识别、种植设计、栽培技术、养护管理等方面的知识
植物：秋 & 冬（Plants：Fall&Winter）	俄勒冈大学	植物识别、植物养护、种植设计、生态修复
植物与城市社区绿地（Plants and Greenspaces Urban Community）	弗吉尼亚理工学院	各种城市可持续系统中的植物的应用

4.2　教学特色清晰

理论教学方面，美国高校比较重视对学生的基本科学素养培养，在学科专业教育前单独开设了植物生物学、普通植物学等通识教育课程，意在为后续的生态教学打下基础。同时也非常重视植物管护等园林技术内容，无论是理论课还是设计课，均会强调植物的"来龙去脉"，力求让学生能够从真实的实践角度去理解理论知识或者设计中应用方法。

实践教学中，美国高校大部分将实践教学嵌入理论课程中，与理论课程配套衔接（表4），实践地点多就近选择。

4.3　对未来LA植景课程思考

美国LA高校都较重视植物类课程教学比重，以及教学内容方面的丰富性，注重知识结构的连贯性与整体性。互联网在疫情时代中发挥了重要教学功效，高校LA专业的植物类课程也应该抓住互联网新技术带来的新机遇，加强课程技术创新、内容创新，提升教学的趣味性以及便

风景园林教育理论与实践

捷性（孔海燕，2016）。

利用科学网站、微博、论坛甚至是网络游戏等来构建学习社区，扩充多媒体教学手段，在互联网社交中渗透专业知识，让学生们体验在“玩中学”的轻松氛围，同时还能更新更快的了解与课程、学科相关的最新动态。例如，一些流行的3D绘图游戏中有丰富逼真的植物素材和强大的场景构建功能，可以用来进行植景的教学工具和设计工具。虚拟现实技术（VR技术）也可以作为一种新颖有趣的植景教学手段，利用VR技术来实现交互体验式的教学系统，让植物材料可以教学要求且不受季节地点限制，同时也将让课堂呈现更多智慧吸引和教学资源和手段的有效补充。

总之，LA植景教学，整个专业人才培养都有待更多的关注、思考和研究，为更好的实现“协调人与自然的关系”学科核心竞争力而共同努力。

新泽西州立罗格斯大学《景观中的草本植物》课程安排表　　表4

日期	主题
9.4	Binomial Nomenclature，Color　二名法、颜色
9.7	Quiz ＃1，Trip to Rutgers Gardens　罗格斯花园之旅
9.11	Spring Perennials　春季多年生植物
9.14	Quiz ＃2，Trip to Wave Hill (focus on Summer Perennials /Grasses)　海浪山之旅（重点关注夏季多年生植物/草本）
9.18	Summer Perennials　夏季多年生植物
9.21	Quiz ＃3，Trip to Rutgers Gardens　罗格斯花园之旅
9.25	No Class　无课程
9.28	Quiz ＃4，Trip to Rutgers Gardens (Annuals)　罗格斯花园之旅（一年生植物）
10.2	Soils. Summer Perennials　土壤，夏季多年生植物
10.5	Quiz ＃5，Trip to Rutgers Gardens　罗格斯花园之旅
10.9	Summer Perennials/ Autumn Perennials　夏季多年生植物/秋季多年生植物
10.12	Quiz ＃6，Trip to Rutgers Gardens　罗格斯花园之旅
10.16	Thoughts on Designing/ Autumn Perennials　设计思想/秋季多年生植物
10.19	Quiz ＃7，Trip to Longwood Gardens　朗伍德花园之旅
10.23	Grasses and Bamboos　草本和竹

续表

日期	主题
10.26	Quiz ＃8，Review at Rutgers Garden　回顾罗格斯花园
10.30	Grasses and Bamboos，Final Exam distributed　草本与竹，期末考试分布
11.2	Trip to Chanticleer，Plant ID Test　去Chanticleer，进行植物识别测试
11.6	Final Exam due　Final Exam due　期末考试

图表来源：

文中图片和表格除注明来源外，全部由本文作者绘制。

参考文献：

[1] 王晓帆，秦昊林，翁殊斐，冯志坚. PBL教学法在风景园林研究生课程中的应用研究——以华南农业大学“园林植物应用”课程为例. 高等农业教育，2020(1)：105-108.

[2] 刘滨谊. 风景园林学科发展坐标系初探. 中国园林，2011，27(6)：25-28.

[3] 翁殊斐，徐彬瑜，冯志坚. 基于环境整体性的风景园林植物应用教学改革. 广东园林，2019，41(3)：10-13.

[4] 刘龙昌. 园林专业植物与植物应用类课程设置的思考. 中国林业教，2010，28(1)：72-74.

[5] 冯立国，金飚，生利霞，陶俊，邵莉. 风景园林专业园林植物类课程教学改革与实践. 教育教学论坛，2017(32)：76-77.

[6] 滕汉书，赖晓华. 风景园林专业植物类课程教学改革探讨. 高教学刊，2020(9)：140-142.

[7] Design Intelligence. Most Admired Landscape Architecture Schools [2020-12-05]. https://www.di-rankings.com/most-admired-schools-landscape-architecture.

[8] 黄艳，姚绪辉. 从国际景观学科发展看我国景观教学的创新途径. 设计，2020，33(17)：86-89.

[9] 李睿煊，李香会. 跨界·融合·创新——美国风景园林跨学科教育模式探究与借鉴. 美术大观，2014(10)：136-137.

[10] 孔海燕. 美国高校“园林树木学”及相关课程教学的调查与借鉴. 中国林业教育，2016，34(5)：73-78.

[11] 郭丽，陈其兵，闫晓俊. 路易斯安那州立大学风景园林专业教育. 园林，2019(9)：14-19.

[12] 汪辉，金晓雯. 美国密西根州立大学风景园林专业本科教育. 中国园林，2009，25(1)：19-23.

作者简介及通信作者：

殷利华/女/汉/博士/华中科技大学建筑与城市规划学院副教授/研究方向为工程景观学、绿色基础设施、植景营造/yinlihua2012@hust.edu.cn。

面向复合应用型卓越农林人才培养的园林专业创新创业能力提升研究[①]

Research on the Improvement of Innovation and Entrepreneurship Ability of Landscape Specialty for the Cultivation of Excellent Agricultural and Forestry Talents

于守超　王桂清　翟付顺　郭尚敬[*]

聊城大学农学院

摘　要： 针对农学类专业创新创业教育中面临的问题，以聊城大学园林专业为例，从构建"三课堂"联动的实践培养机制、奖励办法，构建创新、创业教育实践和实验基地等方面，提出了面向复合应用型卓越农林人才培养的创新创业途径，取得了较好的效果。

关键词： 卓越农林人才；园林；创新创业

Abstract: This paper takes Liaocheng University as an example facing the problems in innovation and entrepreneurship education of Agronomy Major. From the aspects of constructing the practice training mechanism, reward method, innovation, entrepreneurship education practice and experiment base, this paper puts forward the innovation and entrepreneurship approach for the cultivation of excellent agricultural and forestry talents with composite application, which has achieved good results.

Keywords: Excellent agricultural and forestry talents; Landscape architecture; Innovation and entrepreneurship

"卓越农林人才教育培养计划"是由教育部、农业部、国家林业局共同组织实施的。经教育部、农业部、国家林业局审核批准，聊城大学园林专业于2014年10月被列入"卓越农林人才教育培养计划"首批改革试点专业，2019年获批山东省一流专业建设点。作为"卓越农林人才教育培养计划"改革的重要内容之一，创新创业能力的提升对人才尤其是复合应用型人才的培养具有重要的作用，这就需要不断探索创新创业培养人才的新途径，旨在为园林专业复合应用型卓越农林人才培养起到示范作用，也可为其他复合应用型涉农专业卓越人才培养起到借鉴作用。

1　普通高校农学类专业创新创业教育面临的问题

创新创业人才的培养成为高校服务区域农村经济社会发展的重要使命[1]，探究面向应用型卓越农林人才的农学类专业创新创业能力的培养方法，是当前农业类专业内涵式发展的应然追求。但当前农学类专业创新创业教育方面也面临一些问题[2]：

（1）开放性的创新创业平台不足。目前部分高校缺乏创新创业教育平台，已有的平台间不能较好地实现资源共享、多维联动等，开放性实验项目少[3]，大学生创业基地数量较少，增加了学生顺利开展创新创业项目的难度。

（2）学生创新创业意识淡薄，主动性不够。大多数学生对大学生创新创业方面的政策、奖励制度、申报创新创业项目的流程等不了解[4]，缺乏专业教师的引导，学生参加创新创业项目、比赛的比例不高，甚至有些学生"被动"参与创新创业项目。

2　提升创新创业能力的途径

2.1　制订激励制度，构建"三课堂"联动的实践培养机制

在现有"两课堂"培养机制的基础上，进一步明确化、清晰化，提炼成"三课堂"联动的实践培养机制[5]。所谓"三课堂"，即第一课堂：包括实验、园林设计、课程论文、专业综合实践（含专业综合实习、毕业论文或设计）等在内的实践性教学环节；第二课堂：学生社团、学科竞赛与大学生创新创业项目等；第三课堂：顶岗带薪实习、社会实践等。通过制订激励制度，将园林专业的创新创业教育贯穿于"三课堂"之中，形成"三课堂"联动的培养机制。进一步发挥我院现有的全国高校"优秀大学生

---

①　基金项目：山东省研究生导师指导能力提升项目"'数字工坊'背景下风景园林学专业硕士研究生'二元化培养模式'的探究"（编号：SDYY17147）；山东省研究生导师指导能力提升项目"乡村振兴背景下VR技术在风景园林学硕士研究生教学中的应用研究"（编号：SDYY18185）。

风景园林教育理论与实践

社团"——新农科技社的作用,提高学生的综合素质和专业实践能力。

2.2 制订奖励办法,构建"金字塔"型学科竞赛体系,提高学生的创新创业能力

李克强总理于2014年底提出了以大众创业、万众创新形成发展的新动力。可见,培养学生的创新、创业能力的重要性。根据学生的兴趣爱好和专业特长,引导学生开展创新创业项目研究,积极参与老师的科研课题的研究,培养其创新思维和实践动手能力。积极组织学生申报或参与国家级大学生创新、创业训练计划项目,山东省大学生"挑战杯"创业计划大赛,举行各种形式的竞赛活动,构建"金字塔"型学科竞赛体系(图1),培养学生的科研思考能力和实践动手能力。

图1 "金字塔"型学科竞赛体系

为了调动师生的积极性,聊城大学和聊城大学农学院分别制订了《聊城大学大学生学科竞赛活动管理办法》

《聊城大学农学院学生综合测评实施细则》等一系列奖励办法,对在创新、创业方面成绩突出的学生和教师,进行表彰与奖励,丰富课外科技活动,实现了课内课外联动。每年的3月左右,按照图2流程图组织比赛,取得了较好的效果。引导学生参与国家级、省级或学校大学生创新、创业计划项目立项,选拔理论基础扎实、科研能力强的学生组成课题小组,并配备指导教师。对正式批准立项的课题,学校会拨给一定的课题经费,保证了学生能够顺利开展科研活动。

2.3 构建创新、创业教育实践和实验基地

我校园林专业校内实践教学资源现有包括虚拟仿真实验室、园林规划设计、美术室、显微互动实验室、植物生理学等在内的14个实验室和1个园林CAD数字工坊创新创业室,聊城大学校园、植物生态园和两座连栋温室。打破现有实验室的格局,整合资源。对现有实验项目进行整合,增加综合性、设计性、创新性的实验项目,全面提高大学生的动手操作能力和实验实践能力。目前,校外实习实践基地有山东华东园林建设集团有限公司、山东绿城市政园林工程有限公司等6处。通过校企合作、校研合作等方法,产学研结合,大力推进协同创新,对原有的校外实习基地进行重新审核、评估,根据实际需要和效果更换和加强。新增1~2个高水平的校外实践教学基地,以提升和满足学生的实践教学需要。依靠企业建立产学研紧密结合的校外实习、实训基地,形成有效的运作机制,逐步形成教学、科研、生产、培训四位一体的多功能综合性教育培训基地。

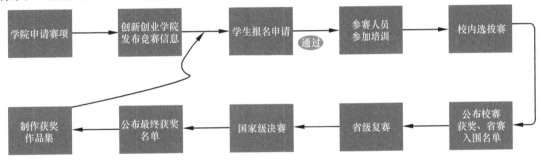

图2 学生竞赛流程图

3 取得的成效

聊城大学园林专业继2014年被列入"卓越农林人才教育培养计划"首批改革试点专业、2015年获批省属普通本科高校应用型人才培养专业发展支持计划后,2016年,获批山东省高水平应用型立项建设专业(群)核心专业,面向应用型卓越农林人才培养的园林专业创新创业实践教学模式在聊城大学农学院进行了应用,实现了创新创业训练和专业技能提升的全覆盖、常态化[6],确保"师生共研,生生共研",学生的创新创业效果明显。

近6年,如图3所示,学生主持省级以上创新创业项目累计32项,每年主持的省级以上项目及经费呈现逐渐增加的趋势,2018年获批项目数量有明显的下降,这与

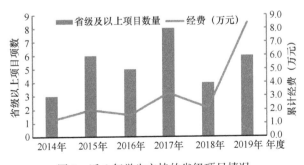

图3 近6年学生主持的省级项目情况

2018年开始聊城大学农学院限项申报有关;学生累计发表论文46篇,从2014年的1篇到2019年的16篇,数量急剧增加(图4)。创新创业作品在近6届"全国三维数字化创新设计大赛"和"山东省园林优秀论文(设计大

赛)"等比赛中，共获得省级及以上奖项近100项，其中国家级奖项18项，获奖数量和赛项种类逐年增加（图5）。与应用前相比，论文发表数量、创新项目的参与人数、获奖作品数量和质量均得到了较大提升，这也提高了学生的考研录取率和就业率。

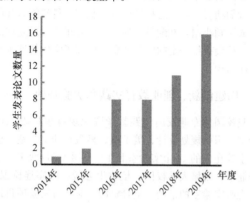

图4 近6年学生发表论文情况

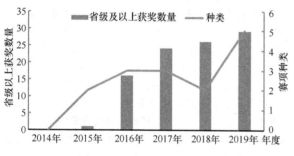

图5 近6年学生获奖情况

图表来源：

图1~图5为作者自绘。

参考文献：

[1] 梁广东. 地方高校农学专业创新创业型 人才培养体系构建探析[J]. 保定：河北农业大学学报（农林教育版），2018，18(3)：104-107.

[2] 刘鹏飞，张晓慧，蒋锋等. 农学类专业创新创业教育改革的探讨与思考[J]. 高校实验室工作研究，2018，10：27-28.

[3] 李保云，张海林，张洪亮等. 农学专业创新型人才培养的实验实践教学体系的构建[J]. 重庆：西南师范大学学报（自然科学版），2020，45(2)：128-131.

[4] 翟崑，王存鹏. 基于创新创业的"一二三"实践教学体系的探索与构建——以青岛农业大学为例[J]. 高等农业教育，2019，3：74-77.

[5] 胡垂立. "互联网＋"背景下三级创新创业实践教学体系的构建[J]. 创新与创业教育，2020，11(1)：137-144.

[6] 任万军，杨峰，罗慎. 以创新创业能力为导向的农学本科实践教学模式构建——以四川农业大学为例[J]. 高等农业教育，2019，3：78-81.

作者简介：

于守超/男/汉族/聊城大学农学院/硕士/副教授/研究方向为数字园林、风景园林规划与设计/34772256@qq.com。

通信作者：

郭尚敬/男/汉族/聊城大学农学院/博士/院长、教授/研究方向为园林植物应用。

跨越时空的联结：风景园林通识课程虚拟现实教学方式探索[①]

Linkage Transcending Time and Space：Exploration of Teaching Approach using Virtual Reality in Landscape Architecture Liberal Modules

张婧远[*]

哈尔滨工业大学（深圳）建筑学院

摘　要： 风景园林通识课程对于教学资源的广度和吸引力有较高的要求，传统教学组织以课堂讲授和外出调研为主要教学方式。在外出调研和实践教学受限的后疫情时期，传统教学方式面临诸多挑战，如何在有限的空间内为学生提供多维度多层次的学习体验成为亟待解决的教学改革难题。虚拟现实（VR）教学资源的引入对于保障课程的顺利开展具有尤为重要的现实意义。本文探索将虚拟现实技术引入课堂教学，并尝试构建中外风景园林虚拟现实教学资源库，实现时空场景与理论讲授的串联。让学生在有限的教学空间内体验古往今来东西方不同文化背景下的经典风景园林场景，在高度仿真的画面和场景中进行沉浸式学习。在提高理工科本科生学习兴趣和学习效率的同时，为学生提供一个跨越时空的联结纽带，在深邃的历史与广阔的地域下感受风景园林的美，从而打破时间和空间对于教学的限制，对风景园林通识课程建设进行具有创新性的教学模式改革探索。

关键词： 风景园林通识课；虚拟现实；后疫情时期；教学方式改革

Abstract: Landscape architecture liberal module requires high level of broadness and attractiveness in teaching resources, while traditional teaching approaches mainly focus on face-to-face lectures and field work. However, in post-Covid-19 era face-to-face lectures and field work are inevitably restricted, and thus traditional teaching approaches face a number of challenges. In this context, how to provide multi-dimensional and multi-level learning experiences becomes a key challenge in teaching reformation which requires further investigation. Thus, the incorporation of Virtual Reality teaching resources has significant practical meanings for the imparting of modules. This study investigated how to incorporate VR into teaching, and tried to construct teaching resource database, so as to make it possible for students to experience the classic landscape architecture cases across time and space in classroom which is a limited teaching space, as well as to immerse in emulational scenes that are highly close to reality. The overall aim was to improve interest and efficiency of bachelor students with science and engineering background, as well as to provide them a linkage which transcends time and space and make it easier to experience the beauty of landscape architecture in eternal history and capacious region, so as to break the limitation imposed by time and space. This study explored a creative reformation of teaching approach of landscape architecture liberal module.

Keywords: Landscape architecture liberal module; Virtual Reality; Post-Covid-19 era; Reformation of teaching approach

理工科类高等院校本科生的培养体系中普遍缺少美学、人文和艺术类课程的参与，因而在学生培养的美育教育层面往往存在较大的缺口[1]。哈尔滨工业大学（深圳）作为典型的以理工类专业为主的高等院校，其特别之处在于继承了"建筑老八校"的深厚底蕴，在风景园林领域的学术研究处于全国前列。学校建筑学院下设的风景园林类专业课程具有转化为通识课程的巨大潜力，因而逐渐发展成为本科生美育课程体系的重要组成部分，为美育类通识课程体系的发展和拓展提供了着力点。在此背景下，美育类通识课程《中外风景园林艺术赏析》的建设区别于专业课程，更为重视课程在审美观培养、艺术素养提升、知识谱系拓展、哲思感悟启发等层面的建设。在该课程建设的过程中出现了新的挑战，课程教学面临后疫情时期线上教学需求增长和线下现场调研受限的困境，因而尝试探索在风景园林通识课程的建设过程中引入虚拟现实（VR）技术，一方面在有限的空间内为学生提供多维度多层次的学习体验，另一方面提升理工类专业学生的学习兴趣和理解能力，从而为风景园林教育理论与实践的发展提供新思路与新方法。

1 后疫情时期风景园林通识课程传统教学方式面临挑战

2020 年初，突发性公共卫生安全事件新型冠状病毒肺炎（COVID-19）的突袭对人民生活和社会经济带来了巨大的冲击与挑战，也给高等院校日常教学工作的开展带来了前所未有的挑战。疫情期间，高等院校大多采用线上教学方式进行授课，推动了传统线下教学方式的变革。而在后疫情时期，外出调研和实践教学仍然在一定程度上受限于疫情管控要求，而风景园林通识课程对于实践的依赖性较强，传统教学方式与教学资源库建设持续面

① 基金项目：哈尔滨工业大学（深圳）本科课程建设项目《中外风景园林艺术赏析》（项目编号：HITSZUCP19030）。

临挑战，如何在有限的空间内为学生提供多维度多层次的学习体验成为亟待解决的教学改革难题。

1.1 挑战一：线上线下混合式教学需求日益增长

疫情期间，基于雨课堂、腾讯课堂、Zoom 会议等线上平台的线上教学成为主要教学方式，为"停课不停学"的顺利开展奠定了良好的基础。而在后疫情时期，由于风景园林学科与生产实践关系密切，具有综合性、边缘性和实践性强的特点，单一的线上教学模式无法满足教学需求，需要辅以线下教学、外出调研和实践教学[2]，但外出调研和实践教学却因受限于疫情管控要求而存在一定的开展难度。因此，风景园林通识课程对于线上线下混合式教学方式的需求在后疫情时期日益增长，需要通过线上与线下教学方式的融合从而在一定程度上替代外出调研和实践教学，因而如何将线下授课与线上教学资源进行有机整合成为当前教学方式变革所面临的重要挑战。

1.2 挑战二：课堂讲授难以建立直观感受

后疫情时期线下课堂讲授逐步恢复正常，传统基于口头讲述和图片视频观看的授课方式在建立场景感和直观感受层面的效果较弱，造成理论讲授与视觉体验在时空场景上的割裂感，不利于学生构建理论框架与实践应用间的联系，削弱了知识传达的层次感和教学成效。直观感受的重要性还体现在于学生在观察、体验、行走于真实风景园林场景的过程中会建构对于场地精神和设计理念的深度理解，认识到每一种类型的风景园林都与其所处时代的哲学思潮、政治体制、自然地理环境等息息相关，了解风景园林的综合性、历史性和理想特质。学生对于风景园林的多视角、多层次的体悟往往建立在直观体验的基础上，是一种超越课堂讲授的存在。

1.3 挑战三：传统教学资源库交互性有限

传统风景园林课程教学资源库以文献、典籍、图片、视频等教学资料为主，现代信息技术与教学资源库的融合程度较低，难以实现实时交互，以致传统教学资源库趣味性与互动性较为有限。具体来说，传统教学资源库在交互性层面的局限性主要体现在三个层面，一是学生与教学资源间的交互以聆听讲授和观看经典风景园林案例的相关图片和视频为主，缺乏主动性的探索和体验；二是学生与学生之间的课堂交互难度较大，主要以课下小组作业的形式来完成，但对于风景园林通识课程来说，小组合作作业的形式更适宜具有科研或实践性质的专业类课程，与通识类课程美育培养的教学目标之间存在一定程度的偏离；三是教师与学生之间的互动较为被动，主要通过教师点名学生回答问题来实现，学生表现出较强的被动感和被监督感，不利于学生学习主动性的发掘。

2 跨越时空的联结：基于虚拟现实技术的教学方式改革

2.1 虚拟现实技术的教学应用潜力分析

虚拟现实（Virtual Reality，VR）技术是一种可以创建和体验虚拟世界的计算机仿真系统，利用计算机生成模拟环境并向使用者提供视觉、听觉、触觉、运动感觉等多种感官刺激，使用者则可通过头盔式显示器、基于数据手套的手势、基于数据衣服的体势和自然语言等方式与该模拟环境进行实时交互，从而实现身临其境的沉浸式体验[3,4]。虚拟现实技术的基本特征为沉浸感（Immersion）、交互性（Interaction）和想象性（Imagination）[5,6]，其中沉浸感指虚拟世界中的多重表征和感官刺激所带来的真实性和身临其境感；交互性指虚拟现实系统可通过探测使用者的输入信号做出即时回应，实现自然交互与人际互动；想象性指虚拟现实技术为人们认识世界提供了新方法与路径，在深化感性和理性认识的同时激发新的联想与想象[4]。与这三个基本特征相对应，使用者对虚拟现实的情境认知包含沉浸度、交互度和认知度等三个维度，每个维度包含逐层递进的三个水平[3]，随着各维度水平的提升，虚拟现实与真实情境中的认知逐渐接近（图1）。虚拟现实技术的上述基本特征为其在风景园林通识课程教学资源库构建及教学方式改革中的应用奠定了坚实的基础，具有较高水平的适宜性与可用性。具体来说，虚拟现实技术可用于构建中外经典园林案例的全息影像模型，让学生佩戴头盔式显示器进行风景园林的沉浸式学习并尝试进行实时互动，让学生在实验室有限的空间内实现对于时间和空间的跨越，从而对经典风景园林案例进行自主学习和探索。

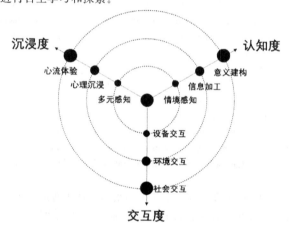

图 1　虚拟现实情境认知模型[3]

此外，在风景园林、建筑学、城乡规划学等设计类学科领域内开展与虚拟现实技术相结合的课程和教学体系是未来教学改革的发展方向[7]，也是探索新工科建设之路、深化工程教育改革、培养服务于以新技术、新产业、新业态和新模式为特征的新经济的新一代工程科技人才的有效路径。虚拟现实技术当前在国内风景园林教学领域内的应用仍非常有限，有着非常广阔的改革和应用前景，哈尔滨工业大学（深圳）一向走在新工科建设和教学改革的前沿，是与虚拟现实技术相结合的教学改革项目的理想试验田。哈尔滨工业大学（深圳）建筑学院内设数字化空间分析实验室，该实验室目前有1台全息互动影像一体机、5台虚拟现实头盔和5台混合现实头盔（图2），为开展《中外风景园林艺术赏析》虚拟现实教学提供了优良的场地和设备基础。

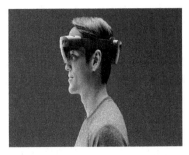

图 2 全息互动影像一体机、虚拟现实头盔与混合现实头盔

2.2 虚拟现实技术的引入与教学方式改革路径探索

在外出调研和设计项目实践教学受限的后疫情时期，虚拟现实教学资源的引入对于保障高等教育的顺利开展具有尤为重要的现实意义。为保障学生的人身安全，大部分的教学工作需要在校园内或以线上教学的方式来开展，如何在有限的空间内为学生提供多维度多层次的学习体验成为亟待解决的教学改革难题。将虚拟现实技术引入课堂教学并构建中外风景园林虚拟现实教学资源库成为可行的解决路径，让同学们在课堂这一有限的教学空间内体验到古往今来东西方不同文化背景下的经典风景园林的场景，在高度仿真的画面和场景中进行沉浸式学习，在提高学习兴趣和学习效率的同时，为同学们提供了一个跨越时空的联结纽带，打破时间和空间对于教学的限制，具有较大的创新性意义和实践意义。此外，尝试将行业新技术新方法融入本科生课程将激发对于通识类课程教学新模式的探索，有助于提升高校信息化实践教学水平。同时虚拟现实技术的引入有助于提升教学质量，让学生在实践中学习新技能，提升学生解决问题、分析问题和创新的能力，并培养基于 VR 的 3D 信息交互时代需求的专业人才。

2.2.1 路径一：实现时空场景与理论讲授的串联

虚拟现实环境可提供包括客体中心（Exocentric）和自我中心（Egocentric）在内的多种空间视角[8]，其中自我中心视角便于让学生在虚拟时空场景中对经典风景园林案例的细节特征进行具象化的学习，而客体中心视角则能够让学生从场景中暂时脱离出来，在教师理论讲授的帮助下以抽象的逻辑思维方式对场地的整体表征进行分析与归纳。因此，虚拟学习环境中多种空间视角的转换与综合运用有助于实现时空场景与理论讲授的串联（图 3），提升教学效率与学习成效。对比传统风景园林课程授课方式，理论讲授与图片视频观看在时空场景上往往是割裂的，在建立视觉场景与理论解析链接层面的成效有限，不利于学生搭建知识图谱与串联知识逻辑。

2.2.2 路径二：营造虚拟仿真沉浸式学习体验

临场感（Presence）是虚拟现实环境中最为核心的心理体验[4]，指参与者在使用过程中产生的"置身其中"的感受。临场感有助于增强学习体验、创设心理沉浸感和实现情境学习，从而为学生营造沉浸式学习体验[6]，并激励

图 3 虚拟时空场景与线下理论讲授串联示意图[9]

学生在情境学习中进行自主探索。增强时空间临场感可帮助学生深入了解每个经典风景园林案例的设计要点和重要特征，用漫游式、探索式的学习方式替代传统的外出调研和实践教学，让学生获得近似真实场景的直观体验（图 4）。此外，沉浸式学习体验有助于减少学生的外在认知负荷（Extraneous Cognitive Load）[4]，教师可根据教学大纲和教学进度需求，通过设定学生通过头盔式显示器的学习场景和学习时间把控教学内容的组织和穿插，使其适应于学生的认知历程，将学生的工作记忆集中于最核心的教学内容，从而达到增强学习体验与效果的目的。

图 4 日本横须贺公园虚拟现实场景示意图[10]

2.2.3 路径三：激发行为互动与沟通反馈

交互性（Interaction）是虚拟现实技术的基本特征之一，学生可以在虚拟现实场景中通过语言和非语言（如手势、体势等）的形式进行行为互动与沟通反馈，并接受教师的指导与引导，活跃学习氛围。交互性有两个层面的内

涵，其一是与虚拟现实场景进行交互，通过语言或非语言操作完成模型内部设置的教学任务，激发学习动机并增强学习的趣味性和挑战性；其二是与其他同学的交互与合作[3]，在多用户虚拟环境中完成小组讨论和协作，突破现实世界中的交流壁垒，在更为轻松自然的环境中开展社会性学习，并在交互与合作的过程中对学习群体产生归属感。此外，虚拟现实技术的交互性特征也便于师生之间的沟通与反馈，教师可在重要教学节点内设置问题（例如意大利文艺复兴园林的核心特征、古典主义与巴洛克的内涵区别、英国自然风景园的哲学基底等），让学生在学习的过程中即时进行知识整理与成果反馈，便于教师监测和评估学习效果。

3 总结与讨论

3.1 总结：引入虚拟现实技术的风景园林通识课程的教—学体验提升

风景园林通识课程与现实世界和实践应用的联系较为紧密，虚拟现实技术的引入具有天然的高契合度。将虚拟现实技术引入风景园林通识课程的教学过程是应对后疫情时期实践类课程教学挑战的创新型路径，有助于实现时空场景与理论讲授的串联、营造虚拟仿真沉浸式学习体验、激发行为互动与沟通反馈，对于外出调研和实践教学相对受限背景下的教—学体验有较大程度的改善和提高。虚拟现实技术对于教—学体验提升的核心作用在于沉浸感和交互性的营建，实现了线上教学资源与线下授课的融合，为学生建立了中国古典园林与西方园林经典案例的直观感知，有助于学生在沉浸式场景中构建风景园林的时空观与历史观，并建构理论知识与现实场景间的内在联系。

其次，虚拟现实技术的应用对于建构主义学习理论有较好的实践，学生由知识的被动接受者转变为信息加工和意义建构的主体。学生在沉浸式的时空学习体验中自主探索风景园林案例的细节与设计要点，并在教师的引导下与理论建构进行衔接，持续更新头脑中已有的知识图谱，从而实现学习效果的提升。对于教师来说，教师的身份超越了传统的传授者和灌输者，对于学生的知识建构起到了引导和促进的作用，更接近通识教育的目的与本质，不仅是对教学方式变革的有益探索，也是对教学体验的创新与提升。

3.2 讨论：虚拟现实技术的局限性探讨

虚拟现实技术在风景园林通识课程中的引入有一系列的积极作用，然而由于该技术本身仍在发展和完善的过程中，其在教学领域的应用也存在一些局限性，有待进一步的改善和提升。首先，虚拟现实相关设备，如头盔式显示器的采购成本较高，在当前阶段教育实践中的大规模推广和应用仍然具有一定的难度，需要学生们分组分批进行体验。未来需要在技术成熟的过程中降低使用成本，并开发一系列更为便携和具有较高性价比的终端设备，实现在更大规模的班级教学中的应用。其次，当前用于风景园林教学的虚拟现实环境模型的拟真度和分辨率仍有待提升，营造更为接近真实景观场景的学习环境，从而提升学生的沉浸式学习体验效果和场景理解深度。最后，学生与虚拟现实环境模型的交互性体验有待提升，当前交互性的实现主要通过语言类信息实现，而在手势和体势等非语言类信息层面的交互性还在发展完善的过程中，未来虚拟现实技术交互性的提升将进一步提升学生的学习兴趣和探索动机，为风景园林通识课程的教学提供更为多元化的技术支撑。

图表来源：

图1引自参考文献［3］；图2引自哈尔滨工业大学（深圳）数字化空间分析实验室产品采购目录；图3、图4引自网络。

参考文献：

[1] 李亚萍，庞琳，王晓华. 理工类高校美育现状及思考. 天津：河北工业大学学报（社会科学版），2019，11（02）：74-8.

[2] 李雄. 北京林业大学风景园林专业本科教学体系改革的研究与实践. 中国园林，2008(01)：1-5.

[3] 刘德建，刘晓琳，张琰，陆奥帆，黄荣怀. 虚拟现实技术教育应用的潜力、进展与挑战. 开放教育研究，2016，22（04）：25-31.

[4] 高媛，刘德建，黄真真，黄荣怀. 虚拟现实技术促进学习的核心要素及其挑战. 电化教育研究，2016，37(10)：77-87.

[5] Burdea GC, Coiffet P. Virtual Reality Technology. New York, USA: John Wiley & Sons, 1992, 12(6)：663-664.

[6] 王同聚. 虚拟和增强现实（VR/AR）技术在教学中的应用与前景展望. 数字教育，2017，3(01)：1-10.

[7] 戴铜，邹志翀. "线上教学"背景下城市设计课程改革途径探. 建筑与文化，2021(04)：226-7.

[8] Dede C. Immersive Interfaces for Engagement and Learning, Science, 2009, 323(5910)：66-9.

作者简介及通信作者：

张婧远/女/汉族/博士/哈尔滨工业大学（深圳）建筑学院助理教授/研究方向为城市公园与绿地系统规划、城市生态系统服务功能评价、环境行为学/jingyuanz@u.nus.edu。

从文化自觉到文化自信

——风景园林研究生艺术与文化相关课程思政建设思考与实践[①]

From Cultural Consciousness to Cultural Confidence

——Reflections and Practices on Ideological and Political Theories Construction in Landscape Architecture Postgraduates' Cultural and Art Curriculum

张清海　丛　昕*　殷　敏　李晓黎

南京农业大学园艺学院

摘　要：文化自觉不仅包含着觉醒、觉悟、反思、反省，还包括对文化的价值判断和价值选择，而文化自信是主体对自身文化的认同、肯定和坚守。当前信息化的快速发展，大大缩短了人际间的距离，推动了全球化的快速发展，反过来也对全球本土文化构成了强烈冲击。面对中国传统园林文化的保护与发展，在相关课程讲授中如何培养学生从深刻的文化自觉上升到坚定的文化自信，既是专业教学的必要，也是立德树人的必要。以笔者课程思政的教学实践课题出发，从课程思政、科研思政、实践思政到思政案例，对风景园林文化起源、演进、发展变迁过程中的园林文化内涵、价值体系、学术理论等，以专题报告、分组讨论、实践呈现等多层次、多方位培养有一定文化自觉积淀的研究生走向文化自信，以潜移默化、润物无声之力影响教育学生。

关键词：风景园林；园林文化；课程思政；文化自觉；文化自信

Abstract: Cultural consciousness include not only reflections and thoughts on particular culture, but also specific selections and judgements on cultural values that determined by certain cultural groups, meanwhile, cultural confidences reveal identifications, confirmations and persistence made by particular cultural subjects. Nowadays, interpersonal distances have been strongly shortened by rapid information technology growth, which also seriously promotes globalization. On the other side, globalization also achieves great influences on local culture all over the world. Concerning with preservations and developments of Chinese traditional gardens, cultivations from cultural consciousness to cultural confidences of landscape architecture postgraduates in regular teaching practices have become essential for academic program and personal training. Cased on ideological and political theories construction of courses, research and practices, focused on Chinese traditional garden cultural meanings, values and academic theories in the processes of their originals, evolutions and developments, this paper discusses the concrete postgraduates' cultivating processes from cultural consciousness to cultural confidences through special reports, groups discussions and social practice aiming at changing and influencing unobtrusively and imperceptibly.

Keywords: Landscape architecture; Garden culture; Ideological and political education courses; Cultural consciousness; Cultural confidence

序言

习近平总书记指出，文化是一个国家、一个民族的灵魂。在当代中国，文化自信是具有科学性的时代命题，是中华民族生生不息、走向复兴的精神源泉，是中国特色社会主义破浪前行、繁荣发展的精神武器，是中华民族屹立世界、面向未来的精神脊梁。中国古典园林是重要的人类文明遗产，也是我国传统文化艺术中的瑰宝，代表了我国深厚的传统文化艺术底蕴。然而基于信息化与全球化的快速发展，文化发展的趋同性越来越成为时代的问题。在城市化高速发展的今天，中国城市、建筑和园林正全面受到西方现代文化的影响，并且表现出披着现代化和全球化外衣的全盘西化的倾向，城市建筑景观趋同和"千城一面"成为各地城市建设的普遍现象。对于这一现象的出现及其解决之道，相关学界多有讨论和批判[1]。2015年中国风景园林学会北京召开主题大会：全球化背景下的本土风景园林。会议探讨了全球化背景下的中国本土风景园林发展的新思想与新理论，如何不断挖掘、保护、延续和创造地域特色，从而促进风景园林行业不断向前发展。

基于民族主义或国际主义（全球化）立场的微观技术层面研究和理论辩论固然重要，但是真正涉及思想意识形态影响作用的认识与实践则是教育的关键之一。基于此，本文拟从文化传承与发展的视角探讨新时代风景园林研究生文化与艺术方面课程教育如何从文化自觉迈向文化自信。

①　基金项目：南京农业大学2020年研究生"课程思政"示范课程建设项目。

1 文化自觉、文化自信与认知阶段

1.1 文化自觉与文化自信的关系

文化自觉,是费孝通先生于1997年在北京大学社会学人类学研究所开办的第二届社会文化人类学高级研讨班上首次提出,这是对文化的自我觉醒、自我反思和理性审视。中华文化自觉就是对中国文化的反思、反省和审视。中国真正的文化自觉,是在马克思主义指导下和中国共产党的带领下,对中华文化的组成要素和总体构成,对中华文化的历史、现在和未来作全面、客观的分析和认识,是对中华传统文化积极因素和消极因素的辩证分析和科学认识。文化自信则是主体对自身文化的认同、肯定和坚守。文化自觉是文化自信的前提,文化自信是建立在文化自觉的基础上的。

习近平总书记指出:"没有高度的文化自信,没有文化的繁荣兴盛,就没有中华民族伟大复兴。"从文化自觉到文化自信,不仅使我们对中国特色社会主义文化有了更深刻的认识,而且进一步坚定了我们实现中华民族伟大复兴的决心、信心,是中华文化发展的重要路径。

1.2 认知层级理论

人类认知五层级理论由清华大学认知科学研究团队蔡曙山教授提出,在推动认知科学学科发展的过程中凝练出来的[1]。他认为,如果要将人类的认知层级从低到高划分为五个层次,就应该分别为神经认知、心理认知、语言认知、思维认知和文化认知,其中,文化认知是人类认知的高级形态,是与认知有关的人类独有的文化进化形态。可以说,人类认知都是在一定的文化环境中发生的,文化是认知的工具,又是被认知改造的结果[2]。

1.3 文化自觉的认知阶段性

费孝通认为,"文化自觉指的是生活在一定文化中的人,对其文化有"自知之明",明白它的来历、形成过程、所具有的特色和它发展的趋向,不带任何"文化回归"的意思,不是要复旧,也不主张全面"全盘西化"[3]。由此可见,"文化自觉"始于"发现",即认知的初级阶段神经认知。而文化的本质为何、文化从哪里来、又将往哪里去的问题,分别对应心理认知、语言认知、思维认知阶段。文化自觉是一个动态探索的过程,源于实践,终而把握文化变迁规律、熔铸传统与现代,以达到文化认知的目的[4]。

2 文化自觉:风景园林文化体系构建

中国园林作为世界三大园林体系中重要的一极,特别是以自然为基底的中国风景反映了中国文化与自然之间长期而深刻的双向建构关系,是中国"天人合一"传统人文主义自然观的完美实践典范,更是中华民族生活与生存智慧的珍贵凝结[6]。从而,在风景园林研究生教育,特别是园林文化审美鉴赏教学中应始终贯穿中国风景文化中与自然相关的高度人文性、伦理性、政治性及艺术性

价值,建构完整的、准确的、系统的风景园林文化体系(图1),并将其投射到风景园林规划教育教学中,使学生深刻体悟到中华民族在漫长历史中积淀的关乎人与自然的风景价值及其传承的中华风景智慧,从文化的自觉走向文化自信。

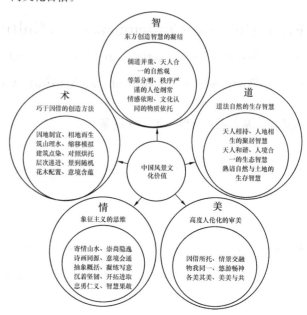

图1 中国风景文化价值体系图

3 文化自信与思政体系

文化自信既是对中国传统文化在当代的创造性转化与创新性发展的理论总结,体现了五千多年文明发展中孕育的中华优秀传统文化。研究生的培养计划、课程设计、研究选题和实习实践过程中都应该加强对文化自信的认知和学术转化。将"文化自信"设为思政教学核心,在课堂教学和平时培养中进行以学生为主体的问题探究,实施基于文化自信的培养,开展文化创新的课外实践,探索多种科学合理的研究生教学模式,确保思想政治教育贯穿研究生学习生涯的全过程。

3.1 课程思政

课程需包括理论研究和实践训练两个维度,包含了"课内+课外"的授课模式。在现行研究生课程体系中,风景园林历史与理论专题、风景园林艺术与文化专题、城乡规划研究专题以及风景园林遗产与保护专题等课程将中国风景园林传统文化中蕴含的思想理念、家国情怀、品格意志、志向气节等思政内容融糅其中,为拓展学生的思维空间、培养学生对优秀传统文化的认知奠定了坚实基础。现代园林规划设计、风景园林建筑设计、风景园林规划与设计等重实践课程的开设则着重通过实践训练,引导学生通过具体的设计元素、手法、策略,将思政内容物化于具体有形的园林创设中,探讨传统文化的传播与复兴路径,更注重在新时代生态文明建设与城乡统筹协调发展背景语境下,把中国传统人地和谐的生态实践智慧贯穿于园林景观创设中。

3.2 科研思政

"课程思政"应该是广义的课程观，因此从大思政的角度出发，这不仅仅是课堂上的授课内容的改变，从研究生培养的全过程都应该贯穿思想，激发各个环节的参与。研究生毕业论文的内容，强调的是学生所学专业领域内某一课题研究的成果，以训练学生综合运用所学理论、知识、技能独立分析、解决问题的能力。研究生的研究方向要充分考虑到论题的宽度和广度，在研究生研究方向的确定和毕业论文的选题过程中，要充分考虑当下时政和历史背景。基于选题的可能性，对接国家战略，如乡村振兴、生态文明、公园城市等，关注国际形势、时事热点、社会变革等。基于专业视角选择社会热点问题作为论文论题是一件十分有意义的事情。同时，风景园林专业的研究生尤其是专业硕士要将理论与实践结合，在论文选题、材料收集、文章写作等环节中始终聚焦现实问题，深入社会收集资料，并通过创新思路、观点回应和解决具体的现实问题，引导研究生"把论文写在祖国的大地上"，以此培养研究生形成实践的观点。

3.3 实践思政

理论研究是实践内容的基础，是对实际应用的指导。反之，实践是理论的来源，是理论发展的根本动力、是理论的最终目的、是检验真理的唯一标准。实践方向的培训是践行文化自信的必要路径。课程的授课和传播形式将不囿于校园内，通过"线上+线下"的模式，以实际案例的主要研究和训练对象，包括了"十四五"城市更新行动计划背景下的街区更新项目、历史文化街区景观提升项目等。参与模式包括了以了解传统文化为主要目的的参观实习、以剖析文化内涵和自然人文内在联系为目的的案例研究和以符合当下时代背景的项目设计为主要内容的培训。实践思政的目的是提高研究生的文化创新能力，不断推进文化内容形式、体制机制以及传播方式的创新，创造出具有强大生命力的文化产品，满足人民的精神文化需求，并由此形成文化认同感。引导学生理性地看待传统文化，取其精华、去其糟粕。理论和实践是相辅相成的，缺一不可的，将共同贯穿于教学之中。同时，在移动互联网时代，守正创新当然包括传播渠道和方式的创新。在当代，传播方式的快捷、便利，受众之多是前所未有的。因此在微课堂的内容中，也应该要加入大思政观。

3.4 思政案例

继承中华传统文化，我们必须全面认识传统文化，充分认识中华传统文化的价值，深刻挖掘民族文化的精髓，从传统中来、到现代中去，使其与时代特征适应，与现代文明相协调，自觉实现民族文化与现代化和谐对接。因此在案例选择中，也将贴合传统文化观。习近平总书记说："历史是最好的教科书，也是最好的清醒剂"。因此在理论教学以城市建造历史、建筑造园历史和历史价值研究等为主要研究案例，以讲座讲课、翻转课堂、课堂讨论和辩论的方式，引导学生了解我国璀璨文明，用辩证的思维看待历史城市的兴荣演变，和以发展的眼光对待社会现象

的内在联系及其规律。过程中，启发学生不断发掘、思考那些仍在延续、传承、鲜活的传统文化，使原本形而上的教学内容获得学习者认知上的转化，从而建立文化自信的根基。最终，在理论研究中收获到历史自信，改革的自信，开放的自信。

实践部分的案例选择也需要基于对文化认同的基础上，提倡对中国传统文化的继承与发扬。园林艺术是一门实用功能与艺术审美相结合的艺术。由于时代、民族、地域、社会背景、人文与地理环境等方面的差异，会对园林艺术的表现形式产生不一样的影响；加之造园者个人实践经验、艺术修养与审美意趣的差异，不同条件的交义组合形成了各不相同、千姿百态的园林景观。而东西方文化思想与社会发展上的巨大差异，使得二者各自发展的同时又相互影响，更是让园林艺术形成了异彩纷呈的独特风姿。研究生培养过程中首先需要让学生参与和感受不同文化背景下的设计方法的不同，体会中西方园林造景的景观语言背后的文化差异，并在自己的研究和工作中，继承和传播中国优秀文化的内涵。如普利兹克奖获得者王澍的设计，从国际的视野来看，无论是建筑还是园林，更多地思考自己的传统文化和现代设计的结合，"并演化成扎根于其历史背景，永不过时并且有世界性的建筑"。

4 由认知层级理论指导风景园林文化体系的课程实践

基于认知层级模型，将文化自觉的认知规律与风景园林文化体系构建进行融合，可解释为"观美、思道、论理、构型、融古今"五个阶段指导风景园林研究生艺术与文化相关课程思政建设实践。神经认知是感官捕捉信息的过程，即"观．美"，在这一阶段中，主要为思政教学内容的构建与教学方式的选择。其中教学内容对应风景园林文化体系中的基本元素，风景园林中的书画之美、建筑之美、植物之美、空间之美、人文之美。教学方式决定了信息传播的途径与效率，遵循神经认知规律，充分调动视、听、触等感官，以课堂讲授为主，结合参观、实地调查等环节。心理认知是信息整合的过程，即"思．道"，在这一阶段中需调动学生学习的主观能动性，设置课后作业环节，总结风景园林文化体系中的元素规律：园林中诗书画的表现形式、园林建筑的形制、园林植物的运用、传统文化的表现形式。语言认知是概括、归纳、总结的过程，即"论．理"，在这一阶段中，翻转课堂，设置思政命题，学生通过对前两阶段学习进行课堂讨论，命题围绕风景园林文化体系中的优秀案例，学生根据先观后思的认知过程，对优秀案例进行分析并汇报。思维认知是梳理信息，并建立逻辑线索的阶段，即"构．型"，在这一过程中，课程以实践教学为主，以一处园林场所为切入点，实地教学，学生在现场进行园林书画、建筑、植物、空间及人文要素的调研、测绘、访谈，通过实际操作构建优秀园林场所的文化体系。文化认知是文化进化的形态，正是由文化自觉上升至文化自信，并认识文化将往那里去的重要阶段，风景园林学科的文化自觉与自信，并非沉浸在经典中裹足不前，重点在于如何将传统精华注入现代发

展，在变革中重塑传统风景园林文化，即"达.信"，在这一阶段中，通过命题设计题目，学生以调研地为对象，重塑场地，寻找风景园林文化体系的现代表达。

因此，由文化自觉走向文化自信的实践路径，应紧密围绕风景园林文化体系，遵循认知层级规律，结合学科特点，设置课程实践体系，如图2所示。

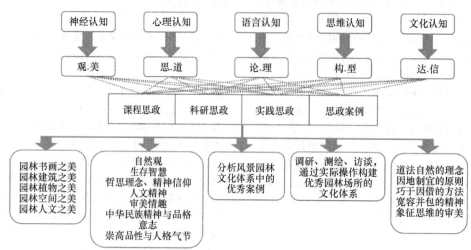

图 2　课程实践路线图

5　讨论与结论

"全球化"不是"西方化"，更不是"趋同化"，相反，越是在信息化高度发达的今天，那些可以鲜明地体现出自身文脉价值的景观作品，反而可能才是更具有了一种国际性的品格。思政不是说教，而是说"道"。尤其像中国这样有着悠久文化历史积淀的国家，其传统中的很多精髓便可能在这样的时代里得到更多的关注。中国的景观行业正处于一个转型的时期，经济的繁荣和环境意识的提高使景观行业获得了前所未有的迅速发展，景观的内容和形式也在发生多维的变化。在我国景观设计行业越来越向国际化迈进的过程中，西方有很多经验值得我们思考。由于文化背景、社会制度不同，研究西方现代景观设计的理论和实践，并不意味着全盘吸收、照搬照抄。但是对这些内容的了解，无疑会帮助我们开拓视野，少走弯路，有意识地吸取其中优秀的方面，促进我国风景园林事业的健康发展。对于风景园林研究生而言，要在学习、科研、实践中，深耕中国传统园林文化，从宏观到微观，从物质到非物质，尤其是地方园林文化的历史、人物、遗址等的深度发掘、整理、宣传，思考全球化、行动在地化，不断累积自信，并真正达成文化自信。

图片来源：

作者自绘。

参考文献：

[1] 吕宁兴，耿虹. 中国城市建筑景观与后殖民主义批评——中国城市建筑景观"趋同"的思想根源及其出路[J]. 城市发展研究，2011，18(08)：116－119＋124.

[2] 蔡曙山. 论人类认知的五个层级[J]. 学术界，2015(12).

[3] 蔡曙山. 认知科学研究与相关学科的发展[J]. 江西社会科学，2007(4).

[4] 黄湄，徐平. 从"天下大同"到"人类命运共同体"——费孝通"文化自觉"的新时代回声[J/OL]. 武汉：中南民族大学学报(人文社会科学版)，2021(05)：1-5.

[5] 乔宇，尹建伟. 基于设计艺术学视角的传统文化应用研究[J]. 美术观察，2021(04)：78.

[6] 李晓黎. 中国风景名胜区中的文化景观[M]. 南京：东南大学出版社，2021.

作者简介：

张清海/男/汉族/日本千叶大学园艺学部博士研究生/南京农业大学园艺学院副院长/研究方向为风景园林规划设计、风景园林文化历史学/qinghai@ njau. edu. cn。

通信作者：

丛昕/女/汉族/南京农业大学风景园林系讲师/研究方向：风景园林艺术与文化、环境艺术设计/congxin@njau. edu. cn。

国际高校风景园林和城市规划教学中数据科学课程的应用与启发[①]

The Application and Enlightenment of Data Science Courses in the Higher Education of Landscape Architecture and Urban Planning around the World

张　炜[1,2*]　何子琦[1]　李　欣[1]

1　华中农业大学园艺林学学院；2　农业农村部华中地区都市农业重点实验室

摘　要：随着数字化技术的发展，数据科学作为一门从数据库、大数据分析、人工智能、深度学习和可视化等领域借鉴了大量理论与技术的新兴领域，正成为风景园林和城市规划等学科的关注热点。通过分析数据科学在相关学科研究和实践中的应用趋势，并以美国马萨诸塞大学阿默斯特分校、美国哥伦比亚大学、宾夕法尼亚大学和俄罗斯人民友谊大学等国外多所院校风景园林和城市规划专业开设的数据科学类相关课程为例，结合国内外相关课程体系，从课程类型、实践应用和建设前景等方面，探讨了数据科学课程体系构建、人才培养模式以及教育教学方法，为风景园林和城市规划等相关学科建设和教学改革提供参考。

关键词：数据科学；统计学；大数据；风景园林教育

Abstract: With the rapid development of digital technology, data science, as an emerging field learned a number of theories and technologies from the fields of database, big data analysis, artificial intelligence, deep learning and visualization, has become a hot topic in landscape architecture and urban planning. By analyzing the application trends of data science in landscape architecture research and practice, and taking the data science-related courses offered in landscape architecture and urban planning education in several foreign universities: the University of Massachusetts Amherst, Columbia University, the University of Pennsylvania, and the People's Friendship University of Russia, the relevant curriculum systems are compared and discussed with the analysis of the construction of data science curriculum system, education and teaching methods from the aspects of curriculum types, practical applications and construction prospects. The study could provide a reference for the construction and teaching reform of related disciplines in urban planning and landscape architecture education.

Keywords: Data science; Statistics; Big data; Landscape architecture education

1 数据科学的概念与内涵

1974 年，Peter Naur 首次提出数据科学（Data Science）的概念："数据科学是一门基于数据处理的科学"[1]。2001 年，数据科学作为一个独立学科出现，到 2010 年左右，数据科学获得广泛关注。数据科学使用计算机、数学、统计学等学科的研究方法挖掘数据价值，揭示数据的变化形式和规律，并提供科学研究的数据方法[2]。

数据科学教育课程包括基础课程（数学、统计学、计算机学等）、专业课程（程序开发、大数据应用）和应用与实践[3]。依托专业领域和自身特色，面向风景园林和城市规划专业的数据科学类课程更倾向于技术与应用实践，课程内容包括数据采集挖掘、数据处理、数据分析、统计学、空间统计学、机器学习算法和数据展示等，培养学生的数据思维能力和利用数据解决问题的能力。

2 数据科学的应用机遇

随着大数据时代的到来和"智慧城市"的建设浪潮不断发展，高覆盖度、高精度、多维和实时数据逐渐普及。数据的融合关联、语义价值分析已经成为各行业的研究方向之一。风景园林和城市规划作为复杂的综合性学科，需要利用不同的科学方法处理各种不同来源的信息。数据科学的发展使得行业研究者能够更方便、快捷地处理海量信息并揭示各类信息之间的隐藏联系。得益于遥感影像、点云数据、街景数据、手机定位数据、POI 数据以及社交网络数据的普及应用，数据科学可为评估分析、规划管理、建设管理等方面提供决策支持。

3 国际高校中数据科学课程的应用现状

国际高校风景园林或城市规划学科中所开设的相关

① 基金项目：国家自然科学基金"城市绿色雨水基础设施生态系统服务效能监测和评价研究"（编号：51808245）；中央高校基本科研业务费专项资金资助项目"基于乡村振兴战略的乡镇级国土空间规划编制体系、技术方法与实践应用研究"（项目批准号：2662021JC009）资助。

数据科学课程，通常围绕方法论、统计分析、空间统计分析、地理数据分析、机器学习算法等开展教学（表1）。

总体而言，相关课程可以分为三种类型，包括基础统计学课程、空间统计学课程和算法应用课程。

国外高校开设的部分数据科学课程 表1

课程名称	培养对象	开设院校	课程学分	课程学时
规划中的定量化研究方法 (Quantitative Methods in Planning)	区域规划硕士 (the Master in Regional Planning, MRP)	马萨诸塞大学阿默斯特分校 (University of Massachusetts Amherst)	3	22
	社区可持续发展学士 (the Sustainable Community Development，BS-SCD)			
规划设计师的定量推理与统计方法Ⅰ (Quantitative Reasoning and Statistical Methods for Planning I)	城市规划硕士一年级生 (the Master in City Planning, MCP)	麻省理工学院 (Massachusetts Institute of Technology)	12	12
统计分析和研究计划 (Statistical Analysis and Research Planning)	全球发展理论与实践硕士 (the Master in Global Development Theory and Practice)	卑尔根大学 (University of Bergen)	10 ECTS	
城市规划的分析方法：定量 (Analytic Methods of Urban Planning：Quantitative)	城市规划设计硕士 (the Master in The Department of Urban Planning and Design)	哈佛大学 (Harvard University)	2	
地理环境空间数据分析 (GIS and Environmental Spatial Data Analysis)	风景园林本科生 (Undergraduate Minor in Landscape Architecture)	加利福尼亚大学伯克利分校 (University of California, Berkeley)	4	
环境规划中的定量方法 (Quantitative Methods in Environmental Planning)	环境规划硕士一年级生 (Master of Landscape Architecture, MLA)		3	
生态与景观研究中的数据分析与统计 (Data Analysis and Statistics in Ecology and Landscape Study)	城市绿色基础设施管理与设计硕士 (the Master in Management and design of urban green infrastructure)	俄罗斯人民友谊大学 (Peoples' Friendship University of Russia)		11
空间统计和数据分析 (Spatial Statistics and Data Analytics)	城市空间分析硕士 (the Master of Urban Spatial Analytics，MUSA)	宾夕法尼亚大学 (University of Pennsylvania)	1	
规划师的定量数据分析 (Quantitative Data Analysis for Planners)	城市及区域规划硕士 (the Master in Urban And Regional Planning)	佛罗里达大学 (University of Florida)	3	12
城市空间分析 (Urban Spatial Analysis)				18
通过机器学习探索城市设计 (Exploring Urban Data with Machine Learning)	城市规划硕士 (the Master of Science in Urban Planning)	哥伦比亚大学 (Columbia University in the City of New York)	3	

3.1 基础统计学课程

基础统计学课程教学内容以定量分析方法为主，定量分析方法利用数学方法的思维方式和语言应对实际问题，通过归纳将实际应用与理论知识结合起来，具有探索性、诊断性和预测性等特点。自1943年英国学者L. B. Escritt在规划著作《区域规划（Regional Planning)》中提出利用叠加分析技术分析大地景观开始[4]，定量分析方法研究在城市规划和风景园林领域获得广泛应用。

近年来，随着算法技术的发展，定量研究在街道活力评价[5]、视觉感知分析[6-7]、景观评价的指标体系研究[8-10]等方面得到普及应用，涉及视觉、认知、社会、功能、形态、时间等多个维度[11]。

例如马萨诸塞大学阿默斯特分校开设的《规划中的定量化研究方法》课程，以理论讲授为主，内容包括统计的原理、描述统计学的概念、如何进行数字写作、如何进行图表制作以及统计学与概率论等基础知识等（表2）。

《规划中的定量化研究方法》课程内容　　　　　　表 2

周次	主题	阅读	课程作业
第 1 周	统计学介绍	教学大纲	
第 2 周	测度理论	《公共管理中的应用统计学（第九版）》第 2 章	
	研究设计原则	《公共管理中的应用统计学（第九版）》第 3 章	
第 3 周	人口数据来源：美国人口普查局（U. S. Census Bureau）	美国人口普查局（2008）《了解和使用美国社区调查数据的指南：州和地方政府需要知道什么》；MacDonald H.（2006）"美国社区调查：比十年一次的人口普查更具时效性，但精确度更低"《美国规划协会杂志》72（4）491～503	
	经济和劳动力数据来源：人口普查，劳工统计局（Bureau of Labor Statistics，BLS），美国商务部经济分析局（Bureau of Economic Analysis，BEA）	Cortright, J. 和 A. Reamer（1998）：理解区域经济的社会经济数据：用户指南第 2～3 章（略读第 6～8 章）	
第 4 周	描述统计Ⅰ：频数分布	《公共管理中的应用统计学（第九版）》第 4 章	
	描述统计Ⅱ：集中趋势和离散程度的测度	《公共管理中的应用统计学（第九版）》第 5～6 章	
第 5 周	描述统计的应用：集中度、多样性和变化的度量	Miller J.（2015）《芝加哥数字写作指南》第 5 章	作业 1：县域社会经济定量分析
	量化数据交流Ⅰ：建立技术写作技能	Miller J.（2015）《芝加哥数字写作指南》第 2～4 章 Feser, E. "为规划师和政策分析师撰写的专业数字文章"	
第 6 周	量化数据交流Ⅱ：有效图表制作	Miller J.（2015）《芝加哥数字写作指南》第 6～8 章 Tufte, E.（2001）《定量信息的视觉显示（第 2 版）》第 1 章	
	量化数据交流Ⅲ：评估统计证据	Tufte，E.（2001）《定量信息的视觉显示（第 2 版）》第 2 章 Huff（1954）《统计数字会撒谎》第 9～10 章	
第 7 周	推断统计基础Ⅰ：概率论	《公共管理中的应用统计学（第九版）》第 7 章	提交作业 1
第 8 周	推断统计基础Ⅱ：概率分布	《公共管理中的应用统计学（第九版）》第 8～9 章	
	推断统计基础Ⅲ：估计 & 意义	《公共管理中的应用统计学（第九版）》第 10～12 章	
第 9 周	推断统计的应用Ⅰ：经济状况差异测验	《公共管理中的应用统计学（第九版）》第 13 章	
第 10 周	推断统计的应用Ⅱ：列联表分析	《公共管理中的应用统计学（第九版）》第 14～15 章	
第 11 周	回归分析Ⅰ：线性回归	《公共管理中的应用统计学（第九版）》第 17 章	
	回归分析Ⅱ：线性回归的假定	《公共管理中的应用统计学（第九版）》第 18 章	
第 12 周	回归分析Ⅲ：时间序列分析	《公共管理中的应用统计学（第九版）》第 20 章	作业 2：运用回归分析解决实际项目
	回归分析Ⅳ：多元回归	《公共管理中的应用统计学（第九版）》第 21 章	
第 13 周	回归预测Ⅰ：线性趋势外推法	A. Isserman（1984）"规划、预测和计划"《公共管理中的应用统计学（第九版）》第 19 章	
	回归预测Ⅱ：非线性函数形式		
第 14 周	无课		提交作业 2
第 15 周	期末考试		

　　俄罗斯人民友谊大学开设的《生态与景观研究中的数据分析与统计》课程以 MOOC（慕课）形式供相关专业的学生和研究人员学习。课程从 R 语言出发，结合生态与景观研究中的许多实际案例，从数据分析概论、统计的假设检验到更复杂的统计工具（例如多元回归和逻辑回归），讲授数据分析与统计的基本知识并学习如何在实践中应用统计学分析数据。课程结构主要由第一章描述性统计、第二章数据处理、第三章数据分析概论组成（表 3）。

《生态与景观研究中的数据分析与统计》
课程内容　　　　　　表 3

	课程		研讨
1	数据分析介绍	1	R 语言介绍
2	检查数据		

	课程		研讨
3	概率论	2	描述性统计
4	随机变量及其分布		
5	置信区间	3	基础图表及异常分析
6	统计假设检验		
7	t 分布	4	两个样本间的比较
8	配对及双样本 t 检验		
9	相关分析	5	多样本的比较
10	简单线性回归		
11	多元回归与逻辑回归	6	回归

3.2 空间统计学课程

空间统计分析作为地理信息科学的重要内容，是基于空间位置和属性的空间数据分析方法。空间统计学课程在风景园林或城市规划教学中可依托遥感数据、地图数据等空间数据，培养学生对数据特征、分布模式、关联关系及演化特征的挖掘，学习空间分析、探索人地关系[12]。

如宾夕法尼亚大学开设的《空间统计和数据分析》课程，作为《空间分析简介》课程的先导课，涵盖了探索性单变量分析、卡方检验、t 检验和方差分析（ANOVA）大多统计方法的应用，围绕普通最小二乘（OLS）回归和空间回归分析介绍了空间统计方法，教授学生利用 R、JMP、ArcGIS 和 GeoDa 对不同类型的城市进行数据挖掘和分析，并将分析结果可视化。该课程作为城市空间分析硕士培养计划的一环，与 GIS、空间分析、数据科学、统计、R 和 python 编程、数据可视化和 Web 制图等课程共同培养学生使用空间分析和数据科学来解决公共政策和城市规划中的问题。

加利福尼亚大学伯克利分校开设的《地理环境空间数据分析》课程将 ArcGIS 分析与空间统计分析相结合，介绍了空间采样、利用 ARC Info 处理数据、探索性 GIS 分析、空间分解、空间点模式与 Ripley's K 函数（多距离空间聚类分析）、空间自相关性、地理统计学、空间加权回归、空间自动回归、广义线性模型和广义线性混合模型等空间数据分析的相关知识与应用。

佛罗里达大学开设的《城市空间分析》课程，让学生运用地理信息系统和空间统计建模等空间分析技术，对城市形态的空间关系以及城市环境的发展与分析进行理论和实践知识的学习。并通过实践应用，将统计分析作为解决问题分析方法，用于城市和区域规划、规划决策、灾害管理分析和支持保护规划以及可持续发展等方面。该课程主要由测量地理分布、空间统计分析模式、映射集群、空间回归建模、数据的地理统计学探索、表面建模六个主题组成（表 4）。

《城市空间分析》课程内容　　表 4

主题周次	课程内容
第 1 周	平均中心、中位数中心、中心特征、标准距离、方向性分布、事件收集
第 2 周	平均最近邻指数、空间自相关和莫兰指数、高/低聚类分析工具、收集邻里计数的距离带、增量空间自相关、多距离空间聚类分析、生成空间权重矩阵
第 3 周	聚类和异常值分析、热点分析、优化的离群点分析、优化的热点分析、分组分析
第 4 周	普通最小二乘法回归、探索性回归、地域加权回归
第 5 周	柱状图、泰森多边形图、Q-Q 图、普通 Q-Q 图、平均数、中位数、模式、四分位距、熵、标准差、半方差图
第 6 周	确定性建模、反向距离加权、随机建模、创建一个经典半变函数图、普通克里格法默认模型、普通克里格法优化模型、去除趋势的普通克里格优化模型

3.3 机器学习算法课程

基于机器学习的数据分析是数据科学的重要组成内容[13]，机器学习算法可用于数据收集、分析[14]。在研究空间形态、分析人类行为活动、解决人居环境问题等方面已获得广泛应用[15-18]。许多高校立足于专业课程，开设了算法应用类课程，培养学生利用机器学习来分析、处理数据的能力。

哥伦比亚大学自 2017 年起在城市规划硕士培养中开设《通过机器学习探索城市设计》课程。课程的第一部分致力于学习 R 语言的基础知识，并讲解数据收集和整理方法。第二部分深入研究机器学习的相关算法，内容包括数据分析、分类，回归和聚类算法，如 KNN 最近邻算法（k-nearest neighbors）、随机森林（random forests）、梯度提升机（gradient boosting machines）、k-means 聚类算法和线性回归等。通过对 R 语言和机器学习的基础性学习和对参数的调整和模型性能的评估，课程第三部分使用各类城市数据集进行分析和城市设计。

3.4 数据科学的教学实践应用

基于风景园林和城市规划学科的实践需求，数据科学课程教学中结合专业的实践应用，是数据科学课程教学的重要组成部分，可以培养学生将数据科学理论应用于专业实践，解决行业问题的能力。实践应用内容包括社会经济分析、规划实施评价、交通流量模拟和灾害风险应对等方面。

3.4.1 社会经济分析

社会和经济条件是影响规划设计的重要因素。数据科学课程可使用人口数据、经济变化数据以及区间人口流动数据，分析其内在成因和变化趋势，挖掘数据背后的涵义并进行数据可视化。

例如马萨诸塞大学阿默斯特分校《规划中的定量化

研究方法》课程的课后实践作业，通过实际案例培养学生定量数据的分析与表示能力。以第5周"量化数据交流Ⅰ：建立技术写作技能"课后练习作业为例，要求使用美国495号州际公路/城西地区2000～2009年间的城市人口

变化数据，分析制作该区域与马萨诸塞州和美国的人口增长趋势比较图、区域内人口增长趋势图和详细分布图等图表，以此分析人口数量的变化以及不同地区之间的差异性，探讨人口变化背后的经济原因和社会原因（图1）。

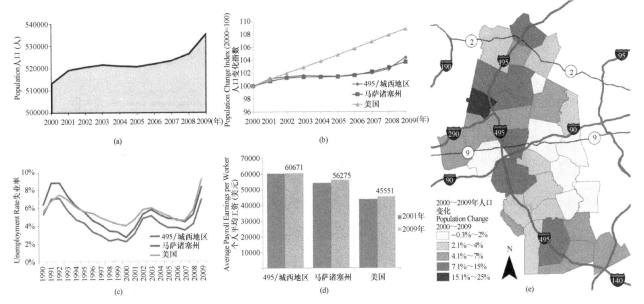

图1　495号州际公路/城西地区2000～2009年城市人口变化相关图表
（a）美国495号州际公路/城西地区2000～2009年人口增长趋势；（b）同马萨诸塞州、美国的人口增长趋势比较；
（c）1990～2009年的年平均失业率；（d）2001～2009年的平均年薪；（e）区域内人口增长趋势图

3.4.2　规划实施评价

在城市规划中通过实施评价可以更好地检测和监督规划实施效果，也可以以此作为反馈，为城市规划设计提供改进建议，让城市规划进入良性循环[19]。将数据科学运用于城市规划，利用海量、多源和时空数据认知城市空间，可以更有效地辅助城市规划实施评价，帮助学生直面个体精细而整体完整的城市发展和运行态势，而不是主观模糊且局部片面的抽样分析[20]。

例如，在宾夕法尼亚大学的城市空间分析硕士系列

课程中，基于纽约州雪城的住房存量不断老化、出租房占比急速上升的问题，学生们利用机器学习建立了数据工具。使用雪城现有的住宅地块违反建筑规范的样本数据进行建模，对每个街区进行了预测风险评价（图2），并通过多次交叉验证对模型进行改进，用以评估城市不同住宅健康和安全违规风险的优先级，以便政府工作人员能够更有效地将目标住宅优先检查和分流检查。还开发出在线网页应用程序，辅助相关机构更好地分配有限的检查资源。

图2　违规风险预测区交互网页

3.4.3　交通流量模拟

基于数据模型和算法支持，数据科学可用于研究交通网络上的流量分布，预测道路的通行能力，对城市交通模式的研究以及道路路网规划都有重要意义[21]。

哥伦比亚大学《通过机器学习探索城市设计》课程中，学生们尝试利用机器学习对交通拥堵和城市扩张形式进行预测。首先，建立模型来预测伦敦在其拥堵区内外的拥堵变化以及每个伦敦行政区的平均车辆数量，然后将先前的模型转移到预测纽约市拥堵的变化，最后通过识别纽约市

的地理单元拥堵、车费和过路费，建立一个强化学习模型，使用不同策略模拟出租车的拥堵情况。机器学习模型还准

确地预测了行政区的形状和扩展趋势，并且通过伦敦地区训练的模型清楚地识别出了拥堵区（图3）。

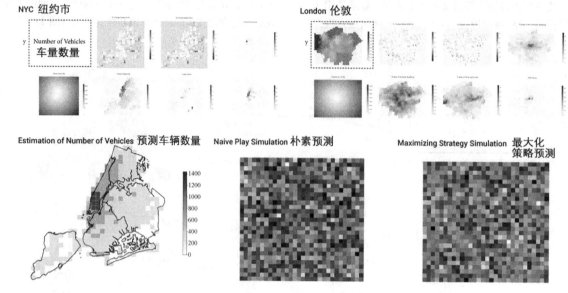

图 3　交通拥堵和城市扩张预测图

宾夕法尼亚大学的学生们在城市空间分析硕士系列课程中，通过利用机器学习算法预测了路易维尔市交通拥堵。学生们首先对路易维尔市建筑环境和监管因素进行了数据收集和探索性分析，从时间和空间特征方面分析了其交通拥堵状况（图4）。然后经过尝试后选择了混合效应（Mixed-effect）算法来构建模型，并以平均绝对误差（MAE）为主要指标对模型进行了评估验证（图5）。还使用 JavaScript 开发出在线网页应用程序，用于帮助市民和相关人员避免交通拥堵。

3.4.4　灾害风险应对

火灾、传染病、洪涝、地震等较大的社会风险一旦出现，极易产生区域性乃至全国性的影响。数据科学的发展推动了城市风险预测和综合减灾技术的变革，为城市灾害风险应对和城市减灾能力提供了有效的技术路径，提

高了城市应急管理水平[22]。

例如哥伦比亚大学《通过机器学习探索城市设计》课程中，利用纽约市新冠肺炎疫情数据，使用 k-means 聚类方法分析了整个纽约市病例的聚集情况，最终将纽约市各个地区聚集情况划分为 5 类。通过研究对纽约市新冠肺炎患者感染的数量与时间的平均斜率来研究病例增加的速度以及出现峰值的原因（图6）。

宾夕法尼亚大学城市空间分析硕士系列课程，使用费城消防局和水务局中关于往年的火灾数据，以及可能引起火灾的因子（例如公共安全、人口统计、属性、设施和环境等）（图7），建立潜在风险模型，预测费城中不同地区的火灾风险等级，为决策者提供有关建筑物环境和内在特征的见解，提高消火栓检查维护效率（图8）。同时开放了数据源，以为其他地区提供借鉴。

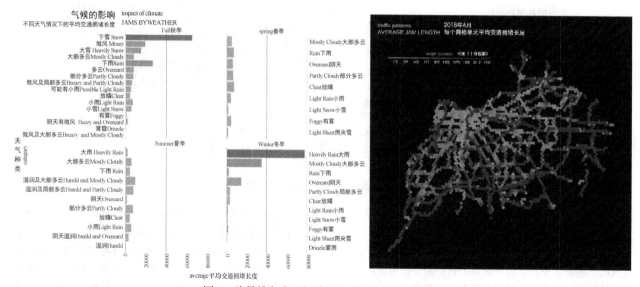

图 4　路易维尔交通拥堵时间分析与空间分析图

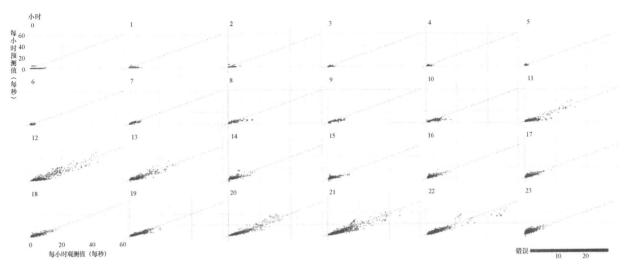

图 5 模型小时预测值和观测值对比图

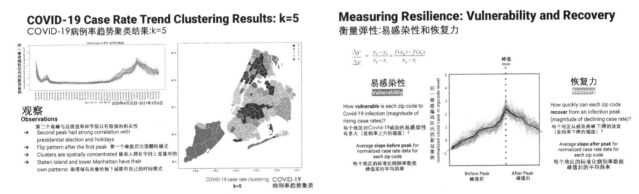

图 6 纽约市应对新冠肺炎疫情的能力分析

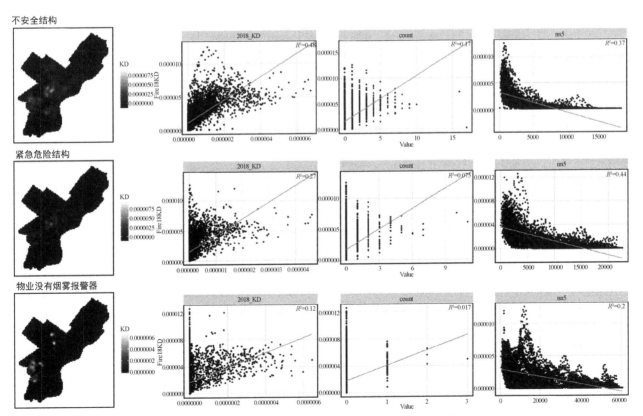

图 7 关于不同违规行为与火灾密度关系的散点图分析

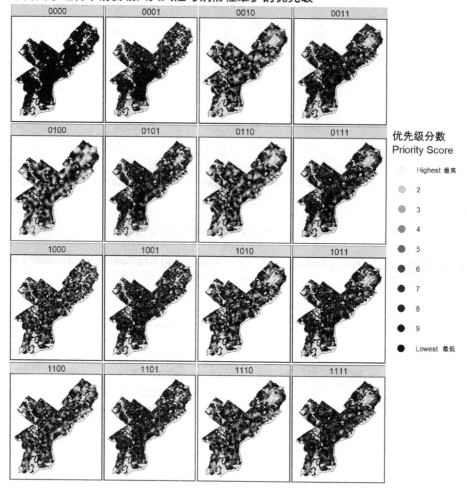

小图标题为四种评分因子的不同组合（火灾风险、工业区、社会影响和消火栓年份）
0为不考虑，1为考虑。例如，1010表示在此组合中仅考虑火灾风险评分和社会影响评分。

不同因子组合下的费城火灾风险与消防栓维护的优先级

优先级分数
Priority Score

Highest 最高
2
3
4
5
6
7
8
9
Lowest 最低

图 8　费城火灾风险与消防栓维护等级预测图

4　数据科学课程的建设前景

数据科学课程不仅包含分析技术，也是重要的思维训练。让学生对数据的获取和处理有比较清晰的了解，能够解读和分析相关专业数据并用于指导规划设计。我国已有部分高校在城乡规划、地理学、生态学等专业开设了与数据科学相关的专业课程（表5），例如同济大学城乡规划专业城乡规划方法与技术团队开设的城市系统分析、城市地理学、地理信息系统原理、城市与区域研究专题等课程；东南大学围绕数字技术教学平台的风景园林学规划设计类课程[23]。从开设的数据科学相关课程来看，相关专业在教学上更加重视专业的科学理性，强调通过科学的手段去解决实践中的问题。

国内开设数据科学类课程的部分高校　　表5

课程名称	培养对象	开设院校	课程学分	课程学时
地理空间信息分析方法	建筑与城市规划学院硕士	同济大学	1	18

续表

课程名称	培养对象	开设院校	课程学分	课程学时
规划定量分析方法	建筑与城市规划学院硕士	同济大学	1	18
地理信息系统（专业基础课必修）	建筑与城市规划学院本科生	同济大学	1	17
大数据与城市规划	城乡规划学硕士和博士	清华大学	2	
GIS空间分析及其空间应用	城乡规划学硕士和博士	清华大学	1	

国内数据科学类课程更多的面向规划专业类的研究生，风景园林专业开设此类课程的高校还比较少，专业课程体系中尚缺乏数据科学相关的课程设置。尽管概率论、统计分析等数学课程已成为很多学科的必修课程，但课程教学中往往偏重于理论研究，强调概念、理论和计算方法的学习，对专业结合应用的探讨相对不足。随着深度学习、大数据分析、分布式计算等技术在各理工学科中的广

泛应用，对于风景园林和城市规划等相关专业而言，数据科学的课程开设显得愈加重要。课程不仅要让学生掌握数据的挖掘、收集、分析等知识和技术，同时需将数据科学课程与实践应用相结合，应用于规划设计、生态景观资源特征研究、生态系统服务评估、土地适宜性评价、景观格局和过程分析等内容之中。

致谢：

感谢马萨诸塞大学阿默斯特分校风景园林与区域规划系助理教授 Henry Renski 提供课程资料。

图表来源：

① 图1来源于马萨诸塞大学阿默斯特分校《规划中的定量研究方法》课程内容；图2、图4、图5、图7、图8来源于宾夕法尼亚大学 MUSE 系列课程成果；图3、图6来源于哥伦比亚大学《通过机器学习探索城市设计》课程。

② 表1由作者自绘；表2依据马萨诸塞大学阿默斯特分校《规划中的定量研究方法》课程大纲和上课内容总结归纳获得；表3依据俄罗斯人民友谊大学《生态与景观研究中的数据分析与统计》课程大纲和上课内容总结归纳获得；表4依据佛罗里达大学《城市空间分析》课程大纲整理而得；表5由作者自绘。

参考文献：

[1] NAUR P. Concise survey of computer methods. Studentlitteratur AB，1974.

[2] 王菲，范昊. 面向数据科学研究生的机器学习课程教学研究. 计算机教育，2020(11)：135－138＋142.

[3] 周黎鸣，林英豪，李征，陈小潘. 新工科背景下大数据专业课程建设. 计算机时代，2021(01)：102-105.

[4] 卡尔·斯坦尼兹，黄国平. 景观设计思想发展史（下）——在北京大学的演讲. 中国园林，2001(06)：82-90.

[5] 龙瀛，周垠. 街道活力的量化评价及影响因素分析——以成都为例. 新建筑，2016(01)：52-57.

[6] 彭建东，许琴. 基于多维视觉影响的城市空间环境定量评价探索——以襄阳古城护城河周边地区城市设计为例. 现代城市研究，2015(10)：36-46.

[7] 徐苇葭，曾坚. 城市天际线定量评价方法探究——以天津海河沿岸天际线为例. 南方建筑，2018(06)：110-116.

[8] 牛强，鄢金明，夏源. 城市设计定量分析方法研究概述. 国际城市规划，2017，32(06)：61-68.

[9] 张祖群. 人类家园定量研究：陕西传统民居景观评价. 西安：西北大学学报(自然科学版)，2006(02)：325-329.

[10] 成玉宁，袁旸洋. 当代科学技术背景下的风景园林学. 风景园林，2015(07)：15-19.

[11] 袁旸洋，朱辰昊，成玉宁. 城市湖泊景观水体形态定量研究. 风景园林，2018，25(08)：80-85.

[12] 龙瀛，毛其智. 城市规划大数据理论与方法. 北京：中国建筑工业出版社，2019.

[13] 肖红. 大数据下的机器学习算法探讨. 通讯世界，2017(06)：265-266.

[14] 潘颖辉. 大数据下的机器学习算法探究. 电脑知识与技术，2020，16(32)：187-188＋201.

[15] Wang Y Z. Application Research on Urban Cultural Landscape Heritage Protection Using Digital Technology. IEEE 2017 International Conference on Robots and Intelligent Systems (ICRIS). Huai'an：IEEE，2017：58-61.

[16] Schneider M, Goss K-U. Prediction of the Water Sorption Isotherm in Air Dry Soils. Geoderma，2012，170：64-69.

[17] Latifi H, Nothdurft A, Straub C, et al. Modelling Stratified Forest Attributes Using Optical/LiDAR Features in a Central European Landscape. International Journal of Digital Earth，2012，5(2)：106-132.

[18] Sillero N, Goncalves-Seco L. Spatial Structure Analysis of a Reptile Community with Airborne LiDAR Data. International Journal of Geographical Information Science，2014，28(7-8)：1-14.

[19] 孙施文，周宇. 城市规划实施评价的理论与方法. 城市规划汇刊，2003(02)：15-20＋27-95.

[20] 叶宇，魏宗财，王海军. 大数据时代的城市规划响应. 规划师，2014，30(08)：5-11.

[21] 吴健生，黄力，刘瑜，彭建，李卫锋，高松，康朝贵. 基于手机基站数据的城市交通流量模拟. 地理学报，2012，67(12)：1657-1665.

[22] 许红霞，于涌川，闫健卓. 大数据背景下城市多维度风险预测及综合减灾能力建设. 智能城市，2021，7(03)：41-43.

[23] 李哲，成玉宁. 数字技术环境下景观规划设计教学改革与实践. 风景园林，2019，26(S2)：67-71.

作者简介及通信作者：

张炜/男/汉族/博士/华中农业大学园艺林学学院副教授/农业农村部华中地区都市农业重点实验室/研究方向为城市绿色基础设施规划设计/zhang28163@mail.hzau.edu.cn。

"三全育人"视角下园林专业毕业生就业质量提升研究

——以西部某林业本科高校为例

Research on the Improvement of Employment Quality of Landscape Architecture Graduates from the Perspective of " Three-all Educational Dimension"
——Taking an Undergraduate Forestry University in Western China As an Example

赵　昊*　　杨建伟

西南林业大学园林园艺学院

摘　要：毕业生就业质量是人才培养质量的重要表征，是学科服务经济社会能力和贡献的重要表征。由于其实践性和理论性的高度统一，园林学科在高等教育人才培养体系中居于十分独特的地位。从"全员、全方位、全过程"育人的角度研究园林专业毕业生就业工作的问题，结合对西部某林业本科高校园林专业毕业生就业取向的调查分析，发现学生就业认知和能力、工作机制等方面不足，其主要原因在于毕业生就业工作与人才的专业培养还未能有机结合，因而学生就业观念、思想的引导不仅是就业率提高的关键，并且仍然是就业质量提升的重点和难点，提出要从全员使命任务、人才培养过程和环节三个维度，将专业教育深度融入毕业生就业指导服务工作。

关键词：三全育人；园林专业毕业生；就业质量；调查研究

Abstract: The employment quality of graduates is not only a typical characterization of the talent cultivation, but also a typical characterization of the ability and contribution which is brought from landscape architecture discipline to serve the economy and society. Because of its deep unification of practicality and theoraticality, landscape architecture discipline occupies a very unique position in the talent cultivation system of higher education. From the perspective of educational dimension of "All staff, all directions and all process", we research the employment administration of graduates majored in landscape architecture, combined with a case study of forestry university in the west , we found employment problem in students' cognition and ability, work mechanism and so on. Its' main reason is that the organic combination between graduates employment and the talent cultivation is not formed, thus students' cognition and ideological guidance are the key to the employment rate, and still is crucial and difficult to improve the employment quality. We put forward that the professional education would be deeply integrated into the employment guidance services for students from three educational dimension of "all staff, all directions and all process".

Keywords: Three-all Educational Dimension; Employment Quality; Discipline of Landscape Architecture; Investigation

1　研究背景和意义

沐浴着改革开放的春风，伴随着社会主义现代化建设事业的发展，我国风景园林学科和建设事业快速发展，园林专业教育为生态文明建设和城乡建设培养了大批高级人才。社会主义进入新时代，园林专业教育的发展在满足人民对美好生活的需要中占有举足轻重的地位，并且是"美好生活"的供给侧结构性改革的重要内容。以创造美好人居环境为己任的风景园林学科，由于其实践性、理论性和美学价值的高度统一，在高等教育中具有不可替代的特殊地位。园林专业毕业生就业质量是风景园林学科人才培养质量的重要表征，也是学科服务经济社会能力和贡献的重要表征[1]。新冠疫情和国内外政治经济格局对园林专业毕业生就业产生明显影响。研究园林专业毕业生就业质量提升，有利于园林专业教育服务国家"六稳、六保"，有助于落实党的十九届五中全会强调的"千方百计稳定和扩大就业"要求[2]，助力实现国家"十四五"规划和2035年远景

规划目标；有利于促进园林专业教育和风景园林学科发展，为相关学校的专业建设和就业工作提供参考。

2　调查研究的基本情况

本研究通过毕业生问卷调查、走访用人企业、访谈高校就业工作人员开展调研。以西部某林业本科高校为例，对毕业生就业质量进行问卷调查，对园林专业毕业生发放调查问卷250份，回收223份，有效问卷占89.2%，其中男生92份，占41.26%，女生131份，占58.74%。

3　西部某林业本科高校园林专业毕业生就业质量提升的调研结果和存在的问题

3.1　学生就业形势认知表明人才培养与市场需要一定程度脱节

园林行业明显受到国内经济局势影响，就业市场紧

缩。调查发现，有 19.72% 的毕业生并不喜欢他们所学的园林专业，有 26.91% 的毕业生表示毕业后不会从事园林行业相关工作；在"您认为本专业大学生找工作困难吗"这个问题中，占 26.46% 的毕业生认为"形势十分严峻，很难找到"。51.12% 的毕业生认为"要花一定功夫才能找到"工作，22.42% 的毕业生认为"形势非常乐观，找到工作很容易"。在"您认为本行业提供给毕业生的就业岗位情况"这个问题中，只有 2.69% 的毕业生认为行业提供的岗位丰富，46.19% 的毕业生认为岗位基本满足，认为提供岗位不足的毕业生则高达 51.12%。由此可见，学生这个就业工作主体层面上已经认识到当前就业形势依然严峻。在走访企业的过程中发现，企业和毕业生就业之间存在结构性矛盾。企业招收"得心应手"毕业生存在困难，因此，更愿意招录有工作经验的学生，学生找不到满意的工作。人才培养环节中符合企业要求和市场需要的匹配度欠缺（图1、图2）。

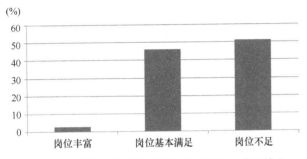

图1　西部某林业本科高校园林专业毕业生关于就业岗位丰富程度的认知

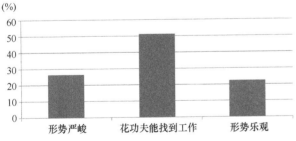

图2　西部某林业本科高校园林专业毕业生关于就业形势的认知

3.2　学生就业观念表明就业育人合力不显

3.2.1　公职部门招考仍是学生关注热点

在"您是否认为准备公职部门（公务员、事业单位等）招考就不能到企业应聘实习"的回答中，23.77% 的毕业生选择了"是"。关于"您认为本专业毕业生就业难度大的首要原因是什么？"的回答中，有 34.08% 的毕业生选择了"想寻求稳定工作"。在考取率非常低的情况下，还有如此多的学生持有考取事业单位或公务员为求职目标的情况，说明学生就业观念不科学，相关的观念引导还不充分。

3.2.2　就业期望与机会把握能力不匹配

如图3所示，关于"您目前接受的薪资是多少"的回答中，23.32% 的毕业生选择了 5000 元，44.39% 的毕业生选择了 4000 元，还有 8.52% 的毕业生选了"更高"这个选项。在对用人单位的访谈中，笔者调查了当地几个单位的应届毕业生薪资在 4000 元左右，所以学生对薪资待遇还是拥有较高的期望。

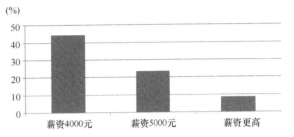

图3　西部某林业本科高校园林专业毕业生薪资期望

调查发现毕业生对自身就业的思考理性不够、不系统。12.11% 的毕业生选择了"不着急找"这个选项，9.87% 的毕业生认为就业难度大的首要原因是"不想面对社会"这个选项。关于"您就业时优先考虑什么？"的回答中，31.84% 的毕业生选择了"宁缺毋滥"这一选项，56.05% 的毕业生选择"找一个先干着"这个选项。从数据可以看出很多学生依然还处于相互比较阶段，"先就业再择业"这一观念还只存在于少数人，大部分人依然保持着"一次就业决定终生"的态度，在求职单位的比较中错失签约机会成为可能。园林专业应用性强，毕业生的认知是就业形势严峻，对就业机会把握上自相矛盾。

3.3　学生自我就业竞争力评价表明人才培养环节需要优化

如图4所示，16.59% 的毕业生认为自身就业前景"非常不乐观"。关于自身就业竞争力的评价，18.83% 的毕业生认为自己的实习经历较差，7.17% 的毕业生认为自己专业技能较差；关于"您认为自己求职时的最大短板是什么"的回答中，44.66% 的毕业生选择了"专业知识"这个选项，33.18% 的毕业生选择了"面试技巧"这个选项。专业学习上的自信和实习经历上的短板是园林专业毕业生主要制约因素，面试技巧等求职技能仍然影响毕业生求职的自信心。

上述学生问卷调查结果与学生访谈、企业访谈综合

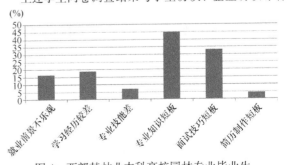

图4　西部某林业本科高校园林专业毕业生自身求职短板认知

表明，毕业生在面对择业就业时缺乏基本的常识，思虑不够周密、成熟，较为浮躁，说明在校期间生涯规划教育以及就业指导还没有发挥预期作用，同时父母与亲朋的传统观念、实习的预期深刻影响着毕业生就业意识。

4 制约园林专业毕业生就业质量提升的原因分析

园林专业毕业生就业认知、观念、竞争力评价不高，是制约就业质量提升的主要因素。学生就业观念、思想的引导不仅是就业率提高的关键，还是就业质量提升的重点和难点，其背后是就业能力培养和工作机制等方面不足，主要原因在于毕业生就业工作与人才的专业培养还未能有机结合，三全育人格局并没有真正形成，未有真正以毕业生就业质量为导向进行人才培养。

中共中央、国务院在2017年2月27日印发的《关于加强和改进新形势下高校思想政治工作的意见》中首次提出全员、全过程和全方位育人[3]。从"三全育人"的视角来分析学生就业观念的原因，主要有以下几个方面。一是，就业指导和服务主要由党团学干部开展，缺乏全体教职工尤其是专任教师的合力，导致就业指导的深度和有效性不足。二是，整个课程体系中就业导向性不强，缺少从专业课、思政课中对学生个性塑造的激发、职业生涯规划的引导，专业教师从课程中推进就业工作潜力没有足够的开发，尤其是园林专业实践类、实习类的课程与市场对接不够[4,5]。三是，人才培养的全链条就业育人合力没有形成，教学、科研、管理、服务等各项工作都统一到提高学生专业和综合素质能力，并促进就业质量提升的目标，还停留在表面。

5 园林专业毕业生就业质量提升的对策建议

2016年12月在全国高校思想政治工作大会上，习近平总书记强调指出，要坚持把立德树人作为中心环节，把思想政治工作贯穿教育教学全过程，实现全程育人、全方位育人，努力开创我国高等教育事业发展新局面。从三全育人的视角研究园林专业毕业生就业质量提升，根本上就是从全员、全方位、全过程更新毕业生思想、认知，提升其就业能力，形成相应的工作机制和氛围，推动全员使命任务、人才培养过程、育人环节三个维度，将专业教育深度融入毕业生就业指导服务工作。

5.1 调动和整合全员力量，在完善人才培养中深化就业思想的引导和就业指导

一方面，发挥党组织作用，做好就业工作中三全育人格局的顶层设计和制度安排。结合园林专业的特点，推动教学、科研、管理、服务的各条战线上全员育人格局形成，特别是人才培养方案进一步匹配市场需要，并在课程体系、教学设计中、实习实践中加强课程思政，如在规划设计类课程教学中增强职业素养的培育[6]；要加强团学专职队伍训练和培养，提升就业指导的专业化水平，掌握

园林学科基本知识，深化与学生的情感纽带，重点是做通学生思想工作、提高就业认识，从学生进校起开展职业生涯规划的启蒙教育，激发学生内生动力，主动提高自身就业能力。另一方面，完善激励制度，促进就业工作中的全员育人。根据2020年中共中央、国务院印发了《深化新时代教育评价改革总体方案》，结合实际，调动各方面积极性，完善就业教育和专业教育进一步结合方案，并出台激励措施，提高专业教师使命感、责任感、积极性、主动性，让就业育人深入教学大纲、深入教学培养环节[7]。要深化辅导员队伍专业化发展路径探索，调动专职队伍积极性。从而使每一个教职工从不同角度、不同阶段、不同环节开展深入的就业思想引导和指导。

5.2 结合园林专业特点，贯穿"全过程"开展生涯规划指导和就业服务

梳理园林专业人才培养的阶段、环节，为不同年级、不同年龄段学生制定不同层次、有针对性的就业教育指导工作方案，在其中明确全员的职责。以园林专业学生的理想目标为起点，开展生涯规划教育，在新生入学时安排专业概论讲座，推动学生提高就业和生涯认知；在一年级时教授职业生涯规划理论知识与方法技巧，帮助学生进行短期、中期、长期生涯规划并逐步实施；在大学二、三年级学生思想和对事物的认知逐渐趋于成熟并掌握一定程度专业知识的基础上，借助一些合作的用人单位平台开展专业实习实践教育，进一步增强学生对专业理论知识的理解并将相关理论教育与实践教育相结合；大学三年级时，针对考研学生应提供报考的复习指导，做好择校、资料共享、心理压力疏导等工作，针对就业学生应提供简历撰写、面试技巧、无领导小组讨论训练、行测申论辅导等相关就业指导，并介绍实习单位，鼓励毕业生到用人单位实习锻炼，提升就业能力；针对后期显现的部分对考研与就业均无目标、无动力学生，应加强谈心谈话与观念教育，联系家庭，争取家长支持进一步做好压力疏导和心理帮扶工作。

5.3 就业工作和思想政治工作相统一，覆盖"全方位"育人育心

把思想政治引领和理想信念教育落脚到人才培养的最终环节——就业工作，不留死角，发挥高等学校的育人功能。课堂教学、第二课堂、企业联合课程、实习实践，乃至餐厅、宿舍、运动场、网络媒体、学生服务中心、校园环境甚至校园文化等，所有与学生接触的场合场所都是育人阵地，都影响着人才培养质量，最终影响学生就业认知和能力，影响到就业质量提升。要从园林专业人才培养需要和学生实际出发，将"全方位"教育中旗帜鲜明和润物无声有机结合，使各项工作、校园各个角落都发挥育心铸魂功能，推进园林专业学生绿色事业信念坚定、综合素质拓展、园林理论素养深化、专业实践能力提高，从而提高毕业生就业质量。

图片来源：

作者自绘。

参考文献：

[1] Răileanu Szeles M. . On the Quality of Employment in the European Union. Bulletin of the Transilvania University of Brasov. Series Ⅴ：Economic Sciences, 2009，2（51）（1）.

[2] 中共中央国务院. 中国共产党第十九届中央委员会第五次全体会议公报. 人民日报，2020-10-30（1）.

[3] 中共中央国务院. 关于加强和改进新形势下高校思想政治工作的意见. 人民日报，2017-02-28（1）.

[4] 冯潇，李雄，刘燕，杨晓东. 北京林业大学国家级园林实验教学示范中心建设思路. 中国园林，2013，29（06）：19-22.

[5] 李运远，周春光. 风景园林硕士实习基地管理系统建设的探索与实践. 中国园林，2017，33（04）：78-81.

[6] 魏勇军. 就业导向的园林专业设计类课程考核评价改革研究. 重庆：西南师范大学学报（自然科学版），2013，38（02）：147-150.

[7] 中共中央 国务院. 深化新时代教育评价改革总体方案. （2020-10-13）[2021-5-3]. http：//www. moe. gov. cn/jyb_xxgk/moe_1777/moe_1778/202010/t20201013_494381. html.

作者简介及通信作者：

赵昊/男/西南林业大学园林园艺学院党委副书记/研究方向为高等教育管理/政治经济学/zhaohao07@qq. com。

基于体验式学习的风景园林导论类实践课程设计研究①

Research on the Design of a Practical Curriculum of Introduction to Landscape Architecture Based on Experiential Learning

赵智聪* 丛 容

清华大学建筑学院

摘 要：新时代的风景园林教育机遇与挑战并存。如何在本科教学的开始阶段，激发学生兴趣、建立较为全面的知识框架、树立正确的自然观与文化观，是导论类课程改革创新的基本出发点。体验式学习理论强调学习者获得新知、提高技能或培育态度是通过具体体验、反思观察、概念抽象和主动实验等4种视角下的对抗张力产生的。基于体验式学习模型，针对清华大学风景园林学科本科一年级《走进风景和园林》这一导论类实践课程的课程定位与特殊学情，研究提出了教学目标注重志趣养成，教学安排创造体验机会，讲授课程实施体验引导，反馈环节形成内化思考的基本教学框架。这一课程设计经过2年实施优化，获得了学生和后续课程的积极反馈，为风景园林导论类课程提供了新的改革思路与方法。

关键词：体验式学习；风景园林；导论类课程；实践课程

Abstract: Opportunities and challenges coexist in landscape architecture education in the new era. The basic starting point of the reform and innovation of introductory courses is how to stimulate students interest, establish a comprehensive knowledge framework, and establish a correct view of nature and culture at the beginning of undergraduate teaching. The experiential learning theory emphasizes that learners acquire new knowledge, improve skills or cultivate attitudes through the antagonistic tension from four perspectives: concrete experience, reflective observation, conceptual abstraction and active experiment. Based on experiential learning model, according to the special orientation and student situation of the freshman course of Landscape Architecture in Tsinghua University "Insight into the Landscape Architecture", the study proposed a new teaching framework, including: Teaching objectives focus on the formation of interests; Teaching arrangements to create experience opportunities; Teaching curriculum implementation experience guidance; The feedback process forms internalized thinking. After two years of implementation and optimization, this course design has received positive feedback from students and subsequent courses, providing new ideas and methods for the reform of introductory courses of landscape architecture.

Keywords: Experiential learning; Landscape architecture; Introductory curriculum; Practical curriculum

1 背景

2011年3月，风景园林学正式成为我国110个一级学科之一。风景园林学是以守护山水自然、地域文化和公众福祉为目标，综合应用科学、工程和艺术手段，通过保护、规划、设计、建设、管理等方式营造健康、愉悦、适用和可持续地境的学科[1]，风景园林学也是一门建立在广泛的自然科学和人文艺术学科基础上的应用学科，是将作品写在大地上的学科[2]。

党的十八大、十九大提出将生态文明建设纳入"五位一体"的中国特色社会主义总体布局，更加凸显了风景园林学科在改善生态环境、绿色发展、建设美丽中国进程中举足轻重的作用。风景园林学科担负着保护和建设生态环境、维持和改善人类生活质量、传承和弘扬中华民族优秀传统文化的重任。

对学生而言，掌握风景园林学相关知识和技能是其今后发展的立足之本，培养学生对自然和文化敏锐的感知力和树立正确的生态价值观、环境伦理观和人生观、价值观等对于从事风景园林事业也极为重要。

《走进风景和园林》课程是清华大学风景园林学科本科一年级的一门具有导论性质的入门引导课。基于对建筑类大类招生的分析，学生对于风景园林专业的认识尚未形成；同时，受限于之前的学习经历，很多学生对于风景园林行业所要处理的自然和文化环境的认知能力尚未被充分调动。我们认识到，这些考入清华大学的学生具有十分优秀的学习能力，只要激发出他们对于风景园林专业的兴趣，让他们产生了热爱之情，凭借他们优秀的学习能力、实践能力，完全可以驾驭这门具有很强应用性的综合性学科。该课程作为风景园林本科学生接触的第一门专业课，对于激发学生学习兴趣、建立正确的专业发展观、基本了解专业的涵盖范畴十分重要。该课程邀请风景园林学领域的知名中外教授、学者对风景园林学科理论体系与知识框架从生态保护、人文社会、规划设计以及工

① 基金项目：清华大学本科教改项目（2018秋ZY01）。

程技术等角度进行全面阐释并带领学生进行场地实践。课程生动的方式引导学生逐步迈入风景园林学的专业知识领域。

本研究拟探寻以体验式教学为基本原则的授课模式。即从体验式学习理论出发，结合清华大学建筑学院景观学系风景园林导论类课程《走进风景和园林》的实际教学经验，探索体验式学习在课程中的应用。课程尝试在风景园林导论类课程中增加实践环节，以带领学生真正走进风景和园林为主要授课方式，以期探讨如何在导论类课程中取得更好的教学效果。

2 体验式学习研究

2.1 体验式学习理论的基本框架

20 世纪 80 年代，David Kolb 在提出体验式学习圈理论（the experiential learning cycle）。其中包括体验式学习理论（Experiential Learning Theory，简称 ELT）。Kolb 认为体验式学习开始于"具体体验"（Concrete Experience），然后对体验过程进行观察分析提炼使其"概念抽象"（Abstract Conceptualization），之后学习者进行"反思观察"（Reflective Observation），并从中演绎推导出新的行动启示，形成"积极实验"（Active Experimentation），最后依据完善后的行动计划开始新的具体体验。如此往复循环构成体验式学习理论模型。其中充分的具体体验是观察和反馈的基础，并且体验贯穿整个模型[3]。Kolb 认为具体体验是具有首要性以及可以通过其他学习模式的变换来改变它。[4]

在此基础上，ELT 描述又将这四部分归纳为两种对学习结构维度的辩证模式，即获取经验（Grasp Experience）和转换经验（Transform Experience）。与获取经验相关的辩证模式是"具体体验"和"概念抽象"两种学习模式，与转换经验相关的辩证模式为"反思观察"和"积极实验"。

基于两种学习维度的辩证关系，Kolb 认为学习本质上是一个紧张而充满张力和冲突的过程[3]。在体验式学习模型中，新的知识、技能或者态度通过在四种视角的对抗下获得。他认为学习者需要拥有四种不同种类的能力，即具有具体体验能力（CE）、反思观察能力（RO）、抽象概念能力（AC）和主动实验能力（AE）。因此，学习过程是一个动态过程的从执行者（actor）到观察者（observer），从具体的参与者（specific involvement）到分析者（analytic detachment）（图1）。

2.2 体验式学习理论的进阶概念

体验式学习是一种建构知识的过程，这一过程被描述为一个理想化的不断增长的螺旋。图 2 描述了新西兰教育部（2004）如何利用学习螺旋来促进更高层次的学习和进行新知识的拓展。在学习螺旋模型中，学习者通过反思具体体验、思考意义、行为转变并指导进一步新的行动体验，使得创造的新体验更丰富、更宽广、更深刻。如此循环迭代发展，学习者将不断学习并扩展探索，同时逐渐转

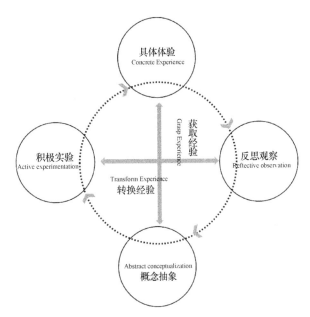

图 1　体验式学习模型

换体验至其他新知识的学习中[4]。

2.3 体验式学习的实践应用与效果

再过去十年，体验式学习理论与方法从教育体系的边缘逐渐发展为核心理论，并逐步被认可[5]。在国外，体验式学习已融入学生课程，新西兰教育部（2004 年）将这种螺旋式上升学习过程作为中学课程设计的框架，并认为体验式学习理论涉及感知，情感和行动至整个生命过程[3]。美国将体验式学习理论用于户外生存、野外监测课程、文学艺术等诸多课程。

在国内，已有研究涉及体验式学习的相关理论探讨、体验式学习在从基础教育到高等教育中得到广泛应用，涉及英语、语文、体育教、物理、数学、医学、应用研究、拓展训练等多个学科范畴。在风景园林学科中，体验式学习主要涉及园林史、设计类课程、计算机辅助设计、景观地学、城市色彩规划中应用课程的研究，主要的"体验"模式包括拍摄影像资料、自编自演情景剧、利用现代媒体实施情景体验、设计和模拟真实环境的虚拟体验等[6,7,8]。

体验式学习的效果可以从以下几方面来概括。

其一，转变学习方式，提升学习效率。体验式学习强调"在做中学"，它带领学习者从被动学习环境到主动学习环境中[9]。相较于被动学习，行动或体验需要学习者投入其中，这种投入会引起一定的紧张感，只有在活动成功完成后才能缓解，因此体验式学习中的体验过程更加难忘和深刻。比起传统课堂，尽管体验式学习将花费更多的时间成本，因为，它依赖于重复执行足够多的体验以对经验进行概括。而体验式学习对于学生产生的效果、影响力以及理解和吸收程度远高于传统课程学习。[10]

其二，增强学习自信，激发兴趣潜力。体验式学习模型的学习自我认同概念来源于 Roger 和 Freire 的研究。在 ELT 模型中，自我认同（self-assurance）和成就感成为体验式学习的收获。[11]相比设定某些固定的目标或短期绩效，学习者们更倾向于浓厚的激发学习兴趣与无穷的个

人潜力[12]。

其三，培养反思能力，引发深刻思考。在体验式学习中，仅有体验并不能称为体验式学习[13]，教师需要充分备课、精心策划，有结构的制定详细的学习目标，将课程

有组织有计划的服务于课程目标，学生才有机会在所观察所学中不断的反思和批判[14]。体验式学习不仅增加教师的教育体验，也使得学习者更好的吸收、兴趣培养[10]，以及提供给学习者了解个人在四个学习能力的机会。

其他体验和学习的内容
Other experiences and learning contexts

体验式学习
Experiential learning

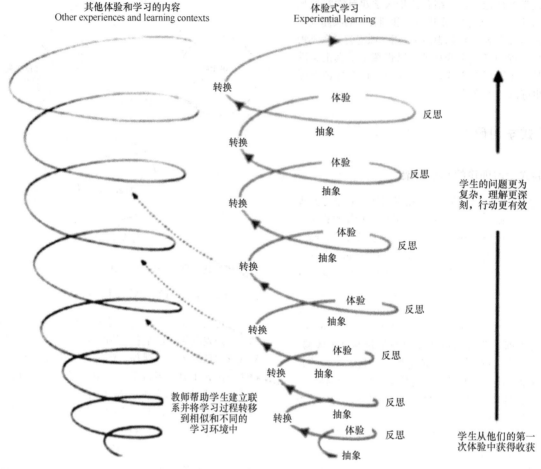

图 2　体验式学习进阶概念图

3　《走进风景和园林》课程的体验式学习探索

《走进风景和园林》课程是一门具有导论性质的入门引导专业课程。课程于大学一年级秋季学期开课。课程对于激发学生兴趣、提高学习效率、全面了解专业领域并建立正确的专业认知框架十分重要。

该课程的开设面临的困境或难点可以概括为三个方面，（1）课程容量有限，如何在有限时间内传授给学生最有效、最核心的知识点；（2）作为新开设的第一门专业课，如何给其他专业课程打好基础；（3）教学内容如何助力于课堂教学模式的转型，将教学活动的核心由基础知识与基础技能的"知识体系"转向培养人的学习兴趣、好奇心、想象力、质疑能力、探究能力、合作意识等的"能力体系"，进一步提升为培养学生宇宙观、自然观、人文观，将学生与万物建立联系，使学生产生对自然的向往、对他人的关爱、对智慧的追求与对生命的热爱的"价值体系"。

基于体验式学习理论，课程在教学目标、教学内容、教学形式等方面进行了新的尝试。

3.1　教学目标注重志趣养成

课程教学以学生志趣养成为首要目标。在知识传授、能力培养、价值塑造的"三位一体"理念中，该课程以"价值塑造"为首要目标，以激发兴趣为根本出发点。给学生创造出完成"体验框架"的机会，帮助学生自己实现从具体体验、概念抽象、反思观察到创新实验的多次循环过程。这种体验不仅是体验自然的过程也是体验生命的过程，在体验式教学授课中，教师组织安排学生在各地考察走访、思考讨论、分享互动等环节，使学生不只受限于知识的掌握，也有助于学生更为深刻地认识自己、激发学生的道德力量并增加对生态环境的关注与关怀[15]。同时，将知识转化为智慧，内化自我精神，完善自我生命，实现自悟自得。

志趣养成首要目标的确立也有赖于服务生态文明建设重大战略的育人需求。将生态文明教育融入课程之中。在课程中，由专家、教师带领学生感受祖国壮美山河，使学生的学习不限于课堂书本，以培养爱国情怀、学习领悟生态文明建设的重要性与紧迫性以及培养"山水林田湖草"生命共同体的系统思维，培养学生民族自豪感和建设

美丽中国的社会责任感。

3.2 教学内容创造体验机会

教学内容分为三种类型，一是导论与案例讲解，在课堂内进行；二是具体场地的考察与讲解，在户外真实风景园林场地中进行。内容分别为城市公共绿地、城市综合公园、自然保护地等不同场地；三是学生分享与反馈，在课堂内进行。表1列出了本课程整体的内容安排。

《走进风景和园林》课程安排 表1

主 题	授课形式	特邀参与授课	面积	场地性质
（1）我眼中的风景园林	教室内讲授	—	—	—
（2）上海方塔园案例、辰山植物园矿坑花园案例	教室内讲授	朱育帆（辰山植物园矿坑花园设计师）	—	设计案例
（3）望京SOHO绿地	实地考察和讲授	唐艳红（望京SOHO绿地设计师）	48152.523m²	城市公共绿地
（4）奥林匹克森林公园	实地考察和讲授	胡洁（奥林匹克森林公园设计师）	680hm²	城市公共绿地
（5）上海-杨浦滨江绿带	实地考察和讲授	郭湧、许晓青	—	城市公共绿地
（6）上海-方塔园	实地考察和讲授	Miquel Vidal Pla、郭湧	182亩	城市公共绿地
（7）黄山风景名胜区	实地考察和讲授	钟乐老师（黄山风景区研究人员）	160.6km²	自然保护地
（8）分享交流课程	课堂，学生分享	其他高校教师、考察地的设计人员或研究人员	—	反馈分享

教学内容为学生创造切身、实地体验风景园林的机会，走出教室，感受真实场地上的正在发生的事件。在这一过程中，学生不仅体验到未来学习中会深入探索的地形高差、植物植被、道路系统等内容，还将切身感受到环境变化给他们带来的冲击，如黄山山巅呼啸的山风、山顶深夜的寂静和星光，奥林匹克森林公园里流动的人群和喧哗的声音，望京SOHO绿地傍晚的夕阳等。这些切身感受是通过在现场的讲解引导下，学生自发感受到的，会成为他们未来进行规划设计的基本感性认识。

3.3 案例讲授进行体验引导

作为风景园林学的启蒙课程，《走进风景和园林》共有8次课时（每次1小时35分钟），其中第一节为授课老师分享"我眼中的风景园林"，第二课为特邀嘉宾的案例分享课；第三至第七节课为实地考察课程，邀请场地的设计师、管理人员或研究人员进行讲解；第八节为学生反馈反思、交流互动课程。

案例讲授的重要功能在于为学生的体验提供必要的引导，这一引导并不限于在教室内，还是在实地场地中，而尤以实地场地中的引导更为有效。在对案例的讲解中，案例讲授者均邀请了场地的设计师，他们会分享自己进行这一场地风景园林设计的初衷、预期目标，回顾和总结取得的成功经验和失败教训。随着教师的引导，学生更能注意体会这些内容，观察设计意图如何反映在实际场地中，或者有哪些设计意图没有实现、有所差异等，从而进行更为深入的分析。

3.4 教学形式强化体验过程

研究形成体验式学习的教学模式，带领学生走出课堂，真正走进风景和园林之中，教学形式的改革包括以下方面：

（1）由教师引导学生完成对风景和园林所具有的各种视觉元素、环境实体要素等的感受体验、美学认知及心理认同倾向的积累，奠定学生对于构建风景园林的色彩、线条、平面、空间感、质感、构图、季相变化、场所功能的适宜度、植物生长习性等的欣赏、认知和美学倾向等；

（2）突破学校、课堂、教材等局限，将自然风貌、人文风情、社会实践融入教学过程，用风景中真实发生的自然现象、社会现象带给学生最直接、真实的体验；

（3）发展以"非指导性学习"和"内省教学"为代表的以学生为中心的教学样式。给学生充分的机会在各地考察、走访、思考、讨论、分享、互动，使之成为学生构建认识对象个体意义的过程，成为生成、提高学生持续发展素质的过程。在体验式授课中，学生不仅仅受限于知识的掌握，也要去感悟知识所蕴含的智慧和机理，并将其内化为自我的精神，完善自我的生命，实现自悟与自得。修身是学生在认识活动中自觉的发挥生命的自主性、能动性与超越性的重要基础。

3.5 课程反馈形成内化思考

课程专门设置反馈环节，帮助学生形成内化思考。反馈总体上呈现出三种形式，也成为不断递进的三个层次。

在实地考察中，对学生进行启发式、开放式设问，适时引导学生的观察、感受，在体验中主动获取信息。学生在教师的提示下，获得在场地现场的初次反馈，对自己的观察和体验方式作出反思。

在每次考察之后，要求学生以图文并茂的形式，表达对考察场地的感悟与认知，对实地的体验形成全面的第一次反馈，强化自己的反思，并可以将经验总结运用于下一次考察的"主动实验"，尝试新的视角、体验方式、分析内容、表达形式。

在最后一节课，为综合互动交流课程，学生们根据《走进风景和园林》课程的整体感悟与收获进行分享汇报，回顾和总结多次体验的过程和反馈的过程，形成自己的内化思考，同时分享到同行伙伴的体验感受和反馈，从而获得各自不同的体验闭环。授课老师则邀请各个领域、各个院校的老师来聆听学生的课程汇报并进行反馈指导。

4 讨论

从连续2年的学生反馈和后续课程的教学反馈来看，体验式教学模式的建立很好地激发了学生对于风景园林学科的学习兴趣、对于自然的热爱，在帮助学生不断建立和完善其自己的生态观、自然观、价值观方面具有十分重要的积极影响。

《走进风景和园林》这一具有导论性质和实践性质的课程能够以体验式学习理论为指导，进行详细的课程设计和"走出去"的体验教学模式，有其特殊的学情。一方面，清华大学风景园林本科学生的"极小规模"让走出课堂的亲身体验模式相对容易实现；另一方面，清华大学学生极强的学习能力和探索精神，也是这一教学形式可以实现的前提条件。

本课程目标的设定对授课的场地要求很高，常规授课时间无法满足远距离场地考察的时间要求，课程排课在周末，借周末两天时间完成黄山、上海等地的考察，无论学生还是授课教师都付出了巨大的时间成本和精力，也包括一定的资金成本。目前的课程体系中仍然存在一些困难和局限性。一方面学生的周末生活也十分丰富，出行往往会影响其课外活动、班集体活动；另一方面，出行的交通、住宿等费用也需要更多的支持。受新冠疫情影响，部分原计划课程则没能实现，更突显了这一课程的局限性。风景园林学科具有覆盖面广、应用性强的特征，导论类课程的内容选择变得十分关键也十分困难，如何让学生在有限的时间内，体验到优秀风景园林作品或遗产的同时，建立起尽可能完整的知识框架，仍然需要不断的探索和尝试。

图表来源：

图1：根据以下文献翻译改绘：Kolb D A. Experiential learning: Experience as the source of learning and development [M]. FT press, 2014.

图2：根据以下文献翻译：Kolb A Y, Kolb D A. The learning way: Meta-cognitive aspects of experiential learning [J]. Simulation & gaming, 2009, 40 (3): 297-327.

表1：作者自绘。

参考文献：

[1] 杨锐. 风景园林学科建设中的9个关键问题[J]. 中国园林, 2017, 33(1): 13-16.

[2] 李雄. 中国风景园林发展进入新时期[J]. 中国园林, 2011, 27(06): 22.

[3] David A Kolb, Ronald Fry. Towards an Applied Theory of Experiential Learning. In C. Cooper, Theories of group processes. N. Y.: John Wiley & Sons, 1975.

[4] Kolb A Y, Kolb D A. The Learning Way: Meta-cognitive Aspects of Experiential Learning[J]. Simulation & Gaming, 2009, 40(3): 297-327.

[5] L. H. Lewis, C. J. Williams. Experiential learning: past and present. Pages 5-16 in L. Jackson and R. S. Caffarella, edi-tors. Experiential learning: a new approach, Number 62, Jossey-Bass, San Francisco, California, USA, 1994.

[6] 陈晓刚. 风景园林设计课程中的"情景体验式"教学模式研究[J]. 教育教学论坛, 2014(52): 164-165.

[7] 陈煜蕊, 钟锦玉. 体验式教学法在园林史中的运用[J]. 山西建筑, 2018, 44(04): 225-227.

[8] 肖德荣, 毛亮. 体验式教学在设计学专业的创新与实践[J]. 艺海, 2018(10): 129-131.

[9] M. T. Keeton, P. J. Tate. The boom in experiential learning. Pages 1-8 in M. T. Keeton and P. J. Tate, editors. Learning by experience: what why, how. New Directions for Experiential Learning, Number 1, Jossey-Bass, San Francisco, California, USA, 1978.

[10] Kelly F. Millenbah, Joshua J. Millspaugh. Using experiential learning in wildlife courses to improve retention, problem solving, and decision-making[J]. Wildlife Society Bulletin (1973-2006) Vol. 31, No. 1 (Spring, 2003), pp. 127-137.

[11] MILLENBAH, K. F., H. CAMPA, Ⅲ, AND S. R. WINTERSTEIN. Mod- els for infusing experiential learning in the curriculum. Pages 44-49 in W. B. Kurtz, M. R. Ryan, and D. E. Larson, edi- tors. Proceedings of the Third Biennial Conference in Natur- al Resources Education, Columbia, Missouri, USA, 2000.

[12] DAVIS, B. G. Tools for teaching. jossev-Bass, San Francisco, California, USA, 1993.

[13] HUTCHINGS, P., AND A. WUTZDORFE. Experiential learning across the curriculum: assumptions and principles. Pages 5-19 in P. Hutchings and A. Wutzdorff, editors. Knowing and doing: learning through experience. New Direction for Teaching and Learning, Number 35, Jossey-Bass, San Francis- co, California, USA, 1988.

[14] DAVIS, B. G. Tools for teaching[M]. jossev-Bass, San Francisco, California, USA, 1993.

[15] Quay, J. Understanding life in school: From academic classroom to outdoor education. London, England: Palgrave Macmillan, 2015.

作者简介：

赵智聪/女/博士/清华大学建筑学院景观学系助理教授/清华大学国家公园研究院院长助理/本刊特约编辑/研究方向为国家公园与自然保护地、风景园林遗产、世界遗产地规划与保护管理。

丛容/女/硕士/清华大学建筑学院景观学系风景园林硕士/中国城市发展研究院国土与生态修复规划院规划师。

通信作者：

赵智聪/女/博士/清华大学建筑学院景观学系助理教授/清华大学国家公园研究院院长助理/研究方向为国家公园与自然保护地、风景园林遗产、世界遗产地规划与保护管理。

"平视世界"视野下传统园林历史与文化系列课程教学的守正创新

Discussion on the Courses Delivery of Traditional Landscape History and Culture: Looking at the World Confidently and Peacefully, Adhering to the Correct Principles and Actively Innovating

周斯翔　傅　娅　钱丽源 *

西南交通大学建筑与设计学院

摘　要：以中国园林史为核心的传统园林历史与文化系列课程，是风景园林学科基础知识传授和文化自信教育的核心环节之一，也是本学科支持大学通识教育的重要领域。在与当代世界并肩同行的时代，如何在完整传承弘扬优秀的传统园林文化的同时，进一步反映新时代风景园林事业的历史性跨越，更有力地突显中国园林在民族伟大复兴进程中，积极的时代价值和必然的历史承继，是该系列课程教学的重要目标。本文结合2011年以来，西南交通大学相关课程的教学改革实践，从课程体系架构、课程思政建设、教学模式发展、评价机制转换、国际交流传播五个方面，探讨如何更有效地帮助青年学生，构建充分尊重历史、深刻理解现实、自信平视世界的中国园林认知；兼论风景园林教育守学科之正，创时代之新的改革路径。

关键词：传统园林历史与文化；平视世界；教学改革；守正创新

Abstract: The traditional landscape history and culture-related courses with *Chinese Landscape History* as the center comprises primary knowledge teaching and cultural self-confidence education, also acts a fundamental field for the LA discipline to support universal education. How to inherit and carry forward the excellent traditional landscape culture, further reflect the historic leap of landscape architecture in the new era, and more effectively highlight the positive value of the times and the inevitable historical inheritance of Chinese landscape architecture in the process of the great rejuvenation of the nation is an essential goal of this series of courses. Based on the teaching reform practice of related courses in Southwest Jiaotong University since 2011, this paper discusses how to help young students more effectively from five aspects: curriculum system architecture, curriculum ideological and political construction, teaching mode development, evaluation mechanism transformation, and international communication, to build Chinese Landscape cognition with full respect for history, deep understanding of reality and confidence in the world; It also discusses the reform path of LA education to adhere to the correct principles and actively innovate.

Keywords: The traditional landscape history and culture; Look at the world equally and confidently; Teaching reform; Adhere to the correct principles and actively innovate

1 问题的提出

习近平总书记在2021年全国两会期间看望全国政协医药卫生教育界委员时，关于"平视世界"的一席话引起了各界的热烈反响，更引发了高等教育界的深入思考。"平视世界"的基础，源于本土文化的深厚渊源和本土社会通过不懈奋斗取得的巨大进步。风景园林学科，以中国园林史为核心的传统园林历史与文化系列课程，正是帮助学生对本土文化的渊源和新时代的伟大实践，建立科学认知的主要课程。适逢风景园林学一级学科单列十周年之际，如何通过守正创新，总结经验，凝练方向，进一步提升传统园林历史与文化系列课程的教学水平，支持学生更好地以专业眼光和文化自信"平视世界"，引发了本文开展的讨论。

2 "平视世界"视野下风景园林历史与文化教学语境的转变

2.1 从中外分隔到平行融合，对传统园林历史与文化认知的客观评价，更加关注中国园林文化在世界风景园林体系中的积极作用，更开放地容纳世界对中国风景园林文化的理解

中国风景园林，历来都是一个开放包容的系统，一直对世界人居环境发挥着积极的影响。中国传统风景园林文化，基于中国悠久的文明历史，是在中国大地上产生的，也是同其他地区和文明的人居环境文化，不断交流借鉴而形成的。中国园林从其诞生之初，就有着强烈的"天下"意识，从未将园林所处之局地，与整个世界进行割裂，而是高度关注对整个世界的认知与表达。无论皇家园

林、私家园林、寺观园林或其他形式的各类园林，历代造园者，均不拘泥于生硬的形式限定，在因地制宜的同时兼容并蓄，广泛欢迎和积极尝试来自不同地区不同文明背景下的造园要素，使得中国园林发展的历史呈现出连续的多样性特征。风景和园林作为实践领域，在中国已经有了数千年的发展历史，并在农业文明期取得过灿烂辉煌的成就，达到过登峰造极的水平[1]。其影响力，也在中外风景园林文化的交流互鉴中不断提升。总体而论，中国传统园林文化在对外交流中，始终保持着充沛的自信和开阔的胸襟。近代以来，中华民族饱受欺凌，国人对包括传统园林文化在内的民族文化的认知，曾一度陷入文化自卑的历史境遇。在中国共产党的领导下，运用先进文化引领前进方向、凝聚奋斗力量，通过几代人的不懈奋斗，我们终于得以在"平视世界"的视野中面对当代风景园林。这一视野带给当代中国风景园林学界的，不仅是从容的心态，更是广阔的视域。从突出强调中外风景园林的核心差异，以维护中国传统风景园林文化的本体性和独立性，到更加关注中国园林文化在世界园林体系中的积极作用，理论界对传统园林历史与文化的认知评价更为客观。当代中国风景园林学界，正在更加自信地将中国风景园林历史与文化，作为全人类文明积极而有机的组成部分，更从容、开放的讨论不同时期、不同地域风景园林文化之间的相互交融和影响，显示出平视世界的文化心理特征。

在这样的语境下，传统风景园林历史与文化中，对外交流的相关内容，正引起研究者的进一步关注。在教学中，一方面，介绍不同历史时期，中外风景园林交流的历程和影响，对于学生应用背景理论知识、发展新的立足本土、融通全球的设计语言、清晰客观地解释当代的中国风景园林实践、促进中国风景园林更好地走向世界，也具有非常积极的意义。另一方面越来越多的国外研究者的成果和认识，不再仅仅被作为对比的对象，而是被选择为"平行素材"，成为帮助当代中国学生，更好理解传统园林历史与文化的参考资料。我们已不再迫切地需要通过对不同文化背景的研究者开展批判，就他们开展中国传统园林历史与文化研究时所采用的思维逻辑和分析方法的"非中国性"，来强化本领域的独立性和完整性的认知。相反的，国外研究者对我国传统园林历史与文化的不同路径的理解，正在成为我们多维度地构建开放融合的风景园林观的有益素材。在笔者的教学实践中，如高居翰等国外研究者，基于具体类型要素开展的相关研究，受到学生们较高的认可，成为我们在继承历史性纵向叙事的传统教学模式的同时，丰富横向细节表述的参考。"平视世界"的视野基础，正促进理论界，更开放地容纳世界对中国风景园林文化的理解，为相关课程教学叙事结构的转变，提供了更多的可能。

2.2 风景园林历史与文化的研究和教学，更加注重我国风景园林传统对当代风景园林实践的内在影响，更突出新时代中国风景园林的历史和世界意义

中华文明，是世界上独一无二的，五千年没有中断的

文明。中国的风景园林，是中华文明对理想人居环境的直观表达。传统风景园林历史与文化，是当代中国风景园林事业蓬勃发展的基本源头和宝贵资源。"没有中华五千年文明，哪有我们今天的成功道路"[2]，在"平视世界"的视野中，对传统风景园林历史与文化的认知，"自豪-珍惜-保护"和"理解-传承-创新"两条思维链更加紧密地缠绕。越来越多的研究和实践，关注于发现和更充分地实现传统风景园林文化对当代风景园林实践的内在影响。空间伦理、朴素的可持续环境机制等传统风景园林的规划设计模式，得到系统的梳理和广泛的再应用，在包括公园城市建设在内的当代风景园林实践中，成为重要的规划设计语言。从"十四五"时期开始到21世纪中叶，我国将基本完成工业化的历史任务，进入知识经济的时代。文化的力量从未如此重要，文化强国的建设也由此更显迫切。传统风景园林历史与文化，不再主要被视为"历史"而精心保护但束之高阁，而是伴随彰显文化自信的普遍需求，成为学术届和行业届备受关注，迫切需要的理论工具。

文人园林是中国传统园林的突出代表，儒家精英集团在造园活动和园林生活中，表现的审美诉求和价值判断，深刻地影响了各时期不同类型园林的发展，成为中国园林文化内在的重要评价标准。文人园林反映的园林审美观和人居观，是中国传统社会理想人居模式的人文呈现。中国共产党领导下的奋斗者群体，承继了儒家精英集团深厚的天下情怀和社会使命感，全心全意为人民服务，在当代风景园林实践中，发扬了中国本土风景园林的"知行传统"，以高质量、可持续的城乡公共空间供给，增强人民群众的获得感、幸福感，顺应人民群众对美好生活的向往，实现了传统风景园林文化内核的延续和层面的跃迁。传统风景园林文化的精华，成为当代中国风景园林实践的多元开放的理论体系的重要来源之一。对于它们如何在新时代的风景园林中有机延续，以及如何潜移默化地影响着当下的风景园林价值认知，吸引了日益增长的研究兴趣。当代青年学生对国家认同、道路自信的表达非常热情，经常主动要求教师，就传统价值观对当代风景园林实践产生的积极影响，做出更清晰的解释。

当今世界，面临着前所未有的变局与挑战，正处于多元文化相互激荡的时代，加强文化交流、文明互鉴愈加重要。在致力于让走入困局的人类文明迎来转机的伟大探索中，中国人民正发挥着重要的引领作用。在人居环境建设领域，基于深厚文化传统的新时代中国风景园林，也在通过开放的实践，向世界给出中国方案。传统风景园林历史与文化，是中国风景园林和而不同、滋养世界的深刻精神内涵，生动体现了中华民族与人为善，顺应自然的生存观念。在"平视世界"的视野中，传统风景园林历史与文化，不仅是"骄傲的回忆"，更与时代有着高密度的共鸣，对解释当代中国风景园林的实践，具有极为积极的价值。在此背景下，相关国际化课程和通识课程的教学，通过对中国园林文化的介绍和推广，有利于增进留学生对中国发展的理性认知，缓和世界上部分地区和人民对中国发展，特别是随"一带一路"输出的强大的基础建设能力的担忧。更能帮助中外学生认识优秀的中华传统文化，对于

推动世界可持续发展、繁荣人文生态环境的重要意义，帮助他们正确看待工程建设活动和环境、人文可持续发展的辩证统一关系，学会以中国文化的视角去理解各类工程建设问题。

3 "平视世界"视野下风景园林历史与文化课程教学机制的建构

3.1 课程体系架构

西南交通大学的传统园林历史与文化系列课程，目前包括面向风景园林专业学生开设的必修课"中国园林史"和"小型古典园林设计（风景园林规划设计1—2）"，以及面向全校开设的通识课程"中国园林文化（全英文）"三门主要课程。

西南交通大学传统园林历史与
文化系列课程　　　　　　　表1

课程名称	课程形式	学时	面向学生及开设学期	考核形式
中国园林史	理论课程	32	风景园林专业，5/10学期	笔试+个性化能力训练模块+基础素质训练模块
风景园林规划设计1-2	设计课程	64	风景园林专业，5/10学期	图纸+实体模型+传统书画表达
中国园林文化	理论+实践课程	32	全校各专业，各学期	团队体验性作业+国际化交流表达模块

如表1所示，"中国园林史"和"小型古典园林设计（风景园林规划设计1—2）"面向五年制风景园林专业本科生在第五学期开设，两门课程互为支撑，构成理论联系实践的基本闭环。通过96课内学时的课程，支持风景园林专业学生，构建对传统风景园林历史与文化的系统性认知和初步实践应用能力。两门课程的"个性化能力训练模块""传统书画表达"相互嵌套，以文化自信表现、交流传播效果和研究性学习开阔度为主要评价依据，重点强调学生综合运用传统风景园林历史与文化知识，进行风景园林交流和表达的能力。

3.2 课程思政建设

在更加突出"平视世界"的教学语境下，系列课程的课程思政建设，必须立足中国实践，讲好中国故事。培养学生的文化自信和本土化专业自信，增强学生从专业视角理解中华文化渊源的能力，强化新时代的价值和道路认同。为了更有效地推动课程思政的实施，还需要进一步结合新时代的特征，丰富和发展其教学内容。在科学划分中国风景园林发展历史阶段的基础上，更加积极全面地介绍中国园林从古至今的发展历程，与时代进步相呼应，梳理中国园林发展的历史规律。通过教学，带领学生认知和解析，几千年来中华民族和中国人民对优美人居环境的不懈追求，对党的十八大以来，在建设美丽中国的伟大

实践中，中国风景园林事业的蓬勃进步，予以足够的关注。结合中国风景园林历史性的演进过程，清楚地说明，建设美丽中国、公园城市等新时代的风景园林伟大实践的历史必然和文化渊源。

笔者在"中国园林史"课程开展课程思政的教学实践中，适当调整了教学内容比例，提高了中国近现代园林部分的占比。课程教学梳理这一时期中国园林的挫折和转型的历程，从风景园林的视角，分析为什么人民和历史在多条道路中，最终选择了今天我们的道路。同时，将党的十八大以来的新时代中国风景园林作为单独的章节，以践行两山理论、建设美丽中国的当代风景园林事业发展为重点进行讲授。目前该部分在全课程理论学时中占10%。

3.3 教学模式发展

传统风景园林历史与文化系列课程，集风景园林设计理论、实践与中国传统文化、历史于一体，内容高度复合，还涉及建筑学、城乡规划学、文学、园林植物学、考古学等多个学科的大量专业知识，加强对学生的综合理解和运用这些相关知识的能力的训练，特别是运用相关知识，进行跨学科、跨文化风景园林交流的能力的训练，是"平视世界"的教学语境下，课程教学模式发展的重要目标。2016年以来，在西南交通大学本科教育教学研究与改革项目支持下，针对该系列课程的教学，遵循以下思路，持续开展了实践性互动教学改革实践：

减少课内教学信息传递部分所占比重，通过任务设计，保证学生在课外学习中环节中的信息和知识点获取；

将文史背景、造园理论、营建技术、设计实践、园林体验设为五个实践性互动任务板块，在课程间进行穿插，帮助学生对传统风景园林历史与文化建立系统性的综合认知；

紧密结合风景园林学科特点，将年表整理、模型制作、主题设计、国际化表达等多样化的任务形式融入课程教学，保证学生在课外"动眼""动耳"和"动手""动嘴"有机结合，突出交流能力训练；

充分利用多元化的社交媒体平台，推动全时教学，全域教学，邀请往届学生、低年级学生、校外专家参与课外研讨。

3.4 评价机制转换

配合教学模式改革和教学内容优化，传统风景园林历史与文化系列课程的评价机制着力实现从"卷面""图面"为主要依据的单一维度评价，向以文化自信素质、综合认识能力、交流表达能力、实践应用能力多维度的评价机制转换。更加突出过程性评价，坚持课内引导启发——课外任务完成——课内分享评价的机制设置，保证课程评价对学生的有效反馈。

评价机制转换的一个重要目标，是将传统风景园林历史与文化类课程，偏重知识量的考核模式，向更注重综合运用知识进行表达和实践的考核模式进行转换，并结合课程思政建设的相关内容，设置更具指向性的评价模块，检验教学的实际成效。

进一步的，积极探索"平视世界"的教学语境下，学生对系列课程的个性化需求，设置差异化评价单元，聚焦学生在课程学习中，认知视域的拓展程度，专业思维立场的构建反馈和实践运用相关知识的具体表现，探索开展"成绩＋能力证书"的双轨制评价。

3.5 国际交流传播

高等教育国际化发展至今，已不能满足于"外教上课""英文授课""国际学生"这样的基本表征。支持学生建立与世界同步的学术思维习惯，在比较中更加坚定文化自信和道路自信，向世界讲述好中国风景园林实践，是新时代对系列课程国际化的要求。

"平视世界"的教学语境下，系列课程的国际交流传播，更强调对学生"走出去"能力的锻炼，培养学生在跨文化交流中，充分将文化自信转化为交流自信。建立从不同文化的视角，运用不同的材料，进行学习和分析的习惯。系列课程的国际交流传播，更要主动适应国际形式的深刻变化，应对新时代"全球化"认知和要求的全面升级，把最新的国际风景园林思潮，和世界对中国传统风景园林历史与文化理解的变化，客观、及时地传递给学生。笔者在系列课程的建设中，主要通过以下三个方面，开展了一些工作：

积极开展支持系列课程教学的国际学者网格构建。通过建立符合国际学术惯例，适应中国高等教育发展实际的运行机制，确保国际学者网格在课程教学中，发挥常态化的积极作用；

设定符合风景园林学科特征，利于激发学生学习热情的开放性课程评价体系。设置显示"一带一路"等具有鲜明的新时代国际化特征的独立评价单元，向中国风景园林文化传播目标予以倾斜，与国际专业技术机构协商，建立多元化的课程证书体系；

依托国际化的学生实践项目，拓展系列课程的国际交流传播途径。有效实现"引进来"和"走出去"的深度结合，进一步促进课堂教学与课外教育环节的深度结合，促进国际学术资源和中国教育实践的深度结合。

4 守正创新，促进传统风景园林历史与文化课程教学在专业教育中发挥更积极的作用

以中国园林史为核心的系列课程，在风景园林学科教育中的重要地位，是得到普遍认同的。前文中，笔者简要介绍了系列课程在西南交通大学的教学实施情况。在各高校风景园林专业教育中，大量的相关教学改革，得到了广泛的实践。如何在"创新"中"守正"，在"平视世界"的视野下，进一步强化系列课程在专业教育中的作用发挥，笔者有以下几点建议：

首先，传统风景园林历史与文化课程，要与时俱进地坚守本土文化之正。

"国家之魂，文以化之，文以铸之。"本土的风景园林历史和文化，是中国风景园林学科和实践的灵魂。讲授传

统风景园林历史与文化的系列课程，就是要尽可能全方位观察，完整介绍中国本土的风景园林历史和文化。把它们像刺青一样，刻印在学生的专业思维之中。

值得注意的是，随着时代进步和交流语境变迁，我们对本土文化的认知也在不断进步。党的十八大以来，全社会愈发强调和注重文化自信，新时代的风景园林实践，在"美丽中国""两山理论"的指引下，更是取得了划时代的伟大成就，"平视世界"的同时，我们身后的背景也更加全面和深远。教学中，对传统风景园林的历史与文化的认知和描述，必须积极适应新时代的对本土文化认知的新发展。

其次，传统风景园林历史与文化课程，要以开放的姿态坚守学科主体性之正。

一直以来，传统风景园林历史与文化相关课程，都是风景园林教育凸显学科主体性的重要载体，这必须得到进一步的坚持。作为定义学科核心价值，显示学科文化根源的该系列课程，需要在教学过程中将中国风景园林的历史传承和文化传统，清晰明确地传导给学生，帮助他们建立风景园林学科的学科认识和文化理论框架。

另一方面，当代风景园林实践的内容早已突破了传统的学科界面，自然环境、建成环境、区域景观、乡村景观、风景区、城市绿地、雨洪系统等都是现代风景园林学关注的对象。[3] 在教学中，更需与当代风景园林各领域的实践主动对接，帮助学生更清晰地理解传统风景园林历史与文化与当代跨学科、跨领域的人居环境建设活动的内在关联线索，进而更充分地理解其时代价值。

再者，传统风景园林历史与文化课程，要以严格的标准，守教学之正。

此类课程，理论讲授的知识信息量大；与实践结合，内容丰富，设计表达工作量大。在教学过程中，容易被学生视为"难度较高"的课程。笔者近5年的跟踪调查显示，"中国园林史"——"小型古典园林设计"教学板块，因工作量的原因，被学生评价为专业课程中学习压力最大的课程板块。

面对教学反馈的压力，能否坚守金课标准，确保课程目标地全面实现，既是完成人才培养目标的直接要求，也是在学生的思维意识中，划下底线的要求。"平视世界"的视野，是建立在本土文化的坚实基础上的。对本土文化的教育传播的过程，只有严守标准，才能真正帮助学生把本土风景园林文化的基础筑牢夯实，建立面对自己的文化根源，应有的严肃态度。

5 结论

"平视世界"的视野下的风景园林教育，对传统风景园林历史与文化系列课程提出了更高的教学要求。教育工作者需要深入分析教学语境的变化，更鲜明地高扬文化自信的主旋律，与时俱进地完善教学内容、优化课程组织和教学模式。坚守本土文化之正，学科主体之正，教学标准之正，以不断进步的文化认知、开放的专业视域和严谨的教学要求，创时代之新，保证课程教学效能的充分实现。

图表来源：

表1由作者自绘。

参考文献：

[1] 杨锐. 中国风景园林学学科简史[J]. 中国园林，2021，37(1)：6-11.

[2] 习近平考察朱熹园谈文化自信. 没有中华五千年文明，哪有我们今天的成功道路.［N］. 中国政府网. 2021.03.23. http://www.gov.cn/xinwen/2021-03/23/content_5595049.htm.

[3] 张晋石，杨锐. 世界风景园林学学科发展脉络[J]. 中国园林，2021，37(1)：12-15.

作者简介：

周斯翔/1979年生/男/浙江人/硕士/西南交通大学建筑与设计学院风景园林系讲师、副系主任/研究方向可持续工程景观/景观遗产与园林文化。

傅娅/1974年生/女/四川人/硕士/西南交通大学建筑与设计学院风景园林系副教授/系主任/研究方向风景园林规划设计/风景园林遗产保护与乡土景观。

通信作者：

钱丽源(兼通信作者)/1988年生/女/江苏人/博士/西南交通大学建筑与设计学院风景园林系讲师/党支部书记/研究方向：山地灾害可视化监控、景观修复、国家公园管控。

风景园林
教学协同与
创新

*需求导向，热点聚焦，创新引领

——新工科背景下风景园林专业硕士工程技术课程改革[①]

Demand-oriented，Hotspot-focused，Innovation-led

——Curriculum Reform on Landscape Engineering and Technology of MLA under the Background of Emerging Engineering Education

罗 丹* 夏 晖

重庆大学建筑城规学院

摘 要： 围绕新工科建设背景下工程技术课程的目标与问题，以重庆大学风景园林专业硕士工程技术课程为例，介绍自 2017 年以来聚焦海绵城市建设、老旧社区改造、历史街区更新等一系列议题的教学探索，重点阐述 "需求导向-热点聚焦-创新引领" 的课程建构思路。课程改革强调风景园林工程性思维，通过对课程内容和教学模式的优化，强化了对学生综合运用理论、方法、技术解决问题的能力的培养，有力支撑了风景园林专业硕士的培养目标，有效提升了学生的职业胜任力，是风景园林专业硕士核心课程改革的一次有益探索。

关键词： 风景园林工程技术；新工科；专业学位；工程性思维；需求导向；热点聚焦；创新引领

Abstract： Focusing on the objectives and problems of Engineering Technology Course under the background of new engineering construction, taking the master of landscape architecture engineering technology course of Chongqing University as an example, this paper introduces the teaching exploration focusing on a series of topics such as sponge city construction, old community transformation and historical district renewal since 2017, and focuses on the curriculum construction idea of "demand orientation hot focus innovation guidance". The curriculum reform emphasizes the engineering thinking of landscape architecture. Through the optimization of the course content and teaching mode, it strengthens the cultivation of students' ability to solve problems by comprehensively applying theories, methods and technologies. The curriculum strongly supports the training goal of the Master of Landscape Architecture, and effectively enhances the professional competence of students. It is a beneficial exploration of the core curriculum reform of MLA.

Keywords： Landscape architecture engineering and technology；Emerging engineering education；Master of landscape architecture；Engineering thinking；Demand-oriented；Hotspot-focused；Innovation-led

随着社会经济的发展转型和新一轮科技产业革命的到来，中国工程教育的发展面临巨大挑战[1]。2017 年 2 月以来，教育部积极推进 "新工科建设"，先后形成 "复旦共识[2]" "天大行动[3]" 和 "北京指南[4]"，并发布《教育部高等教育司关于开展新工科研究与实践的通知》，全力探索工程教育的中国模式、中国经验。强调要 "围绕工程教育的新理念、学科专业的新结构、人才培养的新模式、教育教学的新质量、分类发展的新体系等内容开展研究和实践[5]"，深化工程教育改革，推进新工科建设与发展。

风景园林专业硕士（Master of Landscape Architecture，下称 MLA）是 "培养具有较强专业能力、职业素养和创新性思维的应用性、复合型、高层次风景园林专门人才的学位类型[6]"，肩负着对传统教学进行改革从而提升人才培养质量的风景园林新工科发展重任。近年来，风景园林教学改革成果不断涌现，既有围绕整体培养体系、培养模式的顶层探讨[7-9]，也有针对规划设计、历史理论、植物应用等具体课程的改革实践。但是不难发现，关于工程技术课程尚无深入的探讨和系统的总结。"风景园林工程技术" 属于 MLA 课程体系中的 "工程与技术类课程模块"，是《全日制风景园林硕士专业学位研究生指导性培养方案（2016 年版）》规定的两大必选模块之一。课程支撑 MLA 培养目标，服务于职业化基本要求。在新工科建设背景下，工程技术课程的改革优化对 MLA 创新型人才培养有重要意义，能够有力助推风景园林新工科建设。

着眼于培养高层次创新型人才，完善 MLA 教育体系，探索教学改革方法，重庆大学于 2016 年起开展了基于 "需求导向，热点聚焦，创新引领" 理念的 MLA 工程技术课程建设，将培养目标和新工科建设需求相结合对

---

① 基金项目：2019 重庆市高等教育教学改革研究重点项目（编号：192003）；重庆市教育科学 "十三五" 规划 2018 年度重点课题（编号：2018-GX-100）；2021 年重庆大学教学改革研究项目（编号：2021SZ12）。

课程内容和教学手段进行全面改革，通过专题聚焦的形式和半自主教学模式，培养学生工程性思维，全面提升综合能力。笔者以此教学实践为例，介绍 MLA 工程技术课程的改革建设。

1 新工科背景下 MLA 工程技术课程的目标与问题

风景园林工程技术课程以工程性思维为核心，结合对专业领域中现实问题的思考，强调课程内容的实践意义和应用价值，实现对综合运用理论、方法和技术解决风景园林实际工程问题能力的培养[10]。

长期以来，MLA 工程技术课程在课程内容、教学实施层面面临问题。首先是课程内容层面：一是与本科阶段《园林工程》内容重复，基础性知识在两个阶段反复讲述，缺乏硕士培养阶段对高阶知识、进阶能力应有的重视。二是与学术型硕士课程内容重复，没有体现出 MLA 课程突出实践意义、应用价值的特色，与专业硕士职业任职的基本要求有差距。

教学实施也存在两个方面的突出问题，一是以平行式的理论讲解、案例讲授、技术要点阐述为主，知识以碎片化、弱关联、单方向的形式进行传授，学生被动接受知识，学习效率低下。二是缺乏融入工程性思维的教学模式，没有建构起问题挖掘-任务分析-方法找寻-技术推敲的教学过程，学生综合运用知识解决实际问题的能力没有受到训练。

以上课程内容和教学实施层面的问题导致学生对工程技术课程的兴趣度和学习热情降低，教学过程没有创新延展的空间，难以形成有应用价值的教学成果。基于新工科建设要求开展工程技术课程内容和教学实施的改革优化迫在眉睫。

2 "需求导向-热点聚焦-创新引领"的课程改革

伴随着对 MLA 工程技术目标和问题的思考，教学组提出了"需求导向-热点聚焦-创新引领"的课程建构理念。从工程性思维培养的目标、路径、逻辑和维度出发，明确课程内容围绕行业学科热点进行专题构建，采用半自主式教学模式开展（图 1）。

2.1 需求导向——目的、逻辑、路径和过程

MLA 研究生在学习工程技术课程时的核心需求在于建立工程性思维，进而树立发现风景园林实际工程问题的意识以及培养综合运用理论、方法和技术解决问题的能力。笔者认为摸清风景园林工程性思维的特点需要从目的、逻辑、路径、过程层面来展开。

目的："工程"的目的是建造，风景园林工程的目的是以风景园林价值为导向的建造。表现在风景园林实践中，就是优化和提升环境以实现生态价值、艺术价值、经济价值、社会价值的综合发挥。因此，现实问题和场所愿景成为锚固建造目的两个端点。

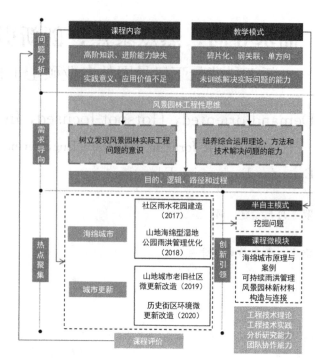

图 1 课程改革框架

逻辑：风景园林工程性思维是寻找约束条件下的最优建构逻辑。因此，它不是随意性的，必须接受诸多的现实条件的约束。而最优又意味着除了解决现实可行性这一基本要求之外，还需要附带直觉、体验、想象，情感等多重结构的互相叠加，继而求新、求巧、求精。

路径：工程的实现是以原理和技术为路径。原理本身的特点是"固定"而非"变化"，技术本身的目的是"实现"而非"创新"，但是风景园林专业以解决综合性问题为宗旨，风景园林工程性思维的实现路径往往就需要进行跨学科的原理借鉴和技术整合，而正是借鉴整合的过程为创新提供了土壤。

过程：风景园林工程性思维的大部分过程是基于综合分析，主要是在分析工程任务和实现约束条件基础上进行的。在思维具体的过程当中，是要在目标引导下辨析工程问题，把握要素结构的整体联系以及各种复杂关系，进行综合性思维，以论证可行性，而后进行筹划、设计、建构，形成完整系统。

基于以上分析可以发现，风景园林工程性思维具有复杂性与集成性、理性与经验性、创新性与实践性[11]。若要强调风景园林工程性思维的训练，课程需要结合明确的现实问题，并对教学模式进行改革，突出"问题-分析-方法-技术"的教学路径。

2.2 热点聚焦——结合热点议题聚焦场地问题

复杂风景园林工程往往着眼于热点问题的解决。MLA 研究生大部分是面向职业任职培养，对于热点问题的关注既可以激发对当前行业发展趋势、现实问题的思考，也能够有效提升专业硕士职业胜任力，为学生的职业任职做好铺垫。同时重庆作为世界最大的山地城市，具有多重的矛盾性和复杂性，教学组认为课程内容需要结合

热点议题，但必须紧扣所在城市——重庆独特的环境特征，对在地问题进行思考，体现人才培养和课程改革的特色。

在热点议题的分析之下，浮现了诸多风景园林工程技术教学的介入点。2016 年 2 月，《国务院关于深入推进新型城镇化建设的若干意见》发布，明确要求推进海绵城市建设。围绕这一背景，教学组制定了社区雨水花园建造（2017 级）、山地海绵型湿地公园雨洪管理优化（2018 级）两个专题，分别讨论小尺度雨水花园建造和山地城市绿色空间雨洪管理方法与技术。随后课程聚焦到城市更新，同样建构了山地城市老旧社区微更新改造（2019 级）、历史街区环境微更新改造（2020 级）两个专题，探讨山地老旧社区和历史文化街区的微更新方法和技术。2020 年底，"十四五规划"中明确提出实施城市更新行动，印证了课题选址具有前瞻性和时代性。

所有课题对应明确的场地选址，均来自重庆中心城区范围内，易于开展现场调研与讲授，具备工程技术研究的基本条件。其中社区雨水花园建造课题选址重庆大学 B 区校园三角地[12]，山地海绵型湿地公园雨水管理课题选址九曲河湿地公园，山地城市老旧城区微更新改造选址重庆渝中区枇杷山正街社区，历史街区环境微更新改造课题选址重庆磁器口历史街区磁横街片区。课程要求同学们在 32 课时内，围绕热点议题，紧扣所选场地的特定条件进行问题挖掘，提出风景园林工程层面的解决方案，深化技术方法。

2.3 创新引领——半自主式教学模式

课程形式和课程成果创新与教学模式创新直接相关，因此，课程改革需要在教学模式上进行探索。半自主式教学是指在教学过程中，学生自主选题，老师评价引导，师生互动研讨的方式完成教学任务。这一开放性课程模式很好地契合工程技术综合性和复杂性的特征。

半自主式教学的重要环节是发现有价值的问题，因此，教学组第一步首先改变课程给定目标的方式，变为自主挖掘问题，通过小组同学分析讨论的方式发散出具体的工程技术问题。例如，课题 1 发散出小尺度社区绿地雨水花园缝隙空间的利用问题（图 2）。课题 2 发散出山地公园雨水管理系统的问题（图 3）。课题 3 发散出山地城市老旧社区内部高差空间的优化（图 4）、带状小微绿地的符合利用（图 5）、可移动装置介入空间更新等想法（图 6）。

除了自主挖掘问题，教学组在教学方法上也进行了创新，例如，课堂授课和现场教学相结合，学生组内、组间互评与老师评讲相结合，突出工程技术应用环境和情境营造，强调专业训练和素养教育的双重提升。分专题讲解工程技术要点，针对不同课程内容和目标，先后嵌入了"海绵城市原理与案例""可持续雨洪管理""风景园林新材料""构造与连接"等课程微模块，引导学生从分析-方法-技术的角度构建策略，鼓励学生在教学过程中形成差异化、多样性和灵活性的解决方案。

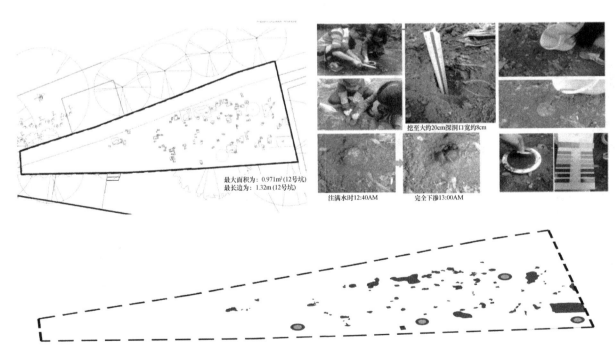

图 2　社区雨水花园建造课题中缝隙花园的构建方法

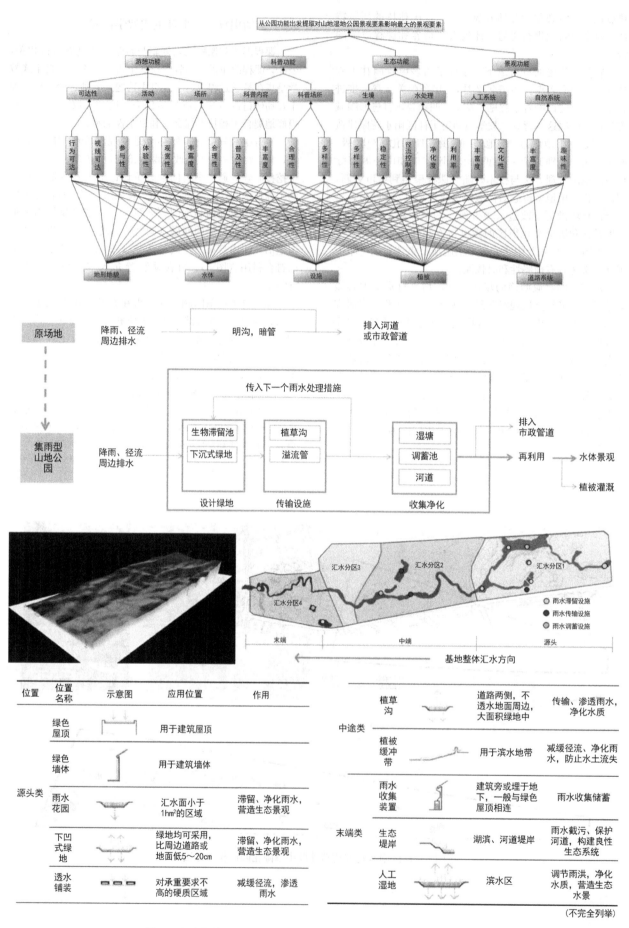

图3 山地海绵型湿地公园雨洪管理优化课题中雨水优化体系构建

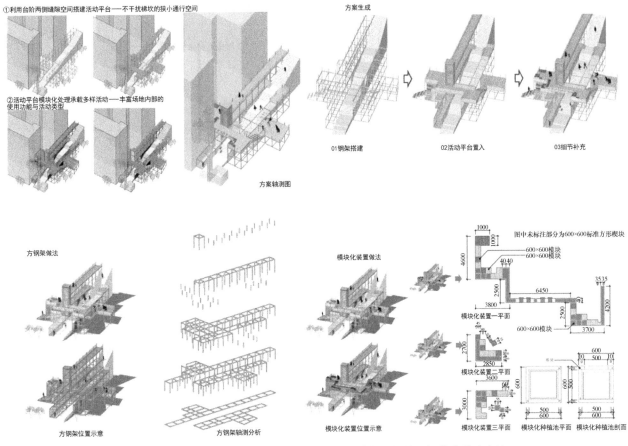

图 4　老旧社区微更新改造课题中基于模块化建构的提坎空间优化技术方法

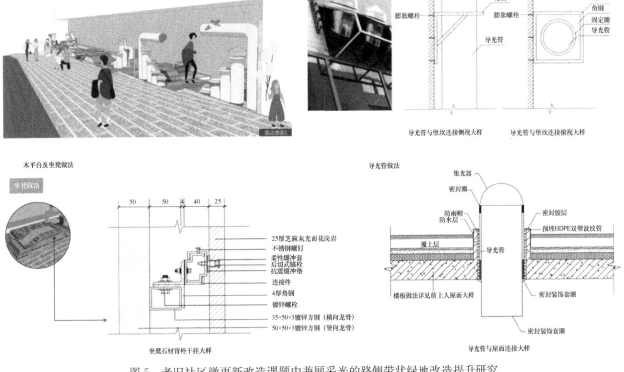

图 5　老旧社区微更新改造课题中兼顾采光的路侧带状绿地改造提升研究

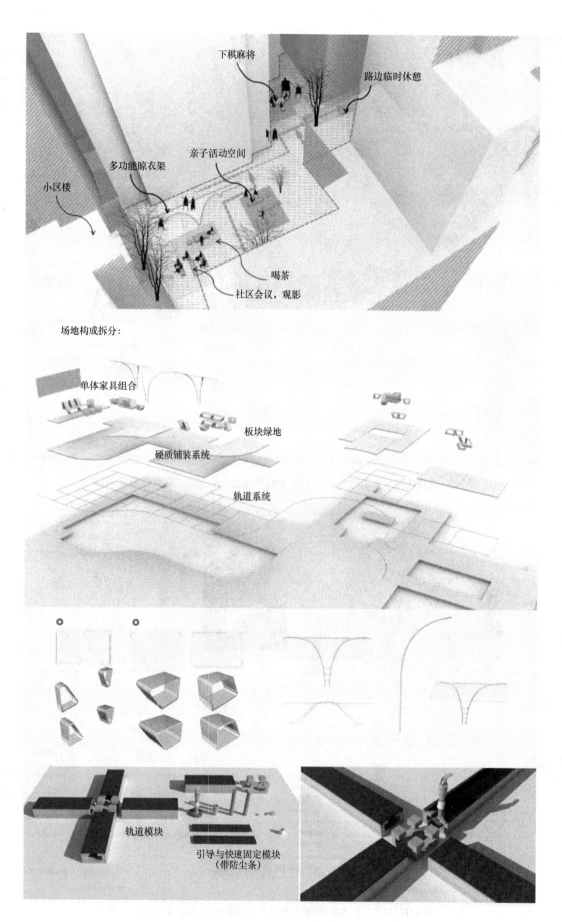

图 6　老旧社区微更新改造课题中可移动装置技术研究

3 课程评价、成效与反思

课程自 2017 年秋进行教学改革，至今已实施 4 年。为了进一步评价课程改革成效，教学组对参与课程的 2017～2020 级研究生进行匿名问卷调查，问卷内容见附表。共收到有效问卷共 55 份。结果显示，83.6% 的同学能够明显感知到课程强调工程性思维培养，对课程内容和教学形式的满意度也达到了 81.8% 和 85.4%，78.1% 的学生认为课程对职业任职能力形成了有力支撑（图7）。

通过学生的评价反馈，可以发现教学改革取得了初步的成效。（1）学生学习成效——学的理论、实践、分析研究、团队协作能力得到全面培养，更好地理解到工程性思维内涵，初步具备解决复杂风景园林工程问题的意识和能力。（2）课程建设成效——树立了鲜明的工程性思维驱动的教学模式，形成匹配课程目标的特色教学内容和针对性教学模式，丰富了 MLA 教学体系和课程改革实践。同时结合教学过程还完成了《风景园林师便携手册》《可持续雨洪管理——景观驱动的规划设计方法》的翻译出版和《景观材料手册》初稿的编写（图8）。

当然，课程改革有值得反思之处，第一，课时和内容深度之间存在矛盾，32 学时很难对具体工程技术的展开讨论，导致具体做法的讲授不够深入。第二，面对课程进行中出现的交叉性、综合性工程技术问题，任课老师也存在一定的知识盲区，教学效率受到影响。第三，风景园林数字化的融入需要加强，相对缺乏技术性分析的短板有待填补。

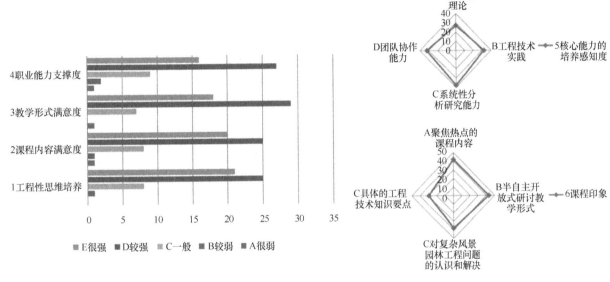

图 7 课程评价反馈

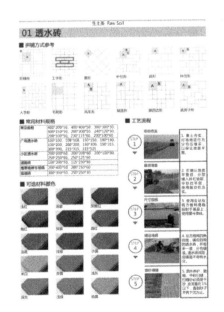

图 8 课程《景观材料手册》初稿

4 结语

过去风景园林工程技术课在研究生课程体系中没有受到足够的重视，相比历史与理论类、规划与设计类、景观生态类、风景遗产类的课程改革明显滞后。在新工科建设的背景下，培养创新型的风景园林专业人才是 MLA 的重要使命，这促使工程技术课程开始进行必要的、适应新形势的建设探索。重庆大学开展的课程改革从人才培养的根本需求出发，通过明确课程目标，更新课程理念、优化课程内容和升级教学方式探索新工程技术课程的改革路径，是一次切实可行、积极有益的尝试。

随着科技产业发展和社会需求的转变，风景园林行业对人才的要求将愈发强调创新性和应用性。培养学生解决综合问题的能力决定风景园林学科能否在复杂性工程中掌握主动权和发挥更大影响力。未来，工程性思维必须全面融入风景园林人才培养的各个环节，因此，工程技术课程的改革优化，以及和其他课程之间的协同共建，是风景园林专业适应新工科建设的重要举措，将为风景园林学科整体水平的提高和风景园林行业的稳步发展提供助力。

图表来源：

文中图片均由教学团队拍摄或制作。

参考文献：

［1］ 工业革命与中国工程教育发展［J］. 中国发展观察，2020，No.229，No.230（Z1）：63.

［2］ 佚名 .“新工科”建设复旦共识［J］. 高等工程教育研究，2017（1）：10-11.

［3］ 佚名 .“新工科”建设行动路线（“天大行动”）［J］. 高等工程教育研究，2017（2）：24-25.

［4］ 佚名 . 新工科建设指南（“北京指南”）［J］. 高等工程教育研究，2017（4）：20-21.

［5］ 中华人民共和国教育部高等教育司 . 教育部高等教育司关于开展新工科研究与实践的通知 .2017.02.

［6］ 全国风景园林硕士专业学位教育指导委员会 . 全日制风景园林硕士专业学位研究生指导性培养方案 .2016，1.

［7］ 周春光，李雄 . 风景园林专业学位教育的回顾与前瞻［J］. 中国园林，2017，33（01）：17-20.

［8］ 杜春兰，郑曦 . 一级学科背景下的中国风景园林教育发展回顾与展望［J］. 中国园林，2021，37（01）：26-32.

［9］ 王向荣 . 北京林业大学风景园林学硕士课程体系与教学方式的探讨［J］. 风景园林，2016（01）：48-51.

［10］ 周聪惠，金云峰，李瑞冬 . 从《华盛顿协议》谈风景园林工程技术教育［A］. 中国风景园林学会 . 中国风景园林学会2013年会论文集（下册）［C］. 中国风景园林学会：中国风景园林学会，2013：3.

［11］ 金云峰，刘颂，李瑞冬，刘悦来，翟宇佳 . 风景园林工程技术学科发展与教学研究［J］. 广东园林，2014，36（06）：4-6.

［12］ 赖文波，杜春兰，贾铠针，江虹 . 景观信息模型（LIM）框架构建研究——以重庆大学B校区三角地改造为例［J］. 中国园林，2015，31（07）：26-30.

作者简介：

罗丹/男/汉族/博士/重庆大学建筑城规学院讲师/研究方向为风景园林规划与设计、风景园林建构技术/luodan @ cqu.edu.cn。

夏晖/男/汉族/重庆大学建筑城规学院讲师/研究方向为风景园林工程技术、风景园林规划与设计。

通信作者：

罗丹，luodan@cqu.edu.cn，18223340703，重庆市沙坪坝区重庆大学B区建筑馆400045。

附表：重庆大学风景园林专业硕士工程技术课程评价反馈问卷

参与重庆大学风景园林专业硕士工程技术课程的同学你们好！本问卷旨在了解同学们的学习体验，掌握初步的课程建设成效。请同学们对课程进行评价和反馈，基于个人感受对以下问题进行作答，感谢对教学改革的支持。

1. 请对课程教学中工程性思维培养感知度进行打分

A. 很弱；B. 较弱；C. 一般；D. 较强；E. 很强

2. 请对课程内容满意度进行打分

A. 很弱；B. 较弱；C. 一般；D. 较强；E. 很强

3. 请对教学形式满意度进行打分

A. 很弱；B. 较弱；C. 一般；D. 较强；E. 很强

4. 请对风景园林工程技术对职业任职能力的支撑力度进行打分

A. 很弱；B. 较弱；C. 一般；D. 较强；E. 很强

5. 请对教学过程中以下核心能力的培养感知度进行排序

A. 工程技术理论；B. 工程技术实践；C. 系统性分析研究能力；D. 团队协作能力；E. 其他＿＿＿

6. 学习风景园林工程技术课程的过程中对哪方面印象最为深刻（可多选）

A. 聚焦热点的课程内容

B. 半自主开放式研讨教学形式

C. 对复杂风景园林工程问题的认识和解决

D. 具体的工程技术知识要点

E. 其他＿＿＿

7. 对课程教学的评价与建议

＿＿＿＿＿＿＿＿＿＿＿＿＿＿＿＿

*多维并轨·兼容并蓄

——联合毕业设计实践教学思考①

Multi-Dimensional Urban Design

——Reflections on the Teaching Practice of Joint Graduation Design

沈葆菊　董芦笛*

西安建筑科技大学建筑学院

摘　要： 由西安建筑科技大学、重庆大学、哈尔滨工业大学、华南理工大学四所建筑类院校联合组织的风景园林、建筑学、城乡规划三专业联合毕业设计教学，至今已近十年。文章从西安建筑科技大学参与毕业设计的教学过程与研究的角度切入，总结与归纳毕业设计实践教学目标、选题、内容及重点与难点等方面的内容。辩证性地提出专业联合的价值与意义，并深层次地挖掘毕业设计实践对于当前课程教学体系优化建议以及风景园林学科建设的反馈。

关键词： 风景园林；三专业联合；毕业设计实践；教学思考

Abstract： The graduation design teaching practice of landscape, architecture and urban planning is jointly organized by Xi'an University of architecture and technology, Chongqing University, Harbin Institute of technology and South China University of technology has been last for nearly ten years. From the perspective of the teaching process and research of graduation design in Xi'an University of architecture and technology, this paper summarizes the practical teaching objectives, topics, contents, key points and difficulties of graduation design. This paper puts forward the value and significance of Professional Union dialectically, and deeply explores the feedback of graduation design practice to the current curriculum teaching system optimization and discipline construction.

Keywords： Landscape architecture; Three major union; Graduation design practice; Teaching reflections

西安建筑科技大学与重庆大学、哈尔滨工业大学以及华南理工大学每年举行的联合毕业设计教学联盟（UC4）至今已经完成了十年的教学实践。与各类围绕单一学科内容，强调学科内部价值的联合教学实践不同，UC4教学联盟是建筑类院校三个一级学科专业针对当下的现实城市问题，以探讨学科外延与交流合作模式为目标的教学实践。往往围绕当下最为前沿的城市现象及空间问题，通过城市设计类课题的设置方式进行展开。四所学校分别地处西北、西南、东北、华南，各自在生态脆弱地区人居环境和文化遗产保护、山地人居环境、寒地人居环境、亚热带人居环境研究领域显示出较强的地域文化特色[1]，这种地域研究差异也使得设计成果的阐释产生了诸多的创新性表达（图1）。

2011年版《学位授予和人才培养学科目录》，将建筑

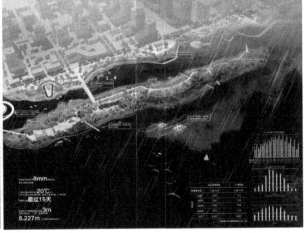

图1　历届联合毕业设计各类型图纸展示

①　西安建筑科技大学专业建设项目：风景园林专业"城市景观"专门化方向建设（编号：YLZY0103Z02）。

学、城乡规划学、风景园林学三个学科并置成为三个一级学科方向，三个学科从原来的从属关系转变为从三个维度对人居环境进行细致分化的研究，对于学科发展无疑是推进且有效的。而在具体的专业教学及实践层面不难发现，教学与实践内容上的交叉与融合在三个专业中普遍存在，一个成熟的风景园林师、规划师、建筑师往往是具备了多学科基础知识并熟练地与空间实践的各类专家共同协作完成设计的。基于以上共识，UC4 毕业设计联盟由每所院校三个专业方向的教师组合起来形成了多维的教学团队，招收三个专业的学生群体，并与其他 3 校一起构成了庞大的联合教学组织。每年 6～12 月底选题、3 月现场踏勘、4 月中期答辩、6 月初终期答辩，一年时间，于教师们而言是一次教学理念与方法的交流，于学生们而言是倾所学所长所见的难忘的设计碰撞。

以西安建筑科技大学为例，2021 年派出 7 名教师 36 名学生参与联合毕业设计实践，四所高校总共学生 100 余人，如此规模的教学组织在本科教学阶段是十分庞大且琐碎的，本文通过总结十年来教学实践的所得与经验，以期为今后各类毕业设计联合教学提供先验与参考。

1 联合毕业设计实践的教学目标制定：专业特色与实践需求相一致

在风景园林毕业设计实践阶段，既强调学生全面系统的专业修养，又要结合当前的社会发展与实践需求，将教学活动与具体的实际课题建立联系，强调的是学生在实践中发现和处理问题的专业能力。

以西安建筑科技大学为例，现行的风景园林毕业设计培养大纲中包含了四大方向设计选题（图 2）。其中包

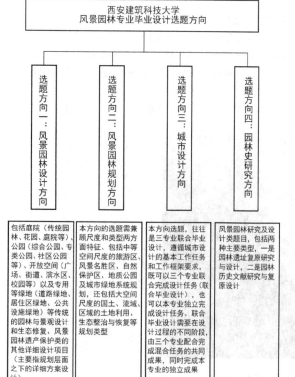

图 2　毕业设计选题方向及要求

括了两个专业基本方向以及两个专业特色方向，作为本科人才培养的最终环节，学生通过这一环节一方面综合运用所学理论知识和技能去发现、分析和解决问题。另一方面需要拓展知识外延和实践应用的广度与深度。UC4 联合毕业设计对位第三个选题方向，属于专业特色方向，这种教学实践促进了专业、校际间的融通，培养了学生的专业能力、职业素养、团队意识和创新精神等。与现行的综合教育和跨学科培养、宽口径培养、复合型人才培养目标一致。

2 联合毕业设计选题特征：地域特色与现实问题一致

纵观十年来 UC4 联合毕业设计的选题（表 1），我们可以看到自 2012 年起西安建筑科技大学先后三次出题，涉及大遗址保护与城市发展，城市绿色更新与城市发展，历史文化名城与城市发展三个议题方向，着重结合的是具有悠久历史古城的未来发展，从选题的规模上看，研究范围一般为 1～2km²，设计范围为 50hm² 左右。选题总体上特征可概括为：第一，地域与前沿相结合；第二，规模足够大；第三，一般为更新项目。

2012～2021 年 UC4 联合毕业设计选题　表 1

年份（年）	题目	出题学校
2012	守望大明宫-西安唐大明宫西宫墙周边地区城市设计	西安建筑科技大学
2013	老旧工业厂区城市空间特色再创造	重庆大学
2014	新生与发展—西安幸福林带核心区城市设计	西安建筑科技大学
2015	哈尔滨港务局地区城市设计	哈尔滨工业大学
2016	广州新中轴南段城市更新	华南理工大学
2017	重庆沙磁文化区城市设计	重庆大学
2018	守护与发展—韩城古城片区城市设计	西安建筑科技大学
2019	转型与整合—哈尔滨三马地区城市设计	哈尔滨工业大学
2020	气候变化背景下的广州新洲半岛韧性城市设计	华南理工大学
2021	3D 多维·立体康活—重庆市李子坝片区山地空间场城市设计	重庆大学

3 联合毕业设计的联合过程：校际联合与校内合作并轨

联合毕业设计的教学过程，如图 3 所示，包括了校际联合和校内合作两个平行的教学线路以及四个关键节点。

自上一轮答辩环节结束，即进入下一轮选地环节，从选题、初勘、中期（补调）再到结辩，历时12个月，最终完成整个联合毕业设计整个的教学过程。

3.1 校际联合的过程

四所院校的校际联合是UC4联盟成立至今最具特色的教学组织过程，合作、碰撞、沟通与共享是联合过程的核心思路，体现在了各个环节。

在选题阶段。各个学校教师在主办方教师的若干备选方案中通过线上线下的方式进行沟通与探讨，最终明确设计对象以及深化任务书的过程。

在初勘阶段。各校师生首次进入出题院校所在城市，学生个人进行学校以及专业的不记名混编组队，在3天时间内完成对基地的基本调研与分析，并进行PPT调研汇报，各学校教师也以混编的方式，分组听取汇报，并给予同学们专业的建议。在结束后，各小组进行所有资料的整合汇编，并以云端共享的方式进行存储备份。

在中期阶段。各校师生二次进入出题院校所在城市，各个学生小组以学校为单位进行打乱分组进行中期成果汇报，各学校教师以混编的方式，分组听取汇报，并对本阶段成果予以评价，本阶段各校根据自身的进度与存在问题有针对性地对场地进行补充调研。各组成果仍然按照云端方式进行共享。

在结辩阶段。各校师生进入下一轮出院校所在城市，各个学生小组以中期分组方式进行最终的设计成果汇报，教师分组亦同中期，保证了教师对于各个小组方案演化延续性的了解。各校联合进入尾声，各组成果按照标准格式进行展览与云端共享，教师们可继续下轮的选题讨论（图4）。

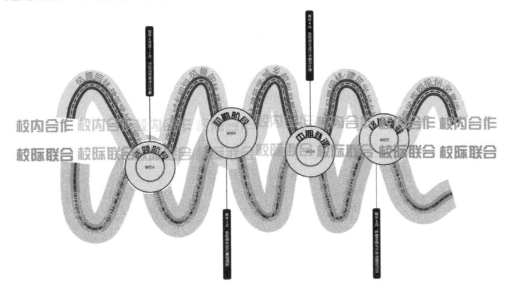

图3 联合毕业设计的校际联合和校内合作的多维度交互组织过程

图4 联合毕业设计线上答辩

3.2 校内联合的组织方式（以西安建筑科技大学为例）：

相对于校际联合中的四个地域与院校的碰撞，校内联合是以三个专业的学科特征与教学过程的协作：

教师的联合。以西安建筑科技大学为例，风景园林、城乡规划与建筑学三个专业分别派出 2～3 名专业教师，构成了约 7～9 名的联合毕业设计教师小组，与一般的毕业设计而言（图 5），教师群体的专业融合与协作是一大特色（图 5）。

学生的联合。学生需要按照三个专业搭配的方式构建城市设计大组群，与实际实践过程一致，是一个全工种协作的设计师联合体。不同专业的学生要形成具有分工合作的团队，既强调整体的和谐又需要个性的迸发。

联合教学特色。联合教学的过程是教与学相互刺激的螺旋式上升过程，在不同的教学环节，由于目标设定的差异，教师组的授课方式与教学模式，教学受众均发生变化，具体来看，我们团队的教学过程有以下 3 种模式（图 6）。

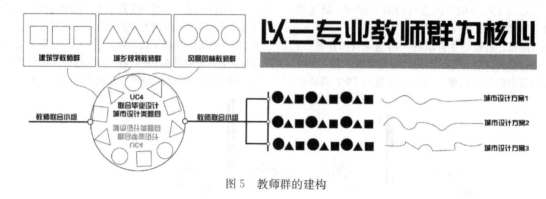

图 5 教师群的建构

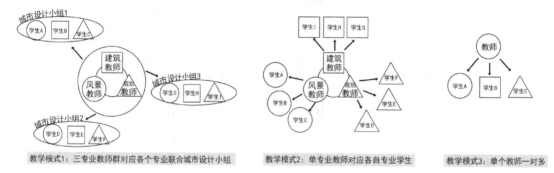

教学模式1：三专业教师群对应各个专业联合城市设计小组　教学模式2：单专业教师对应各自专业学生　教学模式3：单个教师一对多

图 6 联合毕业设计三种教学模式

4 联合毕业设计的成果表达

教学实践的最终检验，首先就是对毕业设计成果的检验。对于本科教育而言，联合是手段，是教学的过程，但最终对教学质量的评价与判定依然应该遵循专业自身的培养目标与成果标准。如表 2 所示，是西安建筑科技大学三个专业毕业设计成果的细化要求。

以风景园林系为例，我们最终的 7 张 A1 或者 4 张 A0 的图纸成果，包含了片区城市设计、地段详细设计及以及节点设计的多个层次与维度，阶段的重点如图 7 所示，以 2019（哈尔滨三马地区城市设计）与 2020（广州黄埔古港韧性城市设计）两年的联合毕业设计成果为例。共同点在于所有的毕业设计成果均忠实展示了联合教学的全过程，差异在于由于设计对象与关键点的不同，设计表达的重点与细节各有不同。例如，在韧性城市课题的表达中，采用了着重凸显平日与灾难时刻变化的不同场景设置的效果展示，且对于气候的展示与表达从数据统计到环境渲染均占据了较大的篇幅，突破了传统的空间设计表达，探索事件与时间维度上的场景表达；而在三马地区的更新设计中，更强调城市景观的群体性塑造与表达。

毕业设计成果细化要求　　　　表 2

风景园林专业成果细化要求	建筑学专业成果要求	规划专业成果要求
（1）——重点地段详细设计，——个人根据总体城市设计方案和公共空间体系，选取 15～20hm² 适合地段进行深入设计。——完成相关分析及设计理念。——地段公共空间结构及系统完善。——地段总平面1：1000 或 1：500 及总体效果。——地段城市公共空间设计导则。（2）——节点详细设计——取 0.5～1.0hm² 进行节点放大设计。——考虑标志性景观设计及小气候影响等环境设计，比例尺深度不小于1：200	（1）片区城市设计定位分析、设计理念、布局分析、交通流线、总平面图。（2）重点建筑定位分析、设计理念、布局分析、交通流线、总平面图。（3）单体建筑底层及环境详细设计（1/100～1/300）。（4）各层平面图（1/200～1/400）。（5）立面及剖面图（1/200～1/400）。（6）单体（或群体）效果图（鸟瞰、透视）。（7）结构选型、典型构造设计、绿色技术图。（8）成果模型。（9）主要技术经济指标	（1）重点片区（20～30hm²）详细规划设计，相关图纸文字及分析示意图，总平面比例尺深度不小于1：1500。——地段城市公共空间设计导则。——方案分析图（过程类分析图和结果类分析图等）——总平面图。——总体效果图。——主要经济技术指标。（2）重要节点（5hm²）详细设计，比例尺深度不小于1：500。——景观节点详细设计。——景观节点效果图。——场地竖向图

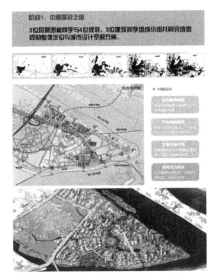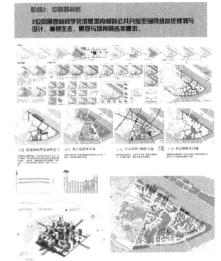

图 7　联合毕业设计的阶段工作

5　联合毕业设计的重、难点与专业特点总结

UC4 联合毕业设计联盟运作已近十年，累计参与联合的各校指导教师已经达到 75 人，曾经参与过联合毕业设计的学生，有些人甚至已经指导教师再次参与到联合毕业设计的教学中来，这是一个较为成熟的教学运作过程。笔者作为一个不成熟的参与者，通过 3 年的指导收获良多，在此也总结了一些联合毕业设计教学中的重点与难点，与各位教师共享与交流。

5.1　以合作与共享为目的的交流平台设计是联合毕业设计教学的重点

联合毕业设计的教学过程或者说联合平台的搭建是教学的重点。出题院校承担的若干次的三次师生现场交流活动，极大的推动了良性的合作与交流。2020 年受到新冠疫情的影响，云端交流替代了部分的现实互动，但人与人、人与场地之间的情感流动，明显受到了冲击。联合的目的不仅是图像、文字、声音数据的迁移，更多的是情感的互动。希望我们的联合毕设不仅是完成了一次设计实践，更重要的是能够使得同学们了解了一座城市、熟悉了一片场地；更重要的是与共同毕业即将走入下一段人生阶段的山南帝北的那一群人建立了一段共同记忆，也许某某即将是你的工作伙伴，也许某某将是你远行路上的旅伴，也许某某会是你未来科研路上的同门。以上是我认为联合教学的最终奥义。

5.2　难点是交流与合作的有效性

搭好台子，如何唱戏。对于联合毕业设计而言不可预估的因素在于不同专业学生群体们的参与程度，作为一个设计团体，必然会产生团队核心，辅助以及其他类的设计分工，这与具体的工程实践无异。一般情况下，我们会形成规划专业核心与景观专业核心两类团队，由于设计对象规模往往巨大，因此少有建筑核心团队产生，在这种团队合作模式下，就要求作为核心的专业一方面能够全面完整地形成整体的城市设计框架，另一方面也能够在认识到其他专业特长的基础上，合理组织设计分工，最终达到汇集专业合力的整体效果。否则，设计成果会呈现专业间的互相牵制与分崩，最终形成碎片化的设计成果，即虽然各专业可以完成既定的成果要求，但逻辑混乱，毫无秩序，团队解体，后会无期！这也是我们最不想看到的联合结果。以问题为导向的设计创造需要更加复合包容的人才，今天的设计实践中专业的边界与差异愈发的淡化，联合毕业设计实践希望为同学们打开一扇门，一扇专业互通之门。

5.3　风景园林专业学生的角色特点

通过 3 年的教学指导与观察，本专业学生在联合毕业设计有以下的典型特征，首先，由于受到风景园林设计与风景园林规划两个层面的教学培养，对宏观规划与中微观设计均有了解，因此，是团队中很优秀的参与者；其次，善于运用 Gis、大数据处理等多种数字技术处理复杂地形、气候、水文以及空间等要素的分析[2]，是团队中不可或缺的技术人才；最后，整体包容度强，善于接受不同的观点，是团队中的润滑剂。以上是优点。但是，往往缺少统领团队的气魄与坚持己见的勇气，而成为团队中的第一配角。在某些具有鲜明的生态优先的题目上，由于缺乏完整的城市设计知识框架，也无法完成绝对的团队核心。这种专业角色的边缘化导致整体的城市设计成果往往无法呈现有趣的专业特色，而落入一种较为套路的设计逻辑之中。这也是多专业联合中我们必须要直视的问题：到底风景园林的专业角色与地位是什么？

6　反思与拓展

从联合毕业设计的实践教学过程与结果中，对本校现行的教学框架进行反向推导，发现由于当前的每个教学阶段更强调知识单元的系统与完整性，而在知识体系的外延拓展与接口设计角度有所忽略，从联合毕业设计所倡导的团队合作与包容并蓄来看，教学体系可以从三个方面进行优化。

第一，建立纵向的以城市为研究对象的课程群体系。

今天的中国发展，已经进入城市时代，大规模粗放式的规划建设成为历史，以既有城市片区为对象的城市更新行动被写进国家的"十四五"战略规划章程之中[3]。城市品质的提升是未来前沿阵地，在教学框架中可以逐步增加不同尺度的城市空间设计内容，建立以城市为对象的纵向课程群[4]。引导学生对城市中的人、城市中的生态、城市中的风景等多角度多层次的认知体系。

第二，搭建校内三专业合作平台。

专业教学尝试在以本专业为核心的基础上，积极尝试三专业合作平台搭建。可以在低年级基础培养的评图答辩环节邀请其他专业教师进行交流，在四年级建立三专业联合设计 studio，针对特定的竞赛题目鼓励学生自发地形成跨专业联合设计小组等方式，提升学生的专业联合能力以及包容并蓄的认知维度。

第三，培养学生的团队意识及专业主导意识。

本校风景园林专业独立较晚，教学体系与框架的搭建脱胎于建筑学，对于专业自信的培养在这一阶段仍是重点，把"垃圾堆变成花园"是我们的起点，但当公园城市成为城市发展的新目标时，风景园林自身的专业价值与地位无疑使之成为现阶段的城市设计领袖位置，相对于规划与建筑专业的"物质空间建设性设计"，我们的专业特性可以概括为"自然而然的设计"，认识自然、并让自然做功，推进城市与自然的和谐发展。因此，在日常教学组织中，要强化专业自豪感与领袖意识的引导，鼓励同学们能够勇敢的在团队合作中承担核心职能，发挥个人以及专业的影响力。

如今，联合毕业设计实践的教学之路已经成为各大院校拓展教学外延的重要手段，无论是校际联合，校企联合，同专业联合、不同专业联合，各类形式各异的教学路径总是在探讨一个核心的问题：如何切实有效培养更具创造力与合作能力的人才。"一枝独秀不是春，百花齐放春满园"，要实现承载美好生活的物质空间建设，需要不同专业的良性协作，也需要加科学有效的专业输出。希望风景园林专业能在更大更广阔的建设领域中发挥更好的作用。

致谢：

感谢联合毕业设计教师组的西安建筑科技大学建筑系叶飞老师、王晓静老师，城乡规划系白宁老师、温建群老师、张晓荣老师以及教学伙伴叶静婕老师，在联合毕业设计教学过程中给予了非常多元的思路与操作建议。感谢3年来碰到的四所院校联合毕业设计的各位老师及学生们，教学相长，收获颇丰。

图表来源：

文章中的图纸来自西安建筑科技大学建筑学院风景园林专业UC4联合毕业设计的参与学生，包括2014级孙浩鑫、陈思菡、聂祯、张玉蕾、刘文婷、吴昕恬；2015级宋洋、邓傲、侯煜伦；2016级韩雨欣。

其他均为作者自绘。

参考文献：

[1] 尤涛，邱玮．联合毕业设计的教学经验与思考：中国建筑教育，2016：73-79.

[2] 樊亚妮，董芦笛，尤涛．结合气候生态的城市带状绿色空间设计——以UC4联合毕业设计"西安幸福林带核心区城市设计"为例．建筑与文化，2015，134(5)：49-52.

[3] 中华人民共和国国民经济和社会发展第十四个五年规划和2035年远景目标纲要 http://www.gov.cn.

[4] 沈葆菊，付胜刚．建筑类院校风景园林专业"城市设计课程群"建构思考．风景园林，2018，25(S1)：17-20.

作者简介：

沈葆菊/女/汉/在读博士/西安建筑科技大学讲师/研究方向为城市设计，城市公共空间设计以及城市风貌规划/ shen_xauat@qq.com。

通信作者：

董芦笛/男/汉/博士/西安建筑科技大学教授/研究方向为风景园林规划设计与小气候适应性设计理论与方法、中国传统造园理论与方法/ ludidong@qq.com。

*"参与式"教学在风景园林专业教育中的应用探索

——以北京林业大学北太平庄街道"高校合伙人"教学实践为例①

Application of "Participatory" Teaching in the Education of Landscape Architecture：Taking the Teaching Practice of "University Partner" in Beitaipingzhuang Street of Beijing Forestry University as an Example

王思元* 李 婷

北京林业大学园林学院

摘 要：风景园林学科是应用型学科，实践教学对其具有重要作用，在教学中运用"参与式"方法，能够提高学生的组织协调、设计创新、应变解决、施工实践和策划宣传等能力，培养复合型人才。基于新时代城市整治提升要求，北京市海淀区设置"1＋1＋N"责任规划师制度，自 2019 年起，北京林业大学园林学院师生成为首批受聘团队，这对于学院教师开展"参与式"教学具有积极作用。通过北京林业大学北太平庄街道"高校合伙人"教学实践的成功开展，从社会调研、公共参与、方案推敲、建设跟踪、后期宣传五个环节，实现了"参与式"教学方法贯穿风景园林设计教学始终，展示了风景园林教学新理念、新方法和新路径，为风景园林专业教学提供教学实践案例，进一步推进风景园林教学方法创新。

关键词：风景园林；参与式教学；高校合伙人；教学环节；社会实践

Abstract: Landscape Architecture is an application-oriented discipline, and practice teaching plays an important role in it. The application of "participatory" method in teaching can improve students ability of organization and coordination, design innovation, contingency solution, construction practice and planning publicity in order to cultivate compound talents. In accordance with the requirements of urban improvement in the new era, Haidian District of Beijing has set up the "1＋1＋N" responsible planner system. Since 2019, teachers and students from the School of Landscape Architecture of Beijing Forestry University have become the first group to be hired, which plays a positive role in the "participatory" teaching of teachers in the school. Through the successful teaching practice by Beijing forestry university "colleges partner" and Beitaipingzhuang street, the "participatory" method ran through the teaching of landscape architecture design in five links：social investigation, public participation, plan elaboration and construction track. This practice presents the new teaching ideas, methods and paths of landscape architecture, provides teaching practice cases for the teaching of landscape architecture, and further promotes the innovation of teaching methods of landscape architecture.

Keywords: Landscape architecture; Participatory teaching; Colleges partner; Teaching link; Social practice

风景园林学是人居环境科学的三大支柱之一，建立在广泛的自然科学和人文艺术学科基础上，在新时代城市整治提升背景下，如何培养具有综合素质能力的高质量复合型人才，成为当前风景园林学科教育工作者亟待思考的问题。因此，在海淀区"1＋1＋N"责任规划师制度背景下，北京林业大学园林学院师生团队开展了"共筑北太——北太平庄街道社区公共空间更新"的一系列教学实践，探索出一套基于"参与式"教学的风景园林专业硕士培养方法，为社会新形势下的风景园林专业教学提供教学实践案例。

1 "参与式"教学相关内容

1.1 定义

"参与式"教学（Participatory Teaching Method）是一种合作式或协作式的教学法[1]，是指教学者通过组织、设计灵活多样的教学活动，应用直观形象的教学手段，鼓励学习者积极参与教学过程，加强师生之间的互动交流和信息反馈，共同讨论、共同解决问题，共同推进教学过程[2]，使学习者能深刻地领会和掌握所学的知识，并能将这种知识运用到实践中去[3]（图 1）。

"参与式"教学的理论依据主要是心理学的内在激励

---

① 基金项目：北京林业大学建设世界一流学科和特色发展引导专项资金资助——传统人居支撑体系作为当代城市绿色基础（2019XKJS0317）；北京市共建项目专项资助"城乡生态环境北京实验室"。

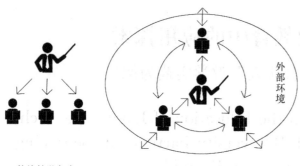

传统教学方式　　　"参与式"教学方式

图1　"参与式"教学方式与传统教学方式对比示意

与外在激励关系的理论以及弗鲁姆（Victor H. Vroom）的期望理论（Expectancy Theory）[1][4-5]，是目前国际上普遍倡导的一种进行教学、培训和研讨的方法。联合国教科文组织（UNESCO）将其包含的教学方法归纳为：课堂讨论、头脑风暴、示范和指导练习、小组活动、游戏和模拟教学、案例分析、辩论、音频或视频活动等。

1.2 风景园林学科特点

风景园林学以协调人与自然关系为根本使命，以保护和营造高品质的空间景观环境为基本任务。综合性和应用性是风景园林学科的本质特点[6]。自2011年风景园林学成为一级学科以来，中国风景园林教育在培养规模、课程体系、教育管理等方面均取得了较大发展，学科教育越来越注重多学科交叉、授课方式多元化、学科前沿追踪、校外实践训练、多层次培养和协同化合作[7]。

1.3 融入参与式教学的必要性

"参与式"教学具有多元性和多层面性[2][8]。对于风景园林这种综合性学科具有很强的适用性，有利于帮助提高学生的综合素质和多元能力，培养复合型人才。

"参与式"教学强调一种动态性的过程[2][9]。通过促进多元主体之间的观点碰撞，迸发出思维火花和设计灵感，有助于拓展专业视野，丰富设计思路，紧贴学科前沿。风景园林专业理论和项目实践更新较快，在学教过程中激发学生的创新能力具有重要意义。

"参与式"教学可以加强内在性激励。它包含的多种教学方法可以提高学生的学习积极性和主体性，尊重学生的个体差异，有利于学生自我设计，根据自己的兴趣进行知识面拓展，促进独立思考和拓展创新，帮助学生追求和实现自我价值。

"参与式"教学注重实践训练的整体性。学生可以深度参与完整的项目实践步骤，了解国家管理、社会建设的热点问题，并合理运用所学知识去解决各种突发情况，通过组织各类活动、协调多方人员得以加强实际应用和组织协作的能力，增强服务社会的责任感和专业使命感[10-11]。

2 "高校合伙人"教学实践背景与架构模式

2.1 制度背景与目标

新时代的北京面临"减量提质"的城市更新问题，城市规划和管理工作进一步"精细化"和"重心下移"，街道（乡镇）层面主导的"微更新"越来越成为主要工作。基于新版北京总规和新时代城市整治提升要求，北京市海淀区设置"1+1+N"（1名街镇规划师＋1名高校合伙人＋N个设计师团队）责任规划师制度。2018年，北京林业大学园林学院部分师生积极参与了海淀区街镇责任规划师制度试点之一——学院路街道的相关工作。自2019年起，根据《关于加强新时代街道工作的意见》，海淀区在基于自身特点的基础上，开始启动"1+1+N"街镇责任规划师体系建设，北京林业大学园林学院师生成为首批受聘团队。

海淀区责任规划师制度在总结试点工作的基础上全面推进，增进公众在城市规划管理工作中的知情权、参与权和监督权，最大限度的将城市规划设计要求落实、落细、落地，形成共治、共建、共享的城市精细化治理桥梁，以点带面实现城市品质整体提升，助力城市精细化治理，不断推动"两新两高"战略实施，为构建新型城市形态，建设全国科技创新中心核心区和国际一流的和谐宜居之都做出新贡献。未来责任规划师工作范围将逐渐由街镇层面向社区、村庄延伸拓展，打通规划实施的"最后一公里"，形成多元共治的治理新格局。

2.2 北京林业大学"高校合伙人"架构模式

2019年，海淀区实现了29个街镇责任规划师全覆盖，其中田村路街道、北太平庄街道、八里庄街道、学院路街道、花园路街道、香山街道、温泉镇、苏家坨镇8个街镇的责任规划师高校合伙人团队由北京林业大学园林学院的27位教师担任。主要职责包括定期为街道开展规划解读、讲座培训、公众宣传、规划决策咨询，搭建"校-地"合作平台进行教学科研探索，组织公众参与以促进社区自我发展，推动社区治理运营的小规模、渐进式、可持续的更新模式。高校合伙人团队除提供专业技术咨询外，还深度参与城市基层治理制度探索中，实现了学科社会服务模式的新突破。海淀区责任规划师制度的积极引导，为"参与式"教学提供了与时俱进的、优良的教学实践平台。

3 北京林业大学-北太平庄街道"高校合伙人"教学实践内容与成果

北太平庄街道积极响应海淀区区委、区政府的号召，配合责任规划师推进各项工作，并对可改造的社区空间进行前期调研和民意征求。其中，学院南路32号院社区属于典型的老旧社区，大量消极的剩余空间亟待整治更新，导致居民社区归属感较差。为此，北太平庄街道城管科、街道责任规划师、北京林业大学"高校合伙人"团队针对学院南路32号院，进行了为期近两年的跟踪调研、意见征集、公众参与，完成了32号院1-2-3号楼间空间更新，为实现民众与政府、责任规划师、高校合伙人共同筑造北太平庄和谐宜居家园贡献力量（图2）。

3.1 前期调研

项目初始，北京林业大学园林学院教师及学生团队

图 2 多方参与模式

深入海淀区北太平庄街道 32 号院社区进行实地踏勘。待改造的场地位于社区内 1、2、3 号楼之间，是一块 56m×20m 大小的居民楼间空地。通过详细观察和居民走访，学生们了解到这块 1000m² 左右的社区活动场地难以满足居民多样化的使用需求，设施老旧且使用率不高，植物长势欠佳，因周围停车较多而阻碍居民进入，影响整体景观效果（图 3）。之后根据现状核对情况，学生私下又自行组织多次现场测绘和详细调研，同时发放调查问卷，与居民反复沟通交流（图 4），了解社区日常生活情况。

图 3 社区活动广场现状

图 4 社区实地踏勘

3.2 方案构思

在对居民基本情况进行摸底的基础上，学生又对社区绿地的使用情况进行了深入调查，了解居民对于场地

改造的意向。通过对居民意向的汇总，得出了可用的设计参考：场地应有舒适的、互动式的休息座椅和遮阴的大树；停车位要进行遮挡设计；社区的夜间活动较为丰富，可以营造有趣味的活动气氛；居民对社区植物配置关注度高，植物设计应成为重点；场地应可以承载健身锻炼、遛宠物、看书、交流学习，拉二胡弹琴，下棋等活动。在此基础上，学生对方案进行了初步构思，设想出了 3 种方案（图 5），尝试进行合理的、人性化的设计，为社区"把脉开方"。

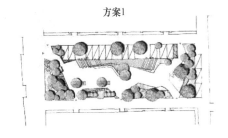

方案1

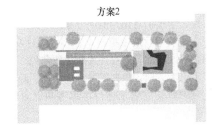

方案2

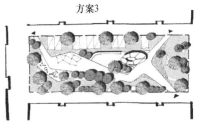

方案3

图 5 初步方案

3.3 公众参与

初步方案构思完成后，"高校合伙人"团队和社区居委会共同举办了一场"咱家这块地儿——学院南路 32 号社区公共空间更新"的公众参与活动（图 6、图 7），展示方案效果，广泛征询居民意见。这次活动的策划筹备、物资采买、活动服务、后期宣传等所有工作均由学生自主组织并完成，他们设想了多个互动环节，如社区微讲堂、问卷采集、心动之选和自主拼搭等，希望能通过这些环节更加充

图 6 "共筑北太"社区公众参与活动

分直接的了解居民的想法和意见，辅助并深化设计方案。

图 7　学生自主布置现场

3.4　方案调整

通过公众参与活动进行了方案比选，诸多矛盾和问题进一步浮现，学生们意识到前期方案的不足，如活动广场面积较少、建成与后期维护困难、部分设计功能多余、忽略噪声问题等。因此，通过代入居民的角色、转换设计视角，拓展了思考方向，根据居民对于活动、晾晒和停车空间、隔离噪声等切实需求进行再思考和针对性的调整

推敲。最终确立了满足居民意愿的方案，将场地定位为社区活动议事广场，承载社区议事、举办活动、居民沟通、运动健身、老人下棋等不同需求。

3.5　施工建设

设计方案敲定后，北林团队始终与施工方保持密切联系，实时关注施工动向，学生多次来到施工现场，亲眼见证场地的蜕变。随着方案一点点落地完成，学生也更加了解建造过程的不易，通过实地感受，学习建设工艺、熟悉材料使用、把握细节尺度等。团队从建设开始就保持与施工团队和社区委员会进行沟通，对于实际效果不理想的设计细节进行及时调整，积极解决施工中遇到的各种问题，直至竣工。

3.6　成果展示

方案通过植物更新设计、休憩设施升级、停车空间生态化等方式营造出丰富空间体验，利用标志性的光影廊架和曲线绿地进行空间围合，添加富有活力的线条和色彩提升视觉美感（图 8），并设置活动剧场、座椅、棋桌等设施以提供丰富的活动空间。为解决居民对于场地安全性的担忧，选择具有弹性的 EPDM 透水铺地，并补充夜景灯光，营造了更优质的生活空间，高度满足居民日常活动需求，深受居民喜爱，社区面貌得到了显著提升。

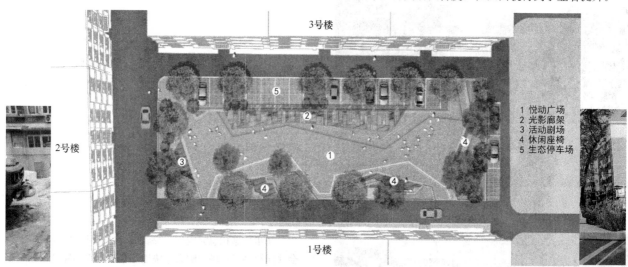

1　悦动广场
2　光影廊架
3　活动剧场
4　休闲座椅
5　生态停车场

图 8　32 号院社区公共绿地方案平面图

4　"参与式"教学在专业教育中的应用环节

北京林业大学-北太平庄街道"高校合伙人"教学实践的成功开展，为风景园林专业教学提供实践案例，从社会调研、公共参与、方案推敲、建设跟踪、后期宣传五个实践环节中，逐步探索出了"参与式"教学在风景园林专业硕士教育培养中的应用方法。

4.1　开展社会调研，重视基础研究

项目初始时，对街道现状情况和空间资源进行实地

踏勘并梳理相关信息是进行后续工作的重要基础，在错综复杂的现状中保持清晰明确的逻辑思维，准确辨析场地核心问题，也是专业必备的基础研究能力。通过对场地现状进行测量还可以提升空间环境意识[12]，培养空间感性和直觉，包括对空间尺度、要素尺寸把握的专业习惯，有利于纠正学生重表现轻功能、重原理轻实践等认知误区[13]。

4.2　组织公众参与，积极协调应变

"参与式"空间更新不单是规划师一方面的行为，也需要各方力量的积极参与，通过举办公众参与活动，在地方政府和公众之间建立多元参与平台，平衡多方利益，解

决多方矛盾，推动社区居民的共建积极性，获得公众对城市更新工作的支持和参与，协助规划师更好地进行人性化的设计，使社区居民与规划者互通互联，形成紧密的伙伴关系。在举办社区活动过程中需要充分发挥组织协调能力，汇集多方力量。通过积极应对居民的多元化需求，可以帮助学生掌握对话技巧，锻炼学生的人际交往、随机应变、发现问题和解决问题的能力。学生通过公众参与活动，深入居民生活，体会大众需求，关注社会热点问题，培养公共服务态度，更加了解风景园林专业的社会公共性和专业使命感[12]。

4.3　强调方案推敲，引导设计创新

不断更新迭代的社会文化因素影响着风景园林行业，导致景观设计具有很强的变化性，内含诸多不可预料的变数，设计方案往往需要多轮更新以适应新的功能和需要。实际项目的设计方案制定更加强调不断推敲的过程，设计师需以客观的立场帮助和引导居民解决问题，通过有效的技术方法和设计创新，以社区使用者的切实需求为导向，将居民意见落实，实现更加人性化的空间设计。通过居民和社区的渐进性反馈，学生也能体验到思维拓展和角色转换的乐趣，逐渐形成正确的设计思维和价值观，由被动的效仿转向自觉的探索。

4.4　跟踪建设过程，培养实践技能

风景园林是一个实践性极强的学科，当图纸上的美好设想转化为实物时，一些在二维平面上忽略的问题则会在三维立体空间中浮现。在校学生往往因缺乏社会实践而对材料、尺度、构造、工艺等方面缺少真实感受，无法建立与方案设计之间的联系[13]。因此，在施工过程中对建设情况进行建设追踪和密切参与，不仅有利于学习风景园林工程建造技术知识，通过与施工人员的沟通，更加了解真实建设过程，全方位培养实践技能，积累技术经验和阅历，培养前瞻性和可行性思维[14]。

4.5　结合策划宣传，强化后期推广

随着"知识爆炸""大数据""互联网""虚拟VR"技术"数字景观技术""AI人工智能""5G"以及"新媒体"产业的迅猛发展[15-18]，日新月异的信息对风景园林行业传统的运作模式产生潜移默化的影响。在项目运行过程中，除了操作专业基础的设计软件之外，还需要拓展其他的辅助软件、网络平台和可视化工具等对设计方案呈现、建成效果展示进行表达和宣传。在这个过程中，学生的拓展学习、策划宣传、后期推广等能力均能得到显著提升，真正实现"跨学科、跨领域"的技术方法融合[15]。

5　总结

风景园林是一门应用型学科，"参与式"教学对于风景园林专业教育具有很强的适用性。北京林业大学-北太平庄街道"高校合伙人"教学实践的顺利开展展示了风景园林教学新理念、新方法和新路径。通过深度参与实际项目，学生的基础研究、组织协调、应变解决、设计创新、施工实践和策划宣传等综合应用能力均得到了很大提升。这一成功的实践案例为风景专业教育展示了良好的教学效果，为"参与式"教学方法的推广做出重要贡献，实现了"参与式"模式贯穿风景园林设计教学始终，进一步推进风景园林教学方法创新。

图表来源：

图1、图2由作者自绘；图3～图8由作者拍摄。

参考文献：

[1]　陈华. 参与式教学法的原理、形式与应用. 逻辑学研究 21.006(2001)：159-161.

[2]　张广兵. 参与式教学设计研究［学位论文］. 重庆：西南大学，2009.

[3]　单颖. 参与式教学方法在高校课堂教学中的应用. 六安：皖西学院学报. 04(2006)：154-156.

[4]　S·泰森等. 组织行为学精要. 北京：中信出版社，2003.

[5]　周金其，李水英，吴长春. "参与式"教学的理论与实践. 高等教育研究，2000(03)：77-79.

[6]　高等学校风景园林学科专业指导委员会编制. 高等学校风景园林本科指导性专业规范. 北京：中国建筑工业出版社，2013.

[7]　杜春兰，郑曦. 一级学科背景下的中国风景园林教育发展回顾与展望. 中国园林，2021，37(01)：26-32.

[8]　钟有为，黄伟. "参与式"教学的理论依据和特点. 安徽教育学院学报，2007，25(4)：120-124.

[9]　文国韬. 参与教学与学生创新能力的培养. 桂林：桂林师范高等专科学校学报，2003，017(001)：88-90.

[10]　赵蕊. 2019中国城市规划年会. 公众参与视角下的责任规划师制度践行与思考. 2019-10-19.

[11]　安琳莉. 探析"三课合一"创新性教学研究——以风景园林专业为例. 中国包装，2021，41(03)：75-77.

[12]　刘滨谊. 现代风景园林的性质及其专业教育导向. 中国园林，2009，25(02)：31-35.

[13]　陈娟，曾昭君，秘密花园：基于综合能力培养的风景园林专业实践教学探索. 现代园艺，2021，44(01)：175-177.

[14]　张洪波，郑志颖，崔巍，薛冰，王国玲. 风景园林专业教育实践教学体系研究. 城市建筑，2021，18(04)：33-35+48.

[15]　成实，张潇涵，成玉宁. 数字景观技术在中国风景园林领域的运用前瞻. 风景园林，2021，28(01)：46-52.

[16]　刘颂，章舒雯. 数字景观技术研究进展——国际数字景观大会发展概述. 中国园林，2015，31(02)：45-50.

[17]　陈弘志，林广思. 美国风景园林专业教育的借鉴与启示. 中国园林，2006(12)：5-8.

[18]　陈广凤，冯建英，李冬梅，郑芳，刘丽霞. "互联网＋"背景下课堂教学模式的改革研究——以风景园林专业人才培养为例. 现代园艺，2021，44(07)：197-198＋200.

作者简介及通信作者：

王思元/女/汉族/博士/北京林业大学园林学院副教授/硕士生导师/研究方向为风景园林教学及规划设计/bjfu_wangsy@163.com。

*数字背景下央美风景园林遗产保护课程探索①

Exploration of the Landscape Architecture Heritage Protection Curriculum in the Digital Background

吴祥艳[1]*　廉景森[1]　谢麟冬[2]　王晓璐[1]

1　中央美术学院；2　北京清大合一科技有限公司文化遗产数字化研究中心

摘　要：21世纪以来，随着我国风景园林学科跨越式发展以及国家层面对各类遗产保护活化的重视，风景园林遗产保护课程业已成为各类院校风景园林专业学生必修的理论课程。本文在综述国内风景园林遗产保护课程整体发展的基础上，重点阐述中央美术学院风景园林遗产保护课程建设发展过程、整体架构以及如何利用数字化手段拓展教学内容与方法，锻炼提高学生的动手能力；理论与实践相结合，实现教学与科研、教学与社会需求的紧密连接，为当下遗产保护事业提供专门人才。

关键词：数字化；风景园林遗产保护；近景摄影测量；三维激光扫描；体验式教学

Abstract: Since the 21st century, with the leap-forward development of our country's landscape architecture disciplines and the national level attaching importance to the protection and reuse of various heritages, the curriculum of landscape architecture heritage protection has become a compulsory theoretical course for landscape architecture students in various universities. On the basis of reviewing the overall development of the domestic landscape architecture heritage protection curriculum, this article focuses on the development process and overall structure of the Central Academy of Fine Arts landscape heritage protection curriculum construction and how to use digital means to expand teaching content and methods, and exercise and improve students' practical ability; Combine with practice, realize the close link between teaching and scientific research, teaching and social needs, and provide specialized talents for the current heritage protection field.

Keywords: Digitalization; Protection of landscape architecture heritage; Close range photogrammetry; 3D laser scanning; Experimental teaching

1. 我国高校风景园林遗产保护课程开设总体状况

1.1 "风景园林遗产保护课程"建设与发展背景

风景园林遗产保护课程在我国各风景园林专业院校的建设与发展依托于我国21世纪风景园林学科的迅速发展以及国家文化建设和生态文明建设的迫切需求。

2011年国务院学位委员、教育部公布的《学位授予和人才培养学科目录（2011年）》将"风景园林学"正式列入110个一级学科，归属工学门类，这标志着我国风景园林学科进入了一个迅速发展的新时代。继而风景园林遗产保护被列入风景园林学科6个专业方向之一[1]，见图1。国家层面的文化体制和生态文明体制改革，为风景园林学科及其各专业方向的发展确定了时代旋律。2013年党的十八届三中全会以来，党中央提出深化我国文化体制改革……推动社会主义文化大发展大繁荣，并强调要弘扬我国传统民族文化，坚定文化自信；同时，围绕建设美丽中国深化生态文明体制改革，加快建立生态文明制度……推动形成人与自然和谐发展现代化建设新格局[2]。

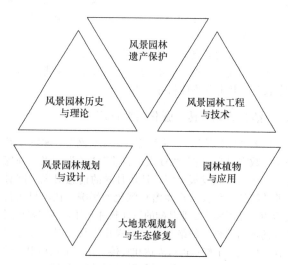

图1　风景园林学六个二级方向

在文化遗产保护方面，2014年习近平总书记提出"要系统梳理传统文化资源，让收藏在禁宫里的文物、陈列在广阔大地上的遗产、书写在古籍里的文字都活起来"。将文化遗产理念从单纯的原真性保护引入活化利用的新视野。上述背景促使各高校纷纷开设风景园林遗产保护

　　①　基金项目：北京高校教学改革创新项目——风景园林遗产保护优秀课程建设，编号：102；中央美术学院自主科研重点课题，项目编号：20KYZD013。

课程以培养热爱遗产保护事业并具备相关知识技能的优秀人才。

1.2 我国高校"风景园林遗产保护"课程建设发展现状

近年来来党和国家把自然资源和文化遗产的保护事业提到了重要高度，各高校越来越重视与遗产保护相关的课程建设。2019全国风景园林本科教育大会在北京召开，为加强各院校间的交流，推动全国风景园林遗产保护课程建设，与会期间清华大学主办了首届风景园林遗产保护与设计课程培训。据统计，全国共有27个省份112所院校的135名教师报名参加了此次培训，其中有来自理工

和农林院校的9位代表进行了发言。笔者根据会议期间发布的《"风景园林遗产保护与设计"培训手册》，结合部分教师访谈，以及彭琳"风景园林遗产保护-课程教学改革的探索"[3]、林广思"风景园林遗产保护领域与演化"[4]、陆仲轩"风景园林遗产保护"[5]、吴隽永"GIS技术在风景园林遗产保护本科课程教学案例中的应用研究"[6]、严国泰"风景名胜与景观遗产的理论与实践"[7]、李敏"风景园林遗产价值评估标准研究"[8]、魏民"从风景区规划到风景规划的课程演变探讨"[9]、肖予"新时代背景下的风景规划课程——以北京林业大学为例"[10]等相关论文的综合研究，梳理出当下我国部分风景园林专业院校风景园林遗产保护课程的基本情况，详见表1。

部分高校风景园林遗产保护课程分析[19]　　　　　　　　　　　　　　　表1

类别	学校名称	课程名称	课程性质	学时学分	课程特点
理工综合类	清华大学	风景园林遗产保护	风景园林专业必修	1学分	立足世界公园与自然保护地体系的研究视野，将遗产保护教学与大尺度景观规划实践结合
	同济大学	风景资源学	风景园林专业必修	18学时2学分	从"风景资源"的角度探讨在人地关系中如何科学保护、可持续利用、综合评价风景园林遗产
	西安建筑科技大学	自然与文化遗产保护	通识核心课程，风景园林专业选修	24学时1.5学分	强调对历史文化名城、村、镇等的调查方法与更新设计程序等内容
		历史城市景观保护与更新			
	华南理工大学	风景园林遗产保护与管理	风景园林专业必修	2学分	体现岭南地域特色的风景园林遗产保护。与遗产保护设计实践相结合
	东南大学	风景园林遗产保护及其方法	遗产保护专业	32学时	侧重介绍与解析历史园林、风景名胜等特有遗产保护领域的发展历程、价值评估、基本原理与方法等专业知识
	天津大学	风景园林遗产保护与管理	风景园林专业选修	32学时	较系统全面的梳理风景园林遗产内容及相关理论
	重庆大学	风景区与自然遗产	风景园林专业必修课程	36学时2学分	以大尺度自然保护地为核心，包括基本概念、发展历程、相关规划、资源保护、游憩游赏、社区发展、管理等专题内容
农林类	北京林业大学	风景区规划	风园、城规、园林专业选修	24学时	重点在于讲授风景名胜区规划理论和规划方法
	南京林业大学	风景园林遗产保护与管理	风景园林专业必修	48学时	强调对国内外遗产体系的系统化认知，建立遗产保护与管理体系基本框架
	华中农业大学	风景资源保护与规划	风景园林专业特色课程	32学时2学分	突出对风景名胜区为典型代表的风景资源进行调查、评价、布局与规划
	福建农林大学	风景区规划	风景园林专业必修	30学时2学分	以风景名胜区为研究对象，重点讲述风景名胜区资源调查与评价以及规划的理论与方法
		闽台园林与文化遗产保护	风景园林专业选修	22学时1.5学分	突出闽台园林的地域特征
	东北林业大学	风景园林遗产保护与管理	风景园林专业必修	2学分	强调以培养文化遗产综合管理能力为目标的教学理念，将文化遗产领域市场需求、实际工作能力与理论教学结合

从表1不难看出，目前理工综合类和农林类院校的风景园林遗产保护相关课程呈现出较为复杂多样的发展态势，各具特色，又有其相对统一的规律。首先，各个院校开设的课程名称尚未统一，课程内容各有侧重。12所院校中4所院校即华南理工大学、天津大学、南京林业大学、东北林业大学，课程名称为"风景园林遗产保护与管理"；东南大学课程名称为"风景园林遗产保护与方法"；清华大学课程名称为"风景园林遗产保护"；西安建筑科技大学课程名称为"历史城市景观保护与更新"；而同济大学、重庆大学、华中农业大学、北京林业大学、福建农林大学等5所学校的课程名称均与"风景资源""风景区"等相关。这也反映出我国风景名胜区体系在教育和实践方面的长期发展，为我国自然资源以及地域文化的保护作出了重要贡献。其次，各类高校受专业设置与学科发展

历史的影响，遗产保护相关课程的广度和深度差异性较大。部分高校在2011年以后才开始增设风景园林遗产保护课程，而天津大学等建筑类老八校依托其建筑遗产保护、城市规划等相关课程长期建设的深厚基础，增设风景园林遗产保护专业课程，形成了较为丰富的遗产保护课程集群，不同课程之间相互补充和完善。详见表2。最后，各院校开设的风景园林遗产保护课程在主要授课内容、方式方法等方面也呈现差异化、多样性特征。这主要取决于主讲教师团队的教育、科研与实践背景。例如，华南理工大学吴隽永教授团队探讨了GIS技术在风景园林遗产保护科学教学中的应用，促进多学科交叉融合，激发学生的学习兴趣，加强学生对数据的分析和处理能力；同时，培养学生对遗产资源的整体性保护观念，重视文化遗产资源与生态环境密不可分的关系[6]。具有一定的示范意义。

天津大学遗产保护课程集群[19]　　　　　　　　　　　　　　　　　　　　　　　　　　表2

序号	课程名称	课程性质	学时学分	课程特点
1	建筑遗产保护概论	建筑学、城乡规划专业基础理论选修	16学时 1学分	建筑遗产保护基本理论、方法，阐明建筑遗产保护与社会发展的关系
2	建筑保护简史		16学时 1学分	普及各类中西方历史及近现代建筑遗产保护思想的发展脉络，强调对遗产保护系统的全面认知
3	建筑遗产保护技术		32学时 2学分	介绍各类文物建筑的勘察、修缮和保护技术、原则等，以及病害损伤机理、具体实践案例
4	传统建筑营造技术		16学时 1学分	关注以明清官式建筑营造技术为主要对象的中国传统建筑艺术背后的科学与技术基础
5	古建筑测绘（测绘学）	风景园林专业必修课	16学时 1学分	测绘实践课程，选择典型的优秀园林建筑实例作为测绘对象。通过现场测绘、手绘以及数字化建模等方式在实践中了解测绘知识以及对遗产的精准认知
6	风景旅游区规划	风园、城规、艺术设计专业必修	32学时 2学分	了解风景区、旅游区的概况和主要类型；掌握不同类型风景区、旅游区规划的基本内容和方法、相关的法律法规以及旅游策划的相关知识
7	历史文化名城保护	城乡规划专业基础课	16学时 1学分	了解我国历史文化名城保护的历史和演进，掌握保护规划设计的相关理论与方法。具备各类保护规划编制、设计应用和管理能力
8	遗产经济学	建筑学专业课程	16学时 1学分	了解文化遗产的价值，尤其是文化遗产的经济属性，能够从宏观角度解读文化遗产
9	遗产管理学			了解遗产管理的基本理论和实践，包括遗产的基本概念、内涵、文化价值评估、保护规划、维护计划等内容

2. 数字化背景下央美风景园林遗产保护课程探索

2.1 数字技术在风景园林遗产领域的广泛应用

当前文化遗产保护已经进入到全新的数字化时代。文化遗产数字化不仅成为其永久数字保存与虚拟修复的重要手段，也成为人们走近遗产地深入了解文化遗产的有效途径。

近些年随着计算机科学的发展，现代数字测绘和信

息管理技术被广泛运用在历史建筑、遗址和文物遗产的信息采集和处理研究等方面。风景园林遗产保护领域的数字化研究相对滞后，但也取得了一系列成果。例如，私家园林中喻梦哲和林溪利用近景摄影测量和三维激光扫描技术对环秀山庄和耦园的池山叠石从形态、材质色彩与数据精度等方面进行了研究与讨论[11]；"数字再现圆明园"及其后期借助VR、AR等多种可视化手段进行的宣传展示项目，为消失的文化遗产再现提供了非常好的参照[12][13][14]；数字化背景下的故宫乾隆花园研究，以三维激光扫描为主要测量手段，对园内假山进行激光扫描后，将采集的三维点云数据进行三维建模，后期通过摄影测

量进行铺装和纹理的复原与标注[15]；张青萍等利用地面激光扫描和无人机摄影测量技术对苏州遂园进行三维数字化测绘[16]等。目前风景园林遗产保护领域已经形成了全面综合的前期数据采集技术以及后期辅助 3D GIS 等信息技术对采集到的文化遗产数据进行系统化储存、管理与分析[17][18]。

2.2 中央美术学院风景园林遗产保护课程历史沿革、教学理念与主要内容

2.2.1 历史沿革

中央美术学院建筑学院风景园林系成立于 2005 年。专业办学依托中央美术学院深厚的历史与人文底蕴，并与建筑学、室内设计、城市设计不同专业和方向相互融合，强调艺术与创新思维的培养。风景园林遗产保护课程开始于 2013 年，经历初创、成型到发展的三个时期，从无到有，逐步形成课程特色：以历史园林遗产保护为核心，突出前沿数字技术的综合运用；"数字化"与"体验式"教学相融合，实现文化与艺术、科学与技术的高度统一。

初创。2013 年中央美术学院建筑学院风景园林系根据《高等学校风景园林本科指导性专业规范》调整并完善学科架构，提高办学质量。依托中央美术学院雄厚的艺术人文背景，首次开设风景园林遗产保护课程，人文学院教师一起参与授课。初创时期课程体系以历史建筑保护为重点，融合自然遗产和文化遗产等相关知识。

成型。2014~2016 年，进一步完善课程体系，拓展课程内涵。课程内容包括：风景园林遗产保护相关概念、类型和保护法则等；历史建筑及其环境保护价值评估和认识；城乡历史环境整体保护、历史环境下相关规划与设计问题等。授课方式采用传统理论讲授结合典型案例解读。

发展。2017 年至今，进一步突出课程特色。依托主讲教师长期进行的圆明园、避暑山庄等清代皇家园林遗产数字化复原设计与保护研究课题成果，形成以历史园林遗产保护与活化理论为核心、数字化实践为支撑的"体验式"教学。并将第一课堂延伸到第二课堂、虚拟课堂，创新授课方式。

2.2.2 教学理念和培养目标

风景园林遗产保护是对具有遗产价值和重要生态服务功能的风景园林境遇保护与管理的学科。"风景园林遗产"实践对象广泛，包括传统园林、风景名胜区、世界遗产、文化景观、乡土景观，以及目前正在如火如荼开展体制改革的国家公园和自然保护地体系等"[19]。风景园林遗产的多样性和复杂性为央美课程教学提出了挑战：在课时有限的情况下，如何做到全面系统又能突出特色、培养出满足社会发展需求的优秀人才等问题是课程设置的基本出发点。

中央美术学院学生具有较好的艺术禀赋且乐于创新，对前沿信息技术具有浓厚的兴趣，以此为基础，本门课程在内容上强调系统化的知识建构，并着重突出历史园林

保护；在方法上强调"数字化"背景下的"体验式"教学。"数字化"强调文化遗产的数字测绘、记录、展示、虚拟复原与保护修复等内容；"体验式"则强调课程的"应用型"特点，通过亲自动手操控仪器进行数据采集、处理、图纸绘制等环节，培养学生的实操能力。

2.2.3 课程性质与主要内容

该课程为风景园林专业必修课程，共 8 次课，32 学时，分为理论讲授和实践两个环节。理论讲授包括 7 个板块，24 学时，实践部分包括 3 个板块，8 学时。

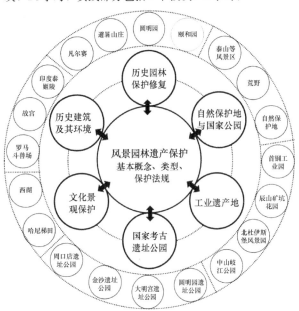

图 2　风景园林遗产保护理论体系建构

（1）理论讲授

系统建构风景园林遗产保护知识体系：梳理"世界遗产""物质遗产""非物质遗产""风景园林遗产"等基本概念和发展历程、多样的遗产保护体系、法规与实务等；结合案例讲授不同类型的风景园林遗产保护特点，引导学生了解遗产要素调查、价值评估、保护规划编制、保护与修复设计、遗产动态监测与管理等核心理论与方法；并对前沿数字测绘技术、复原设计的理论与方法进行总结。从宏观到微观，从理论到实践，逐步展开。详见图 2。

1）概论板块（2 学时）。包括基本概念、内涵、类型、历史沿革与发展；国际国内遗产保护宪章与法则；中国传统环境观及与山水共生的哲学思想等。

2）历史建筑保护、修复与利用板块（2 学时）。以印度泰姬陵、意大利古罗马斗兽场等的保护修复为主要案例，总结历史建筑保护、修复、展示、利用的原则、方法等。

3）历史园林保护、修复、数字化复原与活化利用研究板块（6 学时）。以数字圆明园、避暑山庄等皇家园林等复原研究与展示传播为案例，介绍数字化复原研究与展示传播的理论、方法、技术等。

4）国家考古遗址公园板块（3 学时）。讲述以大遗址为研究对象的国家考古遗址公园的保护、展示、利用方法，保护与展示规划编制等，并以圆明园国家考古遗址公园、大明宫国家考古遗址公园等为例进行讲解。

5）工业遗产保护与活化利用板块（3学时）。以西雅图煤气厂公园、首钢工业遗产园等为案例进行工业遗产保护、修复与活化利用的讲解。

6）文化景观板块（3学时）。以杭州西湖、哈尼梯田等为案例，讲解文化景观的概念、特点、价值与保护规划等内容。

7）国家公园与自然保护地板块（课外拓展课堂）。以黄山、泰山等名山风景区的保护利用为例，与当下"国家公园和自然保护地"改革相结合，从宏观规划层面认知区域尺度的遗产保护问题。该部分内容邀请行业专家开设开放性讲座，形成第二课堂，补充完善第一课堂，让更多同学受益。

（2）实践环节

实践环节包括3个板块（8学时）：1）田野调查（4学时）；2）遗产信息数字化采集与整理分析、展示利用等（4学时）；3）云端观展与虚拟体验（课外拓展课堂）。

2.3 基于数字技术的历史园林遗产保护综合实践

数字测绘技术较传统手工测绘呈现出高效、精准、无接触等多种优势，业已成为当下历史园林遗产调查研究的重要手段。本课程实践环节将数字测绘技术引入课堂，理论讲解与实战相结合，带领学生走进圆明园和避暑山庄，展开深入的田野调查和现场测绘，让学生们熟练掌握近景摄影测量、三维激光扫描等现代测绘技术的工作原理、测绘方法等，全面提高动手操作能力。

2.3.1 通过田野调查加深对遗产的全面认识

走进历史园林并全面了解其现状基本情况：考察现状山形水系、建筑、道路、植物等各类景观元素的保护修复状况，是否进行过考古发掘，建筑遗址展示手段和方法等；对遗址现状景观元素进行分析研究，评估各类元素的

保存状态和利用情况。

2.3.2 运用综合数字测绘技术进行遗产信息采集与记录

（1）熟练掌握近景摄影测量技术进行信息采集和数据处理的方法（图3）。近景摄影测量利用对物距不大于300m的目标物摄取的立体像对进行的摄影测量。首先，从多角度对被测物体进行拍摄，获取一组照片；然后通过专用软件对照片进行匹配，生成点云数据，并自动生成网格模型以及进行纹理映射[15]。课程要求同学们首先掌握地面近景摄影测量方法。选择圆明园遗址现场的一块自然山石或西洋建筑石构件进行拍照，记录遗产信息；并利用实景建模软件：Agisoft photoscan pro. vl. 3.0.3772，完成假山石或西洋建筑构件的模型搭建，熟悉该软件生成模型的步骤与方法，总结各环节遇到的问题与技术要点，见图4。其次，了解无人机倾斜摄影信息采集的要点和方法。带领学生走进避暑山庄并对金山、文园狮子林等景区进行无人机拍摄（M300rtk 无人机 搭载 DG4 Pros 五镜头相机），收集航拍照片并运用 photoscan 软件生成三维模型，详见图6、图7。

（2）掌握三维激光扫描测绘技术与数据处理方法。三维激光扫描仪利用激光测距原理，通过记录被测物体表面大量的密集点的三维坐标、反射率和纹理等信息，可快速复建出被测目标的三维模型及线、面、体等各种图件数据[20]。采用中央美术学院建筑学院实验室三维激光扫描仪（莱卡C10），对避暑山庄金山（图5）、圆明园廓然大公景区假山石进行扫描（图8、图9），要求学生熟练掌握扫描仪的具体操作步骤和方法：选择扫描站点，制定施测路线；安装与校准扫描仪、开机、扫描设置、搬站、文件导出等基本流程和操作方法。后续运用软件 Cyclone 进行数据处理，熟悉三维点云多站点数据的拼接与坐标转换、场景 DEM 制作、密集点云生成等过程。

无人机摄影测量　　　　　　地面摄影测量

```
┌─────────────────────────┐
│ 1.实验设计（包括仪器选用、参数 │
│   设置、拍摄点和范围的安排等）  │
└─────────────────────────┘
           ↓
┌─────────────────────────┐
│ 2.外业测量              │
│   （即现场拍摄、获取影像）    │
└─────────────────────────┘
           ↓
┌─────────────────────────┐
│ 3.三维点云模型生成        │
│ （包括校正、拼接、密集点云生成 │
│   等数据处理过程）         │
└─────────────────────────┘
           ↓
┌─────────────────────────┐
│ 4.三维几何模型构建        │
│ （包括模型面的拟合和处理）    │
└─────────────────────────┘
           ↓
┌─────────────────────────┐
│ 5.三维实景模型生成        │
│ （包括材料映射与可视化处理等操作）│
└─────────────────────────┘
```

图3　近景摄影测量一般流程[17]

圆明园文化遗产测量技术报告

iPad Air (3rd generation) (3.3 mm) i

63 images
Type 帧
分辨率: 3264 x 2448
Focal Length :3.3 mm
Pixel Size: 1.13 x 1.13 um

Table 3. Calibration coefficients and correlation matrix
投影系统相关系数群。

观末区

根据上述图片经过计算编绘而成，全景展现出遗产现生动修复之貌。以最直观显示文物形态之基，采字世纪石雕原貌被撕裂的巴黎免夫石门算据了十年（1860年）被英法新军劫损害了十年（1915年）轮廓参测的石雕风貌委出出进履采过传遗履间测1877年去圆测堡

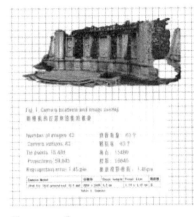

Fig. 1. Camera locations and image overlap.
断崖残迹石雕和图像重叠率

数字高程模型
Digital Elevation Model

纹理模型图

导图

合末

密型点云

加密众云全图

纹理

课程名称：圆明园遗产保护实验
引导老师：吴佳艳
著名：罗道昊
学号：131805061

圆明园假山石
近景测量
技术报告
Processing Report
15 April 2021

圆明园
Old Summer Palace

九洲清晏
Jiuzhou Qingyan

皇后殿
Queen's Palace

姓名：许可

最终模型-前视图
Tiled model

点云模型-前视图
Point cloud model

实体模型-前视图
Solid model

网格模型-前视图
Grid model

着色模型-前视图
Shading model

最终模型-后视图
Tiled model

点云模型-后视图
Point cloud model

实体模型-后视图
Solid model

网格模型-后视图
Grid model

着色模型-后视图
Shading model

最终模型-左视图
Tiled model

点云模型-左视图
Point cloud model

实体模型-左视图
Solid model

网格模型-左视图
Grid model

着色模型-左视图
Shading model

最终模型-右视图
Tiled model

点云模型-右视图
Point cloud model

实体模型-右视图
Solid model

网格模型-右视图
Grid model

着色模型-右视图
Shading model

学生学号：131805068

指导教师：吴佳艳

始解日期：2021年4月12日

图4　圆明园近景摄影测量报告（学生作业）

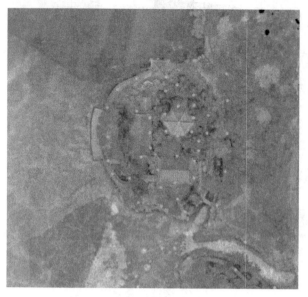

图5 金山三维激光扫描仪站点位置

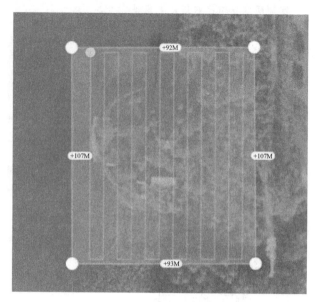

图6 金山无人机航拍路线示意图

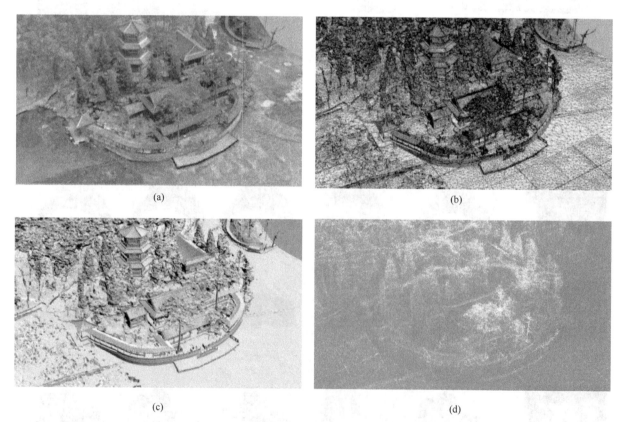

(a)

(b)

(c)

(d)

图7 金山无人机摄影测量生成三维模型

（a）实景模型；（b）不规则三角网模型；（c）无纹理模型；（d）点云模型

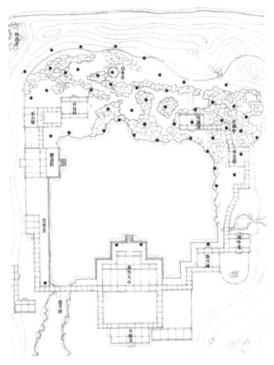

图 8　廊然大公三维激光扫描仪站点位置

图 9　廊然大公三维激光扫描工作实景

2.3.3　运用可视化平台集成数据资源，进行遗产的展示、交流与传播

　　为了让公众更好的认识和了解遗产所具有的文化、历史、科学、艺术等综合价值，在对遗产进行数字化记录

保存的基础上，集合各种可视化数字展示平台，全方位的进行遗产展示和宣传成为当前遗产活化利用的有效途径。以"数字再现圆明园"项目复原设计研究及 E-MAX "重返·西洋楼沉浸交互秀"[12][13]为例进行讲解，让同学们了解遗产保护数字化全过程解决方案，详见图 10、图 11。

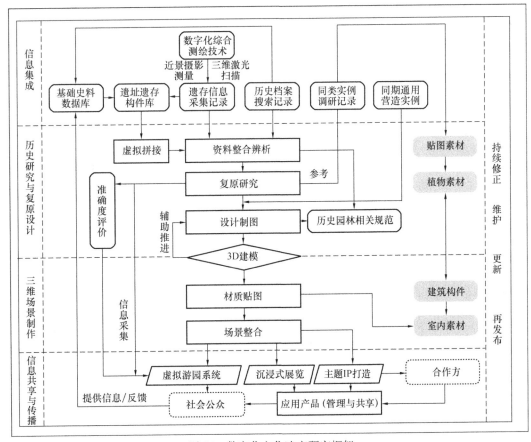

图 10　数字化文化遗产研究框架

图 11　E-max 环幕＋地幕构成的沉浸式体验空间

3　结语：中央美术学院风景园林遗产保护课程创新、不足与展望

在我国宏观政策背景的支持下，中央美术学院风景园林遗产保护课程依托北京及周边区域丰富多彩的皇家园林资源，结合快速发展的数字信息技术，逐步形成了"以历史园林遗产保护"为理论讲授核心，以"综合数字遗产保护活化技术"为实践板块的教学特色。革新了教学理念和方法，达到与时俱进课程创新点主要体现在以下两个方面：

（1）学研结合，技术引领，培养学生跨学科思维。依托主讲教师长期在"数字再现圆明园""避暑山庄清代盛期原貌复原研究"等国家重大遗产保护领域的研究成果和实践经验，带领学生了解风景园林文化遗产保护数字化技术与方法，把数字测绘、三维建模、AR 和 VR、虚拟现实等数字化新技术引入到文化遗产保护和传承中，使风景园林文化遗产"活"起来。

（2）实践求真，业界大咖助力，革新教学方法。带领学生观摩学习云端展会、数字博物馆、数字艺术展等；利用数字圆明园、数字故宫等既有研究成果，进行文化遗产的历时性教学，让学生真实感受文化遗产的时空属性和特点；通过网络微课、讲座等形式邀请文保领域大咖结合实际项目经验，与学生开展互动交流，提高学生对当前数字遗产保护领域实践的认识，了解前沿技术手段及社会需求，激发学习兴趣。

课程不足之处主要包括以下三个方面：1）由于课时有限，实践环节尚不能完成复原设计板块内容；2）目前学校实验室提供的三维激光扫描仪设备老化，急需更新和完善设备。3）开放性讲座相对缺乏。为了进一步完善中央美术学院风景园林遗产保护教学，笔者认为应该从现有不足出发，着力做好以下工作：1）以现有课程体系为基础，增加 16 学时历史园林保护研究与复原设计专题

实践，强化遗产保护的全过程训练；2）尽快更新实验设备；3）继续加强与实践领域专家和同行的交流，增加开放性讲座次数，进一步丰富第二课堂。

致谢：

衷心感谢中央美术学院建筑学院王小红教授、朱锫教授、丁圆教授、吴晓敏教授对本课程的大力支持。

图表来源：

①图 1、图 2 由吴祥艳绘制；图 3：廉景森根据参考文献[17]图 1 改绘；图 4：选自学生课程作业；图 5：吴佳钰绘制；图 6、图 7：谢麟冬绘制；图 8：王晓璐绘制，图 9：吴寔拍摄；图 10：廉景森根据参考文献[12]改绘；图 11：引自参考文献[12]。

②表 1、表 2 根据参考文献[19]整理。

参考文献：

[1] 国务院学位委员会第六届学科评议组. 学位授予和人才培养一级学科简介[M]. 北京：高等教育出版社，2012.

[2] 2013 年 11 月 12 日中国共产党第十八届中央委员会第三次全体会议通过的《中共中央关于全面深化改革若干重大问题的决定》.

[3] 彭琳，谷光灿."风景园林遗产保护"课程教学改革的探索[J]. 中国林业教育，2020，38(05)：66-68.

[4] 林广思，萧蕾. 风景园林遗产保护领域及演化[A]. 第九届中国国际园林博览会论文汇编[C]. 住房和城乡建设部：中国风景园林学会，2013：7.

[5] 陆仲轩，陈凤仪，黄予欣，周曦曦. 风景园林遗产保护研究[J]. 河南农业，2019(23)：31-32.

[6] 吴隽宇，陈康富.GIS 技术在风景园林遗产保护本科课程教学案例中的应用研究[J]. 风景园林，2019，26(S2)：72-77.

[7] 严国泰，韩锋. 风景名胜与景观遗产的理论与实践[J]. 中国园林，2013，29(12)：52-55.

[8] 李敏，袁霖. 风景园林遗产价值评估标准研究[J]. 西部人居环境学刊，2014，29(03)：86-95.

[9] 魏民. 从"风景区规划"到"风景规划"的课程演变探讨[J]. 中国林业教育，2020，38(S1)：93-96.

[10] 肖予，魏民. 新时代背景下的风景规划课程——以北京林业大学为例[J]. 风景园林，2020，27(S2)：18-20.

[11] 喻梦哲，林溪. 基于三维激光扫描与近景摄影测量技术的古典园林池山部分测绘方法探析[J]. 风景园林，2017(02)：117-122.

[12] 贺艳，杨思，裴唯伊. 文化遗产的数字化阐释与公众传播——以 E-MAX"重返·西洋楼"沉浸交互秀为例[J]. 装饰，2019(01)：44-49.

[13] 贺艳，马英华."数字遗产"理论与创新实践研究[J]. 中国文化遗产，2016(02)：4-17.

[14] 贺艳. 圆明园变迁历程的虚拟再现[A]. 故宫古建筑研究中心、中国紫禁城学会. 中国紫禁城学会论文集(第七辑)[C]. 故宫古建筑研究中心、中国紫禁城学会：中国紫禁城学会，2010：1.

[15] 王时伟，胡洁. 数字化视野下的乾隆花园[M]. 北京：中国建筑工业出版社，2018.

[16] 张青萍，梁慧琳，李卫正，杨梦珂，朱灵茜，黄安. 数字化测绘技术在私家园林中的应用研究[J]. 南京：南京林业大学学报(自然科学版)，2018，42(01)：1-6.

[17] 梁慧琳，张青萍. 园林文化遗产三维数字化测绘与信息管

理研究进展[J]. 南京：南京林业大学学报（自然科学版），2020，44(05)：9-16.

[18] 郭晓彤，杨晨，韩锋. 文化景观遗产数字化记录及保护创新[J]. 中国园林，2020，36(11)：84-89.

[19] 2019 年全国风景园林本科教育大会. 课程教学培训"风景园林遗产保护与设计"培训手册. 主席致辞. P2.

[20] 王峰，宋小虎. 基于莱卡 C10 三维激光扫描仪的场景扫描及点云数据处理[J]. 城市建设理论研究，2013(33).

作者简介及通信作者：

吴祥艳/女/汉/中央美术学院/建筑学院副教授、十九工作室责任导师/研究方向为风景园林遗产保护、康复景观设计、城乡景观生态修复与景观更新/wuxiangyan00@126.com。

*基于云平台的城市声景观课程教改探索①

Curriculum reform exploration of urban sound landscape based on cloud platform

谢 辉[1,2]*　刘玮珊[1,2]　葛煜喆[1,2]　朱凡一[1,2]

1. 重庆大学建筑城规学院　2. 山地城镇建设与新技术教育部重点实验室

摘 要：城市声景课作为一门常年授课的通识选修基础理论课，也是全国高校中第一个系统介绍城市声景——这一新兴研究领域的课程，每年参与学习的学生约 200 名左右，近 5 年约 1100 名学生受益。为了更好地以"能力培养"为导向，利用自主研发的"声景云"小程序开展居住区、商业街、公园、历史文化街区的线下声景实践达 769 处，一方面增强课程板块之间的互动和支撑，解决目前各自为政、相互脱节的弊端；另一方面以学习分析模型为核心，通过"声景云"对数据进行收集、分析、反馈，进而评估学生的整体学习效果，以便及时调整教学方式与内容，保障教学质量。在声景实践中，学生开展的平均测点数达 6.24 个，达 8 个以上测点的学生比例占 76.46%，完成 10 个以上测点的学生比例占 58.89%。测点的总数量增加，完成率增高，说明学生的实践积极性、对平台的使用熟练度和对声景相关知识理论的理解明显增强。

关键词：云平台；城市声景观；学习分析；教改

Abstract：As a general elective basic theory course, urban sound view course is also the first course in colleges and universities in China to systematically introduce urban sound a new research field. About 200 students participate in the study every year, and about 1100 students have benefited in the past five years. In order to better take "ability training" as the direction, using the self-developed "sound scene cloud" programs to carry out 769 off line sound scene practices of residential area, commercial street, park, historical and cultural district. On the one hand, it strengthens the interaction and support between the curriculum plates to solve the of the current disconnection; on the other hand, through the collection and analysis of "sound scene cloud" data, and then evaluate the students' overall learning effect and progress. Take the learning analysis model as the core, collect, analyse and feedback the data, so as to adjust the teaching methods and contents in time and ensure the teaching quality. In the practice of sound scene, the average number of measuring points is 6.24, the proportion of students with more than 8 measuring points is 76.46%, and the proportion of students who complete more than 10 measuring points is 58.89%. The total number of measuring points increases and the completion rate increases, which indicates that the students' practical enthusiasm, proficiency in the use of the platform and the understanding of sound scene related knowledge theory are obviously enhanced.

Keywords：Cloud platform; City sound view; Learning analysis; Tteaching reform

1 城市声景课的挑战

习近平总书记在党的十九大报告中强调，要加快生态文明体制改革，建设美丽中国。教育作为国家的基础事业，承担着为生态文明建设提供人才动力的重任。声环境作为生态环境建设中三大物理环境之一，是空间的基本物理构成要素，而声景则是人们认知城市、感知城市的重要载体。声景教学是建筑类专业教学中的重要组成部分，是构建建筑类专业知识体系和能力体系的声学通识基础之一，对于建筑类专业有重要的支撑作用。城市声景课作为重庆大学一门常年授课的通识选修基础理论课，也是全国高校中第一个系统介绍城市声景——这一新兴研究领域的课程，每年参与学习的学生约 200 名左右，近 5 年约 1100 名学生受益。作为近年最受欢迎的本科通识课程

之一，城市声景课在重庆大学本科教育中发挥着重要的作用。建筑学、城乡规划学、风景园林学的学生可以通过认知声景来感知"空间"，进而逐步认知城市空间，掌握声景的相关研究方法也是未来驾驭城市空间的基础。对于其他非建筑类专业的学生而言，学习声景知识和研究方法，可以灵活运用在自己专业，增加多学科理论与方法的交叉，改变单一的知识结构[1-5]。

城市声景课程以讲授声景的相关知识为教学核心，鼓励学生通过实践，提升科学研究的基本能力，不断拓宽和创新学习研究方法。传统教学中，声景知识具有一定抽象性、理论性和系统性，若采取单一的课堂理论教学，而忽视实践教学环节，学生学习的积极主动性会直线下降。但如果将优化教学模式简单地理解为"先理论教学，后专业实习"的方式，又会导致理论知识与教学实践脱节，不利于学生对知识的掌握以及在实践中的运用[6]。

① 基金项目：国家自然科学基金项目"声景辅助治疗抑郁症的机理研究"（编号：52078077）资助。

风景园林教学协同与创新

2 建立以"声景云"为媒介的教学体系

目前，在高校教学过程中，普遍采用以课程设置为主要元素，学分制和学时安排为主要手段的常规教学内容，这种模式容易导致理论与实践教学相脱离，难以保证教学质量。

为了更好地以"能力培养"为导向，将培养目标、教学环节、课程体系、教学内容、教学组织、评价体系等形成合理化、系统化、一体化的教学体系(图1)，通过搭

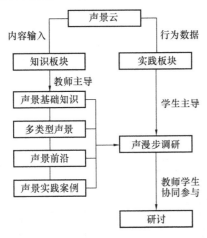

图1 以"声景云"为媒介的教学体系

建"声景云"平台将线上体验课与线下实践课串联起来(图2)。一方面可以通过"声景云"增强板块之间的互动和支撑，解决目前课程之间各自为政、相互脱节的弊端；另一方面也通过对"声景云"数据的收集与分析，更清晰地了解学生的学习效果。

板块类型	板块内容
知识板块	声景基础知识与应用
	多类型声景及前沿研究
	声景实践案例
实践板块	公园声景调研
	居住区声景调研
	商业街声景调研
研讨交流	不同类型声景实践探讨

图2 城市声景课教学内容模块

作者团队利用腾讯会议软件开展知识板块教学，针对声景实践操作学习的要求，自主研发了"声景云"微信小程序（图3），构成了城市声景课教学反馈平台。专题课前教师通过对相关教学资源的收集、整理、设计等工作，并且掌握"声景云"小程序的核心功能使用方法，能够熟练的使用该平台。并且将资源整合在"声景云"平台中，设计好下次课程中涉及的教学活动与内容，并让学生提前登录平台，完善个人信息。实践课时，学生可打开"声景云"微信小程序配合开展声漫步，完成声景感知、录音、测试、拍照、填写问卷等一系列操作。

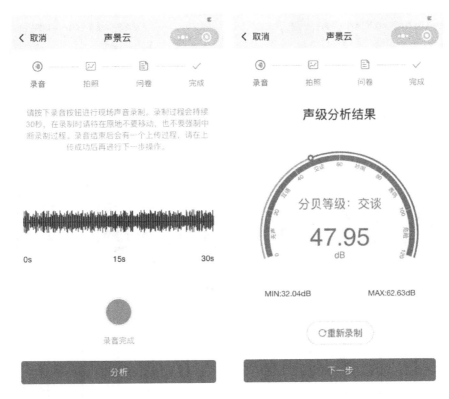

图3 声景云小程序

3 构建"线上+线下"的交互式声景课

在以往的教学过程中，大多课程往往存在着：（1）授课形式单一，师生缺少互动，造成授课过程枯燥[7]；（2）缺乏阶段性的考核，教师缺了解学生的知识掌握进度。为改善传统教学中存在的弊端，构建"线上+线下"交互式声景课，在课程设置上，加强师生之间的互动交流，在课堂中以学生体验视听场景的形式，在课后以"声景云"为媒介开展实践调研，提高学生的学习兴趣，进而提高学习效率。

3.1 线上体验式教学

为了调动学生的积极性，加强师生之间的互动。结合城市声景观的特点，在每节课中首先通过视觉、听觉场景的体验，引发学生对于课堂内容的兴趣。体验式教学的目的在于培养学生发现视觉、听觉环境要素各自的特点，对

比同一个场地类型下不同的视听环境，以及同一视听环境在不同场地类型下的差异。通过深入体验环境要素与人体舒适度的影响关系，从而进一步反思环境设计中的优缺点，以及如何通过巧妙的设计利用或改变环境要素，达到建设宜居环境的目的。学生从习惯性的被动式听课转变为主动思考，在课堂上主动提问，达到师生互动的效果。

为结合每节课堂的教学专题，分别以居住区、商业街、公园3个场地类型作为每次专题课的体验场景。在每种场地类型下，由4张代表不同空间特征的图片，与交谈声、鸟声+交谈声、喷泉声+交谈声、音乐声+交谈声等4种声景素材，组合为16段视听场景。学生体验每一段场景之后，填写声景评价问卷，培养学生体会与总结不同视听环境特征的能力；同时也让学生通过学习声景问卷的设计手法，学习到量化评价主观感受的方法，掌握了常用的视听交互评价指标。教师通过在线收集并分析学生问卷，了解学生体验的效果，得到教学上的实时反馈（图4）。

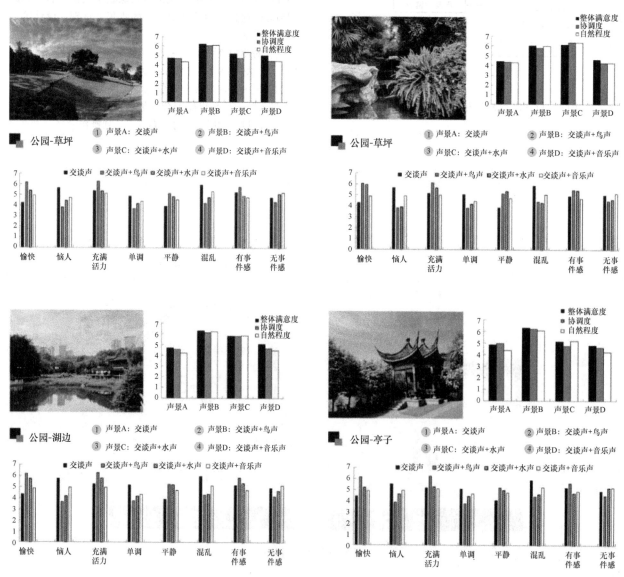

图4 公园场景下的课堂视听体验评价结果

3.2 线下主动式实践

实地调研、体验不同场地的声景是一个必要的教学环节，否则无法达到声景教学的预期效果。开展线下实践课的目的，是让学生了解并掌握声漫步法。声漫步主要是通过量化声音和景观环境要素特征，利用相关分析探索环境声音构成、景观特征及使用者感知的交互关系。在以往的教学环节中，学生也是被动式的听从统一安排，缺少自主安排实践的机会以及调研的积极性。通过研发"声景云"帮助学生自主调研，可选取居住区、商业街或公园分别独立完成1次声漫步实践。通过使用"声景云"独立完成声漫步，培养了学生独立完成研究计划并付诸实施、完成项目调研的能力，达到引导学生主动式实践的目的。实践结果显示，利用"声景云"开展线下声景实践，学生实践的场地数量多，积极性高，居住区、商业街、公园分别达到179个、127个、163个。（图5）。

在完成声漫步实践之后，要求每位同学展开汇报（图6）。学生通过理论—实践—汇报这样的过程，不仅仅是知识的接受者，在调查了解各类型场地空间特征、声景特征的基础上，更善于透过现象主动去归纳总结声景与空间、时间、人群活动、气候条件之间的内在联系。同时，线下实践也帮助学生们重新观察、感受城市，加深了对城市空间环境的理解，从声景的角度引发了学生对人居环境的进一步思考。

图5 线下实践课实景节选

68.9 dB
主要声景:
交谈声、
交通噪声

43.4 dB
主要声景:
鸟鸣声、
交谈声

68.3 dB
主要声景:
脚步声、
交谈声

59.0 dB
主要声景:
鸟鸣声、
交谈声

74.7 dB
主要声景:
交谈声、
交通噪声

65.1 dB
主要声景:
交通噪声

37.9 dB
主要声景:
鸟鸣声、
流水声

63.4 dB
主要声景:
脚步声、
交谈声

图 6　某居住区学生声漫步实践汇报

4　基于"学习分析"模型的反馈分析

为了解线上专题教学是否与线下实践教学实质等效[8]，采用学习分析方法研究本次城市声景课的教学改革效果。学习分析（Learning Analytics）是当前发展最为迅速的技术支持下的学习（Technology-enhanced Learning）研究领域之一，通过对学习数据进行收集、分析、反馈，进而实现对学生的评估，最终达到优化学习及学习环境的目的。学习分析模型主要包含对学习者的行为数据处理以及应用措施的实施两大部分。通过对数据的分析，可以了解学习者的交互过程、学习风格和学习偏好等特征，也可以了解智能数据中学习者的学习状态、进度等学习情况。为了解声景课上学生的学习状态以及学习效果，本课程规划了平台大数据学习分析模式架构（图7），并付诸实践。该架构包括大数据技术分析流程、挖掘分析工具、数据信息集成三大部分——大数据技术分析流程是分析架构的核心模块，主要包括小程序登录次数、访问时长、师生交互次数等；挖掘分析工具提供对平台具体研究实施的技术支撑，数据信息集成是分析架构的界面终端展示，其功能模块主要包括数据分类、聚合、数据汇总、数据可视化等[9-13]。

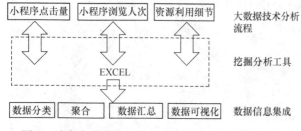

图 7　城市声景课程的平台大数据学习分析模式框架

通过"声景云"小程序将学生的行为数据整理分析，该数据来自于2019~2020学年第二学期的城市声景观课程，数据采集时间为2020年5月8日~2020年5月29日。声景云微信小程序具有日志功能，其日志数据可以输出多种格式，该课程以 Excel 和纯文本文件格式输出数据。日志中记录了每一个用户的每一次操作、访问时间以及声漫步的详细信息。在本次教学中，日志数据表中记录了 5367 条学生访问记录，每条记录包括学生的登录情况、声漫步情况以及填写的问卷数据等。

在收集到所有学生的行为记录后，对其进行归类统计得到表1。总共有3次声漫步调研，分别是居住区、商业街、公园。学生平均登录声景云 3.28 次，平均每次的登录时长为 38min。第 1 次在居住区，平均登录时长为 1h17s，平均测点有 4.34 个，达到 8 个以上测点的学生占比为 57.99%，完成 10 个及以上测点的学生为 65 人，占参与第一次测试总人数 36.69%。第 2 次在商业街，平均登录时长为 1h1min38s，平均测点有 9.35 个，达到 8 个以上测点的学生占比为 81.82%，完成作业的学生为 114 人，占参与第二次测试总人数 63.07%。第 3 次在公园，平均测点有 10.03 个，平均登录时长为 39min30s，达到 8 个以上测点的学生占比为 89.56%，完成作业的学生为 138 人，占参与第三次测试总人数 76.92%。根据学生的行为数据分析，发现前后 3 次实践调研，测点的总数量增加，完成率增高，说明学生的实践积极性明显增强，并且经过课堂上的交流讨论，完成 10 个及以上测点的学生比例也不断增长，说明学生对平台的使用熟练度、对声景相关知识理论的理解明显提高。

学生实践行为统计　　　　　表 1

调研次数	平均登录"声景云"时长	平均测点数量（个）	达到8个以上测点的学生比例	完成10个及以上测点的学生比例
第一次	1h17s	4.34	57.99%	36.69%
第二次	1h1min38s	6.11	81.82%	63.07%
第三次	39min30s	8.28	89.56%	76.92%

5　结语

本课程通过以"线上＋线下"的交互式声景课为主

线，运用学习分析模型反馈教学质量，构建"声景云"为媒介的教学体系。将教学与实践串联起来，依托该媒介将课堂内容运用在实践中，使得学生们更易于理解和掌握知识点，提高了学生们实践的积极性和趣味性，有助于培养学生独立探究知识、自我总结提高的能力。"线上＋线下"的交互式教学模式突出了"体验式"声景课的优势，互动性更高，主动参与性更强，师生互动交流更频繁、效率更高。以"学习分析"为核心的教学反馈体系，帮助教师获得学生学习成果的动态回馈，更便于优化教学内容与形式。

图表来源：

全文图表均为作者自绘制。

参考文献：

[1] 吴硕贤. 园林声景略论[J]. 中国园林，2015，31(5)：38-39.

[2] Kang J, Aletta F, Gjestland T T, et al. Ten questions on the soundscapes of the built environment[J]. Building and Environment, 2016, 108.

[3] 谢辉，刘玮璠. 关联·介入——以研究方法为媒介的建筑教育实践[J]. 新建筑，2018(06)：138-141.

[4] 陈冰，张澄，伊琳. 互联网＋高等教育：深化研究导向型教学改革[J]. 建筑创作，2017(05)：166-169.

[5] 傅祎. 以专题研究为导向：中央美术学院建筑学院本科毕业班导师工作室教学模式初探[J]. 建筑创作，2009(05)：140-142.

[6] 黄鹤，戴俭，许方，刘志成，丁奇. 实践性与实验性：方案征集与教学的异同互补[J]. 建筑创作，2018(02)：136-139.

[7] 姜卉，姜莉杰，于瑞利. 疫情延期开学期间反馈互动式在线教学模式的构建[J]. 中国电化教育，2020(4)：40-41.

[8] 于歆杰. 初谈在线学习的实质等效[J]. 中国大学教学，2020(4)：36-38.

[9] 孙洪涛. 学习分析视角下的远程教学交互分析案例研究[J]. 中国电化教育，2012(11)：40-46.

[10] 郭炳，郑晓俊. 基于大数据的学习分析研究综述[J]. 中国电化教育，2017(01)：121-130.

[11] 郑晓薇，刘静. 学习分析模型的分类与对比研究[J]. 现代教育技术，2016，26(08)：35-41.

[12] 何克抗. "学习分析技术"在我国的新发展[J]. 电化教育研究，2016，37(07)：5-13.

[13] 魏顺平. 学习分析数据模型及数据处理方法研究[J]. 中国电化教育，2016(02)：8-16.

作者简介及通信作者：

谢辉/男/汉族/博士/重庆大学建筑城规学院/教授/研究方向为城市声景/xh@cqu.edu.cn。

*风景园林历史与理论课程的游戏化建构与评价途径①

Gamification Construction and Evaluation Approach of Landscape Architecture History

于冰沁* 张 洋 李玉红

上海交通大学设计学院

摘 要： 为了解决学生的个性化学习、参与度不足、兴趣丧失等亟待解决的教学痛点问题，上海交通大学风景园林历史与理论课程引入虚拟教学方法，研发闯关游戏，并以学生为中心，引导学生创建"我的园林世界"，实现知识交互、情景认知与感知搭建。将学生的学习活动进行互动参与化、游戏趣味化和沉浸体验化的转译，以解决教学对象难以实地踏勘等问题，唤醒学生学习兴趣，充分调动学生自主学习潜能，帮助学生构建知识体系，实现师生角色的转换，在游戏中寻找风景园林历史教育的新途径。研究结果表明，疫情防控常态化背景下风景园林历史教学的游戏化建构有助于学生的自主学习，随堂测试正确率从55％提升到65％，而在教师陪伴与引导情况下正确率可提高至85％。

关键词： 风景园林；历史与理论；游戏化建构；评价模型；角色转换

Abstract: In order to solve teaching problems as students' personalized learning, insufficient participation, loss of interest, virtual reality was introduced and cooperation game was developed in the course of landscape architecture history at Shanghai Jiao Tong University, guiding students to create "My Garden World", Which is characterized by the student-centered, to realize knowledge interaction, situational cognition and perceptual construction. Students' learning activates were transferred into interactive participation, games and immersive experience, to solve problems as hard filed trip, mobilize students' independent learning and help students to build the knowledge system, which might realize the role transformation between teachers and students and find a new way of landscape architecture history education. The results showed that the gamified construction was helpful for students independent learning under the background of epidemic prevention. The accuracy rate of in-class test increased from 55％ to 65％, and to 86％ when the gaming process was accompanied and guided by teachers.

Keywords: Landscape architecture; History and theory; Gamification construction; Evaluation model, Role transition

美育，即审美教育，目的是培养学生认识美、鉴赏美和创造美的能力。美育教育作为国内高等教育中的重要组成部分，对于培养学生的理性思辨能力、审美鉴赏能力、创新创意能力等均具有不容忽视的价值与作用[1]。2019年，教育部部长陈宝生在全国美育工作会议强调美育要激发创新灵感，共同营造以美育人、以美化人、以美培人为导向的社会文化环境[2]。2020年，中共中央办公厅、国务院办公厅印发的《关于全面加强和改进新时代学校美育工作的意见》提出要从育人的高度认识美育，不断完善美育课程与教材体系，全面深化教学改革，逐步健全评价体系，体现育人价值的温暖和豁达，明显提升学生审美和人文素养；到2035年，基本形成全覆盖、多样化、高质量的具有中国特色的现代化美育体系，让学生在艺术学习过程中了解中华文化变迁，触摸中华文化脉络，汲取中华文化艺术精髓[3]。

风景园林历史与理论类课程作为高校艺术类教育课程中重要的通识核心及专业课程，教学的目的正是"学史以明志，鉴古而知今"，通过系统研习中西方风景艺术和文化的变迁脉络，在对历史的深入思考中汲取智慧，服务生态文明思想引领下的"美丽中国"建设，并帮助学生树立基于理性辨析的正确历史观，实现从知识探索，到能力建设、人格养成和价值引领"四位一体"的进阶式教学目标[4]。体用并举，审美鉴赏与创新实践融合、美育教育与专业课程、课程思政的融合，也许是新时代下大学生美育教育创新的可能途径。

以上海交通大学设计学院风景园林系开设风景园林的历史理论课程群为例，其包含通识核心课、专业基础课和研究生研讨课3个类型9门课程[5]。为了满足"两性一度"的要求，2015年伊始，课程建设在线教学资源，面向社会学习者和校内学生展开美育教育，构建了"三阶＋四化＋三省"线上线下混合式教学模式，获得全国大学教学创新大赛、全国混合式教学设计创新竞赛一等奖。然而，在混合式教学模式的应用过程中依然暴露了不同学习需求的学生学习的兴趣与参与度难以调动和测度等系列问题。德国哲学家席勒提出以美为对象的游戏冲动可以成为沟通诸多对立因素的桥梁[6]。因此，教学团队以学生为中

---

① 上海市教育科学研究项目"基于混合式教学方法的艺术教育课程自主学习过程影响机制与评价体系研究"（编号：C2021240）和教育部产学合作协同育人项目"基于感知搭建和知识交互的风景园林历史名园虚拟教学"（编号：201902112005）资助。

心，基于混合式教学模式，引入游戏化教学方法，建构知识点螺旋上升的课程体系，提出游戏化学习的教学设计，构建评价模型，检验游戏化学习方法的应用效果。

1 风景园林历史与理论课程的游戏化建构途径

针对疫情防控常态化背景下风景园林历史与理论教学的3个亟待解决的现实问题："（1）如何依托混合式教学设计满足学生的差异化、个性化学习需求？（2）如何通过游戏化学习解决学生自主学习参与度不足、兴趣丧失的问题？（3）如何通过清晰的标准性质性评价和衡量学生的高阶学习能力是否得到切实提升？"本文以风景园林历史系列课程为例，以教育部校企合作协同育人项目"基于感知搭建和知识交互的风景园林历史名园虚拟教学"等为依托，通过系统的课程体系和评价体系建构与顶层设计，以游戏化的途径重构风景园林历史与理论教育中自主学习和高阶能力评价的新模式，以期在游戏中寻找风景园林历史教育的新途径。

游戏化学习（Game-based Learning）旨在通过对教学重点和难点的趣味化解构与创造性重耦，通过虚拟媒介和游戏研发，采用虚拟教学、线上线下混式教学等方法，

将学生的学习活动进行互动参与化、游戏趣味化和沉浸体验化的转译，唤醒学生的学习兴趣，激发自主探索潜能，帮助学生构建知识体系，提升学习效率，注重培养学生的主体性和创造性等高阶学习能力，养成健康人格，实现价值引领。以学生为中心，实现师生角色的转换、知识交互、情景认知、感知搭建和教学资源的持续迭代；为应对疫情防控常态化背景下的艺术教育优质资源的建设与共享做准备，为我国美育类课程的信息化、智慧化、国际化提供优质资源。

1.1 游戏化学习的教学设计

根据"两性一度"的要求和"四位一体"的教学目标，以目标为导向反向设计教学活动，通过游戏化学习，从任务参与机制（使命与责任感）、激励机制（进步与成就感）、团队协作机制（创意与实践）、评价反馈（元认知与反思）机制等层面形成持续性的教学途径与评价方法的顶层设计。依托智慧教学技术，结合学生学习的认知规律，创建全周期学习支持、线上与线下混合、专业教育与课程思政融合的游戏化教学设计模式，以提升理论教学的趣味性和学生的创新实践能力，实现赏鉴、体悟、运用、实践"体用并举"的教学目标，助力复合应用型风景园林创新人才的培养（图1）。

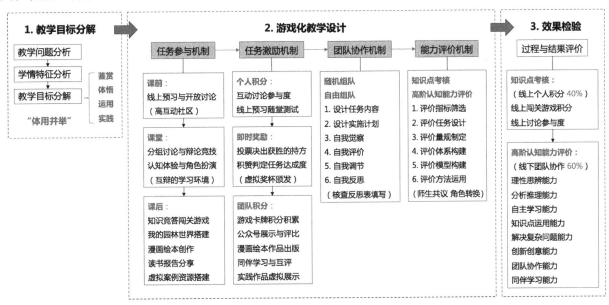

图1 触发任务参与、激励与团队协作机制的"游戏化学习"教学设计

1.2 任务参与机制的设计

（1）营建线上线下融合的任务参与机制

实现课前、课堂、课后一体化的游戏化学习教学活动与评价体系设计，开展线上线下融合的"三阶+四化+三省"混合式教学模式。运用情景认知、参与式学习等教学方法，趣味化解构和重耦知识点，重构线上教学资源，以充分满足学生个性化学习的需求。营造高互动教学社区和互辩性学习环境，课前发布开放性讨论问题，促进延展思考，并做到难点与共性问题、学生疑问"全回复"，以实现多主题和多向度的深度互动，将师生、生生互动从课

堂延伸到课前和课后的线上、线下全周期过程。

创造互辩的学习环境，允许学生在线上对中西方文化进行辩证性的反思，教师正面引导，促进客观赏辨，提升学生的辨析能力，坚定意识形态，体现人文关怀，树立文化自信和民族自豪感。以学生为中心，实现新的师生角色的建立，同时也是学生从被动学习到自主学习状态的转变。通过游戏化学习的设计，教师可以通过陪伴和引导减少学生学习的焦虑感，同时学生可以基于兴趣和需求，在游戏中体验式学习，学生可以主动参与决策评价指标和量规的制定。

（2）组建交叉学科团队，自主研发竞答闯关游戏

为适应疫情防控常态化背景下的风景园林历史教学需求，创建风景园林学、设计学院、计算机科学等交叉学科的师生协作团队，依托微信小程序，自主研发基于风景园林历史与理论知识竞答的闯关游戏"林阵卷饼"，通过随机抽取的两两对战形式，累计积分，争夺"史上最强卷饼王"荣誉称号，实现知识点考核任务和奖励机制的趣味化解构与重耦（图2）。

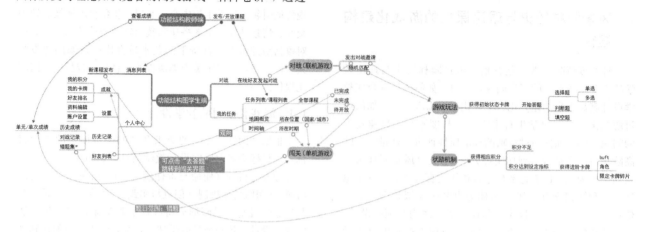

图2 风景园林历史知识竞答闯关游戏设计逻辑框架

从学生学习的角度，设计风景园林历史知识竞答的闯关游戏规则、交互设计、页面设计、分镜脚本等，既要保证知识点学习的有效性，也要有效激发学生学习的兴趣。同时，通过奖励卡牌的形式，在保障考核公平性的前提下，对学生的自主学习过程进行奖励和鼓励。例如，每位学生每周可限时完成答题对战两次，取最高成绩，结算积分。每完成一次答题可随机获得一张卡牌。周排名前5者可额外获得两张奖励卡牌，倒数5名额外获得一张鼓励性卡牌。而奖励卡牌的类型包括排雷卡（用于去掉一个错误选项）、天使卡（直接显示正确选项）、加时卡（延长答题时间）、加赛卡（增加一次本周答题机会）。通过游戏，让学习更高效。

（3）搭建"我的园林世界"，提高游戏化学习成效

2019年，全球新冠肺炎疫情暴发期间，加拿大历史教师Kevin Péloquin利用游戏《刺客信条：奥德赛》的"发现之旅"模式，引导学生在游戏中参观和探索，并根据游戏中的见闻撰写报告。蒙特利尔大学和育碧合作开展的游戏化学习研究结果表明，将教育和游戏结合对于学生的自主建构式学习效果提升显著，学生在完全自学的情况下，对历史问题的回答正确率从22%提升到了41%，而在有教师引导的状态下，正确率可提升到55%。由此可见，在游戏中寻找风景园林历史教育的新途径具有较强的可行性。

受到Kevin老师的启发，风景园林历史课程尝试依托《我的世界》《刺客信条》《江南百景图》等游戏，引导学生在游戏场景中实现交互体验和搭建，创建"我的园林世界"，唤醒学生的学习兴趣，并切实提升学生的学习效率。例如，学生团队基于对中国古典园林中私家园林类型的代表案例苏州留园的造园特征和园林建筑构造的研究，依托Minecraft游戏软件，通过搭建复原苏州留园，以体现苏州园林的筑山理水、建筑和植物景观设计的特色。同时，搭配Realistic材质包和Seus光影，加入天气变化和昼夜交替的渲染因素，从而在搭建过程中体现所学风景园林历史知识的综合运用，旨在培养学生的动手实践能力和解决复杂问题的能力（图3）。

图3 梦境留园之苏州园林——"我的园林世界"创意搭建

（4）漫画绘本解读教学重点和难点，激发学习兴趣

依托跨学科团队创新创意作业，引导学生用漫画绘本的方式解读中西方风景园林历史理论学习过程中的教学重点和难点。将其进行解构和趣味化的重耦，以唤醒学生的学习兴趣。通过漫画绘本创作的游戏形式，实现教学资源的持续迭代，重视学生的主体性和创造性的培养，也能够促进学生的自主学习和深度学习过程。

例如，日本园林的造园特征无法在有限的课时内进行讲解，仅在 SPOC 中上传了关于日本庭园的纪录片，作为课后阅读和延展思考的教学资源。但学生团队对于日本文化和茶庭的造园特征极为感兴趣，并想通过漫画绘制的方式加深团队成员对于日本园林的认知。于是，基于对日本园林相关的大量中文、日文和英文文献搜集和分析的基础上，学生团队以条漫的形式，阐释了日本茶庭中的典型造园要素，如蹲踞、石灯笼、飞石和敷石等，并深入探讨了影响日本茶庭造园艺术的可能影响因素禅宗和茶道。漫画绘本的创作，作为"我的园林世界"搭建的一种补充游戏化学习形式，不但促进了学生的主动建构式学习，同时也为游戏交互界面的设计奠定了基础（图4）。

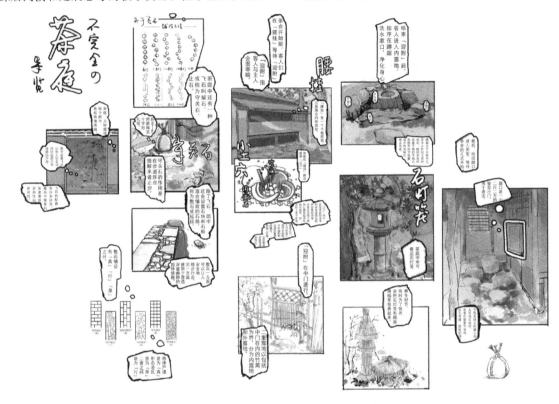

图4　茶庭．游园——漫画绘本解析日本庭园

（5）研读理论著作，分享读书报告，促进同伴学习

随着风景园林历史与理论课程群的教学目标由逐渐兴趣的唤醒，到原理夯实，再到方法论的螺旋式上升，虽然授课对象主要来自风景园林、建筑、设计等相关专业的学生，但学生专业背景差异化的问题依然困扰着师生双方。共同阅读风景园林历史理论著作也许是破题的方法之一。但如何才能让不同专业背景的同学更快速地理解风景园林历史理论著作呢？何不从团队对著作的研读、再现和同伴分享开始呢？因此，教师陪伴学生团队共同研读历史与理论专业书籍，并以论著中描绘的风景园林案例、造园家、园主人等为背景，创作故事剧本，引导学生用漫画绘本等非限制形式解读中西方风景园林历史变迁并展示与分享对风景园林历史理论著作的读后感、理论评述或方法再演绎。

例如，学生团队通过对高居翰、黄晓、刘珊珊等学者的著作《不朽的林泉》的精读和对中国园林史学家曹汛先生在中国国家图书馆发现的《止园图册》进行画法再演绎。基于止园与留园造园家的关系，也因为留园的园主人之一盛宣怀先生与南洋公学（上海交通大学）的渊源，团队以东园园主徐泰时、画师张宏及门客等人物为设定，设计故事梗概"东园园主徐泰时闻有画师张宏，所绘《越中十景》，自叙：'以渡舆所闻，或半参差，归出肤素，以写如所见也。殆任耳不如任目与'，深以为然，又奇张宏作画之风，欲求其作，传东园胜景于四海观之。[7]"以苏州留园为例，对张宏《止园图册》的画法进行再演绎。学生团队所完成的读书报告绘本作品，拟出版成册，以促进学生同伴学习和对风景园林历史与理论的深度学习（图5）。

（6）校企联动构建沉浸式虚拟现实案例资源，引导自主学习

虚拟教学已被纳入风景园林设计课程，从"原理认知——空间设计——表达呈现"辅助空间设计教学[8]。同样，VR（Virtual Reality，VR）技术的可视化、沉浸式、游戏化的特性也适用于风景园林历史教学过程，将抽象的历史理论和艺术原理、多尺度的园林空间和景观的动态性与实践性，通过虚拟现实技术转化为可感知、可漫

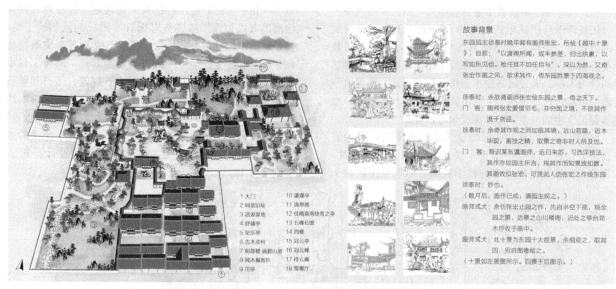

1 大门   10 濠濮亭
2 祠堂旧址   11 逸漠阁
3 活泼泼地   12 佳晴喜雨快雪之亭
4 舒啸亭   13 五峰仙馆
5 至乐亭   14 西楼
6 古木交柯   15 冠云亭
7 揖峰楼揖峰山房   16 冠云峰
8 闻木樨香轩   17 待云庵
9 可亭   18 鸳鸯厅

故事背景

东园园主徐泰时晚年间有画师张宏，所绘《越中十景》，自叙："以渡舆所闻，或半参差，归出执素，以写початしに所见也。始任其不如任且与"，深以为然，又奇张宏画之风，欲求其作，传东园胜景于四海观之。

徐泰时：余欲请画师张宏绘东园之景，传之天下。

门　客：画师张宏爱惜羽毛，非穷困之境，不欲其作流于货品。

徐泰时：余奇其作观之而如临其境，远山若隐，近木毕现，画技之精，取象之奇非时人所及也。

门　客：曾识某东瀛画师，近日来苏，习西洋技法，其作亦如园主所言，观其作亦知爱妙处数。其画效似张宏，可凭此人仿张宏之作绘东园。

徐泰时：妙也。

（数月后，画作已成，请园主观之。）

画师似犬：余仿张宏止园之作，先自半空下视，观全园之景，远量之山川楼阁，近处之亭台花木尽收于画中。

画师似犬：此十景为东园十大胜景，余细观之，取其四，另启图卷绘之。

（十景如左图图所示。四景于后图示。）

《留园图册》——《止园图册》的画法再演绎
"Lingering Garden Atlas"——Re-interpretation of the painting method of "Zhiyuan Atlas"

涛涛说的都队　小组成员：黄际谢 朱艳琪 刘涛 尹程 王涛 毛杨杨

背景介绍

《不朽的林泉》

《不朽的林泉》作者是夏昌国翰、黄晓、刘珊珊。

本节主要讲述了一个止园、一套绘画与代表作，古人们在园中的生活。

国内的园林建筑史专家从中发现了罕见的《止园图册》的图像资料，移步换景，带领读者进入园中品味游赏。

《止园图册》

《止园图册》与传统的历代画家绘画集的方式都不同，第一张册页以鸟瞰图的方式，描绘了止园全貌，其余十九张描绘了止园中的各个景点，笔墨流畅，气韵生动。

它挣脱了传统的构图方式，以一种全新的视角来表现江南古典园林。

徐泰时

徐泰时又名三锡，在徐氏世承中，他"生而颖异"，"倜傥负奇"。

万历八年，他参加殿试中了进士，二即更为"泰时"，授工部营缮主事。徐泰时是一位建筑家的眼光与能力，修治创建亭台楼阁，东园（留园）"成为千古名园。

留园概述

留园，是苏州古典园林，始建于明代。清以园内建筑布置精巧、奇石众多而知名，与苏州拙政园、北京颐和园、承德避暑山庄并称中国四大名园。留园占地三十余亩，集住宅、祠堂、家庵、园林于一身，该园综合了江南造园艺术，并以建筑结构见长，善于运用大小、曲直、高低、收放等文化，留园雪景取四幅景色，形成一组层次丰富、错落有致的，有节奏、有色彩、有变化的空间体系。留园整体园林研究亭轩榭的布局，讲究假山池沼的配合，讲究近景远景的层次，使游者无论站在哪个点上，眼前总是一幅完美的图画。

方法适用性与改进

留园大小、曲直、明暗、高低、收放，层次丰富，镇景错落有致的，形成了有节奏、对比的空间体系，但是从全局来看，又没有丝毫零碎之嫌，无论站在哪个点上，眼前总是一幅完美的图画。《止园图册》以鸟瞰视角绘制止园余数的手法，恰当适用于描绘画留园这样的富有波动空间的整体格局，清晰的展示了园内部幽而不断的特点。

张家楼与相同的景致使前后园类似联系，而过全景画桥与分幅分景，使整套册局成为一有机整体，仔细比画全景图与分景图，会发现工部那座假山在园林中移移动，并从一个波动的有机视角，将取景根据任意的多张绘制下来。作者将《留园图册》中学习继承了的典型画法，同时结合现代技术与审美的配色和绘细化工上搭了改进。《止园图册》从构图上学习了《止园图册》的先进性，属于画法上的同家画，但又有所改进，可以说是对其创新精神的继承与发扬。

① 可亭

可亭，取山春山可以凝翠，可以凝眉，意其可斯可耳之意，意志处有譬可以啐前藏蔬，亭为六角、飞檐翘尖，结顶为一花蓝饰，亭，《景名》："悄也，逍遥所者，人停憩也。"刘氏时称"个中亭"，遂氏时称"可亭"。解放后修整，亭顶比旧时稍尖一些。

② 明瑟楼

明瑟楼，恰如船舫一样建筑，人提其中，仿佛置身其中。西洋环游遥达清丽，由于体态轻盈造型精巧，有水木明瑟之感。南面做山榭栏杆杆植菊花，此前题装饰之初，为整字间卷棚单檐歇山顶，三面临有明瓦和台藤，楼檐半在外，用太湖石垒砌而成。

③ 濠濮亭

濠，卲濠上，濮，水名，古人观景之地。平为方形四角，单檐歇山造，其北临山水面而筑。濠濮亭临水前，有可处钓矶，亭前木边置有一峰名"印月"，与前亭的凹凸倒影池中相互衬映，此亭名印月，均使照月。

④ 冠云峰

冠云峰乃太湖石中绝品，齐集太湖石"瘦、皱、漏、透"四奇于一身，两图藏有冠云楼、冠云亭等，均为留沿之，水池中泛荷花，池北垣半垣，冠云峰与其他两峰矗立左右，为著名的冠云峰三峰，下官列小峰石罪，花草松竹点缀池畔，林下水泓，此峰之奇。

《留园图册》——《止园图册》的画法再演绎
"Lingering Garden Atlas"——Re-interpretation of the painting method of "Zhiyuan Atlas"

涛涛说的都队　小组成员：黄际谢 朱艳琪 刘涛 尹程 王涛 毛杨杨

《止园图册》画法要点

历代画家长久以来，使绘采以颠覆的视点采描写含园林内的各式颜色。而张宏的《止园图册》的视景角度十分特别，完全跳脱出了传统的构图方式，一种全新的视角来表现江南古典园林。

第一张册页以鸟瞰图的方式，描写了止园全景，其余十九张描绘了止园中的各个景点，笔墨流畅，气韵生动。册页中的景物与观者之间的空间距离更为遥远；画面的下半部的角落沿着对角缩向上层昂，并以最显实的视点在左下方三角隅布局，来绘出楼阁、观看者则以上可迎出城墙、角楼、桥梁和观只有处。张宏运用于将具体的封景与截景粉筛，营造出俯看似花园截影，同以窥察受藏墨空间之内部的视像。

园林绘画在明代就发展成为一种类型，其中最出显重墨温暖仙造佐的景像。张宏笔画若点子西天写实的意境时向到传统山水之中，对采中的风景重作纯粹抽象的描绘，这种迥异于前人的画法，与当时灵动的山水画风带来了生机。他迟重视完全视觉所见，亦时调整描景这些视点的变化，使检画面应该接棚类的景致。他的许多作品都回到国家第一一手的观察心声，一手的观察心得，亦时时一些观者并不熟悉的景物，仍能予人一种超越时空的可信感。这一风格的典型实例便是《止园图册》。

这竟图册的创新之处，是在继承旧有传统的基础上，融合了手卷和单幅的优点：既萤重展缩处景色，又适萤保持前后各景的连接，并专门描绘了止园的全貌。通过对三种绘画类型的融合，《止园图册》对止园进行了全面完整并极富创造力的图像展现。

图 5　《留园图册》——《止园图册》的画法再演绎

风景园林教学协同与创新

270

游、可交互的教学环境，从而促进学生的主动建构式学习。以中西方历史名园为搭建目标命题，以任务为驱动，将教学目标隐藏在搭建命题中，旨在通过调查、研究、分析、提取加深风景园林历史理论知识，并引入建构过程分享和案例研讨的机制，在搭建实践中强调学生的主体性，调动学生学习的主动性。

风景园林历史虚拟教学和沉浸式虚拟现实案例资源库的搭建教学设计包括实操流程设计和知识点设计两部分。其中，知识点设计包括造园特征认知（相抵选址认知、影响因素认知、代表人物与案例认知）、SU 模型协作搭建（总体布局、造园要素、空间对比）、知识点解构与可视化（知识点解构与重耦、对比和区辨、课程思政与拓展思考）、VR 虚拟场景营建（环境与氛围、成果表达规范）、汇报展示与表达（核查反思）。

虚拟教学的实操流程设计包括：

（1）师生协同的知识点梳理、文献搜集与同伴学习。

（2）基于 SPOC 的历史名园的艺术特征与造园手法分析。

（3）基于文献、测绘与实地踏勘的案例平面及立面的图纸推敲。

（4）学生团队协作完成案例的 SketchUp 模型搭建与快速决策。

（5）三维模型到虚拟现实场景的转换：基于师生共同构建的 SU 模型，利用自主开发的 D-Bridge 软件或者 Mars 等软件将 SU 模型导入 VR 中进行空间体验和模型推敲。利用 3D 与 VR 转换工具，通过 HTC Viv 的 VR 设备形成环绕的虚拟空间，从而产生 360°的三维空间感。根据 VR 体验的反馈效果，进行模型的二次修正和完善，

以获得完整的风景园林案例模型。使用 Unreal Engine 4X 虚幻引擎将 3D 模型进行二次虚拟场景构建，形成更加真实的 VR 沉浸式虚拟空间，并进行材质编辑和打光渲染。

（6）知识交互过程的植入：开发 VR 三维地图交互导览功能和光照模拟功能，学生可以体验光景和季节的变化对风景园林效果的影响。将知识点等嵌入场景的交互过程。学生通过交互的方式与风景园林中的要素进行互动，以增强环境的体验感。

（7）造园要素的感知搭建：基于 Mars 等软件中的辅助搭建素材，根据不同发展阶段的中西方园林案例，搭建目标样式的简易风景园林案例场景，巩固知识点，且学生之间可以通过相互体验，进行项目的互评。

（8）模型场景的试错、反馈与调整：通过学生的体验、知识交互、感知搭建等闯关考核，对命题案例的场景进行反馈、试错和调整，逐渐完善并构建中西方历史名园的案例资源库。

目前，依托教育部协同育人项目，课程形成积极的校企联动，自主研发 VR 虚拟场景转换软件，有效弥补了 VR 场景与学生常用的建模软件 SU 之间的鸿沟。学生可以在教师的指导下，动手参与中西方历史名园的模型搭建，并实现虚拟现实场景的转化、环境调节和反馈与修正，以游戏化的方式真实漫游在历史长河中。通过虚拟教学、知识交互和感知搭建，引导学生跨越时间、山海和大洲，实现虚实结合的自主学习与考核，从而达到培养学生的实操与知识应用能力和解决复杂问题的能力。已通过校企合作建成泰姬陵、朗特别墅、唐纳花园、苏州狮子林、拙政园等 19 个虚拟现实案例，未来形成线上共享资源，助力全国风景园林学科优质教学资源库的建设（图 6）。

图 6 苏州狮子林虚拟现实案例资源的感知搭建与知识交互

1.3 任务激励机制的设计

学生是天生的、多样化的、有目的的学习者，这既是天性也是真性。因此，通过不限形式的任务参与机制的设计，有益于培养与挖掘学生的潜力和创造力，体现创新教育的本质。从行为主义的表现形式角度看，游戏化学习与奖励机制的联系紧密[9]。从分类角度，风景园林历史课程

游戏化学习过程的激励机制分为个人奖励和团队奖励，或者有形奖励和无形奖励两种。有形奖励以任务参与为条件，取决于学生对于课前、课堂、课后任务完成度的奖励，关注过程而非结果，以反映学生的能力。而无形奖励，如卡牌和虚拟奖杯等形式，目的在于引导学生完成指定的任务，以显示技能和成就，最终激发学习的乐趣。

行为学研究表明，奖励方式的解构对奖励的效果有

很大的心理暗示作用，包含连续奖励、固定比率的奖励和不定奖励等。其中，风景园林历史课程教学设计的不定奖励指课堂针对学生的互动参与过程和随堂测试表现所给予的零食、纪念品、文具等即时奖励和虚拟奖杯等，能为课堂教学带来竞争性和惊喜感。

连续奖励需要学生通过完成风景园林历史知识竞答的闯关游戏来获得，其奖励机制包括等级、积分、奖励、挑战、虚拟卡牌、荣誉排行榜等元素的设计[10]。在游戏中，学生作为玩家，可以通过世界风景园林案例的地图和时间轴，感知所在等级层次，并调整策略，通过角色扮演参与个体竞争，并在完成挑战目标后得到相应的奖励，如虚拟卡牌。这种奖励机制对于学生来说是即时的、连续的和多样的，对于学生具有重要的动机激励作用。

固定比率的奖励需要通过学生团队协作的创新创意作品的展评和投票结果获得。依托微信公众号"东写诗意西读园林"发表学生的创意成果，形成系列风景园林历史与理论科普推文，服务学科，辐射社会。同时，学生的创新创意作品也形成了教学资源的持续迭代，形成了在线教育资源的持续动态更新，实现了教学内容的知识整合，保持了时效性，促进跨专业之间的互动，激发学生的创新思考，侧重探索性、创新性设计过程的在线展示与交流，聚焦复合应用型风景园林创新人才的培养。

1.4 团队协作机制的设计

建构主义（Constructivism）学习理论认为，知识获取不是单向传授的，而是在与他人互动中，学习者基于自身经验基础上建构获得的[11]。简·麦格尼格尔认为在游戏中体验到的社群精神，能够唤起社群的一致行动，学习与其他参与者一起即兴地朝着共同的目标奋斗，教会参与者"群体智能"（Swarm Intelligence）[12]。

例如，风景园林历史课程从关系、交互、情感、体验等多个方面构建线上活跃的游戏化学习社区，为学生提供互辩的学习环境，并基于元认知理论（metacognition），以目标为导向反向设计评价任务，鼓励学生从兴趣和专业优势出发，自主设计团队协作研究与实践任务、实施计划与进度，并每周对学习和协作活动进行认知、掌控和反思，通过"5问反思"（运用到什么知识点？已有研究如何解读此知识点？解构过程有什么问题？如何解决问题？重耦过程的反思与感悟？）实现自我觉察、自我评价和自我调节，培养跨学科创新能力和解决复杂问题的能力，提高考核的挑战度。团队协作机制包含随机组队和自由组队两种形式，通过师生共同参与评价标准和量规的制定，实现师生新角色的建立与学习状态的转变，提升学生在学习与评价过程中的主动性。同时，学生主动建构式学习也促进了创新实践能力的提升。

1.5 评价反馈机制的设计

学生游戏化学习的过程需要引入反馈机制，通过过程评价和结果评价实时、准确地反馈学习进展，以便学生对于自身达成的目标的判断和游戏化学习任务的完成度的认识，从而对学生的学习行为起到持续的强化作用。因此，需要引入量化体系衡量游戏化学习的质量和学习者的行为，

以严谨区分高质量的学习行为和低质量的游戏行为。

例如，风景园林历史课程的评价体系包含知识点考核与高阶认知学习能力质性评估两个部分。其中，知识点考核通过竞答闯关游戏进行过程性评价；而对于高阶认知学习能力则引入真实性评价方法进行游戏化学习的效果检验。评价机制包含评价指标筛选、评价任务设计、评价量规制定、评价体系构建、评价模型构建和评价方法运用等环节。真实性评价（authentic assessment）重在考查学生对知识和技能的应用能力的多元化评价，从而促进学生解决实际问题能力的提升。真实性评价主要包含评价标准、评价任务和评价量规。其中，评价标准表达了教师对学生学习结果的期望；评价任务是为了使学生达到评价标准而设计的教学活动，创造性地运用所学知识和技能，充分展示解决问题的能力；评价量规的制定在一定程度上保证了评价的有效性和公平性。

2 游戏化途径的学生学习效果检验

2.1 高阶认知学习能力

高阶认知能力指发生在较高认知水平层次上的心智活动或认知能力；根据布鲁姆教育目标分类法，学生对知识点的记忆和理解属于低阶学习水平，又称为浅层学习，而应用、分析、评价、创造等属于高阶认知学习水平，又称为深度学习[13]。深度学习是主动的、探究式的、创造性的学习活动，增加学生学习的主动建构性，对于发展学生的高阶认知能力，从发展学生系统抽象思维能力到生成自己的抽象原则，对于促进师生新角色的建立和学习状态的转变，具有迫切需求[14]。"以学生为中心"的游戏化学习途径注重风景园林知识的理解与整合、迁移与质变，注重将知识转化为能力，有助于切实提高学生的高阶认知能力。

2.2 指标筛选与评价体系

引入真实性评价方法对高阶认知能力的质性评价。经过134位高校艺术类课程美育教育的同行专家与130位学生的问卷调查，共同探讨并最终明确游戏化学习真实性评价的标准与量规，以达成8个能力培养的目标、评价任务、评价标准；每个评价标准均对应3个评价量规和评价等级（表1）。同行专家、教师、学生三方对风景园林历史教学游戏化途径的8个高阶学习能力进行重要性排序，利用AHP层次分析法和模糊数学方法计算权重，以构建学生的高阶认知学习能力真实性评价模型，保障对学生能力评价的准确性和公平性。

风景园林历史课程游戏化学习途径高阶认知学习能力评价体系 表1

评价目标	评价指标	评价任务
赏鉴	分享、共同探讨、协同审美鉴赏的同伴学习能力	通过对中西方历史名园案例的赏鉴与对风景园林历史理论著作的研读，形成可与同伴分享的读书笔记

续表

评价目标	评价指标	评价任务
体悟	重述、归纳、构建知识体系的自主学习能力	通过 SPOC 教学视频自主学习,重述中西方风景园林发展历程;梳理发展脉络,并归纳为思维导图,系统研究中西方风景园林历史和文化
分析	对比分析与区辨风景园林艺术特征的举一反三推理能力	通过 SPOC 主观测试互评,对比分析不同发展阶段和国家的风景园林特征异同;区辨中西方风景园林异同;综合运用分析方法推理研判古今其他案例的艺术特征
评价	评价和辨明风景园林领域代表性人物与案例影响的理性思辨能力	通过分组讨论和辩论,客观且辩证地评价中西方风景园林领域的代表性人物的理论与设计案例,及其对现代风景园林建设的影响
运用	应用风景园林历史学分析方法来解决复杂问题的能力	应用风景园林艺术特征分析和历史学研究的方法,围绕关键问题,通过漫画绘本创作,分析和解决更加复杂的理论与科学问题
实践	自我觉察、自我评价、自我调节的团队协作能力	制定核查反思表,有序推进"我的园林世界"搭建,完成创新创意作品的实操、展评与策略反思
创造	设计、有序组织、动手完成创新创意作品的能力	以风景园林虚拟仿真案例为命题,通过造园特征认知、模型协作搭建、知识解构与可视化、虚拟场景营建等,实现中西方历史名园案例的感知搭建与知识交互
价值	形成"学史明志,知史明道,品史明智,鉴古知今"的文化自信历史观的能力	完成翻转课堂任务"我讲中国园林故事",重视、研究、借鉴中国园林历史文化,深刻把握风景园林发展历史规律,在对历史的深入思考中汲取智慧,站在历史的高度,服务生态文明建设的重大需求

2.3 评价权重调查与计算

根据专家调查和学生访谈的结果,建立评价体系,并采用层次分析法,建立包含 2 个层次和 10 个指标的层次结构模型(表 2)。依托模糊数学方法,建立判断矩阵,计算各层次指标对目标层的合成权重,并进行权向量的计算与一致性检验,最终确定指标权重。

风景园林历史与理论课程游戏化学习效果
评价权重计算 表 2

目标层(A)	准则层(B)	权重	指标层(C)	权重
风景园林历史与理论课程游戏化学习效果评价	低阶学习能力评价(B1)	0.4	风景园林历史知识竞答游戏积分(C1)	0.32
			SPOC 开放性问题讨论参与度(C2)	0.08
	高阶认知能力评价(B2)	0.6	理性思辨能力(C3)	0.349
			分析推理能力(C4)	0.317
			自主学习能力(C5)	0.300
			形成历史观能力(C6)	0.298
			解决复杂问题能力(C7)	0.273
			创新创意能力(C8)	0.199
			团队协作能力(C9)	0.176
			同伴学习能力(C10)	0.113

2.4 真实性评价模型构建

基于各个单项指标进行评价标准和权重确定之后,可以得出风景园林历史与理论课程游戏化学习效果评价的模型:

$$Y = \sum_{i=1}^{n} C_i M_i$$

式中 Y——真实性评价总得分;

C_i——每个单项指标的得分;

M_i——该单项指标的合成权重;

i——单项指标的个数。在本评价指标体系中,i 取 10 个。

最后,利用公式 LAH＝Y/Y_o×100％确定评价的等级。其中:LAH 为综合评价指数;Y 为评价分数值;Y_o 为理想值(取每一个因子的最高级别与权重相乘叠加而得)。LAH 作为分级的依据,并以差值百分比分级法划分为优秀(100～90 分)、良好(89～85 分)、一般(84～75 分)、合格(74～60 分)、不合格(≤60 分)等级。

2.5 游戏化学习效果检验

采用独立样本 T 检验,分析学生对游戏化学习方法的接受程度,结果表明不同年级的高效学生对游戏化学习的接受程度均呈"不排斥"也不"狂热"的"喜爱"程度,且年级差异不显著,表明学生对于"游戏"的热情可以迁移到"学习"活动中,并通过合理的教学设计帮助学生理解并运用抽象的知识。根据真实性评价模型,疫情防控常态化背景下风景园林历史教学的游戏化建构有助于学生的自主学习,随堂测试正确率从 55％提升到 65％,而在教师陪伴与引导情况下正确率可提高至 85％。

由游戏化学习不同进阶阶段的学生情绪变化可见,课程伊始学生对于游戏化任务普遍存在一定的畏难情绪,78％的学生对高阶能力目标表示担忧。但随着教学资源的

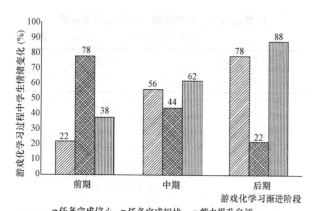

图7　游戏化学习渐进阶段学生情绪的变化

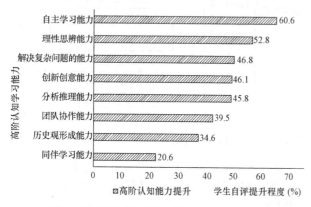

图8　学生自评高阶认知能力提升程度排序

有力支撑、教学团队陪伴的自主学习过程推进和游戏激励机制的介入，绝大多数学生逐渐树立了解决问题的信心，并且通过同伴学习和团队协作，开始着手推进感知搭建等创新创意任务。高阶学习能力从38%提升至88%。然而，与教师对高阶认知能力的重要性排序不同的是，通过游戏化学习，学生对于高阶学习能力提升程度的自评结果显示，提升程度较高的能力为自主学习能力、理性思辨能力、解决复杂问题的能力、创新创意能力和分析推理能力。结果表明，教师对于课程教学需要培养的高阶认知能力目标与学生通过游戏化学习所获得的能力提升结果并不一致。这说明面向教学目标与学习所得协同的风景园林历史课程游戏化教学实践、教学创新与改革是需要持续探索的新问题。

3　结论与思考

寻找风景园林历史教学和美育类教育的游戏化途径可以通过拓宽教学资源覆盖面和校企联动内涵，鲜活历史，激发兴趣，促进自主学习，满足个性化学习需求依托高质量的线上学习资源，自主研发且充分运用信息化技术，有效提升了学生参与度，让知识结构化、逻辑化、体系化，并将抽象的知识点进行游戏化的解构、重耦和情景认知，提升学习挑战度、难度和深度，满足学生的个性化学习需求，激发学生高阶学习与创新实践的动力。同时，延展线上线下游戏化教学的辐射面，营造高互动和互辩

学习社群，实现多主体和多向度的深度师生和生生互动，充分满足个性化学习需求。以学生为中心，构建触发任务参与、激励与团队协作机制的游戏化教学设计模式，实现了师生新角色的建立和学习状态的转变。重塑游戏化学习教学设计，运用闯关游戏和虚拟仿真案例等智慧教学技术，实现数字信息条件下的高效自主学习，建立学习的效果质性评价模型，学生在评价过程中处于积极的主动参与状态，体现出对学生持续发展的关注，充分发挥学生潜能。研究反哺教学，教研互促。

立足学科特点，紧扣发展需求，强调理性辨析，培养哲匠精神，促进知行合一，现人文关怀，树立文化自信，厚植行业和家国情怀，实现专业教育与思政教育的有机融合。在潜移默化中帮助学生建立正确的历史观，实现"新工科"与"新农科"交叉学科背景下专业教育与思政教育有机融合。

致谢：

衷心感谢上海交通大学刘博老师的技术指导和穆振宇、周帅、张政霖、张刘心、叶子多学生PRP闯关游戏研发团队！感谢光辉城市（重庆）科技有限公司朱春宇和刘帮先生在VR沉浸式虚拟仿真案例资源构建提供的帮助！感谢北京甲板科技在虚拟教学过程中提供的技术支持！

图表来源：

① 图1、图2、图7、图8由作者自绘。

② 图3由"遇事不决量子力学"团队的陈静、唐子玄、万井迪、赵泰安同学绘制。

③ 图4由"绝不秃头"团队的严菁、罗佳奕、沈志宇、姜来、王葰燕同学绘制。

④ 图5由"涛涛说的都对"团队黄际澍、朱艳琪、刘涛、尹程、王涛、毛杨杨同学绘制。

⑤ 图6由光辉城市（重庆）科技有限公司提供。

⑥ 表1、表2由作者自绘。

参考文献：

[1] 陈璐. 全人教育视野下高校美育实践现状育反思——以旅游院校为例. 中国多媒体体育网络教学学报，2019（11）：200-201.

[2] 习近平在全国高校思想政治工作会议上强调：把思想政治工作贯穿教育教学全过程开创我国高等教育事业发展新局面. 人民日报，2016-12-09.

[3] 尹少淳. 对美育的最新认识和刚性要求. 光明日报，2020-11-24.

[4] 于冰沁，张洋，蒋建伟，余建波，苏永康. 面向初、中、高阶学习者的混合式教学研究——以"风景园林简史"课程为例. 现代教育技术，2020（9）：118-125.

[5] 于冰沁，王云，王玲，张洋. 风景园林历史与理论课程群建构与混合式教学真实性评价方法. 风景园林，2020，27（S2）：6-11.

[6] ［德］席勒. 审美教育书简. 张玉能译. 南京：译林出版社，2012.

[7] 高居翰，黄晓，刘珊珊. 不朽的林泉——中国古代园林绘画. 北京：生活·读书·新知三联出版社，2012.

[8] 王丁冉，董芦笛. 基于VR沉浸式认知的设计基础教学改革构思与实践. 风景园林，2019，26（S2）：45-50.

[9] 刘俊，祝智庭. 游戏化——让乐趣促进学习成为教育技术的

新追求. 电化教育研究，2015，36(10)：69-76＋91.

[10] 郝建江，赵一鸣. 游戏激励机制对 MOOC 平台建设的启示. 中国教育信息化，2017(03)：34-36.

[11] 崔勇，章苏静，卢雪栋. 游戏化学习社区的"教育性"和"游戏性"测评——以某款网络盛行的游戏化学习社区为例. 中国教育信息化，2012(18)：19-23.

[12] 简. 麦格尼格尔著. 游戏改变世界——游戏如何让显示变得更美好. 闾佳译. 杭州：浙江人民出版社，2014.

[13] Krathwohl, R. D. A revision of Bloom's taxonomy: an overview. Theory Into Practice, 2002 (41)：1623-1629.

[14] 邓鹏. 面向高阶认知发展的成长式问题化学习(GPBL)研究——概念、设计与案例. 远程教育杂志，2020，38(03)：76-85.

作者简介及通信作者：

于冰沁/女/（满族）/博士/上海交通大学设计学院副教授/研究方向为风景园林历史与理论、城市生态社区规划与设计/yubingchin1983@sjtu.edu.cn。

中国古建筑木结构的活态化：当虚拟仿真应用于风景园林设计课①

Revitalization of Ancient Chinese Wooden Structure：When Virtual Simulation Is Applied to Landscape Architecture Design Class

丁梦月　胡一可*　康志浩　冯轶嘉

天津大学建筑学院

摘　要：中国传统木结构在风景园林领域有着广阔的应用前景。在中国古代营建智慧与现代建造理念脱节的当下，虚拟仿真技术展现出适用于学生体验交互式学习的优势。在既往设计教学中，中国古建筑木结构实验存在安全性差、场地不足、难以保证学生全员参与等问题。作为风景园林及相关专业的核心知识，借鉴传统营建智慧并进行现代转译是必备技能。以虚拟仿真技术介入设计教学改革为出发点，阐述天津大学风景园林专业木构件虚拟仿真教学实验项目的基本构思、建设过程与教学实践，通过"认知—拆解—搭建—设计"的渐进式训练，反思新技术为教学带来的机遇与可能性。

关键词：风景园林；教学改革；虚拟仿真；木结构；传统转译

Abstract: Chinese traditional wood structure has a broad application prospect in the field of landscape architecture. At present, when ancient Chinese construction wisdom is out of line with modern construction concept, simulation technology shows its advantages for students to experience interactive learning. In the past design teaching process, there are problems such as poor safety, lack of space and difficulty in ensuring full participation of students in the experiment. As the core knowledge of landscape architecture and related majors, it is necessary to learn from traditional construction wisdom and carry out modern translation. Using virtual simulation technology into the design teaching reform as a starting point, elaborated the basic idea, the construction process and the teaching practice of the virtual simulation teaching experiment project of wood components of landscape architecture major in Tianjin University, through the "cognitive, dismantling, building, design" progressive training, new technology for the teaching reflection of opportunities and possibilities.

Keywords: Landscape architecture; Teaching reform; Virtual simulation; Wood structure; Tradition translation

正在蓬勃兴起的以现代信息技术为核心的新一轮科技和产业革命给新工科相关专业教学改革带来新的挑战，数字化教学体系与方法成为当代风景园林教育亟待充实并应用的重要内容[1]。针对传统实验教学实际运行困难、高消耗、不可逆等缺陷，虚拟仿真技术易维护、利用率高、真实体验感强等特点能够弥补传统实验的一些不足[2]，近年来成为许多专业开展"智能＋教育"先锋实践的技术支持。

在中国古代营建智慧由传统向现代转化的过程中，理论研究未能很好地继承传统文化，设计实践未能充分挖掘传统营造信息，在一定程度导致了文化意义上建筑、景观可识别性的缺失。在古代营建智慧与现代建造理念脱节的当下，天津大学风景园林专业传统木结构实验借助虚拟仿真技术的优势开展实验教学改革尝试，积极探索风景园林基础课程"线上"转型的创新路径。

1 虚拟仿真技术之于传统木结构实验教学的必要性

1.1 传统木结构实验教学的弊端

2009 年，中国传统木结构建筑营造技艺入选联合国教科文组织人类非物质文化遗产代表作名录[3]。其中，榫卯连接方式作为我国传统文化的瑰宝，在现代建筑及构筑物中仍应用广泛。而斗栱结构部分构件采用榫卯连接方式，相较于传统建筑单体更易于实现课堂教学，因此，在天津大学风景园林专业 5 年学制体系中，传统木结构营建依托大类基础课程教学开展，是 1～2 学年建构能力框架中必须掌握的知识点[4]。

但传统木结构实验教学存在以下难点：　（1）复杂性——学生在现实生活中接触木结构的机会较少，对木结构认知度不高，难以完全理解种类众多的木构件；

① 基金项目：国家自然科学基金重点项目"基于中华语境'建筑—人—环境'融贯机制的当代营建体系重构研究"（编号52038007）；国家社科基金艺术学重大项目"中国建筑艺术的理论与实践研究（1949～2019）"（编号20ZD11）。

（2）局限性——由于场地、实物模型数量和成本等限制，仅能开展少量的搭建实验，每组学生能够操作练习的类型有限，在有限的课时安排中难以快速建构木结构知识体系；（3）安全性——实物模型较大，可操作性较差，操作过程中存在一定安全隐患。总结来说，传统木结构实验教学有认知度低、学习速度慢、学习成本高、存在安全隐患等不足。

1.2 "新工科"背景下教学改革的必要性

近年来，根据《教育信息化十年发展规划（2011～2020年）》《2017年教育信息化工作要点》、2018年教育部《开展国家虚拟仿真实验教学项目建设工作的通知》等相关要求，信息技术与教学改革的深度融合工作持续推进，高等教育实验教学的网络化、信息化、虚拟化成为必然趋势。

2020年5月，天津大学风景园林专业依托新工科建设"天大方案"率先发布的契机，以实现"新工科"建设、培养创新性工程科技人才为愿景，针对前述传统木结构实验教学中存在的复杂性、局限性、安全性等问题，希望借助虚拟仿真技术，为设计教学和工程实践提供教学方法升级的全新机会。

1.2.1 "虚实互促"的教学方法

在传统的木结构实验教学中，动手操作部分多采用大尺寸木构零件，在实验空间紧缺和存在安全隐患的情况下，教学活动难以开展。而借助虚拟仿真实验平台，可以将基础认知和木结构搭建的学习活动通过虚拟仿真实验平台开展三维可视化的趣味实验，作为实际操作的先修课程，既能弥补传统实验教学"少、慢、差、费"的缺陷，又能在后期线下实验和实地调研中更有针对性地施教，拓展实验教学内容的广度和深度，实现教学的时空延伸（图1）。

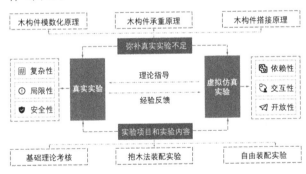

图1 虚实结合的教学方法

1.2.2 线上线下并举的自主学习模式

在新工科的课程建设过程中，课堂教学的重点从知识导向转型为问题和任务导向，以学生为中心，以翻转课堂、开放式教学的方式激发学生的实验兴趣，强化思维层面的引导。木结构虚拟仿真实验从学科特点出发，通过"游戏通关"式的趣味性线上实验操作，鼓励学生自主学

---

① 目前实验只涉及宋式斗栱的主要构件。

习，并在操作过程中发现新的问题或形成新的思考角度，在实验最后的线下教学环节进行师生、生生之间的开放式讨论与答疑，基于实验过程中问题的解决来建构基础知识体系。

1.2.3 传统智慧"活态化"展现与转译

实验的一大亮点是以专利项目引导学生进行中国传统木结构"活态"转译的创新思考。抱木法支撑结构由采用全部榫卯结构的上座体和下座体以及独木柱三部分构成（图2），仅由斗、拱、昂三类构件以及树杈形加强斜块和卡合斜块构成，以榫卯连接方式构建的可自动回正、拆装方便、承载能力强的新型支撑结构，证明了中国传统木构的"活态"属性。通过让学生自行仿真认知与虚拟建造，掌握木结构建筑的搭建原理，在熟悉木结构建筑构成体系的基础上，尝试自由装配与搭建，培养学生的动手能力、空间思维能力。

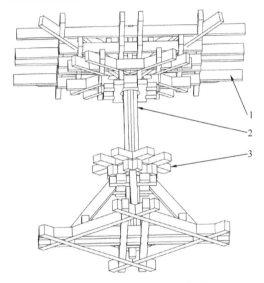

图2 抱木法支撑结构示意图
1—上座体；2—独木柱；3—下座体

2 虚拟仿真实验设计与效果

2.1 基础知识点

（1）木构件的主要类型：掌握中国传统古建筑结构的主要木构件类型①，包括栌斗、令拱、瓜子拱、泥道拱、上昂、下昂、升、翘等。

（2）木结构的搭建方式：以抱木法支撑结构中应用的最基本的斗、拱、昂三种构件切入，从木结构承载力的角度，结合构件搭接时必要的锚固、支撑，循序渐进地学习构件之间能够正确传递各个方向荷载的搭接方式，认识这种柔性、弹性与刚性兼具的有一定程度自我恢复能力的动态平衡结构。

（3）木结构背后所蕴含的空间观念和营造技艺：在中国建筑史的研究中，木结构被看作空间构成的重要因素，其所蕴含的"建筑—人—环境"融贯机制的认知体系对未来城乡人居环境可持续发展建设有重要应用价值。

2.2 实验内容

针对上述 3 个知识点，在 2 课时的实验中，以趣味性的"游戏通关"模式进行学习，按照实验和学习难度设置 3 个学习模块——"构件认知"模块、"结构拆解"模块和"互动装配"模块，考核内容分别为理论知识检测、抱木法支撑结构搭建以及自由装配实验（图 3）。

需要说明的是，本实验为开放实验，本校学生选课后可以通过学生账号登录进入系统进行学习，校外人士、爱好者同样可以通过"游客"身份进入系统开启实验，教师可以在后台对学生和游客分别进行实验数据分析。

2.2.1 认知学习

认知是应用的基础，因此"构件认知"作为实验的第一个模块，目的是让学生对木构件的主要类型及其应用背景有基础性的认识。主要介绍木构件单体的类型、背景知识、实测尺寸等内容。实验界面左侧是根据测绘所得真实尺寸建造的三维立体模型，界面右侧为相应构件的介绍（图 4）。模块设置"理论测验"环节，由系统随机抽取 10 道选择题进行认知学习部分的初步考查。

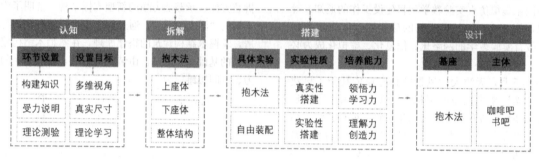

图 3　实验内容

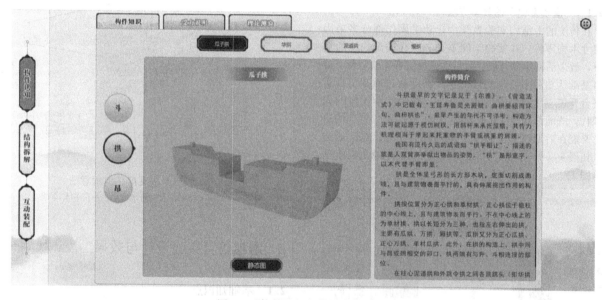

图 4　"构件认知"模块实验界面

2.2.2 结构拆解

"结构拆解"模块通过抱木法支撑结构的拆解和组装练习来引导学生学习木结构的搭建方式。在"结构展示"部分，以抱木法支撑结构中的四种井字形架构为练习单元，通过图、文和视频讲解的途径详细展示搭建过程，学生可以通过界面中的"重置视角"按键进行全方位的观看学习，也可以自行拖拽木构件尝试搭建简单的井字形架构。"结构拆装"部分是在前一部分练习基础上的进阶，可继续开展抱木法支撑结构装配的学习。由于学生个体的接受和理解能力有差异，学生可以自行选择上座体、下座体或抱木法整体结构的装配练习（图 5）。

2.2.3 搭建实验

"互动装配"模块是木结构虚拟仿真实验的核心。互动装配模块包含两个环节，一是抱木法结构的装配，二是自由装配（图 6）。

其中，抱木法结构的装配是基础考核内容，主要检测学生对于木结构搭接原则的掌握程度。自由装配环节是实验部分，学生可以自由选取零件库中的零件，根据前面两个模块学习的内容来试验性地组装（图 7），30min 考核倒计时和实时得分会显示在界面左下方，系统会记录学习与装配过程，根据零件个数、各个零件之间搭接是否合理等标准来评判打分，最终给出实验报告。教师可以根据实验报告来分析学生薄弱的知识点，在后期进行有针对性的备课和教学。

实验完成后，系统会弹出对木结构"认知—拆解—搭建"过程进行回顾讲解的页面，最后，该实验以一道设计思考题结尾——"场地任选、思维不受限，现委托你以抱木法支撑结构为基座，设计一座小型建筑或一处景观小品，场地任你选、材料不局限、思维不受限。"

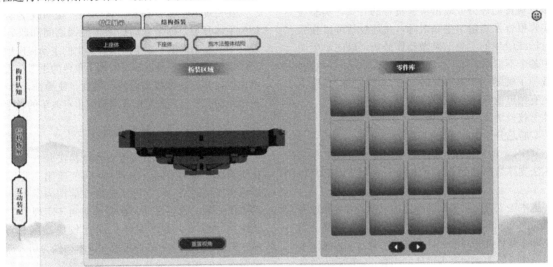

图 5　"结构拆解"模块实验界面

图 6　"互动装配"模块实验初始界面

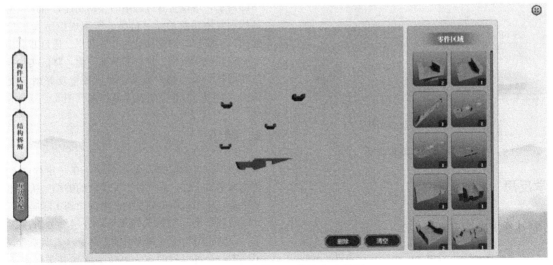

图 7　"互动装配"模块实验界面

2.2.4 考核模式

不同于传统木结构实验教学中仅由教师主观打分的方式，木结构虚拟仿真实验采用计算机系统根据学生的实验操作步骤自动评分并输出实验报告的方式，实验完成后将实验报告发送给学生和老师，并且教师可以在系统后台对选课学生的实验结果做整体分析，以便学生明晰环节中各个不牢固的知识点、加强学习效果，同时也便于任课教师了解学生掌握薄弱的环节，后续可以在线下实验中更有侧重地开展补充教学。

具体考核模块和分值分配为：

（1）实验总分为100分；

（2）其中，"构件认知"模块基础理论知识测验为20分，抱木法支撑结构装配考核为30分，自由装配实验为50分；

（3）抱木法支撑结构装配顺序应按照榫卯搭接原理完成，考核时间30min，当连续3次装配错误时，系统会提示一次正确步骤，并扣3分；自由装配实验为宋式铺作木构件的自由组合，考察对基本构件的模数、装配方式的掌握，一共有3种实验结果、8种装配方案，根据顺利搭接的零件数量和难度，正确完成所有零件装配的得分分别为50分、45分、40分。需要说明的是，抱木法装配与自由装配两个实验的零件库中均特意设置了干扰项，若零件选择错误，则系统会在零件区域提示正确选项，同时左下角得分处会实时扣分。

2.3 实施效果

木结构虚拟仿真实验在2020～2021学年加入二年级本科生专业基础课程，选课学生的专业包括建筑学、风景园林学、城乡规划学和环境设计等。根据后台数据分析（图8），61名学生实验平均得分为66.3分，平均用时29.1min；65名游客实验平均得分57.84分，平均用时15.96min。学生与游客的平均得分虽差距不大，但都在及格线附近，说明实验比较适合作为基础性训练，但难度偏高，在平台下一阶段完善中应降低难度、设置梯度。

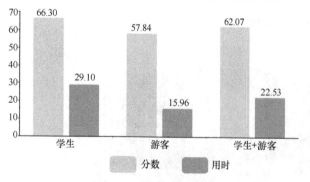

图8 学生与游客实验数据分析

3 教学反思

3.1 师生-生生互动的开放式教学

实验后访谈发现，学生普遍反映较好，认为以实验的方式学习中国传统营建智慧新奇有趣，在之后的线下学习和实际搭建中将更有的放矢。意料之外的是，学生们建议增加实验中的互动交流功能，希望能够增加学生之间以及师生之间的互动和反馈，如实时弹幕的形式。

在传统课堂教学和实验教学中，互动教学模式以教师为主体开展，师生互动局限于授课期间和课后答疑环节，生生互动局限于小组内部。学生们主动提出增加互动交流机会的背后，是重新定位师生角色的思考与需求。技术加持提升的是传统实验的灵活性、便捷性，师生-生生角色互动的开放式教学模式则是应重点改革的教学内容。

3.2 对传统教学的延伸与拓展

将虚拟仿真技术引入传统木结构实验教学克服了以往实验在时间和空间上的限制，将实验第一阶段的教学场地转移到网络空间，除了能够在前期为学生提供更多动态化的学习内容之外，在疫情期间还实现了学生随时随地自主学习，可以说是一次比较成功的教学转型：（1）克服传统教学方式的短板，以木构件为切入点，用三维可视化的趣味实验环节进行认知教学，激发学生的学习兴趣；（2）省时省力省成本地提高学生的创新能力，主要体现在材料和结构的创新思考这两个方面。

在材料创新思考方面，木材虽是低碳环保的建材，但在加工过程中会产生大量废料，可进一步考虑是否有提高木材利用率以解决材料浪费问题的方法，或者与其他材料搭配出融合互补的创新形式。在此绿色环保的理念下，在结构创新思考方面，考虑是否能够通过结构的改变或承载能力的改善使木结构更好地应用于现代建筑中。以上是在实验后的设计环节引导学生思考的问题，期冀以木结构实验为契机，培养学生"设计-建造"一体化的协同思维模式[5]。

3.3 实验教学中存在的不足与改进方案

目前，木结构虚拟仿真实验完成了前三个阶段的建设，通过了校级虚拟仿真实验教学项目验收，但仍有很多待完善的内容。

根据学生反馈和教师授课反思，在接下来的建设阶段中，会根据不同学科、不同专业学生对虚拟仿真实验教学的需求，增设实验过程中的互动功能，有序完善从局部结构到整体建筑的学习链条，实现虚拟仿真实验教学资源向兄弟院校、向全社会的开放共享。通过开展虚拟仿真实验提高教学质量，扩展实验参与面，降低实验操作的风险和消耗的人力物力成本，形成环境友好型与资源节约型的"两型"绿色实验教学新格局（图9）。

4 结语

虚拟仿真实验技术参与教学，在一定程度上克服了传统教学复杂性、局限性、安全性的弊端。从学生学习效果来看，按照由简单到复杂、由认知到实际操作、由全局性问题到个别问题的认知规律，分层级分阶段逐步深化学习，学生的接受度和理解度较高；从长期来看，既节约了成本，又可以省时省力高效地认知并掌握木结构的基

风景园林教学协同与创新

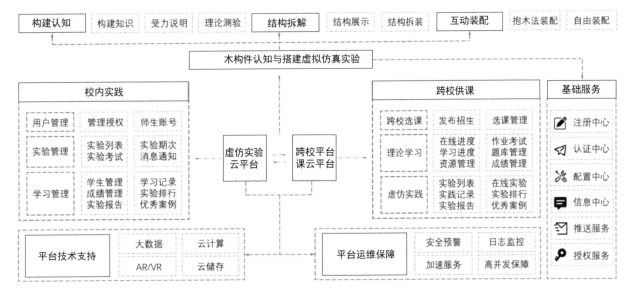

图 9　木构件认知与搭建虚拟仿真实验整体构想

础知识和装配过程，为高年级的学习打好基础。

　　木构件认知虚拟仿真实验是风景园林基础教育在方法创新、技术创新和观念创新方面的初步教学实践，在天津大学风景园林专业二年级本科生的基础理论教学中作为"小而美"的实验单元开展的一年时间里，取得了良好的教学效果，推动中国传统营建智慧教育的传播、形成本土文脉传承与现实需求并重的适宜性技术，为古建筑研究利用、修缮保护、现代转译夯实基础。

注释：

　　抱木法支撑结构的实验室实验承重能力为 500kg，可以承重小型建筑。

图表来源：

　　图 1～图 3、图 8、图 9 为作者自绘；图 4～图 7 为木构件认知与搭建虚拟仿真实验项目截屏。

参考文献：
[1]　李哲，成玉宁.数字技术环境下景观规划设计教学改革与实践[J].风景园林，2019，26(S2)：67-71.
[2]　林健.新工科专业课程体系改革和课程建设[J].高等工程教育研究，2020(01)：1-13＋24.
[3]　中华人民共和国教育部.《人类非物质文化遗产代表作名录》收录的中国非物质文化遗产［2021-05-06］http：//www.moe.gov.cn/s78/A23/A23_wjzl/201906/t20190624_387312.html.
[4]　胡一可，邱诗尧，许涛.天津大学风景园林专业本科培养体系构建[J].城市建筑，2019，16(36)：59-63＋75.
[5]　胡一可，顾阳，王洪成.基于一体化模式的花园快速营造研究[J].风景园林，2020，27(S2)：35-40.

作者简介：

　　丁梦月/女/汉族/天津大学建筑学院在读博士研究生/研究方向为城市公共空间、风景园林历史与理论/dingmengyue1@163.com。

通信作者：

　　胡一可/男/汉族/天津大学建筑学院副教授、博士生导师/研究方向为风景园林规划与设计、城乡公共空间与人群行为、风景旅游区规划设计/563537280@qq.com。

中国古建筑木结构的活态化：当虚拟仿真应用于风景园林设计课

因学施教：风景园林规划设计教学中的自主创新能力支持①

Teaching by Learning：The Support of Independent Innovation Ability in Teaching of Landscape Planning and Design

董楠楠* 王咏楠

同济大学建筑与城市规划学院

摘 要：鉴于我国风景园林行业面临的新任务与新挑战局面，亟需在高校人才培养体系中着重强化对于"未知知识"（unknown knowledge）的获取和分拣能力。不同于传统规划设计课程中的教学成果要求，本团队近年通过课程基地建设、导向问题设置、支持资源整合、过程协同攻关等方式，培养学生通过团队协作的学习模式，发现问题、设立工具并完成独立化的自主学习过程，立足于系列化的模块植入，从现场调研、现场教学、专题讲座、成果表达四个方面，在本科入门设计课程和研究生规划设计课中，都开展了相关的课程改革。本文结合相关教学改革案例，总结了相关的教学经验和不足。

关键词：风景园林教学；自主创新；教学创新；学习模式

Abstract：In view of the new tasks and challenges faced by China's landscape architecture industry, it is urgent to strengthen the ability to acquire and sort "unknown knowledge" in the talent training system of colleges and universities. Different from the requirements of teaching results in traditional planning and design courses, the team has trained students to discover problems, set up tools and complete independent self-learning process through team collaborative learning mode through curriculum base construction, problem orientation setting, resource integration support and process collaborative tackling in recent years. Based on a series of module implantation, the team has carried out on-site investigation, on-site teaching, special lecture and achievement expression, relevant curriculum reform has been carried out in the undergraduate introductory design course and graduate planning and design course. Combined with the relevant teaching reform cases, this paper summarizes the relevant teaching experience and shortcomings.

Keywords：Landscape architecture teaching；Independent innovation；Teaching innovation；Learning model

1 风景园林学科新发展要求加强学生"自主创新能力"培养

随着我国深化改革进入新的时期，"十四五"规划阶段重点提出坚持自主创新，提升自主创新能力的发展要求与愿景。有关于"自主创新能力"的定义，辞海中解释为："为拥有自主知识产权的核心技术以及在此基础上占有相应的新产品价值的创造过程"，其内涵包括原始创新、集成创新和引进技术再创新。基于行业发展由量变转向质变的背景，风景园林学科作为综合应用科学、工程和艺术手段，通过保护、规划、设计、建设管理等方式营造健康、愉悦、适用和可持续地境的学科[1]，在面对全球气候问题、智慧城市、生态可持续等一系列新的挑战与发展方向时，亟需在跨学科、跨行业的实践要求下提高实现对于新兴科技与规划设计方法的整合能力，即实现"自主创新"的能力要求。

风景园林规划设计课程是风景园林学科的核心课程，同时也是最接近风景园林行业实践的课程设置。在专业理论课程的基础上，规划设计课程的设置以设计课程的深度、学科外延与尺度范围作为教学的基本目标，训练学生在面对场地关联的相关问题时，依据自身的研究能力对于牵涉的未知知识与技术进行自主研究，总结规划设计的技术整合体系，进而形成规划设计的方法，将文化、美学、社会、技术等系统知识纳入学科交叉的规划设计研究[2]。而对于行业实践所要面对的各方面新需求，则需要规划设计课程中构建"预设情景"，培养学生在面对新问题时，以自我能动性作为前提吸收新知识，整合规划设计的新工具，从而达到自主创新能力提升的教学目标。

同济大学风景园林专业自开办以来，围绕高质量人才培养的目标，在本科生与研究生教学体系中形成了基于"知识（K）""能力（A）""素质（Q）""人格（P）"四大方面的KAQP人才培养模式[3]。本教学改革尝试在全方位育人教学体系的框架内[4]，针对同济大学生源水平特点，以学生本身具有的自主学习能力为基础，形成多方位立体化的资源支持导向，从"目标给予-工具推荐-资源整合-教学纠正"全过程实现创新能力培养目标。

① 基金项目：同济大学"上海高校课程思政整体改革领航高校"领航计划《景观详细规划》领航课程。

2 基于自主创新能力支持的风景园林规划设计培养体系

2.1 分类型的规划设计课程支持目标

根据不同阶段对于自主创新能力培养的要求，本团队以同济大学建筑与城市规划学院实验班风景园林规划设计课程、毕业设计课程与研究生设计课程为教学改革依托，将具体的能力支持系统分为3个类型，对应于不同的专业学习阶段：

第一阶段，即专业设计入门阶段，以培养学生自主学习能力为教学目标，通过对风景园林专业专业技能的自主学习，达到对专业基础知识的入门和把握；

第二阶段，即专业综合设计阶段，以培养学生面对综合问题的创新方法提出为培养目标，培养学生对综合性复杂问题的理解分析，并利用新的方法将规划设计的成果表达出来；

第三部分，即探索型创新教学阶段，以培养学生研究型创新能力为目标，包括对场地深层问题的发现与影响机制识别，通过研究提出解决特定问题的工具包而确定干预方案。

2.2 案例一：入门阶段——以复合型创新人才实验班为例

基于此阶段教学目标的设置，本教学团队以同济大学建筑与城市规划学院复合型创新人才实验班景观规划设计课程（以下称实验班）作为试点课程。实验班由来自同济大学建筑与城市规划学院建筑学、城乡规划学与风景园林学三个专业的本科生与老师构成，每届学生需要在实验班两年的时间内经历以上三个专业的规划设计课程。景观规划设计课程作为实验班最后一个学期的设计课程，面对来自三个专业不同背景的同学，首先要解决在有限的8周半课程中不同背景学生对于风景园林学科的专业理解，从原有的"建筑思维"转向对自然空间与生态空间的感知。

基础设计入门阶段在于引导学生对风景园林规划设计所需的规划设计原理与专项知识（K）的理解与运用，基于学生自主学习的素质培养（Q/P），提升规划设计的认知能力与实践能力（A），重点在于入门阶段知识体系的快速建立，培养学生在初步接触风景园林规划设计时可以快速以风景园林专业的思维方式对场地现状、空间尺度、自然要素、人工构筑等规划设计要素的分析与组织。

针对以上问题，课程设置了三大模块以帮助同学快速进入风景园林规划设计的逻辑思维，即通过专业知识讲座、工作方法教学与模型呈现教学的方式对当下风景园林规划设计的设计原理、前沿方向、学习方法与表现结果呈现进行全面的学习支持（图1）。

2.2.1 知识讲座模块——知识体系构建

通过系列讲座的植入，使得入门阶段学生（往往没有系统化的理论知识培养模块）建立人与自然的空间观察视角，如2020年度秋季实验班风景园林规划设计课程的讲座教学模块邀请本专业在景观生态、健康公园、景观种植、规划设计等研究方向的老师分别就各自团队最新的研究成果开展了课程讲座教学，并配合在特定的设计阶段植入，较为有效地推进了学生设计中的知识学习与方案演进。

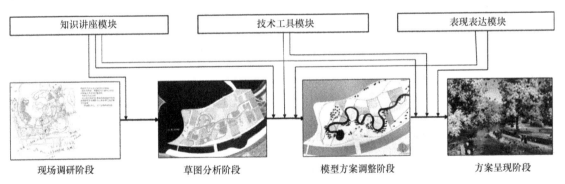

图1 入门教学阶段模块置入与教学成果的互动关系

（现场调研阶段　草图分析阶段　模型方案调整阶段　方案呈现阶段）

2.2.2 学习方法与知识整理习惯教学模块——工作日志

在课程开展的初步阶段要求学生建立跟随整个课程的"工作日志"，用以记录每次课程进度、心得与感想。在学习日志的内容要求中，学生需要在每次课程后总结课程中知识模块所提供的新知识，包括前沿讲座的知识、老师引导与纠正的意见以及自我学习中得到的知识与工具。同时学生需要记录当下知识吸收的感悟与思考。所有的内容形式不限，包括记录的文字与图像资料，以精炼为宜，帮助学生随时反思，反复思考。

2.2.3 表现表达教学模块——新工具引入

与习惯的建筑制图模式不同，多尺度的设计推演、景观空间与时间（甚至季节、气候）等的表达，需要学生能自由的切换在相应不同的表现场景中。例如在总体规划阶段，引导学生通过手工模型的方式理解城市绿地空间的尺度与关系，在制图工作开始之前要求学生制作手工方案模型，并通过超轻黏土等易于形变的材料帮助学生在"捏合地形""整理空间"等过程中激发学生对于场地规划设计可能性的探究，让入门阶段的学生先以最适应的方式介入到场地尺度和地形思考中。而在方案确定后的深化设计阶段，结合"光辉城市"等软件的技术应用，便于学生即时建立设计的空间呈现，从尺度、材料和植物等方面推敲场地空间设计。从而在方案表达维度激发学生对提交成果呈现方式的思考与想象（图2）。

图2 学生种植设计表达

在形成规划设计方案的基础上，教学同时注重对方案成果的表达创新。通过对上海"风雨筑"的参观实习，让学生体验当下最新的方案表达模型与技术。

2.3 案例二：专业综合设计阶段——本科毕业设计课程

专业综合教学阶段作为本科阶段最后一次规划设计课程，结合本科风景园林四年课程的教学积累，学生在此阶段已经具备了较为基本的知识体系，应该侧重实践中的跨学科"未知知识"的整合学习（K）与综合问题解决能力（A），培养学生全面的自主学习、创新精神、自主逻辑思维能力（Q/P）。面向学生即将毕业与接触实践的未来发展，毕业设计是KAQP教学体系在设计课程中的延伸应用。结合2021年同济大学风景园林毕业设计课程中辽宁盘锦辽河流域毕业设计的基地，立足于学生面对综合问题的分析，在方法路径的层面支持学生个人和团队化的工作方法（图3）。

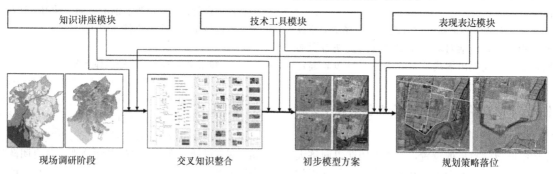

图3 专业综合设计阶段模块置入与教学成果的互动关系

2.3.1 现场调研工作模块——团队协作导向

基于综合问题的毕业设计要求学生在每个学习阶段都注重团队任务的分工与协作，特别是在现场调研阶段，需要学生在现场调研过程中对调研所需的所有资料进行分工整合、任务分配、现场目标向调研与调研资料整合。在本次教学改革试点中，课题组7位同学在前期规划方法路径的确定后得到所需资料的清单，针对不同资料的类型，将调研资料清单分为人文情况、生物资源、农业方式、地被现状四个专题类型。每个小组成员明确任务分工与相互对接的工作流程可以为将来踏入行业实践时提供有效的训练。注重个人任务与团队任务的相互支持，学生可以在毕业设计时得到面对综合问题与复杂分析的自主锻炼。

2.3.2 系列知识与讲座阶段——多学科交叉导向

立足于大尺度的流域生态规划，面对规划流程中所要面对的自然生态、工程技术、人文社会等多维度的知识，分别邀请老师从生态规划、公园规划设计、生态空间规划等角度为学生介绍了相关工作方法，结合文献学习、现场调研与访谈，走访上海市政设计院向一线的景观设计专家学习崇明环岛大堤等实践案例参考，启发了学生建立现场工作习惯与设计推进的工作方式。

根据课程设计对于学科交叉知识的要求，学生需要在前期构建对于生态空间与国土空间规划的体系知识，

在支持学生建立初步知识框架的基础上，引导学生在生态规划的过程中构建面向其他学科的接口，从水工学、植物学、动物学等学科筛选具有需求的知识，在此过程中，通过课程讲座的引导与学生的自我学习过程，形成了多学科交叉应用的规划设计知识体系。结合各自分工的具体知识学习，组内学生在农田湿地的水文知识、场地生物生境条件、土壤理化性质等方面检索了文献参考，形成了基于农田生态水平提升与社会经济发展相协调的辽河流域生态空间规划愿景。

2.3.3 表现与表达——工具体系化导向

尽管学生们在基础阶段已经初步建立了一定的表现表达基础，但是对于跨域不同尺度的综合性分析与设计推演的表达能力，仍需要在毕业设计阶段加强。为此支持了学生通过历史地图资料研究场地空间成因、水动力和GIS工具分析模拟场地的高程特征。同时通过工作模型制作，帮助学生更加清晰地理解基地特征（图4）。

2.4 案例三：探索型创新教学阶段——研究生规划设计课程

探索型创新研究教学阶段结合研究生的阶段性培养目标为基础，着重培养学生对问题本身的发现与识别，不局限于任务书清单，着重培养研究生在当下学科热点议题的背景下发现问题、识别问题、资源整合、方法建立、

图 4　模型分析——基于水文、地被覆盖与土地利用要素

成果创新的研究型综合能力培养（A）与学科综合观、自主创新观、研究型综合职业素质（Q/P）。

　　针对研究生设计课程的研究创新培养目标，本课程在本次试点的研究生设计课程中特别设置了跨学科、跨平台、跨领域的资源整合与课程讲座组织。以风景园林学科的生态未来作为课题定位，选定上海某乡村为课程教学基地，在本学院两位指导老师的师资基础上，课程特邀Sasaki事务所与喜随工作室的老师们分别为学生提供实践视角与参数化视角的点评指导与资源支持。12位硕士研究生一年级的学生分为两组，分别针对乡村水环境与生物多样性的主题展开研究型课程规划设计。

　　两个分组以生物多样性与水质提升作为切入点，整合了生态学、水工学、参数化设计、数字孪生等不同学科的前沿研究热点与规划设计工具。在研究生设计课程的目标"工具综合化、方法体系化、成果创新化"前提下，资源与方法的整合为学生研究型课题的目标设定、工具选取、方法构建都提供了明确的抓手（图5）。

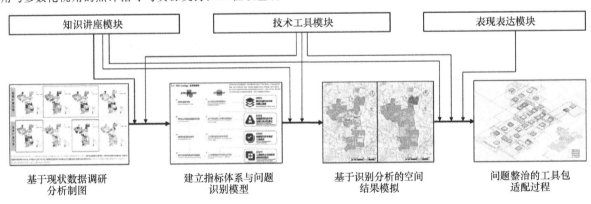

图 5　探索型创新教学阶段模块置入与教学创新的互动关系

2.4.1　系列知识课程讲座模块——资源与方法整合导向

　　研究生阶段的学生经历了本科时期的课程训练，在面对场地时已经具备了相应的综合性分析能力与规划设计水平，而研究生阶段的教学目标是通过学生对特定问题的识别从而展开研究，试图通过跨学科的知识整合形成特定研究问题的创新成果。在本次教学改革试点中，本团队邀请华东师范大学的生态学团队为学生开拓了基于生物多样性的生态学调研与研究路径，提供研究成果的资源支持与课程讲座；课程特邀的外聘老师为学生讲解参数化分析与设计的规划设计方式，并提供了讲座与教学资源支持。

2.4.2　技术工具研究模块——研究型方法体系建立

　　在设定规划设计的目标与研究方向的前提下，研究生规划设计课程以学生自主研究成果作为每个设计课程阶段的基础，通过每节课的教师点评对相应阶段的成果进行适当的纠正，并给出下个阶段的建议。在研究生设计课程阶段，学生创新能力的培养体现在规划设计所牵涉的理论、方法、技术、工具等全方位操作方法路径的整合与创新应用。在本次课程改革中，两组学生分别就乡村生物多样性与水质作为研究的切入角度，通过学生自行查阅文献资料，确定了以乡村指示物种与面源污染作为乡村规划设计的抓手，分别通过生境水平分级制图与面源污染模拟确定了各自重点关注的规划分区与策略角度。初

285

因学施教：风景园林规划设计教学中的自主创新能力支持

步形成了"关键问题识别-文献资源整合-工具体系建立-规划策略提出"整套规划流程。

2.4.3 表现表达研究模块——数字化平台化导向（数字孪生逻辑的培养）

传统规划设计课程要求学生在课程结束提交相应的图件与设计说明等纸质与电子文档，多是以静态的方式呈现最终的成果。然而在当下信息化数字化的技术革新趋势中，对于风景园林规划设计的要求也从传统的传统成果导向转为动态的全生命周期的规划设计流程。在规划设计课程表现表达模块，本团队针对当下前沿的数字孪生与参数化方向，要求学生将前期生物多样性调查资料、生境类型统计、现状土地利用、场地农业活动等多源数据形成前期乡村场地生境水平分级分布与水质模拟的参数化分析，通过数据引入与处理呈现，学生可以通过动态的数据支持实现乡村生物栖息地适宜性与水质检测溯源的识别与分析。结果生成的数字孪生模型，以能够指导规划设计作为目标建立数字化平台，引导学生在基础方法路径的基础上实现规划方法与技术工具的深度融合，不仅可以作为学生的创新成果，也使得成果的表现更加生动，突破了传统风景园林规划设计教学仅凭图纸评判设计成果的局限。

3 教学总结与展望

本文针对目前风景园林规划设计教学面临的新问题，初步构建了以自主创新支持为驱动的"模块置入"教学模式，该方法旨在提升学生自主学习与创新能力，通过建立学生学习模式的方式从而在面对"未知知识"时能够整合知识体系（K），在自主研究创新的驱动下提升自主学习能力、自主研究能力、自主创新能力（A），并结合本专业形成规划设计方法。该教学环境改变了传统规划设计课教学以教师传授、学生听讲为核心的教学方式，从而转向教师提供资源支持、学生利用资源整合的新型教学关系，形成高等教育环境下独立思考、全面的学科视角、完善的逻辑体系与批判思维素养（Q/P）。经过入门培养、综合培养、研究型创新培养三个阶段的学生，在自主学习与研究创新素养下的 KAQP 能力得到针对性的训练和提升（图6）。具体表现为以下几点：

3.1 学生学习方式：创新能力与规划设计推演

课程置入的知识模块除了课内教师所提供的指导与讲座资源外，包含了学生在课外时间根据课堂讨论得到的目标知识学习。其中包括基础理论知识、案例操作性知识、课外阅读学习知识等。在创新目标下的风景园林规划设计教学需要学生在自主学习的积累中形成课内的成果呈现，促成课内外互动的学习习惯。

针对不同学习时期的教学工具与呈现表达，系列课程提供了不同学生阶段的技术支持，包括手工模型、地图研究、场地分析、虚拟表现、参数化模型，在循序渐进的课程要求中提高学生对于工具的研究与使用能力，培养学生从数据采集到技术整合的规划设计流程。

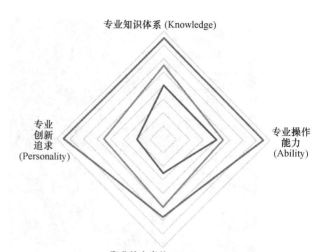

图 6　自主创新支持的学生 KAQP 能力发展

3.2 教师的指导方式：引导与支持角色

教师在课程中的角色主要为课程之前的备课准备与课程中的启发纠正。在课程前期，教学团队需要确定基地，赋予场地较好的研究条件，包括基础资料、研究团队、数据信息、问题前沿典型等基础资料，从而为学生构建较好的信息支持。在课程中，老师为学生提供讨论引导支持，帮助学生建立工作方法，在课堂上，老师通过板书草图的方式向学生提供工作流的建议与引导，启发学生利用已有的资源自主形成创新成果。

3.3 氛围模式：团队与项目制

随着景观的创新实践和行业需求的新趋势，一定程度上挑战了传统经验传授式的设计课指导方式。尤其是信息时代的知识资源和更多的开源工具出现，今天的在校生应该习惯于面向未知结果而开展的知识梳理、信息分拣、技术创新。就此而言，"师徒制"的教学方式正被"集体学习"方式取代，无论是教师、助教、学生，都成为一个共同学习的伙伴人群，不仅可以最快速地获取知识和技术方法，而且通过这种整合式的交流和讨论，同时也培养了学生未来的分工协同适应能力。

图表来源：

图1、图3、图5由作者引用图片自绘，图1引用图片作者为林子涵，图3作者为王怡琪、王佳齐、李海燕、周紫东、王雪帆、韩洁、史思远，图5作者为李耀成、邹清华、董宇翔、陈俊延、陈梦璐、宋昊洋、王咏楠；图2、图4、图6来源分别为同济大学2020年度实验班景观规划设计课程、同济大学2021年度本科生毕业设计、同济大学2021年度研究生景观规划设计课程。其中图2作者为陆婕祎；图4作者为王怡琪、王佳齐、李海燕、周紫东、王雪帆、韩洁、史思远。图6由作者自绘。

参考文献：

[1] 毛华松，彭琳，孔明亮. 面向创新人才培养的风景园林设计课程"半自主式"教学模式研究[J]. 风景园林，2018，25(S1)：61-67.

[2] 王桢栋，董楠楠，陈有菲. 学科交叉视野下的城市设计课程探索——同济大学-新加坡国立大学"亚洲垂直生态城市设计"研究生联合教学回顾[A]. 2018 全国建筑教育大会（宣讲）论文集.

[3] 李瑞冬. 论基于 KAQP 人才培养模式的风景园林本科教育专业教学目标体系的建构[J]. 中国园林，2009，25(11)：55-58.

[4] 董楠楠，胡倩倩，吴静. 全方位育人模式下的立体园林技术"两库两课"[J]. 风景园林，2019，26(S2)：84-88.

作者简介及通信作者：

董楠楠/男/汉族/博士/同济大学建筑与城市规划学院景观学系副主任/副教授/博士生导师/研究方向为风景园林规划与设计/dongnannan@mail.tongji.edu.cn。

"种植设计"国家一流课程的改革与实践

The Reform and Practice of Chinese National First-class Course of Planting Design

冯娴慧*

华南理工大学建筑学院风景园林系

摘　要："种植设计"是风景园林专业的必修课程和核心专业课。华南理工大学"种植设计"课程获得第一批国家一流课程（线上线下混合式）的认定。课程的教学改革结合"两性一度"和新工科课程建设的要求，重新定位教学目标，从教学内容、教学方式、课程设计、学生能力培养等方面采取改革措施。在教学内容上，根据课程特性和学生学习特点，构建一个可持续丰富的教学理论框架；在教学方法上，采用线上-线下的方式，以学生为中心，以解决问题导向进行混合式教学设计，强化对学生的答疑和问题探讨，培养学生解决问题的能力、思辨和创新思维。

关键词：种植设计；国家一流课程；教学改革；翻转课堂

Abstract: The course of "Planting Design" is a required course and a core course for Landscape Architecture major. The "Planting Design" course of South China University of Technology was recognized as the first batch of Chinese National First-class Course. Combined with the requirements of "Higher Order, Innovation, and Challenge" and the construction of new engineering courses, the "Planting Design" course relocates the teaching objectives, and takes reform measures from the aspects of teaching contents, teaching methods, curriculum design and students'ability cultivation. In the aspects of teaching content, according to the characteristics of the course and the learning characteristics of students, a sustainable and rich theoretical framework of teaching is constructed. In terms of teaching methods, online and offline methods are adopted, student-centered, problem-solving oriented hybrid teaching design is adopted, and question-answering and problem discussion are strengthened to cultivate students problem-solving ability, critical thinking and innovative thinking.

Keywords: Planting design; National first-class curriculum; Teaching reform; Flip the classroom

植物是户外环境营造的核心材料，能够运用植物创造生态和优美的环境是风景园林师的基本技能之一。"种植设计"是风景园林专业必修课程，国内与其在教学内容上相同的课程有多种名称，如"植物配置""植物景观规划设计""植物造景"等，是风景园林专业培养的重要传统课程。

2019 年，教育部开展了第一批国家一流课程的认定工作（教高厅函〔2019〕44 号），提出了"两性一度"的一流课程建设要求，即教学目标实现"高阶性"；教学内容实现"创新性"；考核要求具备"挑战度"。"高阶性"要求知识能力素质的有机融合，培养学生解决复杂问题的综合能力和高级思维。"创新性"是课程内容反映前沿性和时代性，教学形式呈现先进性和互动性，学习结果具有探究性和个性化。"挑战度"是指课程有一定难度，需要跳一跳才能够得着，对老师备课和学生课下自学有较高要求。为达到一流课程的要求，要求课程的改革和建设必须以提升学生综合能力为重点，重塑课程内容，创新教学方法，打破课堂沉默状态，焕发课堂生机活力。一流课程中的线上线下混合式课程类型强调运用适当的数字化教学工具，安排学生线上自主学习，与线下面授有机结合，开展翻转课堂，进行混合式教学。华南理工大学"种植设计"课程获得第一批国家线上线下混合式一流课程

的认定，从课程如何根据"两性一度"等要求进行教学内容和教学方式改革等方面阐述该课程的改革与实践历程，为相关课程的课改和创新建设提供参考样本。

1 课程特点与教学改革问题分析

1.1 "种植设计"课程特点

"种植设计"所代表的园林植物规划设计应用类课程在农林类和建筑类院校中均有开设，是一门具有很强综合性的课程。北京林业大学园林学院早在 2009 年起，就对该课程进行了相关改革，以"理论讲授＋户外调研＋课程设计"的教学组织形式为基础，将 2007 年版原有课程"种植设计""花卉应用设计"等进行整合，形成了一门 80 学时的大课"园林植物景观设计"。在 2011 教学计划中，又将"园林植物景观设计"课程分为"园林植物景观规划"与"园林植物应用设计"，通过综合改革，力求加强对学生植物景观规划设计意识的培养，实现从植物材料的认知到规划应用综合能力的递进转换[1]。包志毅曾提出，完整的风景园林专业园林植物类课程体系应包括："生态学""园林树木学""花卉学""植物景观规划设计""园林苗圃学""园林植物栽培与养护""盆景与插花""园

林绿地管理""景观管理"等一系列课程[2]。因此，该课程的特点一方面是兼具理论与实践的双重重要性；另一方面是综合性强，所涉及的基础知识、学术理论非常庞杂，包括了生态环境、植物生理、空间设计、养护管理、经济效益、社会认知等多方面。

1.2 "种植设计"教学改革要解决的重点问题分析

华南理工大学建筑学院风景园林专业学生与建筑学学生采用建筑学为基础的宽口径培养，有关园林植物类的课程只有"园林植物学"（32学时）和"种植设计"2门，经过一系列教学计划调整，"种植设计"课程已经从32学时扩展至48学时，但是仍然面临师资少，学时短，教学任务艰巨的难题[3]，导致学生对园林植物设计特性、生态习性、地域分布、文化意境的认知严重不足。要实现"两性一度"的课程要求，教与学两个方面均面临亟待改革的关键性问题。

首先，社会环境和学生学习习惯已经发生了改变，传统教学方式是课堂理论讲授＋方案批改。学生在当前信息化时代，对知识和信息获取的途径非常多样而且便利，通过观看来源丰富的线上课程和短视频已经成为学生获取信息较为喜爱的方式。从学生的学习情况来看，由于信息来源的丰富，学生对理论知识的获取并不一定需要从课堂上通过讲授单一获取，课堂教学的目标应当调整为帮助学生思辨、答疑，培养学生客观理性辨析认知海量外界信息。种植设计课程在教学内容上，长期以来课堂讲授设计传统理论，包括空间形态、美学法则以及经典画论等，这些内容，若缺乏前沿理论的补充，内容的持续更新，原有的以传授型为主的教学理论和方式将日渐使学生失去兴趣。因此，在教学内容上，原有的知识体系适用性需要整合和升级。一方面原有的一些理论知识老化，设计理论偏于软性；另一方面，植物造景设计的指导知识非常广泛，教学中缺乏一个系统完整的宏观框架来构筑足够丰富，兼顾前沿，并可不断丰富的教学理论框架。

其次，在设计方案的指导上，规划设计市场竞争日趋激烈，规划设计的价值取向日益多元化，对方案的指导必须从传统的以"形态与空间"为中心转向"从场地发现问题，解决问题"为中心。所以，必须从以"教"为中心，调整为以学生的"学"为中心，教学方法需要从单一的输送转变为多途径的教与学互动。学生的实践培养应当形成一个强化研讨辩论，让学生在方案形成过程中，边讲边练，边做边评，强调同伴讲评和同伴问答的教学组织实施方式，改变原有的"教"的方式。

2 教学目标设定与教学改革措施

2.1 "种植设计"课程的教学目标

华南理工大学风景园林专业获批国家级一流本科专业建设点（教高厅函〔2019〕46号），定位于培养学习和实践能力强，具备创新和科研能力的行业领军人才。因此，"种植设计"课程重新定位教学目标，在知识、能力和素质三个方面的教学目标要求如下。

知识目标：（1）要求学生重点掌握华南地域气候条件下的常用园林植物设计-生物习性和设计应用，思辨认知植物设计材料的特殊性、复杂性和不可复制性。（2）要求学生掌握植物景观的社会、政治、宗教、经济映射文化；理解植物景观的审美思想和意境的生成。

素质目标：（1）通过知识目标1的学习，培养学生具有正确的满足人与自然和谐相处的人居环境建设的价值观和评判能力，培养学生服务我国生态环境建设的意识和奉献精神。（2）通过知识目标2的学习，培养学生能够在全球化设计思潮中保持清晰意识，从植物景观审美和意境角度，正确认识我国传统文化的价值，能正确处理好全球性与地域性之间的关系。

能力目标：使学生能够在不同类型项目实践中，合理选用植物材料、进行植物景观规划设计，具备保护和恢复场地生态的设计研究能力。

通过教学目标的制定，还培养学生民族自豪感和文化认同感的专业思政教育。课程弘扬中国植物景观的审美思想和审美意境的生成，让学生通过植物造景专项来理解我国理性与美感共生的意境文化，培养学生的民族自豪感和文化认同感。

2.2 "种植设计"课程的教学改革措施与途径

根据教学目标，针对上述分析的问题，课程从教学内容、教学方式、课程设计、学生能力培养等方面采取改革措施。

在教学内容上，种植设计的基础知识与理论需整合、更新和扩容。在教学大纲的设计上，构建一个系统、完整的宏观框架来构筑兼容并蓄，并可持续丰富的教学理论框架，新教学结构体系中融合了从历史传统到当代前沿的知识与理论，一个相对完整、系统、开放的理论教学结构体系主要分为三大部分：第一部分是概念与历史；第二部分是植物景观规划设计的基础知识；第三部分是植物景观规划设计的方法理论。第一部分让学生厘清概念，了解发展历史。第二部分讲授：①园林植物从生理生态习性到设计特性的综合特征；②立地条件、地域环境对植物景观塑造的影响；③东西方社会经济文化对植物景观形成的影响。第三部分讲授：空间理论、生态理论、意境理论对植物造景的指导和表现。种植设计的前沿知识、理论能够持续在此框架下更新和补充。

课程理论框架教学改革解决了设计理论知识的广泛性以及快速更新的理论教学难点问题。在此框架下，可以不断持续完善教学内容，扩充理论和基础知识的学习内容，防止知识老化，让学生保持学习基础知识体系的同时，不断接触和学习前沿理论与知识，培养学生发现问题、研究问题，培养他们具有自主学习新知识与理论的能力。

在教学方法上，进行了线上＋线下的混合式教学改革。解决知识讲授占据了大量的课堂面授教学时间，但是学生渴求更多的个性化设计指导和答疑，导致教学时间不足的问题。为提高学习成效，采用了理论教学采用线上自主学习，通过将理论知识线上学习的方式，可以讲授更多，更广泛的教学内容，实现知识扩容。学生可以随时随地，重复翻看完成学习，教师在后台端检查学生学习情况。线下的课堂一方面，师生之间在课堂上互动，针对相关知识与理论答疑解惑或者交流讨论，培养了学生的自学能力，独立思考能力；另一方面，"解放"出更多的课堂时间来培养学生的设计能力，强化课程设计，培育学生对园林植物的感知力，强化实践教学环节，实现课程的"高阶性"要求。

在课程设计环节，采取了设计任务书多场景，全尺度，实践强度增大的教学改革。过去的课程设计通常是完成一个规模较大的课程设计作业，一草、二草、三草修改，期末提交设计方案进行评分的方式。教学改革措施主要从两个方面开展：①设计任务书的制定将一个大的课程设计转变为若干基于场景的不同尺度的设计任务，让学生独立或者以团队的形式完成，使学生掌握在不同类型项目实践中，合理选用植物材料、进行植物景观设计的方法并具备设计研究能力。②强化设计方案过程形成的设计教学。在此阶段，要求学生强化方案的研讨辩论，师生之间，学生之间相互提方案问题、发表意见、解答问题。要求每位同学要学会对方案的自述、自评，以及同伴辩论。在学生能力培养方面，着力培养学生的"创新性"和"挑战性"，培养学生较全面的分析问题和解决问题的综合能力。

3 线上-线下混合式课程资源的建设

作为线上-线下混合式课程，课程主要在以下三个方面进行课程资源建设：

3.1 线上视频课程的制作

从 2017 年起，课程启动线上线下教学改革。将种植设计课程所要讲授的基础知识与理论首先建设为线上视频课程。通过 2 年的建设期，基本完成课程教学内容重构以及线上教学内容的扩充编制，进行视频录制以及多次剪辑修改。2019 年，为推进国际化改革，视频配备了 7 万余字中文的英文字幕，建设为线上双语课程。线上课程资源通过全面梳理课程内容，科学严谨增补、删减讲义，提炼理论知识干货，精炼讲授过程，在有效的短时间内，将课程内容科学呈现，突出重点，配以大量教学案例，强化教学的艺术和科学性。

3.2 建设线上线下混合式高质量课程资源

线上课程使学生在学习过程中，能够更好、更专注、更高效地消化理解所学知识与理论。为更系统、全面、前沿地提供专业知识，线上课程每年持续更新，邀请专家学者以及同行在现有的线上课程体系里每年补充 2～4 堂专题讲座，不断完善该课程。

线下课程资源包括自编综合性讲义、教学大纲、教学设计、教学日历以及授课课件（PPT）、历届学生作品集等。同时，线下课程通过学研产-校企合作的教学方式，强化植物造景实践内容的学习和能力的培养。

3.3 推荐优质参考文献资料，强化学生自学能力

为实现研究能力和创新能力强的高端专业人才培养

目标，强化学生的自学和思考能力，扩展能力水平和素质，本课程没有采用单一教材，而转变为学生推荐国内外经典的教材，提供参考书目以及不断更新的参考文献，让学生通过电子书库、图书馆等多样化方式学习。

4 以"学"为中心的混合式教学组织实施

以"教"为中心调整为以学生"学"为中心的教学组织实施。

4.1 线上理论知识学习

线上学习，学生可以随时随地，重复翻看知识要点。通过线上学习，能"解放"出更多的课堂时间来培养学生思辨能力和设计能力，留出来的线下课堂时间增加答疑和设计指导环节。线下的课堂实现让学生带着"脑子"来上课，学生通过 SPOC 留言、微信群等多种方式提问，教师收集问题，个性问题单独回答，共性问题通过疑难解答进行课堂答疑。

4.2 线下答疑学习与思辨性课程设计指导

线下学习包括答疑课、课堂快题、个性化设计指导、各阶段评图、公开展览等环节。通过混合式教改，课程的课程设计任务增加了挑战度。线下课堂实现校企合作的教学团队对每位同学的个性化指导，强化设计方案过程考核评价体系，要求每位同学必须熟练开口说方案，边讲边练；师生之间、学生之间边做边评，强化师生之间的相互讲评和同伴问答。

4.3 "解决问题导向"的实践教学，培养学生解决问题的能力和创新思维

通过混合式教学，以"解决问题为导向"引导学生深化理论学习。学生线上学习之后，收集学生提出共性问题，针对性进行问题解析，课堂答疑解惑，培养学生自主学习和探究学习的能力。在线下课堂教学中，学生需要灵活应用线上所学基础知识和基本理论来指导实际方案，"活化"线上学习的课程知识。以"解决问题为导向"引导学生从已有的知识点中寻找解决种植设计问题的方法。通过线上+线下混合，理论+实践结合，将广泛，庞杂的理论知识活化起来，通过答疑探讨，以及个性化设计指导等教学方式，使学生不再觉得因为设计理论无用而枯燥。以"解决问题为导向"引导学生寻找解决问题的方法，鼓励方法的多样性和个性化，培养学生的思辨学习能力。

5 课程评定方式的改进

课程改革之后，课程总成绩由线上成绩＋线下设计成绩共同组成。线上成绩 20%；其中视频学习占 50%，单元测试占 50%。线下设计成绩 80%：其中设计任务完成占 80%；设计作品的自评和答辩占 20%。设计任务完成的评分采用过程叠加和综合评分方式。从 2018 年起，学生设计作品进行国内同行联合评图，参与联合评分的包括高校教师、园林企业资深同行等。通过常态化的引入

校企联合进行设计指导教学和联合评分等方式，进一步促进教学效果的提升。

参考文献：

［1］ 郝培尧，李冠衡等．北京林业大学"园林植物景观规划"课程教学组织优化初探［J］．中国林业教育，2015，33（1）：68-70.

［2］ 包志毅，邵锋等．风景园林专业园林植物类课程教学的思考以浙江农林大学为例［J］．中国林业教育，2012，30（2）：58-60.

［3］ 林广思．建筑院系风景园林专业种植设计课程教学内容与方法研讨［J］．华中建筑，2014，（4）：158-161.

作者简介及通信作者：

冯娴慧/女/博士/华南理工大学建筑学院副教授/研究方向为"城市生境"理论与实践研究；城市绿地与风气候互动机理；植物景观规划设计理论与方法；城市雨洪管理设施与LID设计研究；旅游资源规划与展示设计理论及方法。

结合 BOPPPS 模型的过程导向式景观设计课程教学体系研究[①]

Study on the Teaching System of Process-Oriented Landscape Design Course Combined with BOPPPS Model

高 莹* 刘涟涟

大连理工大学建筑与艺术学院

摘 要: 景观设计课程串涵盖本专业本科教学的 234 年级，是重要的专业实践课。设计类课程的专业特性与教学特殊性是通过提高设计题目的复杂性和规模，重复前一课题的教学方法分阶段进阶合成。通过完成课程串上第一门设计课-景观设计 1 的学习，形成一套好的体系化教学方法和设计程序对学生适应未来动态变化的专业实操而言至关重要。本研究基于 BOPPPS 模型，构建以过程为导向的开放式＋阶段式专题教学，围绕现象（B导入）-问题（O目标）-构建（P前测）-创造（P参与）-实践（P后测）-成果（S总结）这一完整的教学模式循序渐进由浅入深，教与学的过程具有清晰的阶段性与良好的互动性，突出教学各阶段目标的重点和难点，通过加强过程考核强化对学生设计思维与设计能力的培养，对景观设计实践类课程教学具有积极的借鉴意义。

关键词: BOPPPS；过程导向；景观设计；教学体系

Abstract: The landscape design course series covers the 234th grade of the undergraduate teaching of this major and is an important professional practice course. The professional characteristics and teaching peculiarities of design courses are that by increasing the complexity and scale of the design topics, the teaching methods of the previous topic are repeated and combined in stages. Through the completion of the course and the first design course-Landscape Design 1, the formation of a good systematic teaching method and design procedure is very important for students to adapt to the dynamic changes in the future. Based on the BOPPPS model, this research constructs a process-oriented open + staged topic teaching, focusing on Phenomena (Bridge-in)- Problems (Objective)- Construction (Pre-assessment)-Creative (Participatory Learning)-Practice (Post-assessment)-Results (Summary). This complete teaching model progresses step by step from the shallower to the deeper. The process of teaching and learning has clear stages and good interaction, highlighting the key points and difficulties of the goals of each stage of teaching, and strengthening the design thinking and design ability of students by strengthening process assessment cultivation is a positive reference for the teaching of landscape design practice courses.

Keywords: BOPPPS；Process-oriented；Landscape design；Teaching system

1 前言

景观设计 1（图 1）是学生第一次开始完整的真正意义上的景观设计，面临的如何教与如何学的问题复杂多样，一方面需要发现并引导学生创意的激情和丰富的想象力，协助其完成设计思维的转换；另一方面需要对前序理论的课程应用进行检验，又要为后续面对更复杂更大尺度的课题打下坚实基础，作为衔接课程，教学目标涵盖范围比较广，学生要掌握诸多知识点，又需要熟练掌握设计方法，牢记规范要求等，对于刚刚进入设计启蒙的学生而言具有很大的挑战性。此外，传统教学的方法常常以最后的成果图作为衡量学生能力的唯一依据，学生关心教师对最后成果图所给的评分。而事实上最后成果图只不过是学生各种能力表达的一种形式而已，学生在设计过程中的各种思维与行为的表露是形成设计素养最重要的环节。

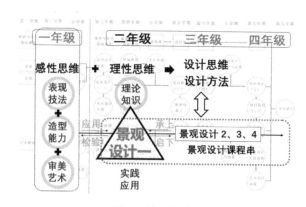

图 1 景观设计 1

2 教学组织

针对上述两方面问题，结合 BOPPPS 模型开展过程导向式教学实践，过程导向教学就是抓住每一教学环节的要

① 辽宁省经济社会发展研究课题（编号：20201slktwzz-010）资助。

求，鼓励并引导学生参与互动，教师及时发现并纠正学生所反映出来的设计思想和设计方法问题，对每个阶段学生的学习成果及时做好考核记录。这样会让学生明白，过程学习是最重要的学习，而作为未来设计师所应具有的全部素质与能力只有放到教学过程中加以培养才能逐步提高。

针对景观设计1面临的任务点多，学生对设计还处在完全陌生阶段等问题，将教学难点与教学目标，教学内容一一对应，根据能力和逻辑顺序，细分成每个阶段具体的要求，每个阶段确定1~2个需要重点掌握的问题，分阶段实施进而构建理性的教学体系，形成进阶型六大教学板块，这一系统教学模式（图2）。规定每个板块的学习内容与学习方法，规范做什么和怎么做，达到每个板块训练目的性和有效性。学生清晰了解每个板块必须掌握的知识要点、作业要求。每个板块围绕现象-问题-理论-方法-创新的模式各自独立又层层递进，针对不同的教学目标，培养学生的各项能力，教与学的过程具有更好的阶段性可操作性。

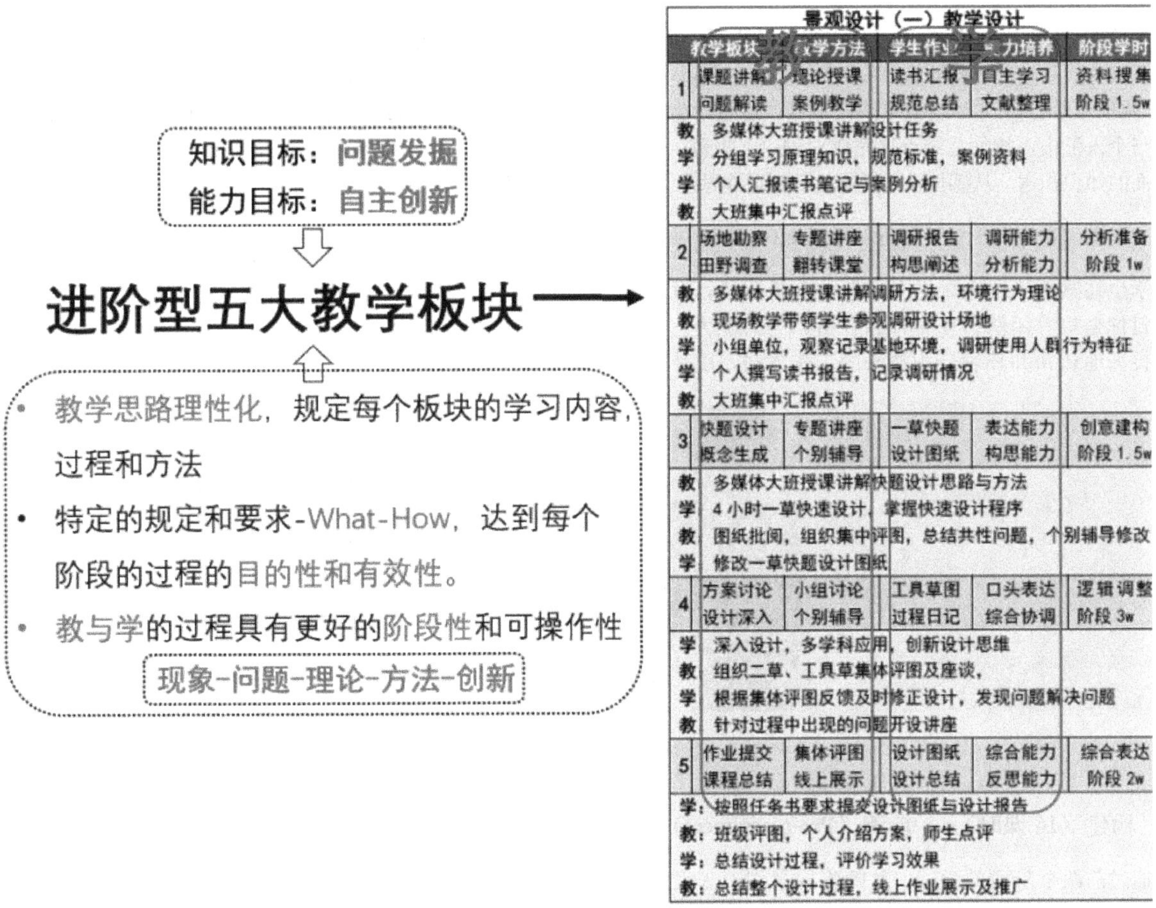

图 2　教学模式

3　教学实施

3.1　选题

以往的景观设计课程选题倾向于场地内部设计，课题引入方式较为模式化，学生没有对设计任务产生"共情"，往往陷入被动地接受任务，或者单纯的以为设计课就是布置课题-完成作业这样一个简单的以技能训练为主的过程。而随着城市急剧发展以及社会转型，不断出现的人居环境问题需要引导学生重新思考景观设计如何学。因此，在学生初识景观设计时，带领学生认知当代城市发展现状，思考如何合理应对城市更新进程中新出现的以存量规划为主导的环境设计，本课程从2017年开始将课题属性从新建环境调整为建成环境，引导学生关注图纸外的社会问题，带入性地思考并解决人与环境间的矛盾关系。

景观设计1选择学校周边学生熟悉并易于步行到达、环境较为复杂，使用人群多样，问题较为突出、品质低下的公共空间，以"城市空间微改造——在地再生的街旁绿地更新设计"为题，以问题为导向贯穿整个设计过程始终。学生自身的日常体验感与带入感会激发他们在整个设计过程中对使用者、空间、城市产生更多的思考，并以此作为解决问题的切入点。在本课程开始之前，教师将跟课程有关的设计任务书，基地图纸，教学安排，每阶段考核节点时间与要求，参考文献及设计规范，根据以往教学总结的热点问题均已上传超星学习通，学生可以利用网络平台了解课程的总体安排、课程要求。在教学中，有意识地提出总体教学计划和具体过程要求，可以让学生对照这些要求，完成各个阶段的教学任务，并主动学习和开展讨论。

3.2 认知（8课时）——导入（Bridge-in）

认知阶段是课题引入阶段，教师示范讲授城市空间微改造设计任务书，将学生引入设计课题，一方面初步了解设计程序与设计过程，构建设计思维方法，另一方面从理论和实践两方面了解微改造是存量规划下提升居民生活品质一个非常重要的手段，很多城市已经开展并取得很好的评价，学生以此为切入点，了解课题的意义和设计的本质，开始资料搜集工作。本阶段对应的教学目标是重点培养学生的文献综述和比较评价案例的能力。

本阶段的考核作业包括（1）读书报告以及设计规范学习汇报（查找和整理资料的能力）；（2）案例分析（认知能力），两项作业各占50%组成本阶段成绩，通过学生小组汇报与个人汇报，教师总结点评完成对理论、规范、案例三方面的知识积累。从感性认知慢慢过渡到理性思维。

3.3 分析（8课时）——目标（Objective）

学生在感性认知之后进入理性的分析阶段，对应的教学目标是培养团队协作精神和分析归纳的能力。难点是讲授场地认知和环境行为调研的工作方法，以及如何将场地调研的结果应用于整个设计过程，在对场地有充足的了解后，会更加清晰任务目标。教师综合前期相关理论知识，讲解 PSPL 调研法（Public Space& Public Life Survey 即公共空间-公共生活调研法），做好调研准备，场地调研以小组为单位，2～3 人一组，沟通协调调研任务。教师带领学生参观调研设计场地开展现场教学（图3），通过地图标记法、现场计数法、实地考察法和访谈法，观察记录基地物理环境以及使用人群行为特征。调研后小组内共享资料，对场地认知进行总结分析。本阶段的考核作业是以个人为单位场地环境认知汇报，展示分享每小组的调研数据与成果，每个人总结的场地特征，对场地使用情况进行评价的同时提出建议，这是设计开始的萌芽阶段，在整个过程中感性思维与理性思维共同作用。学生通过调研不断完善任务书，形成有自己对场地认知的有特色的任务书，在这个过程中，学生明白任务书的制定不是一种随意的行为，是要详细通过调研而科学制定的。理性教学法是在经验教学的同时，加强对设计问题的分析，以及阐释解决设计问题的道理，使学生不但知其然，而且知其所以然。

图3 教师带学生参观调研设计场地

3.4 构建（16课时）——前测（Pre-assessment）

通过前两个阶段的学习，教师将同学们引入设计课题共同制定学习目标后开始进入前测阶段。前测是有积极意义的，因为低年级学生不但对初次设计感觉无从下手，更从未进行过快题设计方面的训练，此外将一草快题设计作为前测内容安排在场地调研评估后，一方面可以强化学生对场地的认知和理解；另一方面可以让学生在场地认知的基础上进行头脑风暴，将最直觉最原始的设计意识表达出来。教师可以在短时间内了解学生的设计基础和设计特点。

在教师讲授快题设计的方法与程序后，学生结合场

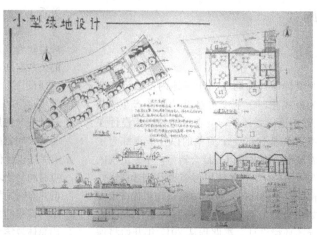

图4 快题设计

风景园林教学协同与创新

地分析和目标任务，4h完成一草快题设计（图4）。组织集体评图，总结共性问题，个人汇报，个别辅导修改。本阶段的教学目标是重点培养学生的创意构思和多种表达能力。

3.5 协调（16课时）——参与式学习（Participatory Learning）

本阶段是整个设计周期的核心部分，如何在传统经验教学的基础上，让学生真正进行参与式学习是本阶段的教学重点。大班授课汇报，过程小组讨论，教师个别辅导，这三种方式充分让学生积极主动的参与到整体教学

设计中。师生之间、学生之间及时交流与沟通对培养学生的协调能力很重要。在这一阶段教与学及讨论反馈穿插进行。大班授课是教师需要针对学生在设计中呈现出的特定问题进行专题讲座；小组讨论是同一教师指导的学生在面对设计过程中的不同阶段的问题进行集体讨论，集思广益，加强师生间以及学生间的交流；个别辅导是师生一对一有针对性的沟通和解决问题。在与学生教学互动相长的过程中，针对出现的问题邀请专项专家为学生进行讲授和辅导，大大提高教学的针对性，学生根据反馈及时修正设计，随时发现问题解决问题，在过程中提升学生协调解决问题的能力（图5）。

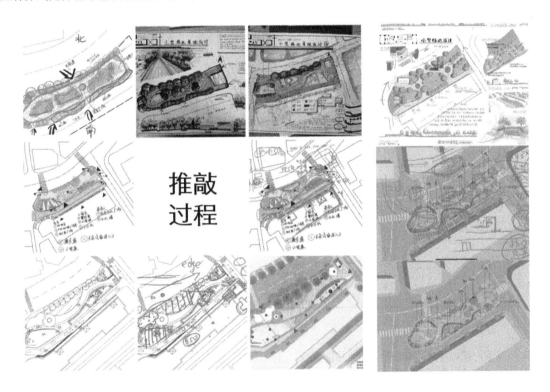

图5 协调

3.6 表达（12课时）——后测（Post-assessment）

设计类课程在前几个阶段反复调整方案，最后通过绘制正式的图纸表达自己最终的设计方案（图6）。这一阶段是对学生前期各类问题是否已经解决，并掌握该知识点的检验。通过班级集体汇报评图，个人介绍方案，师生点评，检测学生的设计思维、设计以及表达能力。

3.7 评价（4课时）——总结（Summary）

学生在经历六大板块的全周期学习后记录景观设计1的设计过程，提交设计总结报告反思每个设计阶段（图7）。对于学生的课程成绩评定重视过程考核，侧重于设计的全周期闭环考核，学生评价模式分为过程评价和成果评价。过程评价是在每一个板块完成之后的成果作业，以草图、报告、模型的形式进行集体评价。成果评价包括口头表述，设计评价和表现评价等。在具体的评图方法实施中，将评分标准适度细化，与相对模糊的整体评分加权结合。学生往往会得到不止一个分数，用以评价设计

的不同阶段和不同方面。教师同时根据学生提交的各项成果对本次教学做出客观的评价，不断完善本课程的教学体系。

4 教学总结

结合BOPPPS模型的过程导向式教学改革，以过程为导向，把景观设计1的任务细化拆解，每一个阶段都包括特定的规定和要求，做什么和怎么做，达到每个阶段的过程的目的性和有效性。这是一个完整的讲解-吸收-实践-汇报-反馈-总结的过程。由浅入深，各有侧重，上下关联，自成体系，重点难点问题在设计练习过程中突出，在不同阶段反复出现，以加强学生的重视程度并得以巩固。该教学体系具有动态性、层级性的特点，针对每个阶段整体情况调整下次教学任务，必须重视设计过程的阶段性特点。全周期设计课结束后指导学生将课程作业整理以论文和海报形式发表，巩固理论基础；用学生社会实践活动项目开展校外教学，带领学生走进老旧校区，与街

图 6 表达

图 7 评价

道、社区、居民互动，探讨身边环境改善策略，推广设计成果，争取设计实践落地；带领学生将设计理念应用在其他城市更新的课题中。

在实施过程中也会有些问题，例如，二年级学生刚进入景观设计入门，尚未正确掌握设计方法，在设计进度上还不能自主把握，对设计中个别问题无止境的推敲而影响教学进度，由于时间有限而来不及考虑，阶段打分考察设计的每个阶段学生是否按进度展开，辅助学生把控设计周期与设计节奏。抓住每一个阶段，及时发现并纠正学术所反映出来的设计思想与设计方法问题，对每个阶段学生的学习成果及时做好考核记录。

景观设计 1 从选题到过程实施以环境问题为主，以功能空间为辅，通过 BOPPPS 教学模型阶段性，逐步深化的方法将设计题目进行分解，引导学生参与，帮助学生解决如何通过自身的体验与带入感会激发他们对使用者、空间、城市产生更多的思考。引导学生从宏观角度关注当下亟需解决的城市问题，落实在微观层面即对城市建成环境的微空间结构进行再生设计，探索微观开放空间再生的各种可能和方式。

图表来源：

　　全部由作者自绘。

参考文献：

[1] 高莹、栾一斐、唐建 . 理工院校环艺专业风景园林设计课的教学体系构建研究[J]，西部人居环境学刊 2015（04）：11-14.

[2] 专访台湾国立交通大学建筑研究所所长龚书章——从建筑设计到社会设计[J]，住区 2015（03）：135-143.

[3] 清华大学建筑学院三年级开放式教学齐欣组 . 十三公寓——十三种策略[J]，住区 2015（03）：144-151.

[4] 黄海静，邓蜀阳，陈纲 . 面向复合应用型人才培养的建筑教学——跨学科联合毕业设计实践[J]. 西部人居环境学刊，2015（06）：38-42.

[5] 王毅，王辉 . 转型中的建筑设计教学思考与实践——兼谈清华大学建筑设计基础课教学[J]，世界建筑 2013（03）：P125-127.

[6] 高莹，范悦，胡沈健 . 既成住区环境再生设计教学的探索与实践 . 住区 2016（10）：P138-141.

[7] 刘涟涟，高莹 . 基于地域特色和国际比较下的城市更新教学探索 . 2019 中国高等学校城乡规划教育年会 .

[8] 高莹，范熙晅，李晓慧，范悦 . 将建筑学教育融入环境设计专业的教学探讨 . 2016 全国建筑教育学术研讨会论文集：18-22（B 类）.

[9] 高莹，刘涟涟，范悦，崔彧瑄 . 基于建成环境的城市微空间再生设计教学研究 . 2017 全国建筑教育学术研讨会论文

集：329-332(B类).

[10] 东南大学建筑学院.东南大学建筑学院建筑系二年级设计
教学研究[M].北京：中国建筑工业出版社，2007.

作者简介及通信作者：

高莹/女/汉族/硕士/大连理工大学建筑与艺术学院副教授/
环境设计教研室/研究方向为公共空间更新设计/HHYing@
dlut. edu. cn。

基于超星泛雅平台的线上线下混合式教学在《插花艺术》课程中的应用探索①

Blended Teaching Research Oriented for Flower Arrangement Courses Based on The Superstar Online Class

郭阿君　魏进华＊　李顺梅

北华大学林学院

摘　要： 利用吉林省精品线上课程《插花艺术》资源，以超星范雅平台为资源共享、课程实施平台，展开《插花艺术》线上线下混合式教学改革与实践。以行业中实际花艺设计案例、项目为依托，开展研讨式教学；借鉴 BOPPPS 模式以"分层渐进，多步循环"的方式，打破学生"只复制已有花艺作品，缺少独立设计、创新能力"的实践瓶颈，引导学生逐步掌握教学内容，实现学生插花技能提升，并逐步建立花艺师的知识结构与设计思维。融合创业教育、职业素养教育、民族优秀传统文化教育，实现润物无声的学科育人和课程育人。《插花艺术》线上线下混合式教学模式，结合了传统课堂与智慧课堂的优势，实现了以学生为主导的教学转变，有效提高了课堂教学效率。

关键词： 混合式教学；教学模式；渐进；文化

Abstract： With the help of intelligent teaching tools such as Superstar Fanya platform and Superstar online class, this paper constructed the teaching model of blended course in Flower Arrangement by the top-quality network courses. The Discussion-based teaching was carried out through actual cases. During the teaching process, the progressive and multi-cycle teaching model was set up, it removed the bottlenecks from no innovation but replication, students mastered what they learned and improved flower arrangement skills step by step. The education from subject and course was practice through entrepreneurship education, professional accomplishment education and excellent culture education. The blended teaching model combined the best of the traditional classroom and online course. It has also became more learner-centered. The research of this blended teaching model could be promote teaching quality of higher education.

Keywords： Blended teaching；Teaching model；Progressive；Culture

"插花艺术"是我校园林、风景园林专业的选修课程，也是校级公选课程，为应用类课程。该课程系统的介绍了插花艺术基本知识、造型原理、配色、技法与用花习俗等理论知识，以实践演示的形式详细讲解中国插花、西方式插花、礼仪插花的基本技能与创作。目的是普及花艺知识，提升对花艺作品的制作、鉴赏与应用能力，引导学生正确理解与应用花文化。希望能够以"插花艺术"课程为媒介，引导学生提升与积淀审美能力、艺术素养和文化底蕴，弘扬并传承我国优秀的传统插花技艺与花文化。经过对课程体系、课程纲要、教学设计的重构与持续改进，该课程于 2017 年建成为在线课程，2019 年获批吉林省精品线上课程，借此资源在校内开展了混合式教学[1]。

1　教学痛点分析

作为一门应用性质的课程，"插花艺术"传统课程教学面临着以下几个问题：（1）大班授课，难以展开有效的、深入的讨论；（2）课堂监管难度增加，尤其在后排的

学生注意力不易集中，学习积极性不足；（3）学生学习的模式、思维方式与知识获取模式已发生显著改变。这些因素都影响了传统课堂的教学效果。

2　混合式教学目标确定

为了解决"插花艺术"课程中的困境，依托线上资源的建设成果，以超星范雅平台为资源共享、课程实施平台，将传统课堂、E-learning 教学的优势结合起来，借助智慧教学手段，展开"插花艺术"线上线下混合式教学改革与实践。教改过程中，坚持"以学生为中心，以成果为导向"，通过线上线下的教学引导与陪伴，调控学习节奏；以花艺行业中的实际案例贯穿课堂，以优秀的花文化、中国传统文化浸润课堂，引导学生建立花艺知识结构，逐渐形成花艺设计思维，树立终身学习的能力。

2.1　知识结构构建

在花艺行业中，从业人员对理论知识的掌握深度与

①　基金项目：校级重点教研课题"以实际项目为导向的混合式教学模式研究——以《插花艺术》课程为例"；校级重点教研课题"基于'任务驱动'和'伙伴关系'的园林专业培养模式的构建与实践"。

风景园林教学协同与创新

运用程度，是花艺设计师的核心竞争力。因此该课程知识维度的目标定位是使学生掌握插花艺术的造型原理、配色、基本插花技法与用花习俗等花艺知识，熟悉中国传统插花、西方式插花、礼仪插花的形成历史、风格特点与制作规范。提升对插花作品的鉴赏与应用能力，培养学生正确理解与应用花卉文化，并引导学生逐步构建、丰富插花艺术的知识结构，树立自主学习的能力，培养扎实的理论基础与实践技能。

2.2 设计思维培养

"插花艺术"是一门应用性质的课程，拥有扎实的花艺基础与独立灵活的创作思维，是花艺作品"设计灵感"不断创新的根本。授课过程中，借鉴 BOPPPS 模式以"分层渐进、多步循环"的方式[2]，内化理论知识，打破学生"只复制已有花艺作品、缺少独立设计、创新能力"的实践瓶颈，使学生能够根据材料特点与环境需求，准确且适合的表达各类花艺作品的设计，使花艺理论与实践并行，花艺思维与设计能力并进。

2.3 能力培养

"插花艺术"授课过程中结合花艺行业的实际案例、项目，能够有效引导学生运用基本花艺理论和设计思维，融合相关课程、相关学科的知识，对案例进行不同深度的分析与研讨，摆脱对标准答案心理上的依赖，能够让学生对专业知识有快速的积淀，对花艺行业有正确的认知，逐步形成专业能力，这对学生今后迈向真正的花艺行业是大有裨益的。学生在校期间参与的人才培养全过程，也涵盖了职业能力的培养与开发，例如沟通能力、人际能力、分析能力、责任心、服务意识等[3]。在授课过程中，通过小组合作，挑战任务的完成能够有效提升此类软能力的培养。

2.4 素养积淀

"插花艺术"授课过程中，坚持以文化浸润课堂，将优秀的中国花文化、新时代中国特色、中国风格的花艺思维浸润插花艺术课堂，将创业教育、职业素养教育融入课程教学之中，引导学生逐渐积淀艺术、情感与文化素养，弘扬和传承我国优秀插花技艺，提升文化自信，实现润物无声的学科育人和课程育人。

3 混合式教学中"分层渐进、多步循环"模式构建

依托"插花艺术"线上资源，完成校内专业课、公选课的线上线下混合式教学。校内授课过程中，线上资源、智慧教学平台的运用，实现了课上、课下师生之间、生生之间、学生与系统之间的双向交互。平台数据的采集与分析，能够满足大班授课过程中对所有学生的兼顾，能够较准确地反馈学生的学习进度与深度，教师也能够及时发现班级学生共性、弱共性的薄弱点，以及对教学重点、难点的理解程度，进而提供有针对性的教学辅助，并推荐适合的学习资源，实现双向教与学的互动反馈[4]，从而提升

教学质量，满足其个性化培养。

为了解决教学中出现的各类问题，实现教学目标，在尊重学习规律，满足学习需求的基础上，设置了不同难度层次的教学循环，构建了"分层渐进、多步循环"的模式，应用于每一个教学版块内部与版块之间，通过基础学习、进阶学习与高阶学习，以混合式教学方式，实现兴趣引领、自主探索、知识结构构建、思维养成、能力培养、素养积淀的渐进式引导教学。通过教师有目的的引导，师生共同完成混合式学习。渐进式的教学模式，能够满足不同专业基础、不同学习目标的学生需求（图1）。

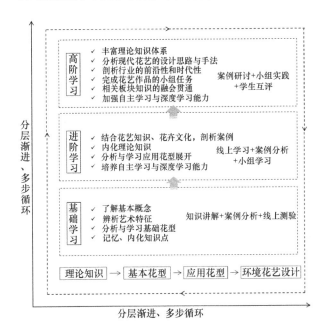

图 1 "分层渐进、多步循环"模式

3.1 基础学习

"插花艺术"课程作为专业课讲授时，园林、风景园林专业的学生已经具备了一定的艺术原理基础，但无植物基础；对于非专业的学生，无论从植物积累还是艺术积累（除美术生外），均属无基础。对于初学者，要求学生能够掌握基本概念，能够辨析其艺术特征，着重对基础花型的分析与学习。通过"知识讲解＋案例分析＋线上测验"的形式，以问题、社会热点为切入点激发学习兴趣，结合优秀的花艺作品赏析，引导学生完成课前学习、课中分析、课后延展，多步循环地完成知识点的记忆、内化，帮助学生建立各知识点之间的联系。例如，中式插花花型的学习，基础学习阶段需要学生掌握 4 类基本花型的构图原理、三大主枝的比例关系，能够正确赏析花艺作品，能够使用与范例相似的花材完成作品的规范插制。

3.2 进阶学习

当学生对每一版块的基础内容有了一定程度的了解之后，引导学生完成进阶学习。此阶段学习，要求学习者能够根据基本花艺知识，结合花卉文化，深度剖析花艺作品、案例的特征，内化理论知识，着重对应用花型展开分析与学习。通过"线上学习＋案例分析＋小组学习"的形

式，有目的地引导学生在研讨过程中完成知识点的学习，此阶段着重加强自主学习与深度学习能力的培养。仍以中式插花花型的学习为例，进阶学习阶段要求学生突破范例作品，能够根据各类花材的特点自主设计，能够结合不同的装饰元素、设定的主题，完成应用花型的设计与制作，培养学生的设计思维，强调学习过程中的创新性。

3.3 高阶学习

在学生已搭建了本课程基本知识框架的基础上，在逐渐丰富理论知识的过程中，结合当前花艺行业中的各类活动，借助比赛、展览、商业活动等项目，引导学生了解该行业的前沿性和时代性，准确分析传统花艺与现代花艺的区别、联系，总结设计思路、技法与时代特征间的关系。通过设定小组任务，辅导小组合作完成各类花艺作品的设计与制作。通过"案例研讨＋小组实践＋学生互评"的方式，引导学生将相关版块的知识融会贯通，完成具有一定挑战度的学习任务。仍以中式插花的应用设计为例，高阶学习阶段要求各组学生能够根据情景，通过使用目的、使用功能的分析，完成主题花艺的设计，根据实验室现有情况，制作完成部分作品。通过组内、组间的互评，内化理论知识，提升学习质量。

4 混合式教学步骤设计与实施

为了使学生能够完成全过程的参与式学习，使教师能够及时获取学生的反馈信息，并适时适度调整后续教

学活动，顺利达成教学目标，参考 BOPPPS 教学模式，设计基础学习、进阶学习、高阶学习三个层次的混合式教学步骤，见图 2。

4.1 教学体系设计

根据课程开设专业、年级的具体特征，针对教学中存在的问题，分解、重构知识点，形成逐层递进的知识结构，确定与之相符的教学目标、教学策略，满足学生研讨式的线上线下学习需求。

教学内容包含插花艺术基础、西式插花、中国插花和礼仪插花 4 个板块，涵盖了教学大纲的全部内容。其中插花艺术基础完全为理论内容，这是花艺设计师区别于普通插花者的本质所在。从基本原理引入，通过项目教学、案例教学的方式，增强对原理性知识的掌握与运用，继而为学生展示各类插花的基本技艺。在此基础上，讲授中国插花、西式插花和礼仪插花。从各自的风格特点引入，演示基本花型的插制，再上升至应用花型的设计，最终完成环境的总体花艺设计。这是各教学版块内部的"分层渐进、多步循环"。

随着东西方文化的交流，中国式插花、西式插花已经在互相影响，互相交融，因此，在基础学习、进阶学习、高阶学习的循环中，会融合传统花艺与现代花艺的设计与制作，这是各教学版块之间的"分层渐进、多步循环"。

4.2 教学任务设计

根据学生的学习规律，结合各章节内容特点，依托超

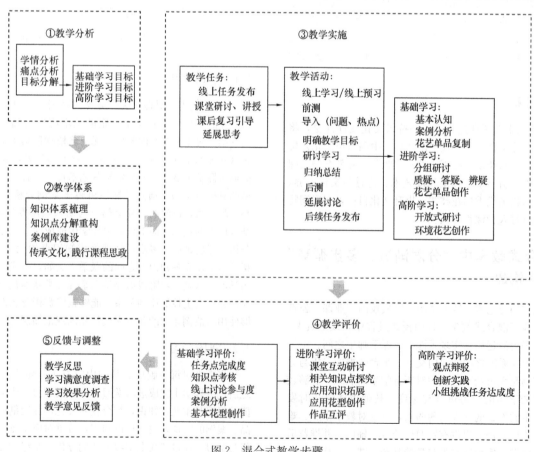

图 2 混合式教学步骤

星泛雅平台，设计线上学习内容、课前预习内容、小组学习、研讨分析、课后测验、延展讨论等学习任务。授课过程中，教师引导为主，通过分析、研讨、质疑、答疑、辨疑[5]，丰富花艺知识的理论体系，促进学生深度自主学习。

4.3 教学活动组织

参考BOPPPS教学模式，线下课堂教学活动设置9个环节，包括前测、问题导入、目标、参与式学习、归纳总结、后测、延展讨论与总结、教学评价、教学反馈与调整。

"前测"需建立在学生完成线上自学内容基础上，利用智慧教学手段，通过讨论、投票、词云等功能，能够较准确判断学生自学效果，依据学习效果，决定是否强化线上知识点。此环节能够解决大班授课较难兼顾的困境。此环节，还需要根据线上讨论过程中存在的共性问题进行针对性或普及性讲解。

"问题导入"，可以从"前测"中直接延伸出来，也可以结合生活、行业中的各类花艺现象、社会热点切入，激起学生的兴趣，明确教学目标，展开任务点的学习，此过程可以适时适度地结合课程思政展开。

"参与式学习、归纳总结、后测、延展讨论与总结"属于课堂教学的核心环节[6]，以"研讨＋实践"的形式，由教师引导完成全过程的参与式学习，该过程需要教师课前设定不同深度的教学目标，结合教学大纲中的知识点，通过花艺案例研讨、深度剖析，带动学生积极思考、主动表达；通过不同类型、不同难度花艺作品的实践插做，提升实操能力、培养设计思维、巩固并内化理论知识；提升同伴学习能力、知识应用能力和深度学习能力；提高专业教育的挑战度，践行基础学习、进阶学习、高阶学习的"分层渐进、多步循环"教学模式。

"教学评价"针对不同层次的学习内容设计相应的考核方式，针对基础学习的教学评价，主要采用线上主观和客观题考核的方式，包括章节测试、互动讨论，重点考查知识点的掌握情况。主观题结合学生互评，促进共同学习，提高花艺鉴赏和思考的多样性。同时，教师根据教学进度发起线上讨论，将线上师生互动贯穿课程全周期。针对进阶学习，基于对基础知识的理解与内化，采用讨论、案例研讨、实操等形式，带动学生深度学习、自主探索，逐渐提高逻辑分析能力。引导学生逐渐丰富知识框架，完成花艺作品基本型、应用型的设计与插制。针对高阶学习，以团队协作任务的完成度为考核依据，提升学生团队协作、知识融会贯通能力，通过学生的花艺作品创作完成考核。

"教学反馈与调整"指教师及时获取学生对课程内容及教学过程的反馈与意见、建议，适时适度调整教学目标与内容、修改教学方案，为教学体系的设计、教学模式的构建与实施、教学评价的持续改进提供依据。

5 课堂文化讲授实现课程思政

教学过程中，教师可以被看作是文化的传播者，学生则被认为是文化的需求者与渴望者[7]，因此，教学本就在文化之中，并传承、发展着文化；文化则是知识产生的土壤，是促进知识把握与转化的催化剂。因此，课堂的核心——知识传授并非是课堂讲授唯一的关键词，课堂还应承载着学生人格与精神发展的人文意义，因此，课堂应该成为文化传播的一个载体[8]，将知识与文化融合，即强化知识的方向性与吸引力，又促进学生的精神发展。

教学中，适用于教学的各类资源与教师深厚的文化素养、积极端正的处事态度都是文化的载体，在传递使学生终身受益的实用知识的同时，要充分挖掘课程本身所蕴含的文化元素，传递学科知识与文化元素，使学生了解知识的形成过程、发展方向以及不同观点间的差异，站在民族和国家文化安全的高度，引领学生正确对待社会进步与学科发展带来的新文化，引导学生产生对知识、文化的思考与判断，使课程成为信息、思想、观点交流的地方，在尊重学生合理需求的的基础上，促进学生健康成长，引导学生遵循正确的文化价值原则，践行课程思政，于学生，是态度、思想、情怀、价值观的引导与树立；于教师，是自身价值塑造、能力提升和知识传授融为一体的育人理念的践行。愿师生携手，厚植"文明、和谐"的社会主义核心价值观，志存高远、脚踏实地、行循自然。

6 结语

在互联网大背景下，现代化的信息技术为教学手段提供了更多的选择，但教学手段始终要服务于教学内容。"教学有法，但无定法，贵在得法"，面对当前已逐渐形成的新的教育秩序与教育生态[9]，如何处理好传统与现代教学手段、如何合理地将优质线上课程融入课堂教学，不忽视不迷恋，有效推动混合式教学的不断完善，是教育者当下要思考的问题。

图表来源：

图1、图2作者自绘。

参考文献：

[1] 刘震，张岱渭.基于慕课的混合式教学探讨——以"马克思主义基本原理"课程为例.现代教育技术，2017，27（11）：99-106.

[2] 董桂伟，赵国群，管延锦.基于雨课堂和BOPPPS模型的有效教学模式探索——以"材料物理化学"课程为例.高等工程教育研究，2020（5）：176-182.

[3] 吴国锋，李梅，杨丽君.基于大学生能力培养的课程教学模式改革成效分析.大学教育，2016（5）：17-20.

[4] 张萌，杨扬，柳顺义.基于双向互馈原则的混合式教学模式探索——以大学数学公共基础课程为例.现代教育技术，2020，30（12）：119-125.

[5] 于冰沁，张洋，蒋建伟.面向初、中、高阶学习者的混合式教学研究——以"风景园林简史"课程为例.现代教育技术，2020，30（9）：118-125.

[6] 于冰沁，王云，王玲.风景园林历史与理论课程群建构与混合式教学真实性评价方法.风景园林，2020，27（S2）：6-11.

[7] 郝志军.教学文化的价值追求：达成教化与养成智慧.教育

研究，2008(04)：52-53.

[8] 李长吉.讲授文化：课堂教学的责任.教育研究，2011，32
(10)：79-83.

[9] 叶伟剑."互联网＋"时代的高校学习空间变革：特征与动
向.江苏高教，2021(04)：73-77.

作者简介：

　　郭阿君/女/汉族/博士/北华大学林学院副教授/研究方向为
园林植物应用、植物景观设计/fjylaj@beihua.edu.cn。

通信作者：

　　魏进华/女/汉族/博士/北华大学林学院副教授/研究方向为
园林植物栽培与应用/weijh@beihua.edu.cn。

疫情下的健康景观校企工作坊教学模式探索

Exploration of the Education Model in Healthy Landscape of School-Enterprise Cooperation Workshops under the COVID-19

侯泓旭　孙　虎*

广州山水比德设计股份有限公司

摘　要：应对新冠疫情给风景园林校企工作坊线下联合实践教学模式带来的巨大冲击，健康景观校企联合工作坊由线下集中教学转为"线上—线下"协同教学和实践模式。这种利用新型网络平台、在线教学媒介、小团队在线讨论和合作协作下的新模式探索成果证明，"线上—线下"协同教学模式能在疫情下高效应对风景园林实践教学，并对"健康景观"这一议题予以充分回应。以山水比德校企合作健康社区景观设计工作坊为案例，提出疫情下针对健康景观的校企工作坊教学模式的构建、运作及关键要点，并希望以此为同行在风景园林教育、校企合作、教学实习基地建设等方面提出可行性的建议和策略。

关键词：健康景观；工作坊；校企合作；风景园林教育；新冠疫情

Abstract: Base on the huge impact of the COVID-19 to the offline practice education model of landscape architecture school-enterprise workshop, the healthy landscape school-enterprise workshop has changed from offline model to an "online-offline" collaborative teaching and practice model. This model supported by new network platforms, online teaching media and small team online discussion, the results prove that the "online-offline" collaborative teaching model can effectively respond to the practical teaching of landscape architecture under the epidemic, and fully respond to the issue of "healthy landscape". Taking the school-enterprise cooperation healthy community landscape design workshop of S. P. I Landscape Group as a case, put forward the construction, operation and key points of the school-enterprise workshop teaching model of healthy landscape under the COVID-19. It will contribute to landscape architecture education, school-enterprise cooperation, construction of education practice base and offer potential suggestions to colleagues of landscape architecture.

Keywords: Healthy landscape; Workshop; School-enterprise cooperation; Landscape architecture education; COVID-19

新冠疫情给风景园林校企合作带来了巨大冲击，这打破了以往校企合作中学生企业实习、校企工作坊、学生项目实践等诸多环节的线下合作模式，让风景园林专业这一理论和实践性极强的学科在"实践"环节的比重大大降低。然而，互联网技术为风景园林专业（不仅仅是这一专业）创造了"线上—线下"的可能，在疫情期间提供了一种利用新型网络平台、在线教学媒介、小团队在线讨论和合作协作下的协同教学新模式。这种新模式的意义不仅是风景园林专业面对疫情的"变通"与"妥协"，更是风景园林专业拥抱新技术、新平台的一种协同教学模式探索。在这一基础上衍生出的沟通和教学方式的转变，可能成为一次引领行业变革的新契机。

1　疫情对校企工作坊模式的冲击

疫情对校企工作坊模式的冲击是显而易见的。疫情、隔离、网络成为所有学生、上班族的主旋律，这严重影响了人们以往的生活方式。疫情期间，教育部发布了《关于在疫情防控期间做好普通高等学校在线教学与管理的指导意见》[1]，该意见提及"停课不停教与学"，这让过往几百年来固定场所、时间、人数和学生的"课"转变成为依托计算机网络平台、无固定场所的新形式。在一开始，不少风景园林专业师生为此感到不适应。而过往的校企合作模式也出现了无法合作调研、无法研讨、联系减弱等负面情况。

1.1　无法合作调研

场地调研历来是风景园林专业的重要部分，早在作者梅·赛尔加德·瓦茨（May Teilhard Watts）于1957年出版的《阅读风景：生态冒险》（Reading the landscape: An adventure in ecology）一书中就把场地调研（field trip）作为一种关键的技术以掌握一切景观资源对场所中的所有事物产生的影响[2]。校企合作中，组织双方的设计师、导师和学生对场地进行调研是所有合作工作坊的基础，即便企业方提供了场地的照片、卫星图、地图、历史文献等资料，但导师和学生从不同视角下对场地的感知、与当地居民和利益相关者（stakeholders）的交流依旧十分重要。遗憾的是在疫情期间出于各方面对聚集的管控，让调研成为奢望。

1.2　无法研讨

场地调研本身会带来多方面的数据和信息，将所有的信息准确、合理地收集是场地调研的重要环节，而如何筛选、加工和利用这些收集的信息则需要在调研结束后进一步进行研讨。在过往的校企合作中，设计师、导师、学生等所有参与校企合作工作坊的成员会在场地调研完成后，组织一次研讨或者场地调研汇报。一是检验和汇总场地调研过程中发现的问题，二是利于不同小组的同学交换信息、互通有无，三是设计师、导师和学生三个不同角度的视角，可能会在调研过程中发现更多有意义的事情，这对工作坊的开展有重要意义。但同样出于聚集的控制，这一级别的研讨和汇报会也无法进行。

1.3 校企联系减弱

基于实践的风景园林专业原有的校企联系是十分紧密的，仅华南地区每年景观行业的大小会议都不下数十场，若是算上各种课程汇报、座谈、讲座，每年的交流可达上百次。然而，在疫情背景下，进出校园成了困难，大型活动亦无法开展（严重时甚至学生都无法回校开课）。行业交流的减少进一步放缓了风景园林专业工作坊的进度，让校企合作面临了更大的挑战。

2 山水比德校企合作健康社区景观设计工作坊实践

面对疫情对校企工作坊模式的冲击，山水比德携手华盛顿大学、清华大学、广州美术学院、华南农业大学等高校老师组织了一次针对健康景观的校企合作工作坊。希望能够"从实际操作中寻求解决问题的方法，在真实环境中体会专业技能"[3]，在调动学生的主观能动性的同时塑造学生的实践和协作能力。工作坊从人居健康环境营造的视角出发，在疫情下尝试采用"线上—线下"结合的方式，梳理健康景观的生成、演变和发展、健康人居模式、艺术表达形式等内容，并以广州望岗社区改造项目为例，尝试探索健康景观的设计原则、设计要素和具体应用方法。

2.1 工作坊模式构建

本次山水比德校企合作工作坊，在前期准备、进行过程、后期推广等多方面积累了一定经验。这些经验有利于提高高校在工作坊过程中全程参与的积极性和效率，并将助力于风景园林专业校企工作坊模式教学平台的搭建，为未来更高层次的学术实践平台构建提供夯实的基础（图1）。

2.2 运行和运作模式

根据本次工作坊经验，我们总结出工作坊的运行和运作模式。其主要依赖于企业和学校之间的紧密协作。学校可通过该模式向企业了解当下最新实际项目，并将其理论研究成果应用于实际（即便仅仅是工作坊的实验性实践而非真正实践）；企业向学校了解学术领域的最前沿研究内容，并反过来促进企业设计师对理论知识的探索。这一良性互动，为学生对健康景观议题、实践理解和就业提供了可行且有效的线上—线下协同教学模式（图2）。

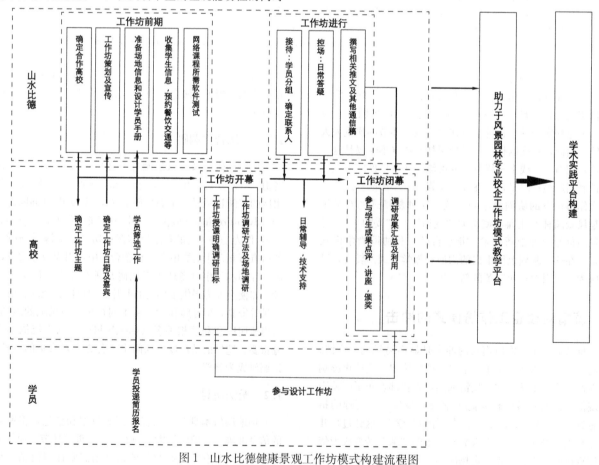

图1 山水比德健康景观工作坊模式构建流程图

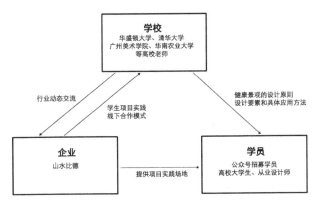

图 2　山水比德健康景观工作坊运行与运行模式图

2.3　关键要点

此次工作坊打破了空间与时间的限制，从过去单一的线下教学模式向线上线下双相混合模式转变（图3）。实现了学校、学生与企业之间的三方协作共赢。在以往的工作坊模式中，华盛顿大学的老师将会到访中国，亲自参与学生们的设计及指导。但由于疫情的特殊原因，由企业为媒介的工作坊，从各方面统筹好了两国之间的时差和场地设备上的安排。钟秉林指出"在疫情防控的关键时期，网络教学突破了个体学习的时间与空间限制，这有利于加速教育信息化的进程，促进教师信息素养的提升，与此同时提供个性化的精准教学指导，并实现教学质量的持续提升"[4]。

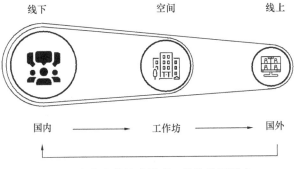

图 3　山水比德健康景观工作坊关键要点

2.4　成果与展望

本次疫情背景下的山水比德校企合作健康景观工作坊的成果主要集中在以下四个方面：（1）在疫情下以"健康景观"为主题，引发学生及企业对未来景观设计的思考；（2）在工作坊中学生结合"健康景观"主题完成了一系列的设计成果，不仅调动学生改善望岗村人居环境的最大热情，也是一次非常有益的实践；（3）引导设计师、从业者、学生等对健康景观的思考，有利于适老化、儿童化、全龄化等热点专题打下夯实的基础；（4）山水比德本次健康景观校企合作工作坊，为推动"健康景观"议题在行业内的传播有积极意义（图4）。

本次工作坊带来的成果是积极的，但在展望未来的过程中我们可以窥见一些"健康景观"议题的潜在方向。同时，工作坊这种模式需要一定的时间来完成成果转换，

图 4　山水比德健康景观工作坊答辩现场图

且其转换方式更偏向于"润物细无声"的形式。本次工作坊的经验证明，在未来健康景观的改进和发展模式上，应在以下3个方面有更多投入：

（1）健康主题聚焦。工作坊的形式应更多的向研究和发现进行转变，在工作坊实际进行过程中，导师的作用应更倾向于提供框架和总体思路，学员则在理解框架和总体思路的基础上进行数据采集和调研。黄筱珍提出"健康景观"是指能够对人的健康和康复产生有益影响，促进人们形成积极生活方式的景观[5]。以健康景观为例：如有小组进行步行距离的研究，则可针对步行人群进行深入调研、数据采集和分析。在数据采集后的处理流程中，步数可作为一种有益于身心健康的定量指标进行科学的换算，从而得出一系列的研究成果。这样基于健康视角的"定性—定量"结合模式可以更加聚焦健康主题。

（2）成果形式的转变。成果形式应以"研究框架确定——数据调研与发现——发现与结论"为主，让工作更聚焦"健康"主题。研究的主题可包含健康景观指标、通过调研得到的数据、数据转换后对人体健康的影响和反应等。在分析和结果阐述中，数据可视化表达、现状问题的直接回应和判断都可以成为工作坊成果的重点而非设计本身（这是研究型工作坊而非设计工作坊）。例如，可将健康工作坊中可能会对不同人群产生影响的重要健康指标：步行距离、散步时间、活动空间、人群喜好分布、空间形式、功能构成等纳入其中。通过研究分析后得出合理结论。然后针对结论，结合目标人群的切实需求，更好地提出合理、科学的应对策略，结合科学的愿景、指明方案聚焦点并指导设计实践工作。工作坊结束后，学校可以此为案例，进行教学成果反思；企业也可以把调研结果进行优化后，转化为设计导则指导一线设计师的设计工作。校企双方通过工作坊这一高效的交流过程，完成思想的碰撞、相互学习，促进行业未来的发展。

（3）数据采集和共享。此次山水比德校企合作健康景观工作坊暂未采集太多相关的数据，健康景观只是作为一种设计策略，对调研的结果进行回应，并最终以设计图纸的形式呈现。但在今后的健康景观工作坊中，我们应当注意数据的采集和共享。共享是未来的趋势，尤其在疫情和后疫情时代，正如于伟等人在后疫情时代的基础教育展望中写道："疫情发生以来，线上的教与学成为师生沟通的首选方式，在线教育存在着提问不精准和交流不顺畅等缺点。但在一定程度上有效地整合了网络学习资源，

促进了大量的优质学习资源向全社会免费开放，有力地推动了优质教育资源信息共享"[6]。因此，我们在未来的工作坊中应顺应"共享"这一理念，并结合原有的在数据采集方面的优势和对场地情况和信息的把控，激发学生的实践性新思维，引导学生更好地感知场地。

3 山水比德健康景观工作坊的启示

山水比德健康景观工作坊是一次疫情下的健康景观校企工作坊教学模式的积极尝试，它从校企在线互动教育、企业承担小范围线下研讨两个方面，探索了更多的疫情和后疫情时代的校企工作坊的操作方法，也可以视作是一次对风景园林"线上—线下"校企合作模式的一次探索。"应对突发性，全国性的大规模疫情等突发公共安全时间的要求，在线教学要从新技术走向新形态，切实发挥育人功能，建立学校自主、企业服务、专家监控的协同机制"[7]。

3.1 校企在线互动教育

利用互联网资源的教育本就应当是风景园林教育的转型方向，现有的不少高校也录制有许多高水平的慕课（MOOC），企业也会在更多场合进行行业动态的交流。但在对在线讲座、课程和教育方面我们存在着许多可以提升的地方。一方面，企业应该更积极地向高校传递行业的新动态。例如积极利用企业资源，将一些更具有实践性的新思维、项目经验、实践方法、工艺技术、材料向学生进行推广，有利于在校学生更好地掌握行业的前沿动态。另一方面，高校也可以更高效地将一些具有学术性但需要实践支撑的设计理念、思想和方法传达给企业的一线设计师并用以检验理论与实践之间存在的差距（这可以是一次尝试，也可以是一次试错或是自我检验）。这一切沟通，基于现有的ZOOM、腾讯会议、哔哩哔哩等平台都可以轻松实现（图5、图6）。

图5　山水比德健康景观工作坊在线课程现场图

3.2 由公司承担的小范围线下研讨

在疫情和后疫情时代，大范围的研讨和讲座在短时间内难以实现，所以小范围的线下研讨，配合线上互动教学将成为未来发展的趋势（图7）。根据山水比德的经验，在校企工作坊中主要由企业承担的小范围线下研讨会更有利于工作坊的推进。相较于在学校由学生自行组织小范围研讨，企业组织的小范围研讨更为高效。参加工作坊的学生可接触到企业一线设计师和项目资源，快速地完成工作坊成果和实践项目的转换。同时，企业专业的团队与设计氛围，也让在小范围研讨的学生更珍惜沟通机会，有利于高效解决问题（图8）。而基于"健康"环节的各类人体数据测试、VR测试等，也在企业定点提供测验，方便组织和测验的推进。

图6　校企线上互动教学提问环节

图7　小范围研讨和答疑现场图

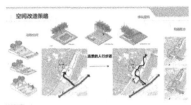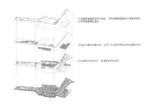

图 8　学生设计成果展示

3.3　学术实践平台构建

疫情和后疫情时代的教学实践基地，应该在原有以校企为平台，项目实践为基础的逻辑上，进一步整合"线上—线下"协同教学和实践模式，完成校企合作原有目的的实践转换，促进风景园林专业校外学生实践转变为兼顾教学、实践的学术交流基地，即转变原有的"为学生提供实践机会完成身份转换"为"前沿学术理论的实践尝试"。虽然学术理论变为实践需要很长的探索和尝试的过程，但作为风景园林专业的代表企业之一，山水比德利用自身优势，对多元化的学术理论持开放态度，拥抱新理论、新技术，并以"敢为天下先"的实践勇气，积极投身学术和实践的转换工作中，致力于与高校共同搭建学术实践平台，让风景园林学科前沿知识尽可能地转化为一线设计项目中的创新成果。

4　结论与展望

"山水比德校企合作健康社区景观设计工作坊"不仅是针对疫情的一次极具意义的校企工作坊模式探索，也是一次风景园林专业校企学术实践平台构建的尝试。其所产生的专业学术成果、正面实践尝试和良好社会影响反馈证明这一模式下的校企工作坊是可行且具有潜力的。希望这种模式可以在未来为同行在风景园林教育、校企合作、学术实践平台构建和学术实践成果转换等方面助力。

图表来源：

图1～图3作者自绘，图4～图7作者自摄，图8工作坊学生作品展示。

参考文献：

[1] 中华人民共和国教育部. 教育部应对新型冠状病毒感染肺炎疫情工作领导小组办公室关于在疫情防控期间做好普通高等学校在线教学组织与管理工作的指导意见[EB/OL]. (2020-02-04)[2021-05-01]. http://www.moe.gov.cn/srcsite/A08/s7056/202002/t20200205 _ 418138.html.

[2] Watts M T. Reading the landscape: an adventure in ecology. Macmillan, 1957.

[3] 冯潇. 包豪斯教学模式对风景园林规划与设计教学的启示. 高等建筑教育 2012, 21(05): 68-72.

[4] 钟秉林, 朱德全, 李立国, 洪成文, 柳友荣, 张东, 薄存旭, 蒋华林, 廖伟伟, 管华, 周序, 王硕旺, 张务农. 重大疫情下的教育治理(笔谈). 重庆高教研究, 2020, 8(02): 5-24.

[5] 黄筱珍. 从康复花园到健康景观——基于健康理念的城市景观设计. 民营科技, 2008(01): 155.

[6] 于伟, 别敦荣, 卢晓中, 顾建军, 刘庆昌, 徐继存, 蔡春, 胡劲松, 李永鑫, 刘晖, 顾建民, 李树英. "后疫情时代的基础教育展望"笔谈. 基础教育, 2020, 17(03): 61-71.

[7] 崔允漷, 余文森, 郭元祥, 刘晓庆, 徐斌艳, 陈霜叶, 王小明, 刘钧燕, 杨晓哲, 王涛, 陈建吉, 王少非. 在线教学的探索与反思(笔谈). 教育科学, 2020, 36(03): 1-24.

作者简介：

侯泓旭/女/汉族/硕士/广州山水比德设计股份有限公司创新研究院理论研究员/研究方向为城市设计，健康景观，社区营造与社区更新/hou. hongxu@gz-spi.com。

通信作者：

孙虎/男/汉族/硕士/广州山水比德设计股份有限公司董事长，首席设计师/高级工程师/研究方向为景观规划与景观设计/sunhu@gz-spi.com。

新工科背景下风景园林研究生职业课程"校企地"联合培养模式探究[①]

Research on the " College-industry-Locality" Model of Landscape Architecture Graduate Courses under the Background of Emerging Engineering Education

赖文波* 黄 琛

华南理工大学建筑学院

摘 要: 教育部提出新工科理念以来,风景园林学学科内涵、教育目标和教学方法等产生了变化。当下社会建设进程加快,对风景园林学人才的专业水准、思维方式、实践能力和道德规范观念等提出了新的要求,而现有风景园林教学体系对于复合人才培养较为薄弱,亟待提升。本文以近年来华南理工大学风景园林职业规划教育课程的探索实践为例,提出以校、企、地三方共同构建教学平台。校外专家、校内导师和企业管理者等共同组成教学团队,通过线上教学、线下座谈和参与地方实践的教学模式,促进学生专业知识、思维方式、实践能力和道德规范观念协同正向发展,以期为社会提供高质量、高素质的复合型人才,促进学科融合发展。

关键词: 风景园林教育;新工科;校企地;联合教学平台

Abstract: Since the Ministry of Education put forward the emerging engineering concept, the educational content, educational goals and teaching methods of landscape architecture have changed. At present, the process of social construction is accelerating, and new requirements are put forward for the professional level, thinking mode, practical ability and ethical concept of landscape architecture talents. However, the existing landscape architecture teaching system is relatively weak for the training of compound talents and needs to be improved. This article takes the exploration and practice of the landscape architecture professional planning education curriculum of South China University of Technology in recent years as an example, and proposes that the school, the enterprise, and the locality should jointly build a teaching platform. External experts, in-school tutors, and business managers jointly form a teaching team to promote the positive development of students' professional knowledge, thinking styles, practical abilities, and ethical concepts through online teaching, offline seminars and participating in local practice teaching models. In order to provide the society with high-quality, high-quality compound talents, and promote the integration and development of disciplines.

Keywords: Landscape architecture education;Emerging engineering education;College-industry-locality;Joint teaching platform

1 引言

1.1 新工科战略的解读

"新工科"建设是教育部立于新经济、新起点背景下主动应对新一轮科技革命与产业变革的重要战略行动,在教育理念、学科结构、人才培养模式、教学质量与体系方面都提出了新要求。自 2018 年教育部启动首批新工科实践项目来,工程类学科深刻变革:一方面新兴产业专业极大扩充,填补未来发展方向上的空白;另一方面传统专业积极探索边界,寻求学科融合,在新的历史节点应对未来发展形势培养具有更强专业能力、实践能力、社会责任感和国际竞争力的复合型专业人才。

1.2 风景园林学科教学结构的转变

2021 年"十四五"纲要在"推进乡村振兴""提升城镇化发展质量""推动绿色生态发展""总体国家安全观"等方面提出明确要求,加上今年来国家大力推动的"公园城市""海绵城市""一带一路""乡村振兴"等重大战略,风景园林学迎来发展机遇。一方面风景园林学科依托国家发展建设方向积极探索学科边界,丰富学科内涵,在风景园林数字化、生态安全、风景园林产业产品、传统园林文化创新等方面寻求突破。另一方面,为适应学科体系变革,传统风景园林专业转变教学方法、调整教学体系和更新教学设备,以期适应新工科背景下多方向教学内容延伸。总体而言,现阶段国内风景园林专业人才培养模式仍处于新的探索阶段。

在此背景下,各风景园林院校依托自身学科建设展开了积极探索。主要分两条线:一条是对现有课程教学内容和教学方法的更新:如南京林业大学以风景园林遗产保护课程为阵地,积极探索人居环境学科在大空间下的交融,搭建学科基础知识平台[1];北京林业大学对风景区

① 基金项目:"校企地"风景园林专业硕士协同育人模式构建(项目编号:Y2191951)。

规划的课程内容和教学方式进行调整以适应新时代背景要求[2]；如西安建筑科技大学将数字技术引入设计课程中，并在2020年疫情中的线上教学中获得成功[3]。另一条是对教学体系的更新与改革：如同济大学在传统风景园林学科体系中融入思想政治课程，引导学生建立正确的价值导向[4]；华东理工大学在传统植物教学中引入多个尺度教学体系，将理论教学、专业实践以及营造相结合，提高了学生的实践能力[5]；华南农业大学以引入校外师资的形式建立校企合作关系，对学生课程、实践和研究进行指导[6]；清华大学以"平行空间-节点交互"的理念实现了设计课程与理论课程的深度融合[7]；华南理工大学以校企合作方式建立与地方联系，从而让风景园林专业更好的服务地方乡村振兴[8]等。

但风景园林学科不同于一般工科，国内风景园林学起源于中国古典园林，是以小尺度见长的综合性学科。经过数十年的发展，风景园林学方向更多，尺度更多元，但承袭于古典园林建设的思想不可或缺，在理论的基础上更加注重实践与应用。这就要求从事风景园林教育的教师拥有实践经验，能及时把握行业发展动向与需求。这种能力与当下高校存在的重理论研究的风气存在一定矛盾，部分学校在教学实践中鼓励学生参与竞赛、实际建造、实习等在一定程度上缓解了这类问题，但学校与社会需求的鸿沟仍持续在拉大。因此，应对专业行业脱节、职业观念淡漠等问题，"校企地"联合教学平台的搭建具有借鉴意义。

2 华南理工大学研究生风景园林师职业规划课程的"校企地"平台协同育人实践

华南理工大学研究生风景园林师职业规划与事业拓展课程（下称"职业课程"）是教育部产学合作协同育人项目的延续。职业课程基于"校企地"联合培养平台的建设，承接风景园林学校教育与社企培训，是风景园林研究生培养课程体系中承上启下的一环，也是"新工科"背景下复合型人才与社会资源的深刻对接。

自2018年起，课程围绕着教学内容、教学团队和教学方式不断改革，积极聘请校外具有项目实践经验的设计师、具有项目管理经验的企业管理者、地方政府机构工作者及具有行业知名度的高校教师等作为课程的讲师、座谈嘉宾及校外导师，充分衔接了平台三方。通过联合教学的模式为风景园林研究生教授实际的景观设计和项目管理知识经验，在拓宽学生视野的同时强调树立正确的职业观、行业观、价值观，促进学生知行同一。为社会提供了大量专业能力过硬、实操能力突出、合作意识强烈以及道德水平高的风景园林毕业生。

2.1 校企地教学平台构建实践

2.1.1 教学体系："由产学研至校企地的转变"

我国产学研协同教学体系研究始于20世纪90年代，产学研有效促进了高校教学、科研与企业实践的结合，其中企业对于学生的知识体系架构、高校教学培养的反馈取得了一定成效。近年来，在国家推动新工科改革过程中，越来越多学者发现推进学科融合实现创新要素发展并非企业、学校及科研单位简单的要素叠加，需要各类要素协同与整合[9]。在当前的环境下，传统教学与研究仍是高校人才培养的主要阵地，风景园林学研究生的培养仍是以满足设计与兴建为主要目标[10]。新工科背景下，风景园林学科面临新一轮的产业升级与学科融合，科技发展带动工作方法的改变与效率的提升，学科融合带来更广阔的学科视野与思维方式，风景园林研究生培养的落脚点已由传统的建造转变为资源统筹与协调。因此，培育复合型风景园林研究生不仅需要企业领导实践，也同时需要与地方政府、社群和政策的深刻对接。基于近年来职业课程实践基础，复合型风景园林人才培养的"校企地"框架基本形成（图1）。

在该框架中，高校与企业基于已有合作基础建立知

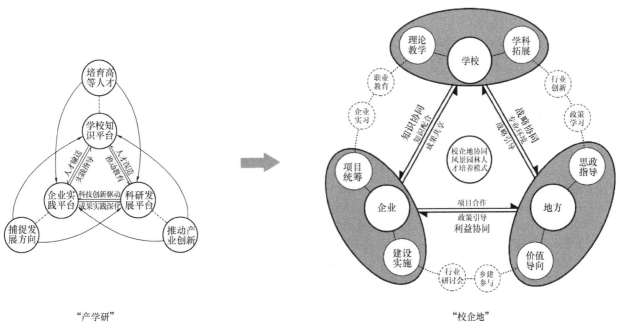

图1 产学研到校企地

识分享平台，学校为企业提供科研条件，企业则配合研究，科研成果共享，实现知识协同；高校与地方政府通过联合教学形式打造地方发展战略平台，政府可充分发挥在价值引导与政策法规制定方向的领导作用，而学校则为政府输出优质的人才，创造良好的专业环境，实现战略协同；企业与政府通过项目合作、人才交流与政策指引的方式建立良好的地企关系，实现利益协同。在平台中，高校、企业、地方分别承担"学科理论教学与拓展""项目统筹与项目建设""思政指导与法律培训"三个教学内容模块，利用不同主体间协作的特性衍生出不同教学方式、教学团队和教学内容，培育综合能力更强的复合型风景园林人才。"校企地"框架延续了产学研合作中高校与企业"共建课程、共育人才"的特征，同时强调了地方政府在政策与思想方面对于人才的引领作用，对于新时代培养高素质复合型风景园林师具有重要意义。

基于"校企地"平台，职业课程在教学团队、教学方式及教学内容等方面进行了改革。课程邀请风景园林优秀从业者以线上教学、学生自主采访、线上工作平台搭建以及线下宣讲会、研讨会、合作展览、实习活动和夏令营等方式参与到教学实践中来并获得了积极的成果，学校与当地设计企业、规划院和政府协作加深，建立了有效的互动反馈机制。

2.1.2 教学团队："由单一至多元的转变"

传统风景园林教学中，为实现培养高端人才的目标，学校注重师资力量在其研究方向的专业性，忽略了师资在能力方面的综合性，使得能做到教学、实践和研究"三位一体"的教师较少[11]。各个导师在课程设置上缺乏相互对接，诸多课程未能形成有效配合，给学生带来混乱与

迷茫，也一定程度上造成了学校教育与社会需求的不适应，长此以往，学校与社会将愈发割裂。

为培养复合型风景园林人才，需要多元职业与专业背景的专业人士参与到教学中，职业课程引入来自社会各界三类型师资组建教学团队：

（1）专业型导师，主要组成部分为本校或合作的其他高等院校的本专业或相关专业教师，负责介绍专业背景、教授基础理论知识及指导学术研究等。

（2）实践型导师，主要来源于合作的知名风景园林设计企业优秀设计师、规划院从业人员和地方政府及事业单位从业人员，这些从业者具备丰富的项目实践经验、项目管理经验和产品制作经验，能够以自身出发对学生进行相关的实践指导，同时能够促进学生相关职业观念的树立。

（3）思政型导师，随着新兴产业的蓬勃发展，越来越多空白领域被填补，新兴技术不断出头，但相关法规制度并未及时跟上，因此，如何正确对待新型技术实现学科融合，如何增强底线意识恪守法律道德规范尤为重要。引入来自风景园林相关行业思想政治教师，特别是新兴领域的从业者，负责引导学生树立正确的价值观、职业观，培育学生社会责任感和法律意识，是风景园林专业探索学科融合发展中极重要的一点。

"校企地"模式下的课程教学体系（图 2）以专业型、实践型、思政型导师为主导推动，以"理论学习-项目实操-法制建设"三位一体的教学内容体系为主线，注重从课程到能力再到思维方式的培养，促进培育适应社会需求的复合型人才。当学生走入社会，部分学生能够进入相关合作企业实习、工作，反过来推动校企地三方联动，实现人才流动的正反馈机制。

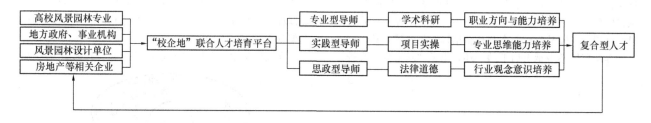

图 2 "校企地"模式下的课程教学体系

2.1.3 教学内容："由案例分享至思维培养的转变"

传统风景园林学科建设中，学院往往依托于学校自身基础，在某一优势方向倾注大量资源，一定程度上忽视了其他方向，导致学院在专业方向上的"偏科"。这种偏科对于风景园林学科深度的探索具有积极作用，但同时限制了学科视野，不利于现今提倡的学科融合。对于学生来说，风景园林学的教学应由广度到深度，由表象至思维，才能更好地帮助学生找到自身感兴趣的研究方向，促进长远学习。

职业课程的课程设置分为总述、风景园林职业发展方向及能力培养、风景园林专业思维培养和风景园林行业观念培养 4 个自上而下的部分（图 3）。从总论出发，综合阐述职业课程的课程逻辑与课程流程。第二部分的

教学中引入不同方向从业者拓展教学内容，通过多元师资授课让学生找到合适的方向及切入点，从而让学生对职业方向选择与相应能力需求产生具体认知。第三部分通过批判思维、创新思维和产品思维课程培养学生对于具体问题的分析能力，强调将学校学习的理论知识内化，融会贯通。第四部分由风景园林内容教学转变为观念教学，帮助学生树立职业观、行业观、法律道德观，提升学生社会责任感。

职业课程将传统理论教学与行业、专业和职业认知相结合，促进学生知识体系、学科前沿、实践能力与道德观念的协同发展，对接社会需求，培育具有更综合能力的复合型风景园林师。

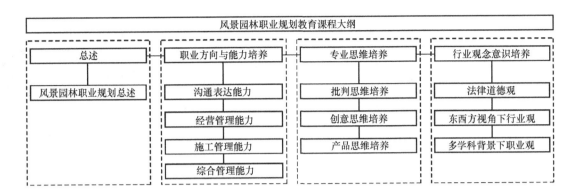

图 3 华南理工大学研究生风景园林师职业规划与事业拓展课程大纲

2.1.4 教学方式："由被动至主动的转变"

风景园林是集艺术、科学和工程技术为一体的复合型专业，要求学生不仅具备一定的施工技术知识和审美能力，更要具备科学的研究方法，这就要求学生要能举一反三，具有较强的自学能力。传统园林设计师多源于文人画师，在具备画理等审美理论后亦要寻访名山大川，观察天然山形，才能实现由理论到实践的飞跃。兴办风景园林专业后，早期教学以理论授课为主，缺乏学生自主学习过程，近年来不少院校风景园林专业设置学科实习课程，鼓励学生参与学科竞赛、营造等，促进学生主动学习的积极性。但这种自主学习的内容主要是集中在实践端，在学科思维、理论学习方面学生仍依赖于课堂的即时授课，具有一定局限性。

在教学方法方面，职业课程转变导师讲授知识的传统课堂模式，根据实际情况运用课堂讨论与嘉宾专访、线下沙龙讲座、夏令营及工作坊等灵活方式授课：

（1）课堂教学：通过嘉宾、学生与授课教师对谈的方式，形成以授课导师为主导、校内老师带领学生共同参与讨论的课堂氛围，除课堂时间外，校内教师引导部分研究方向对口的学生对授课教师进行专访，鼓励学生积极思考，自主学习。

（2）线下沙龙：校内导师积极联系多名知名风景园林设计师作为讲座嘉宾参与线下沙龙，依据自身研究方向，

学生可参与到此类论坛中，多位嘉宾的碰撞能拓宽学生的研究视野，更有利于学生实现自我认知。

（3）地方夏令营：以校企地合作的方式建立假期夏令营，不同导师以分组方式形成实践小组，导师引导各小组在夏令营的实际调研过程中发现问题，鼓励学生思考解决问题，并带领学生参与营造。

（4）工作坊：工作坊在内容上更加偏重于课题研究，导师针对研究课题制定研究计划，以双向选择方式招募学生参与到课题中，最终成果以论文方式进行发表。

此外，引入的校外实践型导师，依托于课堂上学生与授课教师的交流，鼓励专业型研究生与校外导师配对，积极参与"校企地"平台相关企业的实习。

2.2 教学成果

课程开展 3 年以来，华南理工大学风景园林职业规划教育课程培育了百余名风景园林学生，开展了多次交流讨论活动，广受企业和学生的好评（图 4～图 7）。通过本课程，学生获得了更全面、体系化的专业思维，实现了自我认知以及职业规划。课程邀请来自合作企业的对谈嘉宾，也为学生提供面对企业的直接途径。

2020 年受疫情影响，风景园林课程转变为线上教学的模式（图 8）。风景园林职业规划课程通过联系不同授课嘉宾组织线上教学的方式进行授课。

图 4 课程主题宣传系列海报（一）

景观对话生活　探源与探索　规划与拓展　带幸福来敲门　景观装置艺术的运用

图4　课程主题宣传系列海报（二）

图5　学生在企业中参观

图6　华南理工大学线下风景园林沙龙

图7　风景园林
相关研讨会

图8　2020年疫情期间职业课程线上授课实践

3　总结与反思

课程开展3年以来受到广泛好评，但课程在校外专家的邀请和上课时间的协调上也遇到较大阻力，2020年疫情期间线上教学的尝试是课程建设的重要契机。依托于线上教学，嘉宾与学生的交流可以跨越空间，减少了企业、政府嘉宾莅临的成本和阻力。同时，基于远程教学的便利性，对于嘉宾的选择可以减少空间方面的考量，有利于校企地平台扩大影响，也有利于学生拓宽视野。但线上教学的模式仍有局限，现阶段条件建设仍不充分，课程质量、课程内容把控等方面仍需要进一步完善。

"校企地"平台建设是为了培育更具综合实力、更强国际竞争力的复合型人才。课程建设尽可能地让学生了

解行业，树立正确的行业认知、职业认知以及自我认知，其中思政教学的引入是应对复杂变化的环境的重要举措，但思政教学与专业教学如何结合，新型领域的价值底线在哪，主旋律如何引导风景园林学迈上新台阶等问题仍需更多实践与时间。

图表来源：

图1、图2、图3、图4和图7均为作者自绘；图5、图6和图8由作者自摄。

参考文献：

[1] 唐晓岚，李哲惠．新时期风景园林学科教学团队知识共同体构建策略——以南京林业大学"风景园林遗产保护"教学团队建设为例[J]．风景园林，2020，27(S2)：12-17.

[2] 肖予，魏民．新时代背景下的风景规划课程——以北京林

业大学为例[J]. 风景园林, 2020, 27(S2)：18-20.

[3] 王丁冉, 董芦笛. 数字模拟与虚拟认知辅助的风景园林设计基础课程线上教学实践[J]. 风景园林, 2020, 27(S2)：63-69.

[4] 李瑞冬, 韩锋, 金云峰. 风景园林专业思政课程链建设探索——以同济大学为例[J]. 风景园林, 2020, 27(S2)：31-34.

[5] 冯璐, 林轶南, 汪军. 基于多尺度营造实践的植物类课程教学改革研究[J]. 风景园林, 2020, 27(S2)：47-52.

[6] 陈崇贤, 夏宇. 风景园林专业校企合作教学模式的实践与启示[J]. 城市建筑, 2021, 18(04)：36-38.

[7] 郑晓笛, 原茵, 张琳琳, 刘洁琛. "平行空间—节点交互"——本科生风景园林设计理论课与设计课协同教学模式创新与建设[J]. 风景园林, 2020, 27(S2)：58-62.

[8] 赖文波, 高金华. 乡村振兴背景下风景园林硕士"校企地"培养框架探究[J]. 创意设计源, 2020(06)：68-71.

[9] 何郁冰. 产学研协同创新的理论模式[J]. 科学学研究, 2012, 30(02)：165-174.

[10] 赖文波, 高金华. 乡村振兴战略背景下风景园林"校企地"人才培养模式初探[A]. 中国风景园林学会. 中国风景园林学会2019年会论文集(下册)[C]. 北京：中国建筑工业出版社, 2019.

[11] 赖文波, 蒋璐韩. 多元师资背景下风景园林专业硕士职业规划课程建设——以华南理工大学风景园林系为例[J]. 风景园林, 2019, 26(S2)：62-66.

作者简介及通信作者：

赖文波/男/博士/华南理工大学建筑学院风景园林系副教授/硕士生导师/亚热带建筑科学国家重点实验室/广东省数字景观虚拟仿真实验教学中心/研究方向为安全与智慧环境设计/123245112@qq.com。

新工科背景下风景园林研究生职业课程「校企地」联合培养模式探究

基于混合式金课"两性一度"的《中外园林史》教学改革研究①

Teaching Reform of the History of Landscape Architecture Based on the Mixed Golden Curriculum

孙青丽 *

河南工业大学设计艺术学院

摘 要：互联网时代背景下，线上线下混合式教学已成趋势。《中外园林史》教学改革以"两性一度"（即高阶性、创新性、挑战度）为依据，以成果导向教育（OBE）教学理念为指导，通过对课程的教学结构优化、课程内容优选、教学模式拓宽、评价体系完善等创新手段的应用，以达到激发学生学习兴趣、助力学生构建完整专业知识体系，在过程中引导学生解决问题，提高解决复杂专业问题的能力，增强了学生的自学自觉性、思辨能力、设计能力，从而提升了园林史的教学质量，为后续课程教学、学生自学奠定了基础。

关键词：园林史；混合式教学；OBE 理念

Abstract: Under the background of the Internet, online and offline hybrid teaching has become a trend. Based on the concept of high-level, innovative and challenging and guided by the teaching concept of OBE, the teaching reform of the history of Chinese and foreign landscape architecture stimulate students' interest in learning and help them build a complete professional knowledge system through the application of innovative means such as the optimization of teaching structure, the optimization of course content, the broadening of teaching mode and the improvement of evaluation system. In the process, the ability of the students to solve complex professional problems is improved, the students self-study consciousness, speculative ability and design ability are enhanced, thus the teaching quality of landscape history is improved, and this lays the foundation for the follow-up course teaching and students' self-study.

Keywords: Landscape history; Blended teaching; Outcome-Based education

1 引言

当今世界正处于百年未有之大变局，以互联网技术为支撑、充分利用互联网优势的"互联网＋教育"将成为推动我国教育革命的引擎动力。目前，我国高等教育仍处在一种以传统教育为主、传统与现代教育并存的局面[1]。实际教学过程中，智能教学软件，如超星学习通、雨课堂等不断被研发、应用，逐步成为教学方式的有力辅助手段。同时，个人智能手机全面普及，使得个人终端设备线上学习可以随时随地发生。可以预见，线上线下混合式教学模式必将成未来的发展趋势。

课程是人才培养的核心要素，课程改革更是推动人才培养不断提高的原动力。针对中国高等教育发展方向，教育部提出了"两性一度"的金课标准，即高阶性、创新性、挑战度，为各类专业课程的改革提供了标准和依据。基于此，《中外园林史》课程教学改革旨在以成果导向教育（Outcome-Based Education，以下简称OBE）作为基本教学理念，通过一系列教学改革措施的实施，着重培养学生解决复杂问题的综合能力和高级思维，同时，也为学生后续课程自学奠定坚实的专业基础，以期达到提升教学质量、改善教学效果之目的。

2 《中外园林史》教学改革分析

2.1 本校学情分析

《中外园林史》课程是史论课，面向对象为二年级环境设计（包括环境艺术设计方向和景观设计方向）专业的学生。目前存在几个问题：（1）学生背景为艺术类高考生，该类学生普遍重设计应用而轻理论学习。（2）大二学生开始接触专业基础课程学习，对于专业认知尚局限于初步阶段，对专业领域深度认识不够全面。（3）此阶段学生普遍对软件、设计表现更感兴趣，相当一部分学生尚未认识理论学习的重要性；尤其是环境艺术设计方向学生主修室内设计，对园林史的学习必要性认识不够，学习目的性不强。（4）《中外园林史》课程涉及中国和西方园林历史，知识内容范围较广，但课时学时偏少，不利于学生系统深入掌握课程知识。

基于以上问题考虑，采用翻转课堂教学很有必要。翻转课堂能兼顾线上线下教学优势，线上将提前录制的微课视频供学生学习使用，线下课堂教学通过采用引导、回

① 基金项目：河南工业大学 2021 年度社科创新基金支持计划（2021-SKCXTD-22）；河南工业大学 2020 年度线上线下课程教改教研专项（0003-26400449）。

应、鼓励、指导等教学策略开展学生互动，提升学生对园林的认识。由于教学形式灵活多元，翻转课堂容易激发学生兴趣。学生如果感兴趣，即使课程结束，后续可以阅读园林经典读物自学，持续为设计提供灵感源泉。在教学过程中，教师扮演的角色应该是亦师亦友，一方面给学生搭建多样化的学习平台，另一方面作为合作伙伴，密切沟通，构建学习共同体，促进学习目标的达成。

2.2 OBE 教学理念指导课程教学改革

OBE 理念内容较为丰富，针对课程教学改革而言，包括以下 4 点[2]：（1）教学改革的目标是持续提升学生的学习成果；（2）教师是课堂教学的设计师，其设计教学的动力来源于学生和实践需求；（3）师生之间、学生之间因构建学习共同体而互为增益；（4）为学生创造多元、包容、开放的学习环境和成果评价方式。

对于《中外园林史》而言，因内容繁多，课程教学过程必须明确通过本课程的学习希望取得何种成果，如何达成该成果？《中外园林史》作为史论课，不能只讲理论，目标应该关注于提升学生园林文化修养，聚焦设计能力提升，活学活用，有的放矢的指导设计。对于课程学习的评价不仅仅局限于课程结束时，而是让学生通过本课程学习，达到理解能力、应用能力、创造能力均有切实提升，更关注其在后续课程的应用，以及由此带来的一种自豪感、成就感和自信心。

2.3 《中外园林史》教学改革对标混合式金课的思考

《中外园林史》传统课程教学单纯采取课堂教学，以历史发展为脉络，重知识梳理，该种讲授已不能适应学生要求。针对新一代网络原著民，可利用手机让学生更好地参与课堂学习。通过学习通平台建课，上课期间利用平台签到、随机提问、抢答、锁定页面聚焦学习等功能，即采用线上线下两种方式，同步进行，互补优缺。

对照"两性一度"的金课标准，《中外园林史》教学改革的创新性可以体现在教学内容、教学方式、评价体系等方面。在教学内容安排上，线上教学内容主要是知识性内容，录制微课视频上传到学习通上，提前布置学习任务安排学生学习并完成相应测验；线下教学内容基于学生自学线上知识点，进行扩展延伸；课堂教学方式上可以多样化，如小组讨论、提问互动、案例分享等形式活跃课堂氛围，促使学生参与课堂；评价体系改变单一结课作业的形式，注重过程评价，考虑学生的视频学习时长、测验、讨论交流及课堂上的表现，按比例赋值，最后形成科学的终评结果。

高阶性是知识能力素质的有机融合，是要培养学生解决复杂问题的综合能力和高级思维。在课程中主要体现在线下教学，线下教学围绕学生的"学"，在教学过程中引导学生分析问题，主动思考，通过思考拓展思维，形成个人观点，培养高阶思维和解决问题的能力。

以上从课程内容安排、教学方式改革、评价体系改变等方面对教师组织教学、学生完成作业来说都提出了一定的挑战性，需要跳一跳才能够得着，有一定的"挑战度"。

3 《中外园林史》教学改革的具体实施

3.1 依据学习通平台，搭建混合学习模式

中外园林史兼具理论属性和应用实践要求，不能一味讲理论。在教学安排上，由于实行混合式教学，借助网络建课的契机进行教学重构设计。在超星学习通平台搭建以资源为核心的混合学习模式（图1）。教学形式表现为线上线下混合式教学，课程安排以学生为中心、教师为主体。线上利用微课、短视频资源、线上测验做先导，提前将微课视频、教学课件及相关资源上传到网上，供学生学习，充分利用平台实现线上测验、互动交流、在线答疑等活动。线下翻转课堂，分组讨论、PPT 汇报等多样化形式开展教学。线上微课学习充分利用碎片化时间，便于调动学生自主学习的积极性。线下讨论解决重难点问题，帮助学生消化吸收并提升。图1中的课堂教学活动为线下授课，与线上学习同步开展，以实现双增益效果。

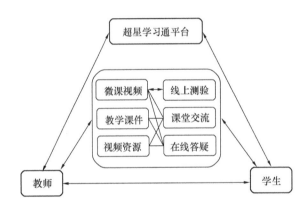

图 1 以资源为核心构建混合学习模式

3.1.1 按知识点录制微课视频

为丰富教学内容，录制微课视频与利用网络视频资源相结合。考虑到与课时对应，将园林史知识凝练为 14 讲内容（表1），每部分内容均有微课视频，每个视频约 10min。鉴于现行的园林史教材或著作一般按时间脉络、并对应地域来组织其内容框架[3]，教学框架依然采取中外分述。但在讲授时可以根据学生的需求和理解程度有所侧重，重点对著名园林进行剖析，理解园林产生的历史背景和创作者的思想，关注园林的营造方法等。

课程教学内容安排　　　　　　　　表 1

编号	内容	典型案例	相关推荐/延伸
1	先秦囿园	灵沼灵囿灵台	《园林》纪录片、上巳节
2	秦汉宫苑	上林苑建章宫	一池三山
3	魏晋南北朝园林	曲水流觞	陶渊明的理想家园
4	隋唐写意山水园	大明宫、辋川别业	《大明宫》纪录片

编号	内容	典型案例	相关推荐/延伸
5	宋代文人园林	艮岳、沧浪亭	西湖十景、《中国古典园林之旅》
6	元明清初园林	西苑、狮子林	《圆明园》、著作《园冶》《长物志》
7	清代园林	颐和园、拙政园、留园	《颐和园》《苏园六纪》《世界遗产在中国》
8	日本园林	桂离宫、龙安寺	《禅院秘境》、NHK纪录片《日本庭院之美》
9	西方古代园林	巴哈里神庙、空中花园、哈德良山庄	PBS纪录片《消失的巴比伦花园》
10	中世纪及伊斯兰园林	阿尔罕布拉宫	《世界宫殿与传说》
11	意大利园林	艾斯特庄园、兰特庄园	BBC《世界八十园林》、BBC《意大利花园》
12	法国古典规则式园林	凡尔赛宫	《世界宫殿与传说》
13	英国自然风景园	斯陀园、丘园	BBC《英国花园》《邱园探宗：改变世界的花园》《英式花园秘史》
14	近现代园林	美国国家公园	《美国国家公园全记录》

3.1.2 以思维导图构建课程框架

因所录制的微课视频短小精悍，重在某一个知识点或案例的梳理，学生在关注具体点的同时容易忽略整体框架，思维导图可以较好地弥补这一缺陷。以思维导图构建课程框架体系，可以让学生建立园林史的知识体系，从而有意识地构建个人知识管理系统。思维导图的学习与构建安排在课堂面对面教学中比较合适。

3.2 清代园林教学实施案例

本文以"第七章 清代园林"章节为案例来阐述课程教学过程具体操作方式。

3.2.1 安排课前任务，确保先学后教

先学，即学习者基于"微课＋学习系统"的方式，实现针对知识点的个性化自主学习；后教，即施教者基于学习者掌握程度而进行教学设计，在课堂上开展的教学活动。课前任务属于"先学"，任务设计是基于问题导向、任务驱动的原则，不是传统意义上的预习。在前次课临结束时，预告下次授课内容，要求学生通过学习通平台学习微课视频，完成相应测验，并查找关于清代皇家园林和私家园林的相关资料，思考二者的区别及产生原因，这是硬性要求。另有推荐视频作为弹性规定，学生可根据个人情况选择性观看。通过先学后教教学模式的实施，实现学生对知识目标的强化学习。

3.2.2 强化课堂教学，落实培养效果

课堂教学是落实人才培养质量的主阵地，属于"后教"，即教师针对学习者自主学习过程中的问题设计以学生学为中心的教学活动，教师组织、实施教学活动，通过教学活动，实现学习者思维、能力与情感目标的达成。

课堂教学之前教师首先要根据学生前期任务完成情况（观看微课情况、测验结果等）分析学生在知识点的理解、掌握方面可能存在的问题，从而设计相应的教学任务。一般情况下，学生能完成前期任务，在课上需要简单回顾一下清代园林建设背景，颐和园、拙政园、留园等园林案例的基本情况；然后延伸到皇家园林和私家园林的区别，大体表现在园林总体布局、建筑形象、色彩、空间开闭程度、叠石材料、花木种类多少等方面，该环节在课堂上以头脑风暴的形式开展，根据前期对园林的感性认知上升到理性总结，由学生集思广益得出。高阶思维的培养则体现在由现象认识本质，是什么造成了这种差异？这是对本质的深究。此环节采用小组讨论方式，在讨论中小组同学对于园林的认识会上升到一个更高阶段，之后每组随机抽一位同学代表小组发言，这个发言过程能锻炼学生的语言组织表达能力。

课堂教学必须打破教师唱独角戏的旧模式，需要教师根据学生的反应进行设计，发现问题及时调整，通过恰当的教学策略与方式方法激发激励学生积极思考，在互动交流的同时引导学生反思自己或同伴是如何解决这个问题的，以此方式提升学生的自主学习和审辨性思维。

3.2.3 达成课后任务，提升自学能力

课后任务以专题研究作业体现学生学习结果的探究性和个性化，在过程中引导学生解决复杂问题，提高解决问题的能力。中国古典园林史部分至清代结束，教师可引导学生自主选题开展研究，提供备选主题如园林建筑及其功用研究、园林窗户分类研究、水体研究、植物专题研究、园林山石研究、经典案例研究等。由学生分组选择，一组一题，分工协作，综合性作业完成后要进行公开汇报或布展。以小组作业的形式下达任务，小组成员需要充分讨论，完成选题分工-提出问题-分析问题-解决问题等任务，在此过程中可锻炼学生沟通合作能力，更好地培养解决问题的能力和团队意识。

3.3 完善评价体系，保障公平公正

课程考评标准和评价体系是风向标，为学生学习引导了方向。我国高校园林史类课程常采取课程论文和闭卷考试两种考核方式，可以说是各有利弊[4]。多位专家均认为应改革考核方式，采取多元化更加合理地开展考评

工作[5-7]。本课程学生成绩构成主要包括微课学习情况、网上测验、参与网络交流讨论、课堂表现、平时作业、综合作业等，分别赋值予以评价，学习平台为多元评价提供了便利。上述评价内容重视学习过程，不以考核为目标，更看重学生将所学知识内化吸收转化为提高个人专业素养，在过程中培养学生学习自觉性，思考解决问题，及对后续设计课程的指导作用。

4 结论

互联网技术发展和个人终端设备普及使得泛在移动学习成为可能，可作为传统教学的智能化辅助手段。在混合式教学中课堂教学依然是现阶段的主要学习途径，不可或缺，利用二者优势是本课程教学改革的初衷。混合式教学自实施以来，激发了学生学习兴趣，自主学习能力得到提升，促进了师生交流、生生交流，增强了学生的自学自觉性、思辨能力、设计能力，从而提升了园林史的教学效果。为后续课程教学、学生自学奠定了基础。同时，对教师的专业水平和驾驭课堂的能力提出了更高的要求，反过来促进教师不断内修提高。

致谢：

本课程教学活动设计受到了陕西师范大学何聚厚老师中国大学慕课《互联网＋教学设计与实践》的启发，部分语言来源于何老师，但无法标注详细参考来源，在此表示感谢。

图表来源：

图表由作者自绘。

参考文献：

[1] 陈一明.“互联网＋”时代课程教学环境与教学模式研究[J]. 重庆：西南师范大学学报（自然科学版），2016，3：228-232.

[2] 宋晓岚，金胜明，许向阳，刘琨.基于OBE理念的“无机材料科学基础”课程教学设计与课堂文化建设[J]. 创新与创业教育，2018，9(04)：87-92.

[3] 赵纪军.中外风景园林史本科教学框架更新探讨[J]. 风景园林，2018，25(S1)：13-16.

[4] 王应临，李雄.国际比较视野下“中国园林史”课程教学的优化[J]. 中国林业教育，2017，35(04)：73-78.

[5] 连洪燕，孙得东，郭娜娜.Pad Class模式在中外园林史课程教学中的实践探索[J]. 教育现代化，2020，7(27)：144-146.

[6] 另青艳.案例教学法在中外园林史课程教学中的应用探索[J]. 高等建筑教育，2015，24(05)：87-90.

[7] 王婧，徐青，陈喆华.高校中外园林史实践性教学探索与创新[J]. 华中建筑，2019，37(04)：107-108.

作者简介及通信作者：

孙青丽/女/河南工业大学设计艺术学院讲师/研究方向为风景园林历史与理论/景观设计教学及理论/16893983@qq.com。

新工科与新农科融合理念下的上海交通大学风景园林专业改革

——"创新性、复合型、国际化"的卓越风景园林人才培养路径

The Reform of Landscape Architecture Education of Shanghai Jiao Tong University Under the Concept of Integration of Emerging Engineering and Agricultural Education：Training Path of " Innovative，Compound，International" Excellent Landscape Architecture Personnel

王 玲 车生泉 汤晓敏 陈 丹 王 云*

上海交通大学设计学院

摘 要：新工科建设目标是培养未来多元化、创新型卓越工程人才；新农科建设是从培养农科专业技术型人才向培养多学科交叉融合、全面发展的卓越人才转变。两者在人才培养的新理念、新要求和新途径上高度一致。风景园林专业（Landscape Architecture）的公共社会性、自然生命性和科学综合性，使其兼具工科与农科特性。为响应"生态文明""创新驱动发展"，以及上海"设计之都"等国家战略，上海交通大学风景园林专业进行重大改革。将新工科与新农科建设相融合，立足风景园林专业的人居环境学科内涵，转变、提升专业定位；延续、强化已有专业优势及特色；优化人才培养模式，创新师资队伍建设，并对专业课程体系进行重大改革，探索培养"创新性、复合型、国际化"的卓越风景园林专业人才的本科教育路径。

关键词：新工科；新农科；风景园林；专业改革；人才培养

Abstract：The goal of emerging engineering education is to cultivate diversified and innovative outstanding engineering talents in the future. The emerging agricultural education is a transformation from cultivating agricultural technical personnel to cultivating excellent talents with interdisciplinary integration and all-round development. They are highly consistent in the new ideas, new requirements and new paths of personnel training. Landscape architecture has the characteristics of both engineering and agriculture due to its features of public sociality, natural vitality and scientific comprehensiveness. In response to the national strategies of "Ecological Civilization ", "Innovation-driven Development" and "Capital of Design" of Shanghai, landscape architecture education of Shanghai Jiao Tong University has carried out a major reform. Based on the connotation of human settlements, the concepts of emerging engineering education and emerging agriculture education are integrated, to change and improve the landscape architecture education orientation, continue and strengthen the existing advantages and characteristics, optimize the talent training mode, innovate the construction of teaching staff, reform the curriculum system, and explore the undergraduate education path of cultivating "innovative, compound and international" outstanding landscape architecture professionals.

Keywords：Emerging engineering education; Emerging agricultural education; Landscape architecture; Education reform; Personnel training

联合国教科文组织在 2015 年的研究报告中指出：世界高等教育正在发生革命性变化，呈现出"大众化、多样化、国际化、终身化、信息化"的趋势[1]。如今后疫情时代，我们意识到未知的冲突与挑战是人类生存要面临的常态，新思维、新技术、新方法也将层出不穷。"新工科"与"新农科"的先后提出，既为世界高等教育的改革探索提出了全新视角和"中国方案"，也是对中国"创新驱动发展、生态文明"等国家重大战略和发展需求的响应。

1 新工科与新农科引领下的风景园林专业

1.1 新工科与新农科的内涵

中国当下的社会、经济、政治、文化与生态文明建设水平达到了前所未有的新高度，传统的高等教育难以满足新时代的新需求，新工科与新农科应运而生。虽然这两者分别指向工科和农科两个领域，目标却都是实现人文精神、科学素养和创新能力高度统一，培养具有国际视野和家国情怀、引领行业未来发展的复合型人才。

钟登华院士认为新工科的内涵在于"以立德树人为引领，以应对变化、塑造未来为建设理念，以继承与创新、交叉与融合、协调与共享为主要途径，培养未来多元化、创新型卓越工程人才"[2]；2019 年，习近平总书记给全国涉农高校的书记校长和专家代表回信，希望涉农高校继续以立德树人为根本，以强农兴农为己任，拿出更多的科技成果，培养更多知农爱农新型人才。新农科的提出即是面对国家新型农业发展需求，从培养服务农业产业的技术型专业人员转向培育全面发展的卓越人才，从单学科独立发展转向多学科交叉融合，从专注知识本位转向重视个人本位[3]。由此可见，新工科与新农科在人才培养的新理念、新要求和新途径上高度一致（图 1 左两列）。

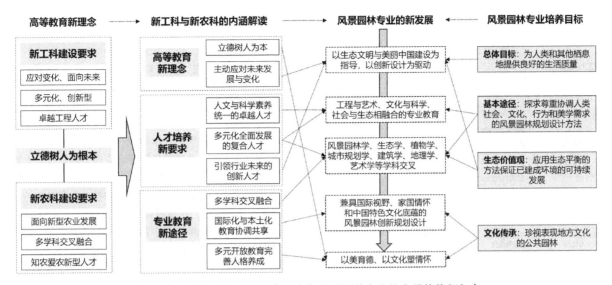

图 1　新工科与新农科的教育理念与风景园林专业的发展趋势相契合

1.2 新工科与新农科融合契合风景园林专业发展的趋势

风景园林学（Landscape Architecture）从诞生之初就具备了公共社会性、自然生命性和科学综合性 3 大基本特性[4]，本科专业在国内院系设置中包括在工学门类中的建筑类下设置的风景园林专业（082803）和在农学门类中的林学类下设置园林专业（090502），可见专业兼具工科与农科的双重特点。《国际风景园林师联合会—联合国教科文组织风景园林教育宪章》指出，风景园林是由人文科学、社会科学和自然科学所组成的跨学科领域，风景园林教育的基本目标是：风景园林师在满足社会和个体环境需求的同时，发展成为能够解决因不同需求而引发的潜在矛盾的专家；为达成这一基本目标，风景园林专业的人才培养包括了如下 4 点目标[5]：

1）为人类和其他栖息者提供良好的生活质量（总体目标）；

2）探求、尊重、协调人类社会、文化、行为和美学需求的风景园林规划设计方法（基本途径）；

3）应用生态平衡的方法保证已建成环境的可持续发展（生态价值观）；

4）珍视表现地方文化的公共园林（文化传承）。

中国风景园林悠久的历史和独特的艺术风格已经被认为是中国传统文化的重要组成部分。党的十八大以来，国家层面对于生态文明建设的号召也让风景园林行业迎来发展的良好机遇[6]。风景园林教育目标与当前的"生态文明""美丽中国""创新驱动发展"的国家战略高度吻合，其跨学科领域的专业特征与新工科和新农科的"学科交叉"要求也相契合（图 1）。新形势下的风景园林专业应该以创造人与自然和谐共生的可持续人居环境为使命，以"创新设计"为驱动，秉持工程与艺术、文化与科学、社会与生态相融合的专业教育特色，以兼具国际视野、家国情怀和中国特色文化底蕴的风景园林创新规划设计为核心，服务生态文明建设、服务美丽中国、服务乡村振兴，并进而"以美育德、以文化塑情怀"，实现高等教育

中的人格养成目标。

2 上海交通大学风景园林专业的历史性转变

2.1 专业特征的延续与整合

上海交通大学风景园林专业源于 1979 年创办的园林专业，是全国最早的园林专业之一，创办了全国最早一批的风景园林硕士点，并逐渐形成园林规划设计、园林植物资源与应用、园林生态保护与修复三个特色方向，本科、硕士课程设置也就此形成三大部分，比较平均但融合交叉度不高。2017 年底上海交大风景园林系并入设计学院，学校将设计学科群纳入"双一流"建设。为符合设计学科群建设的整体发展目标，同时满足风景园林本科-硕士教育的连贯性，2019 年，本专业从园林（农学）改为风景园林（工学），需要对专业进行大力改革。

此时国家提出了"新工科"与"新农科"的高等教育新理念，无疑成为上海交通大学风景园林专业改革道路上的重要思想引领。风景园林专业在 2020 年申报并获批了国家首批新农科研究与改革实践项目："乡村可持续设计导向的风景园林专业改革与提升"。专业将新工科与新农科的建设理念相融合，立足上海交通大学的双一流、国际化建设背景，将设计学院的成立作为对接长三角区域一体化建设、上海大都市圈协同发展战略和上海"设计之都"建设，以新工科建设作为提升风景园林专业核心竞争力的指导，加强对学生规划设计能力与创新实践能力培养；以新农科建设作为提升专业的学科交叉性、宽广度与包容度的重要契机，保留并整合园林植物资源与应用、大地景观与生态修复两个方向作为专业特色，走出一条不同于传统建筑类和农林类风景园林专业、具有上海交大自身特色的风景园林专业发展之路，并据此在专业定位、培养模式、师资结构与教学方法和技术等方面进行全面系统化的改革（图 2）。

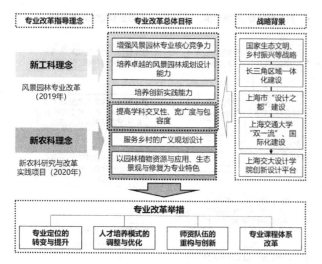

图 2　上海交通大学风景园林专业改革路径

2.2　专业定位的转变与提升

　　上海交通大学风景园林专业的定位是：面向"生态文明""美丽中国""乡村振兴"和"上海设计之都"等国家和地方战略需求，坚持"以规划设计为核心，突出科学与艺术相结合、新工科与新农科相融合，园林植物与生态为特色"的专业知识结构；构建"专职＋兼职＋实践"的复合型师资队伍和实践教学环节；设立全英文课程、大师课堂等，形成多层次国际合作教学体系；培养具备健全人格和社会责任感，理论知识扎实、国际视野宽广、富有创新精神、批判性思维与团队协作能力，能在风景资源保育与利用、城乡绿色空间、人居环境等相关领域从事研究、设计、建设和管理工作的"复合型、创新性、国际化"专业人才。

2.3　人才培养模式的调整与优化

2.3.1　以"本体观、文化观、环境观"为价值引领，培养兼具国际视野和家国情怀的卓越人才

　　围绕上海交通大学"价值引领、知识探究、能力建设、人格养成"四位一体的人才培养目标，正确引领学生的风景园林"三观"——本体观、文化观和环境观，探索构建"以本为本，本硕贯通"复合应用型创新设计人才培养创新模式（图 3）。风景园林"本体观"在于以价值和能力提升为核心，培养学生的哲匠精神、提升学生的职业价值观；"文化观"是通过课程思政建设、国际项目和竞赛参与、服务乡村振兴和中西部发展的产学研融合，提升学生的国际视野、家国情怀与民族文化自豪感；"环境观"的核心理念是将"生态中国、长江大保护"等国家战略贯穿四年本科教学与实践环节，以树立学生正确的生态环境伦理观。

2.3.2　重构专业课程体系与教学模式，培养引领行业未来的创新人才

　　对标国际一流风景园林学科，坚持"以规划设计为核心，突出科学与艺术、新工科与新农科相融合"的知识结构教育，将风景园林的职业化培养与自主创新能力培养结合起来，培育引领风景园林行业未来发展的创新人才。据此对课程体系和教学模式进行改革，形成以可持续生态设计为特色、"多模块、一体化、贯通性"的课程体系（详见下文"课程体系改革"），以专业基础教学、专业应用践学、学科前沿讲学的分类递进教学模式，对应学生的低阶、中阶和高阶专业能力培养，并构建与此相对应的三位一体的教学团队（图 3）。

图 3　基于风景园林"三观"价值引领的人才培养模式

2.3.3 打通研究与实践壁垒，培养科研与规划设计能力融会贯通的复合型人才

科研思维训练能够让学生提高自学和思辨能力，进而不断地自我提高和自我完善。本专业依托上海交通大学学科交叉优势和多个科研实践平台，建立产学研一体的风景园林设计研究与教学的综合性平台，在本硕贯通的课程体系中综合知识与技能的训练，平衡科研与实践的关系，打通理论课程与实践课程之间的壁垒，实现科研育人、实践育人。具体包括：（1）以研究型、创新性项目为导向，形成以教师为核心、学生共同参与的多元化、链条式的产学研合作模式；（2）强化案例实践教学方法的改革，持续提升学生家国情怀和学以致用的实践水平；（3）组建"教师-研究生-高年级本科生-低年级本科生"的梯队式科研团队与实践团队（图3左列）。

2.4 师资队伍的重构与创新

配合人才培养的优化模式，上海交通大学风景园林专业创新地形成"专职型-实践型-兼职型"三位一体的国际化教学团队（图3右列），以应对新培养模式的教学需求。专职教师团队主要承担专业基础、科研基础教学，并按相近课程群组建教学团队，方便形成课程之间的交叉融合；建立设计实践导师（Teaching Fellow）师资库，选聘国内外风景园林先锋设计师，拥有丰富的设计实践经验和创新设计理念，作品屡获国内外大奖，承担以规划设计课程为主的专业应用实践教学；组建由风景园林大师组成的兼职教授团队，含国际风景园林设计大师，国际顶级名校的终身教授，全国工程勘察设计大师等，以持续性的论坛、讲座系列，为学生们讲授前沿设计理论，引导学生自主思辨意识，开拓创新、科研的思维能力。

3 新工科与新农科引领下的风景园林专业课程体系改革

3.1 价值引领与专业课程的深度融合

响应习近平总书记在全国生态环境保护大会和全国教育大会上提出的重要讲话内容，将立德树人放在首位。发挥蕴含优秀传统园林文化、人与自然和谐智慧的专业特色，强化思政教育与专业教学结合，以园林历史教育、文化教育、美学教育、生态文明教育等，提升学生的职业价值与专业自信，强化学生的家国情怀与民族文化认同感、自豪感。2018年本专业有3门专业核心课程立项上海市第一批课程思政领航计划精品改革领航课。专业课程体系、培养模式等均紧密围绕国家乡村振兴、产业发展、人居环境、生态修复、海绵城市建设等可持续发展策略，把生态保育、乡村振兴等主题贯穿整个本科的课程实践和课程设计；积极面向国家"一带一路"发展战略，投身"一带一路"的项目实践并反哺教学；以规划设计项目和竞赛为引领，在实践教学中培养学生国际视野的同时，积极推动中国文化走向世界；积极引导优秀毕业生积极投入乡村振兴、西部建设和生态保育等工作。

3.2 课程体系的模块化与交叉融通

3.2.1 多模块的课程设置

学校公共课、学院设计平台课、专业必修课与个性化选修课形成了四大模块化课程体系（图4）。设计平台课

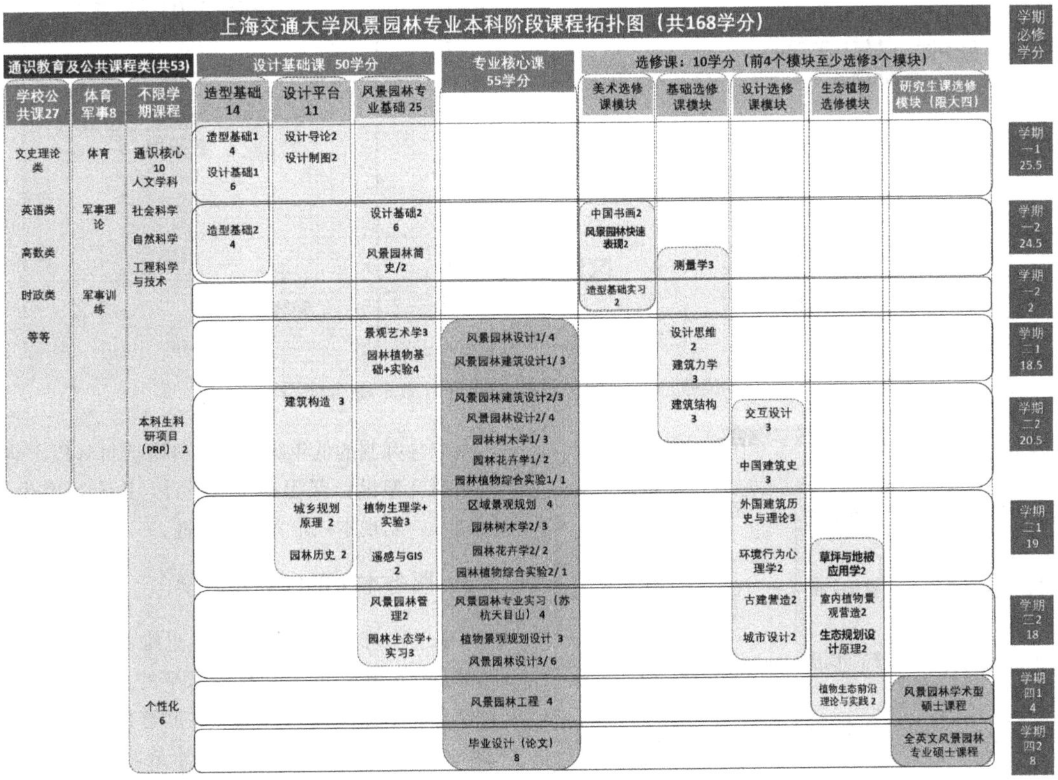

图4 上海交通大学风景园林专业课程拓扑图

模块依托交大"双一流"创新设计学科群建设，将多专业设计基础课程打通进行混合教学；专业必修课模块包括专业基础课与专业核心课2个小模块；选修课模块分为学校层面的通识类选修课和学院层面的选修课，这两类选修课又各有细化小模块。专业选修课包括5个小模块：美术选修模块、基础选修模块、设计选修模块、生态植物选修模块与面向大四本科生的研究生课程选修模块。生态植物选修模块是本专业的特色选修模块，其他选修模块都与学院其他专业互选专业课程、共享教学资源，实现多个培养项目的共同运营拓展。课程体系的模块化设置有利于将专业的标准化培养与针对学生专长的个性化培养结合起来，引导学生毕业设计方向与就业选择，实现与研究生培养的连贯性。

3.2.2 一体化的教学联动

依托创新设计、农工医管、社会人文与人工智能等交叉学科与实践平台，以设计学院的风景园林学、建筑学、设计学为主体，整合校内优质教学资源，形成跨专业设计交流、拓展学生设计思路、提升学生创新思维能力。与上海交大其他院系充分交叉，共享办学理念和资源条件。例

如在设计基础课程模块，植入广义设计思维，增加经济管理学院的乡村产业与经济课程内容，建立城乡人居环境的一体化设计思维和知识体系；在风景园林规划设计课程中，增加乡村人居环境与生态设计专题，引入国务学院的乡村社区治理内容等。大力推进校企合作创新，将研究与实践反映在课程体系中，强化实践育人、科研育人，注重学生理论基础、实践技能和创新能力的一体化培养。

3.2.3 贯通性的培养路径

将关联性设计课程相复合，形成设计教学大群与相应的教学团队，形成"三模式（大班授课、小班辅导、集中评图）、四环节（创设情境-确定任务-自主学习、协作学习-效果评价）、六节点（六个教学环节）"的贯通性教学组织模式，实现风景园林专业多个培养方向的课程模块的交叉融合（图5）。根据培养进度与目标计划，相关课程进行协同教学。例如《风景园林设计2》《风景园林建筑设计》《植物景观规划设计》课程彼此相互配合，选择相同设计案例、协调设计教学进度、共同举办课程设计作品展等，以培养学生综合规划设计能力（图6）。

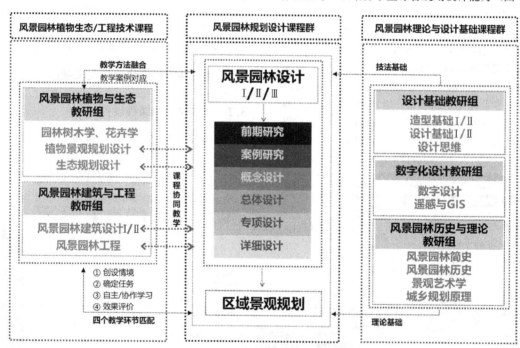

图5　风景园林规划设计相关课程群教学融合体系

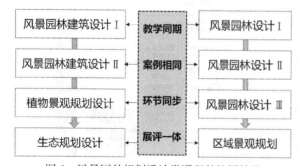

图6　风景园林规划设计类课程的协同教学

以导师制的低年级本科生科研项目（PRP课程）、高年级研究型设计课程和毕业设计，以及研究生课程选修模块等，实现本硕培养的连贯性。

3.3 服务本土的国际化教学

具有全球视野与国际设计思维已经成为影响在风景园林行业的执业能力和科研水平的重要因素；对国际设计理念和趋势的深入理解，也能够促使学生反思中国本土设计与文化，从而加深对国家战略与本土问题的认知。因此国际化应该成为风景园林本科人才培养的全过程内

风景园林教学协同与创新

容，而不能仅仅停留于少部分人、短暂交流的形式；国际化办学也不是为了向国外高校或企业输送人才，而是为了更好地服务国家战略和本土发展需求，培养既有中国文化底蕴、高尚伦理价值，又有国际视野、求真精神，以人类命运共同体为己任的风景园林国际化人才。

上海交通大学是推动高等教育国际化的先行者，与大多全世界一流高校建立了各种合作关系，为学生们提供了丰富的国际交流机会。本专业充分利用学校的国际化优势，依托本学科的全英文硕士项目、与国际一流高校的本科双学位和本硕联培项目、IFLA 风景园林专业认证项目、"一带一路"国际设计高校联盟、国际风景园林大师讲坛，以及国际共同课程、暑期研修、国际会议和竞赛等多种形式，外聘国际化的设计实践导师与兼职教授参与专业课程教学，把多层次的国际化教学有序组织于整个四年本科培养过程中。让学生不出国门就能在上海交通大学接受到世界一流的风景园林教育、参加国际化合作项目，实现真正意义的"以我为主、服务本土"的国际化办学。

3.4 以案例式教学为主的教学方法创新

案例教学方法是目前国际上风景园林专业普遍采用的新型教学模式，能够有效地完善风景园林专业课程体系的教学组织形式及教学方法。本专业从三个层次构建了多维度的案例资源库体系。第一层次是历史名园认知型案例库，包括了线上资源和线下的虚拟仿真案例库，含国内外不同历史阶段、不同文化地区的著名园林，主要为风景园林历史理论课程服务；第二层次是理念与技术学习型案例库，教学对象以大二、大三本科生为主，为规划设计课程服务，包含庭院、游园、居住区、城市公园等 4 个尺度；第三层次是文化与价值引领型案例库，面向大四和研究生，并以本体观引领型案例库、文化观引领型案例库、环境观引领型案例库 3 个类型培养学生形成正确的风景园林"三观"。

通过多维度案例资源库的构建，建设体系化、沉浸式、线上线下混合的案例教学方法；围绕清晰的教学目标，选取真实的规划设计实践项目以及案例库中不同维度和类型的案例，根据真实项目的规划设计实施阶段推进课程进展；构建内容合理、节点清晰、重点突出、可操作性强的理论课程教学及实践课程教学模式，让学生们沉浸于案例之中。如承担不同的利益相关角色，提出利益诉求和现实困难，探讨案例问题等，使学生在未来的规划设计实践和管理中更好地了解和预判不同主体可能的行为方式，以制定相对科学的决策方案。沉浸式的案例教学充分发挥学生的积极性和主动性，提高专业知识的学习效率，锻炼团队合作能力和沟通交流等综合能力，培养作为设计师的批判性思维与创新精神，提升了学生的职业价值感与自豪感。

3.5 课程质量保障体系

坚持以学习效果为导向，建立教学成果和学生作品的常态化展示交流机制。以展、评、赛促进课程质量建设，保障教学成果。将课程设计、毕业设计与国内外竞赛结合，专业课通过微信公众号交流教学过程与成果，设计类课程定期在学院和学校举办学生作品展览；以学生培养为中心，从教学输出质量管控走向教学活动过程的持续改进。以实践育人、科研育人提高学生积极性、主动性和创造性。联合教学实习实践基地，引进校外实践导师，优化设计类课程教学活动组织，丰富课程教学形式与内容。以教学质量为核心，建立"三层次、多环节"课程评价体系，包括督导、教师和学生 3 层次，教学目标、教学过程与教学结果等多环节，将评价体系从课程教学的控制手段转向组织教师互相学习、优化教学质量的工具。

4 结语

大学是时代的表征，高等教育要直面时代需求和国家政策。上海交通大学风景园林专业改革是在新工科和新农科相融合的高等教育新理念引导下，将专业规范化教育与个性化发展相融合，优化人才培养模式。强调风景园林"本体观、文化观、环境观"的价值引领，构建"多模块、一体化、贯通性"的课程体系，并为此创新师资队伍，形成"专职型-实践型-兼职型"三位一体的国际化教学团队。目前改革已渐显成效，上海交通大学风景园林专业未来还将继续坚持可持续生态设计为核心的人才培养模式，关注与我国国土空间和宜居健康密切相关的领域，并基于广义设计思维，持续优化课程体系与教学团队。按照国际一流风景园林专业的质量控制标准，以 IFLA 风景园林专业国际评估为新标准深化国际化办学。实现培养能够为上海"设计之都"服务，为国家实施创新驱动发展战略、生态文明战略、乡村振兴战略服务的"复合型、创新性、国际化"风景园林专业人才的总体目标。

图表来源：

图表均为作者绘制。

参考文献：

[1] 别敦荣，易梦春. 普及化趋势与世界高等教育发展格局——基于联合国教科文组织统计研究所相关数据的分析. 教育研究，2018，39(4)：135-143，149.

[2] 钟登华. 新工科建设的内涵与行动. 高等工程教育研究，2017(3)：1-6.

[3] 应义斌，梅亚明. 中国高等农业教育新农科建设的若干思考. 杭州：浙江农林大学学报，2019，36(1)：1-6.

[4] 刘滨谊. 现代风景园林的性质及其专业教育导向. 中国园林，2009，25(2)：31-35.

[5] 高翅译. 国际风景园林师联合会——联合国教科文组织风景园林教育宪章. 中国园林，2008(1)：29.

[6] 李雄. 中国风景园林教育 30 年回顾与展望. 中国园林，2015，31(10)：20-23.

作者简介：

　　王玲/女/汉/博士/上海交通大学设计学院讲师/风景园林系
副系主任/研究方向为乡村规划与设计与乡村休闲旅游/ wwlling
@ sjtu. edu. cn。

通信作者：

　　王云/男/汉/博士/上海交通大学设计学院教授/风景园林系
系主任/研究方向为上海近代园林历史与理论/城市滨水景观/江
南传统园林规划与设计/wangyun03@sjtu. edu. cn。

建筑学院背景下的中美风景园林本科设计课体系比较研究

Comparative Study of Design Studio Plan at Undergraduate Landscape Architecture Program Under Architectural Colleges Between China and the United States

王雨嘉 *

内布拉斯加大学林肯分校建筑学院

摘　要：风景园林教育在中国已经走过了漫长的岁月，在 70 年的历史节点上，梳理在建筑学院背景下的本科教育领域，在设计课课程的建构体系、教学目标和表达方法三个方面，中国风景园林教育与美国风景园林教育的异同，并探讨这些异同所带来的长短项。这一比较主要以重庆大学及美国内布拉斯加大学林肯分校为例。同时，结合在美国景观教育工作委员会的工作及近期历次学科认证标准修订的过程，小结美国风景园林教育近期的趋势和发展方向，探讨相关趋势及学科演进经验在中国背景下的适用性、机遇和启发。

关键词：风景园林教育；建筑学院；本科；设计课；认证标准

Abstract：Landscape architecture education has gone through ahistory of 70 years in China. This article compares undergraduate design studio education under Schools of Architecture between the United States and China, in terms of the series of design studios, teaching objectives and expression methods, and discusses their strengths and weaknesses. The comparison uses University of Nebraska – Lincoln in the United States and Chongqing University in China as examples. At the same time, experience from 2021 revision of the Landscape Architecture Accreditation Standards are shared to discuss recent trends and directions of development for American landscape architecture education, and their applicability in the Chinese context, in order to identify new opportunities and inspirations.

Keywords：Landscape architecture education；Architecture school；Undergraduate；Design studios；Accreditation standards

笔者历经中国重庆大学建筑城规学院和美国哈佛大学设计学院（Harvard Graduate School of Design）的风景园林教育，现于美国内布拉斯加大学林肯分校（University of Nebraska‐Lincoln）开展教学工作。笔者的教育和教学经历均发生于建筑学院的体系下，对在课程设置和教师联合、混合教学等方面的特点有充分的体验。此外，笔者也在美国风景园林学会教育工作委员会（Committee on Education）担任委员，参与了 2021 版风景园林教育认证标准（LAAB Accreditation Standards）的修订工作，见证了风景园林教育的发展。借此探讨在建筑学院体系下的中美风景园林教育设计课的情况和异同，并结合标准修订的经验，思考风景园林教育的持续演化。

1 美国内布拉斯加大学林肯分校的风景园林设计教学概述

美国内布拉斯加大学林肯分校于建筑学院（College of Architecture）下开设有四年制的、受美国风景园林教育认证委员会（Landscape Architecture Accreditation Board）认证的风景园林学士（Bachelor of Landscape Architecture）学位项目。第一年为建筑学院下的各专业混合的设计通识教育学年（d. One）；第二、第三年聚焦风景园林专业的设计、理论、历史和技术类课程，第三年暑

假为必选的专业实习，其中学生可以选择完成三个月的最低实习要求，也可以选择将实习期延展到一年；第四年设计课回归多专业合作，课程方面则主要是生态类、专业类选修课。标准的培养计划完成并毕业，学分时（Credit Hours）为 120 小时。

1.1 设计课设置

在本科生的教学中，设计课的整体结构可以总结为如下四个串联板块：板块一为设计入门，主要是一年级的两门通识类设计课程：设计思维（d. Think）和设计制作（d. Make）；板块二为风景园林设计初步，聚焦在自奥姆斯特德（Frederick Law Olmsted）时代开始的传统风景园林工作领域，如小场地、广场、公园等城市和校园开放空间的规划和设计；板块三为研究型设计，导入了空间公平、区域生态、气候变化等开放式命题；板块四为合作型设计，聚焦多专业合作和联合教学。下文将从教学目标、表达方式和课题建构属性三方面对各个板块进行详细阐释。

1.1.1 板块一：设计入门

在板块一的两门设计课，主要的教学目标是（1）设计思维的入门；（2）基本设计表达能力的建立。其中第一学期的设计思维课偏向于训练学生理解设计问题的复杂

性、综合性和系统性，并提出合理解题思路的能力。这一阶段着重于从中学的单一型思维向设计的综合型思维转变的训练。第二学期的设计制作则偏向于以模型作为一种空间探讨和制作能力的培养。在表达上，这一板块主要帮助学生熟悉基本的制图软件，并训练手工模型的能力。

这一年课题建构具有如下的几个属性：

（1）选题的宽泛性。作为入门系列的课程，同时面向多个专业融合的教学环境，在选题上也带来了特殊的要求。教学团队以学生较为熟悉的、生活化的设计问题出发，聚焦背后的思想方法和框架，使得设计课堂对学生更为友好，并避免对具体学科分支的强调。

（2）教学团队和内容的多专业化。如2020~2021学年，教授设计思维课程的老师就来自风景园林、建筑、室内、产品设计等多个学系，为教学准备注入多元视角。此外，课程中的节点讲座也由不同学系的老师分别承担。

（3）学生混合编班。从组织结构上鼓励多专业的融合。学生在一年级认识和熟悉的、来自建筑学院下不同专业的同学，日后成为他们在高年级学习中、乃至工作后的多专业交流的信息来源。

（4）教学环节与技术环节深度融合。在教学中，有意识的将每个教学阶段要求的作业内容与特定的技术培养进行融合，如上学期的设计思维课中，前三个教学阶段的作业分别对应 Adobe Photoshop，Illustrator 及 InDesign 三款软件，并与教学助理（Teaching Assistant）制作的工作坊相结合，形成了良好的带动效应，为学生下一步在各自专业中的学习打下了牢固的思维和技术基础。

1.1.2 板块二：风景园林设计初步

板块二的两门设计课分别是上学期的校园场地设计，以及下学期的城市广场设计和城市公园设计。作为学生真正进入专业学习的前两门设计课，本板块主要的教学目标是（1）掌握基本的设计要素、语言和工具，建立对尺度的理解；（2）掌握对场地信息进行解读和分析能力；（3）掌握设计生成的过程，包含概念、功能策划、空间构建等；（4）熟练主要的景观设计和表达工具，包括基本的平面、立面、剖面、透视，三维建模，计算机绘图等；在表达层面，这一板块主要是培养学生精确表达的意识，这包括在平面、立面、剖面中的尺度和比例意识，也包括对效果图明确表达意图的要求，并尽量避免对渲染软件不加批判的使用。

为了实现这一系列的教学目标，本板块的设计课课题建构有如下属性：

（1）设计课题的渐进性。在设计选题上，第一个校园场地设计选择了位于学院正对面的谢尔顿艺术博物馆公共空间，它占地面积小、周边环境简单、功能需求纯粹，且学生较为熟悉。第二个城市广场则选择了林肯市中心一处广场，距离学院约三个街区。在设计面积、周边环境、概念、功能和形态要求上渐进了一个台阶。最后，城市公园课题选择了位于中国重庆的一块约 8 万 m² 的场地，对学生综合挑战。

（2）表达方式的多样性。学生在一年级课程中，已经对犀牛（Rhinoceros）等电脑建模软件，及 Adobe 系列图形软件有了较好的掌握。因此，在二年级的设计课设置中，主要强化设计手绘作为方案生成、探讨和表达的关键能力，尤其是有比例尺的二维投影图纸中。这样，再与基于电脑的表达能力相结合，形成较为平衡的表达基础。

（3）充分发挥课程教学助理的补充作用。学院聘请高年级同学在课后的特定时间段内答疑解惑，解决软件、制图等方面的问题，对主线教学起到了较好的补充。

这一板块的选题覆盖了从小尺度到中大尺度，从本土到国际的一系列设计课题，让学生在面对不同设计课题的过程中，熟悉不同尺度、不同类型的景观项目的基本思路和设计方法，从而给下一个板块打下扎实的基础。

1.1.3 板块三：研究型设计

板块三被定义为进阶的风景园林设计课题系列，在设计课题中增加了开放性和探索性。上学期的课题聚焦城市愿景设计[1]，选题在内部拉斯加州奥马哈市的一个城市区域，主要探讨在城市更新和发展中如何平衡空间和环境公平；下学期的课题聚焦流域，场地选址在俄亥俄州克利夫兰市，主要探讨气候、潮汐变化和水岸生态。这一板块的教学目的主要为：（1）培养学生自主思维能力；（2）培养学生抽象思维能力及抽象问题（如气候，公平等）空间化的能力；（3）培养学生处理更为复杂的设计挑战的综合能力。

在表达上，这一板块主要鼓励学生探索更为前沿的表达方式，如图源上基于矢量图底的各类分析图、表现图，如表达手段上更具特点的拼贴图等。此外，学生也被要求进行更多的写作，将精炼的书面文字表达与设计图像结合成册，培养综合的表达和成果呈现能力。

本版块的设计课课题建构有如下属性：

（1）课题的开放性和研究属性。无论是对空间公义的探讨，还是对气候变化的研究，课题都只是给学生提供了一个引子，而并未作具体的规定和约束。因此，学生在设计课题中拥有了一定的自主权，在一个抽象的大命题下通过研究和思考，自行得出结论，并以此定义设计问题和设计任务。

（2）材料的丰富性。由于板块课题的综合性和研究性更强，环节中设置的阅读和思考材料也更多元、更丰富，如上学期的城市设计课题就包含了世界银行报告、美国国会法案等；

（3）专业边界的延展性。如在上学期城市设计的课题中，学生需要对建筑体量、排布方式和功能进行定义。课题以此培养学生对城市尺度的建筑设计基本的理解和操作能力，并得到相关专业教师的直接反馈。在另一个设计项目中则有由社区和区域规划系的支持的、基于地理信息系统（GIS）的大尺度流域分析。

1.1.4 板块四：合作型设计

板块四对建筑学院教学体系下的优势资源进行了利用。本板块内，学生可以根据自己的喜好，从一系列学院开设的联合设计课题中进行选择。这些设计课题由建筑、风景园林、规划等专业的老师开设，各有侧重。在联合设计课题中，风景园林学生和其他专业的学生组成团队，形成从场地规划和设计、建筑设置和设计、室内设计等完整的多专业合作场景，从而更深入地理解各个专业在设计思维和设计过程上的异同，贡献自己的专业能力，并观察和参与自身专业外的设计讨论和设计过程。这种多专业的协同能力、知识和意识是这一板块的核心教学目标。表达上则根据各设计课题的教学设置而定，不再作统一要求。

1.2 设计课程体系特点

整体而言，内布拉斯加大学林肯分校的风景园林设计课体系具有如下几个主要特点。

（1）注重对常见景观项目的基础夯实。专业内的项目涵盖了小场地、广场、公园、城市设计、流域规划及设计等尺度从小到大的、类型覆盖面广，内容丰富的设计课题。这让学生能够掌握一系列景观项目的设计过程、方法和工具，打牢设计基础。

（2）注重原型探讨及设计-理论联动。在多个设计课题中，都设置有基本的空间原型和核心要素探讨环节，尤其是第二板块内的课题，在案例分析的环节，要求学生动手画图，做基本元素的空间原型提取和重构。此外，理论课中对如工业遗存等的探讨也紧接着体现在设计课题中。这样具有理论属性的聚焦讨论，能够强化学生对设计重点的理解和设计手段的针对性使用。

（3）注重叠加开放性社会议题。风景园林在城市公共空间领域的领导地位，必然意味着它需要对已有和将来的公共挑战，而其中一些挑战可能突破这一学科传统的边界和技能。它需要面对新的、更抽象的挑战时能够保持开放、灵活及有效的态度。因此，在教学阶段，课程中就安排有针对开放式命题的讨论和空间化环节，以锻炼处理此类议题的思维方式。

（4）注重多种图纸表达和演进。视觉表达是设计中非常重要的组成部分，通过强化设计表达的目的性，丰富从格栅图（raster image）到矢量图（vector image）、从传统表达手段到多专业借鉴创新的表达可能性，并借此推动对各类软件的熟练应用。

（5）注重多专业联动。处于建筑学院下的风景园林教育具有与其他建成环境（Built Environment）专业紧密联动和互相学习的机会。通过一年级的混班编制，通过各版块设计课专业边界的模糊和对如建筑、规划等专业内容的囊括，通过第四年的联合设计课题，充分调动和利用学院多专业资源，培养知识丰富，综合型较强的风景园林人才。

2 中美建筑学院下的风景园林教育对比——以重庆大学为例

重庆大学风景园林学本科是设置在学校建筑与城市规划学院下的，五年制的项目。在培养计划中，分别有通识教育课程、公共基础课程、大类基础课程、专业基础课程、专业课程、实践环节和个性化模块七个类别的课程，其中包括以风景园林为主、涵盖城市规划、建筑及构造、人居环境、绘画及艺术等的一系列理论和设计课程，具有

很强的综合性。必修学分为155，最低选修学分为47，共计202学分。

2.1 重庆大学建筑与城市规划学院风景园林本科设计课程设置

重庆大学风景园林本科一共五个年级、10个设计类课题。其中，一年级上下学期的两个设计课为建筑设计基础，二年级上下两个学期为4个建筑设计课题。从第三年开始，课题聚焦风景园林，共有8个设计课题，分别为（1）场地设计，课题选址为重庆大学校园场地；（2）公园设计，课题选址渝北白云湖公园；（3）居住区规划，课题选址合川草街街道信息安全产业园地块；（4）居住景观设计，课题选址为重庆本地小区；（5）城市公共空间设计，课题选址为重庆的步行街、商业广场等，如江北观音桥步行街、金源时代购物中心广场、九龙半岛滨江广场；（6）城市设计，课题选址为重庆市沙坪坝沙磁片区；（7）风景区总体规划，课题选址为重庆市知名景区，如缙云山国家级风景名胜区、大足石刻世界文化遗产、金刀峡风景名胜区等；（8）田园综合体规划，课题选址为重庆市江北区五宝镇滨江地块。

2.2 设计课设置上的异同讨论

2.2.1 开设课程的比较（表1）

美国内布拉斯加大学林肯分校与
重庆大学的本科设计课体系对比　　表1

学期	美国内布拉斯加大学林肯分校	重庆大学
1	设计思维	建筑设计基础（1）
2	设计制作	建筑设计基础（2）
3	校园场地设计	建筑设计（1）（2）
4	广场设计、公园设计	建筑设计（3）（4）
5	城市愿景及城市公共空间设计	场地设计、公园设计
6	流域及滨水空间设计	居住区规划、居住区景观设计
7	多专业联合设计	城市公共空间设计、城市设计
8	毕业设计	风景区总体规划、田园综合体规划
9	不适用（四年制）	不适用（实习）
10	不适用（四年制）	毕业设计

由于中国重庆大学风景园林本科（下简称中国）为五年制项目，相较美国内布拉斯加大学林肯分校的风景园林本科（下简称美国）培养计划较长一年，总选题数目更多，为中国15个、美国9个，除去第一年的基础教学，则分别为中国13个、美国7个，中国在选题数量上具有优势。在多专业方面，美国在高年级设计课设置中考虑了

联合设计的课题，而中国则在1~4四个学期中开设了建筑设计课题。同时，可以观察到中国设计课题覆盖了更加丰富的风景园林项目类型和更为多元化的项目尺度，特别是：（1）涵盖了多个较大尺度的风景园林设计，如风景区总体规划、田园综合体规划等；（2）涵盖了居住属性的选题，如居住区规划、居住景观设计等；这类选题也是中国城市语境下的居住空间类型所产生的、在美国相对少见的设计课题；（3）既有"景观与城市"、也有"风景和乡村"的选题背景。相比之下，美国的设计课在相对有限的选题空间中，选择更多地聚焦城市公共空间设计与规划，并在过程中寻求更多深层次的跨专业合作机会，如大四的多专业联合设计课题，也具有鲜明的特点。

在设计课题项目选址方面，美国更注重项目选址多样化，如在二年级至三年级的五个设计课题中，从近到远囊括了林肯市（学校所在地）、奥马哈市（距离学校约80km）、克利夫兰市（距离学校约1200km）、中国重庆市（距离学校约12000km），其中，通过学校的设计课题旅行基金，学生有机会现场到克利夫兰市和重庆市调研。而中国则更稳定聚焦于本土，所有设计项目均选址在重庆市内。

在课题导向方面，以笔者观察，中国的设计课题偏向实际，对风景园林师在实践过程中的项目类型和设计手段进行了充分的探讨和训练，学生具备可塑性较高的、空间设计能力较强的专业基础；美国的设计课题则对开放性命题有一定注重。通过开放性命题，重点培养学生抽象思维、学习能力和从原型分析解决问题的能力，以更好地面对未来行业和社会议题的变化。这类命题能够较好提升学生的探索精神、使命感和社会责任感。

2.2.2 建筑学院背景下的资源综合比较

中国、美国两个本科专业都设置在建筑学院下。中国的建筑与城市规划学院包括风景园林、建筑、城乡规划3个学系；美国的建筑学院包括风景园林、建筑、室内、社区与区域规划、产品设计5个学系。在学院资源整合、多学科综合利用的背景下，美国在一年级设计课的设置上注重学生间的混合和交叉，通过混编班级、课内多人小组合作的形式帮助学生共同适应设计学习生活，并培养不同专业学生之间的友谊，为未来学习和工作中的充分交流打下坚实基础。此外，由于一年级设计课程的教师团队也来自各学系，又使得学生能够接触和熟悉本专业外的教师，启发了一部分学生对相关专业的兴趣和热情。在二至三年级的风景园林设计课中，包含对于城市、建筑的理解、回应及设计的教学环节，也有校内及校外规划、建筑系老师参与讲评；而第四年的联合设计课题则是一个重要得多专业融合节点，学生与来自其他专业的同学紧密合作及分工，共同完成设计。中国则在一、二年级的设计课中设置了建筑设计基础和建筑设计课题，使得学生对建筑、建筑设计，及延展的空间构成和设计具有了非常直观、清晰和深刻的理解。而在后续的风景园林设计课题内，也包含对城市、建筑的综合理解和规划设计内容。

综合而言，由于学生直接参与建筑设计，中国的学生对建筑的理解更为直观，是一种"亲历者"；而美国则更

在偏重聚焦本专业的情况下，增加与其他专业接触和协作的机会，是一种"合作者"。两种方式有所区别、各有特点。而在日常教学环节中，融合有一定的规划、建筑的专业要素，则是中美的共同点。

3 学科未来：美国风景园林教育认证标准的修订

笔者参与了2021版风景园林教育认证标准（下称"认证标准"）的修订工作。认证标准每5年进行一次修订，主要目的是对行业和社会中发生的变化进行综合，并通过标准制定的形式，反映到风景园林的教学演进中。值得一提的是，本次修订过程中，2020年的5月份，以乔治·佛洛伊德事件为因，美国的社会开始了对种族公平的深刻反思。因此，在原定的2021年1月份发布了新的认证标准后，2022年初还将有一轮更新，以确保相关社会议题被恰当地反应在标准中。除了在讨论中的、关于多样性、公平性和包容性的承诺（Commitment to Diversity, Equity and Inclusion）及相关考核标准外，在课程设置方面，相较于2016版的认证标准，本轮修订有较大幅度的变化，相信对风景园林学科的未来方向将起到非常重要的作用。认证标准调整的内容主要涵盖了如下几个方面：

（1）明确了每个受认证的风景园林学位项目都需要有定义清晰的核心价值（Core Values）。具有清晰的价值能够保证每个项目具有长期的聚焦，并促使教育教学中思考和包含技术之上的深刻内涵。

（2）对风景园林的核心教育内容进行了遣词和架构上的重新组织、增加和细化。过往的大类标题为职业课程（Professional Curriculum），下设：1）历史、理论、哲学、原则和价值；2）设计过程和方法；3）自然和文化的系统和过程；4）沟通和图纸记录；5）方案实施；6）电脑应用和进阶科技；7）分析和研判；8）实践；9）研究和学术方法（仅针对研究生项目）9个条目。本次更新中，大类标题被改为学习成果（Learning Outcome），在大类下又细分了两个主体板块，分别为知识（Knowledge）和技能及能力（Skills and Competencies），其中知识板块下有5个条目，技能及能力板块下有9个条目，共计14个，较以往有较大的增加和调整，与旧有条目完全重合的仅有3个。

（3）核心教育内容条目的调整，整体而言，强调的是从"提供"向"成果"、从"教"向"学"的角度转换。而其中最重要、最明显的方向性变化是强化了风景园林教育"科学"与"艺术"并重的特性，对原有条目中重设计、轻科学的比例关系进行了重新配平，明确提出了与现今时代相关的科学板块和基于科学的设计教育理念。

（4）在知识板块的5个条目中，植物和生态板块单独形成条目，并增加了气候科学；新增了韧性景观（Resilience）条目。调整后的条目分别为：1）风景园林艺术和科学的历史、理论；2）植物、生态系统、气候科学；3）韧性景观；4）行业法律；5）实践。在技能和能力板块的9个条目中，则新增了地形地景工程、数字量化、景观性能三个与科学相关的新增条目。调整后的条目为：

1）分析；2）设计与建造；3）沟通；4）建造材料和方法；5）地形/地景工程；6）数字/量化；7）景观性能；8）合作；9）研究（研究生阶段）。

（5）在风景园林的核心教育内容外，新增了通识教育板块，其中要求本科生培养计划中应提供多专业的丰富教学环境，包括但不限于美术、自然和社会科学，及学生感兴趣的其他领域。"多学科学习"在文件的其他条目中也被反复提及。

（6）最后，教学评价从原有的"评价"转变为"评价与发展"，要求各个学院基于自身的核心价值、使命和目标，持续演化自身的教学体系，适应和优化达成教学目标的效能，并对过程予以记载。这是面对行业、社会和学生需求较快变化的情况下，对各个景观学系的要求和期寄。

4 结语

美国风景园林教育有较为悠久的历史，同时也在不断地积极演进自身。从建筑学院视角出发的风景园林教育在中美两国都具有重要的地位。在建筑学院的学术环境中，风景园林教学与建筑、规划等城市建设环境专业的紧密合作和互相理解对于教育有着非常积极的意义，其中的一些经验值得各院校借鉴。同时，中美两国在城市和城市建设组织方式、下一阶段的建设重点等方面有各自的区别，特别是近年来，中国在城市环境建设、生态修复、乡村振兴等领域的持续投入，给了中国设计、中国设计院校独特的土壤和优势，走出自己的路线。而美国在风景园林教育设置和演进方面的经验和尝试，尤其是深度专业融合、开放命题、多元化的项目选址和对科学的重视等方面，相信可以给中国的教学改革以启示，以持续创新和发展，推动未来的中国环境建设。

致谢：

本文在写作过程中，得到重庆大学建筑与城市规划学院院长杜春兰教授、罗丹讲师、胡俊琪讲师的热情帮助和大力支持，在此表示衷心感谢。

图表来源：

作者自绘。

参考文献：

王雨嘉. 城市景观愿景：结合空间规划工具的教学创新[J]. 风景园林，2020，27(S2)：75-79.

作者简介及通信作者：

王雨嘉/男/汉/硕士/美国内布拉斯加大学林肯分校建筑学院景观建筑学实践教授/美国景观教育工作委员会委员/远程教育分委员会主任/深圳一场景观主持设计师/研究方向为城市公共空间的规划与设计/wang@unl.edu。

后疫情时期教学改革创新

——以风景园林学院《素描基础》课程为例①

The Reformed Innovation of Post-epidemic Period Teaching-taking the "Basic Drawing" Landscape Gardening College for Example

张益昇* 万 蕊

四川农业大学风景园林学院

摘 要: 自 2020 年初开始,由于新型冠状病毒疫情扩散,导致各级学校停课。疫情给高校教学带来巨大影响和转换空间,同时也为艺术教育工作者和风景园林环境设计的人才培养带出了新的思考方向。为了让学校教学工作顺利进行,各院校的教师们开始在网络上应用远程教学的慕课、直播、录播、QQ 群与微信群、教学平台、作业布置等方式进行教学。艺术设计类实践课程授课教师在前述的基础上,再辅以其他适当方式进行课程教学。在疫情时期,以四川农业大学风景园林学院《素描基础》课程为例,通过艺术实践类课程的概念转换、授课方式、评分方向、应变和沟通形式四个大项进行说明,最后通过课终感想为后疫情时代的授课方式进行总结和展望。

关键词: 新冠疫情;风景园林;素描基础;新媒体;网络教学;艺术教育

Abstract: Due to the spreading of pandemic all over the world, schools of all levels are almost closed during the pitch of the disease. Especially for universities, the pandemic causes tremendous change both in the way of teaching and the ideas of education in general. Inevitably, these trends have cast profound influences on the possibilities of arts education in Chinese universities. The College of Landscape Architecture in Sichuan Agriculture University, like other schools, has taken necessary steps to adept itself to the current situation. As more and more teachers use live broadcast, MOOC, recorded video, QQ, WeChat platforms instead of on-class lecturing during the pandemic, we also follow this main stream and put in use these techniques in our practicum. This paper tries to illustrate, under the current situation of pandemic, how we come to reshape certain ideas and actual operations of practicum, with the transformations of lecturing, grading, interaction and communication in our teaching programs. Here we will use "the sketch curriculum" as an example to demonstrate this process and summarize the relevant experiences in the hope that such transformations would not just bring about responses at the surface level, but promote genuine renovations in the post-pandemic era.

Keywords: Covid-19; Landscape gardening; Basis of drawing; New media; Network teaching; Arts education

1 概念的转换

理论与创意先行。

美学是风景园林学的基础理念重点之一。而属于风景园林的美学来自于逻辑思维和造型能力,而培养逻辑思维和造型能力,以目前的大学教育所属的人才培养方案中,最适合的课程是《素描基础》。《素描基础》作为风景园林与艺术设计实践的入门课程,唯有从最基础的概念开始,逐步向下扎根才能有后续良好的表现。达·芬奇曾说:"绘画不是复制眼前一切,却对它一无所知"。那绘画与素描基础结合的是什么呢? 笔者认为是:"绘画与素描基础是指我们本身能力的最初与画面接触的开始,它的作用是用眼睛(观察)再把脑部(思想)的解析能力或者创意的想法透过手(实践)传给画面(表现),因此,

基础必须稳定而且具有表现性,才能将所观察与思考的画面完整的表达出来,进而表现出优秀的艺术与设计作品"。以上是在正常学期中,学生在专业教室中进行《素描基础》课程所要有的正向概念,但是在新冠疫情时期《素描基础》课程,因为条件关系,学生无法正常地用上述的概念在专业教室进行课程学习,因此,教师在前期的网络直播课程中,以口语描述与文字传达的方式建议学生先以"思想的解析能力或者创意的想法"为课程的首要学习概念,至于视觉观察与动手实践的部分放置到中后期学习课程中,因为在风景园林学院人才培养方案中《素描基础》课程为的是培养园林规划设计的创意与研究人才,让"理论与创意先行"也是相对符合人才培养方案的授课方式,也可以减轻学生前期的学习压力,让后续课程顺利进行。

---

① 本文第一作者为中国台湾地区籍,因疫情时无法注册慕课或微课堂等教学平台,故采取文中方式,作为教学方法。

2 授课方式

2.1 量变到质变

作为一个以五年制的工科类风景园林专业，其生源方向多为理科生，少部分为文科生，学生由应试教育的高中阶段专换至大学相对自主的学习方向，心理与身体都会发生较大的变化。而《素描基础》为风景园林设计相关专业的必修课程，是为了拥有良好的艺术概念与设计基础所必修的课程。在以理科生为主体的教学环境中，由数理思维调整为规划与艺术设计思维是风景园林专业教育的教学重要方向。《素描基础》在设计相关专业教学计划中为优先的课程，唯有透过大量的艺术基础训练，才能在未来设计教学课程中打下稳固基础，以利相关专业未来良好发展，也较适合由数理思维调整为规划与艺术设计思维的教学方向。再者，《素描基础》课程是与其他相关课程的关系就是徒手绘制造型能力的延伸，让学生透过完成《素描基础》相关作业，获得手绘基础能力。主要教学任务以大量实践课程为教学主体，让学生适应与锻炼观察、思想、实践的合作，在平面上构建体积和空间感，由客观到主观、由量变到质变，以此完成风景园林环境设计相关专业的必修课程目标。

2.2 录播与直播

笔者根据现有教室场地条件，以录播的方式进行素描绘画示范。再每周两次以QQ群课堂的直播方式，进行理论课程讲授，并在课堂中以随机点名的方式增加学习效率。另在视频网站中找寻优质的素描教学视频，付费下载后，上传至教学QQ群后让学生下载学习（图1）。

2.3 引导与建构

从教学的顺序来理解，学生知识的学习与专业能力的培养，应该是一个低到高的循序渐进的方向，在本科教育阶段中一般会经历吸收、转换、调整、理解等阶段。而每个阶段的所需要的学习效率，就会因教师的事前准备工作是否扎实，增加或减少时间长短。根据以往在台湾艺术大学学习经验的转换，笔者以事先编辑的教学讲义作为课程引导与建构。其次为避免选择错误素描绘画题材，已事先将正确绘画静物以专业拍摄方式记录，于QQ群空间中分享下载后进行练习。再来于网络教学期间随机抽查同学的绘制情况，并随机约时间访谈学习情况，当作课程的评分依据。最后，每周末作业讲评将优秀或者相对较差的作业当作正反面教材，在档案中加上评语，然后上传至教学QQ群让学生下载学习（图2）。

3 改变评分方向

四川农业大学风景园林学院的学生大多数绘画基础为零，当初会选择此专业方向就读的学生，已经知道会有艺术设计类的实践课程，心理已经产生预期效应，因此，在疫情防控期间最后的作业反馈中，只有少部分学生因

图1　绘画示范

为自我时间管理的偏差而导致作业产生问题，整体来说因为学校与教师在疫情发生初始，就有完整的准备，加上紧急调整和授课方式得当，此门课程得以在高校教学改革创新取得一些可以突破现有教学制度的成就。然而，在疫情防控期间，教师无法面对面示范与修改授课的情况之下，《素描基础》课程若以绘画天分决定分数高低，那学习信心与效果将会事倍功半，因此，教师在疫情防控期间重新制定评分标准，以纪律与态度作为评分大项，减少教师主观的评分分数，用以增加学习效率以及提升学习态度，比例为：出席率20％＋课程讨论30％＋课程报告10％＋平时作业20％＋课终作业20％＝最终成绩。

除平时作业与课中作业外，重点说明课程讨论30％的部分：除了随机抽查之外，课程讨论时，每位同学必须在课程周期时间内，主动与老师讨论至少3次，缺1次本项总分减20分、2次减40分、缺3次0分，讨论内容亦会成为个人成绩参考。该项的教学设计在此次疫情授课期间，提高了学生的学习态度与抗压能力，让学生能在自主学习与被迫讨论中实现学习效率与成果的提升。

4 应变和沟通的形式

4.1 优点与缺点

任何形式的教学都有优缺点，前文中疫情时期的艺

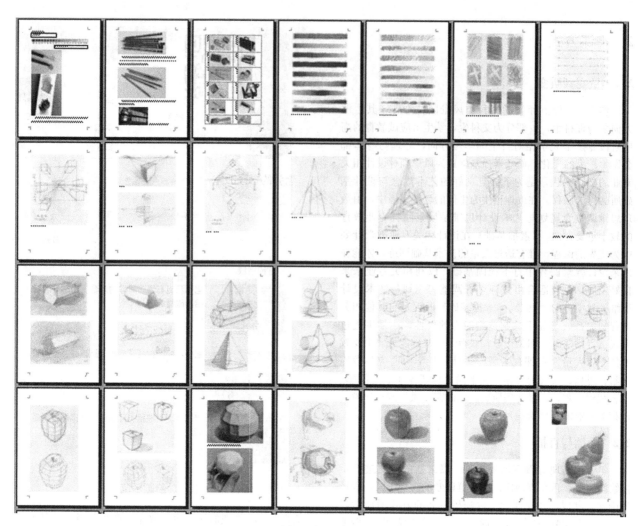

图 2　教学讲义

术设计类实践课程授课方式也不例外，因此，应变和沟通的形式的调整过程中，优点和缺点就相继出现。优点在于普及性、自主性、交互性、共享性、便利性等。正是这些优点，使艺术设计类实践课程改革创新出现了新的可能。而缺点呈现在艺术理论方面不全面、相关知识比较狭窄、操作偏差容易扩大化、学习盲点无法即时调整、学习来源异质等。对此笔者认为要多弥补与沟通，扬其长、避其短，让此类授课方式能更有效率。

4.2　思维转换

后疫情时代高校教学改革创新中，教师还需要有思维转换的能力。高校教学中，专业方向是由许多课程相互交叉重叠而成，因此，笔者在网上直播授课时，会辅导学生在各项课程学习中必须具有交叉学习概念，让专业知识更为丰富。

4.3　储备教学能量

根据教学经验，以事先编辑适合风景园林人才培养方案的教学讲义作为课程引导与建构，无论疫情是否发生都可以当作教学的辅助工具。另外，教师除了专业知识之外应该还须增加电脑软件实践与网络搜寻能力的相关知识。以笔者为例，除了徒手绘画技能之外，本身还具备

摄影与设计排版能力，对于在网络空间的资料应用并不陌生，对于疫情时期的远距离教学亦有相当程度的帮助。

4.4　危机处理及应变

疫情前素描作业尺寸为 8K（长 27cm、宽 39cm），考虑到疫情时期取得相对应的纸张相对不方便，将尺寸改为 A4（长 21cm、宽 29.7cm），该类纸张与尺寸相对容易取得，所需要的绘制空间只要在一般的书桌即可，亦相对容易进行手机拍摄。因尺寸较小，学生在家中绘制作业时，亦会减低学习压力，增加学习兴趣。

5　结语

为了实现风景园林教学目标，建构完整的艺术设计教学体系是课程规划的必经方向。《素描基础》是风景园林教学目标中需要直接面对面进行互动的课程，更是需要实际绘画的课程。受疫情影响，其网络上课的成效若与正常时期相比，总体来看并不是特别优质的课程效果。风景园林专业《素描基础》课程与其他艺术设计类专业高校的素描课程不同的是，该课程是为培养园林规划设计的创意与研究人才的初步核心课程，并不是要将学生培育为艺术家或者画家，因此，教师在授课时多为空间关系的

理解与应用，以期在后续课程中当为专业发展基础概念，所以平常绘图实践性授课时会以相对机械化的训练，用以让学生牢记空间与透视的关系，建立专业基础知识。正因前述概念，在疫情防控期间的授课中，刚好规范了学生的学习态度，以量变产生质变的概念进行课程学习（作业尺寸缩小，数量增加）。再者，本课程人数达 130 人，实践课程时分成四组（每组 33 人）每周大约有 8 个课时进行学习，正常时期教师在教学中，多为使用适合风景园林教学的教学讲义，疫情时期只需稍微调整讲义内容，增加网上的授课方式与网络作品讨论，虽然所产生的教学效应虽不是特别优质的课程效果，但以大方向的教学成果来看，依然有一定学习成效。

天有不测风云，新冠疫情带来了许多可以探索的学习方式。疫情时期的学习环境就像是艺术设计类课程的"多元应用教材"，它让教师与学生由直接面对面转换为手机对手机或者电脑对电脑，通过影音资料、图像、文字等多种传达媒介来进行互动教学，同时也让教师与学生有自我学习与调整的时间与空间。笔者认为通过网络、电视、广播等多种媒介来进行学习也是艺术设计类实践教学的方式，从艺术设计类实践课程的方向来说，此份的"多元应用教材"将会是艺术设计类课程教育的创新方向，教师可以从中开发不同的教材与教育方法，在跨媒介的学习中，不同于以往面对面的理论传达与技法示范，教师的任务变成引导学生了解各种媒介形式的学习方式，在自律学习中了解风景园林与艺术设计类实践教学的知识，组合出属于学生自己的表现风格，变化出独特又不失方向的视觉概念。

图表来源：

图1、图2为作者自绘。

参考文献：

［1］ 魏代君. 成人远程教学艺术新探. 继续教育研究，2007（4）：133.

［2］ 李瑞冬. 逻辑与诗意-工科风景园林本科专业教学探研. 上海：同济大学出版社，2019

［3］ 刘丹青，彭冠英. 浅谈多媒体技术在网络教学中的有效运用—以艺术类专业教学为例. 国际公关，2020(9)：20-21.

［4］ 熊瑛子. 新媒体背景下高校艺术设计教学创新实践. 传媒，2020(14)：87-89.

作者简介：

张益昇/性别/男/汉/艺术学硕士/四川农业大学风景园林学院/讲师/从事学科或研究方向是艺术学/852066594@qq.com。

风景园林
学科前沿与
热点

城市更新·人居环境·风景园林
——基于 Cite Space 的风景园林学发展研究①

Urban Renewal·Human Settlements·Landscape Architecture
——Visual Analysis of Landscape Architecture Development Based on Cite Space

陈思慧　张如意　周　旭*

中南林业科技大学风景园林学院

摘　要： 随着我国城市发展逐步由粗放式扩张转向内涵式增长、从增量开发转变为存量开发，城市更新已成为城市发展的重要手段，城镇化的快速发展，也对风景园林设计提出了更高的要求。本文运用 Cite Space 文献可视化软件基于中国知网 1979～2020 年间城市更新改造的相关研究文献进行整理分析，剔除报纸、专利、学术辑刊，共获取论文 5964 篇。通过分析、挖掘、图形呈现、归纳聚类等方法，提取了旧工业区改造及工业遗产保护，城中村，老旧小区，历史街区，公共空间提升五个方面核心聚类，基于城市更新和城市双修，对风景园林学的发展展开了分析，梳理了城市更新、人居环境与风景园林之间的关系，并探讨了生态城市背景下促使生态与景观融合，共同寻求一种全新的综合设计策略，旨在使其成为连接城市生态、景观与规划等相关学科之间的桥梁，形成风景园林学与各相关学科之间无界融合的趋势。

关键词： 城市更新；Cite Space；风景园林

Abstract： With China's urban development gradually from extensive expansion to connotative growth, from incremental development to stock development, urban renewal has become an important means of urban development. The rapid development of urbanization also puts forward higher requirements for landscape architecture design. In this paper, the Cite Space document visualization software is used to sort out and analyze the relevant research literature of urban renewal and reconstruction based on CNKI from 1979 to 2020. Excluding newspapers, patents and academic journals, a total of 5964 papers are obtained. Through analysis, mining, graphic presentation, inductive clustering and other methods, this paper extracts five core clusters of old industrial area transformation and industrial heritage protection, urban villages, old residential areas, historical blocks, and public space promotion. Based on urban renewal and urban double repair, this paper analyzes the development of landscape architecture, and combs the relationship between urban renewal, human settlements and landscape architecture, It also discusses how to promote the integration of ecology and landscape under the background of eco city, and jointly seek a new comprehensive design strategy, aiming to make it become a bridge between urban ecology, landscape and planning and other related disciplines, and form the trend of boundless integration between landscape architecture and other related disciplines.

Keywords： Urban renewal；Cite Space；Landscape architecture

引言

近年来，随着我国城市发展逐步由粗放式扩张转向内涵式增长、从增量开发转变为存量开发，城市更新已成为城市发展的重要手段[1]，国内学术界对城市更新的研究兴趣越来越大，学术界将城市更新的视野扩展到旧城、旧村和旧厂，并越来越关注历史文化遗产保护和人居环境改善等主题[2][3]。本研究对国内关于城市更新的最新研究进展进行梳理和归纳，总结城市更新研究的文献数量、研究趋势、研究内容等，分析城市更新研究的最新热点，并结合风景园林分析其在城市更新背景下对于人居环境改善的作用，以期能为未来风景园林的发展以及中国城市更新的实践及研究提供可借鉴性启示。

1　国内城市更新研究的总体情况

1.1　数据来源与分析方法

本文检索的中文文献主要来自于中国知网，检索范围为 CNKI 总库。以城市更新为关键词，共检索得到改革开放以来的国内相关文献 6000 篇，剔除报纸、专利、学术辑刊，共获取论文 5964 篇作为本文研究样本。借助于知网的高级检索功能以及专业文献分析工具 Cite Space，对检索得到的文献进行分析，总结城市更新领域的研究热点趋势。结合聚类分析的结果，通过阅读相关文献的摘

① 基金项目：2019 年湖南省教育厅重点项目（编号：19A514）。

要来筛选出重要文献，并对其进行重点研读，从而总结归纳出国内城市更新研究的具体对象。

1.2 国内城市更新研究趋势

在 Cite Space 中对检索得到的文献进行关键词突现分析，得到城市更新研究的四个阶段（图1）：

引文突现率最高的25个关键词

Keywords	Year	Strength	Begin	End	2010 - 2020
更新	2010	10.48	2010	2013	
再利用	2010	7.2	2010	2014	
旧工业建筑	2010	6.36	2010	2015	
创意产业	2010	5.95	2010	2015	
保护	2010	5.47	2010	2015	
城中村改造	2010	5.38	2010	2013	
城市复兴	2010	4.99	2010	2014	
模式	2010	4.9	2010	2013	
文化	2010	4.89	2010	2013	
旧城改造	2010	4.65	2010	2011	
再生	2010	3.85	2010	2012	
历史街区	2010	4.17	2011	2012	
可持续	2010	5.49	2012	2013	
城市化	2010	5.34	2012	2014	
策略	2010	4.81	2012	2014	
改造	2010	9.91	2013	2014	
存量规划	2010	4.89	2015	2018	
新型城镇化	2010	4.31	2015	2016	
生态修复	2010	4.5	2017	2018	
空间生产	2010	4.19	2017	2018	
既有建筑	2010	3.97	2017	2020	
城市双修	2010	8.08	2018	2020	
微改造	2010	7.46	2018	2020	
城市修补	2010	4.8	2018	2020	
设计策略	2010	3.97	2018	2020	

图 1 CNKI 中关于城市更新的文献关键词突现

（1）国内城市更新研究在 1979～1992 年处于起步阶段。在此阶段研究主要是对国外相关城市更新理论的总结与引入，以及相关案例的研究与分析，并结合国内城市更新案例进行评价研究。

（2）在 1992～2001 年国内城市更新研究继续向前发展，产生了从多角度切入的城市更新研究。如"旧城更新""公众参与""城市文化""持续发展"等方面，该阶段的关键词中心度相对稳定，变化幅度较少。

（3）2002～2012 年出现了以"公共空间""城中村""历史街区"为核心的城市更新研究。可以看出城市更新研究内容更具体化，聚焦于对城市整体更新影响较大的一些微空间。

（4）2013 年至今，国内城市更新陆续出现了"老旧小区改造""社区改造""微更新""微改造""城市修补""城市双修"等新的研究内容，城市微更新和城市双修无疑是新时期研究的热点趋势。

1.3 国内城市更新研究对象

在 Cite Space 中对城市更新检索文献进行可视化分析的基础上，主要基于以上搜索文献并适当扩充相关文献来源，归纳聚类城市更新的研究内容，提炼出了旧工业区改造及工业遗产保护、城中村、老旧小区、历史街区以及公共空间提升五个方面（图2）。

1.3.1 旧工业区改造及工业遗产保护

旧工业区承载着城市原住民与城市发展的共同记忆，具有一定的历史价值，值得保护与保留。不少学者针对各地工业遗产的保护开发与再利用展开了调查与探讨。许东风（2012）对重庆工业遗产的保护利用与城市振兴从文化遗产学、历史学、建筑学和城市规划学等学科做了研究，提出了工业遗产整体性保护与利用对工业城市振兴意义重大的观点[4]。王任（2016）分析了瑞安新天地系列、南京 1912 集团系列和宁波老外滩案例，对镇江市以文化导向设计了街区改造[5]。邵任薇、何颖（2018）实地调研了广州市广钢新城，基于此，提出运营机构要专业化，同片区的遗产最好联合起来、统一开发，以便形成规模效应[6]。孙淼、李振宇（2019）综述了西方的城中厂更新，发现公共政策是指导工业遗产更新的具体策略[7]。

1.3.2 城中村

城中村的实质是一种农村社区[8]，是城市和乡村共存的二元景观现象[9][10]。我国关于城中村改造研究主要集中在城中村存在的问题研究、改造模式和策略研究、城乡二元关系研究、土地及房地产开发研究以及城镇化研究等几个方面。从时空上看，可划分为三个阶段[11]：2000 年以前为初步认知阶段，该阶段文献数量较少，主要基于城中村的现象及成因[12][13]、城中村的界定[13-18]、分类[14,19,20]等，展开单纯的现象描述与分析；二是 2000～2013 年的物质性探索改造阶段，随着城乡矛盾的集中体现[21-24]，这一阶段以"发现问题"和"剖析机制"为核心[25]，针对城中村的街巷、居住空间、公共空间、生态环境、建筑立面、市政设施等[26]展开了大量的案例研究，是"城中村改造模式"研究阶段，成果集中在对策、问题、及管理等方面的阐述；三是 2014 年至今更新改造阶段，城中村改造建设速度有所放缓，但研究数量及范围却在不断扩大，关注内容也发生转变。这个阶段城中村改造与旧城改造一并被纳入城市更新范畴，关注点转向了群众尤其是弱势群体、政策，以及研究发展趋势等方面。

1.3.3 老旧小区

老旧社区作为城市更新发展矛盾突出的地区，一直被社会所重视[27]。我国在 2000 年前后启动的老旧小区改造工作，主要是棚改和对危旧房的推倒重建，老旧小区改造进展缓慢[28]。2007 年，建设部发布《关于开展旧住宅区整治改造的指导意见》，但改造工作的重点为节能改造和房屋的安全性加固，缺乏对于基础设施、环境提升、城市风貌协同的相关改造[28]。住房城乡建设部在 2017 年提出开展生态修复、城市修补，改善人居环境，推动供给侧

风景园林学科前沿与热点

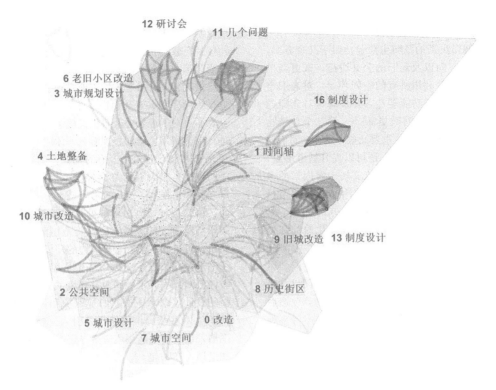

图 2 CNKI 中关于城市更新的文献关键词时区聚类分布

结构性改革、补足城市短板。改造已建成的老旧小区,优化"城市存量"空间,从而提升城市品质,成为了城市更新的新趋势[27]。随后 2019 年 6 月、7 月、9 月国务院三次常务会议连续对城镇老旧小区改造作出部署[29]。2020年 7 月国务院再次部署"全面推进老旧小区改造",推进城镇老旧小区改造工作[30]。

1.3.4 历史街区

历史街区作为我国历史文化见证与传承的主要载体,有较完整的传统风貌和地方特色,是历史地标的典型类型之一,也是城市居住较密集、繁华而有生机的部分,属于城市整体中的重要组成部分。

1985 年"历史性传统街区"被设立,次年"历史街区"概念正式提出后,历史街区开始进入学者的研究视野。而 2004 年《城市紫线管理办法》要求加强对历史街区不同层次的保护和管理之后,历史街区迅速成为学术界研究热点,发文数量急剧上升。同时在"可持续发展"思想的影响下,逐步认识到"以经济建设为前提"的历史街区保护模式的片面性,开始强调保护性利用,先保护后利用的新模式[31]。近年来,我国对历史街区的更新与保护做出了积极的尝试,研究范围也逐步扩大,向经济学、管理学、社会学等领域延伸,研究成果也较为丰富,取得了一定的成绩。

1.3.5 公共空间

公共空间是城市居民进行生产、生活活动的重要载体,较多的城市建设与城市更新过程都与城市物质空间的建设密切相关,人们也越来越关注公共空间的品质。存量规划时代,城市更新带来了城市功能和城市物理空间的

双重更新,一方面,通过城市更新,重新优化调整城市各类用地比重,增加独立占地的城市公共开放空间用地供给;或者通过功能复合,增加具有"人工""开放""休闲""公平"思维属性的非独立占地户外空间,从量上增加公共开放空间的供给规模。另一方面,通过城市更新,对现有的公共开放空间进行"二次"开发,从质上提高城市公共开放空间的品质[32]。

2 城市更新中的风景园林规划与设计

人居环境是人类工作劳动、生活居住、休息游乐和社会交往的空间场所[33]。风景园林规划与设计作为一门科学,其初衷是致力于为人们创造更好的生活环境,有效改善人类生存环境[34]。因此,城市更新是方法,人居环境是载体,风景园林规划与设计是手段,三者融合,让"人"所处的空间更加宜居,景观环境更贴近生活[33]。

本研究基于 Cite Space 对城市更新检索文献进行可视化分析的基础上,聚焦风景园林,聚焦近几年城市更新的核心关注点"城市微更新"和"城市双修"两个方面,进行进一步梳理,分析典型更新改造案例,以期为城市更新研究创新寻求突破口。

2.1 城市微更新中的风景园林规划与设计

"微更新"模式是指小规模的渐进式更新,以空间有序生长和存量资产经营为特色,尊重历史文脉、社会生态网络和自然生态格局,强调自下而上的居民参与,通过对局部小地块更新形成触媒效应,带动旧城区持续更新,创造出影响力大、归属感强、地域特色浓郁的城市空间形态[34]。

2.1.1 城市公共空间景观改造更新

城市公共空间微更新的范畴主要包括以下几个方面，第一个是老旧公共空间以及老旧的公共设施，微更新的要点在于如何能够有效利用所有的空间环境，对老旧空间进行有效地品质提升与功能塑造，并及时地对老旧的公共设施进行定点、定位的有效更新[35]。第二个是植物景观，植物景观作为美化城市的重要元素，其存在的价值不仅仅在于生态效益和美观效益。还可以提升城市形象，提高市民归属感[35]。第三个是关于人文历史等因素的考虑，并注重公共空间的多样性设计与使用[36]。广州市昌华涌公共绿化空间微改造，通过运用点轴式的滨水空间模式，丰富的植物配置特色，特色化与人性化的细部处理，创造了功能合理，舒适宜人的公共空间[37]。上海杨浦区四平街道苏家屯路街道空间改造，通过结合街区风貌，打造林荫大道，重塑街道结构，增加活动空间以及策划活动，提高场地活力与参与性等方式进行改造，改造后的街道荟萃着健身、休闲、夜跑、涂鸦和街头艺术等多种文化[38]。这些都是城市公共空间微更新较为典型的案例。

2.1.2 老旧小区景观改造更新

存量规划背景下，老旧小区改造从以往的大拆大建到小尺度渐进式更新。老旧小区的更新不仅关注建筑的修整和基础设施的完善，更关注于自然生态环境的修复以及社区人文环境的营造。因此，对于小区景观空间的营造需要同时考虑生态效应和人文因素，使居民既能拥有更好的物质生活环境，也能享受良好的自然生态环境与充满活力的社区人文环境[39]。

从风景园林学的角度出发对老旧小区景观进行规划与设计，一方面基于"生态修复"，通过增加老居住区内的绿化覆盖、增强并利用居住区内的雨洪管理、从生态性与美学性两方面来修复原有的植物景观，打造生态效益良好、微气候宜人、环境优美的老旧小区自然生态环境。另一方面则基于"人文优化"，通过对老居住区历史记忆文化的留存、时代精神的融入，以及使居民更多的参与到居住区改造的决策、建设和活动过程中来，使居民们对其所在的社区场所空间拥有更好的归属感和认同感，加强社区的凝聚力，活跃邻里氛围[39]。北京市朝阳区常营乡北辰福第社区公共空间绿地更新和北京清河社区的改造就是较为成功的改造案例[40-41]，既通过生态修复，植物景观营造等，对老旧小区的绿地空间进行了优化改造，促进了老旧小区公共空间景观品质的提升，又通过搭建多方合作平台、挖掘社区文化与原真性、整合居民诉求、举办社区活动等发动居民积极参与，进而培养居民的社区归属感和认同感，将衰败的老旧空间转换为生态人文艺术综合良好的活力场所[39]。

2.1.3 旧工业区景观改造更新

城市旧工业区改造根据不同的场地特征有不同的改造模式，如以保护工业遗产为主、以发扬历史文脉为主、以强调空间特征为主、以修复生态环境为主等[42]，主要有以下几个方面：

第一是对场地现状的处理，包括一些遗留的构筑物以及基础设施，地形和废弃的地表以及现存植物等。这些往往具有较高的历史价值，作为历史事件发生的载体以及当时工业特征的反映。如位于德国杜伊斯堡的北杜伊斯堡景观公园，被誉为后工业景观公园的经典范例。其原址是炼钢厂和煤矿及钢铁工业，因污染严重于1985年废弃，通过对工业场地及各类设施予以保留，并在其基础上进行综合利用，增加参观游览，休闲娱乐等功能，让公园在充分传承历史文化价值的同时，更彰显其在现代社会中的现实意义及其对社会经济发展的作用，达到历史与现在的和谐发展。

第二是对场地边界的处理，旧工业区的改造不仅仅限于场地内部的改造，应该将范围延伸到周边甚至整个城市，打破固有边界，将周边的环境和人文历史因素综合考虑进去。如广东中山市粤中造船厂旧址上改建而成的岐江公园，引入了一些西方环境主义、生态恢复及城市更新的设计理念，是工业旧址保护和再利用较为成功的案例[43]。岐江公园将岐江景色引入公园，打破常规，不设围墙，很巧妙地运用溪流来界定边界，使公园与四周融洽和谐地连在一起[43]。

第三是场所精神以及文化的体现，旧工业遗址本身就有其特殊的历史底蕴，在景观设计中应考虑历史的展示与继承，并且与现代融合，创新发展。通过合理的设计改造，既对旧工业区遗址的历史文脉加以保护，也对场地景观环境进行改善，丰富人文精神和社会文化思想的同时满足城市化快速发展下，居民的精神文化需求和对生活品质的物质需求。如798工厂中，将带有浓郁革命气氛的口号"毛主席万岁"保留，与具有国际化色彩的"阮ho式艺术区"和"Loft生活方式"相结合，当代艺术、建筑空间、文化产业与历史文脉及城市生活环境的有机结合，将"798"演化成了一个极具活力的中国当代文化与生活的崭新模式[43]。改造后的老工业区遗址在历史价值与文化价值上，都对城市面貌和发展起到了宣传和科教作用，传承了城市历史文化，丰富了城市文化教育内涵[44]。

2.2 "城市双修"背景下的风景园林规划与设计

"城市双修"即"生态修复"＋"城市修补"[45]，是中国结合当下城市现代化发展的需求与问题提出的更加全面的城市更新解决方案[46]。

"生态修复"是"把创造优良人居环境作为中心目标"，旨在使受损的生态系统结构和功能恢复到被破坏前的自然状态。通过调整城市土地使用模式，局部修复生态要素，逐步恢复、重建和提升城市生态系统的自我调节功能[47]。在城市双修背景下，风景园林规划与设计进一步强化了"生态优先、绿色发展"的基本理念，以城市生态空间的保护修复作为城市空间更新的基础，促进城市生态系统与人居系统耦合协调。如磐安老城区生态修复和景观提升工程项目，通过景观设计改善人居环境、转变城市发展方式，并有计划、有步骤地修复被破坏的山体、河流、湿地与植被[48]，体现了城市双修视角下的景观设计思路。图3为磐安老城区生态修复和景观提升工程。

图 3　磐安老城区生态修复和景观提升工程

"城市修补"的重点是不断改善城市公共服务质量，改进市政基础设施条件，发掘和保护城市历史文化和社会网络，使城市功能体系及其承载的空间场所得到全面系统的修复、弥补和完善[49]。在桂林市的城市修补过程中，进行了一系列城市基础设施完善的举措，基于长远的城市有机自我更新与成长，构建城市基础设施网络，完善城市规划理论与实践指导体系，与此同时，城市双修以建立更加度和人居环境为导向，结合城市本土文化与人文历史，使城市成为文脉传承的载体，以及打造具有城市风貌特色的城市品牌形象，以更加具有前瞻性的思维与格局统筹规划城市人居环境体系[46]。

当前，新冠肺炎疫情仍在全球蔓延，面临这样重大的公共应急事件，如何开展城市规划建设和城市应急管理成为广泛讨论的议题。城市更新的目的不仅仅让城市更美、更整洁，重建和恢复一个生态韧性、弹性调节的城市更是当前城市更新工作的一项重要目标。从"景观的高颜值"到"生态的高品质"，风景园林在城市更新中通过塑造多尺度、多类型的韧性绿色空间，可以重建城市生态系统、优化生态绩效、促进破碎地区的生态修复，完善城市防灾避险功能，不断增强城市在承受各种扰动时能够化解和抵御外界冲击的能力，提高城市更新的适应力与恢复力。

3　总结

改革开放四十多年来，我国大小城市经历了快速扩张时期，城市空间日趋饱和，土地资源极度紧张。城市建设用地肆意开发和人口集中增长导致城市承载力超负荷运行，城市更新逐渐成为我国城市空间发展的新方式。风景园林顺应新时代改善人居环境和重塑城市活力的发展需求，从本专业角度精准把握城市更新的内涵，积极探索城市更新的范式，科学提高城市更新的绩效，更好地满足人们对美好生活的需要。这既是新时代风景园林必须履行的社会责任，也是专业发展必须面对新的更高要求。

若要实现城市有机更新的常态化，势必要打破各自为政、条块分割、政绩导向的传统城市治理模式，建立风景园林、城乡规划、建筑、生态、交通等多领域支撑下的城市绿色综合治理平台。从空间政策规范化、城市管理系统化、人民服务精细化三方面入手，做好顶层设计、切实加强和改进城市更新的管理工作，并建立"使用者—管理者—设计者—营造者"四方传导体系，多方力量共同探索城市更新新模式，最终实现在城市更新中城市治理水平和运转能力的升级。

图表来源：

图 1 由作者自绘，图 2 由作者自绘，图 3 来源：https://www.jhnews.com.cn/df/pa/202004/t20200415_278815.shtml。

参考文献：

[1] 黄婷，郑荣宝，张雅琪 . 基于文献计量的国内外城市更新研究对比分析[J]. 城市规划，2017，41(05)：111～121.

[2] 谢涤湘，范建红，常江 . 从空间再生产到地方营造：中国城市更新的新趋势[J]. 城市发展研究，2017，24(12)：110～115.

[3] 谢涤湘，谭俊杰，常江 .2010 年以来我国城市更新研究述评[J]. 昆明：昆明理工大学学报(社会科学版)，2018，18(03)：92～100.

[4] 许东风 . 导师：李先逵 . 重庆工业遗产保护利用与城市振兴[D]. 重庆：重庆大学，2012.

[5] 王任 . 导师：龚恺；徐延峰 . 文化导向下的中国旧城更新模式研究[D]. 南京：东南大学，2016.

[6] 邵任薇，何颖，吕英俊 . 城市更新中的工业遗产再利用研究——以广州市广钢新城为例[J]. 城市，2018，(11)：49～56.

[7] 孙淼，李振宇 . 中心城区工业遗存地用地特征与更新设计策略研究——以长三角 7 个城市为例[J]. 城市规划学刊，2019，(05)：92～101.

[8] 仝德，冯长春 . 国内外城中村研究进展及展望[J]. 人文地理，2009，24(06)：29～35.

[9] 杨斌，卢君君 . 从造城到营城——文化地理学视角下的存量空间城市设计内涵刍议[A]. 中国城市规划学会、沈阳市人民政府 . 规划 60 年：成就与挑战——2016 中国城市规划年会论文集(08 城市文化)[C]. 中国城市规划学会、沈阳市人民政府：中国城市规划学会，2016：9.

[10] 黄文炜，袁振杰 . 地方、地方性与城中村改造的社会文化考察——以猎德村为例[J]. 人文地理，2015，30(03)：42～49.

[11] 袁敏 . 导师：毛志睿；梁峻 . 城市微更新背景下的城中村微商业空间发展策略研究[D]. 昆明：昆明理工大学，2019.

[12] 敬东 ."城市里的乡村"研究报告——经济发达地区城市中心区农村城市化进程的对策[J]. 城市规划，1999，(09)：8～14.

[13] 郑健 ."城中村"问题及对策[J]. 当代建设，1997，

(04)：20.

[14] 李俊夫主编．城中村的改造[M]．北京：科学出版社，2004.

[15] 代堂平．关注"城中村"问题[J]．社会，2002，(05)：44～46.

[16] 李津逵．城中村的真问题[J]．开放导报，2005，(03)：43～48.

[17] 王如渊．深圳特区城中村更新改造研究[D]．北京：北京大学博士学位论文，2002.

[18] 张建明．广州城中村研究[M]．广州：广东人民出版社，2003.

[19] 陈怡，潘蜀健．广州市城乡结合部管理问题及对策[J]．城市问题，1999，(5)：48～54.

[20] 李培林．巨变：村落的终结——都市里的村庄研究[J]．中国社会科学，2002，(01)：168～179＋209.

[21] 魏立华，闫小培．"城中村"：存续前提下的转型——兼论"城中村"改造的可行性模式[J]．城市规划，2005，(07)：9～13＋56.

[22] 崔功豪，武进．中国城市边缘区空间结构特征及其发展——以南京等城市为例[J]．地理学报，1990，(04)：399～411.

[23] 顾朝林，陈田，丁金宏，虞蔚．中国大城市边缘区特性研究[J]．地理学报，1993，(04)：317～328.

[24] 林铭祥．导师：王世福．珠三角城市建成区传统村落微更新研究[D]．广州：华南理工大学，2017.

[25] 李景磊．导师：郭谦．深圳城中村空间价值及更新研究[D]．广州：华南理工大学，2018.

[26] 王莉莉，尚涛．云龙县诺邓白族村寨聚落形态研究[J]．福建建筑，2009，(01)：20～23.

[27] 廖心仪，黄薇，肖策予，龙岳林．城市更新背景下的老旧小区微改造探究——以长沙市逸苑小区为例[J]．现代园艺，2020，43(24)：60～61.

[28] 万继伟．国外城市更新的经验对我国老旧小区改造的借鉴意义[J]．城市建筑，2020，17(24)：17～19.

[29] 中国建设新闻网．全国人大代表王玉志：推进城镇老旧小区改造建设绿色智慧住区[EB/OL]．(2020-05-24)[2021-02-19]．http：//www.chinajsb.cn/html/202005/24/10439.html.

[30] 中华人民共和国中央人民政府．国务院办公厅印发《国务院办公厅关于全面推进城镇老旧小区改造工作的指导意见》[EB/OL]．(2020-07-20)[2021-02-19]．http：//www.gov.cn/zhengce/content/2020-07/20/content_5528320.htm.

[31] 吕珍，周云，史建华．基于Citespace国内历史街区研究的知识图谱分析[J]．苏州：苏州科技大学学报(工程技术版)，2020，33(04)：61～67.

[32] 周晓霞，金云峰，邹可人．存量规划背景下基于城市更新的城市公共开放空间营造研究[J]．住宅科技，2020，40(11)：35～38.

[33] 孙同贵，张鑫彦．"美丽家园"人居景观环境更新设计实践与思考——以复旦小区为例[J]．中国园林，2019，35(S2)：37～41.

[34] 田健，黄晶涛，曾穗平．传承·生长·共赢——基于人文行动的传统风貌小镇渐进式更新研究与实践[J]．规划师，2018，34(05)：83～89.

[35] 王彦卜．导师：张安．微更新视角下的青岛市市南区樱花特色景观优化提升规划设计研究[D]．青岛：青岛理工大学，2019.

[36] 刘会芳．城市更新背景下的公共空间设计探析[J]．城市住宅，2020，27(10)：187～188＋190.

[37] 梁惠兰，佘美萱，练东鑫，赵晓铭．广州旧城区公共绿化空间微改造探析——以昌华涌为例[J]．广东园林，2017，39(01)：46～51.

[38] 陈红．老旧社区街道景观的微更新与重构——以上海苏家屯路、樱花路为例[J]．中外建筑，2018，(07)：168～171.

[39] 张路南．导师：丁山；吴曼．基于"城市双修"理念的老居住区绿地空间优化更新研究[D]．南京：南京林业大学，2020.

[40] 苏春婷，侯晓蕾．老旧小区公共空间参与式景观更新探索：以北京常营福第社区小微绿地提升为例[J]．公共艺术，2021，(01)：36～44.

[41] 罗俊杰．导师：曹磊．参与式社区公共空间景观改造理念与方法研究[D]．天津：天津大学，2018.

[42] 宿瑞艳．导师：王中德；关年军．城市旧工业区景观更新策略研究[D]．重庆：重庆大学，2016.

[43] 陈云．工业废弃地到公共空间——废弃地景观的重塑[A]．中国风景园林学会．中国风景园林学会2013年会论文集(上册)[C]．中国风景园林学会：中国风景园林学会，2013：6.

[44] 张轶伦．导师：马强．城市老工业区改造景观有机更新问题及策略研究[D]．北京：北京交通大学，2018.

[45] 张凯，王亚昆，赵雍．城市双修背景下古城历史风貌区更新策略研究——以开封市复兴坊街区为例[J]．城乡规划，2019，(03)：50～55＋70.

[46] 林雯君，代天娇，张海彬．基于"城市双修"的景观设计实践研究——以桂林市为例[J]．中国包装，2021，41(04)：57～60.

[47] 牛萌，达周才让，白伟岚，何俊超，李洪澄．"城市双修"背景下的城市沟道生态修复规划策略研究——以西宁火烧沟为例[J]．城乡建设，2021，(08)：30～35.

[48] 刘天驰．浅谈城市双修视角下的景观设计思路与实践——以"磐安老城区生态修复和景观提升工程"为例[J]．现代园艺，2021，44(04)：57～58.

[49] 罗尧．基于城市基因识别的"专规思维"思考——以武威、白银城市双修规划为例[J]．甘肃科技，2018，34(14)：44～45＋43.

作者简介：

陈思慧/女/中南林业科技大学风景园林学院在读研究生/研究方向为风景园林规划与设计/1850698979@qq.com。

通信作者：

周旭/女/博士/中南林业科技大学风景园林学院副教授/研究方向为城乡规划与设计、风景园林规划与设计，邮箱（Corresponding author Email）：t20080238@csuft.edu.cn。

地理信息系统(GIS)在景观考古学研究中的应用综述

Review on the Application of Geographic Information System (GIS) in Landscape Archaeology

程 语*

重庆大学建筑城规学院

摘 要: 景观考古学是以景观的视角开展对过去人们建造和使用周围环境方式的研究,是当下国内风景园林学科中研究较少的领域之一,其包括对环境本身、人类社会活动与环境空间形态关系、遗址分布空间特征和景观背景空间异质性关系的研究等。随着现代信息技术、空间技术的迅猛发展,以地理信息系统(GIS)为主要手段的空间信息综合分析开始广泛应用到景观考古学的研究中,为景观考古学的量化分析提供了可能。通过对国内外近 30 年该领域的研究成果进行检索,梳理其发展脉络和阶段特征,结合典型案例介绍 GIS 在景观考古学中的具体分析方法,并总结当前研究现状的不足与趋势,对我国风景园林历史理论研究具有借鉴意义。

关键词: 景观考古学;地理信息系统(GIS);综述;发展进程;风景园林历史与理论

Abstract: Landscape archaeology is the research on the way people built and used the surrounding environment from the perspective of landscape. It is one of the less researched fields in China. It includes the relationship between the environment, human social activities and environmental spatial form, research on the relationship between the spatial characteristics of the site distribution and the spatial heterogeneity of the landscape background, etc. With the rapid development of modern information technology and space technology, the comprehensive analysis of spatial information with geographic information system (GIS) as the main method has begun to be widely used in the research of landscape archaeology, providing the possibility for quantitative analysis of landscape archaeology. Through searching the research results in this field in the past 30 years at home and abroad, combing its development context and stage characteristics, combining with typical cases, introducing the specific analysis methods of GIS in landscape archeology, and summarizing the current research status deficiencies and trends, and provide a great impact on our country. The research on the historical theory of landscape architecture is of reference significance.

Keywords: Landscape archeology; Geographic information system (GIS); Review; Development process; History and theory of landscape architecture

1 前言

虽然"景观"一词在考古学中早有应用,但是"景观考古学"大概是在 20 世纪 70 年代中期 Mick Aston 和 Trevor Rowley 发表的《Landscape Archaeology: An Introduction to Fieldwork Techniques on Post-Roman Landscapes》一文才首次出现,直到 20 世纪 80 年代中后期,开始被广泛引用在学术著作中[1],可见,其存在发展的历史并不悠久。景观考古学的研究不仅是考古学、地理学、风景园林学、规划学、人类学、环境行为学、社会学、生态学、地质学等广泛学科的交叉研究领域[1],同时其也为这些学科提供新的视角和方法,从过去所处的时代背景出发,帮助我们更真实全面地了解过去的历史,解读历史上营造的风景背后含义与原因[2, 3]。

尽管"景观"在不同学科中的概念各异,但是可以广泛地定义景观考古学是对影响人与风景之间相互作用方式的文化或环境变化的研究[2, 4, 5],从空间的维度,通过物质文化对人类活动进行分析。换句话说,可以认为景观考古学是在研究随着时间的推移,人类社会是如何逐渐与地理空间发生关联的,即人类如何利用空间,如何通过活动改变空间表征,以及如何通过文化实践改变空间意义[6]。其中变化是景观考古学的核心。景观考古学常见的方法是通过对考古数据收集,分析资源、利用潜力之间以及利用潜力和基本需求之间的关系,最终得到土地利用模式和格局[7](图 1),由此探索人、地、物之间的关系。

随着现代信息技术、空间技术的迅猛发展,地理信息系统(GIS)的出现突破了传统地图分析和表达的局限,有能力去计算数据中上千种复杂的空间关系,并且通过电脑运算找寻物质文化和环境变量之间的规律,为景观考古学家探寻物质景观背后的社会秩序和文化逻辑提供便利[8, 9]。通过对国外 GIS 在景观考古学中的相关文献进行查阅时发现,GIS 在景观考古学的应用研究从 20 世纪 90 年代开始到现在,已经形成了非常丰硕的研究成果,不仅引起了考古学家的研究兴趣,同时也备受景观学家的关注。相较于国外,GIS 在景观考古学中的研究较少。在"中国学术文献网络出版总库(http://www.cnki.net/)"中以"景观考古学"为主题检索,到撰文时为止,有 13 篇相关的中文期刊文献以及 3 篇相关硕士论文,其中相关性较强的代表为:张海(2010)对景观考古学理论、方法和实践的介绍[10]；朱利安等（2015）对通过对景观知觉、嵌入及多重景观等的描述来阐述对景观考古学"景观"的定义[11]；刘文卿等（2019）基于景观考古学视野，以三江平原汉魏聚落遗址为例，从不同尺度，以量化的手法，对不同空间组织结构及与周围自然环境的结合关系进行分析，从而推断聚落空间表征信息背后蕴藏的社会形态、空间认知、人居

模式等文化信息[12]。较少有对 GIS 在景观考古学中的应用有所关注。因此，本文通过梳理国内外 GIS 在景观考古学中的发展历程，结合具体案例总结研究重点及发展方向，介绍 GIS 在景观考古学中的具体分析方法，并归纳当前研究现状的不足与趋势，以期对我国风景园林历史理论研究的创新与发展提供借鉴。

图 1　景观考古学的方法论框架[7]

2　研究发展进程与特点

GIS 作为一款可同时解析空间、时间和形态的软件[13]，可对空间数据进行组织和分析，是研究景观理想且通用的工具[14]。早在 20 世纪 80～90 年代，GIS 技术一经出现，就立刻应用到考古学领域中，是所有学科中最早

使用这项技术的学科[15]。毫无疑问，GIS 在景观考古学中的应用为研究带来了便利，这种超越传统地图的绘图分析工具使得更庞大、更复杂空间数据的分析和计算成为现实。GIS 在景观考古学中的应用也发挥着越来越重要的作用。

《Interpreting space GIS and archaeology》作为 20 世纪 90 年代较早出版且极具影响力的代表作，较全面地介

绍了当时 GIS 对景观考古学的影响和其应用：首先肯定了景观考古学对全面发挥 GIS 功能的优势，介绍了 GIS 对比其他空间分析技术的先进之处。正如 Green 认为景观考古学与 GIS 的结合为解释人类空间行为的三个基本要素提供了理论和方法：1）自然与文化因素的融合；2）人类对空间利用的延续性；3）"观点"的重要性，因为它决定了空间的使用和考古学家对其使用的解释[13]。同时本书还阐述了 GIS 在景观考古学中的重要应用方向，包括 GIS 对景观考古学中的数据储存、管理、空间标注、分类、分析等具有重要作用。例如利用 GIS 建立历史时期定居点数据库[16]、借助 GIS 对考古遗址/定居点进行分类和分析[13, 17]。此外还利用 GIS 模型模拟和预测未被发现的遗址位置[18, 19]，例如 Savage 基于景观考古学的视角，同时使用几种不同的方法：借助地理位置理论，以及社会空间和生存的模型来模拟晚古时期的景观，从而来研究晚古时期的社会组织，并通过 4 步来得出研究区域遗址分布的空间规律，不同场址类型在不同时间、空间的功能用途以及某些特定空间位置在组织中的社会地位[20]。

然而，早期随着 GIS 在景观考古学中的推广，GIS 的使用也引来了一些批判的声音，GIS 被批评为环境决定主义，认为 GIS 在分析和计算时倾向于依赖环境变量，而并没有关注到社会、文化等要素对景观的影响[21-24]。并且认为 GIS 只是一款绘图工具，并没有致力于理论的创新和推进。为了继续推进 GIS 在景观考古学中的应用，GIS 被认为是环境决定主义缺点的原因也得到解释，一是由于 GIS 是一款定量计算的开发软件，无法定量化处理许多本质为定性的文化数据[25, 26]，二是因为相比 GIS 使用的环境数据（例如土壤、地质、植被、水文、地形等）社会数据的收集、分类、连接到 GIS 中更为复杂，并且往往需要新的 GIS 工具的开发[27, 28]。如果文化信息能明确地植入到考古学、社会学理论中，并能在特定历史、社会政治和意识形态环境中得到解释，那么以上 GIS 方法的某些局限之处将可以被克服，同时文化信息也能在 GIS 分析中被解释清楚[29, 30]。并且，在从事景观考古学时也需要在 GIS 中使用受理论启发的文化变量，意识到地方不仅是社会创造的，同时也与空间和时间相联系[31]。

20 世纪 90 年代后期以后，由于空间统计学应用的增加，GIS 软件的可用性得到提升，使得 GIS 面向更多的适用人群。同时，针对上文提到的关于 GIS 的争论和质疑，景观考古学家也通过增加方法论的复杂性和功能的组合，来实现复杂解析的序列，而不仅仅是简单的利用 1～2 个功能的叠加来解决景观考古学存在的问题[32-35]。

近年来，景观考古学中的 GIS 应用在历经过去的激烈讨论后，进入了一个更加自我反思和批判性的阶段，解决了许多关于其对知识理论贡献的担心。例如，视域范围的相关性和意义[31, 36]，预测运动成本能量最小的有效性[37, 38]，以及预测模型中的潜在统计错误[39, 40]等都是其自我反思和批判的代表。此外，可见度和运动的相关研究的方法和理论变得更为复杂[40-42]，问题的研究尺度也更加合理。同时 3D 技术与 GIS 的结合，使得 GIS 中在进行模拟分析时人类感知方面的局限得到突破，原来 GIS 中构建的抽象简单的现实更加拟人化，更符合人类感知时

的人地关系和感知动态的复杂性，为景观考古学的发展提供了新的途径[15]。

可以看出，虽然 GIS 作为一款定量分析制图的软件工具，并不能被认为是空间分析创新的出现，但是确实理论创新在 GIS 的辅助下得到了丰富和增强[9]，景观考古学也因 GIS 的应用得到了更好的发展。

3 研究重点及分析

GIS 在景观考古学中大致可以划分为 4 个重点领域：1）空间数据的收集和管理；2）数据可视化；3）空间分析；4）定量建模。虽然被划分成了不同的领域，但是彼此之间紧密相连，密切相关，区分难度较大，并且在使用 GIS 时可能会在四个领域之间进行无缝切换。因此，这里使用分组只是为了方便介绍 GIS 在景观考古学中的应用范围[43]。

3.1 空间数据的收集与管理

数据是 GIS 分析和运作的基础。GIS 广泛使用于景观考古学中对考古数据的收集和管理，在保存原始记录方面具有非常高的价值[44]。许多原始的考古数据现在都是以数字的形式收集的，或者通过扫描和数字化将纸质记录转换成数字格式，由此才得以在 GIS 系统中运作和计算。

景观考古学中的 GIS 的数据一共有 5 种基本来源。首先是不同形式、不同比例尺的地图，包括现代地图或者历史地图。一般而言，地图中除了有地形信息外，还有提供有关基本要素的位置信息，例如水体、道路、居民点以及不同景观类型的轮廓等。通过这些基本要素信息就可以开始分析和解释场地，并探索场地与当地景观之间的关系。第二种数据来源是记录古迹遗产或者历史环境机构档案室里的数据库和历史记录。第三种是从图像阴影、土壤痕迹或田地里的作物痕迹中识别特征的航空拍摄图像。第四种则是通过实地调研和观察得到现场的数据。第五种则是地球物理调研，与航空拍摄数据相比，来自各种地球物理测量方法的结果通常以光栅图像输出[45]。

在 GIS 中，数据可以通过"栅格"或"矢量"模型进行计算，并且矢量模型和栅格模型可以相互转换和叠加，从而在计算空间关系方面提供了更大的能力[46]。一般来说，"矢量"模型通过点、线和区域表示空间数据，适合于非连续数据，如边界或以拓扑的形式表示的空间关系。而由于"栅格"模型基于小的正方形单元，因此更适合表示连续或混合的数据，如人工物品的频率，地形和人的分布[47]。在研究不同对象或者根据不同研究目的，需要选择合适的"栅格"或"矢量"模型来进行分析和表达。

此外，数据可用不同图层来分类表示，每一层的数据代表一个时期或者一种类型，这样随着时间改变的空间数据则可以很容易地被分析，就像传统的考古学需要做的分析一样[48]，但是 GIS 可以帮助研究者看到一些时间和空间上许多因素的偶然影响，这相比于静态地图是非常大的一项优势[47]。

3.2 数据可视化

空间数据的可视化在景观考古学 GIS 应用中扮演着非常重要的角色，同时 GIS 对数据的可视化也具有非常大的推动作用。景观考古学家通过将空间数据绘制在地图上，从而来阐述历史时期中人地关系之间的模式、结构及其发展过程[1]。例如通过创建分布图，并将这些分布图覆盖到航空拍摄的照片中；或者是利用遥感影像来研究地貌与考古数据之间的关系；再例如通过数据可视化结果，观察聚落之间的网络连接分析的结构关系（图 2）；再例如通过可视化土壤类型的空间变化来分析其与历史聚居点之间的关系（图 3）。

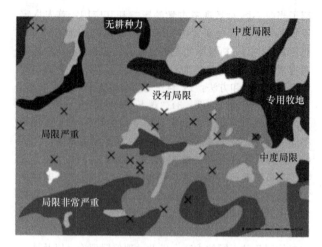

图 3　与土壤农业潜力有关的考古遗址位置[1]

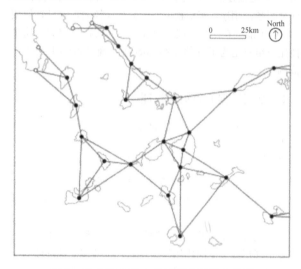

图 2　基克拉迪群岛的近端点网络分析[1]

此外，GIS 还具有可视化时间变化的能力，通过"时间切片"的技术或者通过更多动态的方法，例如悉尼大学创建的 TimeMap[49]，在 GIS 中对不同时间段考古地点、历史记录、历史路线、宗教分布等文化数据进行数字化和可视化表达，例如图 4 是中国部分地区的时间地图可视化结果（图 4）。

同时，遥感技术的发展也为考古数据的科学可视化创造了更多的来源，并有出版了大量关于探索其在揭示区域规模考古数据格局的能力的书籍，例如探索其高分辨率的遥感地图在识别考古特征方面的潜力[50]，或者使用 Corona 系列影像对美索不达米亚平原的道路网络进行识取[51]，或者是从近东图像中绘制出古代城市的位置和空间结构[52-54]。此外，遥感图像还可能是一个区域植被、水文、矿物质等环境特征的重要资料来源。

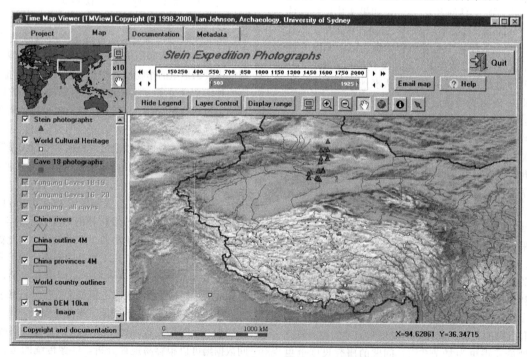

图 4　中国部分地区的时间地图可视化结果[49]

3.3　空间分析

空间分析是 GIS 的核心，而 GIS 则通常是景观考古学家想要对更复杂形式进行空间分析时的切入点。如果仅对考古数据进行了收集和可视化操作的话，那将是对 GIS 强大的识别和理解空间格局和结构功能的忽视。空间分析可以帮助景观考古学家对地形地貌及人类行为的复杂模式进行了解。例如 Ripley K、核密度估计、线性 logistic 回归这些都是空间分析在考古学中的应用结果[55]。利用 GIS 空间分析工具对考古活动形式进行分析，大致可分为以下三种类型：（1）空间格局分析；（2）空间数据集内的空间结构分析；（3）多元区位分析[1]。

其中空间格局分析是关于空间安排的类型和程度问题，即从随机排列向聚集性或规律性的偏离，通常应用于人工物品、特征、地点等点状分布的分析中，并且可以借助更复杂的技术包括，对景观考古学中不规则的样本区域和多尺度的分布情况进行有效处理和分析[56]，同时还可以利用例如 k-means 算法，层次聚类法或者核密度估计来定义聚类类别[55]等。

其次，在研究对象的空间分布之间探索空间结构也是空间分析的关键内容。其中一项非常重要研究是去探索在空间数据集中空间自相关性程度。空间自相关性程度是指空间现象中，邻近性对观测值之间相似性的影响（即"模式化变化"的程度）。尽管它在理解考古记录空间结构方面的尚未广泛充分利用，但已将其用于各种区域分析，从人造物的尺度[57]到放射性碳年代[58]等。同时，地理加权回归（Geographically Weighted Regression，GWR）为进一步理解空间结构提供了理论和方法，可以识别和探索局部地区偏离全球趋势的方式[59]。

区域分析与 20 世纪 70 年代发展起来的"遗址-流域"分析方法有关[60]。区域分析试图去理解地点及其位置特征之间的关系，以及它们如何随着时间和空间变化，与基于 GIS 形成的早期方法不同在于，区域分析的方法更严格、更定量地将重要变量与潜在重要变量隔离开来。区域分析还可以用于研究影响场地位置选择因素的解读，或可以作为预测模型的初步阶段工作，由此来决定未被抽样的地区的选址概率。此外，位置分析还可能包括例如景观视觉特征、同时期聚落存在、不同类型维持生存活动的景观潜力以及与其他文化特征之间的空间关系，其中其他文化特征包含例如道路、已知路径、坟冢和其他潜在重要特征等[1]。

3.4　建模

建模是基于 GIS 的景观研究中，相对发展较晚却十分具有发展前景的研究领域。目前应用与景观考古学的 GIS 建模大概可以分为三类：（1）统计建模，包括预测模型；（2）元胞模型，通常用于地形分析；（3）基于 agent 的模型。还有其他建模方法，如社会网络分析[55, 61-64]和遗传演化/地理分析[65, 66]，这些对景观考古学的区域研究也具有重要意义。

统计建模包括空间回归、地理加权回归（GWR）和趋势面分析等。其中前两者技术需要构建自变量和因变

量之间的关系的数学模型。其中空间回归方法在研究考古遗址中自然要素数量之间的强相关性方面以及地理材料来源的线性距离关系中被广泛运用[67]，同时还应用于地形曲率与遗址位置关系的研究中[68]。而趋势面分析是另一种常用的基于地理信息系统的统计模型，通过输入一组空间位置观测值，来尝试概括整个空间产生的变化速率。其与三维回归分析在数学原理上是相似的。因此，其输出的结果可以被看作是一幅描绘变化速率的地图[69, 70]。预测模型是景观考古数据基于 GIS 统计调查的最早应用之一，因 GIS 工作原理非常符合景观考古学实证调查的逻辑，所以也一直是景观考古学家们在使用 GIS 技术研究时的传统关注点[71]。预测模型方法在与选址变化相关的变量分析（通常是环境变化）上具有说明价值，同时可以经验推导得出变量的相对重要性：通过线性逻辑回归建模技术将重要变量进行定量组合，从而得到每个变量对场地位置的影响程度是其常见的技术方法。并且可以通过在景观中对这些可被测量变量定位，来计算出场地存在的概率大小[1]。

而元胞模型则包含环境、流动性、可见度以及侵蚀度模型等一系列不同的建模方法。通过输入一个或者多个栅格地图图层，并组合邻域函数和/或矩阵代数来生成新的地图。其中与能见度相关的一种方法是计算指定位置"被看到的"次数的累积可视域分析（Cumulative Viewshed Analysis，CVA），可将其与高程模型叠加，从而分析两者之间关系，如图 5 所示是埃夫伯里地区 20km² 范围内，覆盖在高程模型上的累积可视域分析值分析结果[72]。同时，还可将这种方法用于纪念碑等建筑的通视性（intervisibility）分析[73]。此外，还有其他代表性方法，例如通过创造"模糊视域"来记录和表达某目标物被看见的潜在不确定性值[42]；例如将 CVA 概念延伸到"全视域"，由此计算研究区域内每个单元被看到的次数值[41]。CVA 在研究和理解"视景"和如古代纪念构筑物、路径等景观特征之间的相互关系有巨大的潜力。

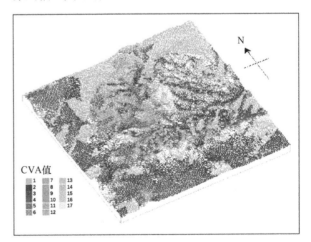

图 5　埃夫伯里地区的累积可视域分析值分析结果[72]

景观考古学中基于 Agent 的建模（Agent-Based Modeling，ABM）是高度专业化的研究领域，要求研究人员需要对编程有一定程度的了解，也是对过去人类行为建模研究的突破。ABM 建模起源于 20 世纪 70～80 年代建模

和仿真领域的开创研究[74]。ABM早期的研究通常是为了理解复杂社会系统突然出现的属性，让人工景观中具有明确特征（如目标、行为、反应等）的主体相互作用而测试他们出现的集体行为[75]，这也为后来测试多个个体行为综合效应可能引起的多种突发模式提供了研究思路和方法，例如居住模式的变化、聚落层次的出现，甚至是生存策略的改变[76]。这种"自下而上"的研究方法可能为如聚落形态形成和社会复杂性出现等长期存在的重要景观考古学问题提供重要的见解[1]。

4 结语

综合GIS在景观考古学中的应用发展进程和重点分析方案可以看出，GIS确实为景观考古学研究的发展和丰富提供了基础：多层次空间数据的相互独立和运算分析让人知晓了空间背后的更多信息和关系，包括社会结构、组织关系、文化特征等，空间统计学的结合也使得景观考古学中的GIS分析更为定量和准确，而动态的、模拟的模型构建则实现了历史景观的变化重现，甚至可以模拟未来在拟定条件下的景观变化，为后续景观遗产的保护和管理起到重要作用，也希望GIS及景观考古视野的分析能为国内风景园林历史与理论的发展和创新提供基础。

图表来源：

图1译自参考文献［7］；图2引自参考文献［1］；图3译自参考文献［1］；图4引自参考文献［49］；图5译自参考文献［72］

参考文献：

［1］ David Bruno, Thomas Julian. Handbook of Landscape Archaeology. London/New York：Routlutledge, 2016.

［2］ Yamin Rebecca, Metheny Karen Bescherer. Landscape Archaeology：Reading and Interpreting the American Historical Landscape. Knoxville：the University of Tennes see Press, 1996.

［3］ Bintliff John. Interactions of theory, methodology and practice：Retrospect and commentary. Archaeological Dialogues, 1996, 3(2)：246~255.

［4］ Ingold Tim. The temporality of the landscape. World Archaeology, 1993, 25(2)：152~174.

［5］ David Bruno, Lourandos Harry. Landscape as mind：land use, cultural space and change in north Queensland prehistory. Quaternary International, 1999, 59(1)：107~123.

［6］ Parcero-Oubiña César, Criado-Boado Felipe, Barreiro David. Landscape archaeology. Encyclopedia of Global Archaeology. Springer. Link：http：//www springerreference com/docs/navigation do, 2014.

［7］ Lenssen-Erz Tilman, Linstädter Jörg. Resources, use potential and basic needs. New York：Springer, 2009. 159~197.

［8］ 蔡世华．排湾族七佳(Tjuvecekadan)社域外震业地景的民族考古学视野：［学位论文］．台南：国立成功大学, 2021.

［9］ Hu Di. Advancing theory? Landscape archaeology and geographical information systems. Papers from the Institute of Archaeology, 2012, (21).

［10］ 张海．景观考古学-理论、方法与实践．南方文物(04), 2010：8~17.

［11］ 朱利安·托马斯，战世佳．地方和景观考古．南方文物(01), 2015：197~206.

［12］ 刘文卿，刘大平．景观考古学视野下的聚落空间组织信息阐释——以三江平原汉魏聚落遗址为例．建筑学报(11), 2019：83~90.

［13］ Green Stanton W. Sorting out settlement in southeastern Ireland：Landscape archaeology and geographic information systems. London：Taylor and Francis, 1990. 356~363.

［14］ Gillings Mark, van Dalen Jan, Mattingly David J. Geographical Information Systems and Landscape Archaeology. Oxford：Oxbow Books LTD, 1999.

［15］ Richards-Rissetto Heather. What can GIS＋3D mean for landscape archaeology? Journal of Archaeological Science, 2017, (84)：10~21.

［16］ Jackson Jack M. Building an historic settlement database in GIS. London/New York：Taylor and Francis, 1990. 274~283.

［17］ Williams Ishmael, Limp W Fredrick, Briuer FL. Using geographic information systems and exploratory data analysis for archaeological site classification and analysis. London/New York：Taylor and Francis, 1990. 239~273.

［18］ Warren Robert E. Predictive modelling of archaeological site location：a case study in the Midwest. London/New York：Talor and Francis, 1990. 201~215.

［19］ Carmichael David L. GIS predictive modelling of prehistoric site distributions in central Montana. London/New York：Taylor and Francis, 1990. 216~225.

［20］ Savage Stephen H. Modelling the Late Archaic social landscape. London/New York：Taylor and Francis, 1990：330~355.

［21］ Cope Meghan, Elwood Sarah. Qualitative GIS：a mixed methods approach. London：Sage Publications LTD, 2009.

［22］ Daly P, Lock G. Time, space and archaeological landscapes：establishing connections in the first millennium BC. Oxford：Oxford University Press, 2004. 349~365.

［23］ Gaffney Vincent, Van Leusen Martijn. Postscript-GIS, environmental determinism and archaeology：a parallel text. London/New York：Taylor and Francis, 1995. 367~382.

［24］ Kwan Mei-Po. Is GIS for women? Reflections on the critical discourse in the 1990s. Gender, Place and Culture：A Journal of Feminist Geography, 2002, 9(3)：271~279.

［25］ Lock Gary R. Beyond the map：archaeology and spatial technologies. Amsterdam：IOS Press, 2000.

［26］ Leszczynski Agnieszka. Quantitative limits to qualitative engagements：GIS, its critics, and the philosophical divide. The Professional Geographer, 2009, 61(3)：350~365.

［27］ Agugiaro Giorgio, Remondino Fabio, Girardi Gabrio, Schwerin Jennifer von, Richards-Rissetto Heather, Amicis Raffaele de. A web-based interactive tool for multi-resolution 3D models of a Maya archaeological site. Anthropology Faculty Publications, 2011.

［28］ Von Schwerin Jennifer, Richards-Rissetto Heather, Remondino Fabio, Agugiaro Giorgio, Girardi Gabrio. The MayaArch3D project：A 3D WebGIS for analyzing ancient architecture and landscapes. Literary and Linguistic Computing, 2013, 28(4)：736~753.

［29］ Llobera Marcos. Exploring the topography of mind：GIS, social space and archaeology. Antiquity, 1996, (70)：612~622.

［30］ Lock Gary, Harris Trevor. Enhancing predictive archaeological modeling: integrating location, landscape, and culture. GIS and Archaeological site Location Modeling, MW Mehrer and Wescot, K L(eds), London: Taylor and Francis, 2006. 23~72.

[31] Tschan Andre P, Raczkowski Wlodzimierz, Latalowa Malgorzata. Perception and viewsheds: are they mutually inclusive?. Amsterdam: IOS Press, 2000. 28~48.

[32] Armstrong Douglas V, Hauser Mark, Knight David W, Lenik Stephan. Variation in venues of slavery and freedom: interpreting the late eighteenth-century cultural landscape of St. John, Danish West Indies using an archaeological GIS. International Journal of Historical Archaeology, 2009, 13 (1): 94~111.

[33] Bell Tyler, Wilson Andrew, Wickham Andrew. Tracking the Samnites: landscape and communications routes in the Sangro Valley, Italy. American Journal of Archaeology, 2002: 169~186.

[34] Swanson Steve. Documenting prehistoric communication networks: a case study in the Paquimé polity. American Antiquity, 2003: 753~767.

[35] Whitley T. Landscapes of Bondage: Using GIS to Understand Risk Management and Cognitive Spatial Dynamics in a Slave Society. Heraklion: proceedings of the Computer Applications in Archaeology 2002 Conference, 2002.

[36] Llobera Marcos. Building past landscape perception with GIS: Understanding topographic prominence. Journal of Archaeological Science, 2001, 28(9): 1005~1014.

[37] Bell Tyler, Lock Gary. Topographic and cultural influences on walking the Ridgeway in later prehistoric times. Amsterdam: IOS Press, 2000, (321): 85~100.

[38] Llobera Marcos. Understanding movement: a pilot model towards the sociology of movement. Amsterdam: IOS Press, 2000, (321): 65~84.

[39] Wheatley David. Making space for an archaeology of place. Internet archaeology, 2004, (15).

[40] Woodman Patricia E, Woodward Mark. The use and abuse of statistical methods in archaeological site location modelling. Contemporary Themes in Archaeological Computing, 2002, (3): 39~43.

[41] Llobera Marcos. Extending GIS-based visual analysis: the concept of visualscapes. International Journal of Geographical Information Science, 2003, 17(1): 25~48.

[42] Ogburn Dennis E. Assessing the level of visibility of cultural objects in past landscapes. Journal of Archaeological Science, 2006, 33(3): 405~413.

[43] Conolly James. Geographical information systems and landscape archaeology. London/New York: Routledge, 2008. 583~595.

[44] Bell Tyler, Bevan AH. A Survey of GIS Standards for the English Archaeological Record Community. Oxford: Oxford Archdigital LTD, 2004.

[45] Chapman Henry. Landscape archaeology and GIS. Birmingham: Tempus Stroud, 2006.

[46] Aldenderfer Mark, Maschner Herbert DG. Anthropology, space, and geographic information systems. Oxford: Oxford University Press, 1996.

[47] Bolstad Paul. GIS fundamentals: A first text on geographic information systems. Minnesota: Xanedu Publishing Inc, 2016.

[48] Green Stanton W, Allen Kathleen MS, Zubrow Ezra BW. Interpreting space: GIS and archaeology. London/New York: Taylor and Francis, 1990.

[49] Johnson Ian. The TimeMap project: developing time-based GIS display for cultural data. Journal of GIS in Archaeology, 2003, (1): 125~134.

[50] De Laet Véronique, Paulissen Etienne, Waelkens Marc. Methods for the extraction of archaeological features from very high-resolution Ikonos-2 remote sensing imagery, Hisar (southwest Turkey). Journal of Archaeological Science, 2007, 34(5): 830~841.

[51] Ur Jason. CORONA satellite photography and ancient road networks: A northern Mesopotamian case study. Antiquity, 2003, 77(295): 102~115.

[52] Philip Graham, Donoghue DNM, Beck AR, Galiatsatos Nikolaos. CORONA satellite photography: an archaeological application from the Middle East. Antiquity, 2002, 76 (291): 109~118.

[53] Challis Keith, Priestnall Gary, Gardner Adam, Henderson Julian, O'Hara Sarah. Corona remotely-sensed imagery in dryland archaeology: The Islamic city of al-Raqqa, Syria. Journal of Field Archaeology, 2004, 29(1-2): 139~153.

[54] Menze Björn H, Ur Jason A, Sherratt Andrew G. Detection of ancient settlement mounds. Photogrammetric Engineering & Remote Sensing, 2006, 72(3): 321~327.

[55] Conolly James, Lake Mark. Geographical information systems in archaeology. New York: Cambridge University Press, 2006.

[56] Bevan Andrew, Conolly James. GIS, archaeological survey, and landscape archaeology on the island of Kythera, Greece. Journal of Field Archaeology, 2004, 29(1-2): 123~138.

[57] Hodder Ian, Orton Clive. Spatial analysis in archaeology. New York: Cambridge University Press, 1976.

[58] Premo Luke S. Local spatial autocorrelation statistics quantify multi-scale patterns in distributional data: an example from the Maya Lowlands. Journal of Archaeological Science, 2004, 31(7): 855~866.

[59] Fotheringham A Stewart, Brunsdon Chris, Charlton Martin. Geographically weighted regression: the analysis of spatially varying relationships. New Jersey: John Wiley & Sons, 2003.

[60] Higgs Eric S, Bita-Finzi C. Prehistoric economies: a territorial approach. Higgs, ES Papers in Economic Prehistory, 1972.

[61] Allen Kathleen MS. Modelling early historic trade in the eastern Great Lakes using geographic information systems. London/New York: Taylor and Francis, 1990. 319~329.

[62] Bentley R Alexander, Shennan Stephen J. Cultural transmission and stochastic network growth. American Antiquity, 2003: 459~485.

[63] Broodbank Cyprian. An island archaeology of the early Cyclades. New York: Cambridge University Press, 2002.

[64] Mackie Quentin. Settlement archaeology in a Fjordland archipelago: Network analysis, social practice and the built environment of Western Vancouver Island, British Columbia, Canada since 2,000 BP [M]. Oxford: British Archaeological Reports Limited, 2001.

[65] Coward Fiona, Shennan Stephen, Colledge Sue, Conolly James, Collard Mark. The spread of Neolithic plant econo-

mies from the Near East to northwest Europe: a phylogenetic analysis. Journal of Archaeological Science, 2008, 35 (1): 42~56.

[66] O'Brien Michael J, Darwent John, Lyman R Lee. Cladistics is useful for reconstructing archaeological phylogenies: Palaeoindian points from the southeastern United States. Journal of Archaeological Science, 2001, 28 (10): 1115~1136.

[67] Renfrew Colin, Dixon John. Obsidian in western Asia: a review. London: Duckworth Books, 1976. 137~150.

[68] Bevan Andrew. The rural landscape of Neopalatial Kythera: A GIS perspective. Journal of Mediterranean Archaeology, 2002, 15 (2): 217~256.

[69] Allen JRL, Fulford MG. The distribution of south-east Dorset black burnished category I pottery in south-west Britain. Britannia, 1996 (27): 223~281.

[70] Neiman Fraser D. Conspicuous consumption as wasteful advertising: A Darwinian perspective on spatial patterns in Classic Maya terminal monument dates. Archeological Papers of the American Anthropological Association, 1997, 7 (1): 267~290.

[71] Kvamme Kenneth L. A predictive site location model on the High Plains: An example with an independent test. Plains Anthropologist, 1992, 37 (138): 19~40.

[72] Wheatley David. Cumulative viewshed analysis: a GISbased method for investigating intervisibility, and its archaeological application. Archaeology and geographical information systems: a European perspective, 1995: 171~185.

[73] Lake Mark W, Woodman Patricia E, Mithen Stephen J. Tailoring GIS software for archaeological applications: an example concerning viewshed analysis. Journal of Archaeological Science, 1998, 25 (1): 27~38.

[74] Renfrew Colin, Cooke Kenneth L. Transformations: Mathematical approaches to culture change. Amsterdam: Elsvier, 2014.

[75] Kohler Timothy A, Gumerman George G. Dynamics in human and primate societies: Agent-based modeling of social and spatial processes. Oxford: Oxford University Press, 2000.

[76] Bentley R Alexander, Maschner Herbert DG. Complex systems and archaeology. Salt Lake City: University of Utah Press, 2003.

作者简介及通信作者：

程语/女/重庆大学建筑城规学院在读研究生/研究方向为风景园林历史与理论、风景园林规划与设计/c1038149479@163.com。

乡村风环境研究前沿及应用分析

Review and Application Frontiers of Wind Environment Research in Rural Settlements

李达豪[1]　彭琳玉[2]　王　通[1]*

1　华中科技大学建筑与城市规划学院；2　中南林业科技大学风景园林学院

摘　要： 风环境是影响乡村聚落环境的重要因素之一，在乡村研究中有着广阔的研究领域。利用 Cite Space 软件对 Web of Science 和中国知网进行乡村风环境相关文献进行检索和可视化分析，通过对文章分析、关键词共线分析及时区演进分析，总结了国内外乡村聚落风环境的发展概况、识别研究热点及前沿，有利于为该领域研究者提供清晰的研究思路，剖析乡村聚落风环境未来的应用前沿。结果表明，研究主要以数值模拟进行风环境研究，并没有形成乡村聚落风环境评价体系；乡村聚落的建设应更加关注定量研究，注重物理环境与自然环境的协调，可为未来乡村空间形态的规划设计和健康舒适风环境的形成提供参考依据和方法指导。

关键词： 乡村聚落；风环境；Cite Space；研究综述；应用分析

Abstract: Wind environment is one of the important factors affecting the rural settlement environment, which has a broad research field in rural research. The CiteSpace software was used to retrieve and make visual analysis of relevant literature on rural wind environment on Web of Science and CNKI. Through article analysis, keyword collinear analysis and zone evolution analysis, the development situation of rural settlement wind environment at home and abroad was summarized, and the research hotspots and frontier were identified. It is helpful to provide clear research ideas for researchers in this field and analyze the application frontiers of rural settlement wind environment in the future. The results show that the wind environment is mainly studied by numerical simulation, and there is no wind environment evaluation system for rural settlements. The construction of rural settlements should pay more attention to quantitative research and pay attention to the coordination between physical environment and natural environment, which can provide reference basis and method guidance for the planning and design of rural spatial form and the formation of healthy and comfortable wind environment in the future.

Keywords: Rural settlement; Wind environment; Cite Space; Research review; Application of frontier

随着城镇化进程的发展，大量缺乏指导性建议的现代建筑在乡村聚落中建设起来，使得聚落出现了典型的风环境问题，严重影响了居民的健康，并且破坏了聚落原本空间尺度的把握以及传统风水学上的"藏风聚气"等[1]，风环境作为对乡村聚落人居环境影响最大的物理环境因素之一，使得乡村风环境领域的研究引起了广泛关注[2]。本文通过系统梳理乡村风环境研究领域的国内外研究进展，归纳可借鉴的理论依据和研究方法，研究表明目前乡村风环境研究主要利用 CFD 技术进行建筑单体、聚落街巷以及聚落整体布局与选址的数值模拟；CFD 模拟、Eco-tect 和 ENVI-met 模拟为主要的定量分析方法，对于乡村风环境的研究也逐渐转向更广泛的跨学科角度研究和优化风环境。数字景观技术融入乡村规划设计中，定量模拟模型成为解决当下乡村发展过程中风景园林环境所面临的种种问题的有效途径[3]，大幅度地提升了乡村空间形态的布局和营造聚落人居环境的舒适度。乡村聚落的可持续设计和规划经验，以指导和重塑可持续现代的乡村人居环境。

1　研究方法与文献统计分析

1.1　数据采集

中文文献数据以中国知网（CNKI）为数据源，为保证风景园林学专业领域的直接性文献，本文限建筑科学与工程学科，筛选与风环境相关的聚落、传统民居等文献，最后检索关于乡村风环境研究领域论文共 365 篇，我国乡村风环境研究领域发文量较多的研究机构有西安建筑科技大学、华中科技大学等。越来越多的研究逐渐关注乡村风环境的研究（图 1），尤其是在近 5 年研究视角呈现多样化，从风环境研究对象、风环境影响要素等对文献进行分析，开始聚焦聚落公共空间、不同地域性传统民居、聚落空间形态、植物对聚落风环境的影响等。对于乡村的研究，学者们开始采用定量化和数值模拟的方法进行科学化的研究。乡村选址、建造工艺等传统的营造智慧体现了对物理环境的适应性，对乡村风环境的研究主题进行梳理，主要集中于聚落生态智慧的研究，对于乡村空间形态的研究较少，还没有涉及从动态去研究聚落的形成机制和规律。

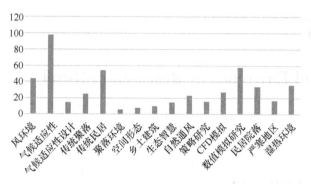

图 1 研究主题分布图（统计时间：2021 年 4 月 6 日）

对风环境的研究英文文献数据以 Web of Science 核心合集为数据源，通过多次检索策略的比较和调整，为保证文献检索数据源的完整性，以主题 TS＝wind environment AND 语言＝English 开展检索，检索时间为 2021 年 4 月 6 日，共检索到 468 篇相关文献。中文文献以中国知网为数

据源，通过检索气候适应性、乡村风环境，共检索到 365 篇相关文献。

本文首先运用传统文献分析方法对乡村风环境的载文量、主题词以及引文等基本情况进行描述性统计分析；然后借助可视化分析软件 CiteSpace 构建关键词共现和聚类图谱、关键词时区图谱；最后分析文献，从整体上把握近年所刊载论文的主题演进与发展趋势，从而揭示近 20 年来国际乡村风环境研究的动态趋势与学术脉络。

1.2 研究方法与文献统计分析

1.2.1 发文时间分布

发文时间分布可以反映不同年份乡村风环境研究领域的活跃程度。根据文献发布图（图 2），自 2014 年开始，文献年发表量进一步快速增长，在近 5 年乡村风环境文献发表量趋于稳定。但在总体上，年度发文量较低，说明该领域在深度和广度上还有很大的研究空间。

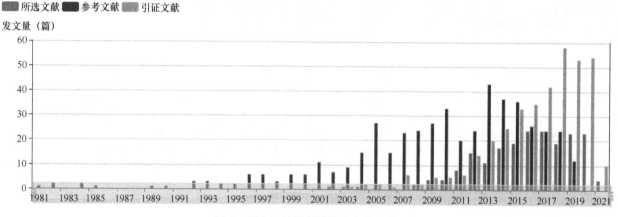

■■■ 所选文献 ■■■ 参考文献 ■■■ 引证文献

发文量（篇）

图 2 国内乡村风环境研究文献篇数

1.2.2 引文分析

引文分析即对刊载论文中引用的参考文献进行分析，得到共被引网络图谱。其中被引最多的是林波荣[2]的传统四合院民居风环境的数值模拟研究；曾志辉[3]广府传统民居通风方法及其现代建筑应用；张乾[4]聚落空间特征与气候适应性的关联研究；江鄂[5]东南乡土建筑气候适应性研究。

国外文献以乡村风环境相关性研究进行文献整理，其中 Huang Meng 通过调查中国的东北地区，总结了四种典型的农村庭院布局形式，使用流体力学软件来模拟不同的布局形式的风速，风速比的评估标准相结合，分析现有院风环境的优点和缺点[6]。Zhu, Yiyun 调查和分析了一个典型的农村居住建筑在中国西北的宁夏回族自治区通过实地测量和数值模拟，合理的建筑布局和建筑物的热性能好信封可以减少风速度和对流热损失[7]。Yu-Chieh Chu 研究风水学与乡村建筑布局的关系，从而通过流体力学分析当地风环境与建筑群之间联系，这可能帮助设计

可持续发展的生活环境，适应气候[8]。

1.2.3 关键词突现分析

对国内外乡村风环境文献进行关键词突现 Top20 图谱分析（图 3），国外风环境从 1998 年就关注风环境的研究，主要集中研究物理热温、空气质量等。根据关键词演进趋势，在 2013 年开始从城市环境转向乡村的风环境研究，采用技术分析和数值模拟的方法对乡村风环境进行风场和风速研究，学者们也逐渐关注乡村人居环境健康，对于乡村空间的定量化分析，得出其风环境影响因素和后续风环境改善策略，从而提出乡村风环境改善措施。

国内乡村风环境的研究最早是聚落的生态营建智慧，聚落空间形态布局对自然因素的适应性[9]，如新疆维吾尔族民居厚生土墙和草泥保温隔热屋面、云南干阑式竹楼民居等[10]，无不体现地域性建筑应对自然环境的适应。近年来，乡村聚落也逐渐转向定量化的研究，更加广泛关注数值模拟后的设计策略，对乡村规划和空间格局优化提出指导性建议。

国外引用次数最多的前20个关键词

关键词	年份	影响因子	起始	终止	1998-2021
生物多类状态	1998	1.54	2008	2012	
人为热	1998	1.03	2008	2012	
空气质量	1998	0.52	2088	2009	
城市	1998	3.55	2011	2013	
污染	1998	2.51	2011	2012	
气候	1998	1.11	2011	2013	
乡村	1998	2.72	2013	2015	
空气温度	1998	1.48	2013	2015	
环境	1998	1.11	2013	2014	
气候调节	1998	3.45	2014	2016	
健康	1998	2.56	2015	2016	
更新	1998	4.01	2016	2019	
混合系统	1998	2.57	2016	2017	
经济技术分析	1998	1.86	2016	2016	
模拟	1998	1.47	2016	2019	
可再生能源	1998	5.29	2017	2019	
城市热岛	1998	0.92	2017	2019	
影响	1998	3.71	2018	2021	
可适应性	1998	1.89	2018	2021	
风	1998	3.15	2019	2021	

国内引用次数最多的前20个关键词

关键词	年份	影响因子	起始	终止	2002～2021
生态	2002	1.57	2004	2009	
小气候环境	2002	1.3	2004	2012	
气候	2002	1.94	2007	2013	
丘陵地形	2002	1.28	2008	2009	
CFD模拟	2002	1.9	2009	2010	
生土民居	2002	1.79	2009	2010	
太阳辐射	2002	1.36	2010	2013	
适应性	2002	1.34	2010	2013	
光环境	2002	1.62	2013	2014	
传统聚落	2002	1.47	2013	2015	
微气象	2002	2	2015	2016	
徽州传统民居	2002	3.23	2016	2018	
数值模拟	2002	2.58	2016	2018	
被动式设计	2002	2.05	2016	2017	
传统村落	2002	2.75	2017	2021	
热环境	2002	1.56	2017	2021	
气候适应	2002	1.28	2017	2021	
风环境	2002	3.1	2018	2019	
乡村规划	2002	1.55	2018	2019	
设计策略	2002	1.81	2019	2021	

图3　国内外关键词突现图谱分析

2　乡村风环境研究的系统综述及研究前沿

2.1　乡村风环境文献系统综述和前沿分析

2.1.1　文献共被引网络聚类分析

本研究对 468 篇英文文献和 365 篇中文文献分别进行网络聚类后，整个文献共被引网络的聚类结果良好，能够清楚划分出具体聚类。本文通过 Cites Pace 软件使用论文主题作为标签聚类，计算节点中介中心性，检测节点突发性得出共被引网络聚类图谱（图4和图5）。

图5　中文文献共被引网络聚类图谱
（K＝30，LRF＝2，LBY＝5，and e ＝2.0）

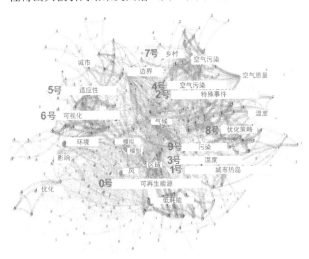

图4　英文文献共被引网络聚类图谱
（K＝25，LRF＝3，LBY＝5，and e ＝1.0）

国外在乡村风环境研究领域涉及较少，主要关注城市风环境理论，城市风环境优化策略研究，乡村聚落形态是人们改善风环境的最好途径之一，对人居环境舒适性至关重要，而聚落空间要素作为乡村的重要组成部分，对于改善风环境有着举足轻重的作用，因此开展了大量的研究，形成了本次共被引分析中的最大聚类 0 号再生能源；聚类 1 号城市热岛和聚类 8 号污染为较为年轻的聚类，形成时间为 2015 年，其次为聚类 4 号可持续发展，

聚类 7 号乡村，聚类 3 号温度该 3 个聚类为近年的研究热点。

国内风环境研究的方法主要延续国外对城市风环境的研究，主要应用数值模拟得出该区域的风场和风速情况，但是对风环境的评价指标还是以孔隙率、研究边界褶皱率去评价风环境。国内研究视角主要分为地域性传统民居的风环境模拟评价以及传统聚落构成要素如建筑群、植物、空间形态等对风环境的影响，通过模拟后的结果加以分析得出风环境最优处。对于乡村风环境的研究还是以对现状环境的风环境模拟和分析，得出风环境改善策略，从而达到节能减耗的效果。

2.1.2　重要核心文献分析及研究重点解译

在 CiteSpace 关键词聚类分析中，施引文献代表了研究前沿，其标题中着重标识的词汇，正是通过相关计算方法提取的聚类的命名[11]。本文根据被引频次、突现性、中心性对聚类进行共被引分析，归纳总结乡村风环境领域的具体成果，梳理其知识基础和结构（图6）。

（1）气候适应性

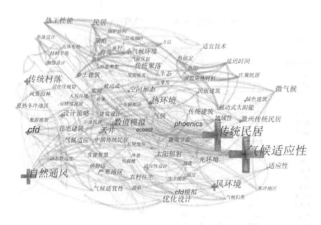

图 6　CNKI 乡村风环境领域主题分析网络图谱

传统聚落的可持续发展需要深挖聚落内在的形成智慧，聚落开展对自然的适应。主要体现在因地制宜的选址、山水格局的关系两方面，还存在人为因素在其中。气候适应性综合建筑物理学、气候学等多学科，从对传统建筑单体的物理气候模拟到地域性聚落的空间形态的风环境的关注，运用实地实测和数值模拟等方法，量化分析聚落微气候环境与空间形态的关联性，探讨不同条件下聚落内部空间的调整模式。

（2）传统民居

传统民居风环境研究主要关注建筑单体本身的风热环境，然而风环境的影响包括建筑外部的街巷空间以及建筑内部的并在天井周围设置开敞的灰空间。为了满足现代的建筑舒适性要求，传统民居对原有建筑空间的更新及单体的保护性改造，应努力平衡风环境与运行能耗之间的矛盾。孙雁通过 CFD 模拟对气候湿热的渝东南土家族聚落在选址布局、空间形态中反映出利用自然通风进行除湿、降温的技术策略[12]。

（3）节能设计

传统聚落风环境与舒适度密切相联，国外主要关注舒适性和节能（图 7），近年来学者们采用数值模拟的方法，对聚落空间形态与风环境的关系进行了研究，总结出不同街巷的宽高比和朝向、建筑密度和空间布局等影响

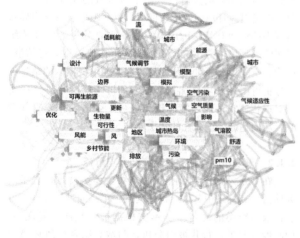

图 7　Web of science 乡村风环境
领域主题分析网络图谱

因素对聚落风环境的影响。赵海清发现减少夏季降温和冬季供暖的能耗是达到低碳目标的重要手段，以西北黄土高原沟壑区典型的传统村落作为实证对象，从能耗角度去分析聚落的低碳属性，提取聚落的低碳智慧，为地域性聚落的低碳建设提供一定的启示。可以通过调整聚落空间形态以达到优化风环境舒适度的目的，对于传统聚落的建设具有指导意义[13]。

国内乡村风环境研究领域年度出现频次
最高的前 10 个高频关键词　　　　表 1

被引频次	中心度	发文年度	文献信息
104	0.53	2004	气候适应性
83	0.31	2005	传统民居
41	0.21	2008	自然通风
22	0.07	2002	风环境
16	0.03	2002	数值模拟
15	0.05	2002	CFD
15	0.11	2011	传统村落
15	0.03	2006	设计策略
12	0.06	2012	传统聚落
7	0.02	2014	空间形态

将节点类型设置为关键词，共得到 341 个关键词。统计分析出现频次最多的关键词（表 1）：气候适应性、传统民居、自然通风、风环境、数值模拟、CFD、传统村落、设计策略、传统聚落、空间形态。总体而言，乡村风环境通过 CFD、GH 等数值模拟技术研究风环境，在关键词演进趋势来看，风环境的研究不单单是进行数值模拟，更是进一步构建评价体系，提出聚落空间构成要素对风环境的改善策略。

2.2 乡村风环境领域研究演进趋势与前沿分析

通过 Cite Space 对中文、英文文献关键词进行突发性检测。国外从 2010 年开始关注能源节约方向（图 8），从生物多样性建筑、乡村建筑风研究、数值模拟等多方面逐渐深入研究乡村节能设计，希望能够改善研究区域的风热环境，以达到节能效果。国内从最早的 2001 年采取 CFD、数值模拟的方法对传统民居风环境进行研究（图 9），近年来开始对湿热、寒冷地区的乡村聚落空间布局、聚落环境进行风环境模拟研究，得出不同地域环境的风环境规律，最终构建风环境设计策略，对于乡村未来优化空间形态具有指导建议。国内风环境可研究的对象包括聚落公共空间、民居建筑等，风环境影响因素有地形高差、传统聚落山房林田水的布局关系等，通过量化研究达到乡村风环境涡流、风向等达到一个较好的状态，逐渐开始积累相关研究成果，呈现显著的后发优势，在乡村规划设计中对于人居环境提升方面具有重要意义，避免出现乱搭乱建的情况。

在乡村建筑特色风貌改造基础上，引入乡村风环境研究对原有聚落形成和演变的内在规律科学化，围绕着人居环境健康、节能减耗等热点问题，融入气候适应性、自然通风、传统民居等研究方向，并继续深入探讨主要效益量化及风环境评价具体方法，重点关注聚落内部空间的风环境舒适度研究，完善对聚落空间和形态的研究体系。

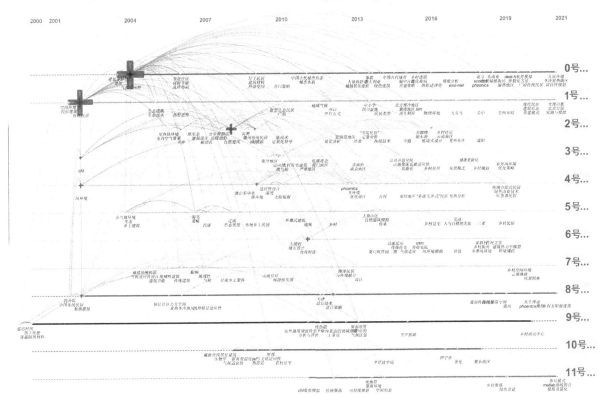

图 8　中国知网乡村风环境研究领域研究主题网络时区图

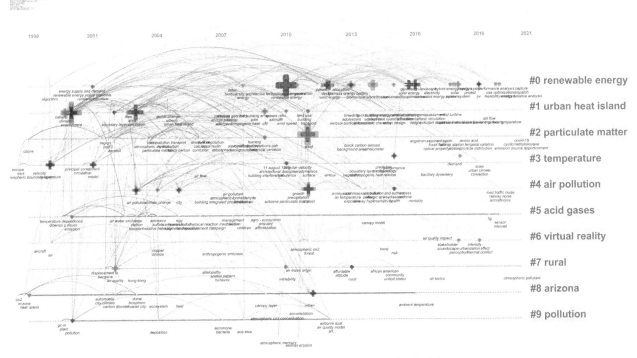

图 9　国外风环境研究领域研究主题网络时区图

2.3　乡村风环境领域研究总结

通过对聚落整体的风环境研究分析，传统聚落的室内室外空间的营造智慧具有冬暖夏凉的物理属性，以数值模拟的图示化表达定量分析得出风环境的规律性，建筑形态对风环境的影响显著，而风环境呈现很强的随机性，建筑形态与植被覆盖是影响风环境的主要因素，与建筑材质、路面材质关系不大。过度集聚的建筑群内部存在风速不流畅的问题，而气流往往也会影响风环境舒适度。传统村落空间形态与夏季风热环境存在关联性。不同建筑、街巷、公共空间对风速风向影响不同，各个空间对风环境的影响主要体现在建筑高度、建筑朝向、建筑材质、街巷宽高和朝向、下垫面材质等方面，通过调整聚落空间形态以达到优化风环境舒适度的目的。

乡村建设无序扩张，造成公共空间缺乏和乡村聚落既有的系统性和连续性破碎，破坏了乡村聚落原有的气候适应性特征。采用有针对性的具体策略应侧重于处理聚落各组成要素之间的关系，寻求低碳节能的空间利用模式。

3 风环境在我国乡村聚落的应用趋势

3.1 风环境在我国风景园林领域的应用趋势

近年来乡村建设速度迅猛，缺乏指导性的建筑破坏了聚落原有的机理和空间形态，造成聚落内部风环境局部影响。利用自然条件、科学原理和有效的节能措施，创造了数百年甚至数千年的可持续人居环境。风环境研究对历史聚落未来的选址和空间形态演变具有丰富的意义和经验，值得研究和推广。沿着这一思路，在接下来的研究中能够更深入挖掘传统聚落聚居的智慧。

传统聚落寻求建筑与自然环境之间的和谐，基于顺其自然的原则。它们是在最基本的自然法则基础上创造出来的，体现了一种可持续的环境意识。与现代人用机械手段创造宜居环境相比，许多聚落的传统规划设计理念在低能耗、环保的条件下更能适应自然环境的变化。因此，对历史聚落可持续规划设计经验的研究成果，对于创造现代生物气候人类环境具有重要的现实意义。风环境的研究方向逐渐往建筑内部和聚落空间舒适性深入研究，对于聚落现存风环境不佳处提出改善策略。

3.2 乡村聚落风环境应用分析

聚落风环境舒适度较差的地方可以通过调整建筑、街巷等形式、下垫面设计、调整绿化屏障等方法可改善村落风环境，以提高夏季冬季室外风环境舒适度。通过梳理中聚落空间形态与风环境的关系，可以在传统聚落选址布局中找到人与自然调节的关系的利用。通过对实测数据的研究分析诠释了传统聚落风水学角度布局的科学性，还对聚落风环境空间形态演进产生积极影响，解决聚落内部风环境达到节能减耗的效果，从而创造舒适人居环境的目的，这对于地域性传统村落开展的乡村振兴工作具有实际应用价值。

4 讨论与结语

本文利用 CiteSpace 科学知识可视化图谱软件，通过文献计量统计分析和聚类分析等，识别乡村风环境领域研究的主要特征，以图谱形式展现其研究主题并进行系统综述。通过关键词突现、共现和词频的变化趋势分析研究前沿，梳理国内外乡村风环境研究的内容，总结国内外乡村风环境领域研究的主要区别在于：（1）国内风环境研究虽然起步晚于国外，但是在研究方法都是利用数值模

拟；（2）国内乡村风环境研究存在地域性差异，没有构成评价体系；（3）风环境研究设计多学科领域的交叉，鉴于国外城市风环境评价体系在乡村应用中影响因素和指标的调整需要注意。乡村风环境应包含模拟关联研究和实地实测研究，以实际应用为导向，希望在未来的乡村规划中为乡村空间形态提供营建智慧的科学性指导建议。

图表来源：

图1～图9作者自绘，表1为作者自绘。

参考文献：

[1] 王雪松. "藏风聚气"与传统村镇风环境研究——以重庆偏岩古镇为例. 建筑学报，2012（S2）：21-23.

[2] 林波荣. 传统四合院民居风环境的数值模拟研究. 建筑学报，2002（05）：47-48.

[3] 曾志辉. 广府传统民居通风方法及其现代建筑应用[学位论文]. 广州：华南理工大学，2010.

[4] 张乾. 聚落空间特征与气候适应性的关联研究[学位论文]. 武汉：华中科技大学，2012.

[5] 江岚. 鄂东南乡土建筑气候适应性研究[学位论文]. 武汉：华中科技大学，2004.

[6] Huang Meng. Analysis on Wind Environment in Winter of Different Rural Courtyard Layout in the Northeast. Procedia Engineering，2016，146.

[7] Yiyun Zhu. Analysis of Heat Transfer and Thermal Environment in a Rural Residential Building for Addressing Energy Poverty. Applied Sciences，2018，8(11).

[8] Yu-Chieh Chu. An Example of Ecological Wisdom in Historical Settlement: The Wind Environment of Huazhai Village in Taiwan. Architectural Institute of Japan, Architectural Institute of Korea, Architectural Society of China，2017，16(3).

[9] 肖彦. 我国少数民族传统乡村聚落空间形态研究综述. 建筑与文化，2020(01)：72-73.

[10] 李茉. 我国传统乡村聚落中的营造智慧. 低碳世界，2017(21)：110-111.

[11] Chen C. Visualizing a field of research: A methodology of systematic scientometric reviews. PLo S ONE，2019，14(10)：e0223994.

[12] 孙雁. 典型渝东南土家族聚落夏季风环境及吊脚楼夏季热环境模拟研究. 西部人居环境学刊，2016，31（02）：96-101.

[13] 赵海清. 西北黄土高原沟壑区传统村落低碳特性的实证研究：[学位论文]. 西安：西安建筑科技大学，2019.

作者简介：

李达豪/男/汉族/华中科技大学建筑与城市规划学院在读硕士研究生/研究方向为文化景观与乡村遗产。

彭琳玉/女/汉族/中南林业科技大学风景园林学院在读硕士研究生/研究方向为乡村景观设计。

王通/男/汉族/博士/华中科技大学建筑与城市规划学院副教授/研究方向为景观水文与海绵城市/文化景观与乡村遗产。

通信作者：

王通/男/汉族/湖北省武汉市洪山区珞喻路1037号华中科技大学建筑与城市规划学院/430074/17674570861/450921479@qq.com

数字技术与机器学习介入的城市设计初探[①]

Research on Urban Design Involving Digital Technology and Machine Learning

李敏稚[*] 王亭亭

华南理工大学建筑学院

摘 要：近年来数字技术与机器学习介入的城市设计已成为国内外研究热点，在风景园林学科创新与融合发展中应给予充分关注。传统城市设计模式受限于信息来源和技术手段，难以适应日益复杂的影响因素和愈发精细的管控需求。数字化城市设计发展则大大提升了其科学性、高效性和可操作性。首先梳理了前沿的数字技术及其应用发展，对 KPF Urban Interface 和杨俊宴团队的数字化城市设计体系进行对比。继而深入剖析国际领先的 Sidewalk Labs 和 MIT CityScience 等研究项目，总结其在机器学习、交互式计算和基于图像的算法开发等方面的先进经验。对全流程数字化城市设计模式进行优化，探讨精细化管控要求下数字技术应用发展趋势，以期为相关理论和实践研究提供有益借鉴。

关键词：数字技术；机器学习；城市设计；全流程数字化

Abstract： In recent years, urban design involving digital technology and machine learning has become a research hotspot at home and abroad, which should be fully paid attention to in the innovation and integration development of landscape architecture. The traditional urban design mode is limited by information sources and technical means, which is difficult to adapt to the increasingly complex influencing factors and the increasingly detailed control requirements. The development of digital urban design has greatly enhanced its scientificity, efficiency and operability. First of all, we have sorted out the cutting-edge digital technology and its application development, and compared the KPF Urban Interface with the digital Urban design system of Professor Yang Junyan's team. We then take an in-depth look at internationally leading research projects such as Sidewalk Labs and MITs CityScience, summarizing their advanced experience in machine learning, interactive computing and the development of image-based algorithms. Finally, we optimize the whole process digital urban design mode and discuss the development trend of digital technology application under the requirement of fine urban design management and control, in order to provide useful reference for relevant theoretical and practical research.

Keywords： Digital technology; Machine learning; Urban design; Digitization of whole process

1 数字化城市设计面临的挑战和机遇

1.1 传统城市设计方式的局限性

21 世纪以来我国城镇化进程不断加快，也暴露出了许多问题。首先，土地和空间资源日益紧缺使得过去粗放式发展模式难以为继，今天城市正在寻求一条集约紧凑、绿色高效的发展之路，空间精细化建设对城市设计提出了更高要求。传统城市设计模式在面对这种更加复杂的影响因素和愈发精细的管控标准时，已表现出诸多不足，例如"造型机械化、设计表面化、设计效率低、参与性浅表"[2]等。其次，虽然总体规划和详细规划对宏中观土地利用和空间布局进行了部署与安排，但深入到地块详细设计很大程度上仍会受限于设计师职业素养和水平差异，难以客观精准地实现城市设计承上启下的空间导控思维，

造成城市肌理断裂和风貌雷同。此外，传统城市设计方法局限于城市形态的二维空间关系组合，忽略了人作为城市空间最直接的感受者对城市三维空间形态的感知[1]，互动缺失也在一定程度上导致了城市设计与公众生活脱节。因此，城市设计必须提升自身科学性、客观性和可操作性，数字技术则为解决这些问题提供了新可能性。

1.2 城市设计第四代范型应运而生

城市设计在过去漫长的发展史可总结为三代范型，即以城市三维形体组织为对象的第一代传统城市设计，以科技支撑、功能区划、三维空间抽象组织为特征的第二代现代主义城市设计，以及基于生态优先和环境可持续性原则的第三代绿色城市设计[3]。今天城市设计已进入基于人机互动的数字化城市设计的第四代范型[3]。正尝试将数字技术融合至城市设计全周期，旨在改变需求—设计—管控脱节的难题，建立一个多尺度、全周期、科学

① 基金项目：国家自然科学基金面上项目《基于多元博弈和共同创新的城市设计形态导控研究》（51978267）；广东省高等教育教学研究和改革项目《"新工科"理念下城市设计创新人才培养模式探索》（x2jz/C9203090）；广东省研究生教育创新计划学位与研究生教育改革研究项目《基于城市设计视野的风景园林规划与设计课程体系建设研究》（2018JGXM06）；华南理工大学 2021 年研究生在线开放课程、校企合作特色课程《风景园林规划与设计（二）》（x2jz/D6214650）；华南理工大学校级教研教改项目《"开放、协同、跨域、创新"的城市设计教学模式探索》（x2jz/C9213056）。

有效的数字化平台。

目前，国内外已有多个团队在该方向进行了有益实践，如国内基于数字技术的北京中心城建筑高度管控研究[4]、山东威海的数字管控探索[5]和武汉市三维城市设计平台建设[6]等；国外也有团队在此基础上进行了机器学习的创新探索，即通过架构设计和训练使得计算机能够自动学习的算法[7]，包括 Sidewalk Labs 研发的 Delve 工具、KPF Urban Interface 团队提出的计算型城市设计框架和 MIT Media Lab 的 CityScope 项目等。虽然大范围实施推广还有一定距离，但已经揭示出数字化城市设计是未来发展的必然趋势。通过综合分析、多元整合去寻求复杂情况下的最优解，正是第四代范型所追求的目标。

1.3 信息时代新数据与新技术的涌现

1984 年我国正式步入信息时代，21 世纪后信息技术高速发展，涌现出大量新的数据源与处理技术。其中，城市设计可利用的数据源主要可分为两类，一类是包括地图数据、街景数据、兴趣点数据、气候数据等在内的物质环境特征数据，另一类则是基于手机定位数据[8]、社交媒体数据[9]、出租车轨迹数据[10]等展现出来的行为活动特征数据。它们不仅为相关分析提供了新的数据源，还为如何把握环境特征和如何观察人的行为活动这两个环境行为学关键要素上都提供了精细化与海量化的发展可能[11]。

新数据与新技术涌现也有利于促进全面有效的公众参与。一方面，它们具有实时性、全面性、客观性和高效性的特点；另一方面又增强了公众的交互式体验。多源数据的集成相当于进行了一次长时间、大范围的实地调研，摆脱了传统方式的时空限制，具有更高的科学性、可操作性

和直观度。

2 城市设计数字技术的早期发展与应用

2.1 数字技术的兴起

数字技术是指借助一定的设备如电子计算机、光缆、通信卫星等将各种信息进行加工处理，然后转化为电子计算机能识别的二进制数字"0"和"1"[2]。早期，数字技术多用于建筑行业进行小尺度空间的处理分析等，直至 1998 年才开始被应用于城市设计领域。传统设计工具、模式和流程自此发生了翻天覆地的变化，二维平面图纸转化成为三维立体空间；庞杂的文本数据可以轻松进行可视化处理；借助 VR 技术人们甚至可以身临其境地感受虚拟空间……

数字技术在城市设计中正在发挥着对于方法论而言具有革新意义的重要作用，大大提高了设计成果及决策过程的准确性、科学性、可行性及适应性[12]。2008 年，王建国在其研究中将城市设计数字化辅助技术分为 CAD 技术和图形图像处理技术、Sketch-Up 建模技术、虚拟现实技术、GIS 辅助设计技术（表 1）[12]，并对其主要功能和代表性技术工具进行了列举。经过近 10 年发展，赵紫晔于 2017 年在其研究中将数字技术总结归纳为基础建构工具、平台搭建工具、数据显影工具、设计评价工具（表 2）[13]，并在此基础上进一步细分出 15 个三级工具集。通过对比研究可发现，数字技术发展呈现出以下趋势：（1）从单一平台转向多平台联动；（2）从单一环节应用转向全流程介入。

城市设计数字工具分类（2008）[12] 表 1

主要类型	主要功能	代表性技术工具
CAD 技术	交互技术、图形变换技术、曲面造型和实体造型技术等	AUTOCAD
图形图像处理技术	对静态或动态图形图像进行处理	PHOTOSHOP、3D MAX
Sketch-Up 建模技术	迅速建构、显示、编辑三维建筑模型	Sketch-Up
虚拟现实技术	建立一种动态的、直观的城市环境仿真模型	MULTIGEN、VRML

城市设计数字工具分类（2017）[13] 表 2

主要类型	二级工具集	三级工具集	代表性技术工具
基础建构工具	信息模型工具	二维信息模型与图像处理工具	CAD、Photoshop
		三维信息模型工具	SketchUp
	逻辑思维工具	数据统计与分析	SPSS
		数学模型建构与分析	MATLAB
		思维导图	Mindmanager
平台搭建工具	综合协作平台	地理信息系统	GIS
		建筑信息模型	BIM
	专项平台	参数化设计	Rhinoceros with Grasshopper
		三维城市可视化平台与虚拟现实引擎	CityEngine、VRP
数据显影工具	空间信息分析工具	空间句法	Space syntax
	行为模拟分析工具	行人微观仿真工具	AnyLogic
		城市交通仿真工具	PTV-VISSIM

主要类型	二级工具集	三级工具集	代表性技术工具
设计评价工具	环境性能评价工具	环境指标评价工具	天正日照、Ecotect、Cadna/A
	设计综合评价工具	综合评价工具集	
		专项评价工具集	NODES

2.2 数字技术的功能与应用——以 CityEngine 为例

城市设计的数字技术发展日新月异。目前以 CityEngine 为代表的数字技术已相对成熟，应用也比较广泛，具有典型代表性。其主要功能包括数据处理、场景构建、规则建模、细化调整和模型导出等。一方面，CityEngine 可以与 ArcGIS 进行无缝衔接，直接在 GIS 数据基础上进行分析处理，减少跨平台操作的工作量和难度；另一方面，CityEngine 采用基于 CGA (Computer Generated Architecture) 规则的批量建模方式，通过调节属性参数实现快速自动化建模，大大提高了城市建模的效率和准确性。

Redlands 重建项目就是较有代表性的一次应用。该项目中首先利用 CityEngine3D 建筑和现有 GIS 数据重建场地现状，然后通过实时模拟对设计方案的性能指标和成本进行跟踪反馈，并提供实时报告，从而帮助决策者比较筛选出最优解（图 1）。此外，最终设计方案通过可视化处理在网络上对公众开放（图 2），公众可通过评论功能进行意见反馈。研究发现大部分评论的关注点都集中在城市的公共空间、基础设施和绿色空间等热点领域（图 3）。一方面数字技术的运用扩展了公众参与的形式和内容，另一方面公众从自身诉求出发的意见反馈有助于实现空间资源的合理利用，也有利于增强社区认同感。

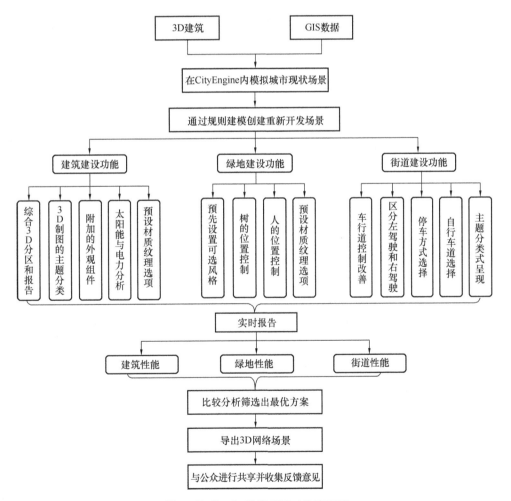

图 1 Redlands 重建项目工作流程图

图 2　Redlands 改造效果（上排：改造前　下排：改造后）

图 3　Redlands 项目共享平台评论界面

3　新技术与城市设计的深度融合

3.1　全流程数字化城市设计模式的建立

3.1.1　KPF 的计算型城市设计框架

尽管目前包括 CityEngine 在内的一些数字技术发展已较为成熟，但面对城市设计的复杂环境和精细要求，其推广仍有一定难度。因此，迫切需要建立一个整合各部分功能的全流程数字城市设计框架，实现数据协同和全流程规范设计。KPF Urban Interface（以下简称 KPF UI）团队就尝试建立了一个计算型城市设计框架，利用参数化计算机辅助设计工具来探索更多设计可能性。主要包括四个步骤：（1）常规数据的格式输入和设计空间定义；（2）建筑和街区类型的程序几何生成；（3）性能评估；（4）通过可视化界面和统计模型进行分析评估和利益相关者协商[14]（图 4）。

与以往大多数仅围绕城市形态优化建立的算法相比，KPF UI 的计算型城市设计框架具有以下优势：（1）使用机器学习在复杂条件下进行趋势查找、快速迭代和所有可能性的充分探索；（2）以定制分析工具进行城市综合性能评估和优化[15]，包括户外舒适度、光照、可视范围、可达性等；（3）为利益相关者和公众参与设计了可视化的协作平台 Scout，并将其纳入设计流程。目前，KPF UI 的研究成果已经进行了多次成功实践，包括美国纽约范

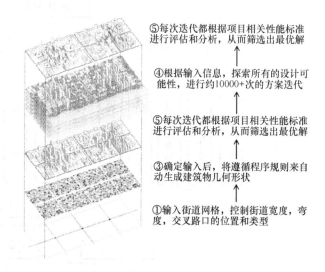

⑤每次迭代都根据项目相关性能标准进行评估和分析，从而筛选出最优解

④根据输入信息，探索所有的设计可能性，进行约10000+次的方案迭代

⑤每次迭代都根据项目相关性能标准进行评估和分析，从而筛选出最优解

③确定输入后，将遵循程序规则来自动生成建筑物几何形状

①输入街道网格，控制街道宽度，弯度，交叉路口的位置和类型

图 4　计算型城市设计模型图示

德比尔特大厦（Vanderbilt）设计、英国伦敦理想街区设计和上海水晶广场设计等（图 5）。

3.1.2　杨俊宴团队的全数字化城市设计框架

KPF UI 的计算型城市设计框架取得了一定突破，但主要还是集中在设计生成与分析阶段，暂未实现全流程介入。杨俊宴教授在其研究中建构了一个更为完整的全数字化城市设计框架，其中提出"动、静、显、隐"四种大数据应用模式[16]，并结合研发的一系列专利技术集成为智能化城市空间全息平台。将数字城市设计流程分为了

图 5　KPF 部分项目建成效果
（左 1、左 2：纽约范德比尔特大厦；左 3、左 4：上海水晶广场）

集数字化采集、调研、集成为一体的基础性工作，集数字化分析、设计、表达为一体的核心性工作，集数字化报建、管理、监测为一体的实施性工作，基本实现了数字化技术对于城市设计全过程的整体覆盖[17]。尤其是其建立的城市设计公众参与智能平台，实现了公众意见的智能识别和智能管理。该体系通过全流程、全尺度、跨学科的多方面介入，打破了原有信息和技术壁垒，建立起一个数据完善、精准交互的全数字化设计平台。目前已在国内二十多座城市进行了成功实践，初步实现了城市设计数字化的精细管控。

3.2　机器学习与智能化设计

随着数字化城市设计模式建立，机器学习和智能化设计也成为了研究热点。机器学习作为人工智能中最具代表性的技术，本质是通过设计和分析使计算机拥有自主学习的算法的总称[18]，主要包括以下 4 个方面：（1）理解并且模拟人类的学习过程；（2）针对计算机系统和人类用户之间的自然语言接口的研究；（3）针对不完全的信息进行推理，即自动规划问题；（4）构造可发现新事物的程序[19]。而深度学习是机器学习的一部分，是对生物神经网络的基本特征进行抽象和建模，能够从四周环境中学习，并以与生物相似的交互作用适应环境[18]。对于"空间—感知—设计"方面的研究[11]，机器学习技术可在海量数据中寻找及预测潜在的规律特性，来辅助以

数据驱动决策，提高城市设计的科学性。美国微软西雅图研究院就已经尝试了通过神经网络深度学习进行大规模街景数据的特征采集和回归分析，从而实现城市街道的量化评估。一方面节省了时间和人力成本，另一方面也增加了数据分析的深度和广度，为街景评价提供了丰富精确的信息支撑。

3.2.1　Delve——基于云计算和机器学习的生成设计工具

Delve 是 Sidewalk Labs 开发的一款设计生成工具，其主要特点是通过云计算和机器学习为设计提供支持，创造数百万种设计可能性。其核心功能包括：（1）不同指标的优先级排序；（2）多尺度下的高保真设计；（3）实时财务模型分析；（4）对关键性能指标的持续监测。2020 年，Sidewalk Labs 利用 Delve 工具帮助房地产开发商 Quintain 完成了伦敦温布利公园东北部的综合开发项目。该项目主要难点是在提高住宅密度的同时最大限度地保证采光和减少经济成本。

设计者利用 Delve 为该项目生成、评估和优化了40000 个不同的方案（图 6），这些方案以不同的方式提高住房密度，同时充分保障了基础环境质量。通过进一步对不同方案的性能指标进行综合评估，最终筛选出 24 个优选方案，它们都大大超出了最初设置的多项指标基准线（表 3）。

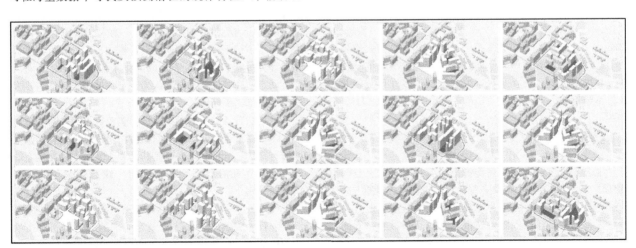

图 6　案例研究中产生的高性能设计方案的比较

项目	指标基准线	Delve 生成的高性能方案	提升幅度
单元数量（套）	2417	2612	+8%
平均单位尺寸（m²/套）	73	74.5	+2%
可出租住宅区（m²）	177 万	194 万	+10%
采光面积	62%	63%	+2%
日照时数（h）	5.9	6.1	+3%
开放空间（hm²）	2.94	3.27	+11%

3.2.2 CityScope——基于交互式计算的城市决策辅助平台

CityScope 是美国麻省理工学院媒体实验室 City-Science 研究组研发的一个城市决策辅助平台，主要用于城市规划共享和交互式计算。该平台旨在通过有形的城市模拟来实现动态和可视化的城市决策辅助，也有助于实现利益相关者的广泛参与。其主要创新性体现在：

（1）以 LEGO 实体积木作为可触交互界面，并结合增强现实可视化提高可参与性（图 7）；（2）利用机器学习的训练对多项城市性能进行量化分析和实时预测；（3）构建了基于优化搜索算法的人工智能助手[20]。使用时可以移动不同的 LEGO 模块来更改平面布局和增减建筑物高度。基于机器学习训练，平台可读取不同模块点位和高度，继而分析该状态下的城市性能指标，并利用全息投影进行实时输出，从而实现人机交互式的决策辅助。

图 7 City Scope 的可触交互界面

目前 City Science 研究组还在进行大量有形和数字平台开发，例如用于交互式实时生成的城市设计可视化工具 Deep Scope。它试图用机器学习的生成可视化方法取代传统常规方式，从而实现城市设计过程的实时原型和可视化。此外还有互动沉浸式平台 Virtual City Scope Champs、基于云的城市数据平台 CityIO 等。这些工作致力于通过智能化方式解决空间设计方面的挑战和推动公众参与决策进程，已在全球范围内开展了多样化实践并取得不错反响。

4 结论与展望

生态文明建设和城镇高质量发展背景下，国土空间规划体系正朝着精明、高效、绿色、共享、可持续的方向持续完善，城市设计已成为充分参与其中直接且强有力的空间管控工具。然而随着城市空间构成和影响因素的日益复杂，传统城市设计在分析方法、技术手段、实施机制等方面逐渐显现短板。如何进一步提高城市设计的科学性和前瞻性，突显其作为城市发展科学决策系统重要支撑之一的价值，是调整和优化其发展路径的关键。当前

数字技术发展促进了城市设计研究从定性到定量的转变，也推动了其从描述现象、归纳解释到设计生成、评估筛选和实时监测等领域的重大进展。尤其全流程数字化城市设计模式的建立，在数字化设计与表达基础上，将前期数据集成分析与后期持续数字化管控纳入了规范化设计流程，实现了精细化、全周期的设计模式。此外，机器学习和云计算等新技术、新平台也强化了人机互动、实时反馈、动态演绎等优势。研究认为数字化城市设计进一步发展主要面临以下问题：

（1）随着各种数据库的建设，多源数据获取途径愈加丰富，数据量也不断增大。但面对海量数据如何快速高效地进行筛选、分析和输入，尤其是基于城市设计复杂系统做出合理性和必要性判断，目前尚缺乏规范化的技术指引；

（2）虽然全流程数字化城市设计模式已经基本建立，但目前较为成熟的数字技术多为前端的数据分析和方案性能评估等，在新技术集成与创新应用的城市信息模型系统（UIM）和实施数字化动态管控技术等方面仍较为薄弱，需进一步探索；

（3）数字化城市设计极大拓展了公众参与的深度和广

度。但仍需有效建立与现行规划管理体制高效衔接的规范化公众参与技术及其平台系统，打破阶层壁垒，积极引导多元博弈和激励共同创新，建构基于性能优化和全生命周期管理的城市空间多维设计及实施管控体系，以持续推进真正意义上的公众参与和市民社会进程；

（4）技术毕竟只是工具和手段，城市设计的价值在于多维思考方法和多系统整合协同能力。更重要的在于人本主义关怀、创造社会联系和场地环境感知的敏感度。这些都是工具理性和机器学习无法替代的。数字技术可以快速确立设计标准，也可以帮助拓展设计的无限可能性和提升工作效率。但无法创造为人而设计的美好而有温度的城市，这才是我们共同的未来。

图表来源：

（1）图1来源：作者自绘；图2～图7根据网络图片改绘。

（2）表1根据参考文献［12］整理制作；表2根据参考文献［13］整理制作；表3根据 Quintain Ltd. ／ for Wembley Park 翻译整理。

参考文献：

［1］ 王磊，方可，谢慧，等. 三维城市设计平台建设创新模式思考［J］. 规划师，2017，33（v. 33；No. 254）：48-53.

［2］ 潘慧. 城市设计的数字化生存［D］. 长春：吉林建筑大学，2015.

［3］ 王建国. 从理性规划的视角看城市设计发展的四代范型［J］. 城市规划，2018，42（1）：9-19，73.

［4］ 徐碧颖，吕海虹. 基于数字技术的特大城市建筑高度管控研究——以北京中心城为例［J］. 城市设计，2017，011（No. 011）：88-95.

［5］ 杨俊宴. 从数字设计到数字管控：第四代城市设计范型的威海探索［J］. 城市规划学刊，2020，256（2）：109-118.

［6］ 方可，谢慧，熊伟. 武汉市规划管理中三维数字技术应用探索与反思［J］. 规划师，2019（v. 35；No. 298）：37-43.

［7］ 叶宇. 新城市科学背景下的城市设计新可能［J］. 西部人居环境学刊，2019，34（1）：13-21.

［8］ Widhalm P，Yang Y，Ulm M，et al. Discovering urban activity patterns in cell phone data［J］. Transportation，2015，42（4）：597-623.

［9］ Ye Y，Yeh A，Zhuang Y，et al. "Form Syntax" as a contribution to geodesign：A morphological tool for urbanity-making in urban design［J］. Urban Design International，2017，22（1）：73-90.

［10］ Xi L，Li G，Gong Y，et al. Revealing travel patterns and city structure with taxi trip data［J］. Journal of Transport Geography，2015，43（feb. ）：78-90.

［11］ 叶宇，戴晓玲. 新技术与新数据条件下的空间感知与设计运用可能［J］. 时代建筑，2017，157（5）：6-13.

［12］ 王建国，蔡凯臻. 数字技术方法在现代城市设计中的应用［J］. 南方建筑，2008，124（No. 124）：28-32.

［13］ 赵紫晔. 城市设计数字工具及其应用思想研究［D］. 重庆：重庆大学，2017.

［14］ L wilson J-Danforth-CC-Davila-D-Harvey. How to generate a thousand master plans：a framework for computational urban design［J］. Proceedings of the Symposium on Simulation for Architecture and Urban Design，1.

［15］ Brown N C，Mueller C T. Design for Structural and Energy Performance of Long Span Buildings Using Geometric Multi-Objective Optimization［J］. Energy ＆ Buildings，2016，127（sep. ）：748-761.

［16］ 杨俊宴，曹俊. 动·静·显·隐：大数据在城市设计中的四种应用模式［J］. 城市规划学刊，2017，236（4）：39-46.

［17］ 杨俊宴. 全数字化城市设计的理论范式探索［J］. 国际城市规划，2018，33（1）：7-21.

［18］ 林博，刁荣丹，吴依婉. 基于人工智能的城市空间生成设计框架——以温州市中央绿轴北延段为例［J］. 规划师，2019，35（17）：44-50.

［19］ 何清，李宁，罗文娟，等. 大数据下的机器学习算法综述［J］. 模式识别与人工智能，2014，27（4）：327-336.

［20］ 张砚，肯特·蓝森. City Scope——可触交互界面、增强现实以及人工智能于城市决策平台之运用［J］. 时代建筑，2018，159（1）：44-49.

作者简介：

李敏稚/男/汉族/博士/华南理工大学建筑学院风景园林系副教授、硕士生导师/研究方向为城市设计、风景园林规划与设计、风景园林教育/liisthebest@126.com。

王亭亭/女/汉族/华南理工大学建筑学院风景园林系在读硕士研究生/研究方向为风景园林规划与设计/1764202226@qq.com。

通信作者：

李敏稚/男/汉族/博士/华南理工大学建筑学院风景园林系副教授、硕士生导师/研究方向为城市设计、风景园林规划与设计、风景园林教育/liisthebest@126.com。

数字技术与机器学习介入的城市设计初探

公园城市高质量融合创新发展巴适度研究

Research on High Quality Integration and Innovative Development of Park City

刘诗雨　陈其兵*

四川农业大学风景园林学院

摘　要：聚焦《公园城市指数框架体系》[1]，实现公园城市高质量发展则离不开人的主体地位，因此，以人民为中心，构筑生态共同体，形成人、城、境、业[2]高度和谐统一的公园城市形态是当下最重要的时代命题，人与地域环境的高度契合将成为未来公园城市研究的重要切入点。竹，自古就有"劲节""虚空""萧疏"的君子之风，在四川地区"人以竹居，居以竹环，人竹共生"，竹更是生活的重要材料及观赏游乐、休憩闲暇的必不可少之要素，且竹林环境具有一定的康养保健效益。在此基础上，本文将提出符合四川地区地域特色的"巴适度"这一概念，并进一步阐述其内涵与价值，重点探究公园城市与"巴适度"的高质量融合创新发展模式。

关键词：公园城市；高质量融合；巴适度

Abstract: Focusing on the framework system of Park City index, the realization of high-quality development of a park city is inseparable from the dominant position of human beings. Therefore, it is the most important proposition of the times to build an ecological community with people as the center and form a highly harmonious and unified park city form of human, city, environment and industry, The high fit between human and regional environment will become an important entry point for future park city research. Since ancient times, bamboo has been a gentleman's style of "vigor", "emptiness" and "Xiaoshu". In Sichuan area, "people live in bamboo, live in bamboo ring, and people live in bamboo symbiosis". Bamboo is an important material for life and an essential element for sightseeing, recreation and leisure, and the bamboo forest environment has certain health care benefits. On this basis, this paper will put forward the concept of "Ba Shi Du" in line with the regional characteristics of Sichuan, and further elaborate its connotation and value, focusing on exploring the high-quality integration and innovative development mode of Park City and "Ba Shi Du".

Keywords: Park city; High quality integration; Bashi degree

前言

近年来，我国城镇化发展取得重大成就。据国家统计局统计数据：2019 年年末，我国城镇常住人口 84843 万人，常住人口城镇化率为 60.60%，比 2018 年年末提高了 1.02 个百分点[3]。城市化进程快速推进的同时，除了创造出巨大的社会经济价值，也带来的诸多负面效应，如积累了大量生态环境问题、迫使人与自然环境隔离、带来的巨大生态压力等，这些问题不仅体现在环境方面，也使人们的亚健康、城市病、心理疾病等问题日益加重。在紧张的城市环境中，人们对健康舒适的需求越发的强烈，迫切的需要一个能够缓解压力、放松身心、接触自然的场所、环境或空间，而这也正是目前亟待研究的中点所在。

习近平总书记于 2018 年 2 月视察成都时提出"公园城市"的理念[4]之后，成都市从将"建设美丽宜居公园城市"纳入了城市总体规划到颁布公园城市指数，都是为了在通过城市生态格局、城市形态格局和全域公园体系构建公园化的美丽宜居环境，并实现生态建设与宜居生活的高度融合[5]，逐步满足人们对美好生活日益增长的向往，最大可能的创造更多的绿地空间。成都市的造园历史

悠久，都江堰水系促成了成都市"水绿天青"的自然水环境体系，成就并满足了人们以公共园林为主要活动场所的富有深厚传统文化内涵的游赏及节庆习俗[6]。纵观成都市区范围内外的大部分绿地空间，无论是公园绿地空间、道路绿地空间还是其他与人类生活息息相关的各类绿地空间，竹都是不可缺少的重要元素，竹更是成为了观赏游乐、闲适休憩的重要构成要素。

"公园城市"的研究，不仅仅要从宏观层面的规划层面入手，更是要从人民福祉出发而进行探索。因此，笔者将以公园城市为基础、竹文化为着力点，提出"巴适度"的概念，阐释公园城市与巴适度的创新融合发展模式。

1　巴适度的理论来源

1.1　竹的文化溯源

中国竹资源丰富且栽种历史悠久。竹不仅是生产生活中的重要物质材料，还蕴含着丰富的文化内涵，其形象表达具有多元化的象征意义。竹，既包含了本身的在自然属性，还是人类造物历史与艺术审美的积淀[7]。回顾历史，中华民族对竹的认识起源于竹的实用功能之上，黄帝

时期所做的上古歌谣《弹歌》中就有"断竹，续竹；飞土，逐宍"的歌词，指人们砍伐竹子，并将竹子连接起来作为捕猎弓箭[8]，《召南·采蘋》中的"于以盛之？维筐及筥"则表达了竹可制作为盛放物品的容器[9]……因实用价值而获得认可的竹，其秀美的外表和深层次的内涵也开始受到人们的关注[10]，以儒家文化中"以竹比德"的审美意识为例，竹的虚心节坚的植物特性就被赋予了人性的审美特性，竹因此被赋予"君子"之称。文人常用"梅兰竹菊"作为品德的象征和隐喻，以"松竹梅"岁寒三友比喻忠贞的友谊，他们逐渐从千姿百态的竹中得到启示，激发情感，将"眼中之竹"转化为"胸中之竹"，再借助笔墨，挥洒成"纸中之竹"，最后实际运用于造园艺术，构筑"景中之竹"，与艺术、造园等体裁相互结合。

几千年来，竹渗透于人们的日常生活之中，构成了丰富的中华竹文化，也与中国传统的历史文化精神相契合，这是竹本身的自然植物特性使然，更是竹与中国古代文学、绘画、园林等相互影响的长期结果。

1.2 竹文旅康养的内涵

康养是目前备受国民关注的新兴产业，通常和医疗、运动、田园、森林等形成科学有序的产业格局。狭义上的康养是维持、保持和修复、恢复身心健康的活动和过程的总称[11]。

本文所提到的竹文旅康养则是基于"森林康养"的基础，将竹林作为研究的森林资源对象，依托优质的竹林资源和厚植于地域的竹文化，在竹林中开展休闲、养生等一系列有利于人类身心健康的活动，通过竹林本身具有的提升环境质量及保健的作用，使人在享受自然美景和了解深厚文化的同时，彻底地放松，并获得愉悦的心情[12]。换句话说，竹文旅康养即竹林美景与文化、旅游和康养四要素的有机结合，受地域文化、竹林生态环境的康养功效、竹林旅游康养功效等因素的影响，将从"竹生态、竹产业、竹文化"三方面推进，依托区域优质的山水林田湖草路资源，最终实现生态效益、经济效益、社会效益的同步提升。

1.3 巴适度

1.3.1 概念

在四川方言中，"巴适"是舒服、妥帖、合适的意思[13]，是在盆地语境中表达人生境界的一个常见词汇，与"舒适"有着相类似，但却带有更深层次的韵味。常规的舒适度的内涵包括旅游环境舒适度[14]、气候舒适度[15]、热舒适度[16]、人体舒适度[17]等，大都与人们对客观环境从心理生理方面所感受到的满意程度相关。影响舒适度的环境要素也较多，如外界的温度、湿度、空气清新度、声音、色彩、空间、景观环境等，针对不同的个体差异性较为显著。类比于"舒适度"，"巴适度"一词的含义除了已经提到的客观环境给予人体生理心理感受方面的满意程度之外，还包含了独具四川地域意味的、以"休闲、轻松、舒适、健康"等感受为主的、对"慢生活"的满意程度。

巴适度是竹文旅康养的现实表达，其概念可总结为：以地域文化和竹文化为基底，在注重客观物理环境要素的基础上，着重考虑人群在竹林环境中进行各项活动而产生的生理及心理上的舒适感受，以此对相应的竹林环境进行综合性的评价与研究。

1.3.2 体系构建

本研究通过专家调查法和公众调查法进行巴适度评价因子筛选，最终确定了巴适度评价指标体系，指标体系包括一级指标 5 个，指标因子 16 个（表 1）。

巴适度评价指标体系 表 1

目标层 A	一级指标 B	指标因子 C
巴适度评价指标 A	客观环境 B1	热环境质量 C1
		光环境质量 C2
		空气洁净度（PM2.5、PM10 浓度）C3
		空气负离子浓度 C4
		绿化覆盖率 C5
		植物丰富度 C6
	空间感受 B2	视觉感受（景观美景度）C7
		听觉感受（环境噪声值）C8
		嗅觉感受（环境气味）C9
	人文内涵 B3	人文景观 C10
		历史文化内涵 C11
	设施配套 B4	公共服务设施 C12
		游憩娱乐设施 C13
		无障碍设施 C14
	人体感知 B5	生理指标 C15
		心理指标 C16

（来源：作者根据文献资料总结）

2 发展模式

公园城市的高质量融合创新发展首先是以"人"为核心的，在融合了公园和城市的基础上，将人的需求贯穿于整个建设过程中，才能真正的体现出公园城市的本质内涵，才能打造出"房在城中建、人在园中居"的理想环境。而正是因为如此，要想打造涉竹的新型公园城市建设模式，首先要考虑到竹生态、竹空间、竹文化、竹产业与人之间的耦合机制，即如何能够有效的运用竹林所产生的经济、社会、景观、保健等效益来构筑良好的人居环境，实现公园城市高质量创新融合发展。

四季常青的竹林，是对山川草木生命之演替的期盼。景色秀美、漫山遍野的竹美景、时常涌现的云海与周边的湖光山色构成了一幅美丽画卷。因此，在公园城市的建设当中构建竹本底，勾勒竹形态、凝聚竹文化、融合竹产业，共同构建"四位一体"的高质量创新型公园城市大美竹环境。

2.1 公园城市竹生态的塑造

生态环境是公园城市建设当中重要的根基，具有公平性和普惠性，将公园形态与城市空间有机融合，破除生产生活空间与生态空间的壁垒，是公园城市生态营造的重要方法。独木不成林，根系发达的竹在形成一片竹林之时，就是一个独立的生态系统。竹类植物是具有高吸收碳能力的造林树种，由于其独特的生物学特性和良好的生态效益，被誉为 21 世纪最具潜力和希望的植物。因此，竹林在一定程度上可以构建一个优质的生态环境，营造公园城市建设中不可缺少的生态基底，这样才能让公园城市的建设与发展具有一个更为坚实的基础。

针对竹生态，将对标巴适度评价体系中客观环境方面的指标因子，其中，热环境质量、光环境质量、空气洁净度、空气负离子浓度、绿化覆盖率、植物丰富度等，都可以构建优质的竹生态基底，进一步将竹林美景绘制成生态"巴适"的公园城市美丽画卷。

2.2 公园城市竹空间的营造

空间是社会、经济、文化等要素共同构成的综合体，是人类活动的基本功能区，通过美丽竹林风景线、川西林盘、竹林小镇、竹林人家等场景，因地制宜的塑造"茂林修竹"的竹林空间，为公园城市赋能。按照"竹林＋"模式，串联全域湿地、公园、田园、村落、古镇等资源，最大限度利用竹空间，促进竹产业功能区和公园城市产业功能区相互连接，在公园城市建设中切实画营造竹的生活空间、生产空间和消费空间，构建公园城市大美竹林综合体。

针对竹空间，则是以巴适度评价体系中与空间感受和人体感知相关的指标因子，包括视觉、听觉、嗅觉、生理、心理感受。实际上在各种类型的竹空间、竹场景中，都需要充分地考虑人的感官，勾勒以人为本的竹空间形态，将竹林场景打造为空间"巴适"的公园城市靓丽风景。

2.3 公园城市竹文化的再造

以竹文化搭载多元文化有机融合。千年的历史文化沉淀，凝聚的是竹与中华文化的融合，竹不仅仅是一种植物，更是中华文化中所包含的思想精神的见证，更是多元文化彼此融合的重要载体。在西南地区，竹文化更是与红色文化、古蜀文化、大熊猫文化、茶文化、酒文化、川剧文化等密不可分。竹本身也代表着一种深厚的文化底蕴，是深沉、持久的力量源泉。在公园城市建设中，可结合历史悠久的竹文化，推动竹与竹文化、竹工艺、竹文创等深度融合，助力世界文化名称建设。

在巴适度评价指标体系中，人文内涵方面则包括了人文景观与历史文化内涵，实际上这里的人文内涵都是与竹相关、与地域相关的文化之间的融合，通过竹文凝聚多种文化内涵，将竹林意境再造为文化"巴适"的公园城市历史传承。

2.4 公园城市竹产业的打造

以竹旅游推进竹产业建设发展。竹林旅游作为森林旅游的一部分，近年来已初步形成了竹林景观、竹生态、竹文化、竹乡民俗、竹乡商品旅游等特有的项目[18]。竹林旅游可有效结合商、娱、农、文等业态，积极调动地方产业融合，推进地方竹产业建设与发展，实现区域竹经济增收。以公园城市为载体，搭建竹产业融合平台，打造世界知名的竹品牌，开拓竹市场和竹经济发展共建，形成各具特色、协同发挥的公园城市竹产业格局。

当然，竹产业的发展离不开一系列基础设施的投入，只有在基础设施足够晚上的基础上，竹产业才能更好的发展。所以在巴适度评价体系中，对于基础设施配套方面的指标因子也有涉及，主要包括了公共服务设施、游憩娱乐设施和无障碍设施，只有这样，才能以竹为助力，推动经济发展，将竹林风景打造为"产业"巴适的公园城市特色品牌。

3 案例实践——公园城市背景下最美竹林风景线模式构建

当前，旅游开发已全面进入"大旅游时代"，是新时代社会发展环境使然，更是旅游产业成熟发展的内生需求，当前需要要借力"大旅游产业"来盘整山河、贯通产业、振兴文化、实现发展。为顺应"国际大旅游发展"趋势，以不同竹林资源为生态本底，结合历史内涵和地域特色，协同周边共同推进"世界大美竹海""世界竹林风景线"的形成。

"西南高山大美竹海"就是以竹海资源为媒介，结合西南地区文化、康养产业和生态旅游等方面，实现川滇黔渝地区"竹文旅康养"的共建共享与共通共融，打造"世界大美竹海"川滇黔渝竹文化旅游圈。宜宾作为西南高山大美竹海的核心城市，一直享有"竹都"之美誉，其在"竹文旅康养"的践行上始终处于西南领先地位，发展的成果颇丰。宜宾市坐拥"四区三县"，采用"以线串珠"之法，筑就"连片拓面"之效，以"生态为基、产业为本、文化为魂、幸福为民"为理念，把"竹林修复、景观提升、文化植入、绿色发展"整体谋划[19]，以高质量创新的竹林风景线模式重新定义公园城市。

宜宾市的公园城市高质量创新发展模式以"景观生态"为基，围绕"生态旅游＋竹林风景线"，以宜宾市蜀南竹海为中心、串联李庄古镇等景区景点，构建以生态旅游为主导的公园城市竹林风景线模式，将涵盖铁路、公路、水系以及酒店民宿、竹林人家、竹林特色小镇、重要旅游服务设施、重要交通节点等区域，形成在竹林景观营造、植物搭配、文化植入、设施配套等方面的建设模式；以"产业发展"为主，围绕"产业融合＋竹林风景线"模式，发展涉竹的第一、第二、第三产业，包括竹产品加工的产业园区、竹林示范基地等开展竹林风景线建设模式研究，形成竹种搭配、景观营造、建筑风貌等相互融合建设模式；以"文化引领"为核，围绕"文化发掘＋竹林风景线"模式，通过将酒文化、茶文化、红色文化、大江文化与竹文化进行横向关联，以及竹文化自身的纵向延伸，形成景观营造、文化渲染等建设模式；以"安逸巴适"为本，围绕"康养保健＋竹林风景线"模式，充分运用竹本身的植物特性和康养保健作用，不断激活竹康养新活力，让不断打造适宜于人群活动、有利于提升人居环境、对于人体具有一定的正面效应的竹林风景线。

4 结语

公园城市的建设需要体现的是新时代人民对美好生活的愿望与需求，要稳中求进，形成一个以人为核心的生命共同体，最终实现可持续发展。为了更好地实现公园城市的建设与发展，积极探索高质量创新的公园城市发展模式也显得尤为重要，如何在现有的研究基础上，以更为独特的切入点，为公园城市赋能，将成为未来的研究方向与研究热点。本文选择具有极强的本土风格的植物——竹，既能将竹的生态优势、造景优势、文化优势、产业优势与公园城市的建设与发展有机结合，又能让"巴适度"搭上公园城市高质量创新发展的顺风车。

参考文献：

[1] 成都市规划设计研究院. 公园城市指数（框架体系）正式发布［OL］. http://www.cdipd.org.cn/html/2020/bydongtai_1026/307.html, 2020-10-26.

[2] 金云峰，杜伊. "公园城市"：生态价值与人文关怀并存［J］. 城乡规划，2019(01)：21-22.

[3] 中华人民共和国2019年国民经济和社会发展统计公报［R］. 国家统计局，2020.

[4] 杨雪锋. 公园城市的理论与实践研究［J］. 中国名城，2018(05)：36-40.

[5] 陈明坤，张清彦，朱梅安. 成都美丽宜居公园城市建设目标下的风景园林时间策略探索［J］. 中国园林，2018，34(274)：34-38.

[6] 樊艳菊. 成都园林的特点与发展探索［J］. 草业与畜牧，2010(04)：25-26.

[7] 张成勇. 遮蔽与揭示——中国古代竹文化意象成因的初步探讨［J］. 竹子学报，2019，38(03)：7-18.

[8] 薛景. 原始歌谣《弹歌》辨析［J］. 新西部（下半月），2008(09)：128+126.

[9] 孙尚勇. 正始之道 王化之基——《周南》《召南》"要义"试解［J］. 广州：中山大学学报（社会科学版），2021，61(01)：24-33.

[10] 丁艳. 中华竹文化的多元象征及其当代意义［J］. 呼和浩特：内蒙古大学学报（哲学社会科学版），2021，53(01)：90-94.

[11] 吴后建，但新球，刘世好，等. 森林康养：概念内涵、产品类型和发展路径［J］. 生态学杂志，2018，37(07)：2159-2169.

[12] 刘雨晴. 湖南黄家垅森林公园康养基地规划设计研究［D］. 长沙：中南林业科技大学，2019.

[13] 冷玉龙. 《成都话方言词典》与词典学二三题［J］. 辞书研究，1987(05)：79-83.

[14] 王国新，钱莉莉，陈韬，等. 旅游环境舒适度评价及其时空分异——以杭州西湖为例［J］. 生态学报，2015，35(07)：2206-2216.

[15] 孙美淑，李山. 气候舒适度评价的经验模型：回顾与展望［J］. 旅游学刊，2015，30(12)：19-34.

[16] 吴志丰，陈利顶. 热舒适度评价与城市热环境研究：现状、特点与展望［J］. 生态学杂志，2016，35(05)：1364-1371.

[17] 姜宗香. 重庆城市公园植物群落游人舒适度探讨［D］. 重庆：西南大学，2011.

[18] 黄兴. 永安竹林生态旅游发展研究［D］. 福州：福建农林大学，2013.

[19] 覃鸿杰. 中华竹都 最美竹海［J］. 世界竹藤通讯，2020，18(05)：79.

作者简介：

刘诗雨/1994/女/四川德阳/硕士/从事风景园林规划与设计/风景竹林效益研究/四川农业大学风景园林学院（611130）/364735827@qq.com.

通信作者：

陈其兵/1963/男/四川成都/博士/四川农业大学风景园林学院院长/博士生导师/从事风景园林规划与设计/观赏竹应用/园林植物造景研究/四川农业大学风景园林学院（611130）/cqb@sicau.edu.cn.

多样与共通：荷兰风景园林研究生教学体系研究①

Diversity and Connection：A Study of the Landscape Architecture（Post）graduate Training in Dutch Universities

宋　岩　刘　美*

摘　要： 荷兰现代风景园林学科发展已有上百年历史，在此期间不仅培养了大量景观设计大师，同时也构建了与时俱进并具有荷兰特色的风景园林教学体系。本文选取荷兰三所设有风景园林学研究生学位点的高校做为研究对象，首先对其课程设置、特色研究方向及暑期学校开展进入归纳整理，剖析荷兰风景园林学科的教学体系框架；进而通过分析近年来研究生在毕业设计及论文中所选取的不同研究主题，探索荷兰风景园林实践及研究发展趋势；最后，将分析成果结合来荷留学的中国学生反馈，探讨中荷风景园林专业在教学与科研实践中的差异。本文旨在借鉴荷兰多样且共通的风景园林教学体系，依据中国风景园林教育发展现状，为我国建设高层次具有国际一流水平的风景园林学科提供新思路。
关键词： 风景园林教育；荷兰；教学体系；研究生培养；多样与共通

Abstract: The subject of modern landscape architecture in the Netherlands has a history of more than one hundred years. During this period, have not only many well-known landscape architects been educated, but also a modern and characteristically Dutch teaching system for landscape architecture has been developed. This article looks at three universities in the Netherlands that have master and doctoral degrees in landscape architecture in order to analyse their teaching and research systems. Firstly, by comparing the curricula, research specializations and summer schools of each university, this article summarizes the framework of the Dutch landscape architecture education system. Secondly, by analysing the different research themes selected in the graduation projects and theses in recent years, this article explores the practice and research trends within Dutch landscape architecture. Finally, the analysis results are combined with the feedback of Chinese students studying landscape architecture in the Netherlands to discuss the differences in practice and research between Chinese and Dutch landscape architecture educations. This article aims to learn from the diverse as well as interconnected landscape architecture teaching system in the Netherlands and provide suggestions for the current landscape architecture teaching system in China.
Keywords: Landscape architecture education; The netherlands; Education system; Postgraduate Training; Diversity and connection

1　研究背景与目标

研究案例和数据来源。

自古以来，荷兰就是一个与大自然保持特殊关系的国家，荷兰人致力于与海洋、河流进行斗争，用堤防及圩田在大自然中扩张新的领域。在这个过程中，荷兰风景园林师先后创造出了如"还地于河（room for the river）"、"基于自然的解决方案（Nature-based solutions）"等全新的景观设计思想及方法[1-3]。作为大自然代言人的荷兰风景园林师，不仅与工程师、规划师等通力协作保障生态及生产安全，同样也在既得空间中创造出富有美感及功能性的景观设计项目[4]。作为欧美风景园林教育的领军之一，荷兰现代风景园林学科教育已有百年历史，不仅培养出了德克·西蒙斯（Dirk Sijmons）、皮特·欧多夫（Piet Oudolf）、瑞克·德·菲索（Rik de Visser）等风景园林设计大师，同样也孕育出了 West 8 城市规划与景观设计事务所、荷兰尼塔设计集团等著名的景观设计公司[5-7]。这一切都与荷兰与时俱进并保持本国特色的风景园林教学体系密不可分。

目前我国对于风景园林研究生教学体系多借鉴自英、美、法等国家的经验，而对荷兰、德国等西欧国家的研究还比较缺乏[8-10]。基于此，本文以荷兰的研究生教学作为着眼点，选取三所授予风景园林学研究生学位点的高校作为研究对象，通过归纳及分析荷兰风景园林学科教育体系框架，结合历年研究主题的变化，探索荷兰风景园林实践及研究发展趋势。本文旨在借鉴荷兰风景园林教学经验，结合中国风景园林教育发展现状，为我国建设高水平风景园林学科提供新思路。

2　研究框架及方法

本研究从荷兰全境高等院校风景园林相关课程的开展情况入手，选取三所可授予风景园林学研究生学位的高校作为研究对象，通过对硕士及博士研究生教学及科研内容的分析整理，挖掘荷兰风景园林教学特点及其可借鉴之处。研究步骤可分为以下三步（图1）。

①　中国国家留学基金管理委员会国家建设高水平大学公派研究生项目（编号 201606260044）。

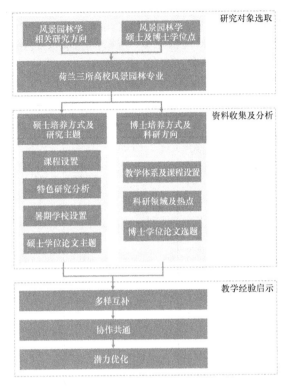

图 1 荷兰高校风景园林研究生教学体系研究框架

2.1 研究对象选取

荷兰高等教育主要分为科研型高校（大学，即

universiteit）及实践型高校（应用科学大学，即 hoge-school）。其中有三所高校设有风景园林学专业及学位点，分别为代尔夫特理工大学（Delft University of Technology，以下简称代大）、瓦格宁根大学及研究中心（Wageningen University and Research，以下简称瓦大）及阿姆斯特丹建筑学院（Amsterdam Academy of Architecture，以下简称阿建院）。另外也有部分高校虽设有风景园林相关研究方向，但并不授予风景园林学位（表1），如格罗宁根大学（University of Groningen）空间规划设计研究中的景观及景观历史方向、莱顿大学（Leiden University）遗产与社会研究中的景观变迁方向。从高校研究生教学及科研体系的角度，本研究选取了代大、瓦大及阿建院这三所设有风景园林学专业及学位点的高校作为研究对象。

2.2 资料收集与分析

这三所高校的资料收集与分析主要分为硕士及博士两个部分。硕士教育体系分析主要从课程设置、特色研究方向、暑期学校及硕士学位论文研究主题四个方面进行。其中前三项资料均源于各高校官网的公开信息，学位论文主题则通过各校档案网站储备的学位论文信息进行收集整理。博士教学研究主要从教学体系及课程设置、科研方向热点及博士论文选题三个方面进行分析。通过对三所高校教学体系的研究，旨在归纳荷兰风景园林学科教育体系框架，探索荷兰风景园林实践及研究发展趋势。

荷兰高校风景园林学相关专业及研究方向设置 表 1

	学校名称	专业（学位点）	研究方向
风景园林学硕士及博士学位	代尔夫特理工大学	景观学（硕士、博士）	
	瓦赫宁根大学及研究中心	景观设计与规划（硕士、博士）	
	阿姆斯特丹建筑学院	景观学（硕士）	
非风景园林学硕士及博士学位	格罗宁根大学	空间规划设计	景观及景观历史
	莱顿大学	遗产与社会	景观变迁
	阿姆斯特丹自由大学	文化景观遗产及历史	
	荷兰应用科学大学鹿特丹学院	景观及环境管理	
	伊拉斯姆斯大学	法律，金融，房地产与自然资源	土地、水与自然资源
	奈梅亨大学	健康景观	
	特文特大学	地理信息科学与地球观测	
	乌特勒支大学	地理学	

2.3 教学经验启示

通过对高校研究生教学及科研体系的研究，分析荷兰风景园林教学主题的侧重、课程设置思路及学生设计项目选题方向性，结合来荷留学的中国学生反馈，探讨中荷风景园林在教学实践与科研中的差异，为我国建设高水平风景园林教学体系提供新思路。

3 荷兰高校风景园林硕士培养方式及研究主题分析

3.1 课程设置分析

除学制及授课语言不同之外，三所院校在课程设置方面也表现出了明显的差异性（表2）。鉴于培养目标的不同，各高校都进行了"量体裁衣"式的课程制定方针。代大及瓦大以课堂教学为主，实践内容相对较少。代大采用了建筑景观、荷兰景观、都市景观三个主题统领风景园林教育。针对具体的主题组织不同课程、工作坊及讲座；瓦大属于传统风景园林教学体系，从历史、方法、设计、专项等各方面组织课程；两所学校都有部分自选课程，可根据毕业设计内容选择相关课程研修（图2）。阿建院整体课程组织与前面两所不同，研究生教学中有一半学分由实践获得，并将风景园林教育拆解成各种小模块进行生态、历史、技术等内容教学，所有学生都需参加所有课程，没有选修课学分。

荷兰三所高校风景园林课程设置 表2

	语言	学分	学制	第一学年	第二学年	第三学年	第四学年
代尔夫特理工大学	英语	120	两年	建筑景观：理论方法、批判思维及设计 Architecture and landscape: theory method and critical thinking, design studio 荷兰景观：理论方法、批判思维及设计 Dutch landscape: theory method and critical thinking, design studio 都市景观：理论方法、批判思维及设计 Urban landscape: theory method and critical thinking, design studio 选修课 Electives	毕业设计 Graduation studio 景观研究方法 research methodology in landscape architecture 景观分析及可视化 LA analysis and visualisation	—	—
瓦格宁根大学及研究中心	荷兰语英语	120	两年	规划及设计实践思考 Reflections on planning and design practices 景观理论及分析 Landscape theory and analysis 规划与设计研究方法 Research methodology for planning and design 景观与规划工作坊 Atelier landscape architecture and planning 专业课程 Specialisation course	毕业设计 Master project landscape architecture 毕业论文 Master thesis landscape architecture	—	
阿姆斯特丹建筑学院	英语	240	四年	空间及场所 Space and place 空间剧目 Spatial repertoire 身体：空间感知 Body objective: spatial perception context 材料：空间语境物化 Material objective: materialisation of space context 生态及生物多样性 Ecology and biodiversity 数字化：图形数据可视化 Digital: graphic data visualisation context 历史：哲学与艺术 History: philosophy and art	街区：都市景观场所 District: place in urban landscape 人与社会 Man and society 实践方法与战略 Practice methodology and strategy 区域设计与研究 Regional design and research 区域研究 Regional research 实习时间 Practice hours	研究与设计 Research and design 时间方法与战略 Practice methodology and strategy 整体设计愿景、计划与细节 Integral design vision, plan, detail 实习时间 Practice hours	毕业设计 Graduation 实习时间 Practice hours

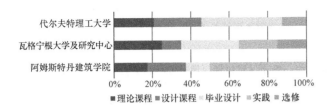

图 2 荷兰三所高校中风景园林学课程类型占比

3.2 特色研究方向分析

尽管这三所高校都设置了风景园林硕士学位，但其教学侧重点各不相同。代大以景观流（Flowscape）作为教学主题，引导学生以"流"的形式对景观动态演变进行研究，并将生态、遗产保护、景观设计等不同内容贯穿其中，侧重于对大尺度景观规划进行探讨，同时强调风景园林规划设计的整体性[11]。瓦大则主要以环境变化及城市转型作为切入点，重点关注理论与实际相结合的热点城市议题，培养学生在实际设计规划中对各类现实性问题的解决能力。相比于前两所高校，阿建院是以美学及设计为基础的风景园林学教育，所选择的主题则更加灵活、多样及机动。

3.3 暑期学校分析

除常规课程外，三所院校均设有不同主题的暑期课程。近年来，代大的暑期学校主要以可持续水资源规划为主题，瓦大以生态及农业规划为主，而阿建大是以国外景观项目学习参观学习作为主要内容。除这三所院校外，荷兰其余高校也有与风景园林相关暑期学校，各高校之间依据内容设置提供互换学分，学生可以根据其研究主题自由选择。

3.4 风景园林硕士学位论文主题分析

荷兰风景园林硕士毕业设计及学位论文大部分属于研究型设计（design by research），引导学生对不同类型的景观问题进行全面深入的研究，归纳有普适性的空间设计方法，再发展其适应性，最终应用在具体的案例中。本研究汇总了代大、瓦大及阿建院三所院校近两年的硕士学位论文，对其选题偏好及热点题目进行分析归纳，其中阿建院 11 篇，瓦大 35 篇，代大 47 篇。在案例选址上，各校均呈现出了明显的国际化趋势，案例不仅局限在荷兰本地，也包括有美国、法国、德国等发达国家以及中国、印度、印度尼西亚、巴西等发展中国家（图 3）。通过对毕业论文的内容分析，可将研究热点归纳为五类：（1）韧性设计（包括景观韧性、基于自然的解决方案、可调节型景观设计）；（2）雨洪管理（包括堤防设计、蓝绿基础设施及水资源设施设计）；（3）景观生态（包括生态服务、生物多样性及生境设计）；（4）城市景观（包括城市社区设计及街景设计）；（5）能源景观（包括循环经济下的景观、城市新陈代谢及风能景观）；（6）人文景观（包含多文化设计及遗产景观）；（7）乡村景观（包含农业规划）；（8）微气候（包括城市热岛）。

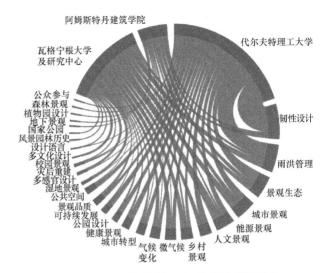

图 3 荷兰三所高校硕士近两年毕业设计论文关键词分析（截至 2021 年 5 月 6 日）

4 荷兰高校风景园林博士培养及科研方向特征分析

相较于强调专业性的硕士教学体系，荷兰高校的博士培养方案更注重提升青年科研人员的综合能力。博士除了进修相关专业课程之外，还需要完成由研究生院提供的能力及技能培养课程。学科混合型的教学模式也为不同学院及不同领域的博士们提供了相互启发学习的机会和平台。本文选取设置风景园林博士学位点的代大及瓦大作为研究对象，从博士课程体系、研究方向、学位论文选题三个方面进行分析。

4.1 博士教学体系及课程设置

根据代大的博士培养计划，学生除进行每日的科研工作并撰写论文外，还需要完成最少 45 学分的课程学习。课程由学校及各学院研究生院提供，包含三类：研究技能类课程——帮助有效推进研究项目和研究工作；通用技能类课程——帮助提高个人综合能力；学科相关技能——拓展专业知识面，提高博士研究质量。风景园林专业的博士可以选修由建筑学院提供的博士课程及部分具有针对性的硕士课程。博士课程设置以设计、规划理论及各类定性定量研究方法为主。学生也可以选修校内其他学院（如：水资源、环境、土木学科的相关课程），以及校外研究机构提供的专业课程（NETHUR 荷兰城市及区域研究院，OSK 荷兰艺术历史研究院的课程等）。此外，参加线上课程或全球各大高校组织的暑期学校也可以获得学分。

瓦大也同样注重培养博士的综合能力，同时强调科研和实践相结合的培养目标。博士生需安排其 15% 的工作时间参加博士培养课程，以及 10% 的工作时间参与科研组及学院的教学任务（如：辅助硕士课程，指导论文等）。研究生院为每位博士提供 2500 欧元的学费预算，学生可以从 10 个不同类别的课程中进行选择，从而实现

"量体裁衣"式的博士培养目标。风景园林专业隶属于环境科学学院，学院不提供专门的博士课程，但是学生可以根据个人的研究方向选择本学院或其余学院相关的硕士课程（如：水文学、文化地理学、森林及自然保护区管理、地理信息系统及遥感、植物及动物生态学、土壤生物学等）。

荷兰代尔夫特理工大学及瓦格宁根大学及研究中心博士课程设置（风景园林相关）　表3

	代尔夫特理工大学	瓦格宁根大学及研究中心
博士教学计划	1. 研究技能类课程： - 研究管理能力（项目管理；资金安排及项目评价等） - 学术思考能力（概念思考；批判性思考等） - 学术态度（学术道德考量等） - 研究数据管理（数据及编码数据的研究方法等） - 实践能力（学术汇报和交流；撰写及发表学术论文；审稿；教学和指导） 2. 通用技能类课程： - 协作技能（人际及学术网络搭建；领导力等） - 教学及指导技能（教学能力；指导能力等） - 有效沟通技能（汇报；写作；语言等） - 自我管理（自治力；时间管理；危机处理等） 3. 学科相关技能 - 各学院的硕士及博士课程（设计及规划分析方法；分区划、地区和网络，及其在城市设计中的应用；建筑及建成环境相关定性研究方法；GIS；前沿建筑理论研讨；城市设计理论，景观及城市设计研究方法） - 其他院校研究学院提供课程（NETHUR 荷兰城市及区域研究学院；OSK 荷兰艺术历史研究学院） - 线上课程（Edx、慕课、麻省理工线上课程、斯坦福线上课程等） - 暑期学校	1. 博士能力评估 2. 写作及汇报培训 （学术写作及汇报要点；撰写基金计划等） 3. 沟通技能培训 （跨文化区别；学术环境下的有效行为表达等） 4. 项目及管理技能训练 （项目及时间管理；文献综述及整理等） 5. 教学技能培训 （非学术教育方法；论文及毕业设计指导） 6. 博士健康保证 （危机应对；压力识别及管理） 7. 道德培训 （植物及环境科学道德；社会科学研究道德等） 8. 职业训练及评估 （职业评估；博士后基金申请等） 9. 其他 （InDesign；英语；GIS；Latex；图书馆使用等） 10. 具体演技方向课程 （相关课程由具体学院承担：生产生态及资源保护；社会科学；动物科学；环境及气候研究；植物科学；生物基、生物分子、食品及营养科学）

4.2　风景园林系主要科研领域及热点

代大风景园林系主要关注发展景观构成及其系统的理论基础，系统性地研究空间要素及其组织方式，并探索如何在城市景观系统中使用这些理论和规划设计方法，促进可持续生活景观的营造，从而满足当代社会需求[12]。近五年已完成和正在进行中的博士科研热点主要包括：绿蓝景观基础设施、都市花园、圩田景观、海岸线景观、韧性景观、遗产景观等（表4）。这些科研项目致力于挖掘景观在空间、时间和物质维度的潜力，结合生态、地理、历史、社会学理论及前沿研究技术，意图实现风景园林专业跨尺度思考、多学科交叉的发展目标。

瓦大风景园林及空间规划系主要针对景观特征及其发展过程进行系统地分析和研究，为有效应对气候变化，提升人居环境质量，提供理论支持及实践策略。大部分研究项目是与政府、相关科研及咨询单位合作进行的，提倡响应式、多学科协作式的研究及规划设计方法，理解和激发景观的社会经济效应，减轻土地使用对环境的负面影响。当前的博士研究方向主要包括三类：气候适应性研究、乡村转型研究和城市发展研究。

代尔夫特理工大学及瓦格宁根大学及研究中心风景园林系主要科研领域及方向　表4

	代尔夫特理工大学	瓦格宁根大学
主要科研领域	景观构成及系统（Landscape Compositions & Systems）： 1. 理论基础 Foundation 2. 景观构成 LARCH-Compositions 3. 城市景观生态 Urban Landscape Systems（韧性景观、城市生态、城市林业等）	景观特征及过程（Landscape Features & Processes）： 1. 气候适应性研究 Climate Action 2. 乡村转型研究 Countryside Transitions 3. 城市发展与流动研究 Urban Developments and Mobility
具体研究方向	- 景观意向（landscape imagination） - 都市花园（metropolitan gardens） - 视觉景观研究（visual landscape research） - 韧性海岸景观研究（resilient costal landscapes） - 遗产景观（heritage landscapes） - 城市生态（urban ecology） - 城市林业（urban forestry） - 水景观（waterscapes）	- 城市气候/水问题（urban climate/water） - 能源转换/能源景观（energy transitions/ energy landscape） - 生态多样性保护（securing biodiversity） - 循环农业（circular agriculture） - 文化生态系统服务（cultural ecosystem services） - 城市形态发展的管理模式（modes of governance） - 可持续及包容的流动性（sustainable and inclusive mobility）

4.3 风景园林博士学位论文选题分析

根据各院校博士学位论文题目词频的分析结果显示，荷兰高校风景园林博士研究均紧追前沿热点话题，联合各学院学科优势及特色，创建了理论、技术、实践相结合的良性科研生态（图4）。2015～2021年，在代大景观系完成和正在进行中的博士论文，共计13项。其中，关注

不同景观类型"设计方法""规划策略"的研究占比较高。此外，对"图解""GIS"等技术方法的探索和应用在博士研究中也很普遍。同时间段内，瓦大风景园林及空间规划系参与指导博士论文，共计17项。约三分之一的博士研究关注到了"城市""绿地""气候"等全球热点问题。同时，"绿色基础设施""具有适应性/动态变化的规划政策"也是博士主要研究方向。

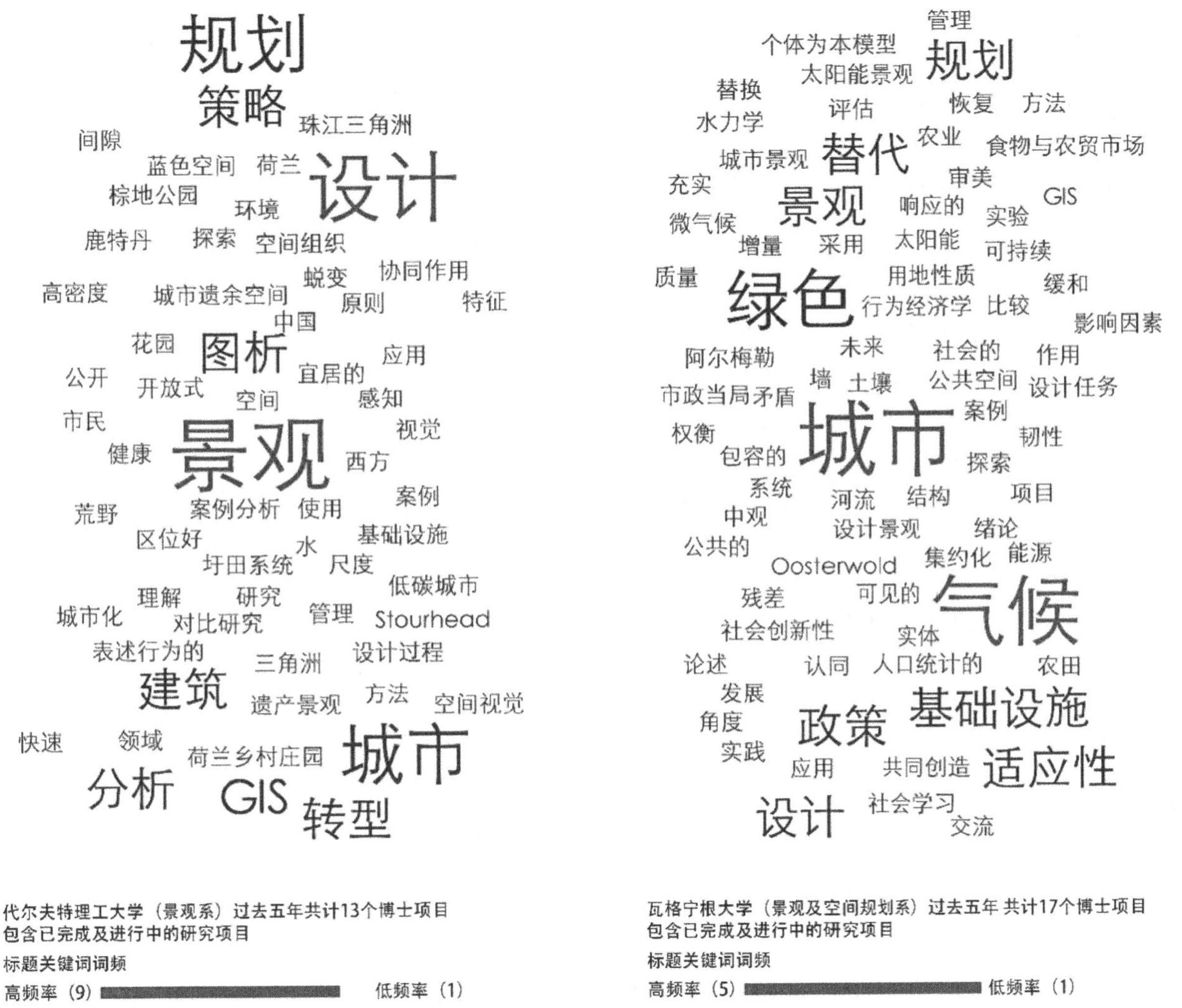

代尔夫特理工大学（景观系）过去五年共计13个博士项目
包含已完成及进行中的研究项目

标题关键词词频

高频率（9）━━━━━━━━━━━ 低频率（1）

瓦格宁根大学（景观及空间规划系）过去五年共计17个博士项目
包含已完成及进行中的研究项目

标题关键词词频

高频率（5）━━━━━━━━━━━ 低频率（1）

图4　2015年至今代尔夫特理工大学及瓦格宁根大学及研究中心风景园林
博士学位论文题目词频分析（截至2021年5月6日）

5　荷兰风景园林研究生教学经验启示

本文选取荷兰三所设有风景园林学研究生学位点的高校做为研究对象，剖析其研究生教学及科研体系。首先，通过比较各校课程设置、特色研究方向及暑期学校，归纳荷兰风景园林学科教育体系框架；其次，通过分析近年研究生毕业设计及论文中所选取的不同研究主题，探索荷兰风景园林实践及研究发展趋势。通过比较分析，荷兰风景园林教育具有多样互补及协作共通的特征，我国风景园林研究生教学可以结合其经验进行潜力优化。

5.1　多样互补的课程设置

相较于构建综合全面的培养方案，荷兰高校更倾向于强化优势学科，发展特色鲜明的风景园林教学系统。在硕士教学过程中，应用技术类院校采用模块式课程设置，内容涵盖风景园林的生态、历史、技术等内容。大量的实践学分也促进了学生在实际的设计项目中有效地将理论知识和实践操作结合起来。研究类院校侧重帮助学生在教学过程中获得完整的创作体验，通过设置不同主题的工作坊，完成从理论、设计语言、设计思维到具体问题解决实操的全方位学习。在博士教学过程中，荷兰高校格外关注对青年科研人员综合能力及素质的培养，大量通识类、专业类、个人能力提升类课程供学生自由选择。同时

在科研题目的选择上，建筑类院校更关注探索风景园林规划设计的空间本质，农林类高校则结合其自然科学优势，着重研究当下严峻的城市景观问题。荷兰高校具有多样性的风景园林研究生教学体系，各高校有不同研究侧重点及培养方式，不仅在内容上丰富了学科的知识结构，也促进了高校间的教学及科研互补及优化。

5.2 协作共通的校际合作

在过去的几个世纪里，荷兰的高校办学从不盲目追求扩大规模，而是专注于发展优势学科，通过促进高校间紧密协作，优化及完善教学体系。由荷兰四所顶级工科院校成立的4TU联盟很早就实现了学分互通，项目联合的合作教学模式。针对风景园林教育，荷兰风景园林联盟（Dutch School of Landscape Architecture）将荷兰五所高校的风景园林专业联系起来，除针对日常教学任务互通有无以外，也经常组织举办特色专题研讨会，邀请各界专家学者分享知识经验，有效地实现了多学科交叉，全境教育机构紧密协作的目标。此外，荷兰高校也非常注重与社会各界的合作共通。在教学上，邀请荷兰顶级设计事务所的设计师们走入高校，举办讲座，指导学生设计作业。在科研上，大量的研究项目是由高校、政府、企业通力合作推进的，在紧咬当下社会需求的同时，也可以保证科学研究的实践性，实现"产-学-研"三位一体的协作共通模式。

5.3 立足荷兰经验的风景园林研究生教学潜力优化

纵观中荷两国的风景园林专业教育现状，不乏有很多相似之处：理工类、农林类、艺术类院校不同侧重的教学方向为风景园林专业教育的生态提供多样性，但现有高校风景园林专业教师多来自设计学相关背景，在教学过程中，面对越来越复杂的景观规划设计需求及多学科交叉的专业性问题时，不能及时进行准确完善的指导。在荷兰的中国硕士留学生，也普遍表现出空间设计能力优秀，但复杂问题分析及解决能力欠缺的现象，缺乏更全面的专业素质[13]。在面对此类问题时，荷兰的教学经验是在本科及硕士教学过程中，开展跨学科教学环节，邀请建筑、规划、城市设计、景观生态学、水环境资源、社会学等相关领域的专业老师，进行专题讲座或直接参与到设计课程中，达到帮助学生完善知识体系，提高处理景观复杂性能力的教学目的。此外，参考荷兰高校的博士培养方案，中国高校也应该积极考虑将更多通识类课程纳入教学体系。提高博士在研究方法、研究思维、学术道德、个人发展等方面的综合能力素质，为培养更多有正确科研价值观、创造力以及独立性的青年科研人才提供支持。

图表来源：
（1）本文所使用图片均由作者自绘。
（2）本文所使用表格均由作者汇总及绘制。

参考文献：
[1] 张晋石. 荷兰现代景观设计概览[J]. 中国园林，2003，19（12）：4-10.
[2] 保罗·罗肯，张晋石. 荷兰人是怎样设计崇高的景观：荷兰风景园林简史[J]. 风景园林，2008（5）：34-44.
[3] 张晋石. 20世纪荷兰乡村景观发展概述[J]. 风景园林，2013（4）：61-66.
[4] 刘滨谊. 学科质性分析与发展体系建构：新时期风景园林学科建设与教育发展思考[J]. 中国园林，2017（1）：7-12.
[5] 采访：张博雅，校对：宋岩. 改变景观的力量——德克·西蒙斯教授专访[J]. 风景园林，2019（1）：10-21.
[6] 采访：张博雅，校对：宋岩. 大尺度景观规划设计的思想与实践——荷兰风景园林师瑞克·德·菲索专访[J]. 风景园林，2019（7）：64-73.
[7] 高州锡，傅凡. 在荷兰，眼睛在思考——荷兰普通景观的赞歌[J]. 风景园林，2008（5）：45-52.
[8] 戴代新，侯昭薇，李华威. 匈牙利圣特伊斯特万大学风景园林教学体系引介[J]. 风景园林，2019（S2）：89-94.
[9] 陈弘志，林广思. 美国风景园林专业教育的借鉴与启示[J]. 中国园林，2006（12）：5-8.
[10] 王敏，邱明. 欧美高校风景园林研究生生态教学体系及启示[J]. 风景园林，2018（S1）：40-46.
[11] Nijhuis, S, & Jauslin, D. Urban landscape infrastructures. Designing operative landscape structures for the built environment. Research In Urbanism Series [J], 2015 3(1), 13-34.
[12] Nijhuis, S & Jauslin, D. Flowscapes. Design studio for landscape infrastructures. Atlantis. 2013 23 (3)；60-62.
[13] 刘滨谊. 风景园林学科专业哲学：风景园林师的五大专业观与专业素质培养[J]. 中国园林，2008（1）：12-15.

作者简介：
宋岩/男/蒙古族/荷兰代尔夫特理工大学在读博士研究生/水绿生态智能分实验中心/研究方向为城市生物多样性设计及城市新陈代谢评价/yan.song@tudelft.nl。

通信作者：
刘美/女/汉族/博士/荷兰代尔夫特理工大学博士后研究员/研究方向为空间视觉景观及数字化图析方法。

千年风景园林学的变与不变^①

The Change and Unchange Character of Landscape Architecture

吴承照* 翟宇佳

同济大学建筑与城市规划学院景观学系

摘 要：风景园林学最有代表性的专业标志是古典园林，古典园林的核心价值如同经典名著一样，时读时新。人与自然和谐共生是风景园林的根本使命，游憩境域是风景园林追求的终极目标。现代游憩理论认为游憩具有多重价值，从个人身心再生拓展到社会健康疗愈、生态与文化体验、知识与科普教育，游憩空间从纯粹的园林境域扩展到各类生产生活与社会公共空间，这类空间的风景营造均具有独特的游憩价值而成为游憩境域。时代在变，风景园林学科面对问题复杂性在变、空间类型在变、空间尺度在变、思想理论在变、方法技术手段在变，但自然共生理念不变，心物合一不变，游憩境域终极目标不变。风景园林思想的开放性、空间形态的收敛性与意境的无限性、形态营造的技巧性是其生命力的核心。未来风景园林学的持续发展在于保持变与不变的统一的定力，推陈出新。

关键词：风景园林学；核心理论；游憩境域

Abstract：The most representative professional symbol of landscape architecture is the classical garden, whose core value is as new as the classic novels. The harmonious coexistence of human and nature is the fundamental mission of landscape architecture, and the recreation jingyu is the ultimate goal pursued by landscape architecture. Modern recreation theory thinks recreation has connotation of multiple value from personal regeneration of body and mind to social health and healing, ecological and cultural experience, knowledge and popular science education, recreation space from a purely garden jingyu extends to all kinds of production and living and social and public space, this kind of space landscape construction has the unique recreation values as recreation jingyu. The times are changing, and the subject of landscape architecture is facing problems with changing complexity, spatial types, spatial scales, ideas and theories, as well as methods and techniques. However, the concept of symbiosis of nature, the unity of mind and matter, and the ultimate goal of recreation jingyu remain unchanged. The core of the vitality of landscape architecture is the openness of its ideas, the convergence of its spatial form, the infinity of its artistic conception and the skill of its spatial construction. The sustainable development of landscape architecture in the future lies in maintaining the unity of change and immutability and sustainable creating the new from the old.

Keywords：Landscape architecture；Theory character；Recreation Jingyu

世界风景园林学发展一个重要特点是二快一慢：实践领域拓展快、信息技术应用快、理论更新比较慢。用广泛的实践对象定义风景园林学内涵，使得风景园林学是一个包含一切的学科，表面的繁荣容易导致思想的混乱，容易迷失学科的本质和核心，把五彩缤纷的枝叶误认为是起核心支撑作用的根和干，把相关学科的理论作为风景园林学科的核心理论，使风景园林学科有一种被空心化的趋势。产生这种现象的根本原因是学科自身理论研究的深度和广度不够，理论发展落后于实践发展。从现有古典园林史各类著作来看，基本上都聚焦在风景与园林内部空间结构及其特征上，对风景园林与区域环境关系、各类人居与自然环境空间关系的研究深度和广度不够、理论总结不系统。中国古典园林经过 2000 多年的沉淀具有深刻的思想哲理和成熟的技能方法，这种思想不仅仅局限于园林围墙内，大尺度人居环境选址与建设均有深厚的风景园林思想与方法支撑，但风景园林史对此的总结不够，反而成为相关学科研究热点与重点，工业文明阶段的园林更是如此。21 世纪人类自身反省与生态文明的

主动提出，风景园林学的机遇与挑战并存，风景园林学如何走出围墙就是一大挑战，大理论小实践的状态必须改变，必须准确把握风景园林学的变与不变的轴心，系统深入建构风景园林学理论，真正做到坐怀不乱、静观天下、进退有序的学科发展格局。

1 风景园林理论基点与理论体系

1.1 游憩境域的普遍性

回顾风景园林发展历史，无论是农业文明时代的皇家园林、私家园林，还是工业文明时代的公园绿地、公共开放空间系统，现代生态文明时代的自然保护地系统、公园系统、绿道系统、大地景观系统等，其共同特点均是游憩境域的追求[1,2]，游憩境域作为一个基本空间载体，在此基础上赋予其政治、社会、文化、生态、和谐等宏大意义上的价值内涵。游憩境域在空间上分为四个层次：微尺度的庭院空间、小尺度传统园林与绿地空间、中尺度公园

① 国家自然科学基金项目"国家公园规划与管理"（项目编号：20FGLB014）资助。

与公共空间系统、大尺度国家公园空间和区域景观空间，区域景观空间可能是农业生产空间、工业园区空间、城乡一体化空间等，风景园林对这类空间规划设计的介入，设计思路均是保持基本功能不变的前提下运用自然要素作为空间组织材料来提升生产空间的审美价值和社会文化价值，使其具有特别的游憩价值，把生产空间转化为生活空间的组成部分，缝合功能分区所产生的空间隔离问题。

1.2 游憩境域的时代需求

在风景园林实践类型广泛多样的形势下，建立风景园林学的统一理论体系，必须找到统一的价值追求和价值支点，在人与自然多重关系建构中风景园林学追求的是人类生活与自然系统的空间关系[3]，不同时代人类所面对问题不同，生活需求不同，风景园林空间类型也不相同。农业社会人类利用自然资源能力有限，也因此大尺度自然生态系统稳定性没有受到冲击，社会阶层分化引致的闲暇时间与财富分化，导致游憩权利的不平等，权势阶层追求精神享乐的园林游憩空间；工业社会城市生态恶化，全社会迫切需要公共绿色空间系统化解污染环境，提供可以呼吸的绿色生活和压力缓解空间；后工业社会地球生态系统危机直接影响人类生存与健康，人类健康危机与环境恶化是风景园林学面对的社会现实，探讨生态保护修复与健康生活的复合空间、整合破碎化的城市公共空间是当代风景园林师的历史使命[4-6]，景观空间类型多样，但本质上殊途同归。

1.3 风景园林价值多重性与核心价值

风景园林的出发点是人地关系的境域空间营造，对于风景园林学来学，这个境域的核心是人地交互作用所形成的意境，风景园林规划设计目标是以空间建构自然与游憩的交互机制创造创新多元价值：社会价值、文化机制、经济价值、生态价值、健康价值等。对自然和人类游憩规律的认识水平决定了风景园林学科发展水平，决定风景园林师设计作品的水平。中国古代对自然规律的认识已经达到很高水平，自然是一个多维度、多层次、多结构的客体，自然之物、自然之象、自然之形、自然之质、自然之美、自然之声、自然之道，自然不仅仅是生态的自然，也是物理的自然、心理的自然、精神的自然、社会的自然、健康的自然。王向荣教授把自然分为第一、第二、第三、第四自然[7]，不同类型自然具有不同的景观特质，需要用不同的设计手法突出特质，不同性质、尺度的自然空间对应的价值观与设计方法均不相同，不能用同一种方法或符号设计所有的自然景观。否则是毁灭地方特质、毁灭地域文化。经过风景园林师的设计，每一类自然具有四重境界：生境、物境、情境、意境（王昌龄《诗格》），实际上，游憩功能介入后又产生一种境界：流境，这是一种动态的、流变的心境，有学者称之为虚境。

游憩境域①是一个综合性的概念，是一种风景信息场域，需求-行为-品质-空间四位一体，是人与自然交互空间，是生态空间、物理空间、心理空间、精神空间的复合空间，同风景园林学的学科性质形神一致，意趣统一，是风景园林学大树之根，由此生长多个枝干：游憩学、境学、生态学、文化学、空间营造、园林设计、景观规划设计、景观管理以及丰富多样的风景园林空间类型体系等。游憩既是需求又是行为，既是目标又是动机，既是日常生活方式又是精神与健康生产方式，其学术定义是闲暇时间内积极健康的生理、心理和精神健康活动以及文化体验、知识学习活动，个人、家庭与社会是游憩需求行为的三类主体。

风景园林空间具有多元价值，这一点是社会广泛共识，在众多文献中均赋予风景园林空间以社会价值、文化价值、生态价值、政治价值和经济价值等，从传统的艺术价值拓展到社会、生态、文化等多元价值，视野开阔了，思维开放了，风景园林的社会责任更大了；但这样的定义也带来了沉重的科学问题、职业问题、社会认同问题，泛泛的社会价值、文化价值、生态价值给风景园林背上沉重包袱，风景园林教育肩负重责，负重前行，依然产生思想混乱与迷茫，所以在强调多元价值的同时更要聚焦核心价值。

风景园林学的核心理论是游憩境域营造理论，风景园林师广泛的实践空间其共同特点是游憩境域的创新、创意、创造，农业空间、工业空间、城镇公共空间等通过风景园林师的设计改造，共同目标是追求游憩境域环境空间，这正是风景园林的核心价值所在。在满足生产功能的同时提升生产空间的艺术价值、游憩价值。

2 风景园林空间与生态空间的关系

2.1 生境是风景园林空间基础

风景园林学的学科归属是工学、林学，人文性与人文关怀是其突出特征，园林空间营造是学科的核心传统，生态学的学科归属是自然科学、生命科学，自然机理与演化规律探索是其突出特征，科学实验是未来学科发展的核心方法。当然风景园林学近20年发展的一个重要特征也是科学实验的加强。人地关系的多维度机理研究是风景园林实验科学发展的主要特征和趋势。

孙筱祥先生提出风景园林三境理论：生境、画境、意境，风景园林空间与生态空间关系正是其中的生境关系，在风景园林学视野中生态空间是风景园林空间的基础，风景园林师用自然要素创造、表达人文情怀的美学空间、精神情感空间，顺应自然规律的人为空间才具有可持续性，维护成本才最低。画境是中国传统的审美心理，是风景园林空间评价的一个基本标准尺度，按照格式塔心理学来解释，画境是一种心理场，是一种综合审美感受，是超越物理空间的心理空间，意境是具有哲学意义的精神空间[8]，对个人与社会有积极的启发、教育价值。画与意是以自然为基础，对自然系统天性的领悟取决于对自然规律的认知水平及其本质特征的感知程度，天性要求设

---

① 境域这个词的英文翻译用中文拼音 jingyu。

计师寻找对深刻的感受进行表达的方式，遵律塑形，天人物共生，"天性为神，人性为气，物性为形"[1]。由天性的指引创造出来的这些闲适的风景才是产生生理和心理双重愉悦的丰富源泉，中国园林中那些质朴、简陋的事物能够产生惊人的美感、无尽的联想和丰富的情感[2]，均是遵循一个共同法则：道法自然。

2.2 游憩行为是三境共生的内在动力机制

景观要素之间的交流关系是中国园林的深层结构，景物的价值不能由客观存在自身孤立地体现出来，它只能体现在景物之间和景物与人的和谐交流之中，这一观念正是中国古典园林设计对世界设计哲学的特殊美学贡献[3]。这段话深刻阐释了风景园林价值产生的内在机制，现代风景园林理论研究对此关注不够。当代对风景园林空间与理论的研究，基本均是对空间属性的思辨与判断，关注的是客体的维度，对物理要素与空间的生态关注、文化关注，忽视了主体维度的深层分析和理论建构，主体的行为方式、主体的外表形象、主体的内涵素质以及空间的行为适应性决定了空间的内在价值与文化沉淀深度；忽视了静态物理空间中同主体行为密切关联的流变空间的关注，实际上适宜的游憩行为创造了空间的价值，丰富了空间的内涵，提高了主体的意境认知。

3 游憩境域是风景园林追求的终极目标

3.1 游憩行为创造风景园林空间的社会人文健康价值

时代发展对风景园林空间提出时代要求，从传统景观艺术美学走向景观游憩健康科学，景观具有促进、改善、调节健康的重要功能，响应世界卫生组织所提出的四重健康需求：生理健康、心理健康、精神健康、社会健康。运动休闲与户外游憩需求驱动风景园林空间的创新与发展，从审美空间拓展到人与环境多维交互的体验空间、社会空间、运动空间。从生态环境空间转向生态服务空间，建立适应多元主体需求的自然、情境、健康的关联交互空间。以自然表达情感，寄情山水，心动自然，体动山水间，意在白云中。

风景园林空间中的主客体关系在自然世界中经历了混沌—分离—融合的过程，风景理念在未来发展中应该成为一种普世的思维方式，如同生态一样成为人类社会共同的行为准则，在各类空间规划设计中均应具有风景思维、游憩思维，把人的心理精神感受与社会互动作为空间品质的重要考量。换一个角度看，就是人类活动的各类空间均应是一种风景空间、游憩空间。

从风景园林价值观来看，什么样的景观空间能够承担如此多元的价值使命？从众多学科特色来看，风景园林学在众多学科中的独特优势是什么？核心竞争力是什么？

从历史发展来看，风景园林具有持续生命力的思想理论与空间是什么？从近邻交叉学科来看，风景园林学同生态学、地理学、环境艺术设计学科相比，特色是什么？

3.2 游憩境域是风景智慧的核心支点

游憩境域的界定是把风景园林协调人和自然之间的关系这一根本使命的领域化、具体化，把户外自然和人工境域的终极功能目标明确化，为规划、设计、保护、建设和管理指出明确的价值导向，把生态、美学、社会、文化、经济、健康价值等战略性、宏观性价值转化为具体的价值载体，落实到功能、行为、景观与空间层次上。众多学者均提出风景园林学是生活境域的规划、设计、保护、建设和管理科学，生活境域是核心。中国古典园林之所以依然在世界上独树一帜，在众多学科中获得首肯，根本原因是中国古典园林如同一本名著一样，常读常新，百读不厌，不同时代可以给予不同解读，对时代发展方向与目标均有重要启示，这是风景园林的立足之本。天人合一的自然观、社会观、文化观、价值观在空间多层次、多要素、多维度上实现四境合一，这是人类生存与发展所诉求的一种智慧-风景智慧，是比生态智慧更高一层的东方文明智慧。自然寓意与精神诉求的统一、自然美与文化美的统一、集约与高效的统一，地域性与普遍性的统一，多重价值的复合与空间的综合利用是风景智慧的核心要义。

3.3 正确理解游憩概念

目前学界对游憩境域没有引起广泛重视，根源在于对游憩一词的理解和认识处于初级层次，把游憩同娱乐活动、休闲行为甚至旅游等同，现代游憩理论发展深刻揭示了游憩的本质特征，游憩是人类生活方式的必要组成部分，游憩是人类身心恢复、健康调整、品质生活与创新研究的必要过程，是马斯洛需求层次同生活空间结构建立联系的重要行为过程，这个行为不仅仅是身体移动过程，更本质的是心理、精神、社会同环境的交互作用过程，过程的层次性和时序性是人居环境空间体系与游憩空间体系组织的内在机制；游憩所承载的社会、健康、文化、经济价值正是风景园林价值观的追求所在，游憩与环境的交互作用是风景园林规划设计方法论的核心，直接影响风景园林师的设计思维方式，这可以从很多知名设计师在其论文及设计作品介绍中感受到这一点，游憩对生态环境的影响机理及其管理策略是世界保护地保护管理的重要理论基础与具体行动指南。

孙筱祥先生在风景园林三境理论基础上提出三美理论，即自然美、艺术美和生活美。自然美是人类面对自然与自然现象所产生的审美意识，艺术美是人类面对人类自身创作的艺术作品所产生的审美意识，生活美是人类面对人类自身的活动和社会现象所产生的审美意识。他认为风景园林学的风景设计（Landscape Design）的美学思想是把自然美和生活美两者结合起来，而人工建造的

① 冯钟平《中国园林建筑》，清华大学出版社，1985年，第34页，转引《景观形态学》154页。
② 吴家骅《景观形态学》，中国建筑工业出版社，1999年，第157页。
③ 吴家骅《景观形态学》，中国建筑工业出版社，1999年，第178页。

风景及园林的设计（Built Landscape and Garden Design）必须把自然美、艺术美和生活美三者高度统一起来而融为一体[9]。境的内在机制是审美，审美的内在机制是景观环境与人的全方位交互作用-游憩行为，不仅仅是视觉行为，不同的行为方式产生不同的美。杨锐教授提出风景园林八境理论体系[10]，这个境是如何形成的呢？无论是理论之境还是实践之境，人地交互作用的游憩效应是关键机制所在。

回顾历史，可以发现自然与人文关系的形态表达和美学追求是风景园林学千古不变的宗旨，风景园林思想的开放性、空间形态的收敛性、蕴涵意境的无限性、形态表达的技巧性是其生命力的核心。风景园林学所追求的人地和谐共生目标不变、心物合一不变，但面对问题复杂性在变、空间类型在变、空间尺度在变、方法技术手段在变。未来风景园林学的持续发展在于保持变与不变的统一的定力，推陈出新，顺势有为。

4 总结

中国古典园林的思想理念与技术方法是风景园林学立足于一级学科之林的重要资本，响应了人与自然和谐共生这一人类日益觉醒的终极哲学命题，为当代国际社会所探讨的基于自然的途径（NbS）提出了一种模式，是东方文明中用自然要素和空间表达、创造人类精神与健康需求的智慧--风景智慧。这种智慧的核心是建构了一套自然共生的理论与实践体系，生态、生产、生活、生命四位一体，时代不同，技术手段不同，空间类型不同，但追求的目标是共同的，核心价值是不变的。新时代风景园林实践类型的广泛性、多样性所折射出的深层理论和专业价值观问题需要深入研究，越是多样越要清醒，分清主次，不能迷失方向。

参考文献：

[1] 汪菊渊. 中国大百科全书 建筑、园林、城市规划卷. 北京：中国建筑工业出版社，1988.

[2] 孟兆祯. 孟兆祯文集-风景园林理论与实践. 天津：天津大学出版社，2011.

[3] 王绍增. 建立完整的风景园林理论体系，中国园林 2009（9）：73-77.

[4] 张晋石，杨锐. 世界风景园林学学科发展脉络[J]. 中国园林，2021，37（01）：12-15.

[5] 刘滨谊. 寻找中国的风景园林[J]. 中国园林，2014，30（05）：23-27.

[6] 郑曦，周宏俊，张同升. 走向现代：1980—2010年中国风景园林学学科蓬勃发展的特征分析[J]. 中国园林，2021，37（01）：33-37.

[7] 王向荣，林箐. 自然的含义. 城市环境设计[J].2013(05)：130-133.

[8] 何昉. 从心理场现象看中国园林的美学思想[J]. 中国园林，1989，5(3)：20-27.

[9] 王绍增，林广思，刘志升. 孤寂耕耘默默奉献—孙筱祥教授对"风景园林与大地规划设计学科"的巨大贡献及其深远影响. 中国园林，2007(12)：27-41.

[10] 杨锐. 论"境"与"境其地". 明日的风景园林国际会议，2013.10.08，2014.11.25万方网络首发.

作者简介：

吴承照/男/汉族/博士/同济大学建筑与城市规划学院/教授/博士生导师/主要从事国家公园规划与管理/风景园林学理论与规划设计研究/wuchzhao@qq.com。

瞿宇佳/女/汉族/同济大学建筑与城市规划学院景观学系副教授。

通信作者：

吴承照/男/汉族/博士/同济大学建筑与城市规划学院/教授/博士生导师/主要从事国家公园规划与管理/风景园林学理论与规划设计研究/wuchzhao@qq.com。

我国立体绿化研究热点与趋势的可视化分析

Visual Analysis of Research Hotspots and Trends of Three-Dimensional Greening in China

吴若丽　周建华*　阳佩良

西南大学园艺园林学院

摘　要： 在城市化进程不断加速的背景下，立体绿化作为缓解城市绿化用地不足的有效手段得到广泛关注。为了解风景园林学科下立体绿化近10年的研究进展，以知网2011～2021年收录的1567篇中文核心期刊和学位论文为研究对象，利用Cite Space软件绘制知识图谱进行可视化分析，总结学科研究热点与发展趋势。结果表明，"屋顶花园""绿色建筑""节约型园林""海绵城市"等热点在近10年来被学者高度关注，结合我国当前风景园林学科的发展需求以及立体绿化的实践需求，制定统一规范标准、增加科研创新投入、加强跨领域学术合作以及全民参与共建是未来立体绿化的发展方向。

关键词： 风景园林；立体绿化；CiteSpace；知识图谱；研究热点与趋势

Abstract: In the context of accelerating urbanization, three-dimensional greening has received widespread attention as an effective means to alleviate the shortage of urban greening land. In order to understand the research progress of three-dimensional greening under the discipline of landscape architecture in the past 10 years, 1567 Chinese core journals and dissertations collected by CNKI from 2011 to 2021 are used as the research objects, and the knowledge map is drawn by CiteSpace software for visual analysis and the subject research is summarized. Hot spots and development trends. The results show that "roof gardens", "green buildings", "conservative gardens", and "sponge cities" have been highly concerned by scholars in the past ten years. Combining with the development needs of my country's current landscape architecture disciplines and the practical needs of three-dimensional greening, It is speculated that building unified standards, increasing investment in scientific research and innovation, strengthening cross-field academic cooperation, and public participation in joint construction are the development directions of three-dimensional greening in the future.

Keywords: Landscape architecture; Three-dimensional greening; CiteSpace; Knowledge map; Research hotspots and trends

立体绿化是指平面绿化以外的其他所有绿化方式[1]，利用种植容器将绿色植物延伸至立体空间，减少植物对土地的依赖性[2]，主要类型包括建筑物构筑物顶部绿化、建筑物构筑物垂直绿化、立体交通绿化、护坡绿化等[3]。立体绿化的雏形初现于公元前6世纪古巴比伦王国的"空中花园"。二战结束后，立体绿化几乎同时被应用于德国、意大利、美国、日本等国的战后重建工作并得到迅速发展[4]。我国立体绿化研究较西方国家起步稍晚，真正意义上的发展起步于20世纪70年代[5]，近年来随着城市现代化建设不断推进，生态观念深入人心，立体绿化逐步取得了一些研究成果。

立体绿化对于提升城市绿化覆盖率及空间利用率，改善城市生态环境具有积极推动作用。在生态文明建设背景下，立体绿化的优势日益凸显，国内学者对于立体绿化的关注度不断升高。包志毅、沈姗姗[6]等学者从景观偏好理论的角度深入研究了城市垂直绿化的设计方法；吴玉琼[7]、公超[8]、张小康[9]等学者分别阐述了立体绿化技术在建筑中的应用；徐建峰、黎修东[10]等学者研究了不同LED补光处理对5种垂直绿化植物生长的影响；周蕊[11]、薛伟伟[12]、房华[13]等学者分析并评价了立体绿化产生的生态经济效益。鉴于立体绿化领域的相关文献数

量庞大、重心分散、重复性大，而且目前缺乏对国内立体绿化研究热点与前沿的可视化分析，本文立足于风景园林学成为一级学科10周年这一重要时间节点，利用CiteSpace可视化计量统计方法，结合知识图谱回视2011～2021年我国立体绿化的学术研究历程，厘清学科研究热点与发展趋势，为今后相关研究方向提供参考。

1　数据与方法

1.1　数据收集

以知网为来源数据库，利用高级检索功能，设置主题词为"立体绿化""垂直绿化""屋顶绿化"及"节约型园林"，选取时间跨度为2011～2021年（检索时间为2021年4月11日），选择中文核心期刊及博硕士学位论文为研究样本，共得到有效文献1567篇，全选后以"Refworks"格式导出。

1.2　研究工具与方法

CiteSpace是在Java环境下运行的可视化文献计量与分析软件[14]，本文采用CiteSpace5.7.R2对文献数据进行

可视化分析。Density＜0.02 时，表示合作关系较强。将筛选的 1567 篇文献导入 CiteSpace5.7.R2 软件并按以下参数进行设置：时间跨度为 2011～2021 年，时间切片设置为 1 年，主题词来源选择"Title""Abstract""Author Keywords""Keywords Plus""TopN"设定为 50，其余参数均为默认数值。本研究对发文量、研究作者、研究机构、关键词分别作可视化分析，形成直观的网络关系图谱。

2　研究现状

2.1　发文量分析

将所获得的文献分为期刊论文和学术论文两类，用 Excel 汇总数据，得到 2011～2020 年（由于 2021 年尚无法得到全年数据，故此处不作统计）立体绿化领域相关文献发表数量的年变化趋势图（图 1）。从图中可以看出，学位论文发文量年际变化无明显波动，总体发文量变化趋势与学位论文发文量波动情况基本一致。总体发文量在 2016 年之前整体呈现上涨趋势，两次峰值分别出现在 2013 年和 2016 年，其中 2016 年发文量最多，达到 216 篇，进一步分析发现自 2010 年世界屋顶大会首次在亚洲（上海同济大学）举办以来，世界屋顶大会连续 5 年（2011～2015 年）分别在海口、杭州、南京、青岛、昆明举办，有效促进了立体绿化领域的国际交流与合作，推动了我国城市立体绿化建设的步伐。2016 年后发文量呈现逐年下降趋势，2020 年总发文量不足 100 篇，近年来学者对立体绿化的关注度有所下降。

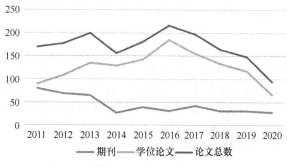

图 1　立体绿化领域发文量年际变化图

2.2　研究作者分析

研究作者合作图谱可以反映出一个领域的突出贡献者及学者间的合作关系。从本研究得到的作者图谱（图 2）中看出，节点大小较为均匀，立体绿化领域的研究作者发文量差距不明显。图谱密度为 0.0021，节点间连线数为 102，作者间关系比较松散，大多作者都选择独立研究，仅部分作者存在研究关联，该领域没有形成稳定的核心团队或明显的杰出代表人物。

2.3　研究机构分析

研究机构合作图谱有助于探究立体绿化领域的前沿机构。通过研究机构合作图谱（图 3）可以看出，立体绿

化领域的研究机构多为高等院校，其中北京林业大学、南京林业大学、浙江农林大学发文量较多，并且发文机构大多都为高校风景园林专业所在院系，学科交叉性较弱。图谱网络密度为 0.0069，节点间连线数为 88，机构间联系不够紧密，各机构间基本处于独立研究或小范围合作状态，缺乏跨区域交流。

图 2　研究作者合作知识图谱

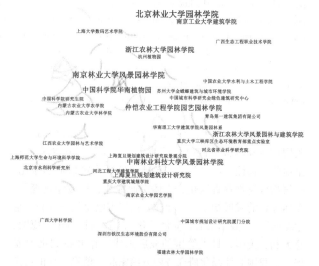

图 3　研究机构合作知识图谱

3　研究热点与趋势

3.1　图谱合理性检验

CiteSpace 软件用模块值（$Q_值$）和平均轮廓值（$S_值$）两个参数指标来判断图谱绘制是否理想。$Q_值$＞0.3 时，划分的社团结构是显著的；$S_值$＞0.5 时，聚类结果一般是合理的；$S_值$＞0.7 时，聚类具有较强的说服力。本研究的图谱生成结果显示 $Q=0.5357$，$S=0.834$，可视化运算结果合理有效。

风景园林学科前沿与热点

3.2 关键词共现分析

关键词共现图谱是通过统计一组文献数据的关键词两两在同一篇文献出现的频率而形成的共词关联网络，可以揭示某一领域的研究热点及相互之间的关系。对1567篇文献进行关键词共现分析，运算结果显示 $N=408$，$E=915$，Density=0.011，表明所有文献共生成408个主题节点，915条连线，密度为0.011。生成的网络图谱（图4）中节点及字体大小表示关键词出现的频次多少，节点越大表示出现频次越多，节点间连线代表节点间的关联性，连线越粗说明节点间关联性越强，外圈为紫色的节点表示高中介中心性词，是该领域最热门的词汇。

图 4   关键词共现知识图谱

对关键词共现结果展开分析，28 个高频关键词可归纳分为三类：第一类为绿化形式，包含"屋顶绿化""立体绿化""垂直绿化""绿色建筑""屋顶花园""居住区""城市公园"，这类关键词表明目前我国立体绿化主要以建筑物为依附，其中尤以居住区为重，优先满足城市居民对于绿色的渴望；第二类为生态策略，包含"节约型园林""生态""节能""海绵城市""生态效益""低影响开发""低碳""生态设计""生态环境""适应性"，在大力提倡生态文明建设的今天，立体绿化开辟了一条绿色节能之路，能够最大限度地节约自然和社会资源，降低热岛效应，促进低碳节约型生态城市建设，这与"海绵城市"及"低影响开发"理念的提出初衷十分契合，因而三者的相关性比较强；第三类为实施手段，包含"植物配置""植物景观""风景园林""景观""景观设计""规划设计""设计策略""应用""园林应用""层次分析法""景观评价"，这类关键词表明我国立体绿化的实施不能一概而论，在植物配置、景观设计与景观评价等方面都要注重策略方法，才能更有针对性地发挥立体绿化的生态、社会、经济和美学效益。

3.3 关键词时间序列分析

关键词时间序列图谱是将关键词按时间顺序平铺展开，时间线上排列着某段时间包含的热点主题词。对1567篇文献进行关键词时间线分析，生成关键词时间序列知识图谱（图5），呈现2011～2021年立体绿化领域高频关键词的时间演变趋势。图中节点位置代表关键词首次出现，节点直径大小表示该关键词被文献引用的频次高低。

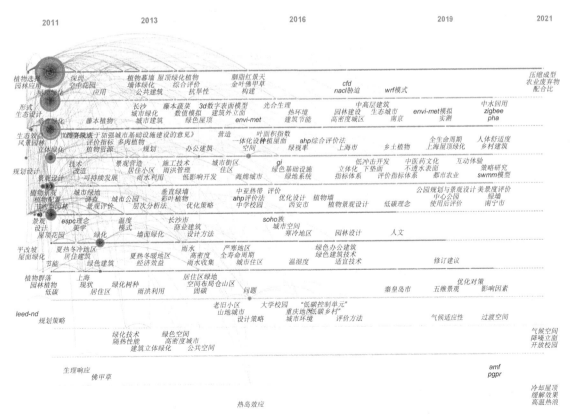

图 5   关键词时间序列知识图谱

分析表明我国立体绿化领域的研究体系正不断健全与丰富。根据关键词时间序列分析结果以及近年来我国立体绿化实际发展情况，近10年来我国立体绿化的相关研究可划分为三个阶段：

（1）萌芽阶段（2011～2013年）：这一阶段学者对立体绿化领域做的研究涵盖面较广，包括"规划设计""景观设计""城市绿地调查""美学""城市绿化"等基础理论概念；"空中花园""屋顶花园""绿色建筑""植物幕墙""居住小区""墙面绿化"等绿化种植空间及应用形式；"生态设计""生态效益""可持续发展""雨洪利用""隔热性能""节约型园林""节能""技术改造"等生态环保理念及相关技术措施。此阶段我国立体绿化研究刚刚起步不久，研究领域有所拓展，研究方向尚不明确。

（2）成长阶段（2014～2016年）：从发文量变化趋势图可以看出，这一阶段处于立体绿化研究高峰期，尤以2016年势头最猛。对此阶段时间线内的关键词进行总结分析，发现主要包含两方面的研究内容，一是"海绵城市""低影响开发""雨水收集""绿色基础设施""建筑节能"等生态节约型城市发展要求，学者逐渐在国家生态文明建设相关政策的引领下开展立体绿化研究。二是"屋顶绿化植物""叶面积指数""抗旱性""固碳""全寿命周期""温湿度"等立体绿化要求的植物生理指标，以求在保证植物存活率的前提下，在不同立体绿化区域选择最适宜的植物，产生足够的生态效益。此阶段立体绿化的研究不再是漫无目的地分散式研究，而是逐步转向政策引导、生态节约、植物选择与参数化控制等方向。

（3）调整阶段（2017至今）：从这一阶段出现的"立体化指标体系""不透水表面""低碳理念""全生命周期""使用后评价""评价方法""气候适应性""WRF（天气预报）模式""envi-met（城市微气候仿真软件）模拟实测"等热门词汇来看，这一阶段的立体绿化研究是基于上一阶段的研究成果而做出一定调整，针对前一阶段遗留的问题继续深入探讨，研发更先进的数值模拟技术，提出更优化的实施技术措施，建立更完善的立体绿化研究网络体系，并有突破研究局限，将更多相关学科融入立体绿化研究的趋势。

4 讨论与展望

4.1 总结与讨论

通过对国内2011～2021年的1567篇立体绿化相关文献整理分析，发现国内立体绿化相关研究内容不断丰富，研究范围和研究视角也逐渐拓宽，但我国立体绿化的研究及实践仍处于探索阶段：

（1）目前，德国、美国、日本、新加坡等国已具备了从国家到地方、自上而下的完整法律规范支撑，由政府主导，将立体绿化纳入城市发展规划并在长期实践中调整激励和援助政策，不断扩大公众在立体绿化发展中的参与度。从文献数量的时间变化可以看出，我国在立体绿化的研究力度在近五年有所下降，这在一定程度上反映出政策引导不足、社会公众意识缺乏的问题。虽然我国参考

美国LEED[15]、WELL标准[16]及日本CASBEE评价体系[17]，分别于2006年、2014年、2019年先后更新了3版的我国现行国家标准《绿色建筑评价标准》GB/T 50378—2019[18]，北京、上海、广州、深圳等一线城市也先后出台了屋顶绿化地方性规范条例来推动城市立体绿化建设，但由于相关政策中多含"建议""提倡""鼓励"等字眼，强制性不足，再加上地方性条例缺少统一的定性、定量评判标准，许多城市的立体绿化面积折算及补贴标准不一致，且缺乏基本的法律依据，推行效果不尽人意。

（2）从研究学者及研究机构合作图谱中看出，我国立体绿化领域没有形成明显的代表人物及核心团队，研究力量主要分布在高等院校，作者和机构呈现"整体分散、部分集群"的碎片式布局，缺乏团队合作交流，没有稳定的信息交流枢纽及合作交流平台，导致立体绿化领域信息不畅通，无法促进国内外相关学科及科研机构交叉融合，开创新的研究路径。

（3）阅读近10年来关于立体绿化的部分文章内容不难发现，大部分文章集中于理论研究，结合实际案例的文献较少，说明我国城市立体绿化的规模还远远不够，尽管许多大中型城市依托居住区、商业写字楼、购物广场等城市主体建筑开展立体绿化建设，但仍不免伴随着投资高、技术难度大、工程量大、资源消耗多等难题，而且不同区域、不同空间尺度的建设需求也不尽相同，因此国内立体绿化领域的实践之路任重而道远。

4.2 未来展望

结合分析结果，对我国立体绿化未来发展提出以下几点建议：（1）充分利用互联网平台加强宣传与推广，增强全民参与城市立体绿化建设的意识，同时做到信息公开透明、拓宽公众参与渠道；（2）加强法律层面的建设与管理，加快建设一套由政府统筹的中国特色立体绿化长期实践规范标准，可以设置专门的组织机构从事立体绿化的标准制定、技术推广及监管实施工作，包括规定绿化面积基准、修建者义务、惩罚措施、提供资金援助、容积率奖励等，以此来保障立体绿化工作的稳步推进；（3）在学习和借鉴国外技术及经验的同时，加大科研创新，加大资金投入和补贴力度，吸引高科技人才投入立体绿化建设；（4）建立专门的科研机构，搭建技术服务平台，并通过举办学术会议、学术讲座、学术访问等鼓励加强团队合作交流，促进多学科交叉融合，推进学术共同体建设。希望未来我国立体绿化深入推进理论研究与特色实践相融合，朝法制化、多元化、规模化方向不断进步，走出一条新时代中国特色立体绿化可持续发展道路。

图表来源：

图1～图5均由作者自绘。

参考文献：

[1] 中华人民共和国住房和城乡建设部.CJJ/T 91—2017风景园林基本术语标准[S].北京：中国建筑工业出版社，2017.

[2] 肖寒.城市空间立体绿化的模式与未来的发展[D].北京：

北京林业大学，2012.

[3] 李晓莹. 立体绿化在城市中的研究与应用[D]. 青岛：青岛理工大学，2015.

[4] 祝丹，张会磊，徐宏浩. 国内外城市立体绿化现状的比较研究[J]. 沈阳：沈阳大学学报(社会科学版)，2012，14(04)：140-142.

[5] 孟晓东，王云才. 从国外经验看我国立体绿化发展政策的问题和优化方向[J]. 风景园林，2016(07)：105-112.

[6] 沈姗姗，黄胜孟，史琰，包志毅. 基于景观偏好理论的城市垂直绿化设计方法研究[J]. 风景园林，2020，27(02)：100-105.

[7] 吴玉琼. 垂直绿化新技术在建筑中的应用[D]. 广州：华南理工大学，2012.

[8] 公超. 建筑外立面垂直绿化技术研究[D]. 北京：北京林业大学，2015.

[9] 张小康. 建筑立面垂直绿化设计策略研究[D]. 重庆：重庆大学，2011.

[10] 王佳，许建新，罗旭荣，徐建峰，王玲玲，黎修东，戴耀良，李诗刚. 不同LED补光对5种垂直绿化植物光合特性及生长的影响[J]. 安徽农业科学，2013，41(25)：10221-10223.

[11] 周蕊. 生态理念下公共空间室内的垂直绿化设计研究[D]. 唐山：华北理工大学，2019.

[12] 薛伟伟. 建筑垂直绿化降温效果研究[D]. 合肥：合肥工业大学，2016.

[13] 房华. 构筑生态环境——室内立体绿化景观设计研究[J]. 生态经济，2016，32(09)：220-224.

[14] Chen C. Searching for intellectual turning points：Progressive knowledge domain visualization[J]. PNAS，2004，101(1)：5303-5310.

[15] LEED V4 BD+C[s]. 美国：USGBC，2016.

[16] IWBI. The WELL Building Standard V1.0[S]. New York：Delos Living LLC，2016：1-60

[17] Comprehensive Assessment System for Builting Environment Efficiency[EB]. 日本：JSBC，2011.

[18] 中华人民共和国住房和城乡建设部. GB/T 50378-2019 绿色建筑评价标准[S]. 北京：中国建筑工业出版社，2019.

作者简介：

吴若丽/女/汉族/西南大学园艺园林学院在读硕士研究生/研究方向为风景园林规划与设计/1054992469@qq.com。

通信作者：

周建华/男/汉族/博士/西南大学园艺园林学院教授/研究方向为风景园林规划与设计/304172918@qq.com。

基于多目标优化的成都东部新区生态网络构建研究[①]

Research on the Construction of Ecological Network in the Eastern New District of Chengdu Based on Multi-objective Optimization

肖睿珂[1]　王宏达[1]　冯　黎[2]　李　雄[1]*

1 北京林业大学园林学院；2 成都市公园城市建设发展研究院

摘　要：生态网络的构建在城市规划中发挥重要作用，从单一目标搭建城市生态网络较为片面，而多目标优化的生态网络构建能综合多种条件达到协同增益效果，但目前研究与实践较少。本研究以成都市东部新区为例，基于生态网络中生态源地、生态廊道、生态节点三个层级不同的需求特点分别进行多目标优化：即以"生态结构系统性"（MSPA 模型）、"生态服务科学性"（In VEST 模型）、"生态斑块连通性"（景观连通性指数）为目标进行生态源地的识别与优化；"以能量流动高效性"（MCR 最小阻力模型）、"生态服务科学性"（In VEST 模型）、"黏合强度重要性"（重力模型）为目标进行生态廊道的识别与优化；以"生态网络完整性"（踏脚石和断裂点补足）和"生态服务科学性"（In VEST 模型）为目标进行生态节点的识别与优化。结果表明：成都东部新区生态区域破碎化较严重，连通性欠缺；通过识别生态源地 275 个（19 个核心生态源地），158 条生态廊道（19 条关键生态廊道）、生态节点 88 个（38 个重要生态节点）构建多目标优化下成都东部新区生态网络，并计算网络连接度证实多目标生态网络构建的有效性，以期为成都东部新区调整生态结构与城市生态高质量发展提供科学依据。

关键词：生态网络；多目标优化；东部新区；风景园林

Abstract：The construction of ecological network plays an important role in urban planning. The construction of urban ecological network from a single goal is more one-sided, while the construction of multi-objective optimized ecological network can synergize multiple conditions and gain synergy, but lacks research and practice currently. This study takes the Eastern New District of Chengdu as an example, and performs multi-objective optimization based on the three different levels of demand characteristics of ecological source, ecological corridor, and ecological node in the ecological network: identify and optimize ecological sources with the goal of ecological structure systematicness (MSPA model), ecological service scientificity (In VEST model), and ecological patch connectivity (landscape connectivity index); identify and optimize ecological corridors with the goals of energy flow efficiency (MCR least resistance model), ecological service scientificity (In VEST model), and importance of bonding strength (gravity model); identify and optimize ecological nodes with the goal of ecological network integrity (stepping stones and breaking points supplement) and ecological service scientificity (In VEST model). The results show that the ecological area of the Eastern New District in Chengdu is severely fragmented and lacks connectivity; by identifying 275 ecological sources (19 core ecological sources), 158 ecological corridors (19 key ecological corridors), and 88 ecological nodes (38 important ecological nodes) to construct a multi-objective optimization of the ecological optimization network of the Eastern New District of Chengdu, and calculating the network connectivity to verify the effectiveness of the construction of the multi-objective ecological network, we hope to provide a scientific basis for the adjustment of the ecological structure and the high-quality development of urban ecology in the Eastern New District of Chengdu.

Keywords：Ecological network; Multi-objective optimization; Eastern New District; Landscape architecture

生态斑块是构成区域生态体系的核心部分，在生态文明建设战略思想下是衡量区域可持续发展的关键指标[1]，然而快速的城镇化造成了城市生境破碎化[2]，导致城市生物多样性降低与物种灭绝。解决这个问题的方法之一是构建合理的生态网络以增加生态斑块之间的相互联系[3]。城市生态网络系统作为生境中物质、能量、信息交换的重要载体，是维持城市生物多样性的空间保障[4]，因此保护构建合理的生态网络比单纯的保护生境更有意义[5]。随着基于景观生态学"斑块-廊道-基质"理论的生态网络构建研究蓬勃发展[6]，生态网络主要构成要素为生态源地、生态廊道、生态节点，这三个要素的识别优化是生态网络构建的关键。

经典的景观生态学"过程-格局-功能"研究方法[7]同时对生态网络的过程、格局、功能均提出了要求，但目前大多研究从单一目标出发片面地着眼于某一方面搭建城市生态网络，致使有限的城市自然本底资源未能充分调动，甚至与生态网络的其他属性需求产生不可调和的矛盾。而多目标优化则有效规避了单一目标构建网络的视野盲区，能最大限度的统筹现有资源以保证生态网络发挥多重功能，达到协同增益的效果，但目前相关研究极少。因此，本文基于以上两点理论要求，以成都东部新区为例，构建基于多目标优化的生态网络，将生态源地依据

① 基金项目：住房和城乡建设部研究开发项目"基于公园城市构建的城市公园绿地生态服务功能评估技术研究"（编号 2020-K-057）资助。

"生态结构系统性（格局）""生态服务科学性（功能）""生态斑块连通性（过程）"三个目标进行识别优化；生态廊道依据"能量流动高效性（过程）""黏合强度重要性（格局）""生态服务科学性（功能）"三个目标进行识别优化；生态节点依据"生态网络完整性（格局）""生态服务

科学性（功能）"两个目标进行识别优化，并计算网络连接度证实多目标生态网络构建的有效性，以期为成都东部新区调整生态结构与城市高质量发展提供科学依据（图1）。

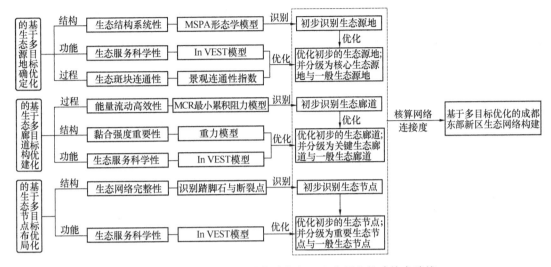

图 1　基于多目标优化的成都东部新区生态网络构建技术路线

1　研究区域与数据来源

1.1　研究区域概况

成都东部新区（104°4′~104°49′E、30°10′~30°54′N）位于四川省成都市，是四川省批复设立的第二个省级新区，区域面积 920km²。成都跨越龙泉山实施东进发展，是推动城市空间格局从"两山夹一城"向"一山连两翼"转变的重要决策。2020 年 5 月 6 日，成都东部新区正式挂牌，按照"双城一园、一轴一带"空间结构布局发展（图2）。

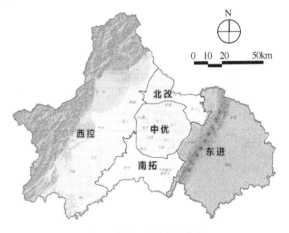

图 2　研究区域地理位置

1.2　数据来源与处理

本研究所用卫星图像均来源于地理空间数据云，获取成都市 Landsat TM 卫星遥感数据，空间分辨率为

30m，根据东部新区研究范围进行裁剪拼接，同时进行大气矫正等预处理。参照《生态十年环境遥感监测土地覆盖分类系统》[8]与成都东部新区实际情况，将研究区域的土地覆被类型分为湿地、耕地、种植园地、林地、草地、建筑、水域、其他 8 类。使用 ENVI5.0 软件对卫星图采用监督分类与人工目视相结合的方法进行解译，总体分类精度控制在 90% 以上。

2　研究方法

因源地、廊道、节点在整个生态过程中的作用存在差异[9]，为弥补单一目标下生态本底识别的误差以及生态结构、功能、过程等方面资源分配的不均衡，实现对有限的资源的最佳调配，充分发挥生态网络的综合功能，故本研究基于多目标对生态源地、生态廊道与生态节点 3 个层次分别进行识别与优先级研判。

2.1　生态源地的识别与优化

生态源地是生态网络最为重要的空间结构骨架[10]，多目标优化方法下生态源地分为识别与优化两个部分。目前生态源地主要运用注重生态空间结构之间相互关系的 MSPA 模型识别方法[11]，缺少对连通功能及生境质量等功能属性的判别。本文在 MSPA 模型基础上基于"生态服务科学性"目标运用 In VEST 模型以及基于"生态斑块连通性"目标依据景观连通性指数将识别出来的生态源地进行优化，补足生态源地对于功能与连通度的需求，三个过程共同作用获得成都东部新区的生态源地。

2.1.1　生态结构系统性（结构）——基于 MSPA 模型的核心区识别

MSPA 是一种基于数学形态学的分类处理方法[2]，

能从形态学的角度较好地识别现状生态的合理结构，依据栅格单元间的欧氏距离阈值，将二值栅格图像分为核心区、孤岛、孔隙、边缘区、桥接区、环道、支线7种要素[12]。将土地覆被分类图中生态潜力良好的湿地、林地、草地、水域作为前景要素，种植园地、建筑、其他土地作为背景要素，生成二值图像，在 Guidos Toolbox 软件中进行 MSPA 空间形态要素分类与识别。其中核心区是较大的生境斑块，为生物多样性提供空间保障，适宜作为网络中的生态源地（图3）。

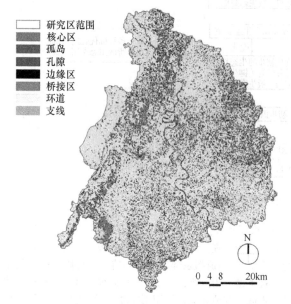

图3 MSPA 景观类型分析结果

2.1.2 生态服务科学性（功能）——基于生态系统服务功能的生态源地优化

生态系统服务能力的高低能够表征生态"功能"的效用[13]，In VEST 是一种生态系统服务评估工具，其内置的生境质量模块能通过土地覆被类型以及生物多样性胁迫因子来定量评估栅格内的生境质量[14]，得到一组 0-1 的生境质量指数。本研究所涉及的相关参数选取主要参考同类研究[15]及 In VEST 模型使用手册，并结合研究区域的实际情况做出调整。选取耕地、建设用地与未利用地作为胁迫因子，同时将各类型土地覆被类型的生境适宜性、胁迫因子、土地覆被类型对胁迫因子敏感度、最大胁迫距离等参数进行模型设置（表1，表2），模型主要运算公式如下[16]：

$$Q_{xj} = H_j \left[1 - \left(\frac{D_{xj}^z}{D_{xj}^z + k^z} \right) \right]$$

式中 Q_{xj}——各土地覆被类型 j 中栅格 x 的生境质量；
k——半饱和参数；
H_j——土地利用类型 j 的生境合适性；
D_{xj}——各土地覆被类型 j 中栅格 x 所受的胁迫水平。

D_{xj} 的计算式为：

$$D_{xj} = \sum_{r=1}^{R} \sum_{y=1}^{Y_r} \left(w_r / \sum_{r=1}^{R} w_r \right) r_y i_{ryx} \beta_x S_{jr}$$

式中 R——胁迫因子；
y——胁迫因子 r 的栅格数量；
Y_r——胁迫因子的栅格数量；
w_r——胁迫因子的权重；
r_y——栅格 y 的胁迫因子数值；
β_x——栅格 x 可达性水平；
S_{jr}——生境类型 j 对胁迫因子 r 的敏感度；
i_{ryx}——栅格 y 的胁迫因子值 r_y 对生境栅格 x 的胁迫程度。

运用 In VEST 模型得到研究区域内生境质量指数评估图（图4），提取 20hm² 以上生境质量指数较高的核心区作为本次研究生态网络中的生态源地。

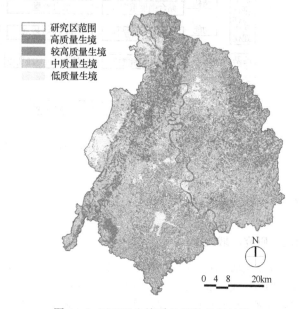

图4 In VEST 生境质量指数分析结果

胁迫因子最大影响距离、衰减类型及权重 表1

胁迫因子	最大影响距离	权重	衰减类型
建设用地	5km	0.8	指数
未利用地	2km	0.3	线性
耕地	1km	0.4	线性

不同土地覆被类型对胁迫因子的敏感度 表2

土地覆被类型	生境适宜度	胁迫因子		
		耕地	建设用地	未利用地
湿地	0.8	0.7	0.4	0.2
耕地	0.2	0.2	0.8	0.5
种植园地	0.1	0.2	0.7	0.5
林地	1	0.6	0.4	0.2
草地	0.7	0.8	0.6	0.2
建筑	0	0	0	0
其他	0.3	0.5	0.4	0.2
水域	0.6	0.4	0.4	0.3

2.1.3 生态斑块连通性（过程）——基于景观连通性的生态源地优化

景观连通性是指要素在空间的相互连续性，能够定量化表征在源地之间物质迁移和扩散的难易程度[10]，相关研究表明可利用景观连接度对生态源地进行重要性划分[17]。本文结合同类研究[18,19]与专家意见选取连接概率指数（dllC）与综合连接度指数（dllC）作为衡量标准，利用 Conefor Input10.0 软件将斑块连通距离设置为1500，连通概率设为0.5，赋予 dllC 与 dllC 权重值为0.7与0.3，加权叠加计算得到各个生态源地重要性（dl）。结合 In VEST 高生境质量指数区域的同时选取生态源地重要性（dl）指数较高者作为核心生态源地。

2.2 生态廊道的识别与优化

生态廊道是区域内物质循环、信息传递和能量流动的重要载体[7]。与生态源地相似，多目标识别优化的生态廊道也分为识别与优化两个部分。首先基于"能量流动高效性"目标运用 MCR 模型识别潜在生态廊道，而后基于"黏合强度重要性"目标和"生态服务科学性"目标运用重力模型与 In VEST 模型在识别出的潜在生态廊道上进行分级与优化。综合3个目标得到成都东部新区生态廊道布局。

2.2.1 能量流动高效性（过程）——基于 MCR 的潜在生态廊道识别

生态阻力指生态单位之间进行流动迁移的难易程度，最小累计阻力模型（MCR）能通过源地定位与相关阻力参数的设置确定各源地之间流通过程中克服生态阻力的最短路径[20]，从而得到潜在生态廊道。本研究参考相关文献[21]结合研究区实际情况对阻力因子土地覆被类型、路网、坡度分别进行阻力因子赋值设置阻力参数（表3），构成阻力面模型（图5），而后使用 Arc GIS 软件中的 Cost Distance、Cost Backlink 以及 Cost Path 工具来确定生态源地之间的潜在连接路径（图6）。

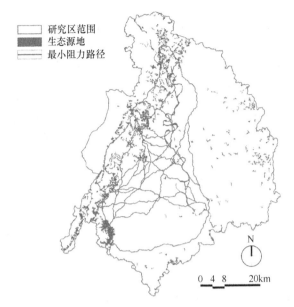

研究区范围
生态源地
最小阻力路径

0 4 8 20km

图6 MCR 最小累积阻力路径分析

MCR 模型各阻力因子阻力值 表3

坡度	阻力值	道路缓冲区	阻力值	土地覆被类型	阻力值
0°～2°	0	0～100m	300	建筑	500
2°～8°	20	100～200m	150	其他	200
8°～15°	50	200～500m	80	种值园地、耕地	100
15°～25°	150	500～1500m	20	草地、水域	50
>25°	300	>1500m	0	林地、湿地	0

2.2.2 黏合强度重要性（结构）——基于重力模型的生态廊道优化

利用重力模型可评定生态源地之间的相互作用强度，作用强度越高，代表该源地之间物质迁移与能量传递就越频繁[10]，认为连接重要源地间的廊道具有维持生态网络稳定性的关键结构性作用[22]，可用以辅助科学判断生态廊道的重要性优先级，形成初步生态廊道网络。模型主要参考公式如下：

$$F = G_{ij} = \frac{N_i N_j}{D_{ij}^2} = \left(\frac{\ln a_i}{P_i} \frac{\ln a_j}{P_j} \right) / \left(\frac{L_{ij}}{L_{max}} \right)^2$$

$$= \frac{L_{max}^2 \ln(\alpha_i) \ln(\alpha_j)}{L_{ij}^2 P_i P_j}$$

式中 G_{ij}——斑块 a 与斑块 b 之间的相互作用力；

N_i、N_j——两斑块的权重值；

D_{ij}——斑块 i 与斑块 j 之间潜在廊道联系的阻力值；

P_i、P_j——斑块 i、j 的阻力值；

L_{ij}——斑块 i 到斑块 j 之间廊道的积累阻力值；

L_{max}——所有廊道阻力的最大值。

重力模型通过构建核心生态源地之间的相互作用矩阵判断生态源地之间的相互作用力，连接重要源地之间的廊道则具有更重要的能量传递与物质迁移能力。

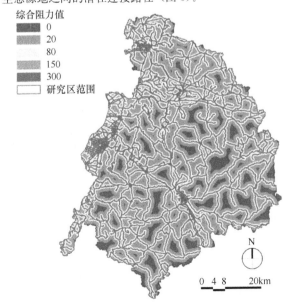

综合阻力值
0
20
80
150
300
研究区范围

0 4 8 20km

图5 综合阻力值分析

2.2.3 生态服务科学性（功能）——基于生态系统服务功能的生态廊道优化

生态廊道作为生物迁徙的重要"高速公路"，同样对生态服务功能有所要求。将前文运用In VEST模型得到的生境质量指数赋予经过重力模型筛选的生态廊道上，遴选高生境质量区域占比高的生态廊道。综合两者的情况，最终判定各个生态廊道的重要级别，分为关键生态廊道与一般生态廊道。

2.3 生态节点的识别与优化

生态节点的营建是提高生态网络完整度有效手段。目前生态节点的识别方法不一而足，本研究首先以"生态网络完整性"为目标，通过增加生态踏脚石数量与修复生态断裂点来帮助构建生物迁徙过程的完整路径，而后同样基于In VEST模型凭借生境质量指数对生态节点进行分级以实现"生态服务科学性"的优化目标。

2.3.1 生态网络完整性——踏脚石与断裂点识别

生态节点能增补生态网络中空缺的关键环节，包含生态踏脚石与生态断裂点。生态踏脚石能够给迁徙距离较远的生物提供短暂歇息地，生态断裂点指在生态廊道上被铁路、道路所割裂的点。微生境营建生态踏脚石，低干扰修复生态断裂点，添补生态网络"最后一步空隙"有利于整个生态系统的正常循环运转。将生态廊道的交点作为生态踏脚石，同时结合东部新区铁路交通，识别生态廊道上的各生态断裂点，由此可得初步生态节点布局图。

2.3.2 生态服务科学性——基于生态系统服务功能的生态节点优化

匹配In VEST模型评估得到的生境质量指数与得到的初步生态节点，提取生境质量较高的生态节点作为重要生态节点，其余的为一般生态节点。

3 结果与分析

3.1 景观要素识别结果与分析

根据MSPA分类结果图（图3），统计分析不同景观要素类型的面积占比（表4）。结果表明，基于MSPA分析的东部新区景观前景要素面积为285.91km²，包括林地、草地、水域、湿地四类土地覆被类型，其中核心区面积最大为152.8km²，占前景要素的53.45%，占研究区总面积的16.61%，主要分布在西部龙泉山脉、中部沱江流域与东部丘陵湿地群，呈北多南少的包围型态势。其中面积较大的西部核心区与东部核心区呈集聚状态，中部则碎片化严重，表明研究区东西地区之间斑块连通性较差，生物迁徙受阻。具有重要生态沟通作用的桥接区仅为前景要素面积的0.4%，占研究区总面积的0.12%，且从空间上来看，零散化严重，没有明显集聚区，从侧面表明了东部新区生态连通性较差。综上，尽管成都东部新区存在西部龙泉山城市森林公园、东部湿地群等大尺度核心

区斑块，但大型斑块间有效的生态连接有限，桥接区破碎化严重，生物迁徙条件较差。

基于MSPA模型各景观类型面积及占比　表4

类别	生态学含义	面积（km²）	占前景要素百分比（%）	占总面积百分比（%）
核心区	通常为较大面积生境斑块，对生物多样性保护起重要作用	152.81	53.45	16.61
孤岛	表现为与其他景观要素分离的小型斑块，生态过程交流较少	12.38	4.33	1.35
孔隙	位于核心区内部，是生境斑块与内部非生境斑块的过渡区域	2.61	0.91	0.28
边缘区	是核心区外缘、核心区与非生境斑块过渡区域，具边缘效应	88.02	30.78	9.57
桥接区	连接核心区的生态廊道，促进物种迁移与物质信息流动	1.14	0.40	0.12
环道	表现为同核心区的内部廊道，为物种在斑块内部扩散的媒介	8.33	2.91	0.91
支线	实现物质能量交流，与桥接区、环道区、边缘区等都可连通	20.59	7.20	2.24

3.2 生境质量结果与分析

运用In VEST模型得出研究区生境质量指数分布图（图4），指数区间0～0.96。根据生境质量实际结果与同类参考文献[19]，将研究区域分为高质量生境（0.76～0.96）、较高质量生境（0.51～0.75）、中质量生境（0.26～0.50）以及低质量生境（0～0.25）。统计分析不同质量的生境面积及其面积占比得到表5。由表图可得，成都东部新区中质量生境占比较大，高质量生境、较高质量生境与低质量生境反而面积旗鼓相当，该结果可能因为东部新区城市建设尚未开发完全，大量一般生态基底得到保留，但生境质量尚未达到较高水平。高质量生境面积216.19km²，占研究区总面积23.5%，分布较为平均，在龙泉山脉区域、研究区内的沱江流域和东部丘陵湿地内均有散点式分布，但尚未形成集中连片的区域。较高质量生境面积59.37km²，占研究区总面积的6.45%，主要位于东部丘陵湿地区域呈零散分布，推测与湿地群区域单一生境面积较小难以发挥生态服务功能有关。

<table>
<tr><td colspan="4">基于 In VEST 模型各生境质量面积及占比　表5</td></tr>
<tr><td>生境类别</td><td>生境质量
指数区间</td><td>面积
（km²）</td><td>占研究区比例
（％）</td></tr>
<tr><td>高质量生境</td><td>0.76～0.96</td><td>216.19</td><td>23.50</td></tr>
<tr><td>较高质量生境</td><td>0.51～0.75</td><td>59.37</td><td>6.45</td></tr>
<tr><td>中质量生境</td><td>0.26～0.50</td><td>524.68</td><td>57.03</td></tr>
<tr><td>低质量生境</td><td>0～0.25</td><td>119.76</td><td>13.02</td></tr>
</table>

3.3 生态源地结构特征评价

通过 MSPA 模型的源地识别与基于 In VEST 模型的进一步优化筛选，遴选出高生境质量的 275 个生态源地，总面积约 60.91km²，占核心区斑块数（16773）的 1.6%，但面积却占核心区总面积（71.17km²）的 85.6%，主要分布在西侧龙泉山脉与研究区内的沱江流域。说明成都东部新区的生态区域破碎化严重，大部分生态区域生境质量差不足以作为生态源地，因此搭建有效的生态网络带动整个区域生态沟通联动很有必要。

利用 Conefor 软件进行景观连通性指数分析分别求得 275 个生态源地的 dI 值，综合参考有关研究与计算结果[9]，筛选 dI>2 值的 12 个生态源地作为核心生态源地，总面积 25.67km²，斑块数量占生态源地总数的 4.4%，总面积占生态源地总数的 42.1%，主要包括龙泉山脉、研究区内的沱江流域、三岔湖水库等。

核心生态源地以龙泉山脉与东部湿地地区较多，分布大致趋势西多东少，北多南少，中部中空无核心生态源地，唯有沱江一线性生态源地。有一定生态源地数量的东部湿地群区域却没有核心生态源地，究其成因，主要与龙泉山城市森林公园规模大、沱江贯穿整个新区有关，东部湿地群大量源地因斑块面积均较小而功能减弱，因而大规模生态源地更便于发挥结构性作用，这又与成都东部新区"双城一园、一轴一带"的规划保持一致（图7）。

3.4 生态廊道结构特征评价

通过 MCR 模型识别生态源地间最小消耗路径，而后剔除重复冗杂的不合理廊道，最终得到 158 条有效潜在生态廊道，总长度 1089.4km。而后综合 12 个核心生态源地的重力模型矩阵（表6）与 In VEST 模型得出的高生境质量指数区域，遴选重要源地之间的生态廊道与高生境质量区域占比高的关键生态廊道 19 条，总长度 370.87km，占生态廊道总长度的 34.1%。关键廊道主要顺应龙泉山

脉与沱江，交汇北部金堂县附近，呈两侧夹击态势，中部有数条关键生态廊道沟通两翼。由于南部缺少生态廊道与核心生态源地，该区域没有关键生态廊道（图8）。

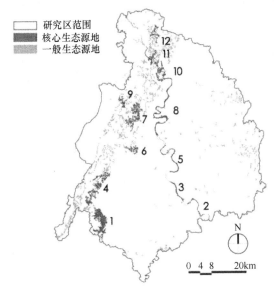

图7　多目标优化下的成都东部新区生态源地布局

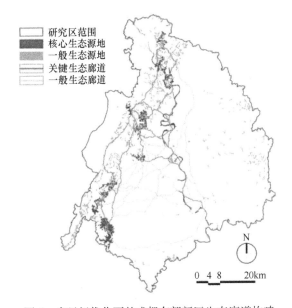

图8　多目标优化下的成都东部新区生态廊道构建

<table>
<tr><td colspan="14" style="text-align:center">基于重力模型构建的核心生态源地相互作用矩阵　表6</td></tr>
<tr><td>编号</td><td>1</td><td>2</td><td>3</td><td>4</td><td>5</td><td>6</td><td>7</td><td>8</td><td>9</td><td>10</td><td>11</td><td>12</td><td>13</td></tr>
<tr><td>1</td><td></td><td>4.56</td><td>2.73</td><td>2.87</td><td>7.17</td><td>2.64</td><td>2.46</td><td>0.82</td><td>0.23</td><td>1.08</td><td>1.35</td><td>2.45</td><td>0.36</td></tr>
<tr><td>2</td><td></td><td></td><td>0.34</td><td>9.78</td><td>6.92</td><td>0.35</td><td>0.29</td><td>0.86</td><td>0.35</td><td>0.33</td><td>0.27</td><td>0.73</td><td>0.45</td></tr>
<tr><td>3</td><td></td><td></td><td></td><td>0.45</td><td>0.67</td><td>8.89</td><td>8.8</td><td>0.27</td><td>0.67</td><td>4.78</td><td>7.45</td><td>2.19</td><td>7.2</td></tr>
<tr><td>4</td><td></td><td></td><td></td><td></td><td>5.67</td><td>0.37</td><td>0.31</td><td>2.31</td><td>0.5</td><td>0.21</td><td>0.29</td><td>0.61</td><td>4.32</td></tr>
<tr><td>5</td><td></td><td></td><td></td><td></td><td></td><td>0.59</td><td>0.23</td><td>0.82</td><td>0.68</td><td>0.22</td><td>0.42</td><td>1.17</td><td>31.78</td></tr>
<tr><td>6</td><td></td><td></td><td></td><td></td><td></td><td></td><td>3.96</td><td>0.15</td><td>0.85</td><td>2.41</td><td>3.23</td><td>3.85</td><td>7.98</td></tr>
<tr><td>7</td><td></td><td></td><td></td><td></td><td></td><td></td><td></td><td>0.31</td><td>0.79</td><td>10.57</td><td>58.89</td><td>3.24</td><td>7.27</td></tr>
<tr><td>8</td><td></td><td></td><td></td><td></td><td></td><td></td><td></td><td></td><td>0.24</td><td>0.14</td><td>0.34</td><td>0.25</td><td>4.46</td></tr>
<tr><td>9</td><td></td><td></td><td></td><td></td><td></td><td></td><td></td><td></td><td></td><td>0.87</td><td>0.65</td><td>4.16</td><td>0.53</td></tr>
<tr><td>10</td><td></td><td></td><td></td><td></td><td></td><td></td><td></td><td></td><td></td><td></td><td>280.8</td><td>4.78</td><td>7.92</td></tr>
<tr><td>11</td><td></td><td></td><td></td><td></td><td></td><td></td><td></td><td></td><td></td><td></td><td></td><td>3.78</td><td>2.68</td></tr>
<tr><td>12</td><td></td><td></td><td></td><td></td><td></td><td></td><td></td><td></td><td></td><td></td><td></td><td></td><td>34.5</td></tr>
</table>

3.5 生态节点结构特征评价

识别生态节点 88 个，总面积约 61hm²，生态节点分布呈明显的西多东少，北多南少趋势，大部分生态节点集中在西北处而该处节点密度较为平均，主要原因在于南部关键生态廊道较少。而东部生态节点较少不仅因为关键生态廊道缺失，还因为核心生态源地较少，可充当部分生态节点功能的破碎小型生态源地则较多。匹配生态节点识别与生境质量分析结果，遴选位于较高生境质量区域内的重要生态节点为 38 个，占生态节点总数的43.2%，集中在研究区域中部呈平均分布，说明高生境质量区域与长距离的生态廊道多重合在两大核心源地交叉部分，需要更多的生态节点辅助连接，这能充分发挥生物从龙泉山脉与研究区内沱江流域这两主要核心生态源地之间迁徙的跳板作用，从而能更明显地提高东部片区的整体生态网络效率（图9）。

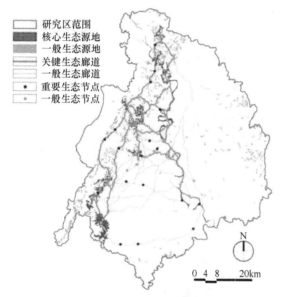

图 9　多目标优化下的成都东部
新区生态节点分布

3.6 综合生态网络结构构建与评价

选用生态网络分析中常用的网络闭合度指数（α），网络连接度指数（β）和网络连通率指数（γ）来表征生态网络综合效用[23]。α 为 0~1 的数值，网络结构越流畅其值越大，本研究构建的生态网络 α 值为 0.62，表明该生态网络的能量循环与物质流通较流畅。$\beta<1$ 表明网络结构为树状，$\beta=1$ 说明网络为单一回路，$\beta>1$ 表明网络结构复杂[24]，本研究区域内 β 指数为 1.78，表明本研究优化搭建的生态网络节点间有较高的连通性。γ 为 0~1 的数值，值越大表明节点间的连接率越高，本研究区域 $\gamma=$0.69，表明该网络生态节点连接率较高。由此可见，多目标下的生态网络构建具有明显有效性，生态网络的结构得到优化，增强了区域生态系统的稳定性。

4 结语

本研究基于多目标优化的生态网络构建方法，充分考虑城市生态网络多维度的要求以及生态网络构建中各要素的差异，选取适合的数据模型与研究方法，从"结构""功能""过程"三个方面分别对生态源地、生态廊道、生态节点进行识别优化，进而搭建了成都东部新区的城市生态网络，并证明了多目标优化的有效性与科学性。结合上述研究成果，可得到以下结论：

（1）成都东部新区大尺度核心区之间连通度严重缺乏，生境破碎程度高。根据 MSPA 模型结果显示，大尺度核心区集聚在西部龙泉山脉与东部丘陵湿地区，但两区域间中部地区的生境碎片化严重，导致东西地区之间斑块连通性较差，虽然有较大型的核心生态空间，但研究区域整体连通性不强，阻碍生物在核心斑块之间的迁徙。

（2）成都东部新区生境质量面积呈现"两头小中间大"的态势。In VEST 评估模型结果表明中质量生境分布广阔，占比最高（57.03%），高质量生境、较高质量生境、低质量生境在研究区内分布较为平均但破碎程度较高，尚未形成集聚区域。

（3）多目标优化下成都东部新区生态网络格局构建结果。甄别出东部新区生态源地 275 个，总面积 60.91km²，占东部新区总面积 6.6%；核心生态源地面积 25.67km²，占生态源地面积的 42%，分布趋势西多东少、北多南少；识别出生态廊道 158 条，长度 1089.4km，关键生态廊道19 条，长度 370.87km，占生态廊道总长度的 34%，廊道主要沿龙泉山脉与沱江呈两翼分布；遴选出生态节点 88个，大部分节点集中在西北处，其中重要生态节点 38 个。本研究搭建的生态网络闭合度指数（α）值为 0.62，网络连接度指数（β）值为 1.78、网络连通率指数（γ）值为0.69，证明了多目标优化的生态网络构建具有明显的有效性。

多目标优化下的生态网络能最大限度地调配城市有限的自然资源，提升城市生态环境，维护区域景观格局，缓解生态保护与社会发展之间的矛盾，这在生态文明建设战略思想背景下对城市可持续发展具有非凡意义。本研究为成都东部新区的相关规划设计策略提供思路借鉴，但城市的合理生态空间网络的实现还需要政策协调、发展策略、规划管理相互配合，以尽可能支撑保护城市生境斑块与生态网络的工作。

图表来源：

图1、图3~图9作者自绘，图2改绘自《成都市总体规划》（2016~2025）。表1~表6作者自绘。

参考文献：

[1] Xiong T-Q(熊铁群). Study on Urban Green Construction and Management Based on 3S Technology. Ph D Thesis. Shanghai：East China Normal University，2007（in Chinese）

[2] 许峰，尹海伟，孔繁花，徐建刚. 基于 MSPA 与最小路径方法的巴中西部新城生态网络构建[J]. 生态学报，2015，

35(19)：6425-6434.

[3] Noss RF. A regional landscape approach to maintain diversity. Bio Science，1983，33：700-706.

[4] Jongman R H G，Bouwma I M，Griffioen A，et al. The Pan European Ecological Network：PEEN[J]. Landscape Ecology，2011，26(3)：311-326.

[5] 吴未，张敏，许丽萍，欧名豪. 基于不同网络构建方法的生境网络优化研究——以苏锡常地区白鹭为例[J]. 生态学报，2016，36(03)：844-853.

[6] 罗明，于恩逸，周妍，应凌霄，王军，吴钢. 山水林田湖草生态保护修复试点工程布局及技术策略[J]. 生态学报，2019，39(23)：8692-8701.

[7] 张慧莹. 基于多目标优化的泰山区域山水林田湖草生命共同体生态网络构建研究[D]. 济南：山东建筑大学，2020.

[8] 褚琳，黄翀，刘庆生，刘高焕. 2000-2010年辽宁省海岸带景观格局与生境质量变化研究[J]. 资源科学，2015，37(10)：1962-1972.

[9] 高宇，木皓可，张云路，田野，汤大为，李雄. 基于mspa分析方法的市域尺度绿色网络体系构建路径优化研究——以招远市为例[J]. 生态学报，2019，39(20)：7547-7556.

[10] 郭家新，胡振琪，李海霞，刘金兰，张雪，赖小君. 基于mcr模型的市域生态空间网络构建——以唐山市为例[J/OL]. 农业机械学报：1-17[2021-01-19 09：52].

[11] 陈静，左翔，彭建松，区智，孙正海. 基于mspa与景观连通性分析的城市生态网络构建——以保山市隆阳区为例[J]. 西部林业科学，2020，49(04)：118-123＋141. 10.

[12] Soille P，Vogt P. Morphological segmentation of binary patterns[J]. Pattern Recognition Letters，2009，30（4）：456-459.

[13] 王军，钟莉娜. 生态系统服务理论与山水林田湖草生态保护修复的应用[J]. 生态学报，2019，39(23)：8702-8708.

[14] 韩依纹，李英男，李方正. 城市绿地景观格局对"核心生境"质量的影响探究[J]. 风景园林，2020，27(02)：83-87. DOI：10.14085/j.fjyl. 2020. 02. 0083. 05

[15] 邓楚雄，郭方圆，黄栋良，李忠武. 基于invest模型的洞庭湖区土地利用景观格局对生境质量的影响研究[J]. 生态科学，2021，40(02)：99-109. 10. 14108/j. cnki. 1008-8873. 2021. 02. 013.

[16] 黄国勤，王兴祥，钱海燕，张桃林，赵其国. 施用化肥对农业生态环境的负面影响及对策[J]. 生态环境，2004，（04）：656-660. DOI：10. 16258/j. cnki. 1674-5906. 2004. 04. 055

[17] 吴茂全，胡蒙蒙，汪涛，凡宸，夏北成. 基于生态安全格局与多尺度景观连通性的城市生态源地识别[J]. 生态学报，2019，39(13)：4720-4731.

[18] 刘壮壮，吴未，刘文锋，申立冰. 基于"源地-廊道"生态安全格局构建逻辑范式的建设用地减量化研究[J]. 生态学报，2020，40(22)：8230-8238.

[19] 陈泓宇，李雄. 基于mspa-invest模型的北京中心城区绿色空间生境网络优化[J]. 风景园林，2021，28（02）：16-21. 10. 14085/j. fjyl. 2021. 02. 0016. 06.

[20] 黄雪飞，吴次芳，游和远，肖武，钟水清. 基于MCR模型的水网平原区乡村景观生态廊道构建[J]. 农业工程学报，2019，35(10)：243-251.

[21] 刘晓阳，魏铭，曾坚，张森. 闽三角城市群生态网络分析与构建[J]. 资源科学，2021，43(02)：357-367.

[22] 陈昕，彭建，刘焱序，杨旸，李贵才. 基于"重要性—敏感性—连通性"框架的云浮市生态安全格局构建[J]. 地理研究，2017，36(03)：471-484.

[23] 杨志广，蒋志云，郭程轩，杨晓晶，许晓君，李潇，胡中民，周厚云. 基于形态空间格局分析和最小累积阻力模型的广州市生态网络构建[J]. 应用生态学报，2018，29(10)：3367-3376.

[24] 陈小平，陈文波. 鄱阳湖生态经济区生态网络构建与评价[J]. 应用生态学报，2016，27(05)：1611-1618.

作者简介：

肖睿珂/女/汉族/北京林业大学在读硕士研究生/研究方向为风景园林规划设计与理论/995237706@qq. com。

通信作者：

李雄/男/汉族/博士/北京林业大学副校长/园林学院教授/研究方向为风景园林规划设计与理论/bearlixiong@sina. com。

多元游憩需求视角下的东莞中心城区游憩绿地评价研究

Study on Recreation Green Space Evaluation of Dongguan Central City from the Perspective of Multiple Recreation Demand

谢鸿骏[1]　刘小冬[2*]　郭春华[3]　孙虎[4]

摘　要：游憩绿地作为提供城市居民日常游憩活动需求的城市绿地基本单元之一，兼具城市生态、美化城市功能；随着城市居民生活质量提高的同时，游憩需求亦显现出多元化趋势。以东莞中心城区为例，运用改进的 3FSCA 分析法构建多元游憩需求评价模型，对城区步行尺度下游憩绿地供需平衡进行精细化评价。研究发现：改进的 3FSCA 进一步考虑了其他游憩需求介入因素，解释了传统 3FSCA 分析法中游憩绿地需求意愿的一致性而导致评价结果被高估，其评价结果大可为未来东莞中心城区游憩绿地系统布局等专题研究提供优化策略及规划指向。

关键词：改进三步移动搜索法；量化模型；游憩绿地；游憩需求

Abstract: As one of the basic units of urban green space, recreational green space has the functions of urban ecology and beautifying the city. With the improvement of the quality of life of urban residents, recreational demand also shows a trend of diversification. Taking Dongguan central city as an example, this paper uses the improved 3fsca analysis method to build a multiple recreational demand evaluation model, and makes a fine evaluation on the supply and demand balance of recreational green space in the lower reaches of walking scale. The results show that: the improved 3fsca further considers other recreational demand intervention factors, and explains the consistency of demand intention of recreational green space in traditional 3fsca analysis method, which leads to the overestimation of evaluation results. The evaluation results can provide optimization strategy and planning direction for future research on the layout of recreational green space system in Dongguan central city.

Keywords: Improve the three-step mobile search method; Quantitative model; Recreational green space; Recreation demand

游憩绿地是城市绿地重要的基本组成单元之一，为提高城市空间活力、美化城市环境发挥重要作用[1, 2]。而当下快速城市化进程建设所带来的快生活节奏、高社会压力等使得人们对于这一类具有开展游憩活动、放松身心的绿地空间的需求与日俱增，这亦引起众多学者对游憩绿地建设的关注；同时，随着人们生活质量的提高，对于游憩的需求呈现更加多元化特征[3]，在该背景下，传统的凭借绿地规划人员主观经验来评判城市游憩绿地供需状况存在较大误差，一味地强调绿地总量方式是否真实有效地提高了城市居民绿地游憩需求的满足感？

1　研究进展

目前，学界在"城市游憩绿地均衡性"的学术兴趣越来越浓烈，早期主要以人均绿地率、人均绿地面积等核心指标测度绿地的供需水平[4]，虽然三大传统绿地指标在城市绿地整体上看是合乎情理的、生态的、充满活力的，但从供需的角度来看其实不然。在后来学界讨论上对绿地以上几类核心指标进行补充与说明，有以无障碍区间内人均绿地面积测度研究区内绿地的供给能力[5]，以及对比绿地与居民区周边泊松密度差百分比来测度供需平衡状态[6]；学者俞孔坚提出以景观可达性作为评价指标之一，评价结果较好的反映了区域内绿地整体供需水平[7, 8]；可达性也可作为反映交通成本的基本指标之一[9]，直接影响主体到达绿地空间位置的时间距离成本，亦有对交通与土地利用两个指数考量城市交通网络与建设用地间的可达能力展开研究[10]。绿地供需评价终究要回归于人本身，有学者通过绿地服务能力以及居住人口数量两个层面度量区域绿地供需程度并提出优化建议[11]，也有关注老龄人群体提出适老性绿地，按不同交通出行方式测度公园绿地可达面积，进而评估供需程度[12]。其评价模型大致可以分为以下 4 类：（1）以带宽 h 为半径判断空间到达所花费的成本距离的邻近分析模型，如 GIS 网络分析、缓冲区分析、最短路径分析[13]；（2）以需求点搜索区域周边供求点面积、数量、密度、容量的测度模型[14]；（3）以供需点距离作为参数计算空间可达性数值的重力模型；（4）以供需关系为基础，综合考虑空间数量、面积、人口分布因子的引力模型、2SFCA、3SFCA 模型等[15]。

综上所述，游憩绿地供需评价指标不管是三大传统指标、可达性、交通、土地利用指数，亦或是从考虑社会弱势群体的角度出发，着眼于全民绿地游憩需求视角下的供需评价较少[16]，而 2SFCA 与 3SFCA 模型计算方式较为简便而被广泛应用。

2SFCA 与 3SFCA 模型局限性。

传统的 2SFCA 模型假设游憩绿地供给分配至各个居民需求点的需求量一致，该假设尽管同时考虑了供给方与需求方的供需关系，但却忽略了游憩绿地与游憩绿地之间存在的竞争关系。为减少基于重力而高估了区域内实际需求量的 2SFCA 空间接入模型，依据 wan 的观点，在 2SFCA 算法的基础上新增了一步，在供需关系的基础上引入距离衰减函数重新分配选择权重来刻画在一定搜索阈值下游憩绿地之间的竞争关系[17]。在实际上，居住地周边若出现两个或两个以上的游憩绿地点时，需求者便有了更多的选择权，游憩绿地的实际被选择权重则会发生变化，3SFCA 模型算法也是符合现具体实际的逻辑。

2SFCA、3SFCA 这两类评价模型被广泛应用在医疗服务这一类设施，而以这两类模型算法进行游憩绿地供需评价则存在一定局限性：游憩需求存在一种多元化的特性，按照学者陈瑜、李欢欢观点[18, 19]，将游憩空间划分为三大类（表 1）。游憩空间在本质上不存在医疗服务空间所具有的刚性需求，在居民需求者游憩过程中可发生的游憩需求、行为偏好存在需求自主选择性。传统的 2SFCA 及 3SFCA 算法中均默认人们在游憩过程中对游憩绿地都具有单一需求指向，却忽略了在居民绿地游憩过程中与其他游憩设施的竞争关系，导致其游居民憩绿地需求被高估，而低估了游憩绿地的供给能力。

居民游憩空间分类表[18, 19] 表 1

游憩主类	游憩干类	游憩支类
城市公园绿地设施	各类公园绿地及其他游憩绿地	综合性公园、生产绿地、附属绿地、社区公园、动植物园、儿童公园、专类园、沿街游园、街旁绿地
城市广场设施	专类广场、综合广场	交通集散广场、紧急庇护广场、市民游憩广场、纪念广场、文化广场
文体设施	文体娱乐场所、体育馆、	地区文娱体育馆、体育公园、体育馆
科教设施	博物馆、美术馆、图书馆	
商业游憩设施		城市商务中心区、特色商业街

综上所述，3SFCA 模型引入距离衰减函数补充了传统 2SFCA 模型中游憩绿地之间的竞争关系，却忽略了其他具备类似游憩功能的空间介入后，研究区内居民对绿地需求的影响。介入机会理论[20]进一步解释了居民多元化游憩需求的介入关系，即供给点 a 受到供给点 b 的介入下，需求点 a 对供给点 a 的需求发生变化，否定上述两类模型对游憩需求者都对于绿地有一致性游憩需求指向的假设，而造成评价结果与实际需求不相匹配。

2 研究区概况与数据来源

2.1 研究区概况

东莞市是一座快速城镇化的新一线城市，地处广东省中南部，与广州、惠州深圳接壤，地形地貌以丘陵、台地、冲积平原为主，气候温和，蓝绿资源丰富。以万江街道、莞城街道、东城街道、南城街道 4 个街道共同构成东莞中心城区，占地面积约 222.4km²，城镇常住人口555015 人。2020 年东莞市启动"15min 优质生活圈"建设工作，更加关注绿地空间的服务水平，强调空间上步行可达，以提高全市公共服务与人居环境质量水平。

2.2 数据来源与处理

通过水经微图商业下载器获取的 2017 年 9 月城市道路网络、游憩绿地、建筑图底、居住小区、人口 5 类数据。数据处理：道路网络数据于 ARCGIS 平台进行拓扑检查，剔除断头路，打断多条道路相交位置后创建道路拓扑网络数据集，所获取的游憩绿地数据与卫星地图匹配校正，以小区面数据裁剪建筑图底数据后，以 2020 年东莞城镇人均建筑居住面积计算小区人口数量，并以空间连接方式嵌入小区，最终将绿地及小区面数据利用 Feature to point 转为点数据以满足模型运算条件。

3 模型方法

3.1 3SFCA 评价模型

第一步，通过 ARCGIS 数据处理平台 Network Analyst 分析模块分别以 500m、1000m、1500m 搜索阈值构建居民需求点与游憩绿地供给点 3 级 OD 成本矩阵，综合考虑居民选择游憩点受出行距离影响，即需求点至游憩供给点距离越长，出行意愿越低，该游憩供给点被选择概率越低，引用距离衰减函数计算游憩绿地高斯权重值，公式如（1）所示。经计算 W_{ij} 代入 3SFCA 式（2），求得游憩绿地选择权重 G_{ij}。

$$G(d_{ij}) = \begin{cases} \dfrac{e^{-\frac{1}{2} \times \frac{d_{ij}^2}{d_0^2}} - e^{-\frac{1}{2}}}{1 - e^{-\frac{1}{2}}}, d_{i,j} \leqslant d_0 \\ 0, d_{ij} > d_0 \end{cases} \quad (1)$$

$$G_{ij} = \frac{W_{ij}}{\sum W_j} \quad (2)$$

$$j \in \{Dist(i,j) < d_0\}$$

其中式（2）中，G_{ij} 是居民需求点 i 和游憩绿地点 j 之间的选择权重，$Dist(i, j)$ 是从 i 到有效出行范围内任何游憩绿地供给点 j 的出行成本，d_0 是有效出行范围大小。W_{ij} 和 W_j 分别是居民需求点 i 与游憩绿地供给点 j 两两相对的高斯权值、居民需求点 i 获取游憩绿地供给点 j 的所有权重值之和。

第二步，将第一步所求 G_{ij}、W_{ij} 代入式（3）中，计算居民需求点及游憩绿地供给点在限定搜索阈值范围内供需比。

$$D_j = \frac{S_j}{\sum i \in \{d_{i,j} < d\} P_i W_{i,j} G_{i,j}} \quad (3)$$

式（3）中，S_j 是 j 的游憩绿地的面积，W_j 是 j 游憩绿地的高斯权重值，G_{ij} 是游憩绿地 j 与居民点 i 之间的选择权重值，P_i 是 i 的人口数量。D_j 为每个游憩绿地游憩服务供需比值。

$$A_i = \sum_{j \in \{d_{i,j} < d\}} \sum D_j W_{ij} G_{ij}$$
$$= \sum_{j \in D_1} G_{ij} D_j W_1 + \sum_{j \in D_2} G_{ij} D_j W_2 + \sum_{j \in D_3} G_{ij} D_j W_3 \quad (4)$$

式（4）中，A_i 为需求点 i 在限定搜索阈值内游憩绿地供给点 j 的供需比率 D_j 之和。D_1、D_2、D_3 为不同搜索阈值下求和的游憩绿地供需服务 A_i 值。

3.2 改进 3SFCA 评价模型

3SFCA 评价模型引入了距离衰减函数，以选择权重值来刻画同种设施之间的竞争关系，补充了传统 2SFCA 评价模型游憩绿地分配的一致性，但忽略了游憩需求具有多元化特征。通过 1002 份访问问卷按百分之一比例抽样确定文体游憩空间、科教游憩空间、商业购物休憩空间、游憩绿地空间四类游憩空间类型在城区居民日常游憩活动中的重要程度，对各分析项计算平均值后构建 4 阶 AHP 层次分析判断矩阵。通过构建判断矩阵使用和积法进行层次分析计算各个游憩设施在居民游憩需求中所占权重大小，文体空间、科教空间、商业购物空间的权重值分别为 0.13490、0.29474、0.15002，其中游憩绿地需求系数权重占居民总体游憩需求系数权重值的 0.42034。

为弥补 3SFCA 原始算法忽略了区域内居民对游憩绿地需求程度非一致性因素，通过引入城区居民对游憩绿地需求系数权重值（0.42034），将式（3）改写为式（5），并汇总求和第二步结果计算 A_i。改进的 3SFCA 评价模型在多元游憩需求下除了考虑距离衰减函数这一参数描述同种游憩绿地之间的竞争关系的同时，还考虑了城区居民游憩过程中受到其他游憩需求介入后产生的绿地游憩需求系数。

$$D_j = \frac{S_j}{\sum i \in \{d_{i,j} < d\} P_i P_w W_{i,j} G_{i,j}} \quad (5)$$

式（5）中指标说明与式（3）一致，其中 P_w 为研究区内居民对游憩绿地的需求权重系数。

4 结果与分析

4.1 多维度游憩绿地供需评价结果

基于改进 3FSCA 模型多尺度评价结果，由（表 2）可见，从游憩绿地供给水平上看，500m、1000m、1500m 三级搜索阈值供给街区数量分别为 477、1335、1686 个，在 1000m 搜索阈值下绿地服务辐射街区数量增量明显，服务人口比值占中心城区总人口的 62.4%。从供需平衡的角度上看，500m（Ⅲ级）、1000m（Ⅲ级）、1500m（Ⅳ级）中，绿地供需比值较大，游憩绿地服务面积比及服务人口比分别为 5.1：5.4、12.5：12.3、13.6：13.8，两比值接近于 1：1，绿地供需水平达到均衡状态，满足城区居民追求绿色自然空间、绿色美好生活诉求，彰显了绿地供给与居民需求在这一层级中的相对公平与正义。同时，1500m 搜索阈值中游憩绿地供给基本覆盖了东莞中心城区绝大部分街区，绿地供需服务比最小值为 0.526，最大值为 5.302，且在 Ⅴ 级游憩绿地服务面积比已接近于

最大化覆盖，同比 1000m 绿地服务面积比及人口服务比增加近三分之一。

改进三步移动搜索法 500m 游憩绿地供需评价结果

表 2

搜索阈值（m）	级数	改进 3SFCA 分析法游憩绿地供需比值	游憩绿地服务面积比（%）	游憩绿地服务人口比（%）	服务覆盖街区数量（个）
500	Ⅰ级	0.383～0.433	4.7	5.4	477
	Ⅱ级	0.434～1.060	5.6	6.1	
	Ⅲ级	1.061～1.536	5.1	5.4	
	Ⅳ级	1.537～2.074	4.6	3.9	
	Ⅴ级	2.075～4.185	3.0	2.4	
1000	Ⅰ级	0.463～0.120	12.5	14.9	1335
	Ⅱ级	0.121～0.710	13.7	16.3	
	Ⅲ级	0.710～1.110	12.5	12.3	
	Ⅳ级	1.111～1.675	11.1	11.3	
	Ⅴ级	1.676～5.140	9.6	7.6	
1500	Ⅰ级	0.526～0.467	14.2	16.0	1686
	Ⅱ级	0.467～0.921	18.1	21.3	
	Ⅲ级	0.922～1.347	16.5	17.3	
	Ⅳ级	1.348～1.878	13.6	13.8	
	Ⅴ级	1.879～5.302	13.4	10.8	

其中，在 500m（Ⅰ级、Ⅱ级）、1000m（Ⅳ级）以及 1500m（Ⅰ级、Ⅱ级）游憩绿地服务面积比及服务人口比分别 4.7：5.4、5.6：6.1、9.6：7.7、14.2：16.0、18.1：21.3，呈现游憩绿地服务覆盖面积小，服务人口占比大，供给不足的特征。而自 500m（Ⅳ级、Ⅴ级）以及 1500m（Ⅴ级）供需服务比高，分别为 1.537～4.185、1.879～5.302，表现为绿地供给过剩。

4.2 全局维度

基于式（5）最后一步求和 500m、1000m、1500m 游憩绿地供需评价结果，得到东莞中心城区全局游憩绿地供需服务水平，如表 3、图 1 所示。

全局维度游憩绿地评价结果 表 3

	游憩绿地服务面积比率（%）	游憩绿地服务人口比率（%）	游憩供需比率
Ⅰ级	23.8	20.2	0.426～0.500
Ⅱ级	18.8	20.8	0.501～1.066
Ⅲ级	21.2	26.0	1.067～1.554
Ⅳ级	19.9	19.7	1.555～2.125
Ⅴ级	16.3	13.3	2.126～5.483

由表 3、图 1 可见，城区游憩绿地供需评价全局维度中Ⅰ级、Ⅱ级游憩绿地服务面积比及服务人口比为

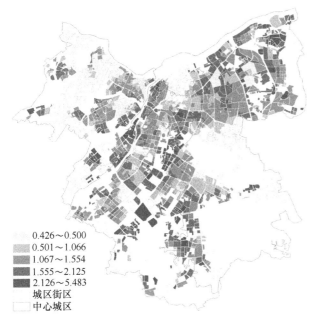

图 1 全局维度绿地游憩供给评价

23.8：20.2、18.8：20.8，游憩供需比值仅为 0.426～0.500、0.501～1.066，处于明显的游憩绿地供需失衡状态，表现为绿地服务覆盖面积大、服务人口比率大，供需服务比率低，绿地供给压力大，无法满足绝大部分住区获得较好的绿地游憩需求；游憩绿地供需最均衡为 Ⅳ 级，游憩绿地服务覆盖面积及服务人口比率分别为 19.9%、19.7%，两者比率接近于 1：1，且游憩绿地供需比率为 1.555～2.125，游憩绿地供需达到相对均衡状态。在 V 级中，观察发现，游憩绿地覆盖比率大于服务人口比率，分别为 16.3%、13.3%，表现为供给大于需求，这些区域内游憩

绿地多且分布均匀，能够为邻近居民在 15min 出行成本中获取更多的绿地游憩机会，但同时，城区中居民对于绿地游憩需求的非一致性特质，进而造成了对绿地游憩需求有所减少。

4.3 改进 3FSCA 评价方法与传统 3FSCA 评价结果对比

通过两评价模型结果以自然间断分级法按小于等于 0.5、1、1.5、3、大于 3 的梯度划分为 5 级，对比 3SFCA 评价模型与改进后的 3SFCA 评价模型之间评价结果的差异性。

观察两模型在 500m 游憩绿地供需评价结果中，从整体上看，城区游憩绿地供需水平在空间上呈散点斑块状，评价结果差异度最大在于 Ⅰ 级、Ⅳ 级，传统 3FSCA 模型评价结果以短距离的邻近绿地圈层游憩供给能力不足，无法满足居民需求。在 1000m、1500m 中，两模型供需比值最大值分别为 1000m（4.761、5.140）、1500m（4.641、5.302），传统 3FSCA 模型评价结果呈现明显空间分异、供需失衡现象，在 Ⅰ 级中存在大面积游憩绿地低供给，而改进的 3FSCA 评价模型结果中绿地供需水平较高的层级主要集中在 Ⅲ 级、Ⅳ 级，表现为供需水平较高区域逐步形成连片，游憩绿地与高供给与居民住区空间联系性强，能够满足城区居民绿地游憩需求。由此也说明了引入居民绿地游憩需求权重系数改进 3FSCA 模型与传统 3FSCA 模型评价结果存在明显性差异，改进模型否认传统 3FSCA 评价模型一味地默认居民需求者在游憩活动中对于绿地游憩需求具有一致性的假设，进一步解释了传统 3FSCA 分析法中游憩绿地需求意愿的一致性而导致绿地需求被高估，而低估了绿地的供给能力（图 2）。

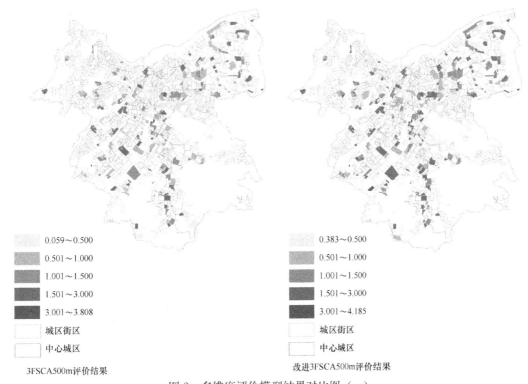

图 2 多维度评价模型结果对比图（一）

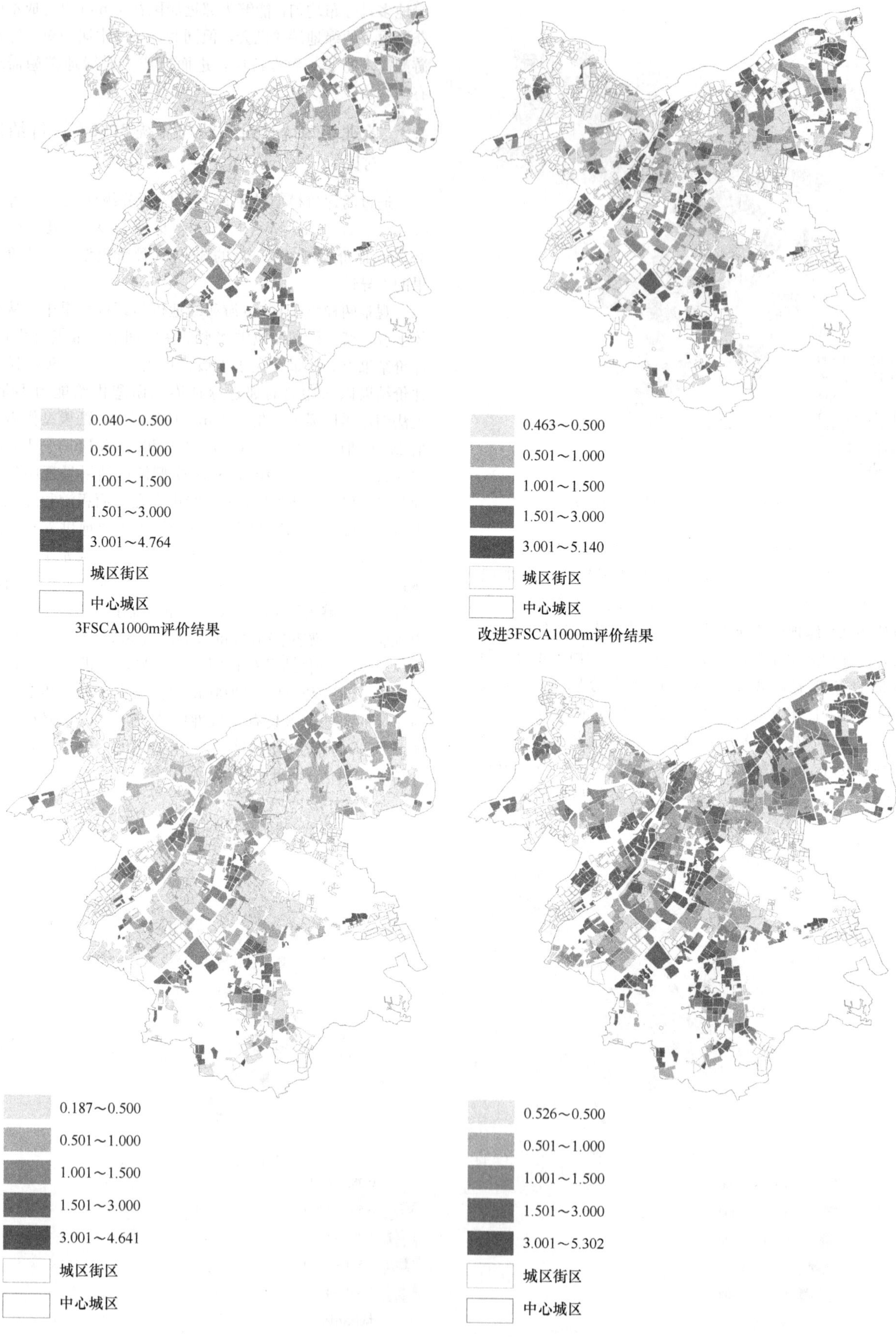

0.040~0.500
0.501~1.000
1.001~1.500
1.501~3.000
3.001~4.764
城区街区
中心城区
3FSCA1000m评价结果

0.463~0.500
0.501~1.000
1.001~1.500
1.501~3.000
3.001~5.140
城区街区
中心城区
改进3FSCA1000m评价结果

0.187~0.500
0.501~1.000
1.001~1.500
1.501~3.000
3.001~4.641
城区街区
中心城区
3FSCA1500m评价结果

0.526~0.500
0.501~1.000
1.001~1.500
1.501~3.000
3.001~5.302
城区街区
中心城区
改进3FSCA1500m评价结果

图 2　多维度评价模型结果对比图（二）

4.4 东莞中心城区游憩绿地全局空间自相关分析

通过对东莞中心城区游憩绿地全局维度评价结果进行空间自相关分析，分析结果如下：Moran I 指数为 0.014365，P 值为 $0.001027 < 0.01$，且 Z 值为 3.282982 > 2.58，有 99% 的可能性是相关的，通过全局空间自相关对城区游憩绿地全局维度评价结果加以解释，进一步说明了改进评价模型结果的准确性（表 4、图 3）。

全局 Moran I 汇总　　　　　　　　表 4

Moran I 指数	预期指数	方差	Z 值	P 值
0.014365	−0.000599	0.000021	3.282982	0.001027

图 3　城区游憩绿地空间自相关

城区游憩绿地空间分布为集聚分布模式，游憩绿地分布的越集中，绿地供需水平越高，对于不在绿地高度集聚区域内，绿地供需水平则越低。城区游憩绿地在空间分布上处于城区并未形成数量丰富、数量充沛的游憩绿地分散式布局来满足居民绿地游憩需求，主要还是以集中式的游憩绿地供给为主，供需水平整体呈现自东向西逐渐递减趋势，这样的绿地供给方式势必会形成明显的供需水平空间分异现象，高度集中分布的游憩绿地周边形成高供给热点，而城区小而低聚集的绿地供给能力有限，难以满足高人口密度区域居民的绿地游憩需求，形成绿地供给冷点。对于大型的综合性公园这类大型游憩绿地而言，在城市分布空间位置上、数量上受到限制，一般来说，居民需要花费较大的时间、距离成本方能达到，并不能满足居民在 15min 内可达绿地需求。城区中仍有大部分区域与处于游憩绿地低供给及服务盲区，东莞中心城区绿地布局优化应关注这些区域，采取多种提升手段提高区域内游憩绿地服务水平。

5　讨论

随着城市居民生活水平的提高，其多元化游憩需求特征更加明显，游憩需求不再仅仅局限于绿地本身，而传

统的基于绿地规划人员主观经验来分析评价城市游憩绿地的供需状况存在很大的误差，笔者基于访问问卷的基础上，进一步考虑在多元游憩需求介入下，人们对于游憩绿地的需求情况改良 3FSCA 模型方法，从多个维度、全局维度来剖析东莞中心城区游憩绿地供需服务水平，同时对比改良 3FSCA 模型与传统 3FSCA 模型评价结果之间的差异性，并以游憩绿地供需水平全局维度进行全局空间自相关分析，说明与论证了改良 3FSCA 模型评价结果，其评价结果对于东莞中心城区未来游憩绿地布局优化具有现实性指导意义。

但改良 3FSCA 模型亦存在不足之处，第一，其评价仅仅适用于互补性较强的对象，对于类似医疗卫生、学校等此类对象应用性较低。第二，关于研究区内居民对于游憩绿地需求的调查，按照人口普查的百分之一进行随机抽样，精确度不高，进而导致其分析结果存在一定的偏差。对于改进 3FSCA 评价模型在适用范围及居民绿地游憩需求等方面仍可再进行深入研究。

图表来源：

图 1 由作者自绘；图 2 由作者自绘；图 3 由作者自绘。表 1 根据参考文献 [18，19]；表 2 由作者自绘；表 3 由作者自绘；表 4 由作者自绘。

参考文献：

[1] 应君. 城市绿地对人类身心健康影响之研究 [D]. 南京：南京林业大学，2007.

[2] 郭英杰. 秦皇岛市海港区城市游憩绿地发展对策研究 [J]. 秦皇岛：中国环境管理干部学院学报. 2008(03)：43-46.

[3] 陈渝. 城市游憩规划的理论建构与策略研究 [D]. 广州：华南理工大学，2013.

[4] 张云路，关海莉，李雄. "生态园林城市"发展视角下的城市绿地评价指标优化探讨 [J]. 中国城市林业. 2018，16(02)：38-42.

[5] Liu S. Urban Park Planning on Spatial Disparity between Demand and Supply of Park Service [J]. Proceedings of the 3rd International Conference on Advances in Energy and Environmental Science，2015.

[6] Liu W，Chen W，Dong C. Spatial decay of recreational services of urban parks：Characteristics and influencing factors [J]. Urban Forestry & Urban Greening，2017，25.

[7] 李博，宋云，俞孔坚. 城市公园绿地规划中的可达性指标评价方法 [J]. 北京：北京大学学报(自然科学版). 2008(04)：618-624.

[8] 陈国平，赵运林. 城市绿地系统规划评价及其体系 [J]. 益阳：湖南城市学院学报(自然科学版). 2009，18(02)：32-35.

[9] Martin W，Gordon K T. Physical accessibility as a social indicator [J]. Pergamon，1973，7(5).

[10] 张志伟，母睿，刘毅. 基于可达性的城市交通与土地利用一体化评价 [J]. 城市交通. 2018，16(02)：19-25.

[11] 吴健生，司梦林，李卫锋. 供需平衡视角下的城市公园绿地空间公平性分析——以深圳市福田区为例 [J]. 应用生态学报. 2016，27(09)：2831-2838.

[12] 彭钰，谷康. 公平性视角下扬州中心城区公园绿地供需服务研究 [J]. 园林. 2020(03)：64-70.

[13] Zhang X，Lu H，Holt J B. Modeling spatial accessibility to

parks: a national study[J]. International Journal of Health Geographics, 2011, 10(1).

[14] Timperio A, Ball K, Salmon J, et al. Is availability of public open space equitable across areas? [J]. Health and Place, 2006, 13(2).

[15] 翟宇佳, 周聪惠. 基于实例的城市公园可达性评价模型比较[J]. 中国园林, 2019, 35(01): 78-83.

[16] 陈雯, 王远飞. 城市公园区位分配公平性评价研究——以上海市外环线以内区域为例[J]. 芜湖: 安徽师范大学学报(自然科学版), 2009, 32(04): 373-377.

[17] Wan N, Zou B, Sternberg T. A three-step floating catchment area method for analyzing spatial access to health services[J]. International Journal of Geographical Information Science. 2012, 26(6).

[18] 陈渝. 城市游憩规划的理论建构与策略研究[D]. 广州: 华南理工大学, 2013.

[19] 李欢欢. 人居环境视野下的户外游憩供需研究[D]. 大连: 辽宁师范大学, 2013.

[20] Zipser T, Mlek M, Zipser W. Zipf's law in hierarchically ordered open system [J]. Jahrbuch für Regionalwissenschaft. 2011, 31(2).

作者简介:

谢鸿骏/男/汉族/硕士/广州山水比德设计股份有限公司创新研究院研究专员/研究方向为风景园林规划与设计/xie. hongjun@GZ-SPI. com。

通信作者:

刘小冬/男/汉族/澳门城市大学在读博士研究生/仲恺农业工程学院副教授/研究方向为风景园林规划与设计/908010241@qq. com。

守正创新·打造风清气正的园林新景观[①]

Keeping Orthodox and Innovation Creating a New Landscape Architecture with a Conception of Honesty and Vigorousness

谢旭斌　李雪娇[*]　贺怡雯　卢国梁

中南大学建筑与艺术学院

摘　要：基于守正创新的文化传统，以传承优秀民族文化、建设风清气正的园林新景观为目标，挖掘中国传统风景园林中抱正守心、抒情造境的理论方法，表达情理相合、高节清风的审美境象与审美情操。结合白水洞廉政文化园的教学设计案例，将廉政元素、文化元素、园林元素有机融合，以"廉洁清政、温润如玉、勤政高洁"的廉政教育为主旨，守正创新，育人于无形，体现"寓情于景，风清气正"的廉政文化主题，打造现代文化景观新环境。

关键词：风清气正；廉政文化；园林景观

Abstract: Based on the cultural tradition of keeping upright and innovative, with the goal of inheriting admirable national culture and building a bright and vigorous new garden landscape, this paper explores the theoretical methods and theories of keeping upright and lyrical in traditional Chinese landscape gardens, and expressing the harmony of reason and spirit as well as the aesthetic scene and sentiment. Combining with the case of the Baishuidong Incorrupt Government Cultural Park, the incorrupt government elements, cultural elements, and garden elements are organically integrated, and the main purpose of the incorrupt government education is "clean government, warm and moist as jade, and high integrity", for keeping integrity and innovation, as well as educating people intangible. Which reflect the theme of clean government culture of "embedded in the scenery, clean and vigorous", creating a new environment of modern cultural landscape.

Keywords: Honest and vigorous; Integrity culture; Landscape architecture

守正创新、风清气正是中华民族的传统美德。中国风景园林艺术在"守正"与"创新"的交织中不断发展。抱正守心是根基，"创新"是源泉，抒情造境是方法与目的。以"守正"促"创新"，汲取中国古典园林造园思想之精华，并结合新时代风清气正的审美情操与公正廉洁的社会价值观需求，打造具有审美性与时代性的园林新景观。

1　情理相合·中国古典园林的营造观

园林景观主要是以山体、水系、建筑、植物所构建的情理相合的情景空间与景观系统。园林景观是以置石、叠山、理水、建筑、花木等元素与人文、情怀、信仰、心境组成的审美境象与文化景观，是融合自然观、人生观、艺术观、时空观的四维空间，是建造者的内心世界、精神寄托和信仰情怀的表现载体。在园林景观营造逻辑中也可知，园林景观通过外化审美表现与审美情操的内化，以达到审美超越的园林境象。

1.1　吞吐万物、天人相合的审美直觉

审美直觉是人对园林景观形成的直观感受。中国古典园林通过置石、叠山、理水等造园活动，打造出一个宛若天成的空间景境。在空间造景布局的艺术语言中，通过"聚景""借景""对景"等完备丰富的造园方法，意旨在有限的物理空间内达到"吞吐万物、天人相合"的无限情景。如聚景手法，通过选择恰当的观赏点，将园内高低、远近、虚实等不同层次和维度的景物汇聚一目，体现丰富完备的园林系统和独揽万物为一园的审美趣味。

中国古典园林的造园主旨意在造化自然。中国古典园林叠山、理水的布局手法是通过对大自然进行加工、改造后，形成对自然景物的高度概括。"山因水活，水随山转，溪水因山成曲折，山溪随地作平"[1]。在园林塑造中主要通过水的动态特征与山石的静态形象形成鲜明对比，动静结合，增添景观趣味。在园林设计的植物配置中，园林中的花木与建筑、山水相辅相成。这些植物大多有着绚丽的色彩，婀娜的姿态，沁人的芳香等五感直觉。藤蔓植物依附生长，形成一种连续、绵延的生命活力。竹类植物修长飘逸、中通外直、宁折不屈，给人清风正影的审美直觉。园林中的花木不仅可观，还可听，"如苏州拙政园'听雨轩'，在轩前山石间夹植物芭蕉数株，营造出一个'夜雨芭蕉'的声景观。"[2]

---

　①　湖南省学位与研究生教学改革项目"守正创新——基于优秀民族文化寻访的室外环境设计实践课程建设"（2021JGSZ012）资助；中南大学"课程思政"建设项目（2020YJSKSB08）资助。

1.2 顺其规律、高风亮节的审美教化

审美教化是通过园中景物启发心灵、教育后人，传达为人处世的基本准则。中国古典园林通过山水构造、建筑装饰、植物配置、诗词警句等具体表现形式，起到审美教化的作用。在园林中常通过景题、楹联、匾额等文学方式传达教化思想。如苏州"师俭园""师俭"二字，出自"后世贤，师吾俭；不贤，毋为势家所夺。"[3]告诫后人勤俭持家，将高风亮节代代相传。"扬州'个园'二字，因'个'形似竹叶，让人联想到竹子百折不挠、坚韧不拔、高洁谦虚的不屈品格，从'个园'窥见出园对于后代及自身的德行要求。"[4]

审美感化是超脱世俗、归隐田园的情感表达以及对于自然生态的顺应尊崇。"中国古典园林中，有园必隔，有水必曲，其核心内涵是'隐'。"[5]中国古典园林中的隐逸文化是通过山水、建筑、花木等景观诠释回归自然，纵情山水，坚持独立人格的精神信仰。如"怡园、拙政园、狮子林中的水体布局贵在曲折、妙在分隔，弯曲藏露间展现出主人心智中的悠然，环建筑、抱植物，真景虚影，虽有人作，宛自天开"[6]，充分体现了追求自然，超脱世俗的心境。

1.3 超脱世俗、慰藉心灵的诗性表达

园林景观作为人们的精神寄托，是超脱世俗、慰藉心灵的诗性表达。山水园林中蕴含着古人特有的隐逸文化。他们或隐居庙堂之高，或在市井的繁华深处，又或是亭台楼宇之间，终能寻得对于生活的慰藉与向往，体现出崇尚自然、顺其规律、摒弃浮夸的内心信仰。在中国古典园林设计中常渗透出宁静致远、淡泊名利、境由心生的审美情操。将山比作智、静、寿等生活期许，将水比作仁、静、清、透等人生追求。以海棠、蝙蝠等装饰物来寄寓安乐、幸福的美好愿景。同样在传统村落景观营造中，"一花一叶总关情，哪怕只是朵无名小花，都映衬出村民的审美追求，都能引人走进一个神奇的艺术世界"[7]。

中国哲学思想将"气"看作生命的基本特征，有"气"万物才能延续生长。具体在园林中表现为生机盎然、万物生长、和谐共处的场景，"其主要的表现在于'通'。园林中的各种窗，与亭可谓异构同心，同样是为通气而设。上海豫园的'玉玲珑'，在其下置一香炉，孔可生烟。一块看似死寂的石头，却是一个吐故纳新的生命存在"[8]。

2 风清气正·园林景观的守正与创新

中国古典园林注重对空间的造景布局，赋予园林意境与灵气。将以景比德、以景写意等造园思想融入景观之中，表达出坚守正义、清净心灵的美学态度，从而达到以德约守、妄求荣耀、抱正守心、正大光明等教化意义。在抱正守心、抒情造境，守传统园林文化之正的同时，立足时代、创新思想，实现园林景观的新发展。

2.1 "以景比德"——中国古典园林守正观

中国古典园林的守正观，体现在古典园林景观中蕴含的人们对真、善、美的精神追求。中国古典园林通过空间组织、叠山置石，以和谐的空间韵律和诗意的审美表征丰富园林美感，营造园林景观的艺术境界。古人有云："形而上者谓之道，形而下者谓之器"。道与器是相互依存的关系，"道无质为虚，器有体为实"[9]。中国古典园林常以"景"比"德"，形而下的景物谓之"器"，形而上的美德谓之"道"，赋予景物美好的品德象征。

中国古典园林以景比德、以景写意呈现以下特点。第一，运用的自然景物"比德"构成了中国古典园林特有的艺术观照方式。将山水、花木等自然景物作为物质载体，赋予其高尚、谦逊、清廉等思想精神和文化信仰。《论语·子罕》："子曰：'岁寒然后知松柏之后凋也'"，以松柏比喻君子坚贞不屈的美德。第二，通过古典园林中的装饰构件、雕刻图案表达审美意蕴，寄托人的精神追求与文化信仰。如江南私家园林中，常将门洞的形状做成"花瓶"状，寓意平安、幸福、美满。湖湘园林景观中的"存厚率真""继后留光""经学继美""节媲松筠"等雕刻牌匾，体现了人们崇尚率真、讲究忠厚、注重节操的美好品质。第三，材料和色彩的选择，表现出丰富的审美意象和情感内涵。例如，玉石色泽莹润、质地坚硬，灵璧石质地细腻温润，滑如凝脂，气韵苍古。在古典园林中常将玉石、灵璧石等作为器具摆件。《诗经·秦风·小戎》载："言念君子，温其如玉"，它们既是文人气质的赋形与写照，又是古人追求淡泊与清高的象征。

2.2 创新共融——新时代园林景观的创新设计理念

中国园林景观讲究顺其自然、情理相合、开拓创新、抱正守心，蕴含着忠孝美善、廉谦诚朴、和合正义等价值观，强调自然共生的宇宙观、和谐观、和合观等哲学思维和"天人一体"道法自然、大巧若拙等设计智慧。若把这些作为中国园林"前设计"时代的造物思想、文化价值观与设计智慧，无疑中国古典园林是我国"前设计"时代凝聚并展现中国传统哲学观念与设计智慧的典型代表。园林中的景观为形，自然与宇宙融合为境。这种造园手法尊重自然、道法自然，是把握"天人"体系内在发展规律的体现。园林景观设计在追求本体特征、审美思想的同时，要顺应自身规律不断创新。在传承诸如："虽由人作、宛自天开"的构思立意；"小廊回合曲阑斜"的线条韵律；"画舫夷犹湾百转"的水体形态变化；"山重水复疑无路，柳暗花明又一村"的景观元素转换等"前设计"造园法则的基础上，应立足"今设计"时代进行园林新景观的营造创新，创造满足人们对美好生活的园林需求和审美景观要求，自觉遵循审美规律、探寻审美趣味、表达审美情操的文化担当。

"今设计"时代的园林景观营造过程中，应结合时代精神，树立正确的审美观和营造观，在自然的朴实中展现园林景观的"存厚率真"。不仅要合理应用场地的地形地势，充分发挥资源优势保护生态环境，做可循环、可持续的生态设计；应秉持热爱自然、尊重生态环境的守正观，摒弃盲目贪大造势；更要避免堆积名花异草、不正当移植或破坏生态等错误倾向。同时要基于守正创新的文化传统，开拓我国造园话语体系，处理好传承与创新的关系，既要不断继承传统文化及思想内涵，也要尊重时代审美需求取"形"、延"神"、立"意"，将抒情造境的方法理论、情理

相合的审美教化、高节清风的景观气节创新共融，合理地融入时代背景和现代景观中，积极化解生态环境资源枯竭、树立地球家园共同体发展理念，通过设计力量、引领面向未来、开创面向"后设计"时代的新园林景观。

3 创新·雅正——白水洞廉政文化园方案设计

党的十八大以来，以习近平同志为核心的党中央坚定推进全面从严治党，党员应自上而下的保持党的"纯洁性"，执政清廉才能取信于民。白水洞廉政文化园基于"廉洁清政、温润如玉、勤政高洁"的设计立意，秉持"寓情于景，生态山水"的设计理念，结合白水洞自然文化资源，创新性地以玉璧、石镜等中国传统元素，来表现党的廉洁奉公、白璧无瑕的廉政文化主题，倡廉政之风，显廉洁之诚，展自然之美。

3.1 温雅清正的廉政园

白水洞廉政文化园位于湖南省邵阳市新邵县，是依托白水洞4A级旅游景区而建设的廉政文化教育基地。怎样将抱正守心的设计理念融入于园林景观之中？怎样将廉洁之风浸润人心？该案以"玉"文化作为设计的主体元素，采用以景比德、引玉入景、写景达意等艺术表现手法，打造出融山水、花木、人文于一体的景观体系，营造出温雅清正的园林感。

在设计的分区布局上，将园区分为玉璧清廉广场、玉洁廉正、莲乡碧水、清廉廊道四大分区。园区以微地形为主，在把握自然地形规律的同时，尊重白水洞自然特征，将内部道路设计为弯曲小径，串联各玉璧广场，以适应自然地形，寓意"曲水流璧"。设计在尊重传统的同时不断创新，采用荷花池、玉璧、石镜、清廉亭等特色景观元素，将玉璧、玉玦、玉环等传统形制融入现代景观小品、装置雕塑、广场绿地中，运用干净、温雅的视觉语言突显风清气正的廉政主题。

3.2 高洁清廉的玉璧石

《说文解字》："玉，石之美，有五德；润泽以温，仁之方也。"玉石蕴含的仁、义、礼、智、信的道德品质被视为君子的楷模，故有君子比德于玉的说法。《荀子·大略》中提到："问士以璧，召人以瑗，绝人以玦，反绝以环。"大小形式不同的玉形分别代表"璧""瑗""玦""环"，其寓意各不相同。玉璧表忠信仁义；玉瑗意引导、扶助；玉玦代宁为玉碎，不为瓦全的气节；玉环喻示了和谐、美好之意。因此，在园区的设计中，主要以岩石作为"玉"文化的原型与载体，营造了"洁身如玉，德行如璧""廉政相守，同心同德"等玉璧景观。

"洁身如玉，德行如璧"。玉璧清廉广场入口处设有玉璧石，题字"白水洞廉政文化园"，作为园区导向标识，意指以玉璧百折不挠、洁白剔透的视觉感受，向游园者展示出园区廉政清风、淡泊清新的景观氛围（图1）。

"廉政相守，同心同德"。廉政同德璧，采用地铺摆放形式，两块半环玉璧错位相对，呈现高低错位的秩序美

感，增强视觉冲击力。一"廉"一"政"的玉璧形态，隐喻公正廉明，廉政相守，同心同德之意（图2）。

图1　"德行如玉"璧（实景图）

图2　"廉政同德"璧（实景图）

"仁义诚信、不忘初心"。荷花池旁的和氏忠信璧，以玉环为设计原型，采用对景与框景的营造手法，玉环中的镂空部分与清廉亭两两相对，宛如亭在环中，给观者环环相扣、景物汇聚一目的审美体验。表达出的家庭和睦、社会和谐之意，也体现了新时代背景下，人民对于美好生活的向往与追求（图3）。

图3　"和氏忠信"璧（效果图）

"问士以璧，绝人以玦"。以玉玦形式对变电箱等基础设施进行美化，玉玦形如环而有缺口，寓意决断、决绝。一则是起到人身安全警示的作用；二则将变电箱暗指廉政作风"红线"，起到行政警示作用。

"白水无瑕，廉洁奉公"。自古以来，谷物象征着国泰

民安。清雍正《瑞谷图》中记载"以修德为事神之本，以敬民为立政之基。"在此采用谷纹作为元素雕刻于玉璧之上，设白水无瑕，廉洁奉公璧，表达勤政敬民爱民之意，以此暗喻为官者应不忘初心、廉政为民。

"宁为玉碎，不为瓦全"。《北齐书·元景安传》中写道"岂得弃本宗，逐他姓，大丈夫宁可玉碎，不为瓦全。"寓意宁愿为正义事业而牺牲，也不愿丧失气节的君子情怀。设立"宁为玉碎，不为瓦全"璧，表达当职官员应不为小利、清明执政（图4）。

则寓意当官者应当以正自身，清明为民。

图6 廉政文化长廊（实景图）（二）

图4 "宁为玉碎不为瓦全"（效果图）

3.3 清风扑面的新景象

除了以"玉"文化作为廉政主题的缩影外，还采用"清廉廊道"（图5、图6）、"石镜"（图7）等形制表现风清气正的廉政文化主题。清廉廊道区包含廉政文化长廊和党建文化长廊。在廊道内部设置悬挂牌匾，记有从古至今的廉政名言，在为游园者提供休憩场所的同时，也可将廉政文化以此方式育人于无形。莲乡碧水区石镜的设立

图7 石镜（实景图）

在植物配置上，花木与园区建筑、小品、山水相辅成，通过植物教化育人，塑造廉洁清政、勤政高洁的场所精神。莲香碧水区中荷花池的设计，"予独爱莲之出淤泥而不染，濯清涟而不妖"，通过成片的莲花种植，以及清莲亭的景观凸显廉政主题（图8、图9）。清廉玉璧广场设

图5 廉政文化长廊（实景图）（一）

图8 莲香碧水区（效果图）

有竹林，"玉可碎而不改其白，竹可焚而不毁其节"，暗示做人应品行端正、大公无私、清白高洁、节俭自敛等蕴意。同时以石为镜，明己正身，表达清新廉政的新景象（图10）。

图9　清廉亭（效果图）

图10　廉政文化石（实景图）

4　总结

米切尔在《风景与权力》中曾说到，"风景是以文化为媒介的自然景色。"[10]怎样把文化意义和价值进行比德？怎样把人类精神融合到园林景观的艺术境像中？中国守正创新的文化背景下，白水洞廉政文化园意旨打造新时代风清气正的园林新景观，引"玉"入景，将"玉"作为象征符号，赋予景观清风廉政、勤政高洁等文化层面的思考，将玉器独有的真善美的精神表征与白水洞风清气爽的自然环境相融。放眼未来的园林景观设计，应将"守正"与"创新"、传承与发展相统一，开拓我国造园话语新体系，树立正确的世界观和时代精神，坚守对自然的生态之心，对万物的仁爱之心和对生活的简朴之心。弘扬新时代风清气正的审美情操与公正廉洁的价值观，打造出清风扑面的新景象，开创出具有审美性与时代性的园林新景观。

图片来源：

图1、图2、图5～图7、图10由作者拍摄，图3、图4、图8、图9由作者自绘。

参考文献：

[1]　王其钧. 中国园林建筑语言. 北京：机械工业出版社，2007.
[2]　王毅. 园林与中国文化. 上海：上海人民出版社，1990.
[3]　司马迁. 史记. 北京：中华书局，2006.
[4]　王其钧. 中国园林建筑语言. 北京：机械工业出版社，2007.
[5]　王毅. 园林与中国文化. 上海：上海人民出版社，1990.
[6]　林崇华，王亚平. 古典园林中的隐逸文化意象分析及对现代园林设计的启示. 现代装饰（理论），2016(10)：174-175.
[7]　谢旭斌. 湖湘传统村落景观的互文性解读. 长沙：中南大学学报：社会科学版，2017，023(002)：182-187.
[8]　宋薇. 生态审美视域下的中国古典园林价值分析. 河北学刊，2010，30(06)：239-241.
[9]　郭廉夫，毛延亨等. 中国设计理论辑要. 南京：江苏凤凰美术出版社，2017.9.
[10]　（美）W.J.T. 米切尔. 风景与权力. 杨丽，万信琼译. 南京：译林出版社，2014.

作者简介：

谢旭斌/男/汉/博士/中南大学建筑与艺术学院教授/博士生导师/研究方向为传统村落景观/空间规划/艺术哲学/346797383@qq.com。

李雪娇/女/汉/中南大学建筑与艺术学院博士研究生/研究方向为传统村落景观/艺术哲学/757546333@qq.com。

贺怡雯/女/汉/中南大学建筑与艺术学院硕士研究生/研究方向为环境设计/红色文化景观/464517014@qq.com。

卢国梁/男/汉/中南大学建筑与艺术学院硕士研究生/研究方向为室外环境规划设计/1565483263@qq.com。

通信作者：

李雪娇/女/汉/中南大学建筑与艺术学院博士研究生/研究方向为传统村落景观/艺术哲学/757546333@qq.com。

去往风景、穿越风景、成为风景的公路

——试论风景园林师在公路规划设计中的角色

The Road Go to the Scenery，to Cross the Scenery，to Become the Scenery
——On the Role of Landscape Architects in the Field of Highway Design

徐昕昕　　顾晓峰 *

交通运输部科学研究院

摘　要： 由于经济、技术条件的限制和设计意识的局限，早期公路设计更强调安全性、经济性、便捷性，忽视了生态、游憩、审美的功能，导致了公路周围甚至区域生态环境割裂、驾驶体验较差、公路景观缺乏可识别性和地域特色等问题。在此基础上，梳理了国内外风景园林师在公路景观领域的理论和实践，明确了我国公路景观发展的历史方位。以公路设计的全周期为主线，分析了在公路项目的立项、路线规划、设计阶段风景园林师可以参与的工作、发挥的作用，得出了风景园林师可以成为公路设计中去往风景的指引者、穿越风景的提示者、成为风景的塑造者三个结论，对未来公路建设中风景园林师作为重要参与者提供了启示。

关键词： 公路设计；公路美学；旅游公路；路域环境；风景园林；风景道

Abstract： Due to economic and technical constraints and design awareness, early highway design emphasized safety, economy, and convenience, while ignoring ecological, recreational, and aesthetic functions. This leads to the fragmentation of the ecological environment around the highway, poor driving experience, and lack of recognizability of the highway landscape. On this basis, the theories and practices of landscape architects at home and abroad in the field of highway landscape are sorted out, and the historical position of the development of highway landscape in my country is clarified. Taking the full cycle of highway design as the main line, it analyzes the work and role that landscape architects can participate in during the phases of highway project approval, route planning, and design. Three conclusions are drawn that landscape architects can be the guide to the landscape in the road design, the reminder of crossing the landscape, and the shaper of the landscape, which provides enlightenment for the landscape architect as an important participant in the future road construction.

Keywords： Highway design; Road aesthetics; Tourist highway; Road environment; Landscape; Scenic roads

1　引言

21世纪以来，我国公路经历了总里程高速增长的时期。至2019年年末，全国公路（不含村道）总里程已达501.25万km，密度达到每百平方公里52.21km，密集的公路网成为国土景观中非常重要的组成部分。由于经济、技术条件的限制和设计意识的局限，过去一段时间的公路设计更强调安全性、经济性、便捷性，忽视了生态、游憩、审美的功能。在这种背景下，快速、密集的路网建设导致了公路周围甚至区域生态环境割裂、驾驶体验较差、公路景观缺乏可识别性和地域特色等问题。

随着生态文明建设、美丽中国建设进入新阶段，作为"先行官"，交通建设也进入了高质量发展阶段，人们越来越期待承担历史遗存保护、文化传承、景观游览、驾驶体验等多种功能的复合型公路的出现。由于知识结构和项目经验的不同，传统公路设计师对于公路设计的生态、文化、美学等综合复杂的新问题存在力有不逮之处。而风景园林师介入绝大多数公路项目的时间往往已经处于项目后期，同时由于相关知识储备的不足，潜力仍有待充分挖掘。从风景园林的学科哲学来看，"环境·生态""行为·文化""形态·美学"[1]三元一体，即风景园林师可以通过景观生态理论、风景园林美学、空间与形态营造理论等基础理论和多种形态空间组织手段，介入公路设计的全生命周期，做公路项目的立项、路线规划、设计阶段的指引者、提示者和塑造者，在公路设计领域发挥更大的作用，促进我国公路的发展和风景园林学科的外延。

2　国内外研究及实践

由于研究背景的不同，各国学者对公路与风景园林交叉领域的研究有不同的重点。同时，由于语言的翻译，相关概念的中文名称也有所区别。例如旅游公路（tourist highway）所定义的内容就与风景公路（Scenic Highway）、主题线路（theme route）、风景道（Scenic Roads）等概念的内涵有很多相似之处[2]。本节参考以上概念，以历史进程和研究内容为线索，梳理国内外风景园林师的研究及实践，明确我国公路景观发展的历史方位，为讨论风景园林师在当今发挥的作用打下基础。

2.1 国外研究及实践

19世纪中叶,主导欧美公路建设的大多是军方工程部队和企业家,风景园林师的工作领域停留在传统的公园内部。19世纪末,冰川国家公园、落基山脉国家公园等美国国家公园开始了数百公里的园内道路系统的建设,风景园林师得以从他们熟悉的领域接触里程更长、更高标准的公路设计。同时,奥姆斯特德(Frederick Law Olmsted)提出了公园道(parkway)的概念,并通过波士顿翡翠项链项目进行了实践[3]。虽然翡翠项链长度仅有25km,更多考虑非机动车的体验,但是在这之后,越来越多的风景园林师开始介入公路设计,并在20世纪初提出了重视自然和历史的景观面貌和旅行体验的公路设计理论[4]。

20世纪中叶,为了振兴经济、改善民生,欧洲理事会(COE)提出了一系列文化路线,这是公路作为线形遗产廊道的雏形[5]。由于风景园林师的指引,许多过去难以到达的风景,如私人农场、自然及历史遗迹、偏僻的花园,进入人们的视野。20世纪60~70年代,风景园林师参与编写的德国《公路栽植标准》,日本《高速公路设计要领》《道路绿化技术标准设定》,美国《道路美化条例》《风景路和公园路发展建议报告》《公路景观和环境设计指南》等政策文件和规范陆续出台,景观设计对于公路项目重要性和必要性得到提升。

20世纪末,随着经济发展,发达国家家庭汽车拥有量快速上升,文化、休闲、游憩等功能复合的公路成为的建设重点。这一时期,从视觉、生态、人文等角度辅助公路选线的基础理论研究不断深入。以美国学者为研究核心的视觉评价(VIA)、视觉资源管理(VRM)、公路生态学理论逐步成熟。同时,文化线路的概念于欧洲出现,公路作为文化线路的物理载体,同样要受到相应的环境评估和监测。

20世纪90年代起,这些研究成果和理论以政策方针的形式得到落实,美国、挪威、日本等国分别发布了风景道计划和提升公路景观的政策。与前一个时期相比,风景园林师在公路设计领域发挥的作用更加明确清晰,包括但不限于生态修复、路线评价和认定、风景管理等。同时,风景园林师的视角开始聚焦到公路本身,讨论如何通过景观优化、设施建设更好地将公路塑造成风景的一部分。风景园林师与公路设计师进入了更加密切合作的时期。

2.2 国内研究和实践

20世纪80年代,国内有关公路景观设计的研究开始起步。吴必虎、余青[6]、秦晓春[7]、丁华[8]等进行了风景道、旅游公路等概念的厘清和相关理论的建立工作。由于缺乏整体架构和制度支持,理论体系较为单薄,多是从单个项目的规划及景观评价角度进行阐述和研究。文化线路、公众参与相关的研究目前还处于滞后的状态,无法满足复合功能的公路设计需求。实践方面,虽然出现了如赤水河谷旅游公路、新疆独库公路、张家口草原天路等一批景观品质优秀的项目,但是将理论与实践相结合,并且展

现中国独特风景的代表性公路项目仍占少数。

在政策文件方面,1983年交通部颁发了《公路标准化美化标准》,重点关注行车安全和环境绿化。1998年《公路环境保护设计规划》(编号JTJ/T 006—98)作为推荐性的设计标准开始实施,水土流失、动植物生境破坏等问题纳入考量。2004年,交通部颁布标准《公路景观评价指标体系》,公路的生态价值、美学价值、文化价值、资源价值、视觉价值等指标得到量化。2016年12月,国务院印发的《"十三五"旅游业发展规划》提出,全国要建设25条国家旅游风景道。2017年,党的十九大提出"加快生态文明体制改革,建设美丽中国",党的十九届四中全会提出"坚持和完善生态文明制度体系,促进人与自然和谐共生"。同年,交通运输部、国家旅游局等六部门联合出台的《关于促进交通运输与旅游融合发展的若干意见》提出,要加强旅游交通基础设施统筹规划、加快构建便捷高效的"快进"交通网络、建设满足旅游体验的"慢游"交通网络,这为风景园林师进一步参与公路设计创造了条件。

3 风景园林师在公路设计中的作用

3.1 去往风景的指引者——项目立项阶段

公路项目在立项之初,总是会发生这样的讨论:要不要修这一条的路,应该修成什么等级的,大致走什么廊道等。过去一段时间,这些问题的答案主要参考的是交通对地方经济的作用,重视其经济和社会效益。随着人们审美意识的不断增强、环境危机背景下对生态价值的关注以及当今全球化趋势下呼吁地域文化的回归,公路的美学价值、生态价值和文化价值突显。这与当代风景园林强调美与艺术、社会、生态、文化的多维价值观是一致的。[9,10]同时,由于风景园林具有多目标的特点,在工作中协调不同的目标,使系统整体最优化已成为现代风景园林规划设计的基本要求。因此,在公路立项决策中,由风景园林师介入进行多维价值判断,可以指引公路建设实现多目标的建设方针,沿着更加符合时代需求的方向发展。例如在实现公路的美学价值和生态价值方面,虽然绿色公路、美丽公路示范工程在全国各地陆续展开[11],但部分实践仍停留在"如画式"的美、形式美的层次,且多以风景区周围的路段为实践对象。风景园林师可以以更加广阔、包容的视野发现风景,逐步转变建设者的认知,在实现美学价值的同时解决可能的生态危机、培养培养人们对于环境的关注。在文化价值方面,风景园林师可以通过推动"南粤古道""滇缅公路"等遗产廊道和文化路线的建设工作与公路立项发生融合,将公路要承载属于地区的、属于民族的、属于中国的文化价值这一愿景逐渐转化为公路设计的基本理念,促进具有地方特色、民族文化特色、时代特色的公路的出现。

3.2 穿越风景的提示者——路线规划阶段

公路的路线规划是一项复杂而艰巨的综合工程,特别是山地、极寒地区的公路设计更需要多学科的广泛合

作，风景园林师应该是这个系统工程的一个积极参与者。在风景园林"三元论"中，构成景观的三大元素包括：视觉景观形象、环境生态绿化和大众行为心理[12]。将"三元论"与公路设计的实践相结合，风景园林师可以在公路路线规划阶段作出视觉评价、生态评价和文化评价以提示项目中潜在的"风景"与风险。

视觉评价是三项评价中最重要的一项。《欧洲风景公约》定义风景是一片被人们所感知的区域[13]，这揭示了视觉评价重要的原因——在所有的感官体验中，视觉占主导地位，视觉质量也是人们衡量公路质量的重要依据。在公路路线规划阶段，风景园林师可以通过视觉评价的方法引入可视范围、最佳观赏距离、最佳观赏方位等视域感知影响因子，确定出重要的风景资源。随后结合公路路线直线段的长度、平曲线半径的大小、纵坡的坡度等设计要素，提高公路视觉质量。

在生态评价方面，由于公路可以视为异质于两侧基质的狭长景观单元，具有阻隔和通道的双重作用，一旦公路路线设计不当，不仅会造成经济和社会效益大打折扣，还会造成自然景观和生态系统的分割、孤立、干扰、破坏、退化、污染等各种负面影响。因此风景园林师可以根据生态敏感度模型对区域的土壤、动植物、水文、地形、地质、气候等因子做综合判断，选择合适的路线，将对生态的破坏控制在最小范围内。例如顺应地形减少土方量，因地制宜，导流雨水，规避河谷湿地和苔原等生态敏感度较高的区域等等。

除了自然景观，文化景观也是公路景观重要的组成部分。目前已建成的公路文化景观常常以夸张的雕塑、彩色喷涂壁画的形式存在，与周围环境异质性严重，也不能起到激活当地旅游资源的作用。风景园林历史理论与遗产保护作为风景园林师的主要学科方向，有着深厚的理论基础，发挥自身在文化遗产保护方面的优势对公路沿线的人文资源进行评价，将有助于增强公路的历史教育意义和人文特色。

3.3 成为风景的塑造者——设计规划阶段

公路介入自然区域必然会改变该区域自然环境并且置入新的人工构筑物。传统的观点认为公路及其所代表的机动车文化，对于任何人地关系都是负面因素。事实上，风景园林师可以通过调和人和自然的几种手段，对公路及其附属的服务设施进行塑造，恢复自然风貌，促进公路融入当地风景，彰显场地文化，又或者成为当地风景的"新名片"。

其一，尊重整体性的手段。一方面，公路从横向布局上需要将公路主体工程、服务设施、视域景观带、安全设施、排水工程、防护工程等一并考虑。既要注意公路内部各组成部分之间的协调，也要注意与沿线自然、人文的外部协调、衔接与融合。例如，利用自然地形和植被对路基适当隐藏，参考沿线自然植被对中央分隔带和路侧绿化带进行设计，借公路周围的自然景观包括地形、地貌、山林水石、甚至云影天光等。另一方面，公路在纵向上需要考虑景观的结构和秩序，整体性就是既要强调各设计单元的统一，又要在统一的主题下表现出各自的特色、韵

味和整体的节奏，在统一中变化，在变化中统一，按照一定节奏和韵律，均衡地去设计，同时也要注意到动态中人的审美感受的特殊性。

其二，体现在地性的手段。不同地区的自然基底和人文历史各异，进行公路景观设计时，设计团队应充分认识公路建设对原有自然与文化遗存的影响，深刻理解自然和历史。具体体现在适地适树、利用当地材料、延续周边植被机理、一路一策等方面。例如景观要求高的公路，可通过各种手段减弱公路建设对周边环境的扰动，恢复生态，抹平创口，有效整合周边风景、生态和文化资源。将公路景观设计做到生态化、本土化、地域化和构筑物的精细化，让公路景观得以提升，满足较高的景观需求。景观要求较低的公路周边生态环境大多较差，风景资源较少，公路重要性较低，公路景观设计宜简约，重点为结构物设计和安全设计，绿化设计较少，设计一般较粗放，满足一般功能即可。

其三，考虑时间性的手段。作为设计寿命达数十年的构筑物，公路的属性决定了公路景观不是暂时和静止的，而是动态和发展的，是人、自然和时间共同的杰作。因此在设计层面必须遵从可持续原则，充分考虑景观在时间维度下的变化，并进行合理的前瞻性的规划设计。例如，在进行植物设计的时候，考虑公路后期管养粗放的特点，选择抗性强、耐瘠薄、易管养的树种就是具有前瞻性的设计。在建设之前，考虑到生态修复的方式方法，为区域自然系统的恢复创造条件就是前瞻性的设计。公路使用时间时间长，养护费用高，因此要建立良性循环，形成公路生态环境、人文景观和经济发展的可持续。

4 结语

公路交通系统作为基础设施，是区域经济和社会活动必不可少的基础条件。对公路交通系统的景观设计曾被忽视，这往往造成了公路交通系统对自然环境和历史人文的破坏。中国广袤的国土，悠久的历史塑造了千差万别的景观单元，这些景观绵延覆盖地表，形成了多样的国土风貌。今天，交通运输和旅游产业的发展使我们有机会可以到访或者深入游览这些地区。而游览的体验以及这些地区的自然和人文资源能否传承取决于我们的理念与技术。风景园林师在公路设计领域的这三个角色，不是时间维度上继承而来的，而是一个叠加复合的状态。风景园林师需要对国土空间、生态系统、人文历史有整体和深入的研究，保证公路建设的过程中，每一片土地的风景得以彰显，生物多样性、景观丰富性得以维护。

目前，公路景观和风景道的研究仍以片段式的旅游公路为主，但放眼未来，随着经济、技术水平的提高和审美意识的形成，国土之内的江河湖海、溪流池塘、山峦原野、森林农田、荒漠滩涂、城镇乡村以及万物生灵，都可以成为公路景观的一部分。人类可以驾车游览体验未知的世界，传承历史与文化，各种生物也有相应的安全栖息地区。这一理想并非遥不可及，但仍需要风景园林师与公路规划师的深度合作与不懈努力。

参考文献：

[1] 刘滨谊. 风景园林三元论[J]. 中国园林，2013，29(11)：37-45.

[2] 余青，吴必虎，刘志敏，胡晓冉，陈琳琳. 风景道研究与规划实践综述[J]. 地理研究，2007(06)：1274-1284.

[3] Fábos J G. Greenway planning in the United States：its origins and recent case studies[J]. Landscape & Urban Planning，2004，68(2)：321-342.

[4] Flink，C. A.，Searns，R. M. Greenways：A Guide to Planning，Design，and Development[M]. The Conservation Fund，Island Press，Washington，DC.

[5] 寿姣姣. 全域旅游背景下的旅游公路景观规划设计方法[D]. 重庆：重庆交通大学，2019.

[6] 余青，吴必虎，刘志敏，胡晓冉，陈琳琳. 风景道研究与规划实践综述[J]. 地理研究，2007(06)：1274-1284.

[7] 秦晓春，张肖宁. 旅游公路景观设计及美学研究[J]. 公路，2007(10)：212-217.

[8] 丁华，陈杏，张运洋. 中国旅游公路概念、类型及其效应[J]. 西安：长安大学学报(自然科学版)，2013，33(01)：67-70+77.

[9] 沈洁，王向荣. 风景园林价值观之思辨[J]. 中国园林，2015，31(06)：40-44.

[10] 王向荣，林箐. 现代景观的价值取向[J]. 中国园林，2003(01)：5-12.

[11] 陈晨辰. 美丽公路建设与美学评价研究[D]. 西安：长安大学，2017.

[12] 刘滨谊. 现代景观规划设计[M]. 南京：东南大学出版社，2005.

[13] Council of Europe. The European Landscape Convention [Z]. Florence，s. n，2000.

作者简介：

徐昕昕/女/（蒙古族）/交通运输部科学研究院研究实习员/研究方向为交通景观/旅游公路/550452428@qq.com。

通信作者：

顾晓锋/男/汉族/交通运输部科学研究院高级工程师/研究方向为交通景观、旅游公路/421411323@qq.com。

去往风景、穿越风景、成为风景的公路——试论风景园林师在公路规划设计中的角色

后疫情时代战术城市主义街道空间更新实践的国际经验与启示

International Experience and Inspiration of Street Space Renewal Practice Based on Tactical Urbanism in the Post-epidemic Era

杨牧梦　孙　虎[*]

广州山水比德设计股份有限公司

摘　要： 后疫情时代，人们开始逐步恢复正常生活与工作，街道空间得以再次利用。出于对安全的考虑，步行、骑行等交通方式受到居民青睐。与此同时，人们也希望获得更多的社交机会驱散心中阴霾。然而，长久以来"以车为本"的街道空间设计却难以满足人们安全通勤、保持社交距离的需求，加之时起时伏的疫情仍给城市不断带来许多不确定性，因此，如何使街道在提供基本交通、社交服务的同时限制病毒传播是亟需解决的问题。在国外，短期、低成本、实验性的战术城市主义被证明是使街道空间快速变得更安全、健康、高效的有力工具。通过对新西兰、英国等国家战术城市主义街道更新实践的方法策略、实施流程等方面的梳理，为我国打造能够适应后疫情时代的街道提供参考借鉴。

关键词： 战术城市主义；街道空间；后疫情时代；经验启示

Abstract: In the post-epidemic era, people gradually get back to normal life and work, and street space was re-used. For safety reasons, walking and cycling are favored by residents. At the same time, people yearn for more social opportunities. However, for a long time, "Car-based" street space design is difficult to meet the needs of people to safely commute and maintain social distance. Besides, the ongoing epidemic still brings a lot of uncertainty to the city. Therefore, how to make the streets provide basic transportation, social services while limiting the spread of the virus is an urgent problem to be solved. In foreign countries, short-term, low-cost, experimental Tactical Urbanism has proved to be a fast and powerful tool to make street space safer, healthier and more efficient. Through combing the methods and implement process of street renewal based on Tactical Urbanism in New Zealand, British and other countries, this article provides reference for China to build streets that can adapt to the post-epidemic era.

Keywords: Tactical Urbanism; Street space; Post-epidemic era; Experience and inspiration

新冠肺炎疫情封锁解除后，复工复产的人们为一度沉寂的街道带来了活力。然而，城市街道空间却难以满足后疫情时代人们各项新的需求：一方面，出于避免接触人群与公共物品的心态，人们乘坐公共交通的频率下降、使用私家车比例上升[1]。为了避免车辆过多造成的道路拥堵、污染加重的局面，结合保持社交距离、避免群聚感染的考量，世界卫生组织（WHO）倡导居民采用骑行或步行的方式进行日常通勤[2]，但是长期以来"以车为本"的街道空间却难以及时应对越来越多的骑行与步行活动。狭窄的人行道无法让人们保持安全距离，过快的车速与被车行道分割得四分五裂的自行车道也难以为人们提供友好的骑行环境[3]。另一方面，长期的居家隔离给缺乏户外活动空间的城市居民的身心健康带来了负面影响[4]。解除隔离后，他们希望能走出家门进行一些短时间、短距离的户外锻炼及社交活动，呼吸新鲜空气并保持身体与精神健康。但人们最触手可及的且本应具备社交、活动功能的街道却难以承担起这一重任。与此同时，疫情期间客流量骤减、门店停摆导致商户现金回流艰难，餐饮、零售等临街个体工商户首当其冲。疫情缓和后，受到保持社交距离规则的影响，一些商铺即使开门营业也生意惨淡，在

开门与关门之间焦灼摇摆[5]。面对上述种种情况，街道空间亟需适应后疫情时代的新需求，为人们提供一个安全、健康的出行、社交、消费环境，帮助人们从疫情的阴霾中快速恢复并创造更加健康与美好的生活环境。

为了应对后疫情时代给街道空间所带来的挑战，一些西方国家基于战术城市主义对城市街道空间进行了更新，使其能够快速调整基础设施并发展可持续的交通出行方式，减少疫情传播的风险和不公平现象。这些措施取得了一定成效，并能为未来更持久、深入的健康城市建设奠基[6]。本文以新西兰、美国、英国等国所实施的战术城市主义街道更新实践为例，深入分析其应对街道空间各项问题的措施与流程，并从中总结出对我国后疫情时代街道建设的启示，希望为打造健康可持续的街道空间提供有益借鉴。

1　战术城市主义概念及特征

战术城市主义（Tactical Urbanism）是由美国规划师麦克·莱登（Mike Lydon）于2011年提出的。它是由居民和/或者政府、企业、社会组织主导的低成本、有弹性

且能在数天或数月时间中快速实施的临时性干预措施。这些措施可应用于社区、街道等不同尺度的场所中，以提升空间品质并激发空间活力。在实施期间，人们可以获得设计图纸所不能给予的真实建造体验，政府亦能根据居民提供的反馈意见与产生的数据及时对项目进行评估与调整，从而为其转化成永久性项目提供参考与改进的依据[7]。战术城市主义具有以下五个特征：

（1）一种慎重的、阶段式的推动改变的方法；

（2）为本地的规划挑战提供因地制宜的解决方案；

（3）短期承诺与可实施的预期方案；

（4）风险低但可能具有高回报；

（5）公民间社会资本的发展和公共/个人组织、非盈利组织和其参与人员之间组织能力的建立[8]。

2 案例分析

2.1 新西兰"创新街道 COVID-19"项目

新西兰是首个将战术城市主义作为官方政策以应对新冠病毒造成的负面影响的国家[9]。通过对街道空间的评估，新西兰交通局发现其普遍存在着无法为步行、骑行或是在营业场所外等候的人们提供足够的空间来维持1～2m的安全物理距离，以及自行车道网络被车行道割裂等问题（图1）。为了避免步行、骑行的增加可能带来的病毒传播与交通安全风险，新西南交通局迅速制定了《创新街道 COVID-19 指南》(Innovating Streets COVID-19 Guidance) 以帮助各地快速地对街道进行战术性变更，从而更好地满足人们的出行需求[10]。

图 1 后疫情时代新西兰街道空间中的常见问题[11]

2.1.1 干预措施

新西兰交通局提出了若干项针对性战术城市主义干预措施供各地议会参考以创建更加安全的街道（表1），同时强调应结合街道状况、使用频率和措施、持续时间，考虑路障、标识等材料的运用，诸如避免在容易受到撞击的区域使用移动式的路障或是在打算长期实施变更的地方使用临时性材料。

新西兰《创新街道 COVID-19 指南》中提出的干预措施　表 1

应对措施	适用街道	具体举措
创造安全的步行空间	主干道、人流量大或慢跑、步行活动多的街道	（1）设立路障，利用路边停车位或车道拓宽人行道空间； （2）限制车速； （3）加设无障碍坡道； （4）依循交通控制设备规则（Traffic Control Devices Rule）设置指示步行方向的标识
创造安全的等候空间	有行人通行及等候人群的商业街道	（1）设立路障，占用部分车行道作为等待或步行空间； （2）限制车速； （3）加设无障碍坡道； （4）依循交通控制设备规则设置指示步行方向及顾客等候区域的标识
连接自行车道	骑行与车行空间未明确划分的道路	（1）临时占用路边停车位，串联自行车路线； （2）使用耐撞击的柱形路障分隔骑行与车行空间

除此之外，新西兰交通局对具体如何降低车速也提供了详细的指导，如设置临时减速带、在交叉路口设置路障使驾驶员执行更严格的转弯动作、临时减少道路宽度、设置限速标牌给予驾驶员视觉提示等（图2），并鼓励完全或局部的临时封闭学校外、公园旁、商业性的街道，以为人们提供更多行走、等候、娱乐的空间（图3）。

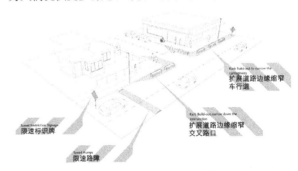

图 2 限制车速的方法[12]

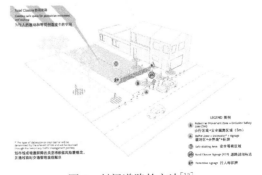

图 3 封闭道路的方法[13]

2.1.2 组织流程与参与者

考虑到反复的疫情，新西兰交通局对项目中一些阶段作出了调整以保障街道战术性改造能够安全且快速的实施（图4）。第一步，信件、线下活动等传统沟通方式被取消，由当地社区成员所担任的社区领导者将线上收集到的信息快速向议会传达，协助项目团队制定包括当地问题、居民愿景、设计原则、项目目标、建造风险等在内的战略以指导项目的实施。第二步，由项目主管、临时性交通管理方面的专家等组成的团队对项目区位、背景进行分析并考虑周边更广泛的交通网络和安全隐患。第三步，项目团队根据场地的特征与待解决的挑战，制定设计方案。第四步，政府按照官方流程对方案进行审批。第五步，团队利用传统标识并探索和运用生活中其他常见材料和资源，如人行道上的粉笔画、街边橱窗等对街道进行改造。第六步，团队成员在保持安全距离的前提下快速进行现场观察、录像，或采用对社区居民进行在线调查的方式及时评估项目的有效性，了解是否需要对其进一步更改。第七步，以文件的形式记录项目值得推广、学习的内容，供其他地区进行参考并确认紧急或临时做法是否具有转化为长期项目的潜力（表2）。此外，战术城市主义认为在项目前期应了解各利益相关方的需求并广泛寻求观点与建议，并在建设过程中尽可能带动社区居民共同参与，但新冠疫情却使得这一切难以实现。为了加强各方沟通，新西兰交通局委任沟通和参与主管、社区领导者向议会与团队传递居民的需求与愿景。同时，他们需要及时向居民解释街道发生的变化、阐明要解决的问题、意图

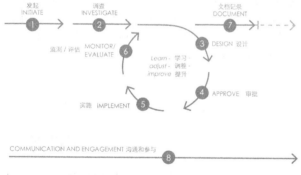

图4 "创新街道COVID-19"项目流程[14]

和紧迫性并获取社区反馈，从而避免交流沟通受阻所导致的社区居民感觉权利丧失、项目无法满足需求等问题[15]。

战术性城市主义项目从紧急向长期的转变　表2

项目类型	紧急性	临时性	长期性
做法及目的	使用锥形路障等材料，快速创造步行或骑行空间	作为交付项目的一部分测试未来的布局	使用永久性的材料构建被批准的设计
建设周期	天/周	周/月	月/年

2.2 美国"游乐纽约"活动

研究表明，居家隔离会对不能与他人接触也无法去公园跑步和玩耍的儿童的身心健康造成较大的负面影响[16]，因此许多专家学者呼吁在解除隔离后为儿童提供更多户外活动的机会[17]。考虑到公园、游乐场等场所中的活动可能无法保证孩子们处于安全社交距离之中，为了帮助儿童及社区及时恢复健康，纽约非盈利组织"街头实验室"（Street Lab）于2020年7月在一些社区中开展了"游乐纽约"（PLAY NYC）活动，希望为儿童提供安全、短时间内可达的户外活动场所。

2.2.1 应对方法

"游乐纽约"活动倡导临时封闭车道后将其转化为儿童活动场所。"街头实验室"的工作人员利用班克罗夫特设计公司（Bancroft Design）为此活动专门设计的可拆卸彩色障碍物、栏杆、平衡木和弯梁等设施进行自由组合并布置出玩耍路线，创造出既有趣味性同时也能使儿童保持安全距离的游戏和体育活动区域。同时，街头设置带有洗手液和口罩的卫生站以保证人们的健康（图5）。此外，"街头实验室"组织使用特制工具和粉笔，在地面上划分出可以保持社交距离的图形（图6），让儿童可以分散而不是成群结队地进行骑自行车、滑旱冰与跳房子之类的单人游乐项目。这些措施使得一片灰色的街道在短短的几分钟内就能变成家庭和儿童快乐活动、五彩缤纷的地方，既可帮助人们安全地进行体育与娱乐活动，同时对治愈和重新连接邻居之间的关系也具有积极作用。

图5 可灵活拆卸与组装的设施[18]

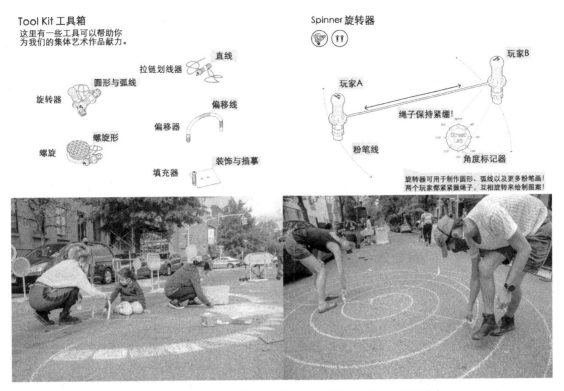

Tool Kit 工具箱

这里有一些工具可以帮助你
为我们的集体艺术作品献力。

拉链划线器　　　　直线

圆形与弧线
旋转器　　　　　　偏移线

偏移器

螺旋　　螺旋形

填充器　　　装饰与描摹

Spinner 旋转器

玩家A　　　　　　玩家B

绳子保持紧绷！

粉笔线　　　　角度标记器

旋转器可用于制作圆形、弧线以及更多粉笔画！
两个玩家都紧紧握绳子，互相旋转来绘制图案！

图 6　使用特制工具与粉笔绘制图案以保持安全的活动距离[19]

2.2.2　组织流程与参与者

"游乐纽约"活动主要由"街头实验室"负责，其项目资金主要来源于各行各业的赞助。在活动筹备初期，组织中的工作人员会与社区取得联系，让街道上的每个居民填写一份申请设置路障以临时封闭街道的表格。在得到警察部门、公共交通部门、消防部门和卫生部门的批准后，该路段会在特定时段禁止汽车通行以方便项目的实施与进行。在实施期间，"街头实验室"的工作人员负责指导居民安装设施、绘制图案并监督所有工作，同时鼓励所有人保持安全距离。

2.3　英国利物浦"无墙户外用餐计划"

遵循保持社交距离的规则，英国利物浦市许多餐厅、酒吧与咖啡馆在重新营业时不得不减少其室内顾客容纳量。但这会影响商户营业收入，使因疫情而亏损的餐厅雪上加霜。利物浦市议会认为，创建令人愉悦的露天就餐区以吸引与容纳更多人就餐是餐馆生存的关键[20]。为了帮助餐馆更好地营业，利物浦市议会与奥雅纳（Arup）工程顾问公司共同制定了"无墙户外用餐计划"（Without Walls Outdoor Dining Plan）。

2.3.1　干预措施

出于使商户安全运营与增强当地特色、地方感的考量，奥雅纳设计了由可移动桌椅、种植池等模块化元件组成的户外用餐"小公园"（Parklet）。它可以安装在停车位、人行道与更大的开放空间中。由植物与有机玻璃构成的"卫生屏风"将座位分隔开，消费者可以在此安全地饮酒与用餐。可灵活移动的家具便于进行清洁和冲洗，商户也能够根据用餐团体的规模灵活地对间隔进行调整（图7）。这些"小公园"需要6~8周的时间来建造与安装，并可使用长达5年之久。疫情结束之后，市议会还可以将他们转移到新的地点继续使用[21]。

图 7　奥雅纳设计的户外用餐"小公园"[22]

2.3.2　组织流程与参与者

户外用餐计划将利物浦市中心的伯德街（Bold Street）和城堡街（Castle Street）作为首批开展试点。从7月开始，这两条街道禁止车辆通行，以最大限度地增加街道上的户外用餐的空间、设置更多的座位。同时，利物浦市为商户提供了一系列资金支持，该市所有的独立餐厅都可以申请最高4000英镑的补助金来采购材料及设施，具体的补助金额取决于餐厅可增加的户外座位数量[23]。约600英镑的街头咖啡厅牌照申请费用也被免除以减轻商户在重新经营时的负担。此外，市议会鼓励商户对户外用餐区域的绿化进行养护，并允许他们根据自身的需要进行种植，如可以种植用于烹饪的食用草药或草莓。市议会也在对这些"小公园"进行观察与评估，如果效果良好，类似的做法将在整个利物浦市范围内进行推广。

3　启示

上述西方国家与我国在政治体制等方面存在着一定差异，因此我们不能简单照搬照抄其所采取的战术城市主义街道干预措施，况且这些措施本身也会随着时代的发展而不断变化更新。但各国战术城市主义街道更新项目背后共同的实施逻辑、应对后疫情时代街道空间问题的共性答案，以及其在特殊时期的组织实施方式对我国后疫情时代街道空间建设具有启发和借鉴价值。

3.1　快速反应，从临时性项目中汲取经验

街道基础设施通常需要花费较长的时间进行规划和建设，而后疫情时代的特殊性与紧迫性要求决策者与建设者较快做出决定并立即采取行动使街道空间能够快速适应人们安全出行的需求。战术城市主义开创了一个崭新且快速的交通规划与街道设计时代，使方案能够在较短的时间内落地并测试其是否具有转变为永久性项目的潜力。面对后疫情时代对街道空间提出的新的要求与挑战，我国政府相关部门也可采用战术城市主义干预措施，进一步发挥"中国速度"，使用价格低廉、临时便捷的材料在短时间内对街道空间中的问题作出快速反应，使人们能安心用餐、放心出行。值得注意的是，后疫情时代城市建设的目的不应仅仅是恢复"正常"，而是要塑造一个更好、更具可持续性和复原力的城市[24]。因此，政府部门、规划师和居民可把城市当做实验室，将根植于当地问题与特色的临时性战术城市主义项目作为一场场试验。通过观察与评估具体、形象地了解建设的有效性，研究和探索哪些方法、材料与布局可以营造安全、可持续的街道空间，并为下一步决策与行动提供科学有效的指导，将街道空间建设转化为一个动态可变而不是一劳永逸的过程，使其不断变得更好。

3.2　抓住机会，打造以人为本的街道空间

各国所采取的诸如鼓励自行车与步行、封闭街道将其转化为社交活动空间等战术城市主义干预措施，实际上在疫情来袭之前就被认为是可以促进城市可持续发展、解决交通拥堵等"城市病"的良方。然而长久以来受"以车为本"的交通发展模式的限制，这些措施一直难以顺利实施。解除封锁后，面对街道空间人车争夺路权、街道商业失活等新旧"危机"，我国政府应把握机会，将其转化为推广绿色出行方式、营造街道活力的"契机"，对街道空间进行重塑，建设"以人为本"的街道。一方面，在规划街道交通时应综合考虑步行、骑行、公共交通、机动车等多种出行方式，并根据道路类型、等级、出行量的不同，对街道空间资源进行合理分配。这样既能逐步解决人车路权争夺的矛盾、促进街道空间的安全与公平使用，也能带动居民改变出行方式、降低碳排放。另一方面，可采用能够灵活组合与移动的街道设施，结合对街道的分时段利用，打造小规模、多功能、高连续性的街道公共空间。在减少街道功能调整建设成本的同时提升使用率，为人们提供便捷可达的休闲放松空间，帮助其疫情后身心的康复。

3.3　完善流程，鼓励多主体参与街道建设

由于处在疫情时起时伏的特殊时期，国外基于战术城市主义的街道空间更新实践大多是由政府领导并实施的，但从案例中亦可以发现企业、社会团体、居民等在街道秩序的重建中也扮演着至关重要的角色。街道空间规划、设计与更新既不是专业从业人员的"专利"，也不是政府的"专利"[25]，多元主体共同参与才能更好地提升街道空间的安全性、公平性与合理性。因此，我国相关政府部门应不断完善多元主体参与街道设计与建设的流程，赋予其参与权、决策权与监督权。在日常交流沟通受阻的特殊时期，更应利用互联网保持各方发声渠道的畅通以更好地了解人们的需求与意见。同时，应汇集和协调多方力量，以人们的需求为导向建立适应性的解决方案，创建街道空间快速、健康、可持续的发展路径。让城市街道不仅只是具备交通运输、社会交往功能的物质空间，也是能够将人们联结起来，增强社会凝聚力与责任感的重要精神空间。

4　结论

面对后疫情时代街道空间所暴露出的人车路权争夺、社交人文属性缺乏、商业活力不足等问题，战术城市主义为我们指明了道路。它可以帮助我们通往更具弹性与可持续性、交通便利、社交安全的街道空间，并且为未来城市带来更加深远的好处，值得学习与借鉴。未来我国如何利用战术城市主义为人们规划一个公平、可持续的街道空间环境来应对这百年一遇的健康危机，仍需要更多学者进行更深入的探索。

图表来源：

（1）图1引自参考文献［11］；图2引自参考文献［12］；图3引自参考文献［13］；图4引自参考文献［14］；图5引自参考文献［18］；图6引自参考文献［19］；图7引自参考文献［22］。

（2）表1由作者根据参考文献［10］整理；表2由作者根据参考文献［14］整理。

参考文献:

[1] 潘芳,黄哲娇.新冠疫情防控期间国外街道空间治理的应对与启示.北京规划建设,2020,(05):96-101.

[2] World Health Organization Europe. Moving around during the CO-VID-19 outbreak 2020[EB/OL]. (2020-04-29)[2021-04-15]. https://www.euro.who.int/en/health-topics/health-emergencies/coronavirus-covid-19/publications-and-technical-guidance/environment-and-food-safety/moving-around-during-the-covid-19-outbreak.

[3] Rojas-Rueda D, Morales-Zamora, E. Built Environment, Transport, and COVID-19: a Review. Current Environmental Health Reports, 2021, 01: 1-8.

[4] Roberts D. How to make a city livable during lockdown: From wider sidewalks to better balconies: tips from a long-time urbanist [EB/OL]. (2020-4-22)[2021-04-15]. https://www.vox.com/cities-and-urbanism/2020/4/13/21218759/coronavirus-cities-lockdown-covid-19-brent-toderian.

[5] 新华网.好政策"看得见",更要"摸得着"[EB/OL]. (2020-04-09)[2021-04-15]. http://www.xinhuanet.com//fortune/2020/04/09/c_1125830483.htm.

[6] Schwediielm A, LI W, Harms L, et al. Biking Provides a Critical Lifeline During the Coronavirus Crisis[EB/OL]. (2020-04-17)[2021-04-15]. https://www.wri.org/blog/2020/04/coronavirus-biking-critical-in-cities.

[7] Lydon M, Garcia A. Tactical urbanism: short-term action long-term change. Washington, D. C.: Island Press/Center for Resource Economics, 2015.

[8] Lydon M, Bartman D, Woudtra R, et al. Tactical urbanism vol. 1: short-term action, long-term change[M/OL]. New York city: the street plans collaborative, 2011: 1(2012-3-13)[2021-4-18]. http://issuu.com/streetplanscollaborative/docs/tactical_urbanism_vol.1.

[9] Reid C. New Zealand First Countryto Fund Pop-Up Bike Lanes, Widened Sidewalks During Lockdown[EB/OL]. (2020-04-13)[2021-04-18]. https://www.forbes.com/sites/carltonreid/2020/04/13/new-zealand-first-country-to-fund-pop-up-bike-lanes-widened-sidewalks-during-lockdown/?sh=6cb1422d546e.

[10] Waka Kotahi N2 Transport Agency. Innovating Streets COVID-19 Guidance[EB/OL]. [2021-04-18]. https://www.nzta.govt.nz/roads-and-rail/innovating-streets/covid-19-guidance/.

[11] Waka Kotahi N2 Transport Agency. Challenges presented by COVID-19 on our streets[EB/OL]. [2021-04-18]. https://www.nzta.govt.nz/roads-and-rail/innovating-streets/covid-19-guidance/where-to-respond/challenges/.

[12] Waka Kotahi N2 Transport Agency. Restrict traffic speeds [EB/OL]. [2021-04-18]. https://www.nzta.govt.nz/roads-and-rail/innovating-streets/covid-19-guidance/responses/restrict-traffic-speeds/.

[13] Waka Kotahi N2 Transport Agency. Close streets[EB/OL]. [2021-04-18]. https://www.nzta.govt.nz/roads-and-rail/innovating-streets/covid-19-guidance/responses/close-streets/.

[14] Waka Kotahi N2 Transport Agency. Planning your response [EB/OL]. [2021-04-18]. https://www.nzta.govt.nz/roads-and-rail/innovating-streets/cov-id-19-guidance/planning-your-response/.

[15] Waka Kotahi N2 Transport Agency. Communication and engagement under COVID-19[EB/OL]. [2021-04-18]. https://www.nzta.govt.nz/roads-and-rail/innovating-streets/covid-19-guidance/planning-your-response/communication-and-engagement/.

[16] Mental Health Foundation. Impacts of lockdown on the mental health of children and young people[EB/OL]. [2021-04-18]. https://www.mentalhealth.org.uk/publications/impacts-lockdown-mental-health-children-and-young-people.

[17] Playing Out. Play streets and covid-recovery[EB/OL]. (2020-04-07)[2021-04-19]. https://playingout.net/covid-19/play-streets/.

[18] Street Lab. Play NYC[EB/OL]. [2021-04-19]. https://www.streetlab.org/programming-nyc-public-space/play/.

[19] Street Lab. Street Marker: exploring new ways to mark streets for COVID response and beyond[EB/OL]. [2021-04-19]. https://www.streetlab.org/programming-nyc-public-space/street-marker/.

[20] LEVY N. Outdoor dining "last chance" for many restaurants says Ben Mastert-on Smith[EB/OL]. (2020-06-29)[2021-04-23]. https://www.dezeen.com/2020/06/29/outdoor-dining-coronavirus-interviews-ben-masterton-smith/.

[21] WHELAN D. Liverpool launches outdoor dining initiative [EB/OL]. (2020-06-22)[2021-04-23]. https://www.placenorthwest.co.uk/news/liverpool-launches-outdoor-dining-initiative/.

[22] India Block. Arup designs parklets to help Liverpool's restaurants reopen during social distancing measures[EB/OL]. (2020-07-2)[2021-04-23]. https://www.dezeen.com/2020/07/02/arup-liverpool-without-walls-parklets-coronavirus-lockdown-social-distancing/.

[23] Liverpool BID Company. Liverpool Without Walls pilot scheme to help restau-rants re-imagine outdoor eating[EB/OL]. (2020-06-22)[2021-04-23]. https://www.liverpoolbidcompany.com/liverpool-without-walls-pilot-scheme-to-help-restaurants-reimagine-outdoor-eating/.

[24] Dutch Transformation Forum. Together Shaping a more Resilient, Sustainable, and Cohesive Society after Covid-19 [R/OL]. (2020-09-01)[2021-04-25]. https://assets.kpmg/content/dam/kpmg/nl/pdf/2020/services/dtf-2020-.pdf.

[25] 张翀,宗敏丽,陈星.多方参与的综合性城市更新策略与机制探索.规划师,2017,33(10):76-81.

作者简介:

杨牧梦/女/汉族/硕士/广州山水比德设计股份有限公司创新研究院研究专员/研究方向为风景园林规划与设计/智慧城市与城市分析/yang.mumeng@gz-spi.com。

通信作者:

孙虎/男/汉族/硕士/广州山水比德设计股份有限公司董事长/首席设计师/高级工程师/研究方向为风景园林规划与设计/sun-hu@gz-spi.com。

嵩山地区历史建筑风格流变与环境协调发展研究[①]

Study on Coordination of the Historic Buildings Style-changing and Environment in Songshan Area

姚晓军　徐峥晖　李雪萌　王雨晴　田国行[*]

河南农业大学风景园林与艺术学院

摘　要：嵩山为天下之中之所在，是历代帝王建都立国的圣地，古代都城的营建成大嵩山地区建筑技术的重要组成部分，是研究我国古代建筑和中原文化景观的样本。选取嵩山地区各县市典型的历史建筑作为研究对象，从各地方志、相关图文和现存建筑遗迹中发现和探索嵩山地区历史建筑相地、立基、布局、风格等特征的演变与周围环境的关联，通过对嵩山核心区域（县市）经纬度坐标点的编辑，使用地理信息系统（GIS）建立不同历史时期各级文物保护单位的数据库，以类型学的方法对其进行分类、分级别统计分析，以数据和图表的形式直观展示出历史建筑在数量和内涵上的分布范围和重心所在；进而分析流域历史建筑与环境的构成要素和风貌特征，提炼其风格流变和传承创新的途径与方法，同时也希望通过对嵩山地区古代城市和历史建筑的分析为当代中原地区的风景营建提供思考与借鉴。

关键词：嵩山地区；历史建筑；风格流变；环境景观；协调发展

Abstract：Songshan is "the Center of the World" of the whole world, which is the holy land where emperors built their capitals and established their countries. The camp of the ancient capital was an important part of the architectural technology in Songshan area, which are samples for studying ancient Chinese architecture and cultural landscape in the Central Plains. This topic selection of various counties and cities of typical historical buildings as the research object, the materials of ancient cities and historic buildings, archaeological, paintings, etc. by confirming. Based on the areas of Songshan county point, the editor of the latitude and longitude coordinates using geographic information system (GIS) to establish a database of cultural relics protection units at all levels, the different historical period with typology method carries on the classification, the classification statistical analysis, don't directly in the form of data and charts showing historic buildings in number and distribution range and focus in on connotation. Then analyze the elements and features of the historical buildings and environment in the basin, and refine the ways and methods of their style evolution, inheritance and innovation. At the same time also hope that through analysis of ancient city and the historical architecture for modern thinking and references for landscape construction in the central plains.

Keywords：Songshan area；Historic buildings；Environment Landscape；Coordinated development

随着 2010 年 8 月 1 日河南登封"天地之中"历史建筑文化群列入《世界遗产名录》，"嵩山文化"对于表征黄河流域华夏文化特征有了更加典型的特征[1]。在地理上，嵩山地区的山脉属于秦岭山系东延的余脉[2]，是不同地理单元的接合部。在历史建筑上，嵩山周围有众多新石器时代遗址，特别是作为中华民族始祖的黄帝的故里位于嵩山之麓的新郑，把嵩山与黄帝故里联系起来，会提升嵩山地域文化鲜明的亮点。然而，目前嵩山地区历史建筑的形态庞杂、历史建筑与周围环境疏离、本土历史文化表失，同时伴随着快速城镇化衍生的大规模的城乡建设活动，历史建筑周边环境空间破碎化问题凸显，这对嵩山地区历史建筑环境的保护和传承发展带来了严重的冲击，尽快完善对嵩山地区历史建筑与周边环境的研究，结合区域环境特征从整体上实现历史建筑风格与周边环境的协调发展是实现嵩山地区华夏文明的传承与创新示范区可持续发展的前提条件。

1　研究背景

关于嵩山地区历史建筑与周围环境的研究，一类是嵩山地区的历史文化和地理位置重要作用的研究，如《中华文明与嵩山文明研究》[1]《宋代嵩山人文研究》[3]《大嵩山——华夏历史文明核心的文化解读》[4]等。另一类是单个历史建筑的研究，主要出现在嵩山地区各个区域的地方志中关于历史、庙宇和宅第的史料中，相关成果有：《嵩山历史建筑群》[5]《嵩阳书院》[6]《登封市历史建筑风貌特色研究》[7]等。再一类是从历史文化遗产、生态环境、旅游资源等角度对嵩山地区历史建筑与周围环境的关系进行的研究，如《山岳型风景区中寺院文化环境的保护与利用研究—以嵩山少林景区为例》[8]《唐宋时期嵩山地区景观资源与旅游活动研究》[9]《明清时期嵩山地区生态环境的变迁》[10]《山岳崇拜下的嵩山景观研究》[11]《环嵩山地区东周至秦汉时期城邑变迁研究》[12]等。

①　基金项目：河南农业大学博士科研启动费（编号30602099）。

综上所述，目前对嵩山地区历史建筑风格流变与环境协调发展的研究，已有的成果主要集中在历史建筑的营建、文化的影响以及与旅游开发的关系等几个方面，但是缺少对嵩山地区历史建筑环境这一要素的整体研究；缺少嵩山地区历史建筑整体性和系统性的研究；缺少对历史建筑与周边环境的关系多种因素下的空间形态与周围环境的变化关系研究。

2 嵩山历史建筑风格流变与环境协同发展的研究步骤与方法

2.1 研究对象

本文所涉及的历史建筑主要属于嵩山地区（图1）的历史建筑，属于古代至中华人民共和国成立前嵩山各个区域中具有代表性和典型性的历史建筑。主要研究被国家及省市列为重点文物保护单位的建筑（图2、图3），其具体地域范围和选择依据如下：

2.1.1 地域范围

本研究的地域范围主要集中在古代文献中所界定的"嵩山之域"，实际上以郑州与洛阳之间的地区为主，这个地区可以称之为中心区，而登封作为嵩山主峰所在地，无疑应为中心区的核心区。至于北至黄河，西至洛阳市区，东至郑州市区，包括偃师、巩义、登封、荥阳、新密、伊川、汝州、郏县、襄城、禹州等县市（图1）。

2.1.2 时间范围

从时间上看，主要集中于1949年以前的发展状态（图2）。以嵩山为背景所形成的多种文化景观，从各个侧面勾画出完整的文化演进的历程。尤其是登封"天下之中"历史建筑群历经汉、魏、唐、宋、元、明、清，绵延不绝，"天地之中"历史建筑群是中国先民独特宇宙观和审美观的真实体现。这一时期中国嵩山地区催生了中原文明的繁荣昌盛，五千年来未曾断代，造就了无数人文景观，其历史建筑更具代表性。

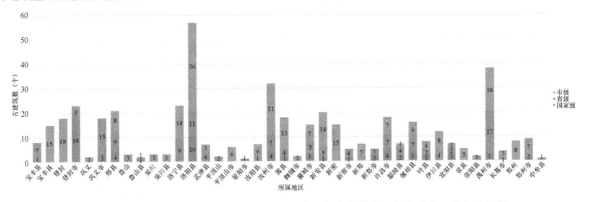

图1　嵩山地区各个区域的国家/省/市级重点文物保护单位（历史建筑）分布统计图

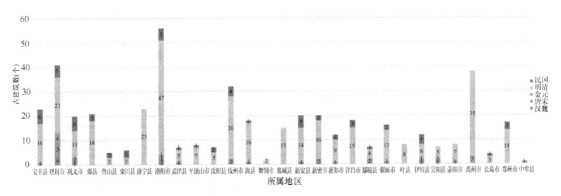

图2　嵩山地区不同历史时期各个区域的国家/省/市级重点
文物保护单位（历史建筑）分布统计图

2.1.3 选择依据

在此区域内，所选择的各个县市的历史建筑主要具备以下三个方面的特征：第一，所选择的历史建筑应属于市级以上文物保护单位，是我国历史文化遗产的重要组成部分，并且具有各个区域本土的地方文化特征；第二，所选择的历史建筑目前保护较好，周边环境破坏较小，应具有相对完整的结构和布局；第三，这些历史建筑在一定的历史时期对于嵩

山乃至华夏文明的发展具有重要的推动作用。

2.2 嵩山历史建筑风格流变与环境协同发展的研究内容与步骤

2.2.1 梳理并获取不同批次和类型历史建筑分布数据

以国家、省、市颁布的文化保护单位中的嵩山地区的古建筑为基础，根据历史地图、地方志等资料进行分析与整理，梳理区域间不同时期历史建筑及不同区域间历史建筑的分布数据，获取不同批次和类型的历史建筑分布数据。通过点密度和标准差椭圆初步揭示不同类型不同批次历史建筑在空间上的分布格局与演变特征，探讨不同批次和类型历史建筑环境景观的空间分布特征。

2.2.2 分析嵩山地区历史建筑风格的流变过程

根据所得的数据，选取具有代表性的历史建筑，总结嵩山地区各类型历史建筑的形成、发展、兴盛、变迁、衰落、复兴过程中周围景观空间形态的演进规律及其影响因素探索特殊自然环境下建筑、园林与城市的关系。通过由区域到城市、由整体到典型的研究思路，梳理区域间历史建筑的共性及区域间不同城市传统历史建筑的个性，探究其历史建筑风格的演变规律。

2.2.3 探究历史建筑环境的类型、特征和价值

对不同区域的历史建筑环境构成进行探讨，从历史建筑分布、周围环境和城市风貌三个层面分析历史建筑周围环境的价值，通过分析各县市历史建筑与周边环境的边界、空间、形态、保存现状和外部环境特征等诸多方面，对历史建筑环境进行分类分级评定，明确历史建筑与周围环境的关系。总结区域近代以来历史建筑风格流变

的特征和区域内历史建筑的保护经验，提出典型历史建筑和城市的保护与发展模式构想。

2.2.4 构建历史建筑风格演变与环境协调发展的体系

结合各时期社会及自然环境进行讨论，对建筑变化趋势给出一定的解释，立足提取最具中原历史建筑的特征与符号，进行传承、创新的现代化转译，并重点分析建筑选址与环境之间的关系，深刻探究人类聚居环境与自然环境的关联与协调，进而提升出人工空间与自然生态空间协同发展的规律与创新。

2.3 嵩山历史建筑风格流变与环境协同发展的研究框架

本文一方面通过对地方志、历史地图、历史文献和现存建筑遗迹的整理，结合实地调研，梳理区域间城市历史建筑的共性及区域间不同城市传统历史建筑的个性与档案；另一方面结合历史建筑与周边环境历史空间整体性特征，分析其构成要素和价值；最终需要厘清嵩山地区历史建筑风格流变过程中与周围环境的协调发展关系，建立区域历史建筑环境之间的空间、历史与文化联系，以实现历史建筑的整体风格与区域的协调发展。基于此，本研究的框架如图 3 所示。

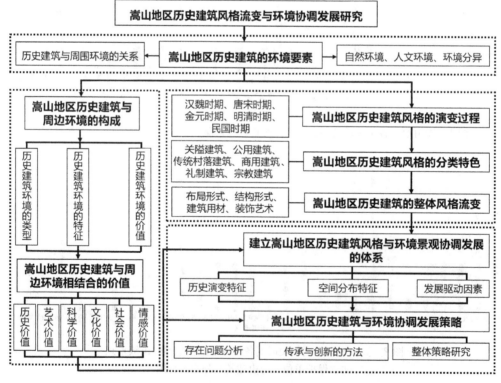

图 3　研究框架

2.4 嵩山历史建筑风格流变与环境协同发展的研究方法

2.4.1 利用地理信息系统（GIS）建立数据库

从各地方志、相关图文和现存建筑遗迹中发现和探索嵩山地区历史建筑选址、布局、风格演变与周围环境的

关联，通过对嵩山地区各个区域（县市）经纬度坐标点的编辑，使用地理信息系统（GIS）建立不同历史时期各级文物保护单位的数据库，并对其进行分类、分级别统计分析，以数据和图表的形式直观展示出历史建筑在数量和内涵上的分布范围和重心所在；进而分析流域历史建筑与环境的构成要素和风貌特征，提炼其风格和传承创新的核心。

2.4.2 利用类型学研究的方法选取嵩山地区各个县市具有代表性的历史建筑

从嵩山地区与周围环境的关系出发，探讨嵩山地区历史建筑的保护方法与策略。这种整体保护主要体现在：从相地、立基、布局、风格等方面建立嵩山地区历史建筑与环境要素之间的联系，立足提取最具中原历史建筑的特征与符号，进行传承、创新的现代化转译，以实现历史建筑与区域环境的整体协调发展。

2.4.3 利用分层研究的方法探讨历史建筑与环境的动态发展与格局特征

通过集保护、游憩、美学、生态等多种功能为一体的空间体系，深刻探究人类聚居环境与自然环境的情结与渊源，进而提升出人工空间与自然生态空间是如何协同发展的，总结出历史建筑的营建经验、演变规律和与环境协调的关系。

3 嵩山时期各个时期嵩山地区各个区域国家/省/市级历史建筑的分布分析

3.1 嵩山地区不同历史时期各个区域的国家/省/市级重点文物保护单位(历史建筑)分布图(图4～图8)

3.1.1 汉魏时期

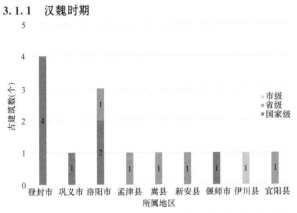

图 4　嵩山地区汉魏时期各个区域的国家/省/市级重点文物保护单位（历史建筑）分布统计图

3.1.2 唐宋时期

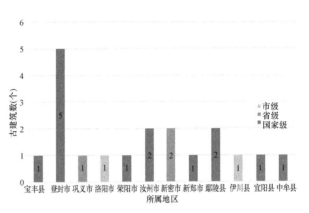

图 5　嵩山地区唐宋时期各个区域的国家/省/市级重点文物保护单位（历史建筑）分布统计图

3.1.3 金元时期

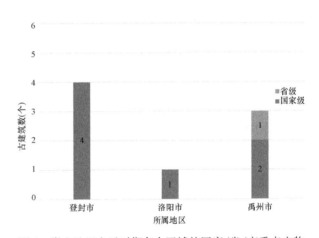

图 6　嵩山地区金元时期各个区域的国家/省/市重点文物保护单位（历史建筑）分布统计图

3.1.4 明清时期

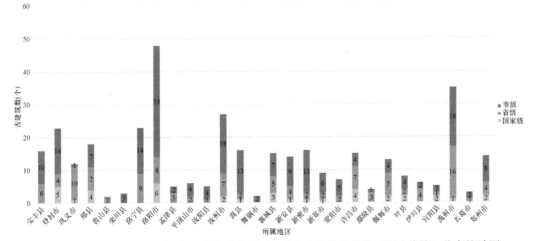

图 7　嵩山地区明清时期各个区域的国家/省/市重点文物保护单位（历史建筑）分布统计图

3.1.5 民国时期

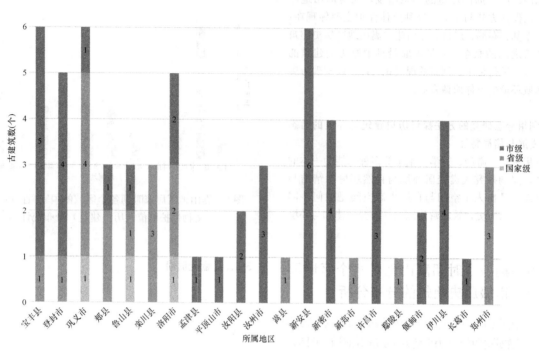

图 8　嵩山地区民国时期各个区域的国家/省/市重点文物
保护单位（历史建筑）分布统计图

3.2　嵩山地区不同历史时期各个区域的国家/省/市级重点文物保护单位（历史建筑）分布统计图（图9、图10、图11）

3.2.1　国家级重点文物保护单位（历史建筑）

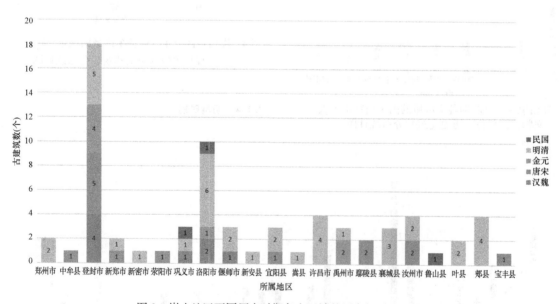

图 9　嵩山地区不同历史时期各个区域的国家级重点文物
保护单位（历史建筑）分布统计图

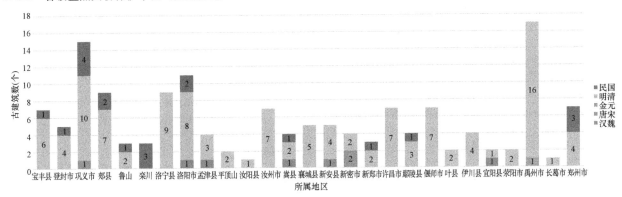

图10 嵩山地区不同历史时期各个区域的省级重点文物保护单位（历史建筑）分布统计图

3.2.3 市级重点文物保护单位（历史建筑）

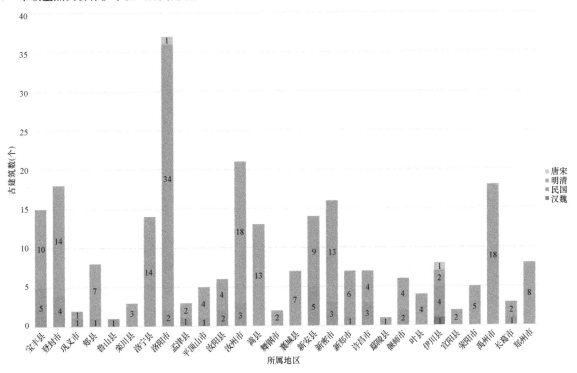

图11 嵩山地区不同历史时期各个区域的市级重点文物保护单位（历史建筑）分布统计图

3.3 数据分析的结论

课题组对嵩山时期各个时期嵩山地区各个区域国家/省/市级历史建筑的分布进行了分析，结果表明：从时间上看，明清的历史建筑目前的数量为最多；从各个区域、县市来看，洛阳市所属的国家/省/市级历史建筑数量为最多；从等级上来看，登封市所属的国家级历史建筑数量最多、禹州市所属的省级历史建筑数量最多、洛阳市所属的市级历史建筑数量最多。从以上分析可知，嵩山地区各个区域分布的历史建筑较多，应选取较为典型的历史建筑实例进行研究，这些数据的统计和分析，为下一步筛选典型历史建筑提供了较为准确的基础数据。

4 结语

通过对嵩山历史建筑及周边环境保护与规划设计的理论发展进程的梳理，归纳和整理嵩山地区历史建筑及其周边环境发展的历史演变过程，一方面深入分析历史建筑建成环境产生的自然、历史和文化背景，系统归纳现存历史建成环境的类型、分布及其文化特征，全面阐释它们所蕴含的多元价值。从历史演变特征、空间发展特征、发展驱动因素三个方面建立嵩山地区历史建筑与周边环境发展的体系，提出整体保护、修复和传承创新的方法策略。另一方面，明确历史建筑和历史城市的性质，进一步提出依托黄河文明从流域整体发展的角度构建嵩山地区历史建筑与环境景观之间的空间、历史与文化联系，进而提升出人工空间与自然生态空间协调发展的规律与创新，塑造具有地方特色的适宜人居环境。

图表来源：

文中图表均为作者绘制。

参考文献

[1] 中华文明与嵩山文明研究会. 中华文明与嵩山文明研究[M]. 北京：科学出版社，2009.

[2] 伍耀忠等编著. 嵩山地质[M]. 北京：人民中国出版社，1992.

[3] 鲍君惠. 宋代嵩山人文研究[D]. 郑州：河南大学博士论文，2011.

[4] 张广智. 大嵩山——华夏历史文明核心的文化解读[M]. 郑州：大象出版社，2016.

[5] 郑州市嵩山历史建筑群申报世界文化遗产委员会办公室. 嵩山历史建筑群[M]. 北京：科学出版社，2008.

[6] 宫嵩涛. 嵩阳书院[M]. 长沙：湖南大学出版社，2014.

[7] 王志浩. 登封市历史建筑风貌特色研究[D]. 兰州：兰州交通大学硕士论文，2017.

[8] 江权. 山岳型风景区中寺院文化环境的保护与利用研究——以嵩山少林景区为例[D]. 北京：清华大学硕士论文，2004.

[9] 邢建楼. 唐宋时期嵩山地区景观资源与旅游活动研究[D]. 郑州：河南大学硕士论文，2007.

[10] 陈峰. 明清时期嵩山地区生态环境的变迁[D]. 郑州：郑州大学硕士论文，2010.

[11] 孙少梦. 山岳崇拜下的嵩山景观研究[D]. 南京：南京农业大学硕士论文，2012.

[12] 张雅雅. 环嵩山地区东周至秦汉时期城邑变迁研究[D]. 郑州：郑州大学专业硕士论文，2019.

作者简介：

姚晓军/女/汉族/博士/河南农业大学风景园林与艺术学院/讲师/研究方向为风景园林历史与遗产保护/xiaojun. cddh2005@163.com。

通信作者：

田国行/男/汉族/博士/河南农业大学风景园林与艺术学院/教授/博士生导师/河南农业大学风景园林与艺术学院院长/研究方向为风景园林规划与设计/城乡绿地资源建设与管控/tgh0810@163.com。

基于"三生"空间提升的乡村景观规划研究

——以黄陵县慈乌河流域刘家河村为例

Research on Rural Landscape Planning Based on " Ecological-Production-Living" Space Promotion

——A Case Study of Liujiahe Village of Ciwu River Basin in Huang Ling Province

周慧荻* 解铭威 魏 巍 王向荣

北京林业大学 园林学院

摘 要：乡村聚落是文明的记录者，乡村景观是聚落与自然共生的直接体现，是国土空间面貌的重要组成部分；在我国大规模城镇化的进程中，传统乡村秩序遭到挑战，各类传统乡村景观在快速发展中面临消亡，如何结合现代发展需求和乡民需求，保护和发展传统乡村景观成为新的难题。"三生"空间的提升是实施乡村振兴目标的重点，相对于历史文化名村，一般村落的振兴更是乡村振兴目标的难点。本文以黄陵县慈乌河流域刘家河村为例，通过分析其现状条件及现有资源，探讨聚落传统生产生活方式与现代"三生"需求的矛盾，以及由此带来的对乡村景观的影响，并以此为例提出慈乌河流域典型村落景观未来发展方向及其策略。

关键词：黄陵县；慈乌河流域；乡村景观；"三生"空间；乡村聚落

Abstract: Rural settlements are the recorders of civilization, and rural landscape is the direct embodiment of the symbiosis between settlements and nature, and an important part of the landscape of land space; In the process of large-scale urbanization in China, the traditional rural order is challenged, and all kinds of traditional rural landscape are facing extinction in the rapid development. How to protect and develop the traditional rural landscape in combination with the needs of modern development and villagers has become a new problem. The promotion of "three living" space is the focus of the implementation of the goal of Rural Revitalization. Compared with the famous historical and cultural villages, the revitalization of ordinary villages is the difficulty of the goal of Rural Revitalization. Taking Liujiahe village in Ciwu River Basin of Huang Ling County as an example, by analyzing its current conditions and existing resources, this paper discusses the contradiction between the settlement's traditional production and life style and the modern "three living" demand, as well as its impact on the rural landscape, and takes this as an example to put forward the future development direction and strategy of typical village landscape in Ciwu River Basin.

Keywords: Huang ling province; Ciwu river basin; Rural landscape; "Ecological-production-living" Space ; Rural settlement

1 背景概述

自古以来，我国作为农业文明大国，历史悠久，幅员辽阔；乡村土地占比较大，历来是中华民族的主要聚居区，其独具特色的乡村景观广泛分布，是构成国土景观的重要组成部分。

改革开放以来，城镇化进程不断加快，城乡发展差距逐步显现。乡村地区不仅存在"空废化"倾向，同时由于政策扶持发展快速，但相关的规划研究不能有效跟进，逐渐形成"千村一面"的情况，导致富有地域特色的人文景观、乡土聚落景观、文化遗产以及自然风貌等均受到不同程度的破坏。党的十九大提出实行"乡村振兴"战略，为新时代推进农村发展指明了方向。乡村振兴不是孤立的，宏观方面在战略布局、产业升级、文化提升层面必须依托区域优势，发挥区域协同作用；微观层面，要针对每一个村落的具体特征，立足"三生"空间的提升。在这个框架下，以乡村振兴为核心的乡村景观总体规划设计与研究，对于保护自然资源、改善和重塑乡村人居环境，增加经济收入等具有重要意义，这也是本文的两个主要研究角度。

黄河文化源远流长，是以农业作为基础发展而成，象征人类文明的城镇最早便出现在黄河流域及其主要支流；黄河流域是中国农耕文明的起源地，孕育了陕北独特的地方文化。在陕北地区大小村落中，有许多是著名的历史文化村落，但更多的则是散布在广泛区域内的普通村落。在对黄陵县进行实际走访的过程中发现，这些看似貌不惊人的村落，实际蕴含丰富的价值，其资源仍需后人发掘，亟待保护和利用。本文以此为契机，选取距黄陵县中心城区 8.5km，慈乌河流域刘家河村为研究对象，探索研究这类黄土高原小流域普通的河谷川道型村落如何结合"三生"空间的改造，贯彻落实美丽乡村建设，实现陕北村落的乡村振兴（图1）。

图1　慈乌河流域研究范围

2　黄陵县慈乌河流场地自然及其他资源分析

2.1　研究场地现状

传统村落在建设之初就非常注重选址,黄河流域古村落的选址一般分为三种模式:背山面水型、背山面田型及择水而居型;其中,背山面水是理想的人居环境理念,这种模式的古村落充分利用了特殊的山形水势,营造独特的聚落景观[1]。黄陵县的许多村落都是按照这种模式营建的。

黄陵县位于中国陕西省中部,是黄河中上游及渭北黄土高原的一部分,中华文明的重要发祥地,同时也是黄帝文化的源头和祭祀之乡,具有丰富的人力资源和地方特色。此外,该地区地形地势相对比较复杂,以黄土高原、沟壑、丘陵为主,是我国生态环境脆弱敏感的地区。与中国其他地区相比,其地理环境、文化背景、农业发展独具特征,具有一定的地域特殊性。

黄陵县境内河流均为北洛水系的主要支流,慈乌河为其中重要的一条,刘家河村位于黄陵县东南部慈乌河河谷地带,地貌相对复杂,侵蚀沟分布广泛,层次分明。场地东邻建始花坪,南接茅田坪村接壤,西与鸦鹊水、斑竹园村毗邻,北与崔坝社区相接,是2002年村组合并时,由原刘家河、龙潭、尖山、分水岭四个小村合并而成。慈乌河流域在黄土高原中部的丘陵沟壑区孕育了茂密的森林,这是黄土高原少有的绿洲。与黄土高原中部其他丘陵区形成强烈对比的是,相比其他黄土高原区域,慈乌河流域拥有更为优越独特的自然环境,结合源远流长的黄帝文明,使该流域内的村庄在乡村振兴过程中具有更大的典型和示范价值(图2)。

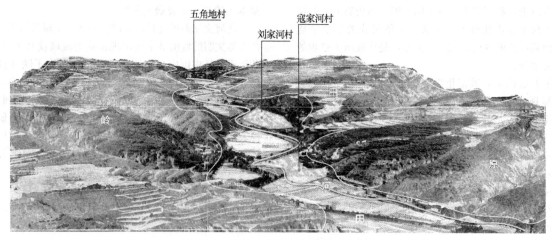

图2　慈乌河流域山水格局分析

2.2 区域资源分析

研究范围内的历史资源隶属于以黄帝陵为中心的历史辐射范围。黄陵作为一座历史悠久的城市，历史资源极为丰富。其中最著名的是举世闻名的"黄帝陵"。史料中记载到："黄帝崩，葬桥山。"指的就是延安黄陵县北部桥山黄帝陵；中华民族始祖轩辕黄帝陵寝位于县城北1km的桥山之巅，是国务院公布的第一批全国重点文物保护单位，古墓葬第一号，有"天下第一陵"之盛誉，黄陵县也因此获得了"中国黄帝祭祀文化之乡"和陕西省首批旅游强县的美名。黄陵县现有历史资源包括：黄帝陵万安禅院石窟、黄陵千佛寺石窟、"人文初祖"大殿、祭祀大殿、

黄陵紫娥寺、黄帝手植柏等。

得益于悠久的历史，黄陵县在人文方面资源也十分丰富，其祭祀文化、仰韶文化、民俗文化、红色文化以及一系列非物质文化遗产都具有强烈的地方色彩。黄陵县现有人文资源包括：黄陵国家森林公园、万佛斯沙地植物园、各类非物质文化遗产。

在自然资源方面黄陵国家森林公园内的百药沟被称为黄土高原上的"药谷"，中草药资源丰富，相传是黄帝播种百谷草木的地方，谷内有中草药200余种。现有植物资源包括：各类野生中草药（茵陈、槐米等）、灌木（沙棘、南蛇藤等）以及草本植物（苦参、秦艽、马唐等）（图3）。

图3 场地现有资源

2.3 现状小结与分析

场地区位交通便利，自然环境虽然有些复杂，但植物等自然资源很多；各类历史人文资源内涵丰富，总计拥有现有旅游资源点970余处，包含历史遗迹721处，其中"天下第一陵"的知名度优势已经成为区域独一无二、不可模仿、稀缺性和不可再生性的核心发展动力之一。

然而尽管如此，如今的黄陵县发展也依然存在不可忽视的问题，例如建设早期过于追求数量、速度而疏于精细，基础设施及管理服务模式尚不完善等；其中最突出的问题是发展方向过于单一，存在"重人文、轻自然"的问题，黄陵植物资源的优势常常处于被忽视的状态。正因为上述原因，黄陵县资源虽然丰富，但彼此之间并没有建立联系，发展辐射面亟待拓展，带动性不强，这就为周边村落的发展和振兴提供了良好的基础。

3 基于"三生"空间提升的乡村景观规划体系

3.1 "三生"空间建设

"三生"是指生态、生活、生产，其最初来源于党中央解决"三农"问题的文件，生产是根本，生活是目的，生态是保障，其核心内容是统筹生态、生产、生活的关系，以生态环境作为农业发展的保障，提高乡村农业生产水平、促进乡村发展[7]。

乡村景观，虽然不同学者基于不同的学科视角，对其

的定义和内涵有所差别，但是其所涉及的对象包含了乡村的生活、生产和生态三个层面，其中生态对应自然乡村景观，主要研究对象以气候、水文、地形、植被等为主；生活对应聚落景观，主要研究对象以聚落景观为核心，随着地域、聚落自然格局的变化而变化，受文化、风俗习惯的影响较大；生产对应产业景观，主要是农业景观，受产业形态和产业结构影响，包括产业布局、农业肌理、产业基础设施等内容。生态景观、生活景观、生产景观有机结合，构成了独具特色的乡村景观。生态、生活、生产的多重规划设计，保证村庄的可持续发展。

3.2 乡村景观规划体系

3.2.1 生态景观体系

生态景观体系是乡村景观系统中的基础体系，要建设可持续发展的乡村景观，稳定安全的生态系统是必要前提。乡村生态景观体系一般包括聚落的地理位置、自然基地和自然资源。其中：地理位置即聚落的空间位置，空间位置不仅指村庄的地理坐标，同时还需考虑村庄周边的交通环境以及与周边城市的关系；自然基地主要指地形、水文、土壤、气候、植被等自然要素，这些要素组合构成乡村景观建设的生态基础；自然资源则指的是指当地动植物资源、矿物资源、太阳能及风能等不可再生资源，这些资源通常与农村经济发展密切相关，也是农村产业发展的基础。在建立乡村生态景观体系时，应注意尊重原始景观格局，协调乡村与自然环境的关系，并维护自然景观系统的可持续发展。

3.2.2 生活景观体系

乡村生活景观体系是乡村景观系统中影响范围最为广泛的系统。其景观要素与人的生活息息相关，这些要素包括当地政治情况，历史沿革，人文思想，人居环境等。生活景观体系是承载当地聚落文化的核心所在，往往能直观反映当地地域人居环境和生活习惯。乡村生活景观体系包含物质和精神两方面，即其构成分为物质要素和非物质要素，其中物质要素包括聚落风貌，建筑特色，道路交通等；而非物质要素则包括历史，人文等方面。因此，生活景观系统的建立是乡村景观建设的核心，也是促进乡村可持续发展的重要保障。

3.2.3 生产景观系统

乡村生产景观系统的建立主要基于乡村产业的发展。乡村聚落的生产景观体系主要由农村产业景观构成，包括各类生产用地，农用基础设施用地及当地各类旅游用地等。乡村产业主要包括工业，农业和旅游业，其中工业景观包括矿坑景观等，一般出现在以矿产为主要资源的村落；农业景观包括乡村大地景观及大型水利设施等；而旅游业景观则主要表现在以农家乐和当地热门建设项目为主的产业上。近年来随着乡村产业发展的逐步提升，人工设施不断增加，一体化模式成为乡村产业的新趋向，旧有的单一乡村产业景观逐渐向复合型产业景观发展。生产景观体系建设以推动农村完成产业融合为目标，同时联合区域进行协同发展，最终带动乡村经济整体提升。

4 黄陵县慈乌河流域刘家河村乡村景观塑造研究

4.1 回溯自然机理、还原自然形态、恢复河道生命力的水系综合生态治理

慈乌河系洛河二级支流，又称南王家河。由宜君县的三条沟溪于侯庄乡的五角地汇集而成，经寇家河、刘家河、西王河至强河汇入五里镇河，后再沿岸东行，汇入北洛河出境，流域总面积195km²。平均径流量0.37m³/s，多年平均径流量为1158万m³，系季节性河流，径流量变化与降水分布基本一致，猛涨猛落，丰枯悬殊，水质不佳。

在流域水环境治理上，依托当地丰富的森林资源为依托，用传统枬槎——用杆件扎制成三角支架，内压重物的河工构件，构成台地式智能枬槎生态治理河道，枬槎分为两种类型：一种是水域型枬槎拦水坝，参考各级洪水淹没线走势以及沿河竖向高差变化，运用该种拦水坝控制水域空间大小，扩散水面面积，减缓流速，为下一级湿地环境营造打好基础。另一种是分级湿地型枬槎拦水坝，在形成的多个河冲刷水域中，运用该种拦水坝对水流以及群岛进行多级台地式细分，进一步减缓水流速度，并在多岛之间形成多样湿地生态净化体系以及景观。这些拦水坝均分为可通行与不可通行两种（图4、图5）。

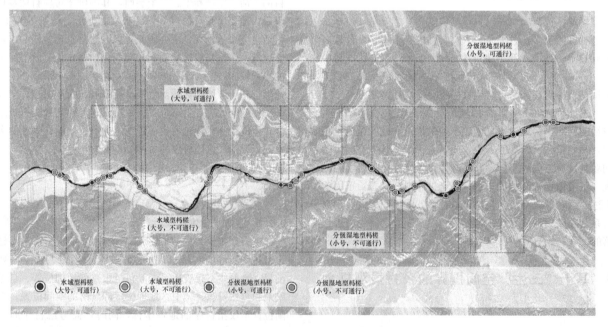

图4 研究范围内水闸分布示意图

通过这种治理方式，实现河道治理拦而不堵，减缓流速，形成多阶台地式水文景观，同时有利于上游河水泥沙分级沉积，以及生态湿地净化，达到的生态治理目标如下：第一，整理河床基底和河岸；保证水质和水面效果。第二，以"活水穿林"的手法，将水面设计多个景观岛，通过设计木栈道及亲水台穿插在忽高忽低湿地植物中，使游人行走在河外河内中，忽水忽岸，构成了"湖"与"岸"多样的亲水体验空间。第三，以"化整为零"的手法，将大水面设计大小不一的生态岛，岛上种植一些水杉、池杉、元宝枫、三角枫林，营造"幽深、宁静"的大景观氛围（图6）。

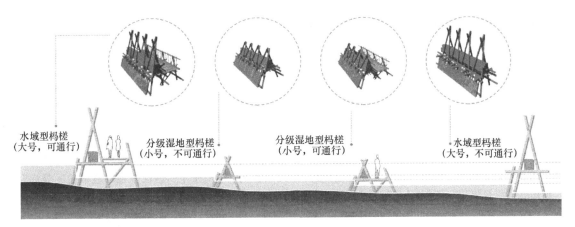

图 5　水闸构造及原理示意

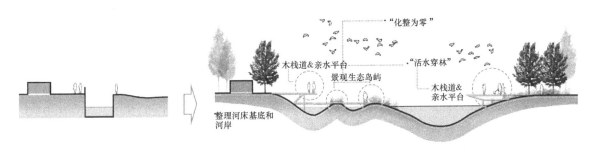

图 6　河道生态治理剖面示意

4.2　通过对现有窑洞的升级改造实现生活空间品质的提升

慈乌河流域的自然村落位于河谷川道的平坦地带，沿河流的一侧而建置，如五角地村、寇家湾村、刘家河村等，主要有以下几种特征：第一，借助周边几十米高差的沟壑来形成村落空间的天然屏障，构成村落的自然边界，具有较强的防御性能；第二，距离河谷较近，依山环水，出于安全考虑主要分布在慈乌河中下游及其水势较缓的支流水系地区，体现了人与自然相互和谐；第三，位于河谷地带，具有地形、气候及土壤等自然优势条件，适宜发展农业产业；第四，受土地承载力限制，村落用地规模一般不大，布局紧凑，人口数量较少[6]。

刘家河现存规模大小不同的窑洞 120 座，窑洞依山而建，民居排布紧密，相互连接，极具地域性特点。但是，除目前保留状况还较为良好的窑洞外，仍有部分窑洞存在破旧残破，亟待修缮整顿的情况，因此对窑洞改造需要分类进行。对于年久失修、无人居住的窑洞，可进行改造翻新或拆除，腾退空间，重新规划布局，美化建筑形态，规划一些陕北传统窑洞民宿体验，并将它们整合到原有聚落中；对于外观较好并可以直接投入使用的建筑，需适当进行美化立面，更换不符合乡村风貌的部分，满足整体建筑风格协调的要求。窑洞改造前，需要协调建筑整体风貌，将陕北传统民居风格与现代建筑材料相融合，统一规划城镇建筑形式；在原有村落结构的布局上，对原有材料、结构形式、庭院布局进行修复，保持原有乡土气息；同时，内部装修根据不同的风格进行，提供独特的民宿体验，确保内部住宿的舒适、文化和卫生标准。在聚落公共空间的改造中，可以合理利用乡土元素，充分利用废弃材料，利用旧装饰品作为乡村景观的点缀，使整个景观更具陕北民俗风情（图 7）。

图 7　窑洞整治与风貌提升示意图

4.3 以草药景观产业、综合林地产业带动村民的综合生产能力

慈乌河流域内分布着大量的农田，农田成斑块状分布在河流两岸或山腰上，地带分布的平原田排列整齐，山腰上的梯田顺应山势布置，大部分耕地距离村落较近，与村落关系密切，最大程度的减少的农民的劳作时间，主要种植玉米、蔬菜、中草药等农业作物与经济作物。《黄帝内经》是中国传统医学的理论思想基础及精髓，开创了中医理论医学的新阶段；因此可以以黄帝内经作为经典理论支撑，借由慈乌河谷孕育的自然生态，进行中医药产业的全面布局，打造自给自足的原生态本草药谷产业链。并通过形成大规模药谷景观的方式对《黄帝内经》进行景观化表达，实现"养生-景观-产业"三位一体的结构体系。

流域内林业资源丰富，林地主要为天然次生林、主要分布在山地和阴坡丘陵，且生长较好，林地主要是以刺槐为主的片状人工林和零星分布的侧柏林为主。在现状林地的基础上，利用和整理现状山林地，开发承载黄陵百家姓宗祠文化和纪念林的功能，可以丰富补充林地景观。预期进行的林业资源开发包括药景林和经济林，其中可利用药景林资源有：花楸林，蔷薇科植物，其果实、茎及茎皮均可入药；银杏林，落叶大乔木，其叶、果可入药，据清代张璐璐的《本经逢源》记载，白果有降痰、清毒、杀虫之功能，可治疗"疮疥疱瘤、乳痈溃烂、牙齿虫龋、小儿腹泻、赤白带下、慢性淋浊、遗精遗尿等症"；杜仲林，其树皮和叶子中，含有丰富的维生素 E 和胡萝卜素，可以制成保健饮品，新芽嫩叶可作蔬菜食用，其花清香四溢，是良好的蜜源植物；可利用经济林资源则包括苹果、梨、核桃和枣等（图 8、图 9）。

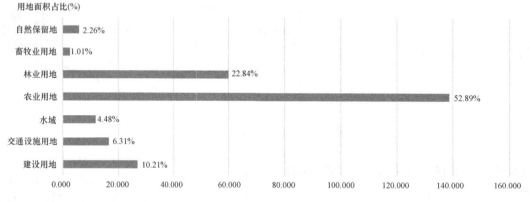

用地面积占比(%)

用地类型面积统计表	用地类型	建设用地	交通设施用地	水域	农业用地	林业用地	畜牧业用地	自然保留地	总用地面积
	用地面积(ha)	26.786	16.541	11.760	138.745	59.906	2.651	5.916	262.305
	用地面积占比(%)	10.21	6.31	4.48	52.89	22.84	1.01	2.26	100.00

图 8　研究区域用地类型面积统计表

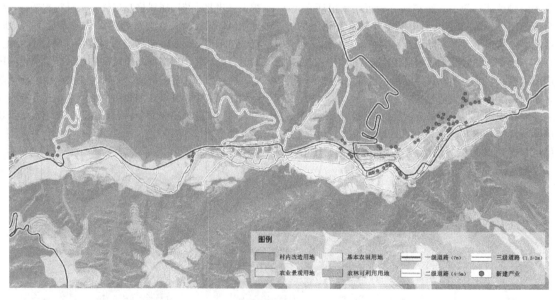

图 9　场地内景观产业分区及新建产业分布

景观化表达的产业不仅可以提升乡村面貌、乡村经济，推动美丽乡村建设，同时还能从宏观层面促进农村创新产业发展，形成可持续的维新经济；在个体层面培养农艺匠人且具有进步思考力的新农师、带动乡村发展，为乡

村经济建设发展和创造就业机会提供新的方向。

5 结语

"黄陵山阙谷沟间、百草朝暮朗朗云，川下河谷皆肴宴，问道谁家好庄园"，在历史的发展中乡村景观建设最终要从适应传统的生活模式到满足新时代人们新的需求中寻找到新的平衡。本文以黄陵县慈乌河刘家河村乡村景观作为研究对象，从"三生"空间改造层面对刘家河乡村振兴之路做出展望，希望以此为契机实现当地自然环境保护、人居环境提升以及乡村经济发展。

参考文献

[1] 贾金慧. 黄陵县乡村聚落演变及空间重构[D]. 西安：陕西师范大学，2018.

[2] 薛东前，陈恪，贾金慧. 渭北旱塬乡村聚落演化的影响因素与空间重构——以黄陵县为例[J]. 西安：陕西师范大学学报(自然科学版)，2019，47(04)：22-30+2.

[3] 韩烨. 基于空间分异的生态县建设规划研究[D]. 西安：西北大学，2012.

[4] 鱼麟书. 浅谈黄陵县水土保持生态文明建设[J]. 水利天地，2013(07)：29-30.

[5] 王玥. 黄河流域陕西段古村落文化的保护与发展[D]. 西安：西安建筑科技大学，2016.

[6] 张东. 中原地区传统村落空间形态研究[D]. 广州：华南理工大学，2015.

[7] 梁俊峰，王波."三生"视角下的乡村景观规划设计方法[J]. 安徽农业科学，2020，48(21)：223-226.

[8] 融合"三生三美"打造乡村振兴齐鲁样板——山东落实习近平总书记全国两会重要讲话精神纪实[EB/OL]. 新华社. http://www.gov.cn/xinwen/2019-02/27/content_5369009.htm.

[9] 实现"生产、生态、生活"三位一体 产城融合发展驶入快车道[EB/OL]. 经济参考报. http://finance.eastmoney.com/news/1355，20181128994259491.html.

作者简介：

周慧荻/1997年生/女/汉/北京林业大学园林学院在读硕士研究生/研究方向为风景园林理论与实践/2739501604@qq.com。

王向荣/1963年生/男/汉/博士/北京林业大学园林学院教授、博士生导师/研究方向为风景园林规划与设计理论与实践。

通信作者：

周慧荻/1997年生/女/汉/北京林业大学园林学院在读硕士研究生/研究方向为风景园林理论与实践/2739501604@qq.com

景观考古学发展综述及前沿分析[①]

A Systematic Review of the Literature and Research Frontier Analysis of Landscape Archaeology

赵 忆 许超然 刘庭风[*]

天津大学建筑学院

摘 要：景观考古学主要着眼于遗址空间形态、社会结构及自然要素与人类文化的相互作用。作为近年来兴起的考古学分支学科，景观考古学在风景园林领域尚在起步与探索阶段。选取 2005～2020 年 Web of Science 数据库中的 2238 篇英文文献与 CNKI（中国知网）的 54 篇中文文献作为研究对象，提取高被引及热点论文，利用 CiteSpace 可视化图谱软件，针对文献内容、主要研究领域与方向进行计量分析。通过对核心文献释译，总结国内外景观考古领域前沿方向，分析国内外聚焦问题异同点，预测未来景观考古学学科交叉点与发展趋势。以期应用于风景园林教育教学、景观遗址保护策略提出、聚落环境与生态分析、田野考古调查与现代技术手段（遥感技术等）的结合等领域。

关键词：风景园林；景观考古学；综述研究；前沿研究

Abstract: Landscape Archaeology specifically aims at the interaction between spatial form, social structure, natural elements and human culture. As a branch of archaeology rising in recent years, Landscape Archaeology is still in its infancy and exploration stage in the field of landscape architecture. This paper analyses 2238 English articles from Web of Science and 54 Chinese articles from CNKI (2005～2020)as the research objects, the high citations and hot papers were extracted, and the visual map software of CiteSpace was used. Through bibliometric analysis literature content, main research fields and directions, translating and interpreting core documents, this paper summarizes the frontier direction of Landscape Archaeology at home and abroad, analyzes the similarities and differences of the problems focused at home and abroad, and estimates the future intersection and development trend of Landscape Archaeology. It is anticipated to be applied in the field of landscape ruins protection strategy, settlement environment and ecological analysis, field archaeological investigation and modern technology (3S).

Keywords: Landscape architecture; Landscape archaeology; Review; Cutting-edge research

近年来，在考古学的不断完善的过程中，已经发展出了多个学科相互交叉与渗透的分支，如环境考古学、人类考古学、文化-历史考古学等。在考古学的语境下，"景观"涵盖了多层含义与多种研究途径，重点考察环境与人类相互作用下的组织空间。在精神层面上，景观承载了人类对于土地的情感，体现了政治权利、意识形态、群体记忆、社会身份与社会秩序、社会变革等；在物质层面上，景观代表了人类组织空间的过程中所遗留的遗存，比如城市、园林、村落、农田、祭祀遗址、墓葬与其周围环境等等，具有时间性和空间性。景观考古学拉近了借助科学实证的考古学家与社会学家、人类学家之间的距离，遗址物化的意识形态得以解读，其后的社会现象与文化意义也得以解读[1]。前期分析表明，国内外景观考古领域论文发表量存在巨大差异，但三星堆等遗址的发掘，表明中华文化对东亚乃至世界早期文明的形成具有深远影响[2]。2020 年，习近平总书记指出，要"建设中国特色、中国风格、中国气派的考古学"[3]，从而支撑文化自信，弘扬中华文化。景观考古学作为新兴领域，在历史文化遗产挖掘、保护与管理等方面正发挥重要作用。基于此，本研究拟通过系统梳理 2005～2020 年景观考古领域的国内外研究进展，归纳、总结、分析相应的研究重点和前沿技术与方法，从而为中国景观考古学的未来发展提供有效参考。

1 数据来源与研究方法

1.1 数据来源

英文文献来源于 Web of Science TM 核心数据库（以下简称 WOS），以主题 landscape archaeology（语言：英文）开展检索，检索类型精炼为学术论文（Article）和研究综述（Review），检索时间范围为 2005 年 1 月～2020 年 12 月。为保证数据来源的准确性，本文集中检索、调整、筛选文献的时间为 2021 年 4 月 5 日至 2021 年 4 月 7 日，共检索到相关文献 2238 篇。中文文献数据来源于中国知网（CNKI），以主题"景观考古"（语言：中文）检索，检索类型为学术论文、学位论文、学术会议，剔除重复文献后，共检索到 54 篇直接相关中文文献。

① 基金项目：国家自然科学基金"西方'权威化遗产话语'下中国传统保护思想观念的挖掘与研究"（编号 51378334）资助。

風景園林学科前沿与热点

1.2 研究方法

首先对所得文献借助可视化引文分析软件进行多维度、全方位的数据分析，利用 CiteSpace 5.7. R5 版本[4]对文献进行计量可视化处理并生成聚类网络。其后，对所得结果进行综合分析，包括但不限于研究方向与主题、机构与作者、出版物来源等，重点分析研究前沿、共被引文献及重要核心文献，最后总结、归纳国内外文献数量产生巨大差异的原因。借此发掘具有潜在价值的文献，分析文献共识程度（Consensus Degree），探讨未来的挑战与研究方向。

2 整体研究分析

2.1 国家和地区分布

根据 WOS 数据显示，在景观考古领域文献的国家和地区分类中，第一位为美国（732 篇），占比 32.71%，第二位为英国（448 篇），占比 20.02%，其次为澳大利亚

（198 篇）、德国（168 篇）、意大利（166 篇）。其中英美在此领域发文量较高，占比超过 50%，说明该领域学者集中在美国和英国。2005 年，WOS 中该领域发文量仅有 18 篇；2014 年到 2015 年，年发文量由 99 篇涨至 204 篇；2020 年发文量为 372 篇（图 1）。

2.2 学科分布

由表 1 可知，WOS 收录景观考古领域文献中多涉跨学科文章：考古学科发文量为 1203 篇，占比 53.75%；其次为地质学，发文 616 篇，占比 27.52%；第三名为人类学，发文量 583 篇，占比 26.05%；自然地理学与环境生态科学发文量分别为 274 篇和 211 篇，占比为 12.24%和 9.42%。此外，与景观、园林相关的艺术、人文学科发文量为 67 篇，占比 2.30%；建筑学发文量 17 篇，占比 0.76%。CNKI 收录景观考古领域文献集中在建筑科学与工程、考古学、旅游、自然地理学与测绘学及其他学科领域，占比分别为 33.33%、29.63%、5.56%、5.56%、25.92%，且少见交叉领域文章，图 2 为 WOS 景观考古领域学科分布。

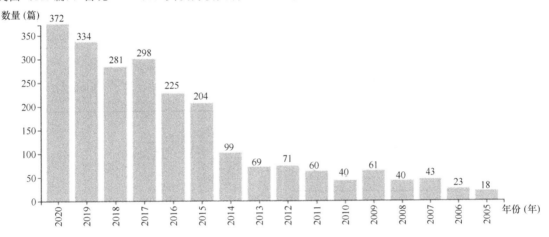

图 1　WOS 中景观考古领域发文量统计

前 5 名景观考古研究机构及发文量　表 1

排名	CNKI	发文量（篇）	占比（%）	排名	WOS	发文量（篇）	占比（%）
1	建筑科学与工程	18	33.33	1	考古学	1203	53.75
2	考古学	16	29.63	2	地质学	616	27.52
3	旅游	3	5.56	3	人类学	583	26.05
4	自然地理学和测绘学	3	5.56	4	自然地理学	274	12.24
5	其他	14	25.92	5	环境生态科学	211	9.42

2.3 研究机构

由表 2 可知，WOS 收录景观考古领域文献中前五名发文机构分别为伦敦大学学院、剑桥大学、牛津大学、埃塞斯特大学和威特沃特斯兰德大学。其中伦敦大学学院

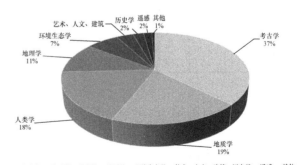

图 2　WOS 景观考古领域学科分布

与剑桥大学发文量均为 54 篇，各占比 2.41%。CNKI 文献数据中，西安建筑科技大学发文量为 6 篇，占比 11.11%；北京大学发文量为 5 篇，占比 9.26%；西南交通大学与北京林业大学均为 3 篇，各占比 5.56%；天津大学发文量为 2 篇，占比 3.71%。

前 5 名景观考古领域文献来源研究机构及发文量 表 2

排名	CNKI	发文量（篇）	占比（%）	排名	WOS	发文量（篇）	占比（%）
1	西安建筑科技大学	6	11.11	1	伦敦大学学院	54	2.41
2	北京大学	5	9.26	1	剑桥大学	54	2.41
3	西南交通大学	3	5.56	3	牛津大学	53	2.37
4	北京林业大学	3	5.56	4	埃克塞特大学	43	1.92
5	天津大学	2	3.71	5	威特沃特斯兰德大学	40	1.79

2.4 出版物来源

由表 3 可知，WOS 景观考古领域出版物来源第一名是《考古科学学报》，发文量为 108 篇，占比 4.83%；第二名《第四纪研究》发文量 95 篇，占比 4.24%；其后分别为《考古学报》《人类考古学报》《全新世》，发文量和占比分别从 87 篇下降到 58 篇、3.89% 下降到 2.59%。CNKI 的数据来源显示，《南方文物》《中国园林》《园林》《建筑学报》《华夏考古》等各有该领域少量学术论文刊登。

前 5 名景观考古领域出版物来源 表 3

排名	CNKI	发文量（篇）	占比（%）	排名	WOS	发文量（篇）	占比（%）
1	南方文物	5	11.11	1	考古科学学报	108	4.83
2	中国园林	3	9.26	2	第四纪研究	95	4.24
3	园林	3	5.56	3	考古学报	87	3.89
4	建筑学报	2	5.56	4	人类考古学报	62	2.77
5	华夏考古	2	3.71	5	全新世	58	2.59

3 研究热点与前沿

3.1 研究方向与主题

通过对 WOS 和 CNKI 获取的文献数据进行处理，分别得到关键词使用频次的前 10 名（表 4），其中 CNKI 文献表明，中文研究多集中使用考古遗址、遗址公园、考古工作、文化景观、大遗址保护、景观设计等关键词；英文文献则较多使用考古学、景观、景观考古学、历史、GIS 等

作为关键词。对 WOS 中景观考古领域文献分析得到图 3，设置时间跨度为 2005 年-2020 年，分区长度为 1a，节点类型为关键词（keywords），选择 g-index（k＝25），LRF＝3.0，LBY＝5，e＝1.0，共得到 580 个节点，3755 条链接，网络密度为 0.0224，频次最高的 5 个领域分别为：考古发掘、地域历史、全新世[①]记录、加利福尼亚殖民地、南美洲最南端，涵盖研究领域、时代与研究对象。

前 10 名景观考古领域主题与关键词 表 4

排名	CNKI	排名	CNKI	排名	WOS	排名	WOS
1	考古遗址	6	景观设计	1	Archaeology 考古学	6	Settlement 殖民地
2	遗址公园	7	文化遗址	2	Landscape 景观	7	Holocene 全新世
3	考古工作	8	遗址景观	3	Landscape archaeology 景观考古学	8	Site 遗址
4	文化景观	9	风景园林	4	History 历史	9	Vegetation 植被
5	大遗址保护	10	聚落形态	5	GIS 地理信息技术	10	Climate change 气候变化

CiteSpace, v. 5.7.R5 (64–bit) W
April 10, 2021 10:00:15 AM CST
WoS: /Users/zhaoyi/.citespace/Examples/Data
Timespan: 2005–2020 (Slice Length=1)
Selection Criteria: g-index (k=25), LRF=3.0, LBY=5, e=1.0
Network:N=580, E=3755 (Density=0.0224)
Largest CC: 568 (97%)
Nodes Labeled: 5.0%
Pruning: None
Modularity Q=0.3728
Weighted Mean Silhouette S=0.7192
Harmonic Mean(Q, S)=0.491

图 3 WOS 景观考古领域关键词共现分析图谱

---

① 全新世（Holocene）为形成在 11700 前至今的地质年代，为地质学名词。

3.2 共被引分析

对 WOS 获取的文献进行网络聚类分析图 4 后，得到共被引次数总数为 553 次（67%），聚类模块值（Modularity）为 0.8771[①]，聚类平均轮廓值（Silhouette）为 0.9571[②]，以上数值表明研究结果可信。结合图 5 对前 9 名主要聚类进行时间线分析，分别用 LLR、LSI、MI[③] 三种算法进行分析，结果如表 5 所示。9 个聚类的轮廓值均在 0.9 以上，其中 3 号生态史的聚类值最高，为 0.995。在形成时间上，0 号环境激光雷达与 1 号文化遗产、6 号应用初探是较为年轻的聚类，前两者形成时间为 2016 年，后者为 2014 年，该三个领域也是近年来的研究热点。

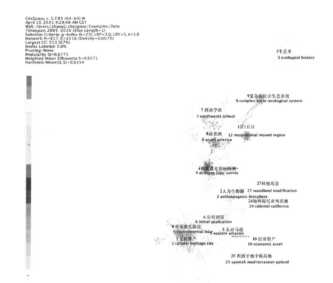

图 4　景观考古领域文献共引聚类分析（基于 LLR 算法）

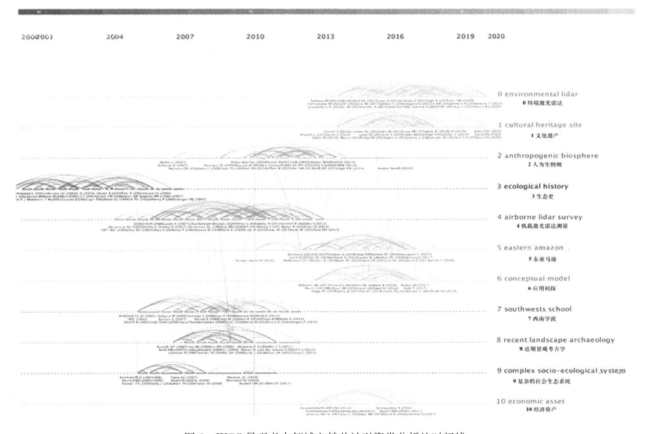

图 5　WOS 景观考古领域文献共被引聚类分析的时间线

WOS 景观考古领域前 9 名共被引聚类分析　　　　　　　　表 5

编号	共被引聚类（LLR）	文献数量	轮廓值	形成年份	共被引聚类（LSI）	共被引聚类（MI）
0 号	环境激光雷达	74	0.949	2016	雷达；意大利南部；发现	古迹；使用空间分析
1 号	文化遗产	64	0.913	2016	案例；表面记录	法勒姆河

---

① 聚类模块值 Q>0.3 被视为聚类结构显著。

② 聚类平均轮廓值 S>0.5 被视为聚类结构合理，S>0.7 被视为聚类结构可信。

③ LLR、LSI、MI 为三种不同的算法，其中 LLR（log livelihood ratio）为对数相似度假设检验，LSI（latent semantic indexing）为潜在语义分析，MI（mutual information）为两个随机变量的信息。

编号	共被引聚类（LLR）	文献数量	轮廓值	形成年份	共被引聚类（LSI）	共被引聚类（MI）
2号	人为生物圈	64	0.938	2011	人类世；批判性评估	伯利兹东部中部
3号	生态史	61	0.995	2003	考古学；全球变化	局部变化；分散模式
4号	机载激光雷达测量	58	0.991	2009	考古特征；可视化	地貌痕迹
5号	东亚马逊	53	0.908	2014	过去；前哥伦布时期晚期人类聚落	持续性神圣景观
6号	应用初探	39	0.973	2015	概念模型；应用初探	北海；淹没考古学
7号	西南学派	36	0.953	2008	进展；景观考古学框架	局部适应模型
8号	近期景观考古学	34	0.945	2007	英格兰西南部；土地历史	景观管理实践

4 前沿领域及重要文献分析

4.1 英文文献前沿领域及重要文献分析

通过以上分析，Cite Space 生成的 9 个聚类可以概括为三个方面：景观考古技术、景观考古对象及景观考古理论。在 2248 篇英文文献中，高被引文献主要围绕前文提到的前沿领域展开，但在研究方向上体现了一定的交叉性，具体体现在"研究对象＋技术手段""理论研究＋技术手段""研究对象＋理论研究"的交叉上，研究重点在此大类基础上亦各有细化和不同，如表 6 所示。

重要英文文献　　　　　　表 6

研究方向	被引频次	作者	年份	文献名称	研究重点
对象＋技术	227	Arlen F. Chase 等	2011	伯利兹卡拉科尔的机载激光雷达、考古和古代玛雅景观[11]	遥感技术在玛雅热带雨林景观考古中的应用
理论	80	Andew Fleming	2006	批判视角下的后过程主义的景观考古学[16]	景观考古学方法与理论批判
技术	54	Lasapomara Rosa 等	2013	考古学与文化景观中的卫星合成孔径雷达概述[17]	空间传感器的应用前景
理论	48	Matthew H. Johnson	2006	景观考古学的现象学方法[18]	景观、人类主观性的现象学研究理论；景观遗址的解读方法
理论＋技术	46	Marcos Llobera	2012	像素与生活："解释性"景观考古学框架下的数字化发展理念的挑战[14]	GIS；考古实例的解释方法与理论模型建构
对象	39	Sam Turner	2006	基于研究、管理和规划的景观考古学与历史景观特色[19]	英国历史景观特征；研究历史景观的考古学途径
对象＋理论	37	Monica L. Smith	2014	城市景观考古学[20]	人类与城市景观的互动；城市景观考古理论与方法
技术	26	Dylan S. Davis	2019	基于对象的图像分析——景观考古学自动特征检测技术的发展综述与前沿探讨[21]	OBIA
技术	16	Heather Richards-Rissetto	2017	GIS＋3D 在景观考古学中的意义[22]	3DGIS 技术；玛雅文明的可视性
对象＋理论	16	Wright David K 等	2017	中石器时期非洲热带的景观考古方法	景观特征；景观生态理论
对象	14	G. Caspari 等	2017	中国阿尔泰山区的景观考古——以黑流滩盆地调查为例[23]	景观考古调查；遗址遥感测绘

4.1.1 景观考古技术方面

根据关键词与文献共引聚类分析结果，聚类 0 号环境激光雷达、1 号机载激光雷达测量与关键词"GIS"作为高频出现词汇，均代表了景观考古领域的关键技术，自 2009 年起，以上技术与各种类型考古学的结合已经成为行业热点趋势。例如，美国宇航局戈达德太空飞行中心（NASA's Goddard Space Flight Center）开发的由雷达、高光谱和热成像仪集成的便携式机载成像系统（G-LiHT System）被用于玛雅地区的考古调查与数据采集，为分析该地区的历史生态系统、古建筑与古聚落特征提供有力证据[5]；利用 GIS、卫星遥感[6]技术对地中海区域景观的水土流量进行测算并建立动态模型，与考古记录进行对比，有助于为人类在不同时空尺度上的生态决策提供参考[7]；大数据与数据库的搭建也被用于中东地区、意大利时空及地理区域的考古数据阵列[8]。

4.1.2 景观考古对象方面

共引聚类1号文化遗产、5号东亚马逊高被引文献中，既有对于印度西北部古代景观的考古学调查[9]，亦有对东亚马逊雨林中前哥伦布时期的植被景观和地面遗产进行考古分析。祭祀性景观遗址（Scared Landscape）是景观考古的重要研究对象，这一类景观遗址充分体现了受主观情感影响的自然景观与人工构筑物之间的对话，景观因此具有"意识性（ideological）"或"观念（ideology）"[10]。除此之外，玛雅地区[11]、非洲热带地区[12]、南美洲[13]等区域也是重点关注的对象。20世纪中后期，考古学家们逐渐注重对聚落环境的研究，并以聚落遗址为中心、在一定的活动半径内对其涵盖的各类自然资源及聚落通道进行考察，极大地促进了景观考古学的发展。

4.1.3 景观考古理论方面

共被引聚类6号应用初探聚焦景观考古学这一新学科

的理论框架和应用途径，比如华盛顿大学马可斯·洛伯拉（Marcos Llobera）尝试使用GIS等数字化手段建构景观考古信息模型，并引入现象学、解释学等理论[14]；共被引聚类第7位"西南学派"又称"西南考古学（Southwest landscape lanscape）"或"西南主义者（Southwesternists）"，指针对美国西南部独特的景观进行考古研究而发展起来的学科，该学科理论致力于与受到广泛认可的英国考古学派有所区分，并对土著占领时期的文化景观和以山地神社为代表的祭祀景观做了深入探讨[15]；在此基础上，英美等国家的学者已经对景观考古的意义、价值和进展做了批判和思考，如对于田野调查和史料论证的证据批判论，安德鲁·弗莱明（Andrew Fleming）提出了不同意见，认为理论学和解释学视角下的后过程主义景观考古学与研究对象所处时代的整体思想密不可分[16]。

重要中文文献 表7

被引频次	作者	年份	文献名称	研究重点
109	赵文斌	2012	国家考古遗址公园规划设计模式研究[30]	大遗址保护规划理论
35	齐乌云；周成虎；王榕勋	2005	地理信息系统在考古研究中的应用类型[31]	GIS技术的不同运用模式
27	张海	2010	景观考古学——理论、方法与实践[24]	景观考古学概念与方法的系统整理
3	朱利安·托马斯；战世佳	2015	地方和景观考古[30]	景观的概念；景观考古的对象
1	刘文卿；刘大平	2019	景观考古学视野下的聚落空间组织信息阐释——以三江平原汉魏聚落遗址为例[27]	聚落案例分析；GIS技术；景观考古学框架

4.2 重要中文文献分析

中文文献中关于景观考古的研究主要集中在以下方面：景观考古理论、景观考古技术、考古遗址公园景观设计研究、大遗址保护、聚落遗址研究等方面（表7）。张海总结了景观考古学的定义、基本理论和研究方法，并对中国景观考古学存在的问题进行思考[24]；历代陵寝[25]、宫城[26]、聚落[27]的景观考古正逐渐结合遥感与地理信息技术等开展，另外，在大遗址保护的理念下，赵文斌结合系列保护规划条例对国家考古遗址公园的设计管理提出策略[28]。凤飞（Francesca Monteith）总结了景观考古的基本材料（实地考察记录、卫星照片和DEM数据），并对摩崖造像做了景观考古调查[29]。

5 结语

本文旨在通过2005～2020年的中英文文献，探索过去15年间景观考古学在国内外学术界的侧重点及研究动态，总结景观考古领域的发展特征，并对其发展提出展望。本文利用CiteSpace文献计量分析软件，对国内外相关文献进行统计分析，以图谱的形势展示领域前沿，总结

分析如下：

（1）中英文文献在研究前沿领域略有不同

1）英文文献更注重景观地貌特征的调查与研究，且多结合最新科技技术手段；2）由于中英文对于"景观"语义的侧重不同，中文文献较多探究考古遗址公园的景观设计方法；3）近年来在各方向的发文趋势中，英文文献较为重视地理学、生态学、考古学等学科的交叉，中文文献则处于探索技术与考古方法的结合阶段（图6）。

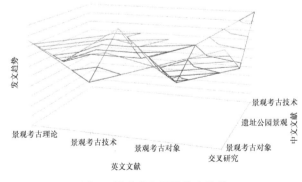

图6 景观考古领域发文趋势

（2）中西方考古理论所处阶段不同

中国考古学正处于由功能主义考古学到过程主义考古学的过渡阶段，而西方考古学已经在过程主义考古学的基础上，考虑人在其中发挥的主观能动性。景观会随着时间的变化呈现出不同的空间特征，且与人类经验和对世界的认知息息相关[32]。就景观考古学而言，相关中文研究多依托考古报告与相关遗址信息分析，英文文献则关注环境在政治、宗教和社会等因素之间的特定功能，并着重关照人类活动与干预，并在宏观视角下观察遗址的地理位置与周边环境。

（3）研究方法与视角的差异

考古技术的改进可以促使对景观空间尺度与规模、形成时间、形态特征的认知更为复杂和细致。在中文文献中，景观考古学运用多学科研究手段，通过文献考古、田野考古调查、历史地理学研究等方法，借助制图技术、ArcGIS技术、遥感技术、空间分析等方法，综合地考察遗址空间形态、结构的考察以及人与空间的相互作用。英文文献中，景观考古学已经在此基础上，与现象学、视觉语法、解释学等跨学科的研究方法进行了充分结合。

基于此，本文作为讨论的平台，探索了中英文献在景观考古领域的前沿方向、关键技术、发展趋势、异同比较等，将启发该领域的新思考，这仅仅是该领域课题研究的冰山一角，未来通过各类遗址的综合研究，不同类型历史景观的保护、解释、活化和利用也将在景观考古的基础上提出有效途径。

图表来源：

图1～图6，由作者自绘；表1～表7为作者自绘。

参考文献：

[1] Gionrgos P, Athianasios V. Landscape Archaeology and Sacred Space in the Eastern Mediterranean: A Glimpse from Cyprus[J]. Land, 2017, 6(2): 40.

[2] 霍巍. 三星堆祭祀坑发掘的世界性意义[N]. 北京日报, 2021-03-29.

[3] 习近平. 建设中国特色中国风格中国气派的考古学 更好认识源远流长博大精深的中华文明[J]. 求是, 2020(23).

[4] Chen C, Song M. Visualizing a field of research: A methodology of systematic scientometric reviews[J]. PLoS ONE, 2019, 14(10): e223994.

[5] Schroder W, Murtha T, Golden C, et al. The lowland Maya settlement landscape: Environmental LiDAR and ecology [J]. Journal of Archaeological Science: Reports, 2020, 33: 102543.

[6] Pournelle J, Hritz C. Contributions of GIS and Satellite-based Remote Sensing to Landscape Archaeology in the Middle East[J]. Journal of Archaeological Research, 2014, 22 (3): 229-276.

[7] Barton C M, Ullah I I, BERGIN S. Land use, water and Mediterranean landscapes: modelling long-term dynamics of complex socio-ecological systems[J]. Philosophical Transactions of the Royal Society A-Mathematical Physical and Engineering Sciences, 2010, 368(1931): 5275-5297.

[8] Cooper A, Green C. Embracing the Complexities of 'Big Data' in Archaeology: the Case of the English Landscape and Identities Project[J]. Journal of Archaeological Method &

[9] Green A S, Orengo H A, Alam A, et al. Re-Discovering Ancient Landscapes: Archaeological Survey of Mound Features from Historical Maps in Northwest India and Implications for Investigating the Large-Scale Distribution of Cultural Heritage Sites in South Asia[J]. Remote Sensing, 2019, 11(208918).

[10] Ashmore W, Knapp A B. Archaeological Landscapes: Cosntructed, Conceptualized, Ideational[J]. 1999.

[11] Chase, AF, DZ, et al. Airborne LiDAR, archaeology, and the ancient Maya landscape at Caracol, Belize[J]. J ARCHAEOL SCI, 2011, 2011, 38(2)(-): 387-398.

[12] Wright D K, Thompson J C, Schilt F, et al. Approaches to Middle Stone Age landscape archaeology in tropical Africa [J]. Journal of Archaeological Science, 2016, 77.

[13] Walker J H. Recent Landscape Archaeology in South America[J]. Journal of Archaeological Research, 2012, 20 (4): 309-355.

[14] Llobera M. Life on a Pixel: Challenges in the Development of Digital Methods Within an "Interpretive" Landscape Archaeology Framework[J]. Journal of Archaeological Method & Theory, 2012, 19(4): 495-509.

[15] Fowles S. The Southwest School of Landscape Archaeology [M]//Brenneis D, Ellison P T. Annual Review of Anthropology. 2010: 453-468.

[16] Fleming A. Post-processual landscape archaeology: a critique[J]. Cambridge Archaeological Journal, 2006.

[17] Lasaponara R, Masini N. Satellite Synthetic Aperture Radar in Archaeology and Cultural Landscape: An Overview [J]. Archaeological Prospection, 2013, 20(2): 71-78.

[18] Tilley C. Phenomenological Approaches to Landscape Archaeology[J]. 2008.

[19] Turner, SAM. Historic Landscape Characterisation: A landscape archaeology for research, management and planning[J]. Landscape Research, 2006, 31(4): 385-398.

[20] Mayne A, Murray T. The Archaeology of Urban Landscapes[J]. Annual Review of Anthropology, 2001, 43 (1): 307-323.

[21] Davis D S. Object-based image analysis: a review of developments and future directions of automated feature detection in landscape archaeology[J]. Archaeological Prospection, 2018.

[22] Richards-rissetto H. What can GIS + 3D mean for landscape archaeology? [J]. Journal of Archaeological Science, 2017.

[23] Casoari G, Plets G, Balz T, et al. Landscape archaeology in the Chinese Altai Mountains - Survey of the Heiliutan Basin[J]. Archaeological Research in Asia, 2017: 48-53.

[24] 张海. 景观考古学——理论、方法与实践[J]. 南方文物, 2010(04): 8-17.

[25] 董新林. 辽祖陵陵寝制度初步研究[J]. 考古学报, 2020 (03): 369-398.

[26] 钱国祥. 北魏洛阳宫城的空间格局复原研究——北魏洛阳城遗址复原研究之三[J]. 华夏考古, 2020(05): 86-96.

[27] 刘文卿, 刘大平. 景观考古学视野下的聚落空间组织信息阐释——以三江平原汉魏聚落遗址为例[J]. 建筑学报, 2019(11): 83-90.

[28] 赵文斌. 国家考古遗址公园规划设计模式研究[D]. 北京: 北京林业大学, 2012.

[29] 凤飞 . 川南唐宋摩崖造像选址的景观考古研究[J]. 南方民族考古，2018(02)：188-208.

[30] 朱利安·托马斯，战世佳 . 地方和景观考古[J]. 南方文物，2015(01)：197-206.

[31] 齐乌云，周成虎，王榕勋 . 地理信息系统在考古研究中的应用类型[J]. 华夏考古，2005(02)：108-112.

[32] Bender B，Anthropology E I. Landscape：Politics and Perspectives[J]. American Journal of Archaeology，1993，100(3)：607.

作者简介：

赵忆/女/天津大学建筑学院风景园林学在读博士研究生/研究方向为景观考古学/风景园林历史与理论/594745995@qq.com。

通信作者：

刘庭风/男/博士/天津大学建筑学院教授 /研究方向为园林历史与文化/liutingfeng1590@126.com。

景观考古学发展综述及前沿分析